CAD/CAM 职场技能特训视频教程

CimatronE 10.0 三维设计与数控编程

基本功特训

韩思明 编著

電子工業出版社
Publishing House of Electronics Industry
北京 • BEIJING

内 容 简 介

本书以实例为主，是国内一线工程师的倾情力作。作者根据多年的编程经验及模具设计经验，从工厂所需、一切结合实际的原则出发，通过软件的基本操作，详细地阐述了编程过程及加工注意事项。另外，书中还包含了大量的操作技巧和编程工程师的经验点评、大量的加工工艺知识，实用性非常强，学习本书后读者可以轻松地掌握 CimatronE 10.0 编程。

全书分四部分共 27 章，主要包括 CimatronE 10.0 的认识与操作、草图绘制的基本功特训、基准的创建、实体设计的基本功特训、电脑显示器托盘实例、自动阀顶盖实例、曲线设计基本功特训、曲面设计基本功特训、汤匙设计实例、分模基础、自动阀顶盖分模、散热器盒分模、数控编程基础、2.5 轴加工、体积铣加工、曲面铣削加工、清角加工、轮廓铣加工、钻孔加工、转换刀具路径、工厂编程案例［面板后模拆铜公、模具 B 板、灯罩后模、保龄球前模、耳塞外壳后模、铜公（电极）的编程］、数控编程工艺知识特训等。另外，配套光盘中含有所有操作的源文件、结果文件和对应的视频文件。

本书可作为大中专院校数控相关专业教材和社会培训教材，也非常适合 CimatronE 的初学者使用。

图书在版编目（CIP）数据

CimatronE 10.0 三维设计与数控编程基本功特训/韩思明编著．—北京：电子工业出版社，2013.7

CAD/CAM 职场技能特训视频教程

ISBN 978-7-121-20616-0

Ⅰ．①C…　Ⅱ．①韩…　Ⅲ．①数控机床－程序设计－应用软件－教材　Ⅳ．①TG659-39

中国版本图书馆 CIP 数据核字（2013）第 120272 号

策划编辑：许存权
责任编辑：许存权　特约编辑：刘海霞　王　燕
印　　刷：河北虎彩印刷有限公司
装　　订：河北虎彩印刷有限公司
出版发行：电子工业出版社
　　　　　北京市海淀区万寿路 173 信箱　邮编 100036
开　　本：787×1 092　1/16　印张：28.75　字数：690 千字
版　　次：2013 年 7 月第 1 版
印　　次：2025 年 3 月第 18 次印刷
定　　价：59.00 元（含 DVD 光盘 1 张）

凡所购买电子工业出版社图书有缺损问题，请向购买书店调换。若书店售缺，请与本社发行部联系，联系及邮购电话：（010）88254888，88258888。

质量投诉请发邮件至 zlts@phei.com.cn，盗版侵权举报请发邮件至 dbqq@phei.com.cn。

本书咨询联系方式：（010）88254484，xucq@phei.com.cn。

前 言

CimatronE 软件简介

CimatronE 是以色列 CimatronE 公司旗下的著名软件产品，CimatronE 在中国的子公司是思美创（北京）科技有限公司。多年来，在世界范围内，从小的模具制造工厂到大公司的制造部门，CimatronE 的 CAD/CAM 解决方案已成为企业装备中不可或缺的工具。

CimatronE 软件以三维主模型为基础，具有强大可靠的刀具轨迹生成功能，可以完成铣削（2.5～5 轴）、车削、线切割等的编程。CimatronE 软件是模具数控行业最具代表性的数控编程软件，其最大的特点就是生成的刀具轨迹合理、切削负载均匀、适合高速加工。另外，CimatronE 编程软件产生的刀路非常安全可靠，几乎不会出现撞刀和过切的不良情况，而且刀路美观，加工效率高。

编写目的

（1）我国的数控行业已经日益普及，使用 CimatronE 软件进行编程，尤其是在广东的深圳、东莞及中山等工业发达的地区最为普及，很多工厂早已开始接受和使用 CimatronE 进行编程和模具设计。

（2）目前市场上优秀的 CimatronE 编程类书籍并不多，多数都是简单的功能介绍、命令讲解等，离实际的生产设计、加工相差很远，一些读者学完了整本书都没达到入门的水平。本书作者有多年的编程经验，且愿意把这些工作经验和技巧呈现出来与大家一起分享，希望读者在编程方面有所提高，并达到真正的学以致用。

（3）读者学习完本书后，能真正地胜任工厂的 CimatronE 编程工作，而不只是停留在了解功能命令的阶段上。

本书特色

（1）采用最新版软件。

（2）重点体现操作技巧和活学活用，技术含量高。

（3）功能解释详细到位，且每个功能均有操作演示。

（4）工程师经验点评、模型分析、编程思路使读者技高一筹。

如何学习本书

如何有效地学习本书，真正达到融会贯通、举一反三的效果呢？相信很多读者都想知道答案。根据本书的内容，本书作者提出以下几点建议。

（1）应先学习本书第 1 部分的设计知识，掌握 CimatronE 基本命令和技巧，这样才具备学习后面内容的“底气”。

（2）由于 CimatronE 软件最大的优势是进行编程加工，所以本书重点是介绍编程方面的知识。

（3）学习本书的同时，应从其他资料了解更多的数控刀具知识和电脑知识，这样有助于更深入地掌握书上的知识。

（4）多花些时间了解模具结构知识，掌握模具和零件的加工流程。

（5）熟悉产品有哪些要求，加工时需要注意哪些问题。

（6）有目的地了解电火花加工和线切割加工的有关知识。

本书编写人员

参与本书编写的有：韩思明、范得升、陈文胜、陈金华、陈卓海、韩思远、庄金兰、郑福禄、张罗谋、郑福达、王泽凯、何志冲。

本书在编写过程中得到了多位一线模具生产和数控高级工程师的技术支持和指导，在此表示衷心的感谢！

由于时间仓促和作者自身的水平有限，书中难免存在一些不足之处，望广大读者批评指正，本书配套光盘的说明文件中有联系方式。

注：本书中没有特殊说明之处的尺寸单位均默认为毫米（mm）。

作　者

目　录

第1部分　CimatronE 10.0 产品设计

第 2 部分 CimatronE 10.0 分模

第 3 部分 CimatronE 10.0 数控编程入门基础

第 26 章 工厂编程案例——铜公（电极）的编程 ……… 414

第 27 章 数控编程工艺知识特训 …… 429

第 1 部分

CimatronE 10.0 产品设计

本书第 1 部分主要介绍 CimatronE 10.0 设计入门的基础知识，共 9 章内容。详细介绍了 CimatronE 10.0 的基本操作、草图绘制的基本功特训、基准的创建、实体设计的基本功特训、电脑显示器托盘的设计、自动阀顶盖的设计、曲线设计的基本功特训、曲面设计的基本功特训和汤匙的设计。通过第 1 部分知识的系统学习，可以让读者快速掌握 CimatronE 10.0 产品设计的基础知识。

作 者 寄 语

1. 第 1 部分主要是产品设计的基本知识点和设计实例，虽然无数控编程的相关知识，但读者一定要打下坚实的基础，这样才能学好模具设计和数控编程。

2. CimatronE 10.0 软件提供的产品设计功能很多，但其最终的目的都是顺利完成模具设计和数控编程。

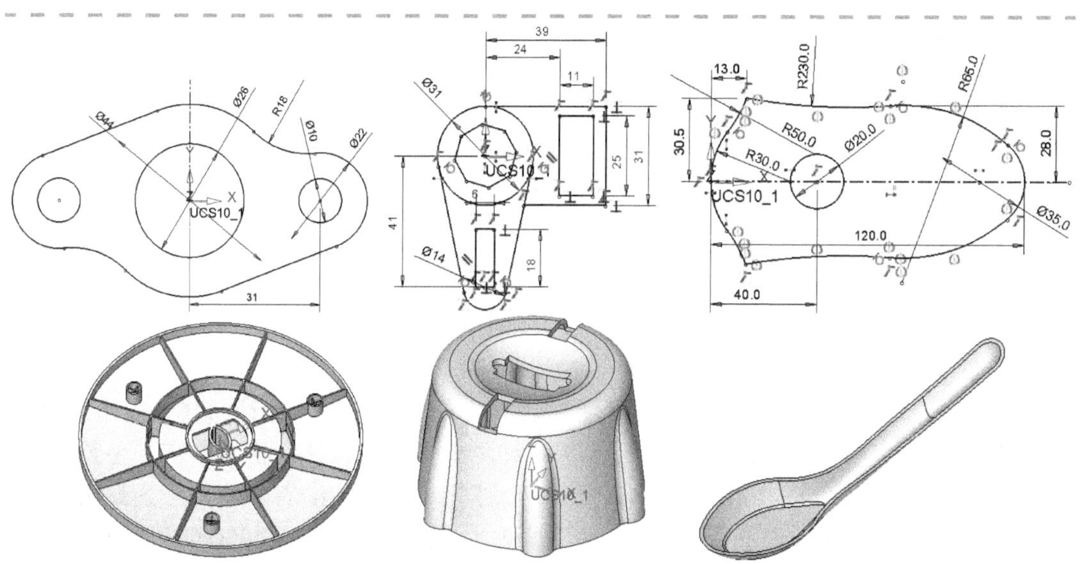

第1章

CimatronE 10.0 的认识与操作

本章主要了解 CimatronE 的编程特点，并学习 CimatronE 10.0 的基本操作，包括鼠标和键盘的应用、文件的管理与操作和快捷键的设置等。通过本章的学习，读者将对 CimatronE 10.0 编程有大概的认识，并掌握一定的操作方法。

1.1 学习目标与课时安排

学习目标及学习内容

（1）了解 CimatronE 10.0 编程特点及如何打开软件。
（2）了解 CimatronE 10.0 有哪些模板及零件设计界面特点。
（3）如何灵活运用鼠标和键盘进行 CimatronE 的基本操作（重点）。
（4）如何调入工具栏和查找命令（重点）。
（5）如何创建功能快捷键。
（6）如何打开及保存文件，如何输入和输出不同格式的文件（重点）。

学习课时安排（共 2 课时）

（1）CimatronE 10.0 编程特点、界面介绍、鼠标与键盘的运用——1 课时。
（2）如何调入工具栏、创建快捷键和文件的操作管理——1 课时。

1.2 CimatronE 10.0 简介

CimatronE 10.0 版本整体性能超过了所有老版本，在提高整体设计与加工质量的同时，型腔模设计、五金模设计和加工制造的速度得到大幅度提高。升级将会影响到整体交付时间，尤其是对于使用 CimatronE 的 CAD/CAM 一体化解决方案的客户成效更为显著，缩短了型腔模和五金模的设计时间及 NC 编程和加工的时间。

CAD 的更新提供了更为强大的功能，包括专门用于工模具行业的新内置运动仿真器，提供先进的运动学分析。五金模制造者将使用到更为简单、直观的料带设计工艺及自动化程度更高的模具设计功能。型腔模制造者们将会发现 CimatronE 10.0 增加了前所未有的分模线及带有倒扣的曲面和分模完成的曲面分析功能，在设计工作开始的最初就避免了设计缺陷。

CAM 更新功能的后台计算和增强的多核处理极大地提高了编程效率，使加工时间缩短，粗加工策略有了重大提升，并且增加了新的精加工策略——螺旋铣。

SuperBox 是一个刀路计算任务卸载和处理加速设备，可大大缩短 NC 编程时间，根据测试报告，SuperBox 可为用户节省 85%的编程时间。

1.3 CimatronE 10.0 各模板简介

在电脑桌面上双击图标或选择〖开始〗/〖程序〗/〖CimatronE 10.0〗/ Cimatron E 10.0 命令，稍等一会即会弹出 CimatronE 10.0 原始界面，如图 1-1 所示，此时可新建文件或打开已有的文件。

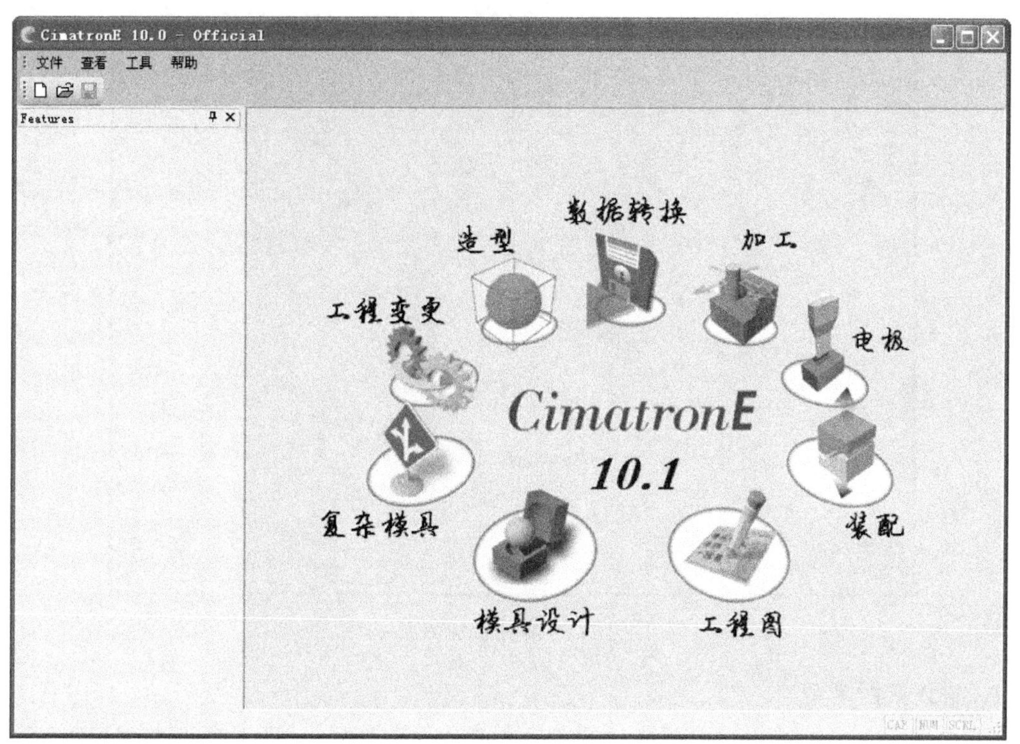

图 1-1 CimatronE 10.0 界面

在〖标准〗工具栏中单击〖新建文件〗按钮，弹出〖新建文件〗对话框，如图 1-2 所示。可见 CimatronE 软件中主要包括零件、装配、工程图和 NC（编程）4 个主要的工作模块。

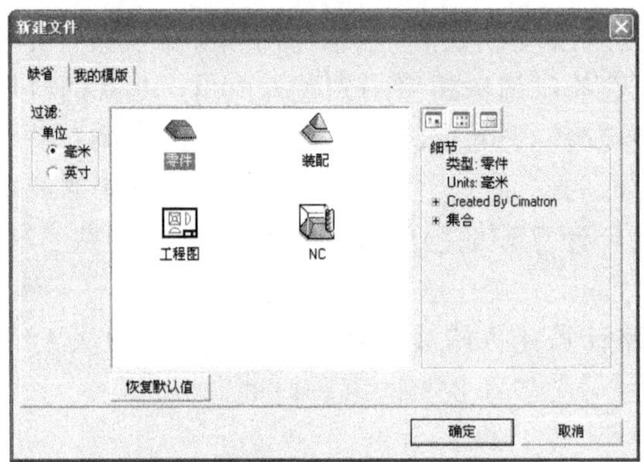

图 1-2 〖新建文件〗对话框

1．进入零件设计界面

在〖新建文件〗对话框中选择“零件”模块并单击 确定 按钮，即可进入零件设计界面，如图 1-3 所示。在该界面中可以进行新的零件设计、打开已有的文件或输入其他格式的文件等。

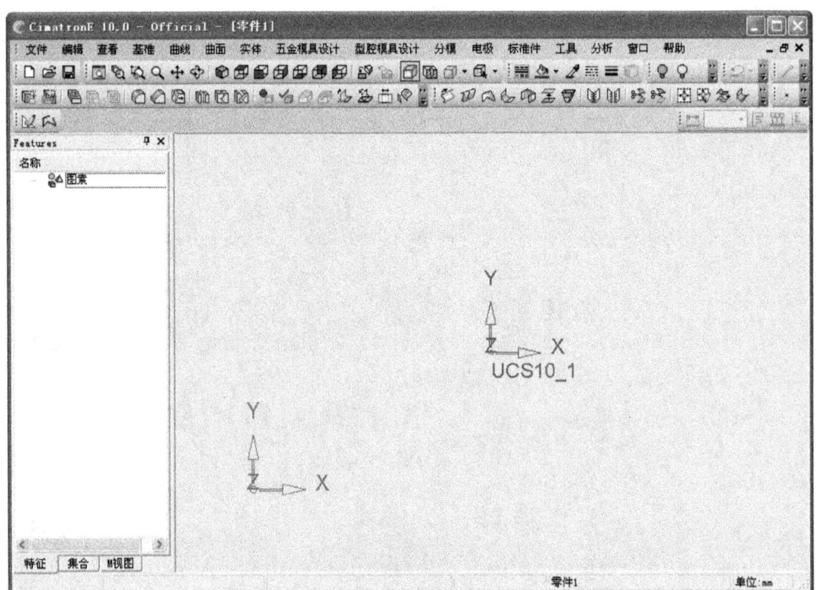

图 1-3 零件设计界面

2．进入装配界面

在〖新建文件〗对话框中选择“装配”模块并单击 确定 按钮，即可进入装配界面，如图 1-4 所示。在该界面中可以进行零件装配和制作爆炸图等。

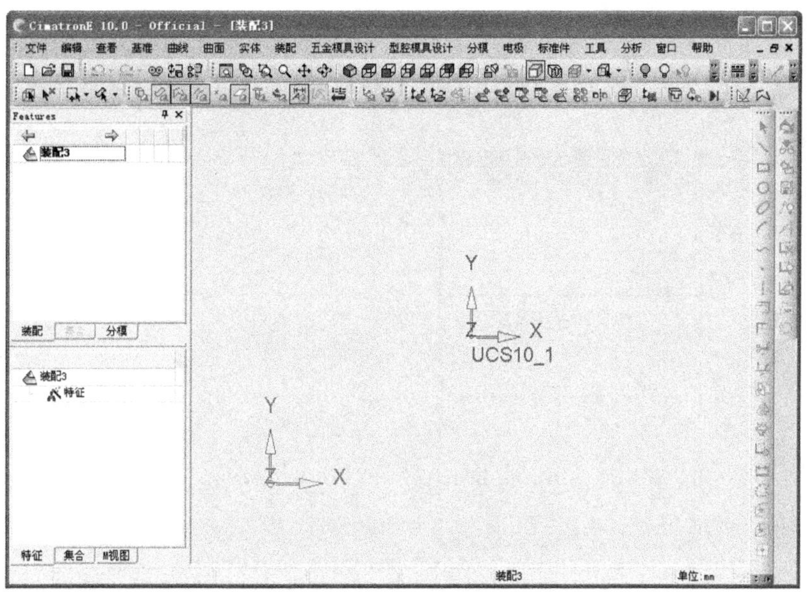

图 1-4　装配界面

3. 进入工程图界面

在〖新建文件〗对话框中选择“工程图”模块并单击 确定 按钮，即可进入工程图界面，如图 1-5 所示。在该界面中可以制作工程图等。

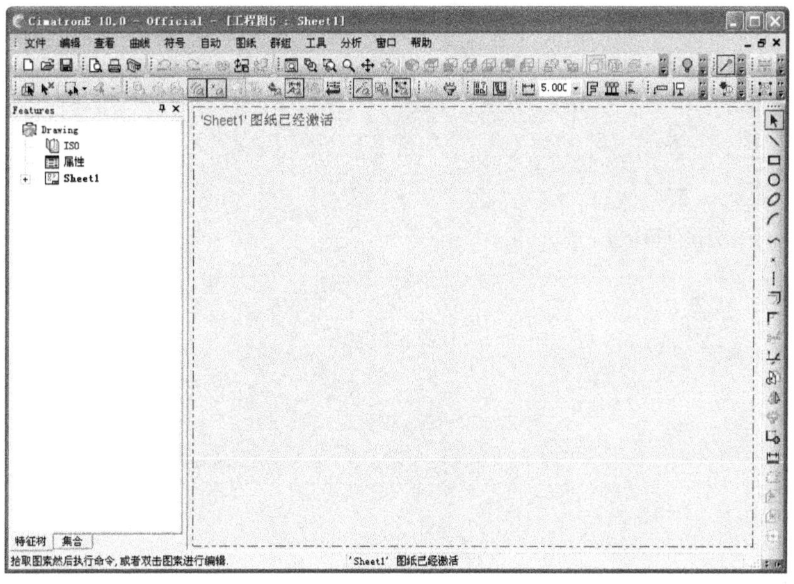

图 1-5　工程图界面

4. 进入 NC（编程）界面

在〖新建文件〗对话框中选择“工程图”模块并单击 确定 按钮，即可进入工程图界面，如图 1-6 所示。在该界面中可以对模型进行编程来生成刀具路径和输出后处理等。

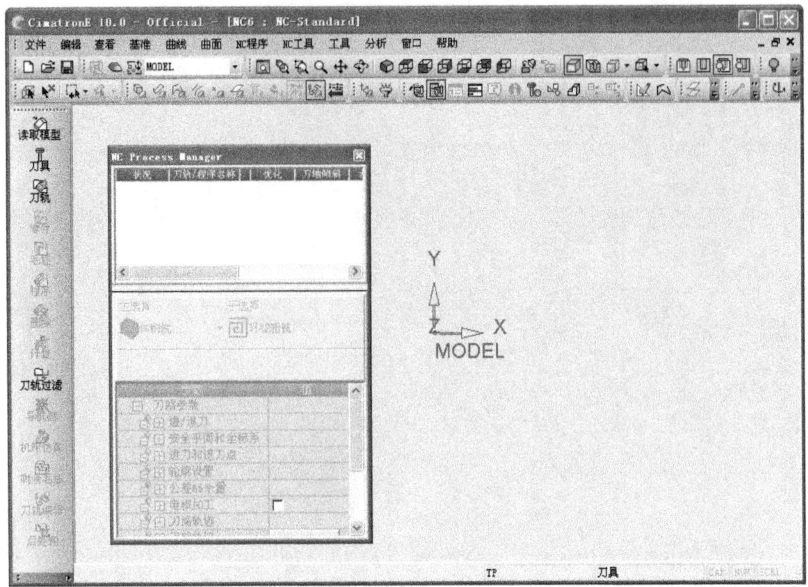

图 1-6　NC 界面

1.4　CimatronE 10.0 零件设计界面简介

如图 1-7 所示为 CimatronE 10.0 的零件设计界面。

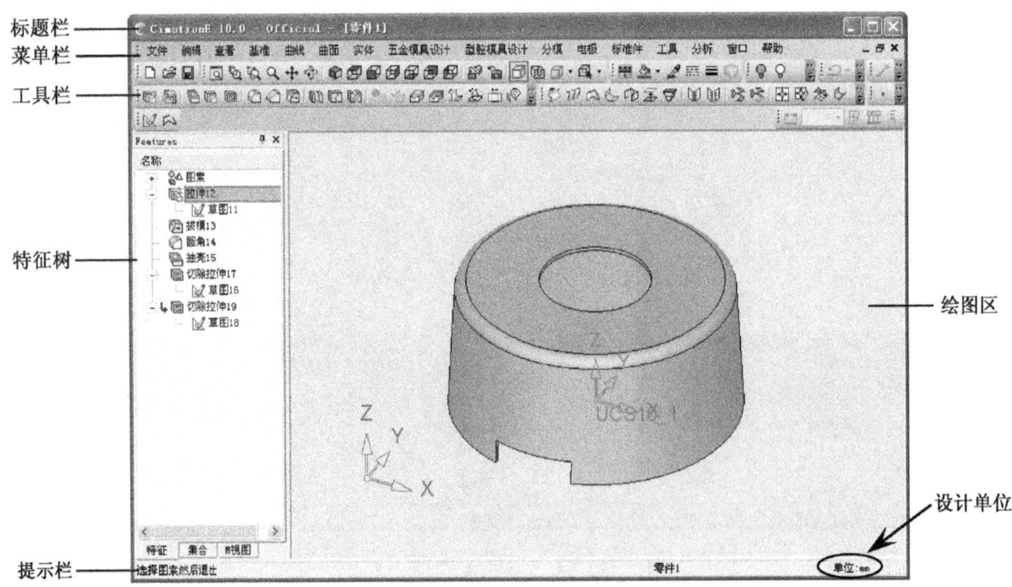

图 1-7　零件设计界面

☆ 标题栏——位于界面的左上方，主要用于显示软件的版本及正在操作的零件名称。

☆ 菜单栏——包括 CimatronE 10.0 软件一些常用的基本操作，如文件的管理、图形的查看与操作、显示图形方式等。移动鼠标到相应的项目并单击鼠标左键，都会弹出相应的下拉菜单，如图 1-8 所示。

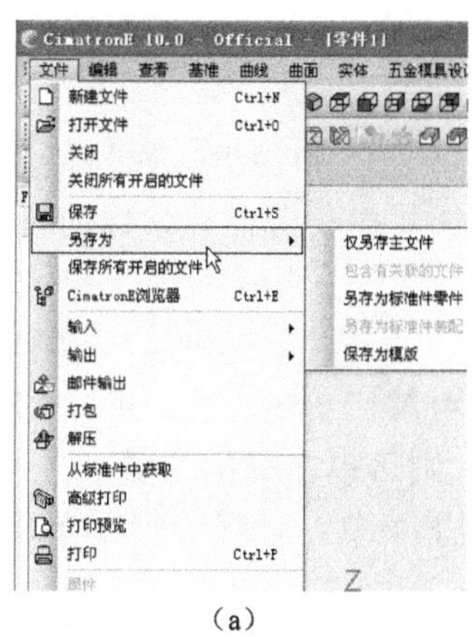

（a）

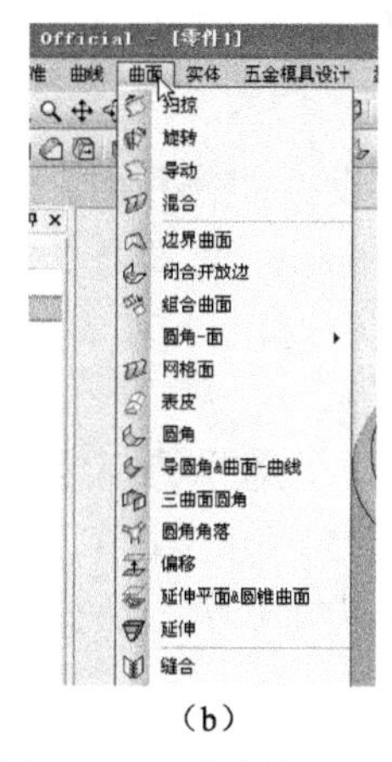

（b）

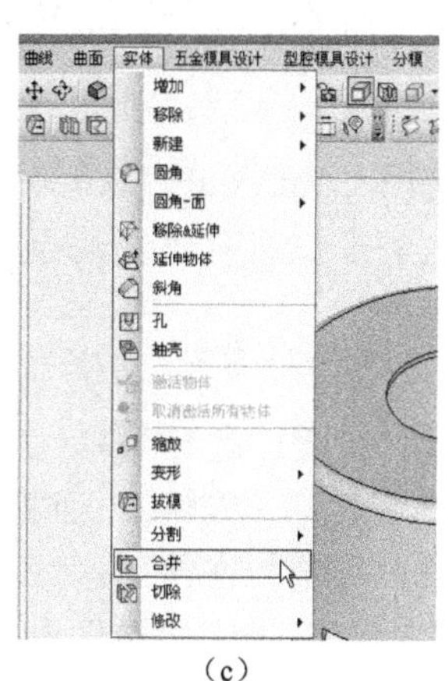

（c）

图 1-8　下拉菜单

☆ 工具栏——CimatronE 零件设计界面顶部显示了设计常用的一些工具栏，如〖标准〗工具栏、〖查看〗工具栏、〖实体〗工具栏、〖曲面〗工具栏和〖草图〗工具栏等，如图 1-9 所示。通过单击工具栏中的按钮，即可实现命令的操作。

图 1-9　工具栏

☆ 特征树——主要记录设计过程的每一个步骤，如需修改特征可在特征树中选择该特征进行编辑，如图 1-10 所示。

☆ 绘图区——绘图区占据着设计界面的大部分空间，用于显示正在设计中的图素或打开的文件模型。另外，在绘图区的空白位置单击鼠标右键，会弹出相应的〖右键〗菜单，其包含了一些常用的操作命令，如图 1-11 所示。

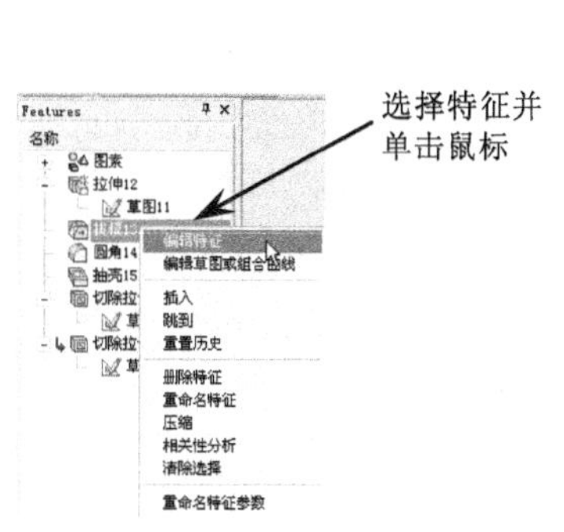

图 1-10　特征树中修改

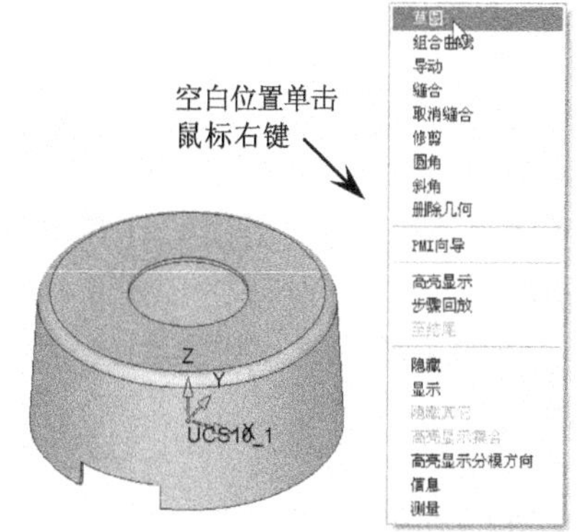

图 1-11　绘图区空白位置单击鼠标右键

☆ 提示栏——位于界面的左下方，其作用主要是提示用户操作的步骤，对于初学者来说是非常有用的。

1.5 鼠标与键盘的使用

使用 CimatronE 10.0 软件进行设计和编程时，离不开使用鼠标和键盘。如何使用鼠标和键盘进行快速有效地进行设计和编程，是每个 CimatronE 10.0 初学者必须掌握的技能。

1. 鼠标的使用

（1）左键：选择菜单、单击按钮、选择特征或图素时使用鼠标左键。

（2）中键（滚轮）：当需要确定当前操作进入下一步时，则可单击鼠标中键。

（3）右键：在绘图区域中单击鼠标右键，会弹出〖右键〗菜单；选择特征并单击鼠标右键，会弹出相应的操作命令。

（4）左键+中键：放弃当时操作，回到上一步操作。

（5）中键+右键：同时单击鼠标中键和右键，弹出如图 1-12 所示的快捷菜单，直接选择快捷菜单中的命令可适当提高绘图速度。

（6）左键+右键：同时单击鼠标左键和右键，弹出〖选择过滤器〗对话框，如图 1-13 所示，然后根据当前需要选择的对象来勾选合适的选项。

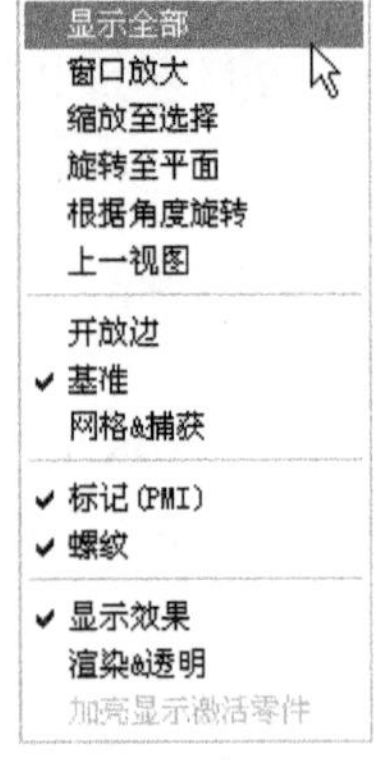

图 1-12 快捷菜单

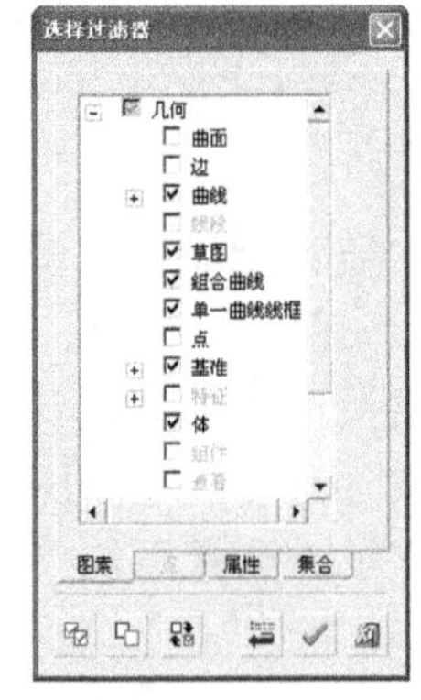

图 1-13 〖选择过滤器〗对话框

（7）Ctrl+左键：同时按住 Shift 键和鼠标左键，则可动态地旋转绘图区中的模型。

（8）Ctrl+中键：同时按住 Ctrl 和鼠标中键，可平移绘图区的模型。

（9）Ctrl+右键：同时按住 Ctrl 和鼠标右键，可缩放绘图区中的模型。

（10）Shift+右键：其作用和左键+右键一样，都是打开〖选择过滤器〗对话框，从而快速选择特征。

2. 键盘的使用

当需要设置快捷键或在对话框中输入参数时，都需要使用键盘。另外，当需要删除特征或进行快捷键操作时，也需要使用键盘。

1.6 工具栏的调入

CimatronE 10.0 默认的工作界面中并未显示所有的操作工具栏，当使用者需要该工具条时可调出。在界面上部工具栏上单击鼠标右键，弹出〖右键〗菜单，然后选择需要调出的工具栏即可，如图 1-14 所示调出的〖草图〗工具栏。

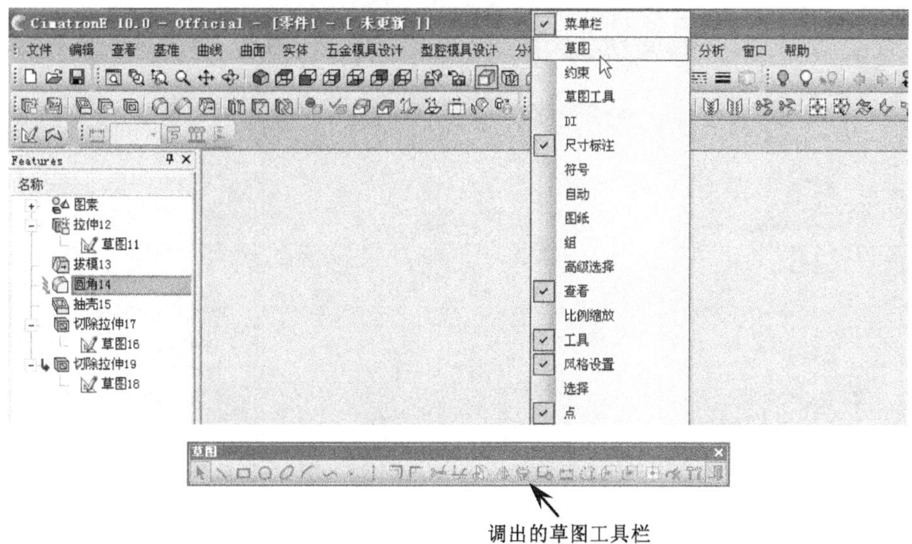

图 1-14　调出工具栏

1.7 CimatronE 10.0 文件的操作与管理

启动 CimatronE 10.0 软件后，进入的是原始界面，此时需要新建文件或打开已经存在的文件。也可以输入其他格式的文件，如 UG、Pro/E、CATIA、IGS 和 STP 等常用的 3D 文件。

1.7.1 新建文件

在〖标准〗工具栏中单击〖新建文件〗按钮，弹出〖新建文件〗对话框，默认单位为“毫米”，接着选择“零件”的模块并单击 确定 按钮即进入设计界面，如图 1-15 所示。

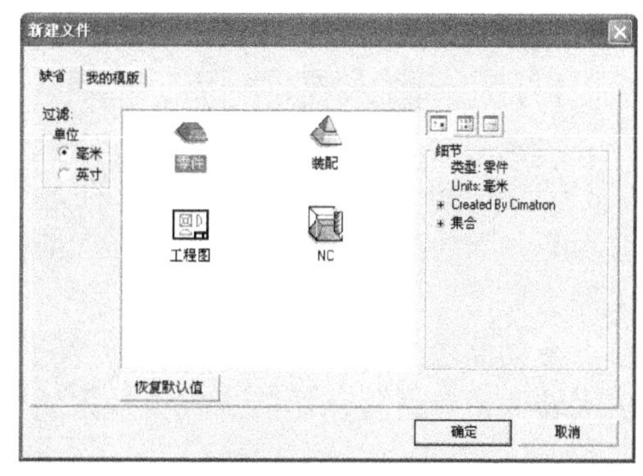

图 1-15　新建文件

1.7.2 打开文件

在〖标准〗工具栏中单击〖打开文件〗按钮，弹出〖CimatronE 浏览器〗对话框，然后选择要打开的文件，最后单击 读取 按钮，如图 1-16 所示。

图 1-16 打开文件

能打开的文件只能是 CimatronE 保存的文件，其文件后缀格式为“elt”。

1.7.3 输入文件

CimatronE 的文件格式是专用的 elt 格式，如需通过其他软件获得 3D 模型进行设计、编程等，则需要进行输入转换，可直接转换 UG、Pro/E、CATIA、IGS 和 STP 等常用的 3D 文件。

在菜单栏中选择〖文件〗/〖输入〗/〖从其他格式文件〗/〖创建新的文件〗命令，弹出〖输入〗对话框，然后选择要输入的文件，最后单击✓按钮，如图 1-17 所示。

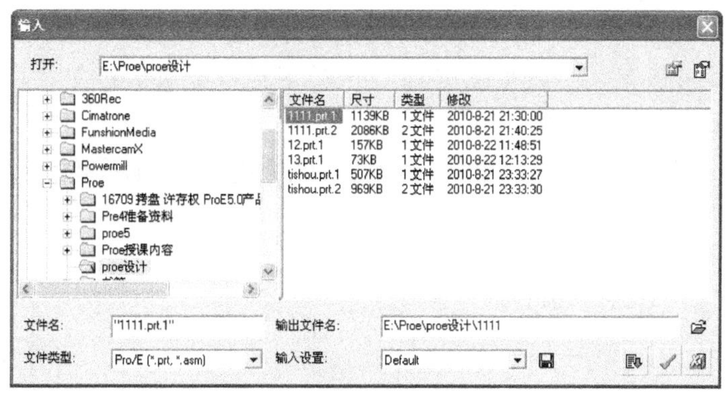

图 1-17　输入文件

1.7.4　输出文件

CimatronE 10.0 支持各种格式的数据输出，包括输出其他格式文件、至新零件、至工程图和至加工 4 种形式，如图 1-18 所示。

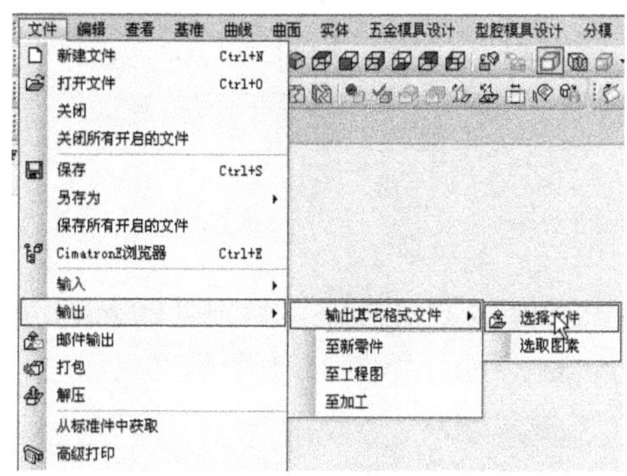

图 1-18　输出文件

如果需要将当前工作图形中的模型或部分的图素输出，则可选择〖文件〗/〖输出〗/〖输出其他格式文件〗/〖选取图素〗命令，接着选择需输出的图素，选取完成后单击✓按钮，弹出〖输出造型〗对话框，然后输入文件的名称，如图 1-19 所示，最后单击✓按钮。

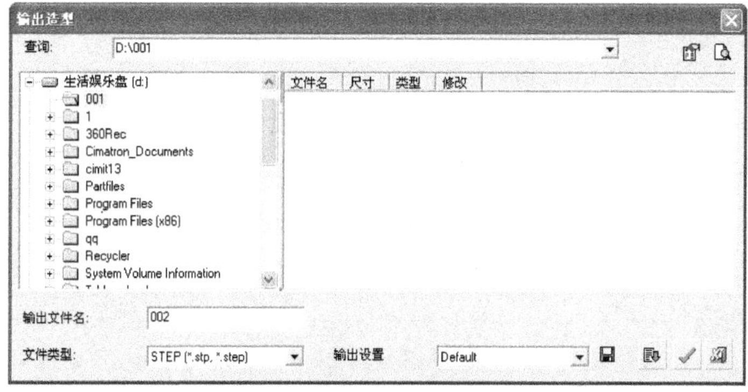

图 1-19　选择图素输出文件

同样，如果需要将当前工作图形输出到加工环境，则可选择〖文件〗/〖输出〗/〖至加工〗命令。如果文件未保存，则会弹出〖CimatronE〗对话框要求保存文件，然后单击 是 按钮，即可进入编程环境，如图 1-20 所示。

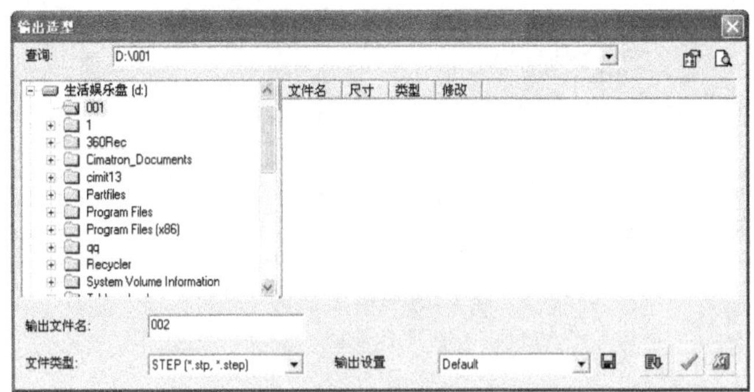

图 1-20　输出至加工环境

要点提示

CimatronE 实际编程加工中多数都是先输入其他格式的文件，然后再通过"输出至加工"的方式将加工模型输出到加工环境中，然后进行编程加工。

1.7.5　保存文件

在〖标准〗工具栏中单击〖保存〗按钮，弹出〖CimatronE 浏览器〗对话框，设置文件的保存路径并输入文件的名称即可，如图 1-21 所示。

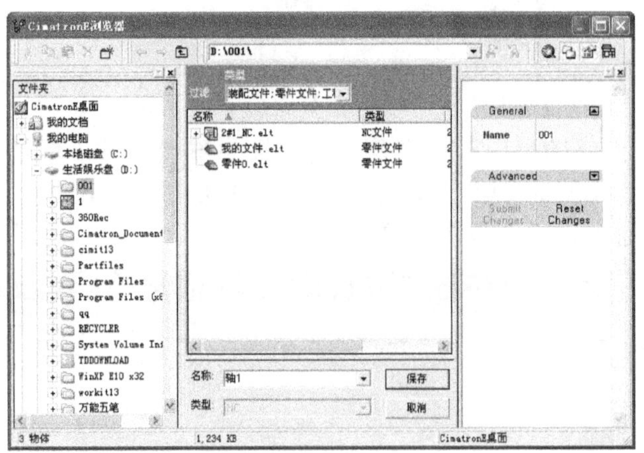

图 1-21　保存文件

保存文件的名称可以是中文、数字或字母，也可以是三者之间的组合。

1.8 视图显示的模式

在设计过程中，常常需要切换视图或改变模型的渲染形式来观察效果。

1.8.1 视图的设置

CimatronE 提供了 7 种视角的视图显示方式，包括〖ISO 视图〗、〖俯视图〗、〖主视图〗、〖右视图〗、〖仰视图〗、〖后视图〗和〖左视图〗，其说明如表 1-1 所示。

表 1-1 视图的说明

视图类型	图　标	说　明	图　示
ISO 视图		视图正等测看	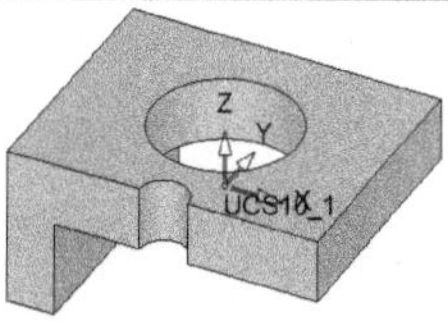
俯视图		视图从上往下看	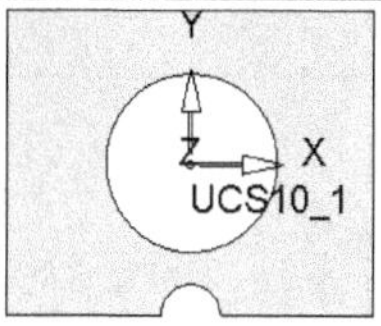
主视图		视图从前往后看	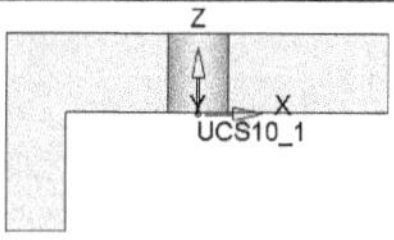
右视图		视图从右往左看	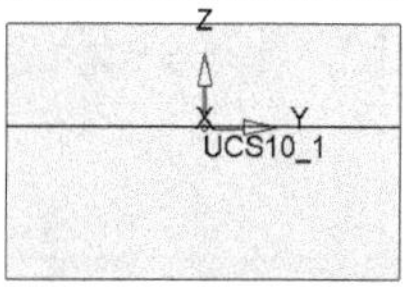
仰视图		视图从下往上看	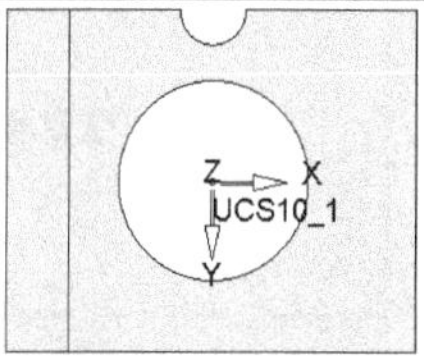
后视图		视图从后往前看	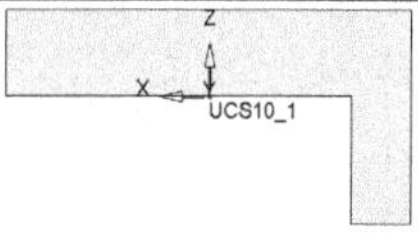

续表

视图类型	图　　标	说　　明	图　　示
左视图		视图从左往右看	

1.8.2　渲染模式的设置

CimatronE 提供了 5 种常见的渲染模式，包括〖线框〗、〖隐藏不可见线〗、〖消隐线显示〗、〖着色模式〗和〖混合显示〗。在菜单栏中选择〖查看〗/〖渲染模式〗命令，即可在弹出的下拉菜单中看到渲染的 5 种形式，其说明如表 1-2 所示。

表 1-2　渲染形式

渲染模式	说　　明	图　　示
线框	能看到模型所有的线条	
隐藏不可见线	只显示能看到的轮廓线	
消隐线显示	不能看到的轮廓线以模糊的形式显示	
着色模式	模型着色显示	
混合显示	其效果和着色模式一样	

1.9 快捷键的设置

通过设置快捷键，可以快速提高绘图、分模和编程的速度。在菜单栏中选择〖查看〗/〖自定义〗/〖快捷键〗命令，弹出〖自定义键盘〗对话框，如图 1-22 所示。

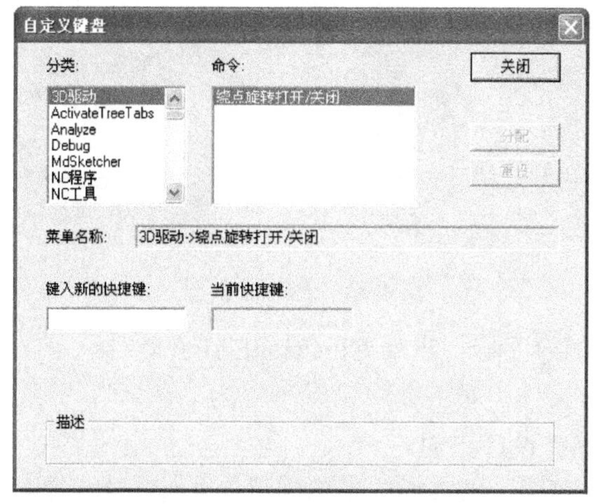

图 1-22 〖自定义键盘〗对话框

在〖自定义键盘〗对话框中根据“分类”和“命令”选择需要设置的命令，接着在键盘上输入快捷键的名称，然后单击 分配 按钮即可创建快捷键，如图 1-23 所示。

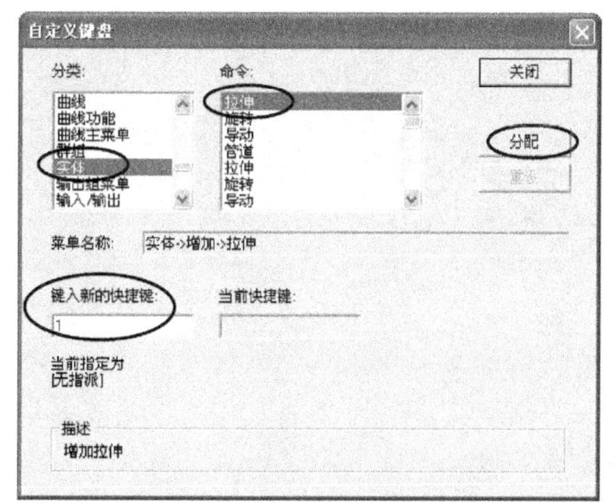

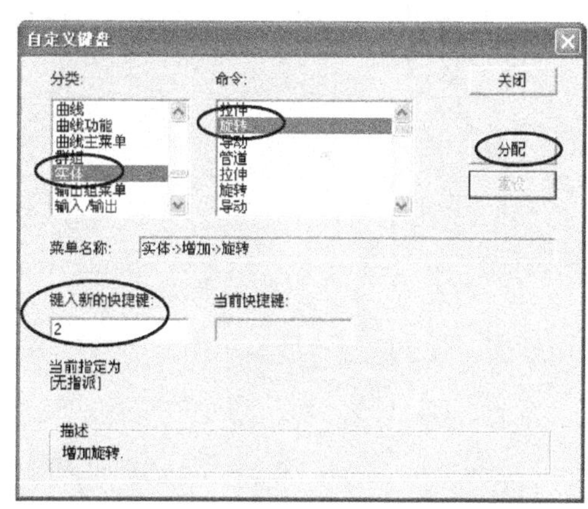

图 1-23 创建快捷键

要点提示 设置的快捷键可以是数字、字母，也可用 Ctrl 或 Shift 键和字母、数字组合而成。如“新建拉伸”命令的快捷键可设置为“1”，“增加拉伸”命令的快捷键可以设置为“Ctrl+1”，“移除拉伸”命令的快捷键可以设置为“Shift+1”。

1.10 CimatronE 10.0 设计入门演示

通过创建如图 1-24 所示的塑料盖 3D 模型，可使读者了解 CimatronE 建模的基本思路和方法。

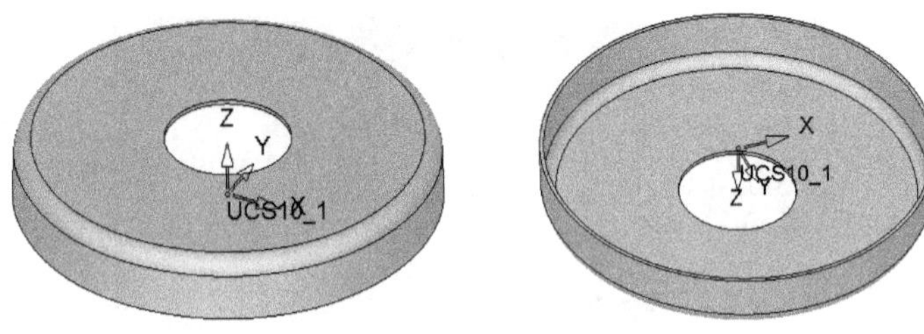

图 1-24　塑料盖模型

（1）在电脑桌面双击图标，启动 CimatronE 10.0 软件。

（2）在弹出的〖新建文件〗对话框中设置单位为“毫米”，并选择零件图标，然后单击 确定 按钮进入零件设计界面。

（3）进入草图。在〖草图〗工具栏中单击〖草图〗按钮，然后单击鼠标中键默认 XY 平面为草图平面，进入草图环境。

（4）创建圆。在〖草图〗工具栏中单击〖圆〗按钮，弹簧浮动菜单。选择“自由”选项将其变为“尺寸标注”，并设置如图 1-25 所示的参数；然后指定坐标原点为圆心，最后单击〖完成并退出草图〗按钮退出草图环境。

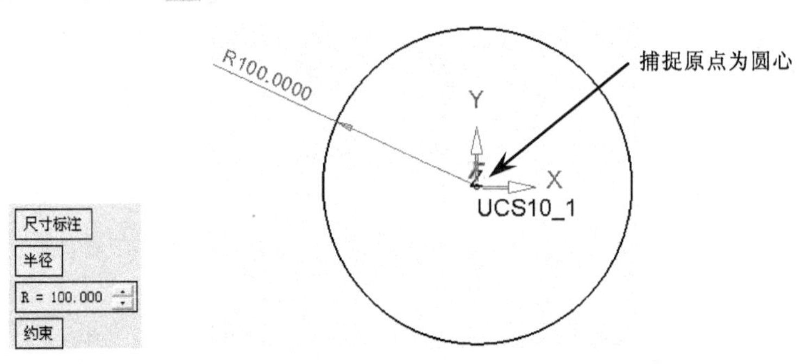

图 1-25　创建圆

（5）拉伸创建实体。在〖实体〗工具栏中单击〖新建拉伸〗按钮，弹出浮动菜单和〖Feature Guide〗对话框，然后设置如图 1-26 所示的参数，最后在〖Feature Guide〗对话框中单击按钮。

要点提示

在〖查看〗工具栏中单击〖ISO 视图〗按钮即将模型切换到正等测方向，方便使用者查看。

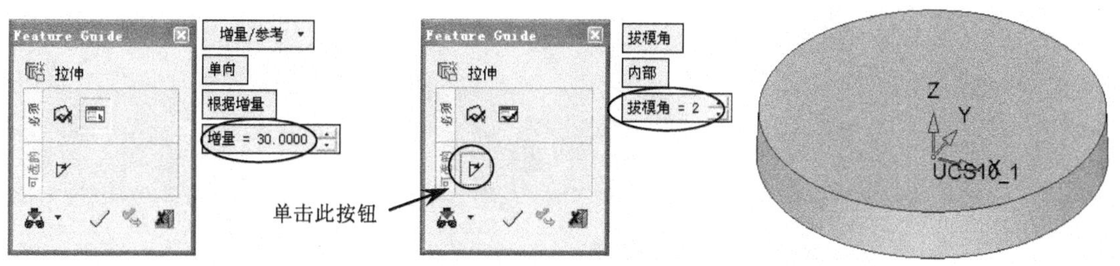

图 1-26　拉伸创建实体

（6）倒圆角。在〖实体〗工具栏中单击〖圆角〗按钮，弹出〖Feature Guide〗对话框，接着选择如图 1-27 所示的倒角边并单击鼠标中键，然后在弹出的浮动菜单中设置全局半径为 8，最后单击按钮。

图 1-27　倒圆角

（7）抽壳。在〖实体〗工具栏中单击〖抽壳〗按钮，弹出〖Feature Guide〗对话框，接着选择如图 1-28 所示的底面为删除面，然后在弹出的浮动菜单中设置全局厚度为 2，最后单击按钮。

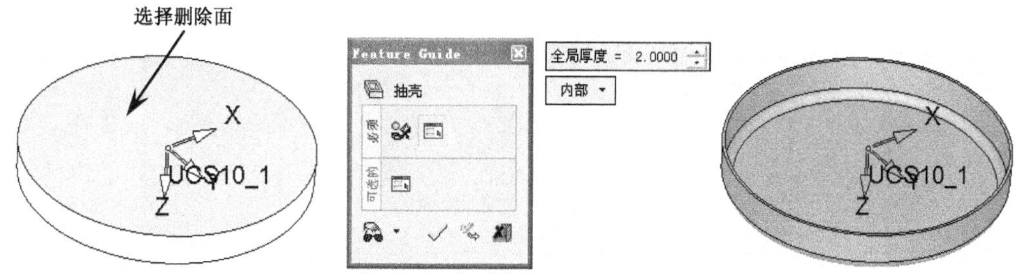

图 1-28　抽壳

（8）进入草图。在〖草图〗工具栏中单击〖草图〗按钮，然后单击鼠标中键默认 XY 平面为草图平面，进入草图环境。

（9）创建圆。在〖草图〗工具栏中单击〖圆〗按钮，弹簧浮动菜单。选择“自由”选项将其变为“尺寸标注”，并设置如图 1-29 所示的参数；然后指定坐标原点为圆心，最后单击〖完成并退出草图〗按钮退出草图环境。

（10）拉伸创建实体。在〖实体〗工具栏中单击〖移除拉伸〗按钮，弹出浮动菜单和〖Feature Guide〗对话框，然后设置如图 1-30 所示的参数，最后在〖Feature Guide〗对话框中单击按钮。

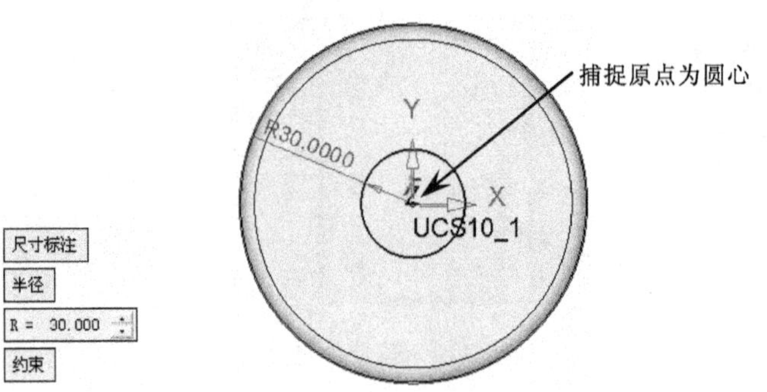

图 1-29　创建圆

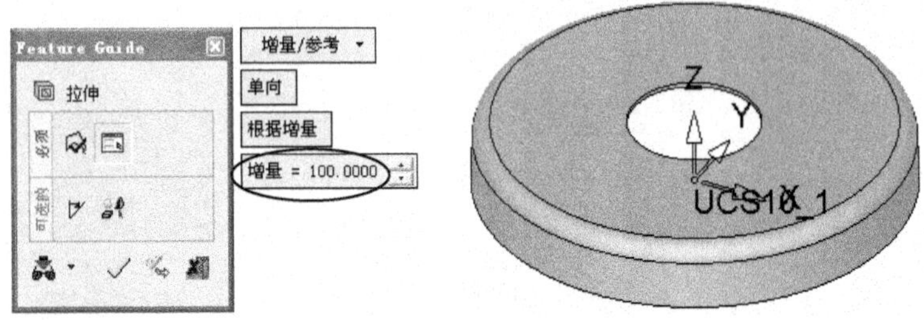

图 1-30　拉伸创建实体

（11）保存文件。在〖标准〗工具栏中单击〖保存〗按钮，弹出〖CimatronE 浏览器〗对话框，然后输入名称为“塑料盖”，最后单击 保存 按钮，如图 1-31 所示。

图 1-31　保存文件

1.11　本章学习收获

通过本章的学习，读者必须掌握以下内容。

（1）本章内容为全书的基础，读者应该了解和掌握 CimatronE 10.0 软件的组成部分和安装软件的方法。

（2）学会鼠标与键盘的使用。

（3）学会导入不同格式的文件，如 STP、IGS、UG、Pro/E 等格式的 3D 文件。

（4）学会设置快捷键。

1.12 练习题

（1）如何平移、缩放和旋转模型？

（2）当需要将一个 Pro/E 格式的 3D 文件转到 CimatronE 中加工，如何实现？

草图绘制的基本功特训

绘制草图是基础中的基础，只有掌握好草图的绘制才能进行快速的产品设计。多数读者认为草图简单，没有多少内容而不重视对其的学习，而当真正面对产品三维绘制时却又无从下手。通过学习本章的知识，可以快速提高绘制草图的能力，为后面的学习打下坚实的基础。

2.1 学习目标与课时安排

学习目标及学习内容

（1）学会进入草图界面并绘制曲线。
（2）学会选择合适的草图平面并创建草图。
（3）掌握绘制草图常用的基本命令。
（4）掌握绘制草图的基本方法和技巧。
（5）学会根据模型的形状绘制外形轮廓。

学习课时安排（共4课时）

（1）草图基本命令介绍——2课时。
（2）机床手柄草图的绘制——1课时。
（3）鼠标外形轮廓草图的绘制——1课时。

2.2 草图设计简介

本节主要介绍绘制草图过程中常使用的基本命令，让读者在学习后面的实例草图时更加得心应手。

2.2.1 绘制草图的基本步骤

CimatronE 绘制草图的基本步骤如下。

（1）进入草图，在〖草图〗工具栏中单击〖草图〗按钮。

（2）选择草图平面，如在 XY 平面上创建草图可直接单击鼠标中键确认即可。

（3）绘制草图，如直线、矩形、圆和圆弧等。

（4）修剪曲线，如剪裁、倒圆角等。

（5）增加图形约束，如相约、平行或垂直等。

（6）标注尺寸，使草图满足实际设计要求。

（7）退出草图，在〖草图〗工具栏中单击〖完成并退出草图〗按钮。

2.2.2 草图平面的选择

在零件设计时，并不是所有的草图都是在 XY 平面上创建，有时也需要在 YZ 平面、XZ 平面或实体平面上创建。

1．XY 平面为草图平面

由于系统默认的是以 XY 平面作为草图平面，所以单击〖草图〗按钮后，立刻单击鼠标中键确认即可，如图 2-1 所示。

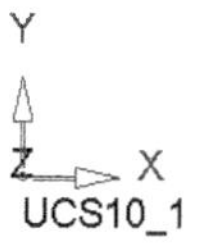

Y
Z X
UCS10_1

图 2-1　XY 平面为草图平面

2．YZ 平面为草图平面

（1）在〖草图〗工具栏中单击〖草图〗按钮。

（2）在〖查看〗工具栏中单击〖ISO 视图〗按钮，使坐标正等测显示。

（3）首先选择 Y 轴，然后选择 Z 轴，如图 2-2 所示。

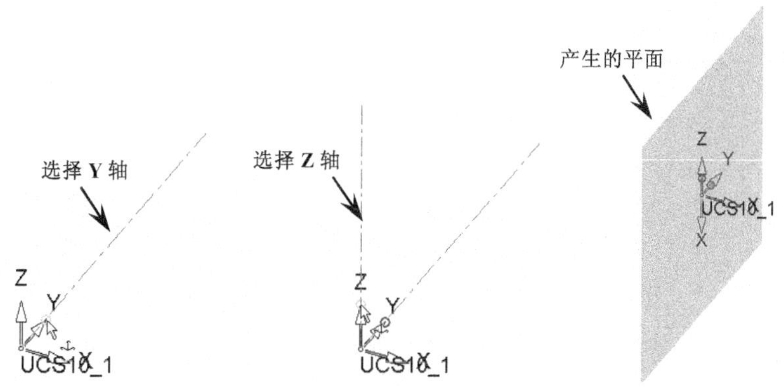

图 2-2　定义 YZ 平面

（4）在〖查看〗工具栏中单击〖旋转至平面〗按钮，旋转坐标至草图平面，如图 2-3 所示。

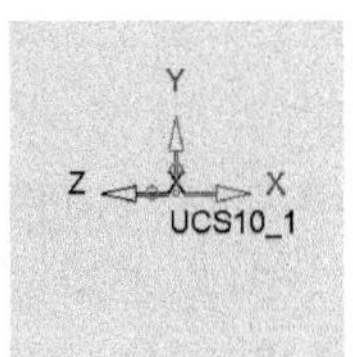

图 2-3　旋转至平面

3．XZ 平面为草图平面

（1）在〖草图〗工具栏中单击〖草图〗按钮。
（2）在〖查看〗工具栏中单击〖ISO 视图〗按钮，使坐标正等测显示。
（3）首先选择 X 轴，然后选择 Z 轴，如图 2-4 所示。

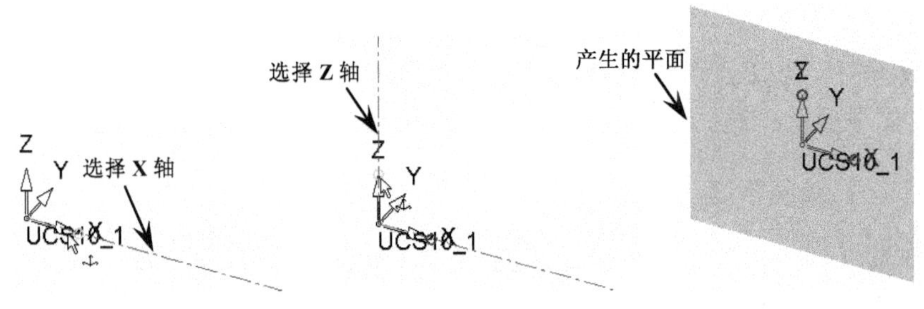

图 2-4　定义 XZ 平面

（4）在〖查看〗工具栏中单击〖旋转至平面〗按钮，旋转坐标至草图平面，如图 2-5 所示。

4．实体平面为草图平面

（1）选择需要创建草图的实体平面，如图 2-6 所示。

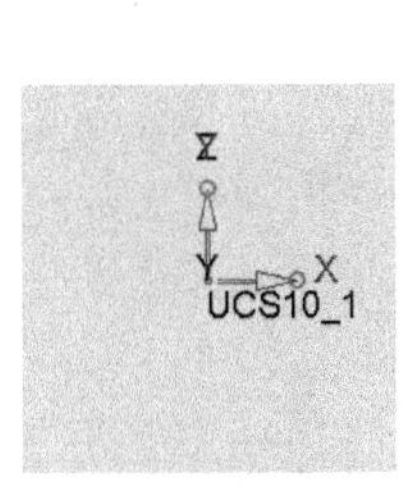

图 2-5　旋转至平面

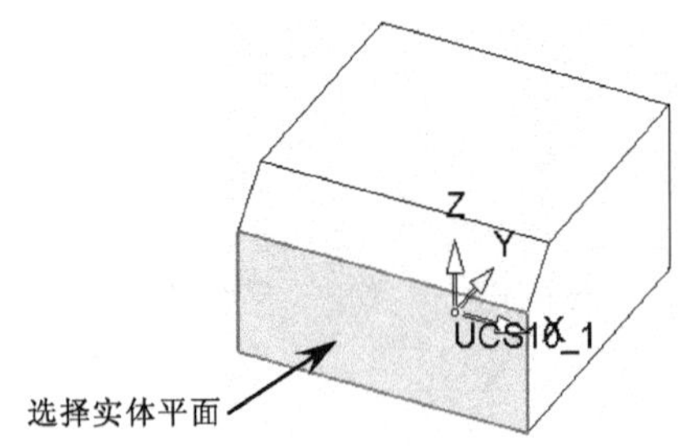

图 2-6　选择实体平面

（2）在〖草图〗工具栏中单击〖草图〗按钮，然后单击鼠标中键。
（3）在〖查看〗工具栏中单击〖旋转至平面〗按钮，旋转坐标至草图平面，如图 2-7 所示。

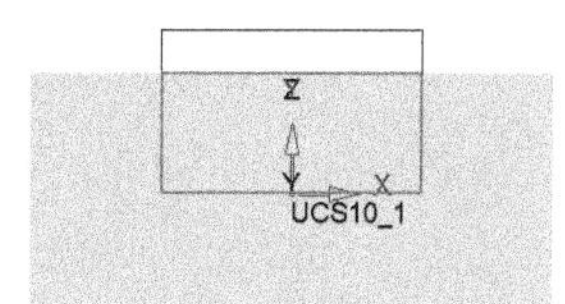

图 2-7　旋转至平面

2.2.3　创建直线

在〖草图〗工具栏中单击〖线〗按钮，即可进行直线的绘制。

1. 指定两点创建直线（自由）

在绘图区单击鼠标指定第一点，接着单击鼠标指定第二点，然后单击鼠标中键确认，如图 2-8 所示。

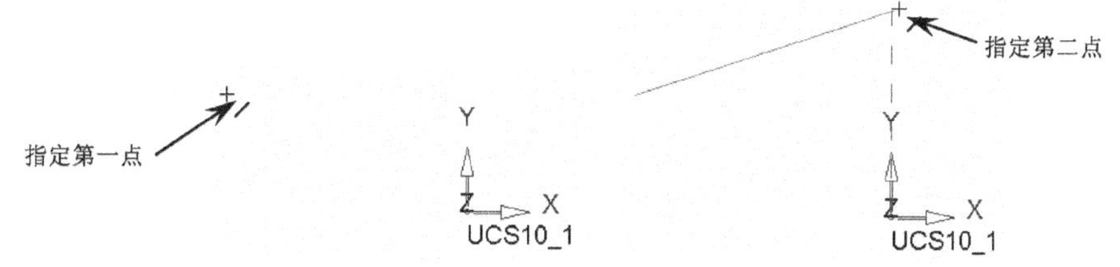

图 2-8　零件设计界面

由于系统默认直线命令创建的是连续的线段，如不需要继续创建可单击鼠标中键退出。

2. 尺寸约束创建直线

在弹出的浮动菜单中选择“自由”选项将其变为“尺寸标注”，接着设置尺寸值，然后单击鼠标指定直线的各个端点，最后单击鼠标中键退出，如图 2-9 所示。

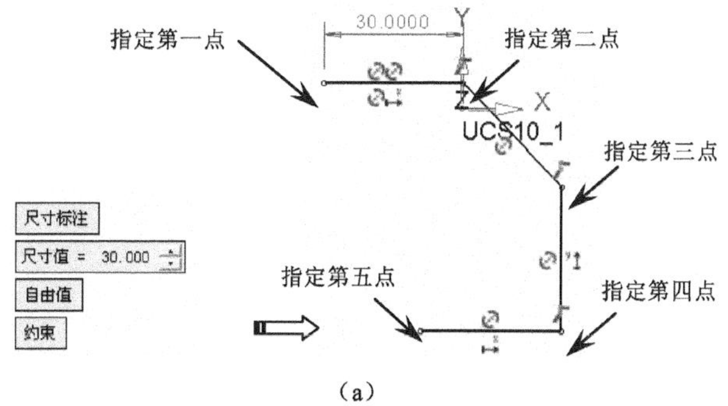

（a）

图 2-9　尺寸约束创建直线

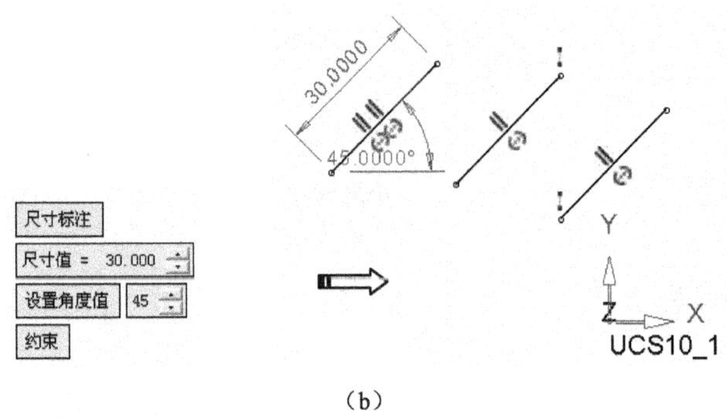

（b）

图 2-9 尺寸约束创建直线（续）

2.2.4 创建圆弧和圆

1. 创建圆

在〖草图〗工具栏中单击〖圆〗按钮，弹出浮动菜单。默认创建圆的方式为“自由”，接着指定圆心和圆上的一点即可创建圆，然后单击鼠标中键退出，如图 2-10 所示。

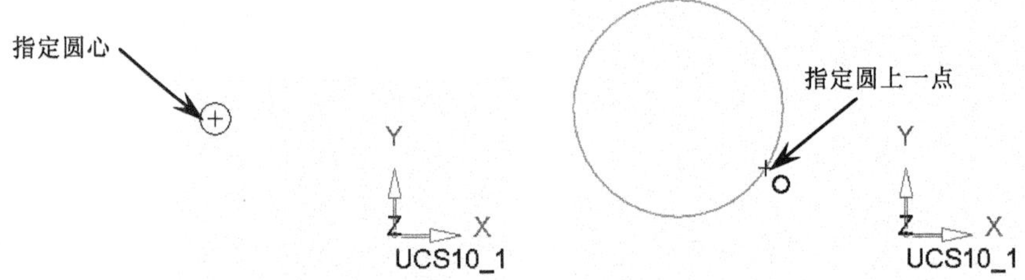

图 2-10 创建圆一

如需创建尺寸约束的圆，则在弹出的浮动菜单中选择“自由”选项将其变为“尺寸标注”，接着设置尺寸值，然后指定圆心的位置即可，如图 2-11 所示，最后单击鼠标中键退出。

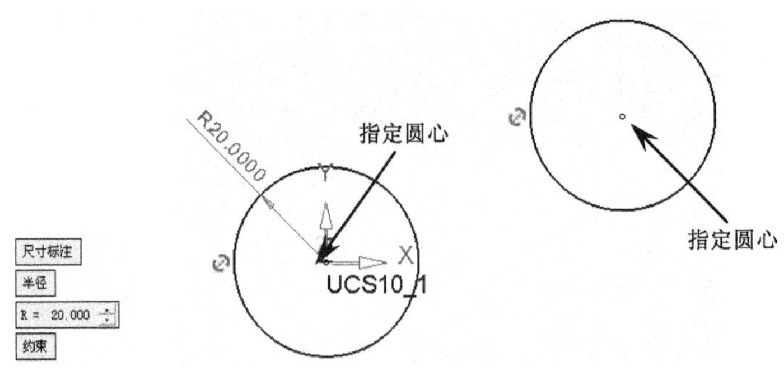

图 2-11 创建圆二

2．创建圆弧

通过指定圆弧上的三点创建圆弧。在〖草图〗工具栏中单击〖圆弧〗按钮，然后依次选择圆弧的三点即可创建圆弧，如图 2-12 所示，最后单击鼠标中键两次或按 Esc 键退出。

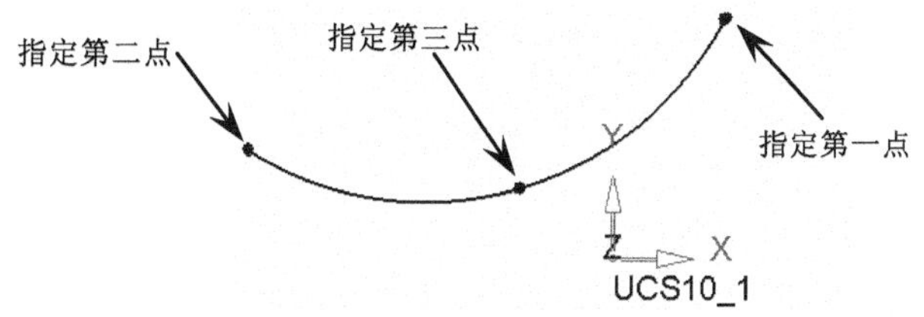

图 2-12　创建圆弧

2.2.5　创建矩形

通过指定矩形的对角两点或设计矩形中心和长、宽来创建矩形。在〖草图〗工具栏中单击〖矩形〗按钮，弹出浮动菜单栏。

1．指定对角两点

默认浮动菜单栏中的“自由”选项，然后依次选择矩形的两个对角点即可创建矩形，如图 2-13 所示，最后单击鼠标中键退出。

2．设置尺寸创建矩形

单击浮动菜单栏中的“自由”选项将其变成“尺寸标注”，接着设置矩形的高度和宽度值，然后指定矩形的中心，如图 2-14 所示，最后单击鼠标中键退出。

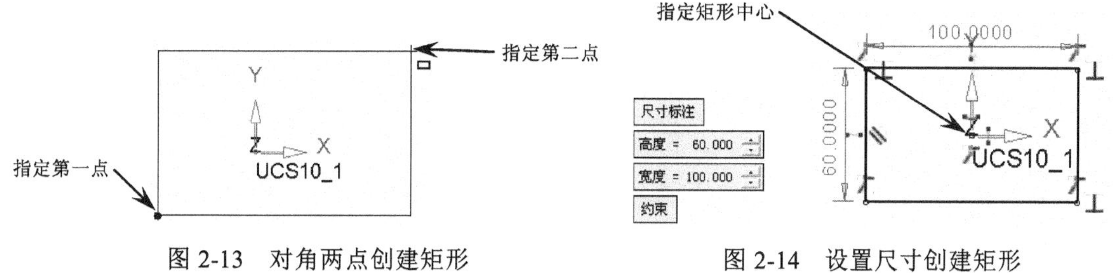

图 2-13　对角两点创建矩形

图 2-14　设置尺寸创建矩形

2.2.6　创建椭圆

通过指定椭圆的中心和椭圆上的任意两点创建椭圆，也可通过设置尺寸和指定椭圆中心确定椭圆。在〖草图〗工具栏中单击〖椭圆〗按钮，弹出浮动菜单栏。

1．指定中心和任意两点

默认浮动菜单栏中的“自由”选项，然后依次选择椭圆中心和任意两点，如图 2-15 所示。

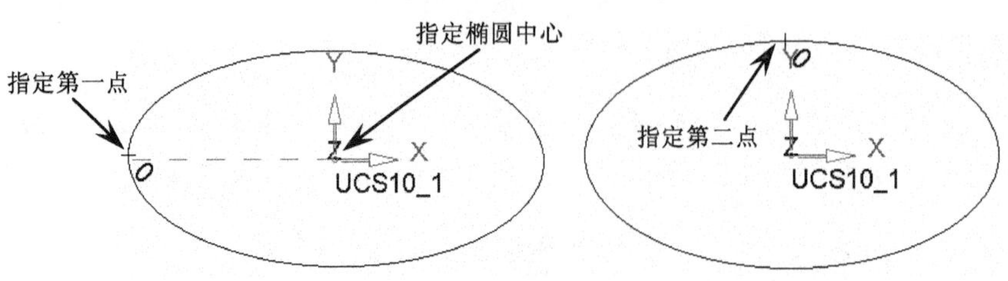

图 2-15　自由创建椭圆

2．尺寸标注创建椭圆

单击浮动菜单栏中的“自由”选项将其变成“尺寸标注”，接着设置椭圆的 X 轴、Y 轴和角度值，然后指定椭圆的中心，如图 2-16 所示，最后单击鼠标中键退出。

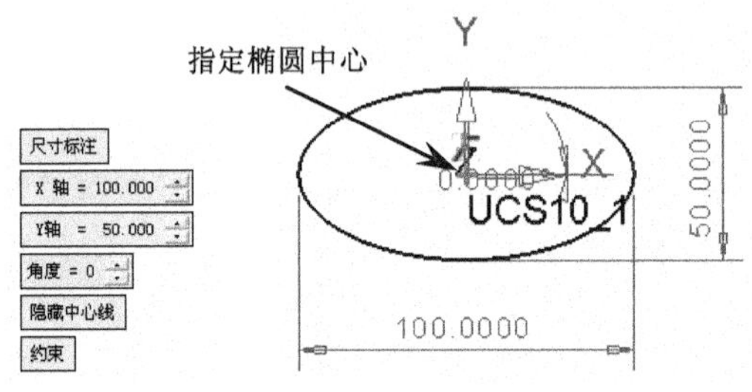

图 2-16　尺寸标注创建椭圆

2.2.7　创建样条线

在〖草图〗工具栏中单击〖样条线〗按钮，然后指定样条线上的各点，如图 2-17 所示。

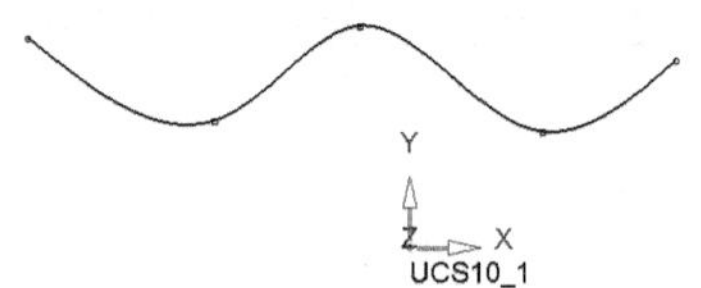

图 2-17　创建样条线

2.2.8　创建点

在〖草图〗工具栏中单击〖点〗按钮，然后指定点的位置即可创建点，如图 2-18 所示。

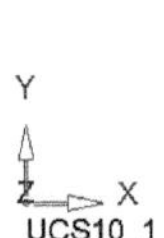

图 2-18　创建点

2.2.9　偏移

对已有的草图曲线进行偏移。在〖草图〗工具栏中单击〖偏移〗按钮，弹出〖Feature Guide〗对话框，接着选择需要偏移的曲线并单击鼠标中键确定，然后在浮动菜单栏中设置偏移值及偏移方向，最后单击按钮，如图 2-19 所示。

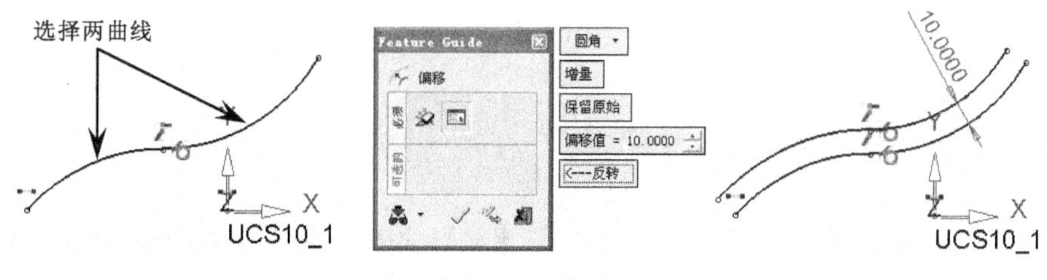

图 2-19　偏移

2.2.10　角落处理

对两相交曲线进行倒圆角，使两者光滑过渡。在〖草图〗工具栏中单击〖角落处理〗按钮，弹出浮动菜单栏，接着设置倒角类型和倒角值，如图 2-20 所示，最后单击鼠标中键退出。

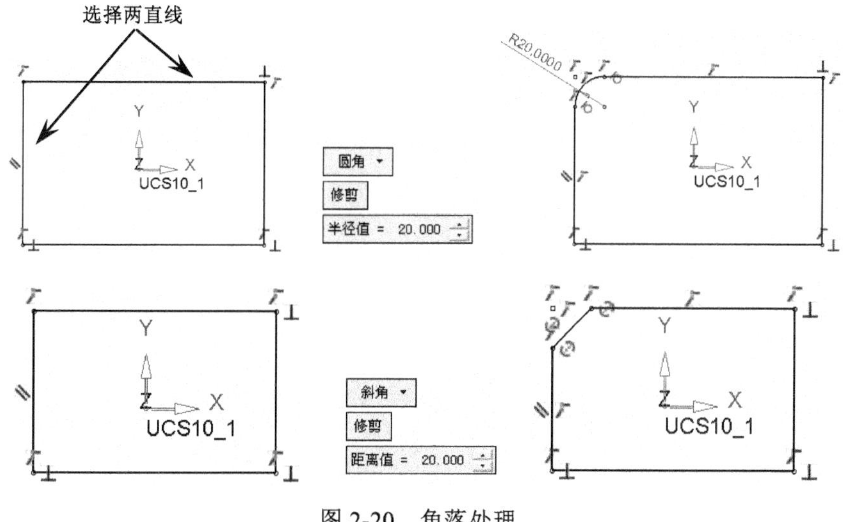

图 2-20　角落处理

2.2.11　动态修剪

修剪或删除选择的任何线段。在〖草图〗工具栏中单击〖动态修剪〗按钮，然后选择需要删除或修剪的线段，如图 2-21 所示。

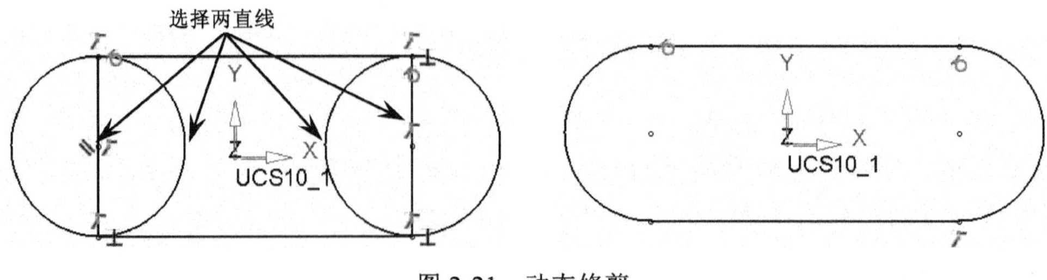

图 2-21　动态修剪

2.2.12　修剪（分割）和延伸

将曲线按对象分割或延伸曲线到指定的对象。在〖草图〗工具栏中单击〖修剪（分割）和延伸〗按钮，弹出〖Feature Guide〗对话框。

1．分割

首先选择需要分割的对象并单击鼠标中键确认，然后选择分割的工具，最后单击✓按钮，如图 2-22 所示。

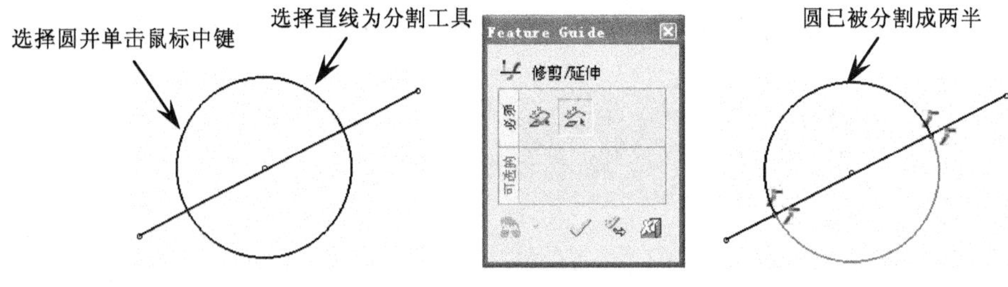

图 2-22　分割

2．延伸

首先选择需要延伸的曲线并单击鼠标中键确认，然后选择延伸到的对象，最后单击✓按钮，如图 2-23 所示。

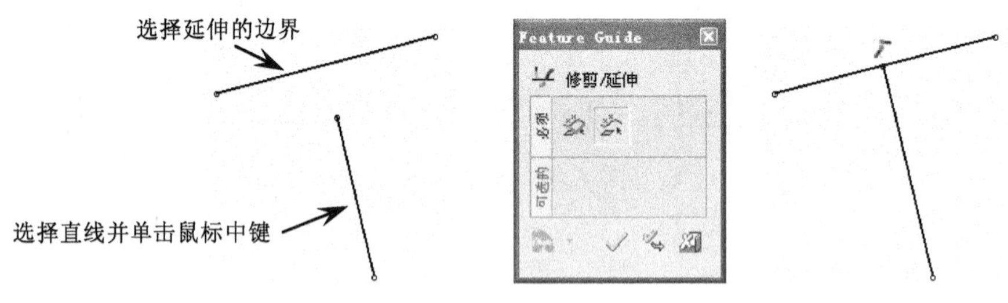

图 2-23　延伸

2.2.13　复制/移动和旋转

对已创建的草图曲线进行复制或移动，主要方式包括点到点、根据增量、阵列和旋转

阵列。在〖草图〗工具栏中单击〖复制/移动和旋转〗按钮，弹出〖Feature Guide〗对话框。

1. 点到点

选择复制或移动的对象并单击鼠标中键确认，接着在弹出的浮动菜单中设置相应的参数，然后依次选择原点和终止点，如图 2-24 所示，最后单击✓按钮。

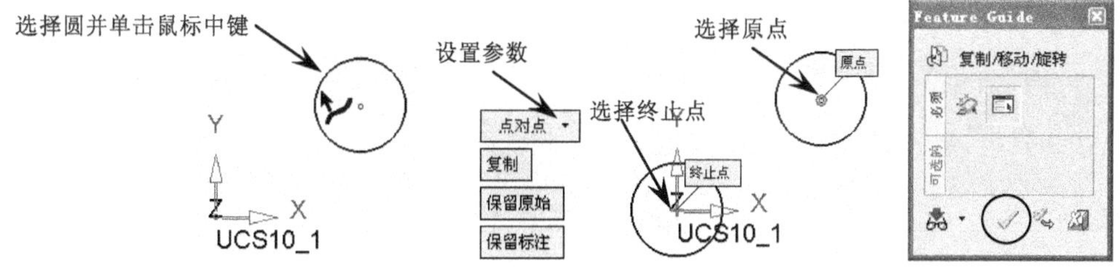

图 2-24 点到点

2. 根据增量

选择复制或移动的对象并单击鼠标中键确认，接着在弹出的浮动菜单中设置相应的参数，如图 2-25 所示，最后单击✓按钮。

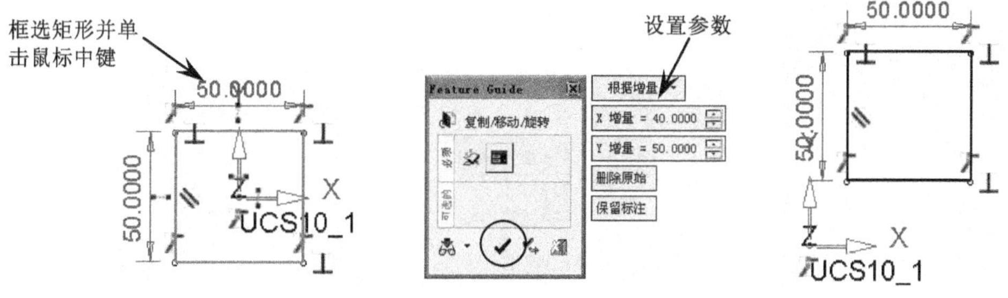

图 2-25 根据增量

3. 阵列

选择阵列的对象并单击鼠标中键确认，接着在弹出的浮动菜单中设置相应的参数，如图 2-26 所示，最后单击✓按钮。

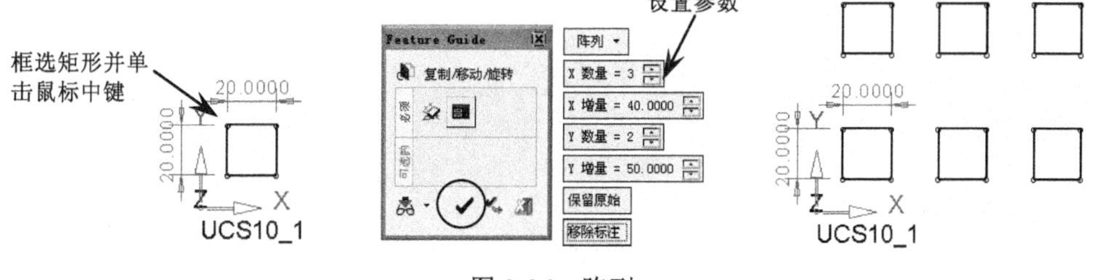

图 2-26 阵列

4．旋转阵列

选择旋转阵列的对象并单击鼠标中键确认，接着在弹出的浮动菜单中设置相应的参数，如图 2-27 所示，最后单击✓按钮。

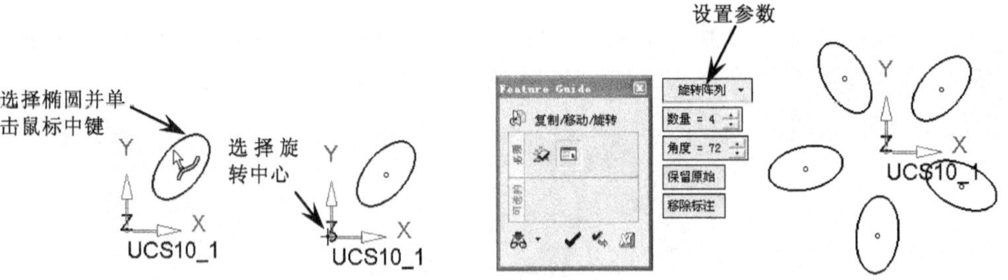

图 2-27　旋转阵列

2.2.14　镜像

创建曲线关于中心轴对称。首先选择需要镜像的曲线，接着在〖草图〗工具栏中单击〖镜像〗按钮，然后选择中心轴即可创建镜像特征，如图 2-28 所示。

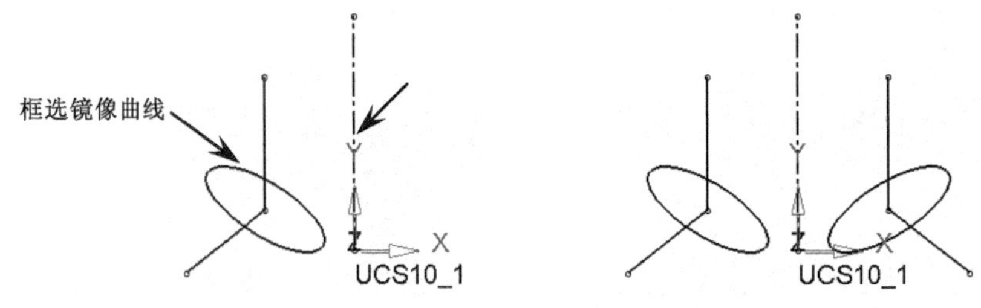

图 2-28　镜像

没选择草图曲线前，〖镜像〗按钮是呈灰色不可选状态的。

2.2.15　约束

草图约束是保证草图绘制正确的基本手段，通过约束可以确定各曲线之间的关系，如相切、平行、垂直、同心、等半径、共点和对齐等。

1．约束过滤器

约束过滤器的作用在于绘制图形时自动捕捉点和生成具有一定约束条件的曲线，当绘制图形时在接近约束位置时，系统将会自动产生符合条件的约束。

在〖草图〗工具栏中单击〖约束过滤器〗按钮，弹出〖约束〗对话框，如图 2-29

所示。如在〖约束〗对话框中去除“相切”选项的勾选，则绘制时将不会产生“相切”的约束。

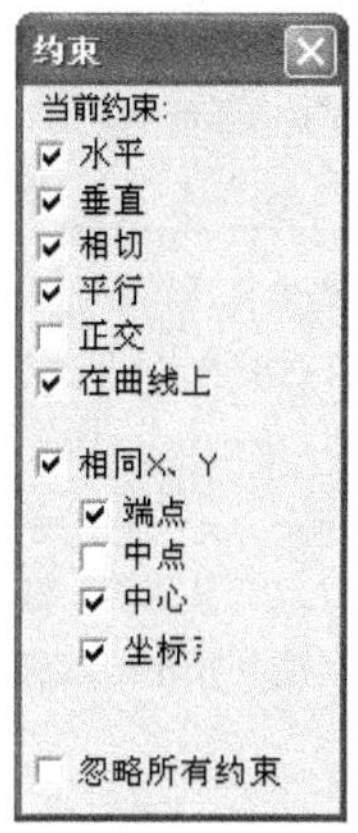

图 2-29 〖约束〗对话框

当绘制一些曲线较多且较复杂的草图时，则可在〖约束〗对话框中勾选“忽略所有约束”选项，这样可避免一些不需要约束的线被约束。

2. 增加约束

通过选择图形对其进行约束。在〖草图〗工具栏中单击〖增加约束〗按钮，弹出〖增加约束〗工具栏，如图 2-30 所示，其中常用的草图约束如表 2-1 所示。

图 2-30 〖增加约束〗工具栏

此时〖增加约束〗工具栏中的命令都呈灰色状态，当选择相关的曲线后才会显示可用。

表 2-1 常用的草图约束

约束名称	图　标	说　明	图　解
竖直		使直线竖直放置。选择直线，然后在〖增加约束〗工具栏中单击〖竖直〗按钮	

续表

约束名称	图　标	说　明	图　解
水平		使直线水平放置。选择直线，然后在〖增加约束〗工具栏中单击〖水平〗按钮	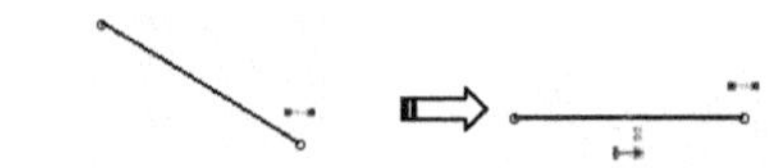
平行		使两直线平行。首先选择两直线，然后在〖增加约束〗工具栏中单击〖平行〗按钮	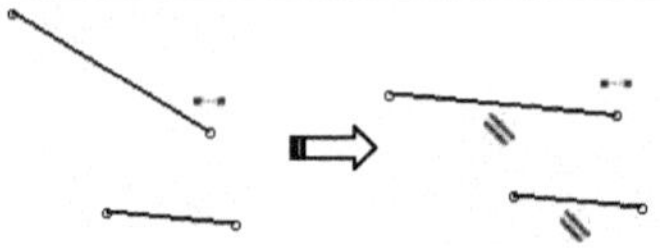
垂直		使两直线垂直。首先选择两直线，然后在〖增加约束〗工具栏中单击〖垂直〗按钮	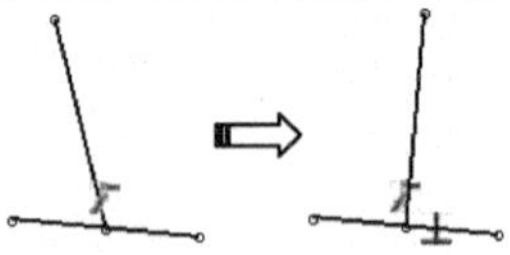
相切		使直线与圆弧或圆弧与圆弧相切。首先选择两相切对象，然后在〖增加约束〗工具栏中单击〖相切〗按钮	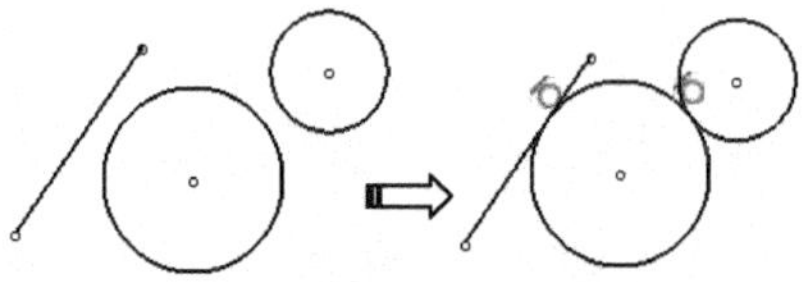
同心		使两圆弧同心。首先选择两圆弧，然后在〖增加约束〗工具栏中单击〖同心〗按钮	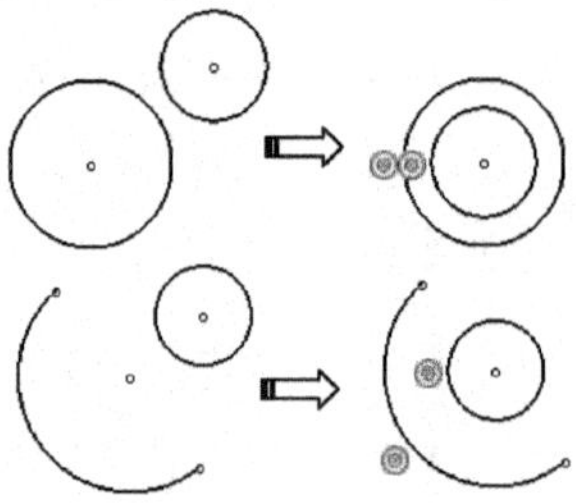
等半径		使两圆弧半径相等。首先选择两圆弧，然后在〖增加约束〗工具栏中单击〖等半径〗按钮	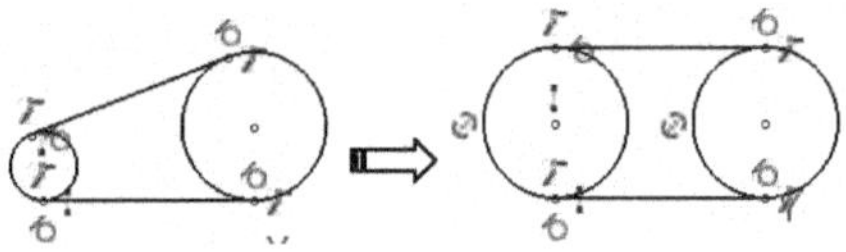
共点（一致）		使曲线重合。首先选择两曲线的端点，然后在〖增加约束〗工具栏中单击〖一致〗按钮	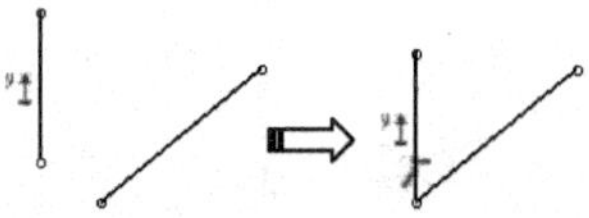
相同 X		使曲线的端点或中心在同一竖直方向上。首先选择两个或多个曲线端点或中心点，然后在〖增加约束〗工具栏中单击〖相同 X〗按钮	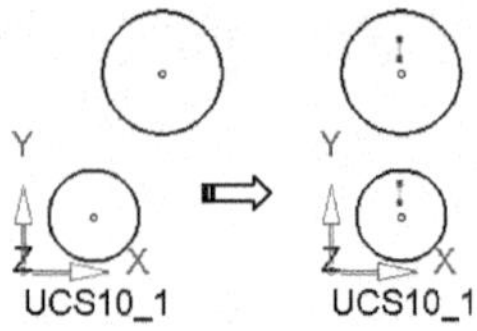 Y Z X UCS10_1 Y Z X UCS10_1
相同 Y		使曲线的端点或中心在同一水平方向上。首先选择两个或多个曲线端点或中心，然后在〖增加约束〗工具栏中单击〖相同 Y〗按钮	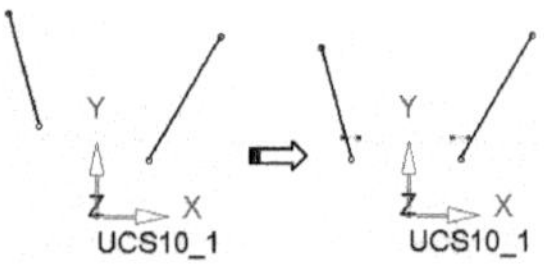 Y Z X UCS10_1 Y Z X UCS10_1

续表

约束名称	图　标	说　明	图　解
固定	🖈	使图形的位置和大小固定。首先选择需固定的图形，然后在〖增加约束〗工具栏中单击〖固定〗🖈按钮	

选择相关的草图曲线后，〖增加约束〗工具栏中的命令才会显示可用状态。

3. 删除约束

绘制图形时，有时会产生一些不必要的自动约束，导致整体图形出现过约束的情况，此时需要将这些多余约束删除掉。

首先要保证各种约束状态处于可见状态，如果不可见可在绘图区内单击鼠标右键，接着在弹出的〖右键〗菜单中选择〖显示约束〗命令即会显示所有的图形约束。选择图形中需要删除的约束条件，然后在键盘上按 Delete 键或单击鼠标右键，并在弹出的〖右键〗菜单中选择〖删除〗命令即会删除该多余的约束，如图 2-31 所示。

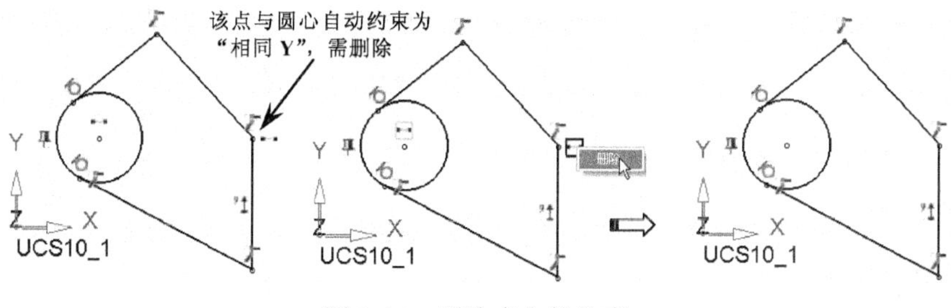

图 2-31　删除多余的约束

只有将多余的约束删除，才方便于后面的尺寸标注。

2.2.16　尺寸标注

在实际的草图设计中，多数都是先将草图的形状全部绘制好，再进行尺寸标注，这样可保证草图设计的准确性。

CimatronE 软件尺寸标注时采用的是智能标注的方法，可以进行直线长度、距离、圆弧直径和半径、直线角度的标注。在〖草图〗工具栏中单击〖尺寸〗按钮，然后选择需要标注的尺寸即可。常用的尺寸标注如表 2-2 所示。

表 2-2　常用的尺寸标注

尺寸名称	图　标	说　明	图　解
直线长度标注		选择需要标注的直线，接着单击鼠标左键来指定尺寸的放置位置，然后修改尺寸即可	137.5937 修改尺寸为 100 100.0000
两点尺寸标注		依次选择两点，接着单击鼠标左键来指定尺寸的放置位置，然后修改尺寸即可。注意：指定尺寸线位置影响尺寸标注不水平标注或竖直标注	80.0000 190.0000 UCS10_1
距离标注		标注两图素之间的距离。选择两图素，接着单击鼠标左键来指定尺寸的放置位置，然后修改尺寸即可	166.1328 UCS10_1
半径和直径标注		标注圆弧和圆的半径或直径。选择圆弧或圆，接着单击鼠标左键来指定尺寸的放置位置，然后修改尺寸即可	Ø73.2681 R30.0000 UCS10_1

要点提示　由于 CimatronE 系统默认草图标注为 4 位小数，如果草图线条多则会给标注带来较大的麻烦，在满足设计公差的条件下可修改为 1 位小数。在菜单栏中选择〖工具〗/〖预设定〗命令，弹出〖预设定编辑器〗对话框，然后根据图 2-32 所示进行设置即可。

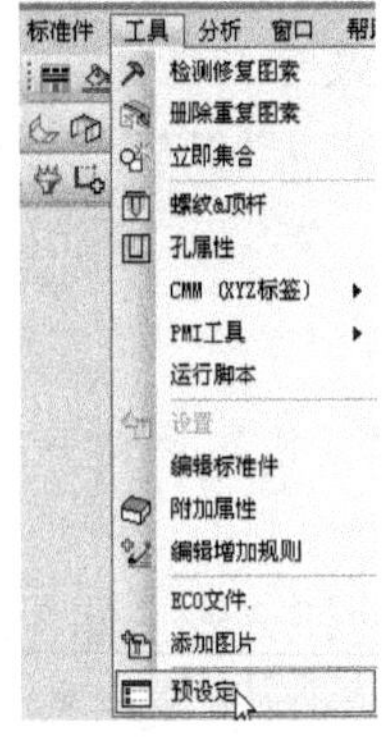

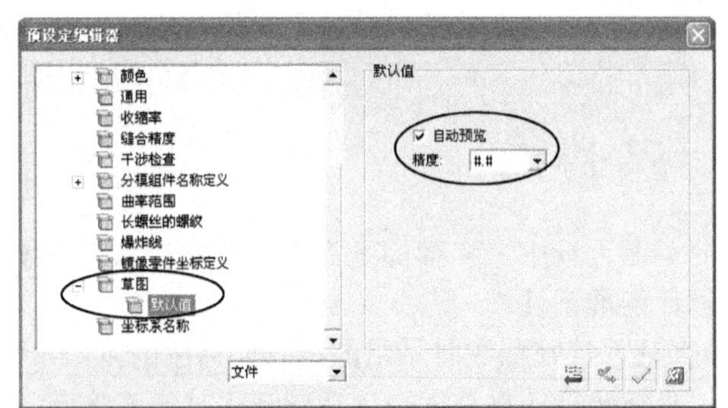

图 2-32　设置标注精度

2.2.17 显示开放点

当绘制一些线条较多的图形时，则容易将一些小而短的多余曲线忽略掉，导致创建的曲线无法生成实体或曲面。“显示开放点”功能是将一些不易被发觉的开放区域显示出来，从而进行针对性的修改。

在〖草图工具〗工具条中单击〖显示开放点〗按钮，即会将图形中的开放点清楚地用红圈标识出来，如图 2-33 所示。

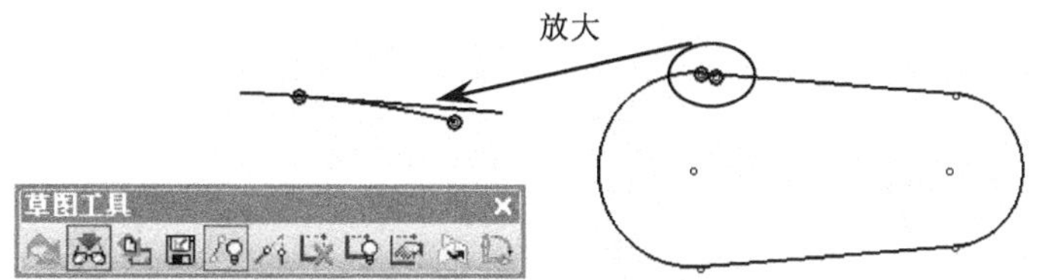

图 2-33　显示开放点

为了更清楚地查看图形中哪个部位存在开放点，可同时在〖草图工具〗工具栏中单击〖显示约束〗按钮不显示图形中的约束。

2.3 草图设计实例特训

为进一步提高读者的草图绘制综合能力，本节通过三个非常有代表性的实例详细介绍草图设计的步骤，而且过程中包含了较多的技巧，很值得读者认真掌握。

2.3.1 草图实例特训一——机械零件草图一的设计

绘制如图 2-34 所示的零件草图一。

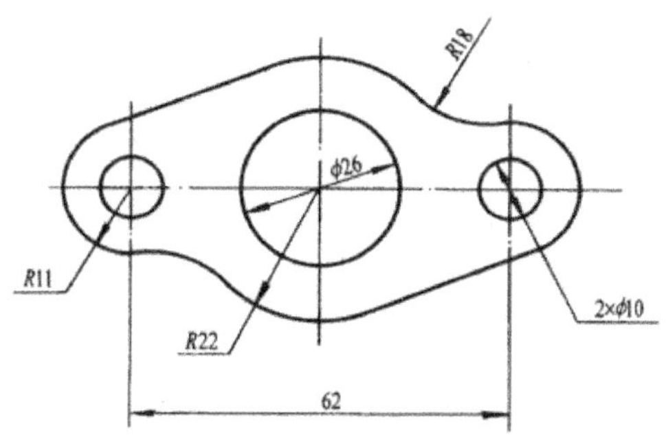

图 2-34　零件草图一

（1）在电脑桌面双击图标，启动 CimatronE 10.0 软件。

（2）在弹出的〖新建文件〗对话框中设置单位为“毫米”，并选择零件图标，然后单击 确定 按钮进入零件设计界面。

（3）设置草图标注精度。在菜单中选择〖工具〗/〖预设定〗命令，弹出〖预设定编辑器〗对话框，然后设置如图 2-35 所示的标注精度，最后单击按钮退出。

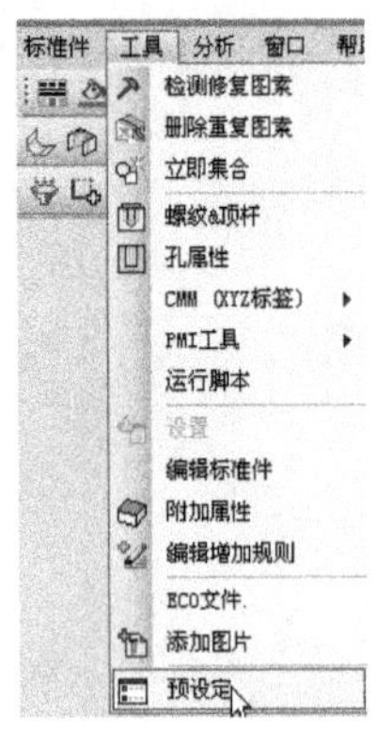

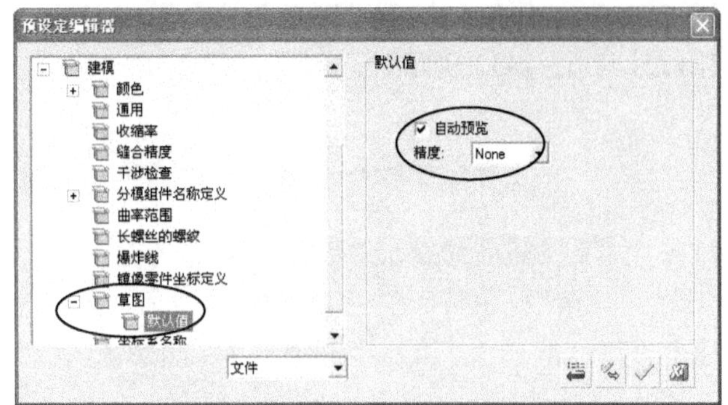

图 2-35　设置标注精度

（4）进入草图。在〖草图〗工具栏中单击〖草图〗按钮，然后单击鼠标中键默认 XY 平面为草图平面，进入草图环境。

（5）创建圆。在〖草图〗工具栏中单击〖圆〗按钮，弹出浮动菜单。默认“自由”选项，然后创建如图 2-36 所示的四个圆。

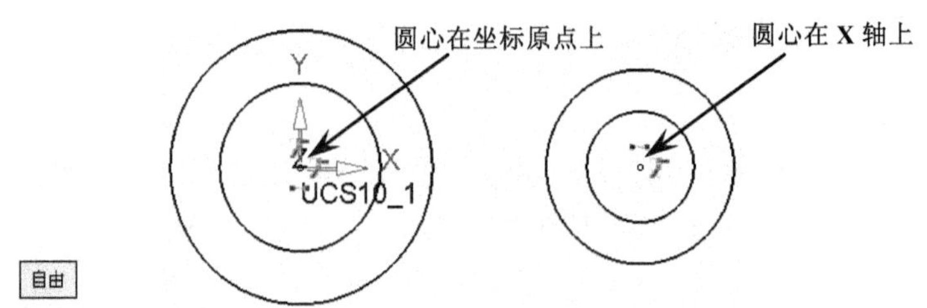

图 2-36　创建圆

（6）标注尺寸。在〖草图〗工具栏中单击〖尺寸〗按钮，然后标注如图 2-37 所示的尺寸。

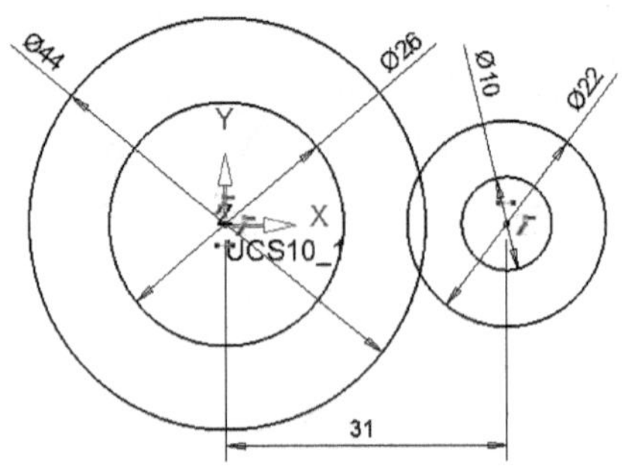

图 2-37　标注尺寸

细心的读者可以发现，当图形受到完全约束后，其颜色是紫红色的，否则图形的颜色为蓝色。

（7）创建对称线。在〖草图〗工具栏中单击〖对称〗按钮，然后标注如图 2-38 所示的尺寸，最后再次单击〖对称〗按钮退出命令。

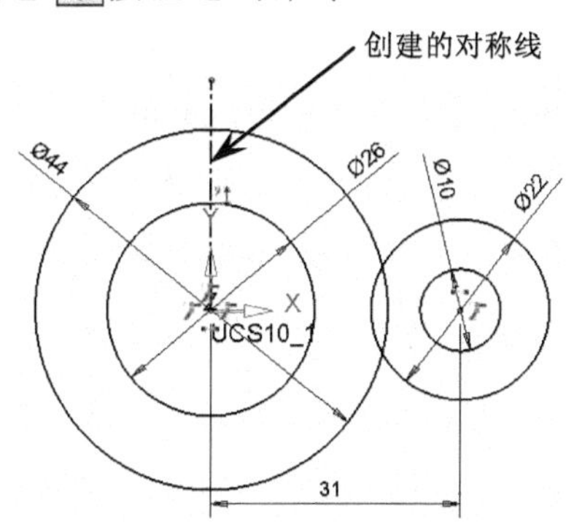

图 2-38　创建对称线

（8）镜像。首先选择直径为 10 和 22 的两个圆，接着在〖草图〗工具栏中单击〖镜像〗按钮，然后选择上一步创建的对称线即可镜像曲线，结果如图 2-39 所示。

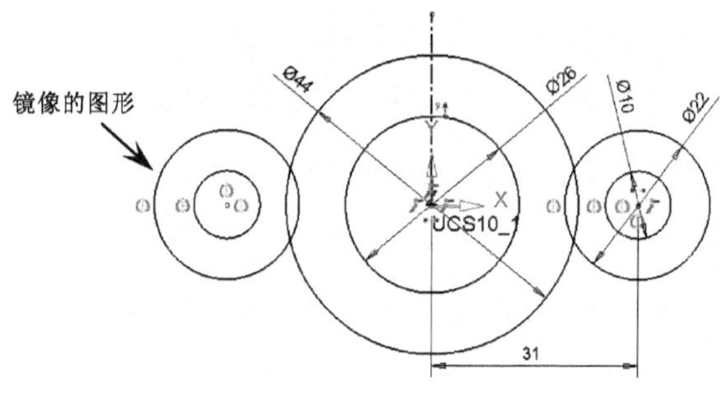

图 2-39　镜像图形

（9）创建直线。在〖草图〗工具栏中单击〖线〗按钮，然后创建如图 2-40 所示的两条直线，且直线的端点在圆上。

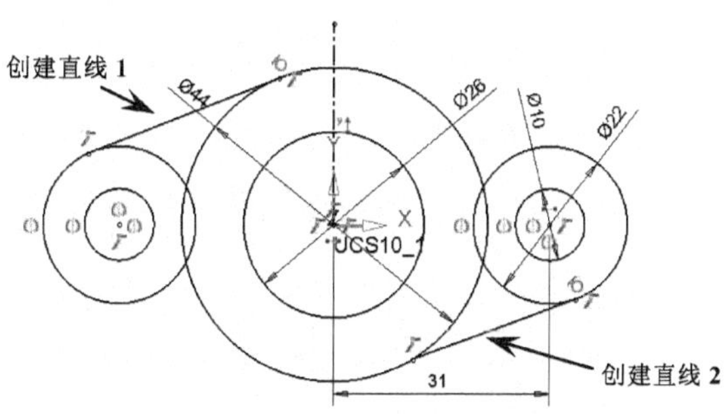

图 2-40　创建直线

（10）创建圆弧。在〖草图〗工具栏中单击〖圆弧〗按钮，然后创建如图 2-41 所示的两条圆弧，圆弧的端点在圆上。

（11）约束相切。在〖草图〗工具栏中单击〖增加约束〗按钮，弹出〖增加约束〗工具栏，然后约束两直线与圆相切，约束两圆弧与圆相切，如图 2-42 所示。

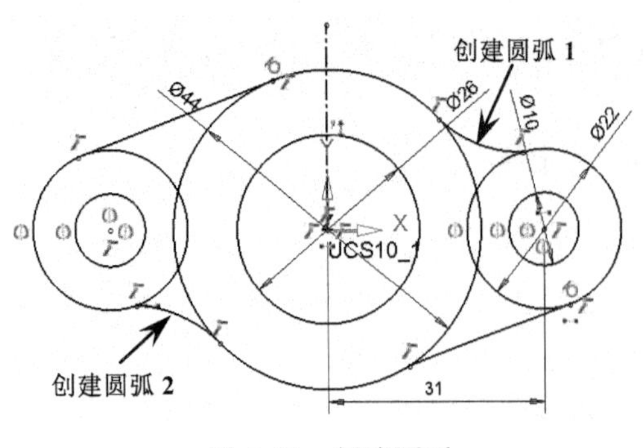

图 2-41　创建圆弧

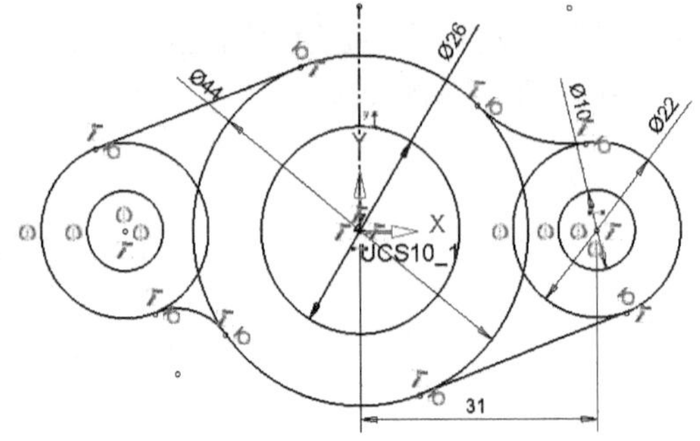

图 2-42　约束相切

1. 约束图形相切时，要先选择被相切的对象，然后再在〖增加约束〗工具栏中单击〖相切〗按钮即可实现图形相切。

2. 图形中的约束符号是，如创建图形时已出现该符号则表示图形已自动进行相切约束。

（12）约束等半径。首先选择前面创建的两条圆弧，然后在〖增加约束〗工具栏中单击〖相同值〗按钮，如图 2-43 所示。

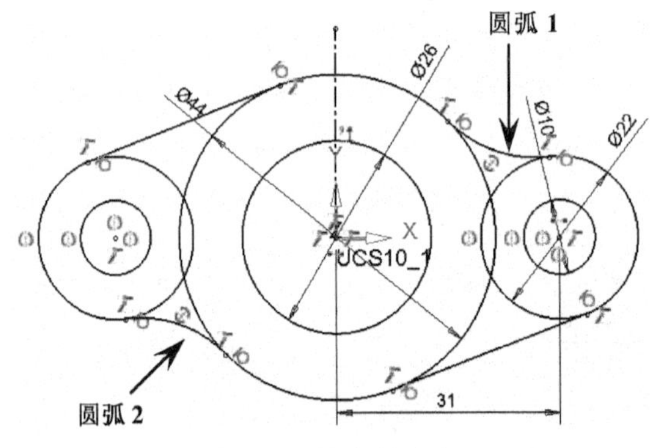

图 2-43　约束等半径

（13）标注尺寸。在〖草图〗工具栏中单击〖尺寸〗按钮，然后标注如图 2-44 所示的圆弧半径。

（14）修剪曲线。在〖草图〗工具栏中单击〖动态修剪〗按钮，然后将图形中多余的曲线修剪掉，结果如图 2-45 所示。

（15）检验草图。在〖草图工具〗工具栏中单击〖显示约束〗按钮将所有的约束隐藏，然后单击〖显示开放点〗按钮，图形中并没出现小红圈，如图 2-46 所示，说明所创建的图形并没有开放的区域。

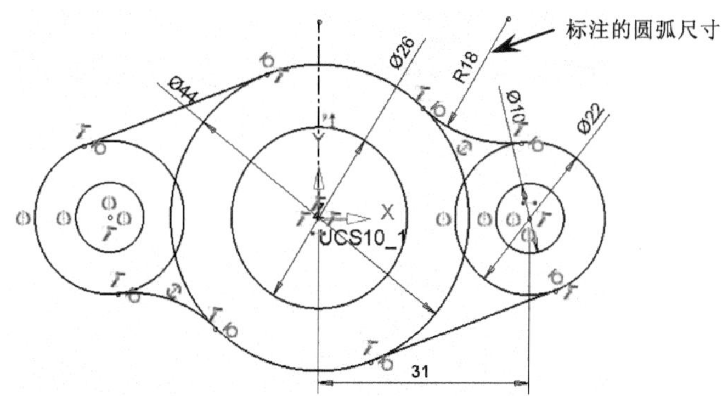

图 2-44　标注尺寸

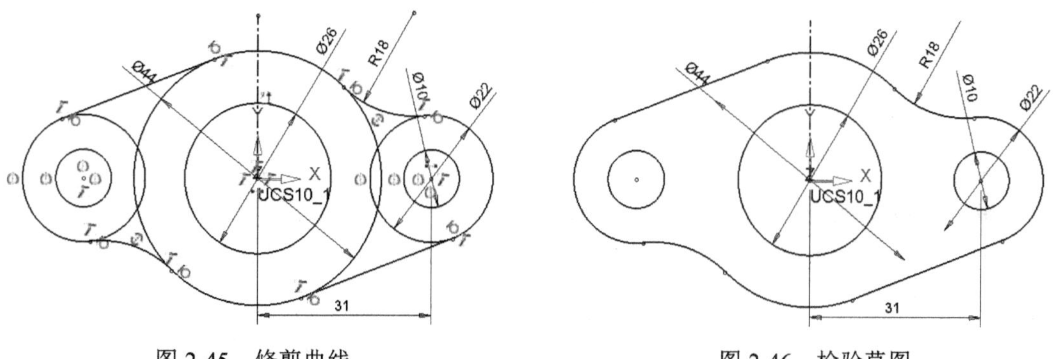

图 2-45　修剪曲线　　　　图 2-46　检验草图

（16）退出草图。在〖草图〗工具栏中单击〖完成并退出草图〗按钮退出草图环境，如图 2-47 所示。

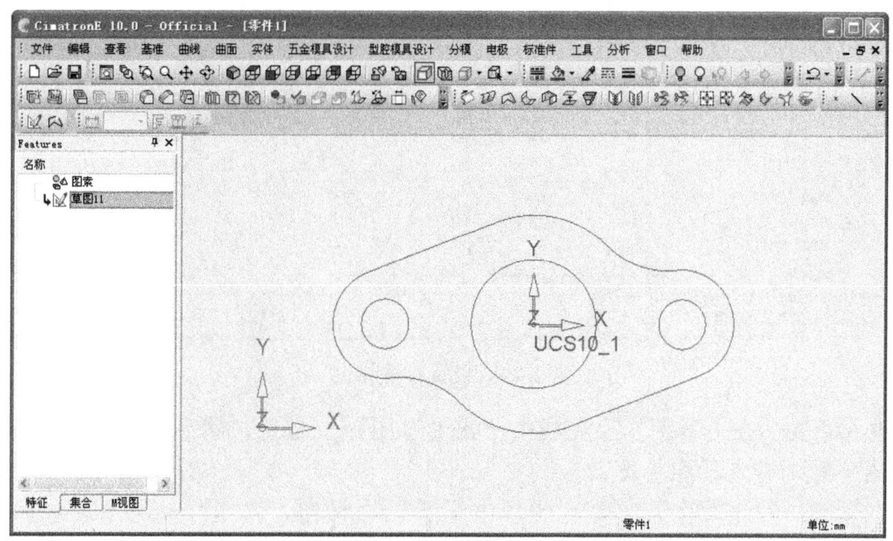

图 2-47　退出草图

（17）保存文件。在〖标准〗工具栏中单击〖保存〗按钮，接着在弹出的〖CimatronE 浏览器〗对话框中设置文件的名称和保存路径即可。

2.3.2　草图实例特训二——机械零件草图二的设计

绘制如图 2-48 所示的零件草图二。

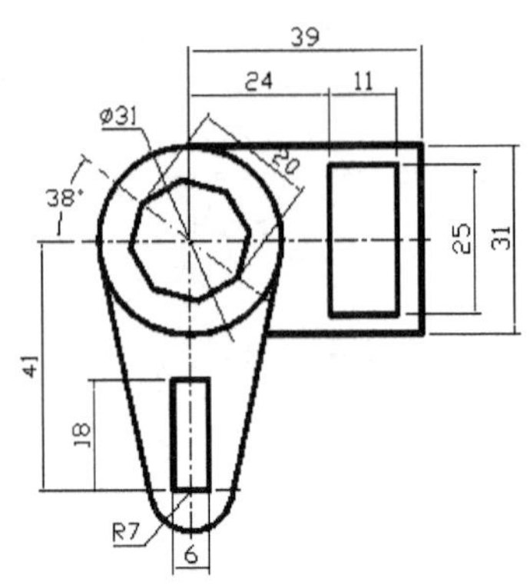

图 2-48　零件草图二

（1）在电脑桌面双击图标，启动 CimatronE 10.0 软件。

（2）在弹出的〖新建文件〗对话框中设置单位为“毫米”，并选择零件图标，然后单击 确定 按钮进入零件设计界面。

（3）设置草图标注精度。在菜单中选择〖工具〗/〖预设定〗命令，弹出〖预设定编辑器〗对话框，然后设置如图 2-49 所示的标注精度，最后单击按钮退出。

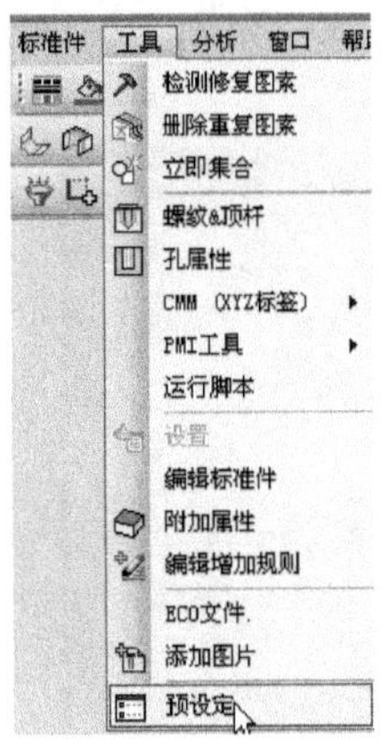

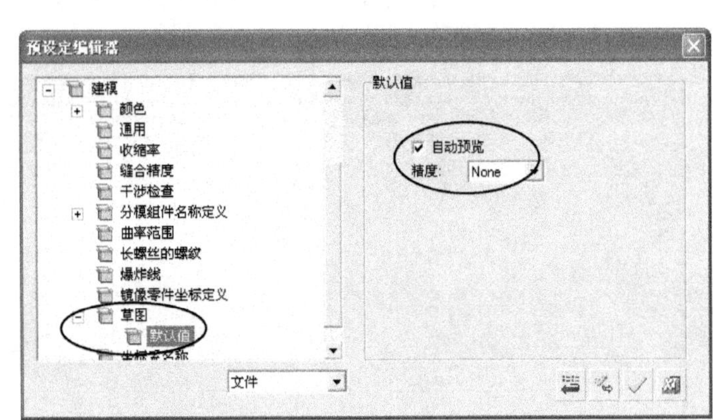

图 2-49　设置标注精度

（4）进入草图。在〖草图〗工具栏中单击〖草图〗按钮，然后单击鼠标中键默认 XY 平面为草图平面，进入草图环境。

（5）创建圆。在〖草图〗工具栏中单击〖圆〗按钮，弹出浮动菜单。选择“自由”选项将其变成“尺寸标注”，然后创建如图 2-50 所示的两个圆。

（6）标注尺寸。在〖草图〗工具栏中单击〖尺寸〗按钮，然后标注如图 2-51 所示的尺寸。

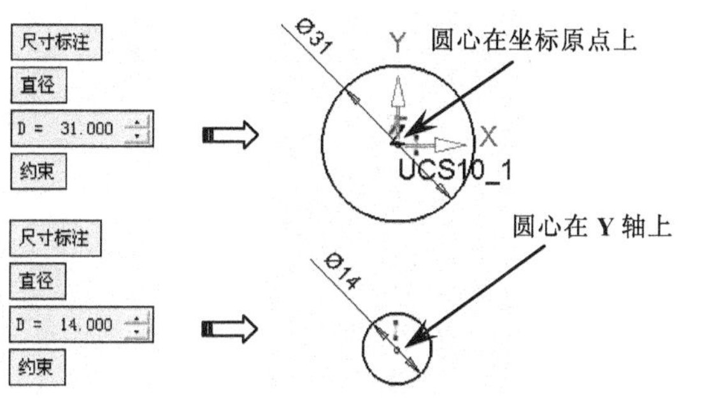

图 2-50　创建圆

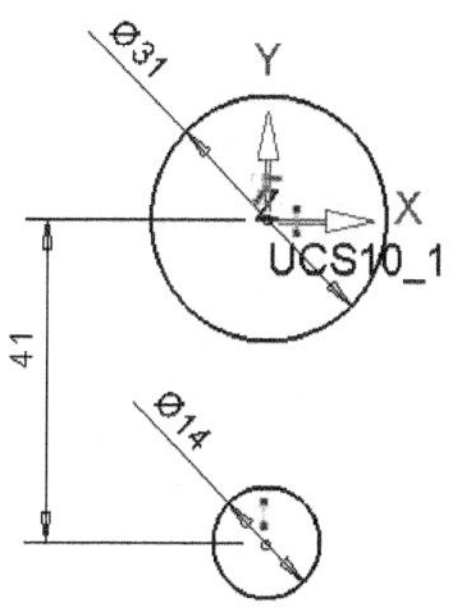

图 2-51　标注尺寸

（7）创建直线。在〖草图〗工具栏中单击〖线〗按钮，然后创建如图 2-52 所示的两条直线，且直线的端点在圆上。

（8）约束相切。在〖草图〗工具栏中单击〖增加约束〗按钮，弹出〖增加约束〗工具栏，然后约束两直线与圆相切，如图 2-53 所示。

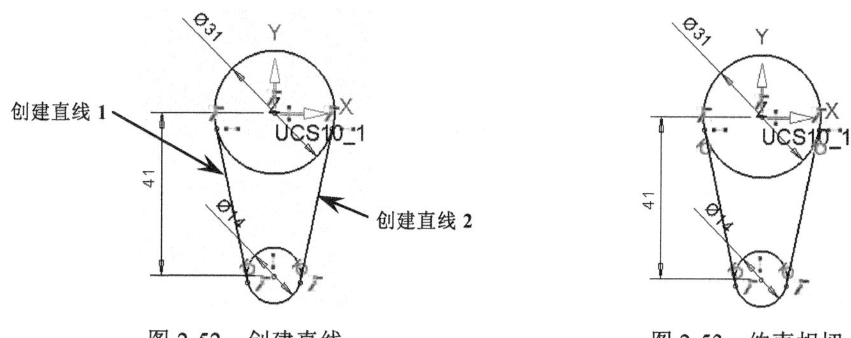

图 2-52　创建直线　　图 2-53　约束相切

（9）创建矩形。在〖草图〗工具栏中单击〖矩形〗按钮，默认“自由”选项，然后创建如图 2-54 所示的矩形。

（10）标注尺寸。在〖草图〗工具栏中单击〖尺寸〗按钮，然后标注如图 2-55 所示的矩形尺寸。

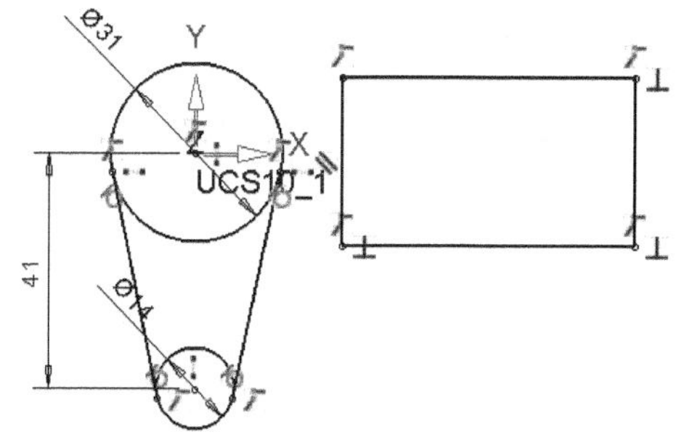

图 2-54　创建矩形

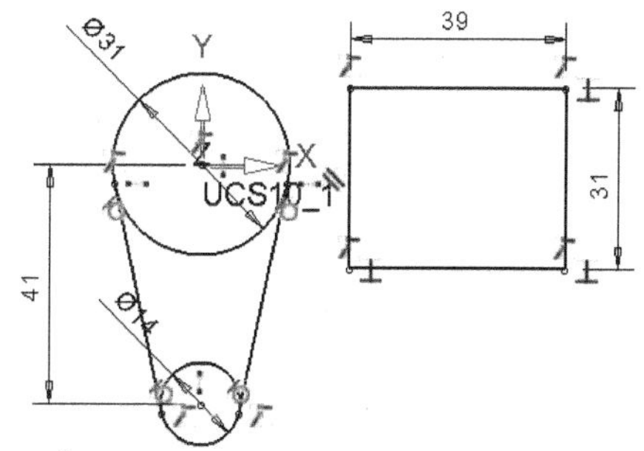

图 2-55　标注尺寸

（11）约束相切。在〖草图〗工具栏中单击〖增加约束〗按钮，弹出〖增加约束〗工具栏，然后约束矩形顶部直线与圆相切，如图 2-56 所示。

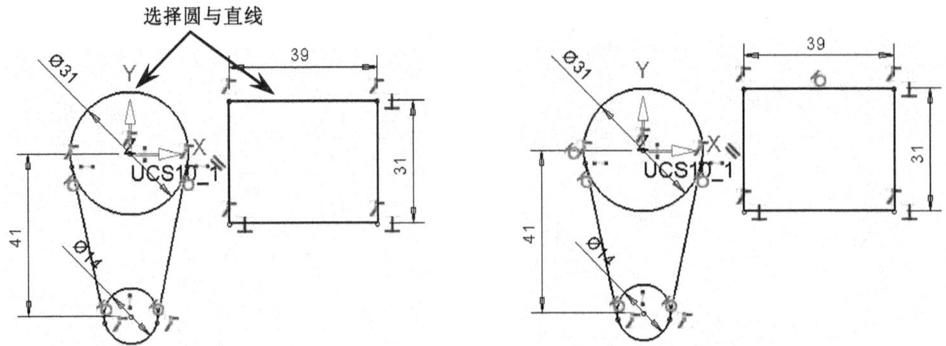

图 2-56　约束相切

（12）约束相同 X。首先选择如图 2-57（a）所示的两点，然后在〖增加约束〗工具栏中单击〖相同 X〗按钮，如图 2-57（b）所示。

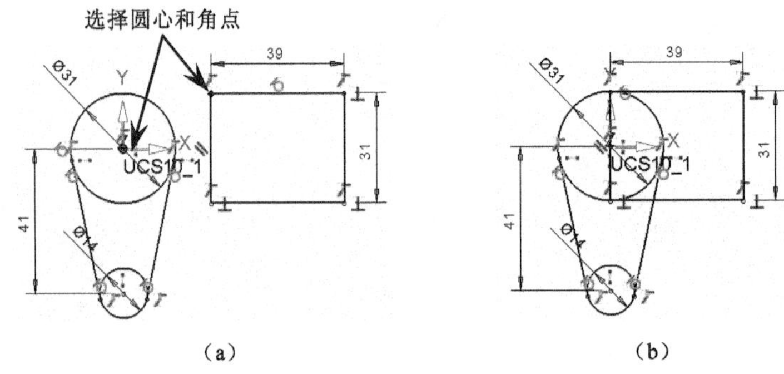

图 2-57　约束相同 X

（13）修剪曲线。在〖草图〗工具栏中单击〖动态修剪〗按钮，然后将图形中多余的曲线修剪掉，结果如图 2-58 所示。

（14）创建矩形。在〖草图〗工具栏中单击〖矩形〗按钮，默认“自由”选项，然后创建如图 2-59 所示的矩形。

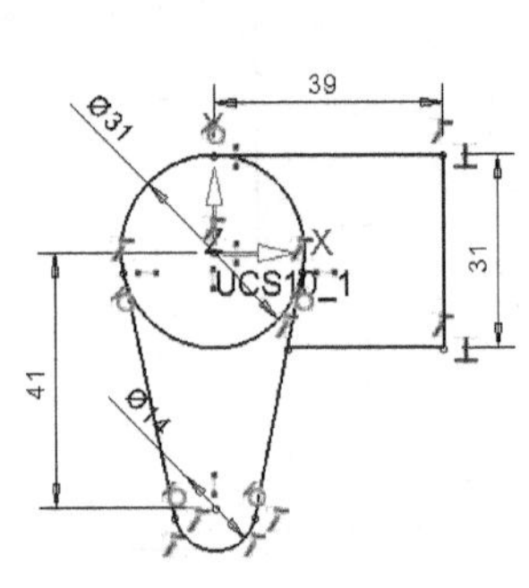

图 2-58　修剪曲线

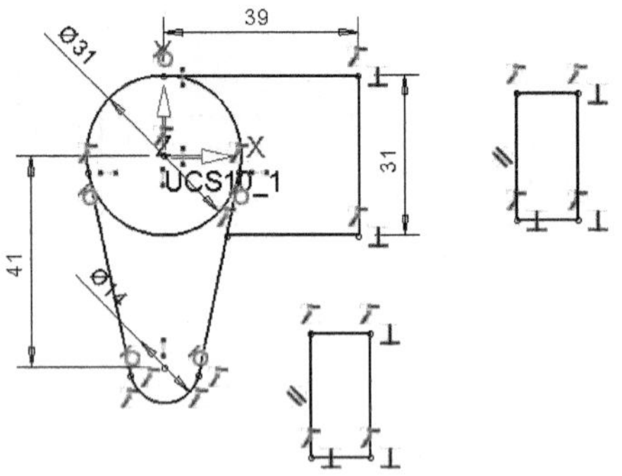

图 2-59　创建矩形

（15）标注尺寸。在〖草图〗工具栏中单击〖尺寸〗按钮，然后标注如图 2-60 所示的矩形尺寸。

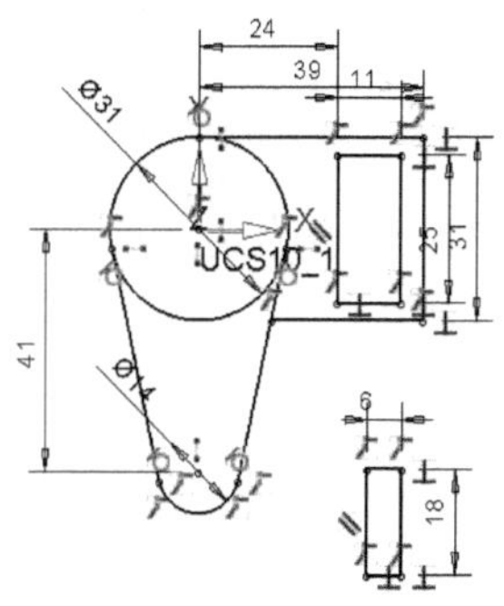

图 2-60　标注尺寸

（16）约束共点。首先选择如图 2-61 所示的两点，然后在〖增加约束〗工具栏中单击〖一致〗按钮。

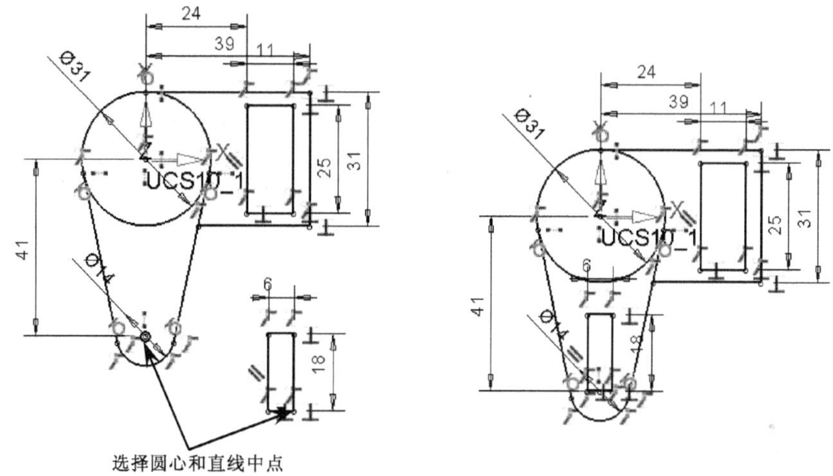

图 2-61　约束共点

（17）创建圆。在〖草图〗工具栏中单击〖圆〗按钮，弹出浮动菜单。选择“自由”选项将其变成“尺寸标注”，然后创建如图 2-62 所示的圆。

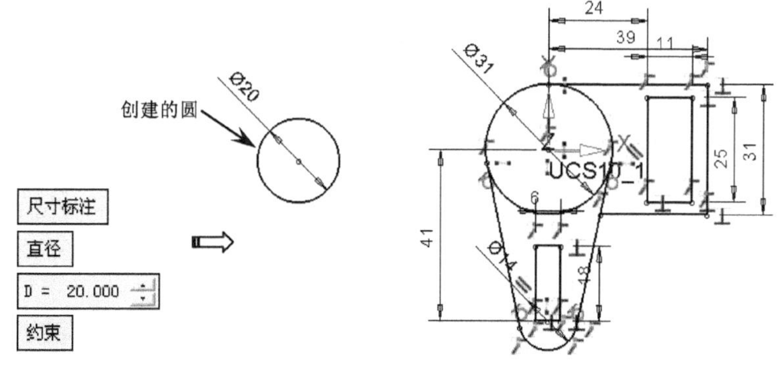

图 2-62　创建圆

（18）创建对称线。参考前面的操作，创建如图 2-63 所示的四条直线。

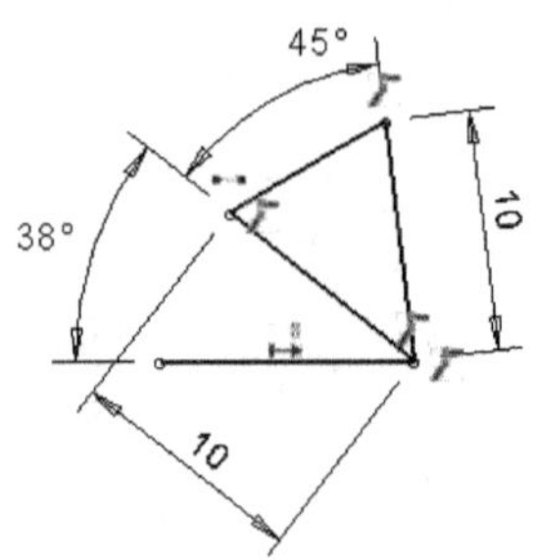

图 2-63　创建直线

（19）旋转阵列对称线。在〖草图〗工具栏中单击〖复制/移动和旋转〗按钮，弹出〖Feature Guide〗对话框，接着选择如图 2-64（a）所示的对称线并单击鼠标中键，然后设置如图 2-64（b）所示的参数，最后选择圆心为旋转中心。

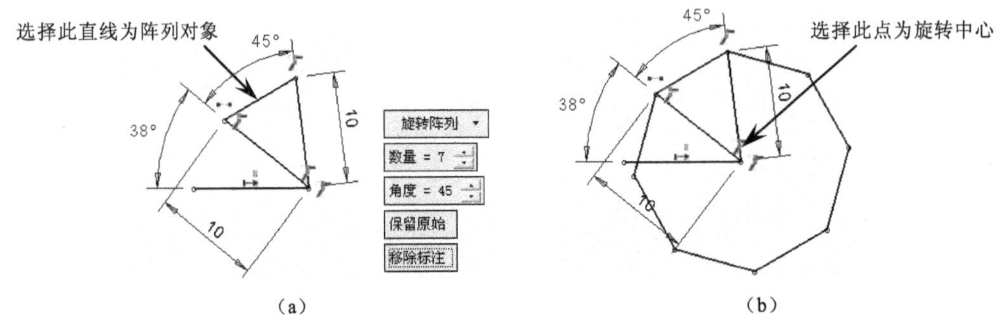

图 2-64　旋转阵列直线

（20）移动 8 角边。在〖草图〗工具栏中单击〖复制/移动和旋转〗按钮，弹出〖Feature Guide〗对话框，接着选择 8 角边并单击鼠标中键，然后设置如图 2-65 所示的参数，最后选择如图 2-65 所示的两个端点。

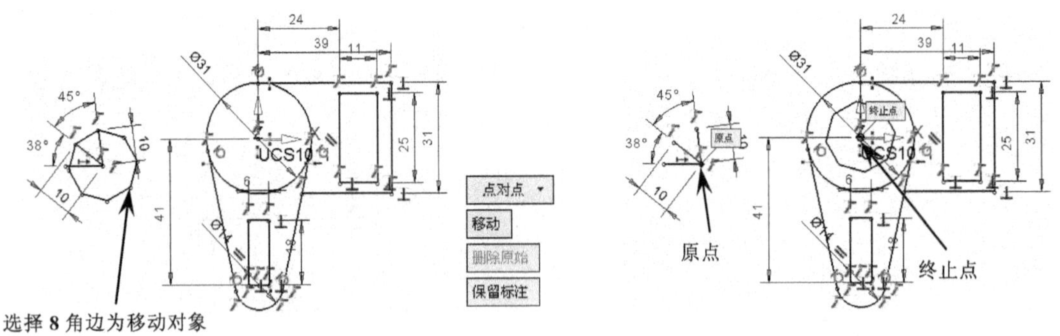

图 2-65　移动 8 角边

（21）删除辅助直线，如图 2-66 所示。

（22）退出草图。在〖草图〗工具栏中单击〖完成并退出草图〗按钮退出草图环境，如图 2-67 所示。

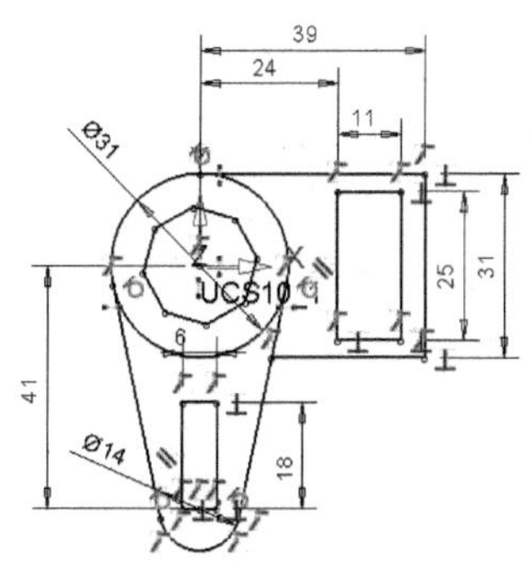

图 2-66　删除线

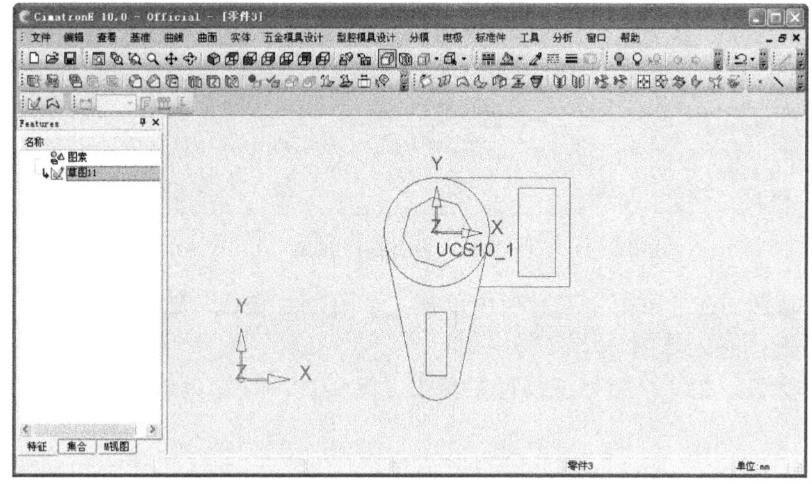

图 2-67　退出草图

（23）保存文件。在〖标准〗工具栏中单击〖保存〗按钮，接着在弹出的〖CimatronE 浏览器〗对话框中设置文件的名称和保存路径即可。

2.3.3　草图实例特训三——鼠标外形轮廓草图的设计

绘制如图 2-68 所示的鼠标外形轮廓草图。

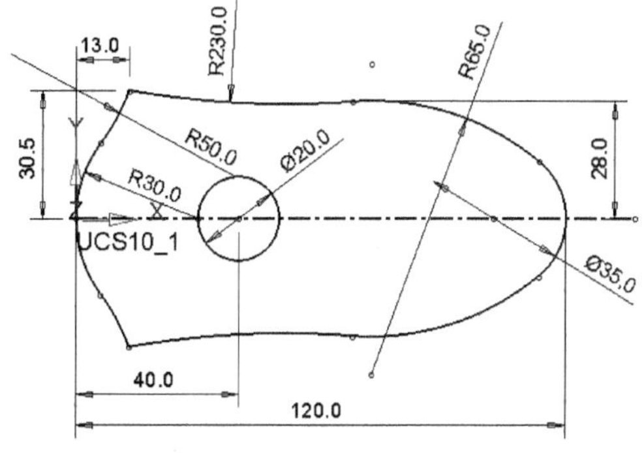

图 2-68　鼠标外形轮廓草图

（1）在电脑桌面双击图标，启动 CimatronE 10.0 软件。

（2）在弹出的〖新建文件〗对话框中设置单位为“毫米”，并选择零件图标，然后单击 确定 按钮进入零件设计界面。

（3）设置草图标注精度。在菜单中选择〖工具〗/〖预设定〗命令，弹出〖预设定编辑器〗对话框，然后设置如图 2-69 所示的标注精度，最后单击按钮退出。

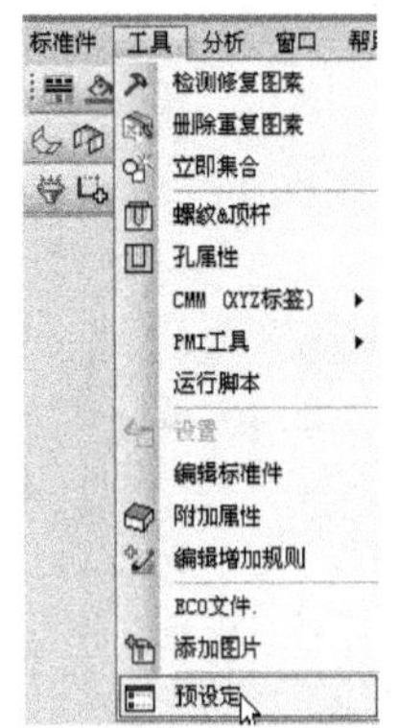

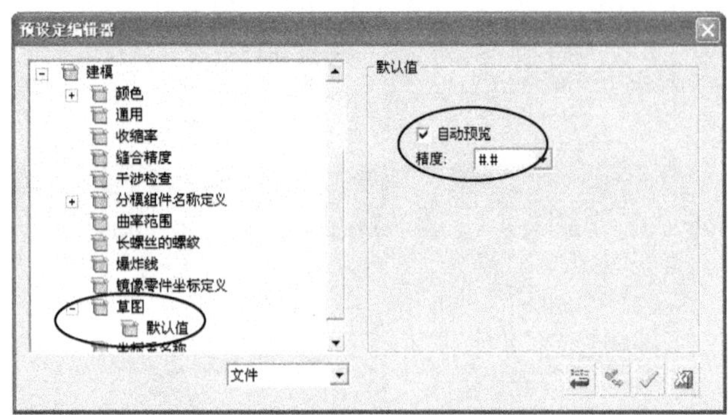

图 2-69 设置标注精度

（4）进入草图。在〖草图〗工具栏中单击〖草图〗按钮，然后单击鼠标中键默认 XY 平面为草图平面，进入草图环境。

（5）创建圆弧。在〖草图〗工具栏中单击〖圆弧〗按钮，然后创建如图 2-70 所示的圆弧。

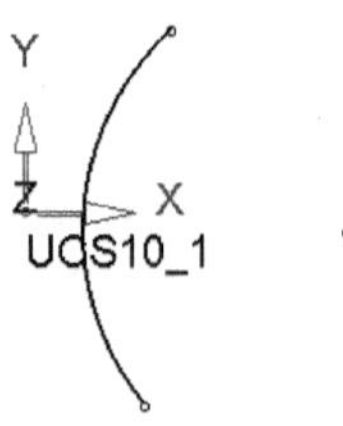

图 2-70 创建圆弧

（6）约束圆弧。在〖草图〗工具栏中单击〖增加约束〗按钮，弹出〖增加约束〗工具栏，然后依次约束圆心在 X 轴、圆弧两端点为“相同 X”、圆弧经过坐标原点，如图 2-71 所示。

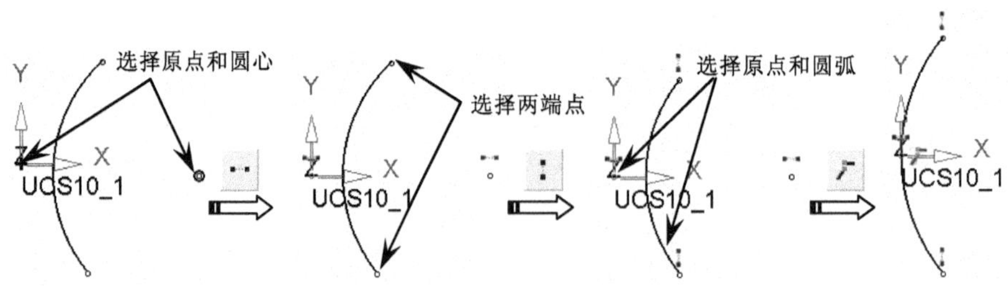

图 2-71 约束圆弧

（7）创建圆。参考前面的操作，创建如图 2-72 所示的圆。

（8）创建圆弧。参考前面的操作，创建如图 2-73 所示的圆弧。

图 2-72　创建圆　　　　图 2-73　创建圆弧

（9）约束圆弧相切。参考前面的操作，约束图形中的两条圆弧相切，如图 2-74 所示。

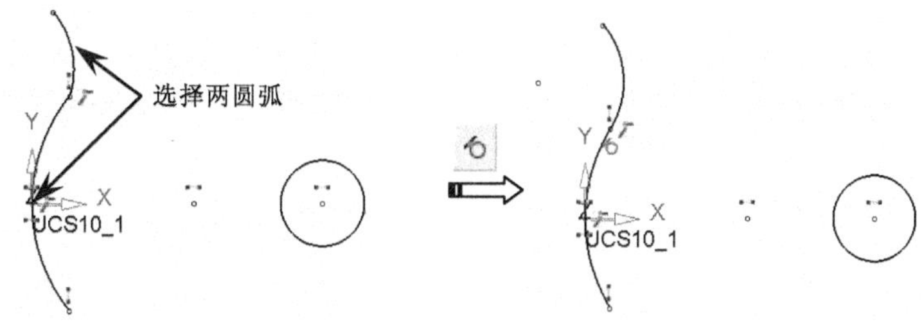

图 2-74　约束圆弧相切

（10）标注尺寸。在〖草图〗工具栏中单击〖尺寸〗按钮，然后标注如图 2-75 所示的尺寸。

（11）创建圆弧。参考前面的操作，创建如图 2-76 所示的两条圆弧。

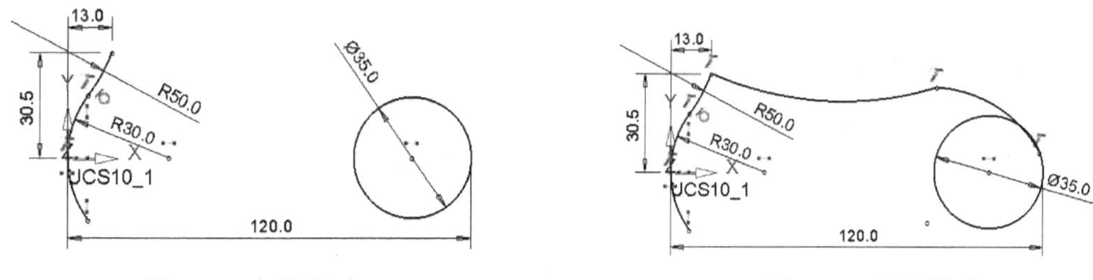

图 2-75　标注尺寸　　　　图 2-76　创建圆弧

（12）约束相切。参考前面的操作，约束图形中的两条圆弧相切，如图 2-77 所示。

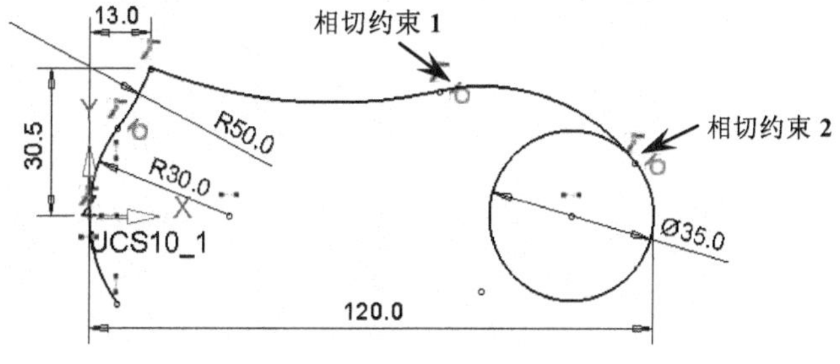

图 2-77　约束相切

（13）创建对称线。参考前面的操作，创建如图 2-78 所示的对称线。

（14）标注尺寸。在〖草图〗工具栏中单击〖尺寸〗按钮，然后标注如图 2-79 所示的尺寸。

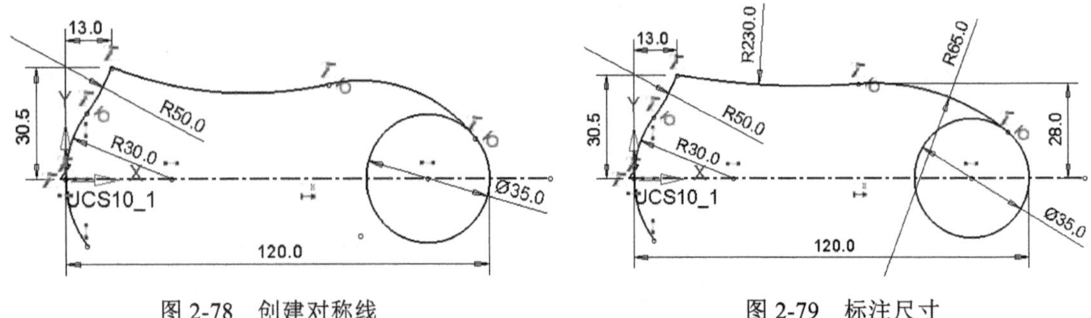

图 2-78 创建对称线　　　　图 2-79 标注尺寸

（15）镜像。首先选择如图 2-80（a）所示的 3 条圆弧，接着在〖草图〗工具栏中单击〖镜像〗按钮，然后选择前面创建的对称线即可镜像曲线，结果如图 2-80（b）所示。

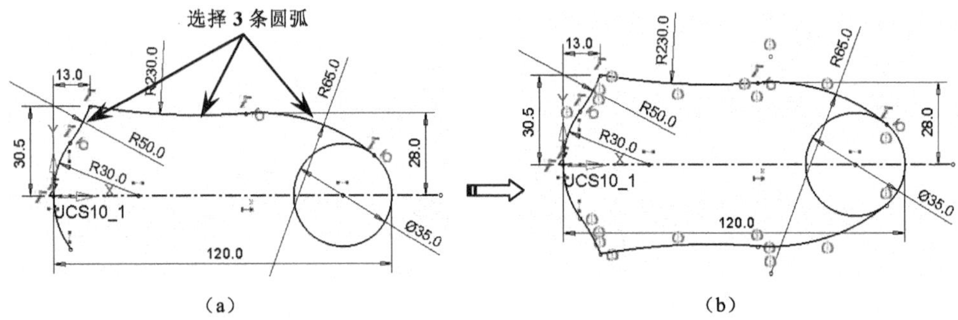

图 2-80 镜像图形

（16）修剪曲线。在〖草图〗工具栏中单击〖动态修剪〗按钮，然后将图形中多余的曲线修剪掉，结果如图 2-81 所示。

（17）创建圆。参考前面的操作，创建如图 2-82 所示的圆。

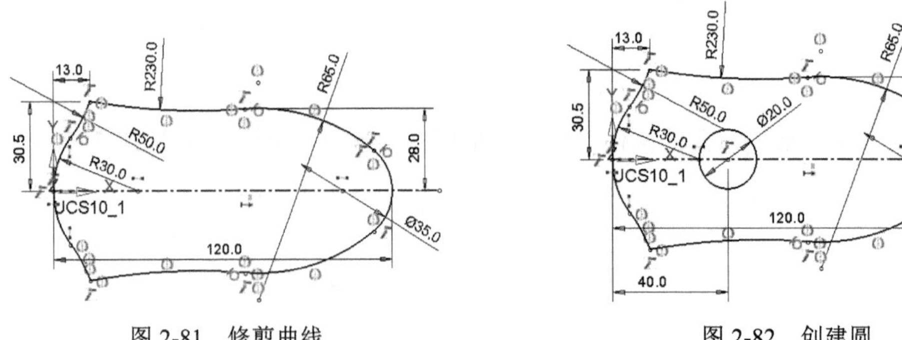

图 2-81 修剪曲线　　　　图 2-82 创建圆

（18）退出草图。在〖草图〗工具栏中单击〖完成并退出草图〗按钮退出草图环境，如图 2-83 所示。

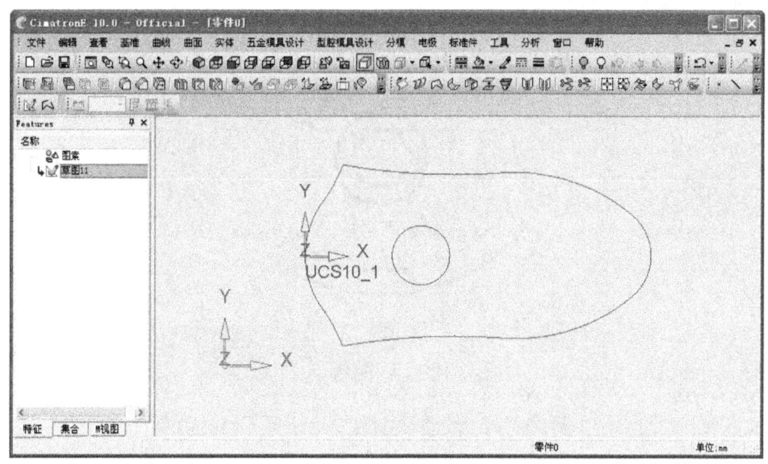

图 2-83　退出草图

（19）保存文件。在〖标准〗工具栏中单击〖保存〗按钮，接着在弹出的〖CimatronE 浏览器〗对话框中设置文件的名称和保存路径即可。

2.4　本章学习收获

通过本章的学习，读者必须掌握以下内容。

（1）进入草图平面和退出草图平面的方法。

（2）掌握草图绘制常用的基本命令，如直线、圆、圆弧、矩形和椭圆等。

（3）掌握常用的草图编辑命令，如偏移、角落处理、镜像、约束和尺寸标注等。

（4）掌握实物草图的设计步骤，先将能定位的曲线画出来，如圆弧和圆等。

（5）一般情况下，都是先将图形进行约束，再标注尺寸。

2.5　练习题

（1）根据本章所学习的知识内容，绘制如图 2-84 所示的草图。

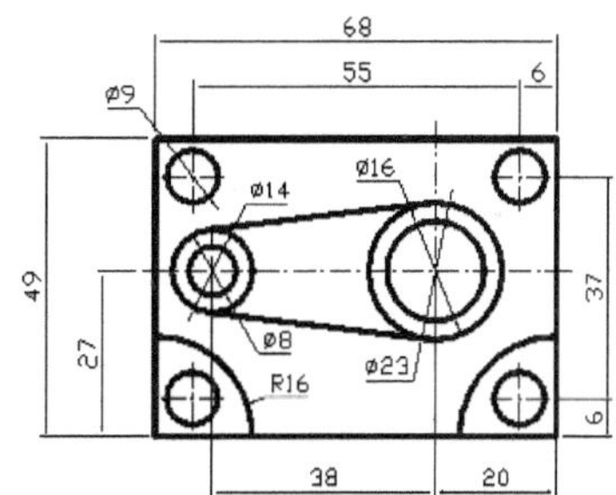

图 2-84　草图练习一

（2）根据本章所学习的知识内容，绘制如图 2-85 所示的草图。

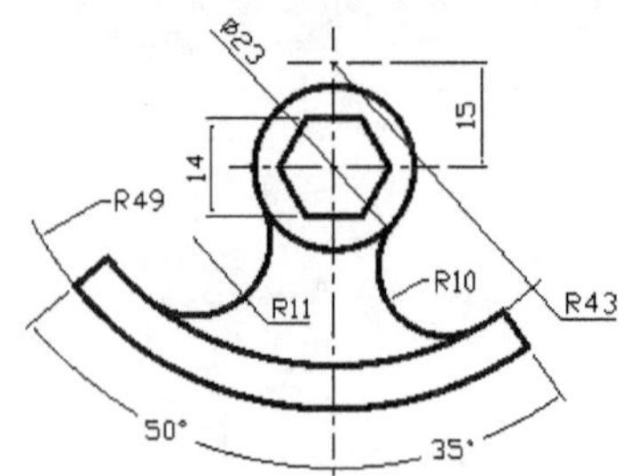

图 2-85　草图练习二

（3）根据本章所学习的知识内容，绘制如图 2-86 所示的草图。

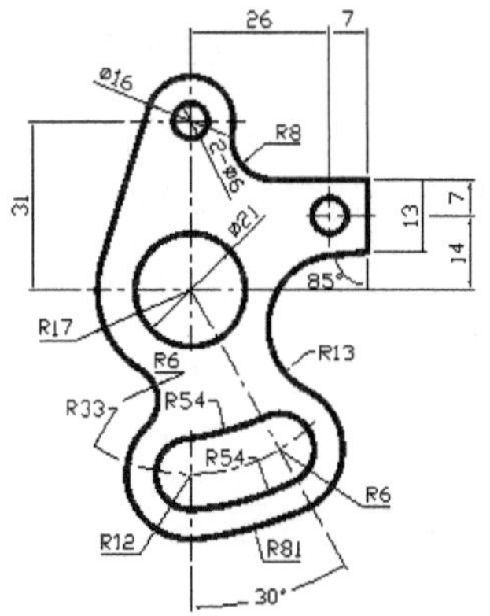

图 2-86　草图练习三

第 3 章

创建基准和设置集合

基准是零件设计与模具加工的重要参考元素，通过创建基准可以更好地方便设计操作。

3.1 学习目标与课时安排

学习目标及学习内容

（1）掌握基准平面的创建方法。
（2）掌握基准轴的创建方法。
（3）掌握基准坐标的创建方法。

学习课时安排（共 2 课时）

（1）基准平面的创建——1 课时。
（2）基准轴和基准坐标的创建——1 课时。

3.2 创建基准平面

基准平面主要用作草图平面、修剪工具、延伸参考和镜像平面等。在菜单栏中选择〖基准〗/〖平面〗命令，即会弹出如图 3-1 所示的子菜单。

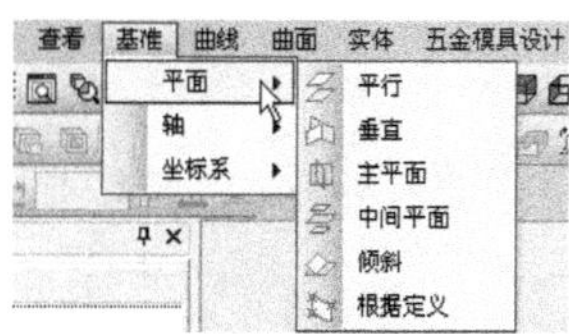

图 3-1　基准平面菜单

1. 主平面

通过选择坐标系生成 XY、XZ 和 YZ 三个主要的基准平面。在菜单栏中选择〖基准〗/〖平面〗/〖主平面〗命令，弹出〖Feature Guide〗对话框，然后在绘图区内选择现有的坐标系，最后单击✓按钮，即生成基准平面，如图 3-2 所示。

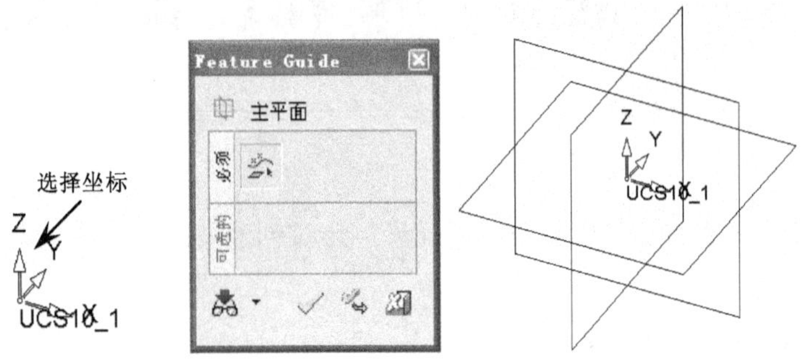

图 3-2　主平面的方式创建基准平面

基准平面是无限大的，创建草图时可直接选择三个主要的基准平面作为草图平面。

2. 平行

通过在绘图区内选择一个平面或基准平面，然后输入偏移值确定偏移方向，即生成平行的基准平面。

在菜单栏中选择〖基准〗/〖平面〗/〖平行〗命令，弹出〖Feature Guide〗对话框，接着在绘图区内选择特征平面或已有的基准平面，然后设置增量值，最后单击✓按钮，即生成基准平面，如图 3-3 所示。

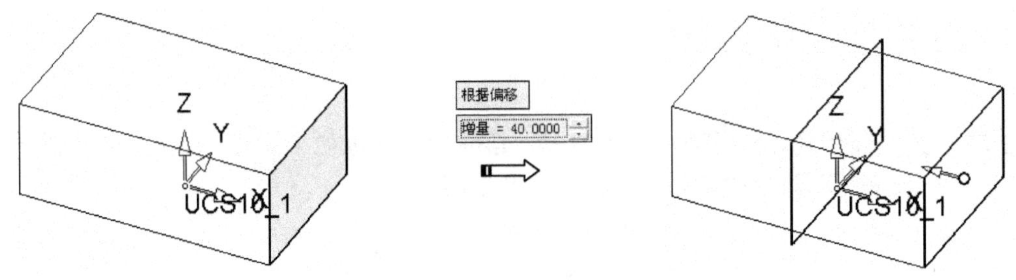

图 3-3　平行的方式创建基准平面

增量值不能为负值，如需反方向可单击出现的箭头即会进行方向的切换。

3. 垂直

用于生成一个与已有的特征平面或基准平面垂直的新平面。在菜单栏中选择〖基准〗/〖平面〗/〖垂直〗命令，弹出〖Feature Guide〗对话框，接着在绘图区内依次选择特征平面和新平面通过的直线，即生成垂直的基准平面，如图 3-4 所示。

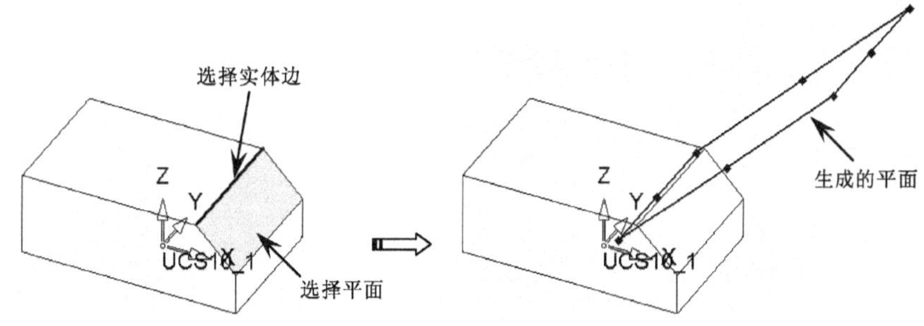

图 3-4 平行的方式创建基准平面

4. 倾斜

用于生成一个与已有基准平面成一定角度的新基准平面。在菜单栏中选择〖基准〗/〖平面〗/〖倾斜〗命令，弹出〖Feature Guide〗对话框，接着在绘图区内依次选择平面和新平面通过的直线，然后选择角度值，最后单击✓按钮，即生成基准平面，如图 3-5 所示。

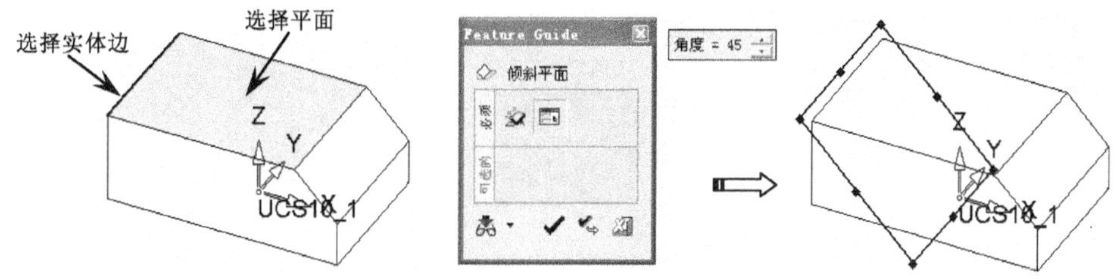

图 3-5 倾斜的方式创建基准平面

5. 中间平面

根据选择的两个平行的平面来创建中间的平面。在菜单栏中选择〖基准〗/〖平面〗/〖中间平面〗命令，弹出〖Feature Guide〗对话框，接着在绘图区内依次选择两个平行的平面，即生成中间平面，如图 3-6 所示。

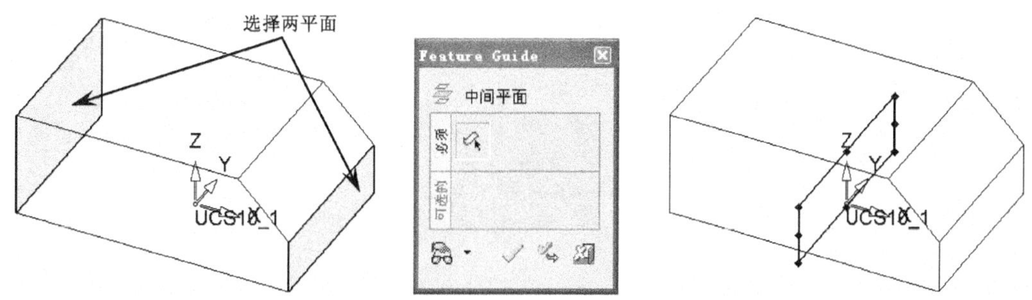

图 3-6 中间平面的方式创建基准平面

6. 根据定义

根据选择的图素来生成一个新的平面，如实体平面、三点、两条直线、圆弧或圆等。在菜单栏中选择〖基准〗/〖平面〗/〖中间平面〗命令，弹出〖Feature Guide〗对话框，然后选择图素即生成定义平面，如图 3-7 所示。

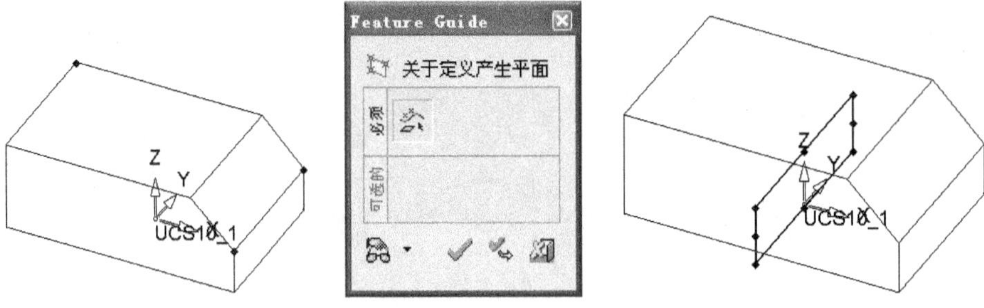

图 3-7 根据定义的方式创建基准平面

3.3 创建基准轴

在菜单栏中选择〖基准〗/〖轴〗命令，弹出〖轴〗子菜单，如图 3-8 所示。

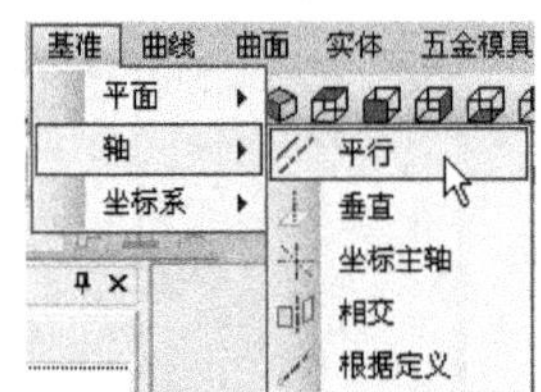

图 3-8 〖轴〗子菜单

1. 平行

通过指定偏移量生成一条与现有直线平行的轴。在菜单栏中选择〖基准〗/〖轴〗/〖平行〗命令，弹出〖Feature Guide〗对话框，然后选择直线并设置增量值，如图 3-9 所示。

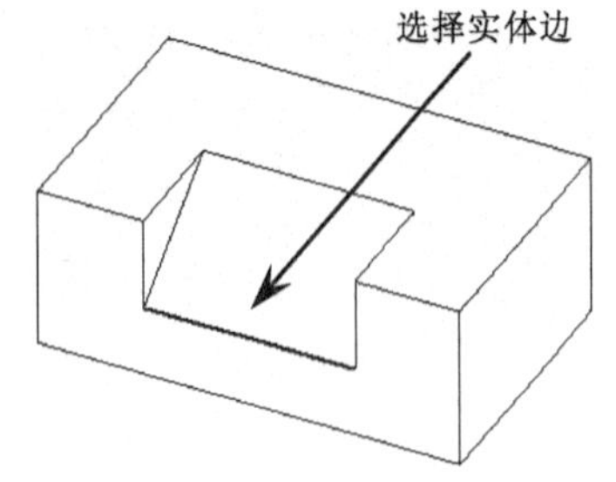

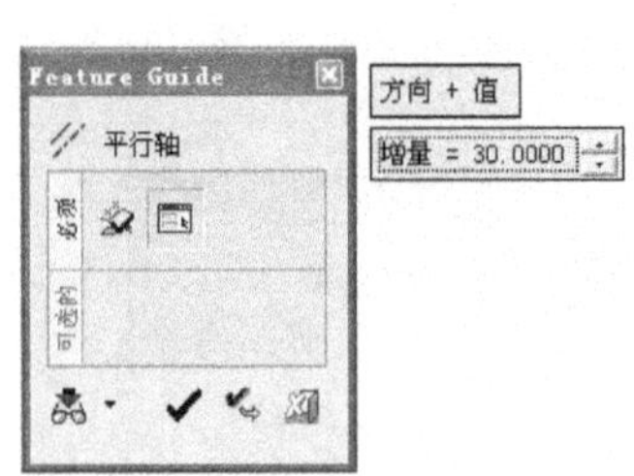

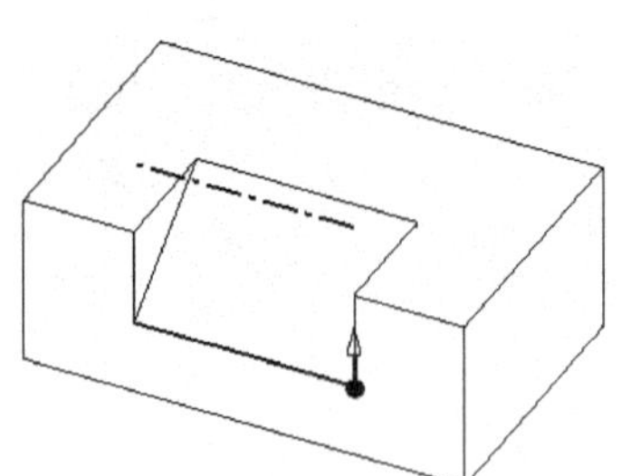

图 3-9 平行的方式创建轴

2. 垂直

通过选择平面和一点创建垂直的基准轴。在菜单栏中选择〖基准〗/〖轴〗/〖垂直〗命令，弹出〖Feature Guide〗对话框，然后选择平面和点即可创建垂直轴，如图 3-10 所示。

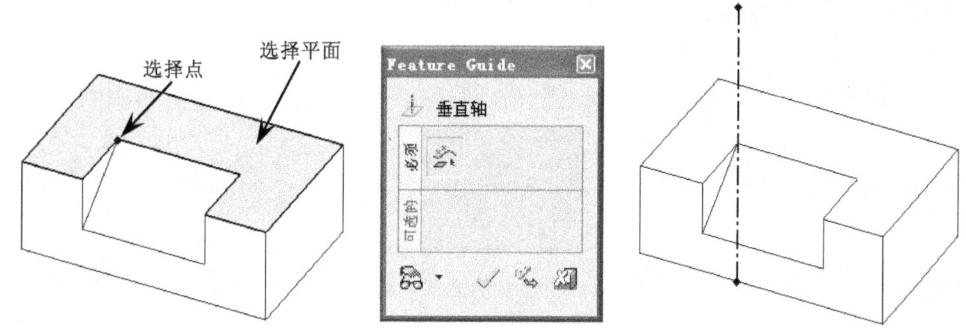

图 3-10　垂直的方式创建轴

3. 坐标主轴

通过选择现有的坐标创建 X 轴、Y 轴和 Z 轴。在菜单栏中选择〖基准〗/〖轴〗/〖坐标主轴〗命令，弹出〖Feature Guide〗对话框，然后选择坐标轴即创建三条主轴，如图 3-11 所示。

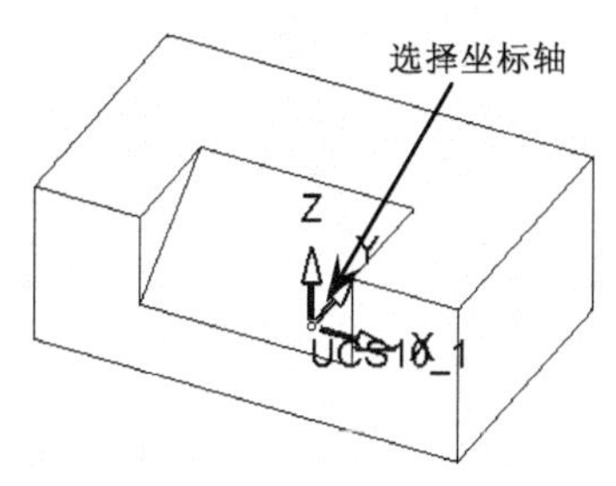

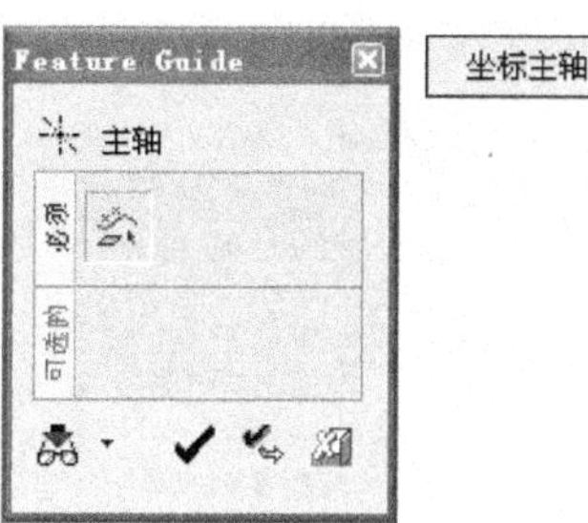

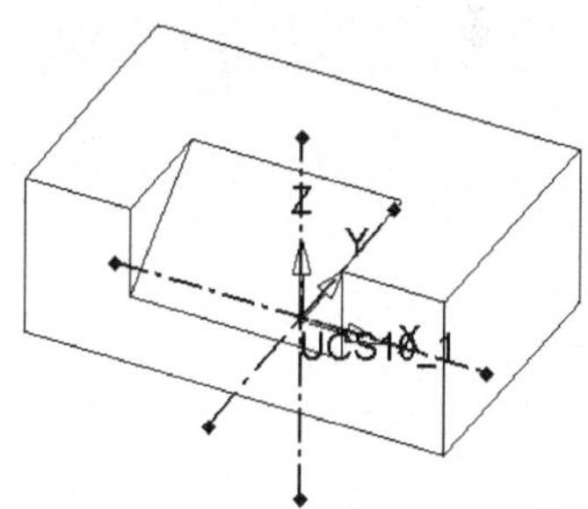

图 3-11　坐标主轴的方式创建轴

4. 相交

通过选择两相交的平面创建轴。在菜单栏中选择〖基准〗/〖轴〗/〖相交〗命令，弹出〖Feature Guide〗对话框，然后依次选择两相交平面即可创建相交轴，如图 3-12 所示。

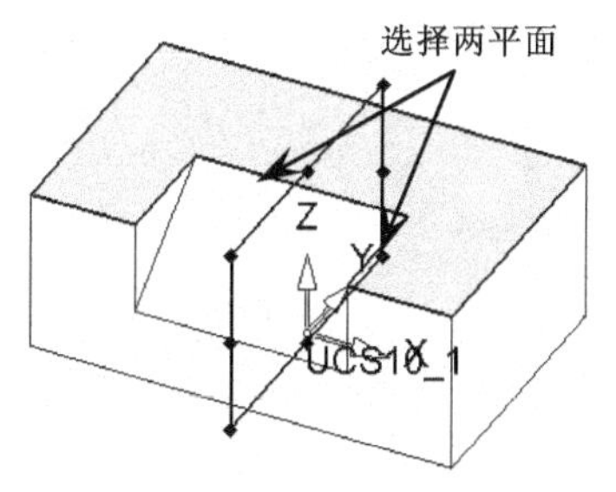

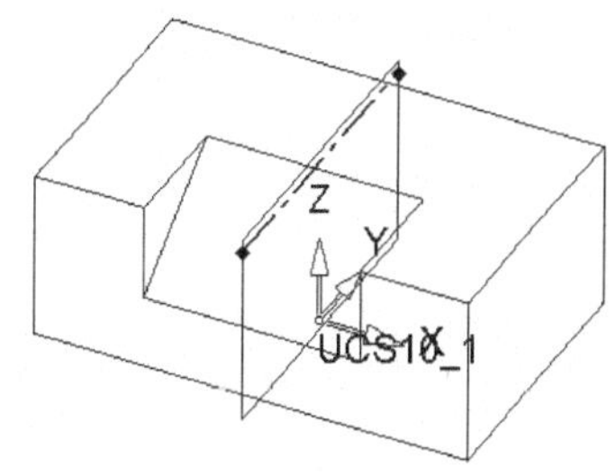

图 3-12　相交的方式创建轴

5. 根据定义

选择两点创建基准轴。在菜单栏中选择〖基准〗/〖轴〗/〖根据定义〗命令，弹出〖Feature Guide〗对话框，然后依次选择两点即可创建轴，如图 3-13 所示。

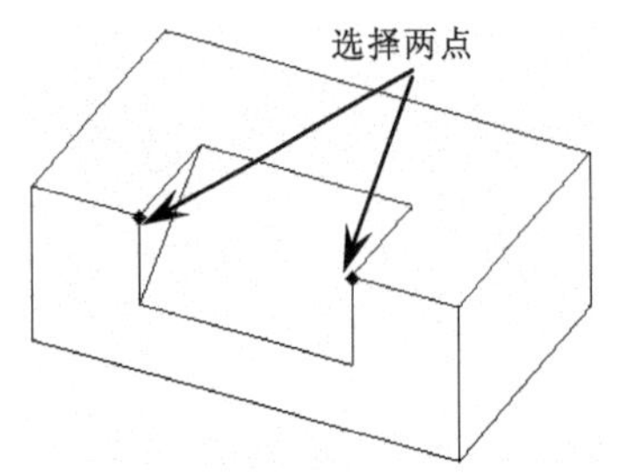

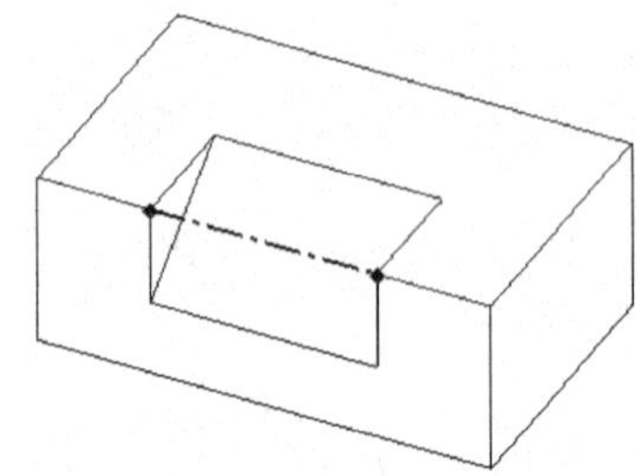

图 3-13　定义的方式创建轴

3.4　创建坐标系

进入 CimatronE 10.0 软件后，系统已经自动产生了一个坐标系。但是，为了方便设计，CimatronE 允许同时创建多个坐标系。

在菜单栏中选择〖基准〗/〖坐标系〗命令，弹出〖坐标系〗子菜单，如图 3-14 所示。

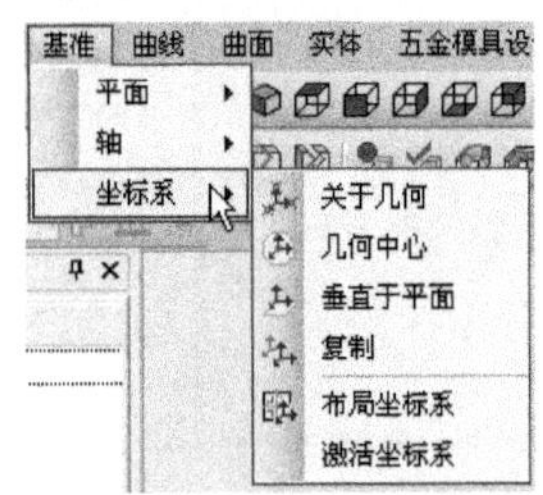

图 3-14　〖坐标系〗子菜单

1. 关于几何

选择图形上任意一点作为坐标点。在菜单栏中选择〖基准〗/〖坐标系〗/〖关于几何〗命令，弹出〖Feature Guide〗对话框，然后选择一点创建坐标系，如图 3-15 所示。

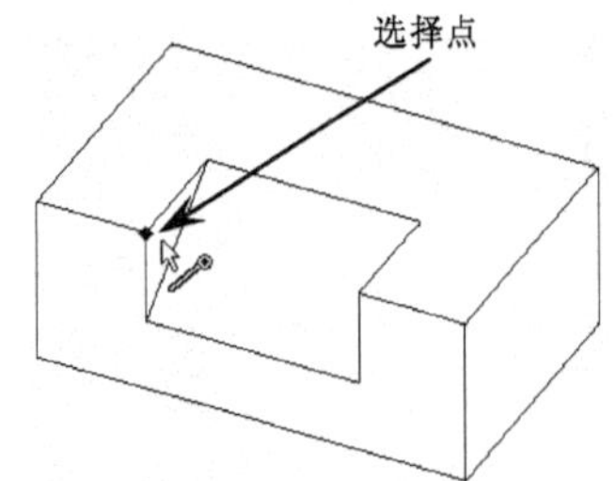

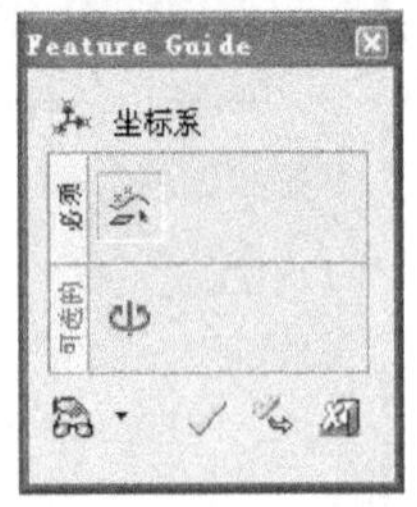

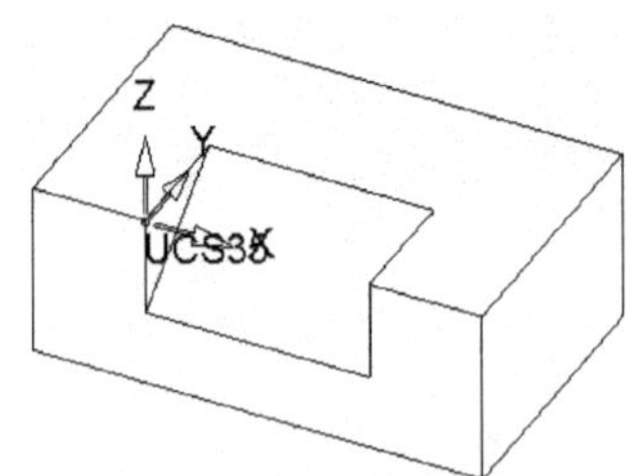

图 3-15　关于几何的方式创建坐标系

2．几何中心

指在选定对象的最大范围的中心或特定位置点上创建坐标系。在菜单栏中选择〖基准〗/〖坐标系〗/〖几何中心〗命令，弹出〖Feature Guide〗对话框，然后选择平面或曲线并单击鼠标中键，最后单击✓按钮，如图 3-16 所示。

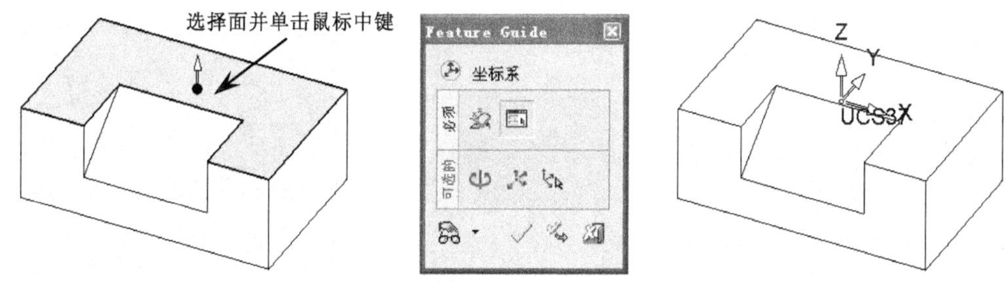

图 3-16　几何中心的方式创建坐标系

但如果需要旋转坐标轴或移动坐标位置，则可在〖Feature Guide〗对话框中单击〖坐标系旋转〗按钮或〖选择点的位置增量〗按钮，如图 3-17 所示。

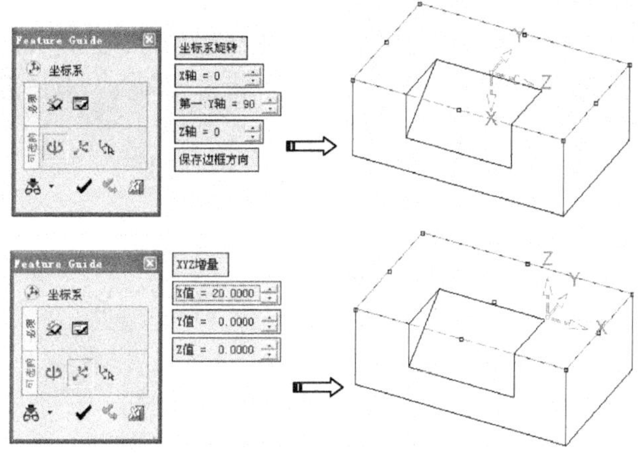

图 3-17　旋转和移动坐标

3．垂直于平面

创建与选择平面垂直的坐标系。在菜单栏中选择〖基准〗/〖坐标系〗/〖垂直于平面〗命令，弹出〖Feature Guide〗对话框，然后选择平面，最后单击✓按钮，如图 3-18 所示。

图 3-18　垂直于平面的方式创建坐标系

4．复制

将现有的坐标从一点复制到另一点。在菜单栏中选择〖基准〗/〖坐标系〗/〖复制〗命令，弹出〖Feature Guide〗对话框，接着选择要复制的坐标系，然后选择坐标的放置点，如图 3-19 所示。

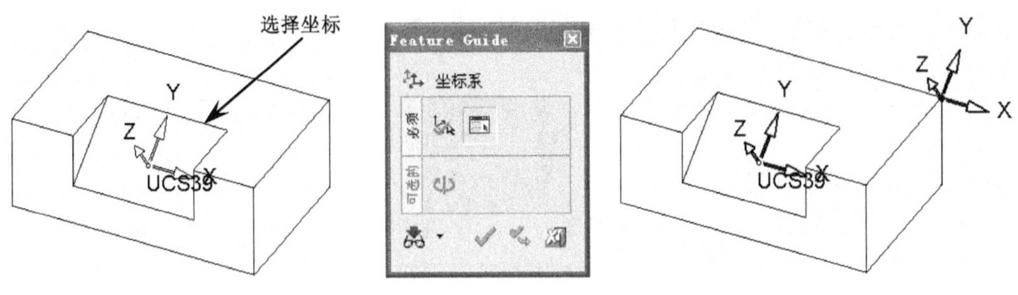

图 3-19　复制的方式创建坐标系

5．激活坐标系

由于 CimatronE 软件中可以创建多个坐标系，但只有激活的坐标才是当前的工作坐标。因为在设计过程中，与坐标系有关的都将以当前激活的坐标系为基准。

在菜单栏中选择〖基准〗/〖坐标系〗/〖激活坐标系〗命令，然后选择要激活的坐标系，如图 3-20 所示。

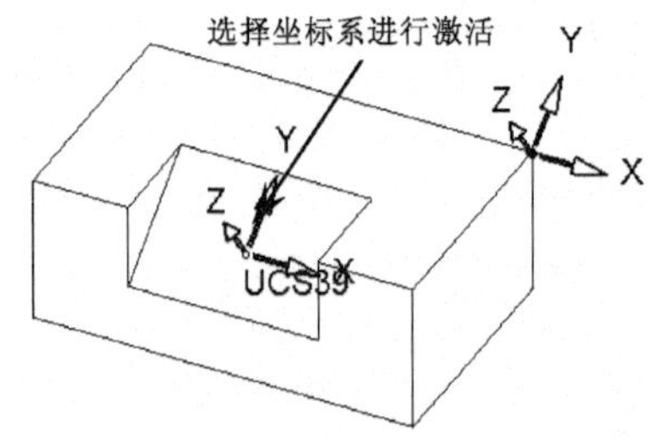

图 3-20　激活坐标系

被激活的坐标系颜色是红色的，而没被激活的坐标系是蓝色的。

3.5　设置集合

集合的作用允许将一组特定的几何对象生成一个组，方便进行拾取和图形的观察。

在特征树底部选择“集合”选项，可以看到在 Cimatron E 中默认创建了各种实体特征和集合，如 Curves（曲线）、Faces（曲面）、Planes（平面）、Points（点）和 UCS（坐标系）等。在每一集合后有一小灯泡，单击灯泡可以选择这一集合的图形显示与否，如图 3-21 所示。

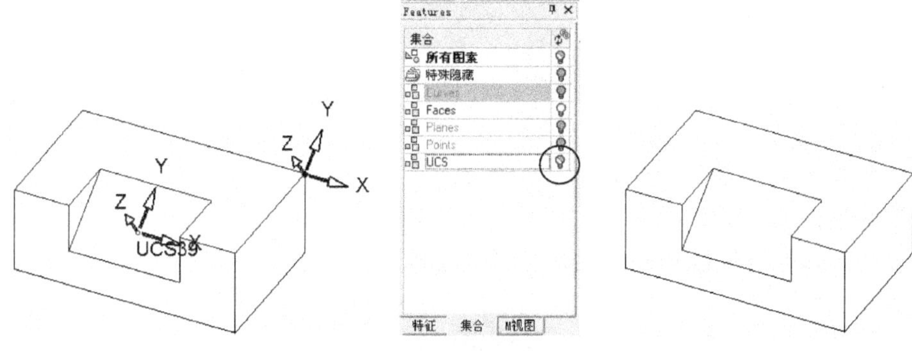

图 3-21　集合

根据需要创建集合，可将不同类型的物体放置在同一集合中。下面简单介绍集合的创建方法。

（1）在特征树底部选择“集合”选项。

（2）在特征树的空白区域单击鼠标右键，接着在弹出的〖右键〗菜单中选择〖新集合〗命令，弹出的“集合-创建及编辑”对话框。输入集合名称，然后在绘图区上选择要加入的该集合的图素，最后单击✓按钮完成集合的创建，如图 3-22 所示。

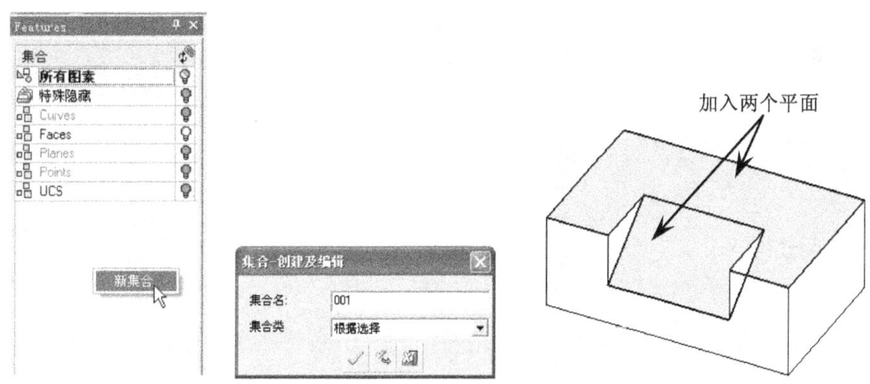

图 3-22　创建新集合

（3）在特征树中单击“001”集合右边的小灯泡，不显示“001”集合所包含的图素，结果如图 3-23 所示。

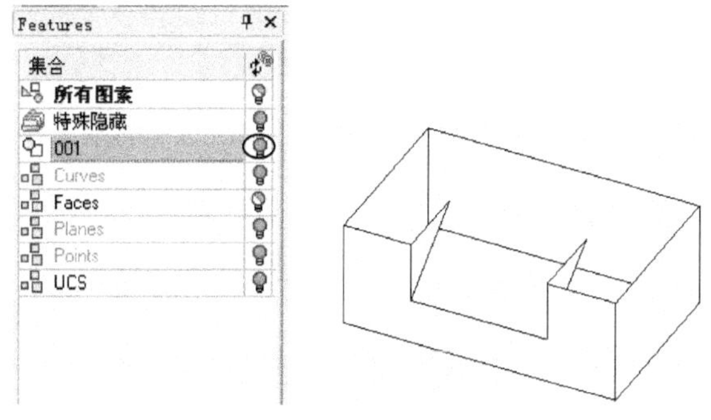

图 3-23　关闭集合

3.6 本章学习收获

通过本章的学习，读者必须掌握以下内容。

（1）掌握创建基准平面的方法，基准平面在设计中的作用。

（2）掌握创建基准轴的几种方法，尤其是最常用的方法。

（3）掌握坐标系的创建方法，并灵活运用到实际设计中。

（4）理解创建集合的意义，尤其在设计模型时使用集合的方法。

3.7 练习题

根据本章所学习的知识内容，在图 3-24 所示的实体顶面中心上创建坐标系。

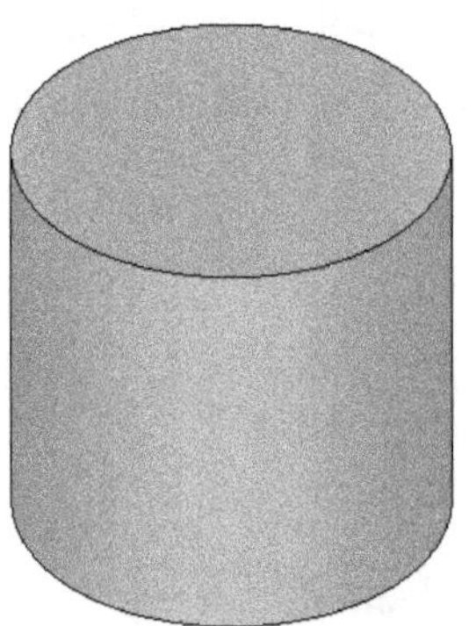

图 3-24　创建坐标系

第4章

实体设计的基本功特训

第 2 章已重点介绍了草绘功能的应用，本章将重点介绍 CimatronE 10.0 三维实体设计常用的基本命令，通过这些基本命令的认识与初步的使用，可让读者掌握一定的三维设计基础。

4.1 学习目标与课时安排

学习目标及学习内容

（1）初步认识三维实体设计常使用哪些命令。
（2）掌握三维设计的一些常用的辅助命令。
（3）掌握一定的整组产品设计方法。

学习课时安排（共 9 课时）

（1）拉伸、旋转——2 课时。
（2）导动、管道——1 课时。
（3）放样、表皮——1 课时。
（4）圆角、圆角-面、斜角——1 课时。
（5）扫描混合——1 课时。
（6）抽壳、拔模——1 课时。
（7）合并、分割、切除、缩放——1 课时。
（8）移动图素、复制图素——1 课时。

4.2 拉伸

拉伸是指截面沿着垂直于草图平面的方向进行伸长，从而创建出实体。拉伸的对象可以是草图也可以是特征曲面。草图必须是封闭的，且不能产生自交。

绘制三维产品过程中，当产品的形状或局部形状的截面都相同时，则可以使用拉伸命令进行绘制。

1. 新建拉伸

拉伸创建新的特征。在〖实体〗工具栏中单击〖新建拉伸〗按钮，弹出〖Feature Guide〗对话框，接着选择草图或特征面，然后设置拉伸参数，最后单击✓按钮，如图 4-1 所示。

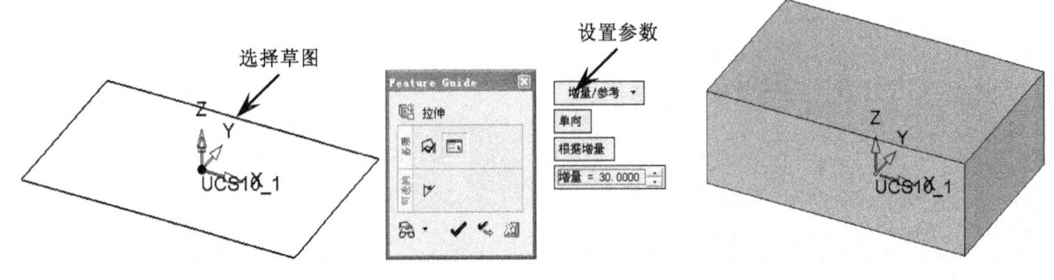

图 4-1 新建拉伸

浮动菜单是在选择了草图后才会出现的。

2. 增加拉伸

在原有的实体特征向上拉伸创建新的实体，和原实体结合在一起。在〖实体〗工具栏中单击〖增加拉伸〗按钮，弹出〖Feature Guide〗对话框，接着选择草图或特征面，然后设置拉伸参数，最后单击✓按钮，如图 4-2 所示。

图 4-2 增加拉伸

只有当绘图区内已有实体特征，才能使用〖增加拉伸〗命令。

3．移除拉伸

在已有的实体上进行拉伸切割。在〖实体〗工具栏中单击〖移除拉伸〗按钮，弹出〖Feature Guide〗对话框，接着选择草图或特征面，然后设置拉伸参数，最后单击按钮，如图 4-3 所示。

图 4-3　移除拉伸

4．功能注释

由于〖新建拉伸〗、〖增加拉伸〗和〖移除拉伸〗三个命令的参数设置几乎是一样的，所以一起进行参数的注释讲解。

（1）〖拾取草图或轮廓〗：单击此按钮可重新选择草图或实体轮廓进行拉伸，如图 4-4 所示。

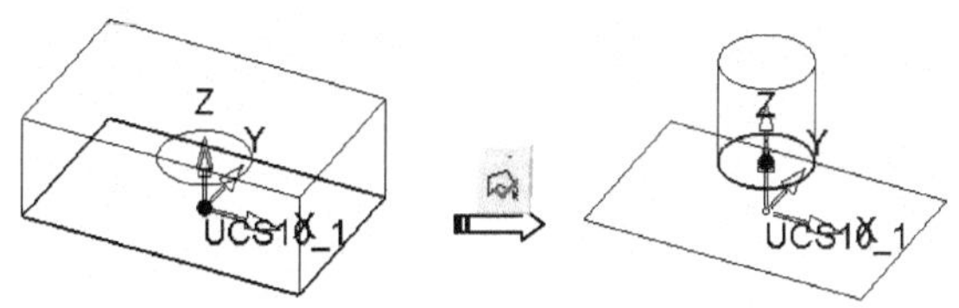

图 4-4　重新选择

（2）〖单向〗单向：拉伸只往一个方向，如图 4-5 所示。

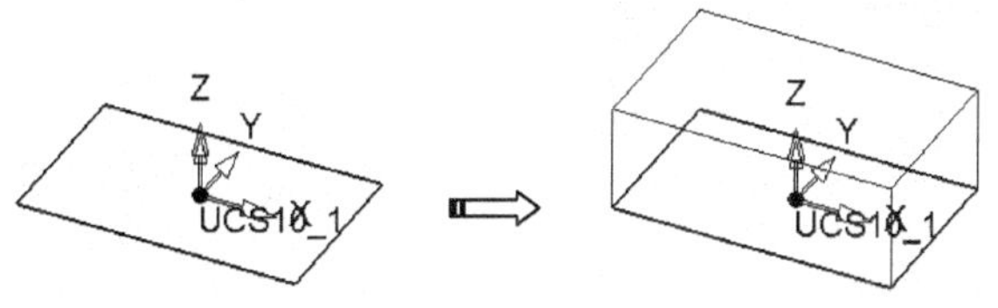

图 4-5　单向拉伸

（3）〖双向〗双向：同时往两个相反的方向拉伸。在浮动菜单中单击单向即变成双向，如图 4-6 所示。

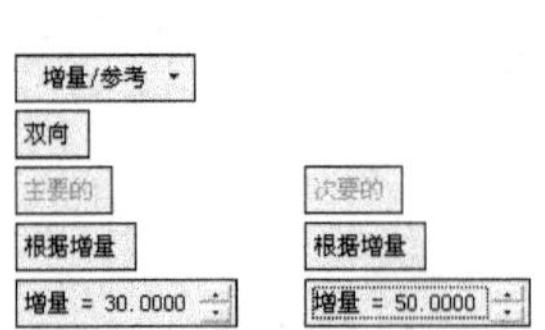

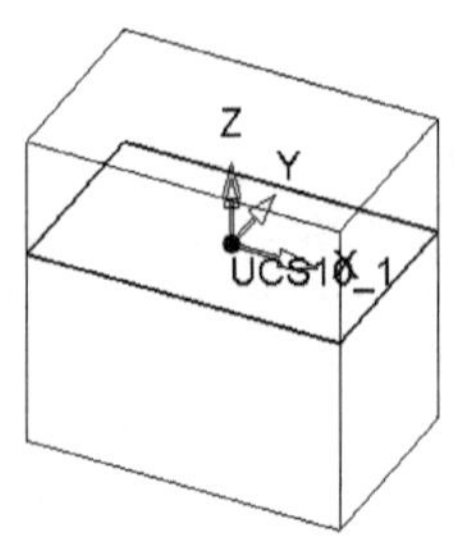

图 4-6　双向拉伸

（4）〖根据增量〗根据增量：从草图的位置开始拉伸，并设置增量值来控制拉伸高度，如图 4-7 所示。

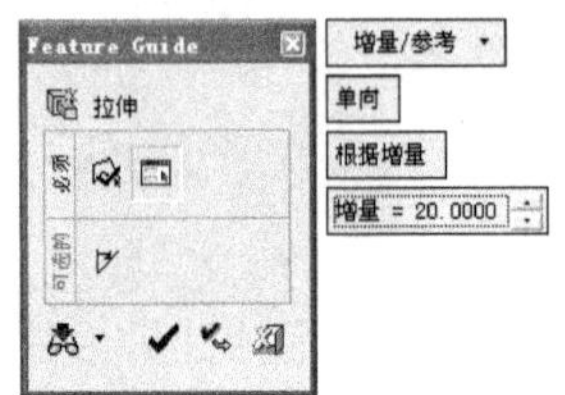

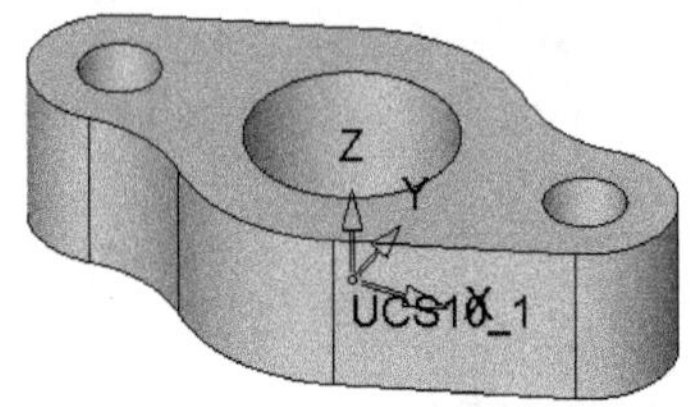

图 4-7　根据增量

（5）〖关于参考〗关于参考：从草图位置拉伸到选择的参考位置，如图 4-8 所示。

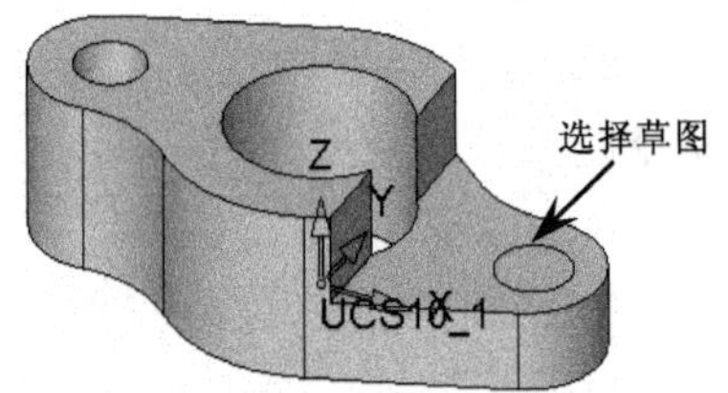

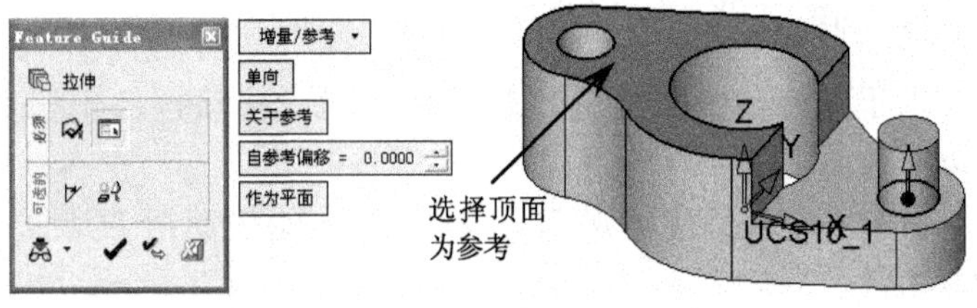

图 4-8　关于参考

工程师点评：

在实际设计中，经常需要根据“关于参考”的方式来设置拉伸的高度。

（6）〖中间平面增量〗中间平面增量：同时向相反两个方向拉伸相同的距离，如图 4-9 所示。

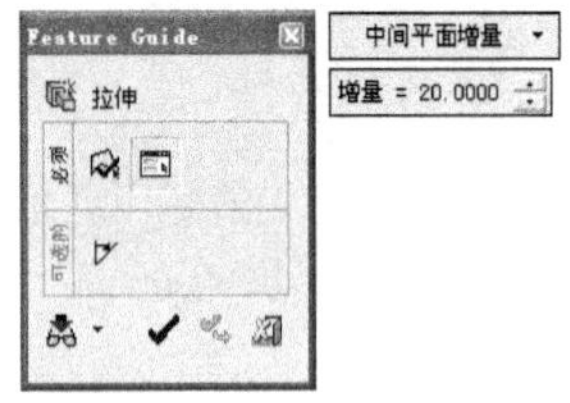

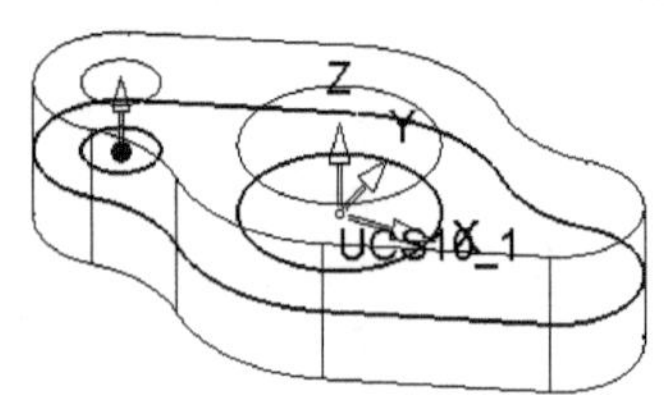

图 4-9　中间平面增量

拉伸的高度由设置的增量值决定，如设置增量值为 20，则表示两边拉伸的距离均为 10。

（7）〖输入拔模角〗：设置拉伸体的拔模角，如图 4-10 所示。

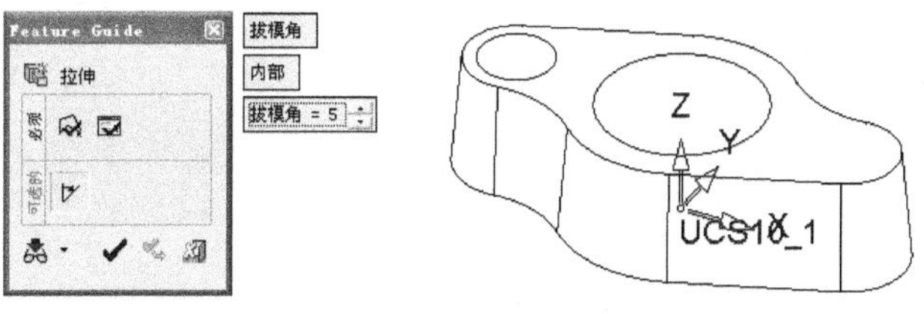

图 4-10　设置拔模角

拔模角不能设置为负值，如需要改变拔模方向可通过单击内部和外部进行切换。

（8）〖箭头〗：单击箭头的上部，改变拉伸的方向，如图 4-11 所示；单击箭头的底部，弹出快捷菜单，如图 4-12 所示，通过该快捷菜单可灵活地改变拉伸的方向。

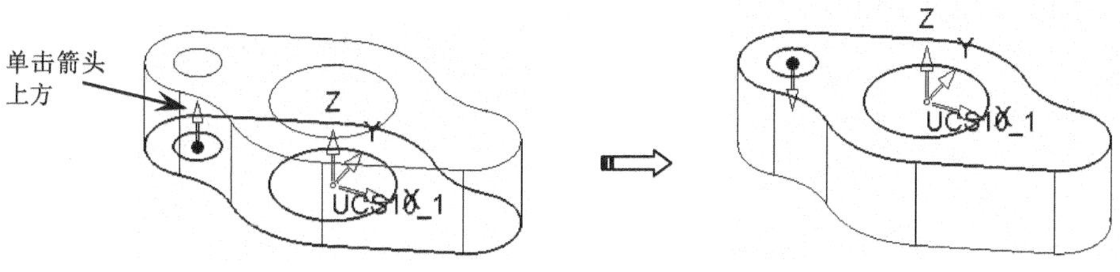

图 4-11　改变拉伸方向

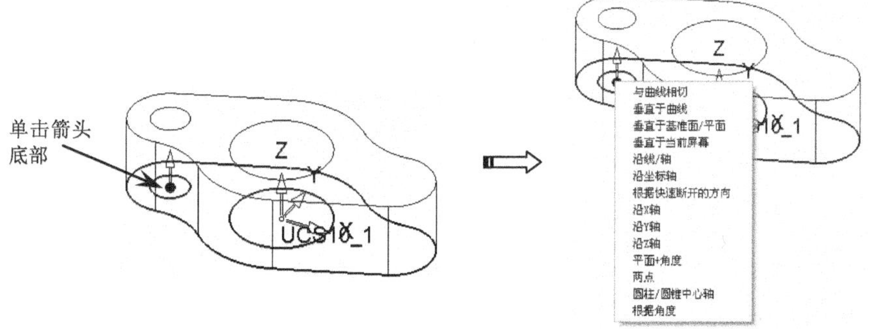

图 4-12　拉伸方向快捷菜单

① 〖与曲线相切〗：拉伸的方向与现有的曲线相切。该方式不易控制，不建议使用。

② 〖垂直于曲线〗：拉伸的方向与现有曲线垂直。

③ 〖垂直于基准面/平面〗：拉伸方向与选定的基准面或平面垂直，多用于分模的创建。

④ 〖垂直于当前屏幕〗：拉伸方向与电脑屏幕垂直。

⑤ 〖沿线/轴〗：沿着指定的直线或轴进行拉伸，如图 4-13 所示。

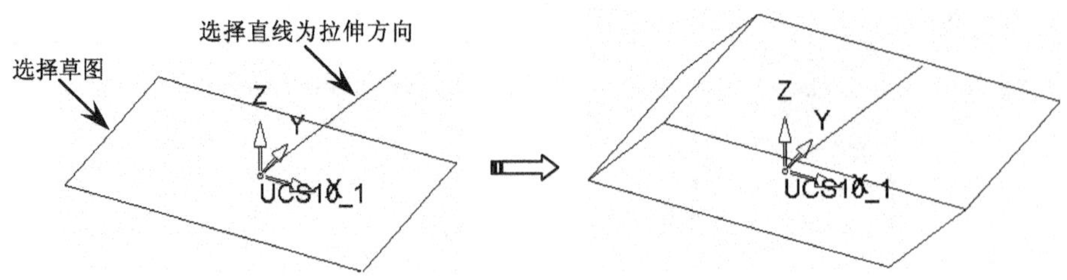

图 4-13　沿直线/轴

⑥ 〖沿坐标轴〗：拉伸方向沿着指定的坐标轴。

⑦ 〖根据快速断开的方向〗：根据选择曲面的垂直方向进行拉伸。

⑧ 〖沿 X 轴〗：沿着坐标 X 轴的方向进行拉伸。

⑨ 〖沿 Y 轴〗：沿着坐标 Y 轴的方向进行拉伸。

⑩ 〖沿 Z 轴〗：沿着坐标 Z 轴的方向进行拉伸。

⑪ 〖平面+角度〗：根据选择的平面和设置的角度来确定拉伸的方向，如图 4-14 所示。

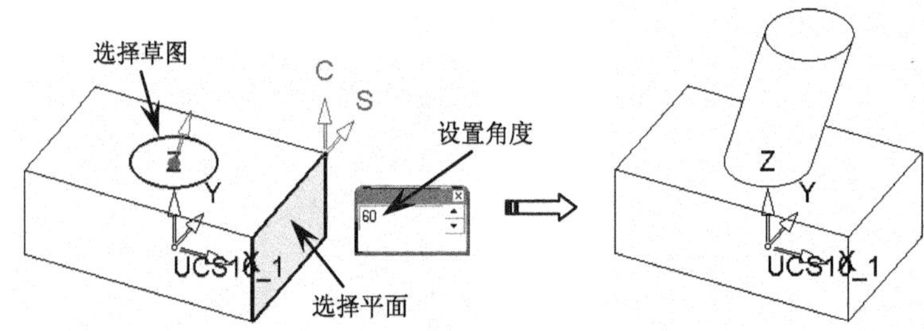

图 4-14　平面+角度

⑫ 〖两点〗：根据选择的两点确定拉伸方向。

⑬ 〖圆柱/圆锥中心轴〗：根据选定圆柱或圆锥的中心轴来确定拉伸的方向。

⑭ 〖根据角度〗：根据设置与基准面的夹角来确定拉伸方向，如图 4-15 所示。

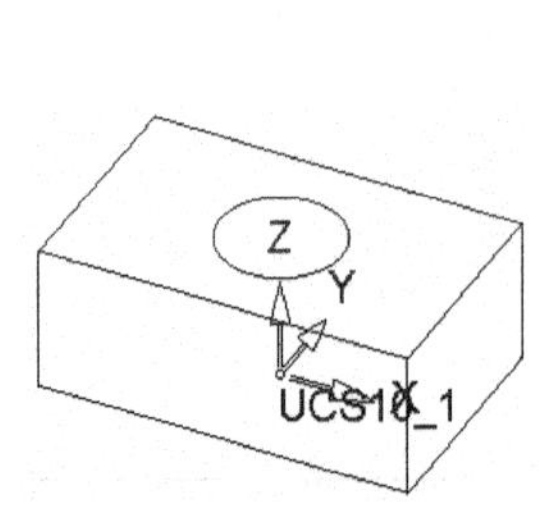

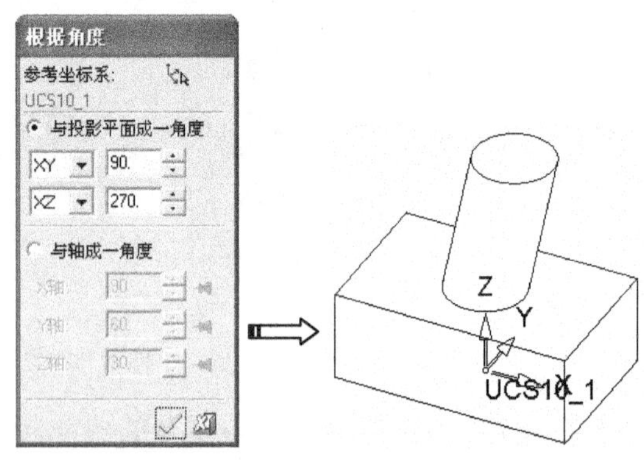

图 4-15　根据角度

工程师点评：

拉伸命令是基础中的基础，几乎所有的零件都需要使用到该命令进行三维建模。如果是初学者，建议先花较多的精力将拉伸命令研究透彻，然后再学习后面的命令。

5．操作特训一

根据图 4-16 所示的二维图，创建三维实体。

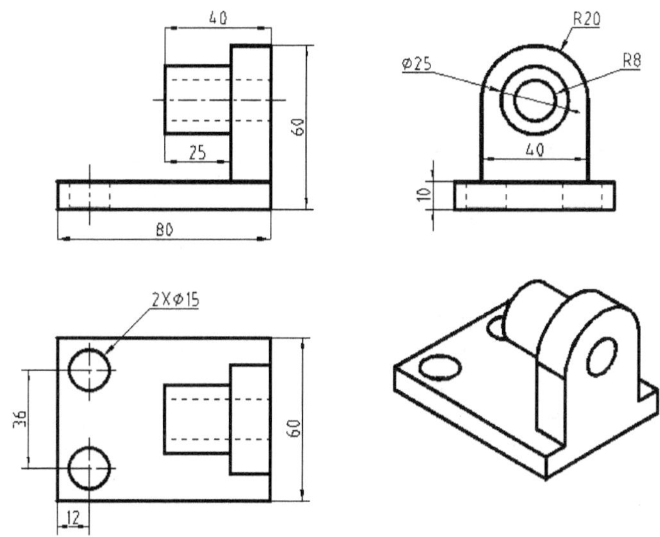

图 4-16　零件图

（1）在桌面上双击图标打开 CimatronE 10.0 软件。

（2）进入零件界面，如图 4-17 所示。

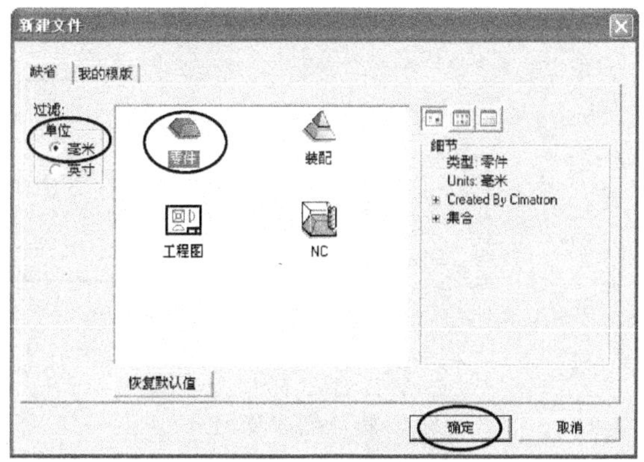

图 4-17　进入零件界面

（3）创建草图。默认 XY 平面为草图平面，然后创建如图 4-18 所示的草图，完成后退出草图环境。

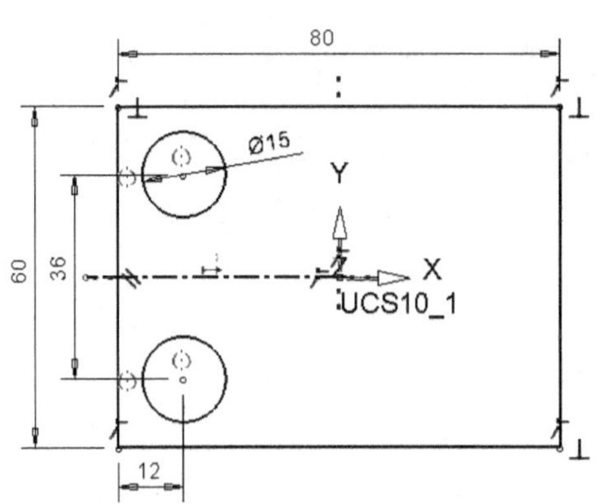

图 4-18　创建草图

（4）新建拉伸。在〖实体〗工具栏中单击〖新建拉伸〗按钮，弹出〖Feature Guide〗对话框，然后根据图 4-19 所示的步骤进行参数设置，最后单击〖确定〗按钮完成特征操作。

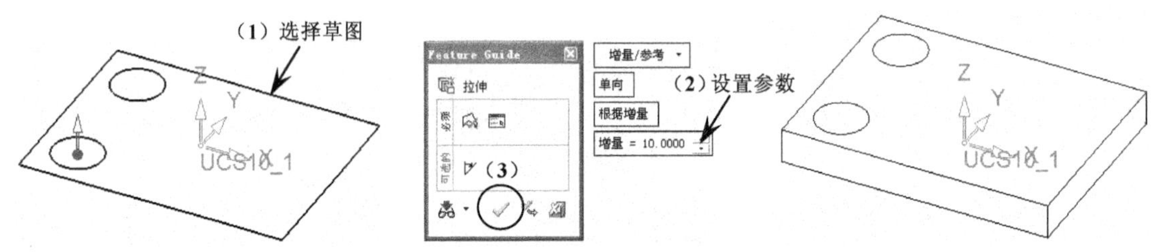

图 4-19　新建拉伸

（5）创建草图。选择如图 4-20（a）所示的侧面，接着在〖草图〗工具栏中单击〖草图〗按钮，然后创建如图 4-20（b）所示的封闭草图，完成后退出草图环境。

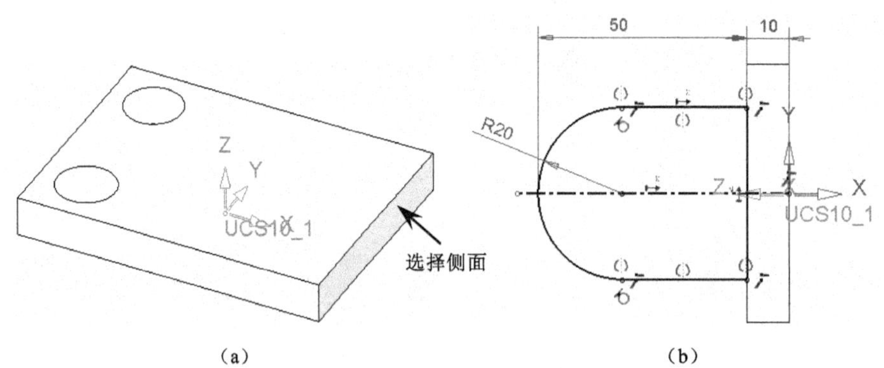

图 4-20　创建草图

（6）增加拉伸。在〖实体〗工具栏中单击〖增加拉伸〗按钮，弹出〖Feature Guide〗对话框，然后根据图 4-21 所示的步骤进行参数设置，最后单击〖确定〗按钮完成特征操作。

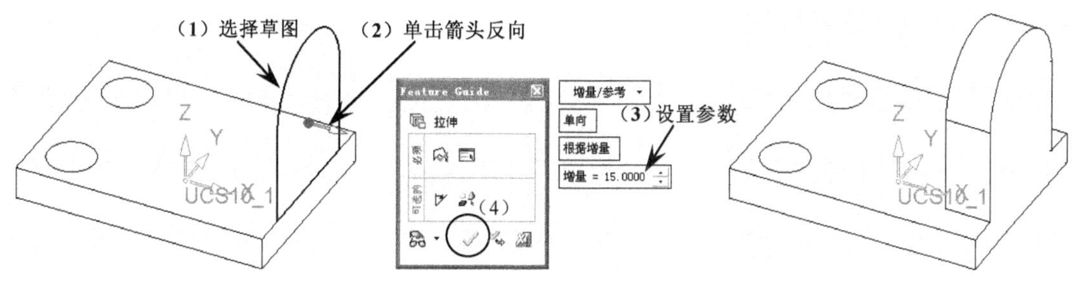

图 4-21　增加拉伸

（7）创建草图。选择如图 4-22（a）所示的侧面，接着在〖草图〗工具栏中单击〖草图〗按钮，然后创建如图 4-22（b）所示的圆，完成后退出草图环境。

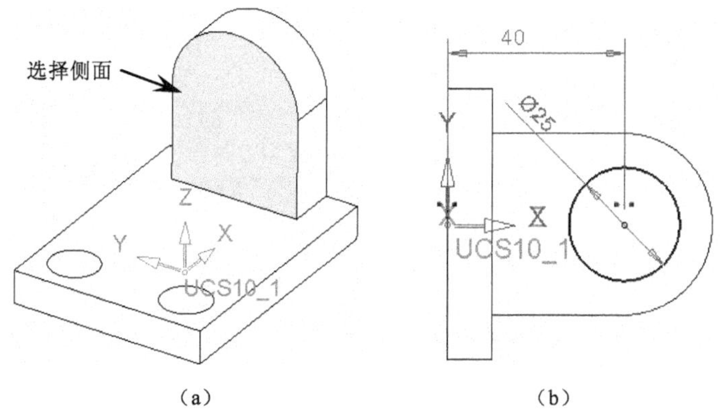

图 4-22　创建草图

（8）增加拉伸。在〖实体〗工具栏中单击〖增加拉伸〗按钮，弹出〖Feature Guide〗对话框，然后根据图 4-23 所示的步骤进行参数设置，最后单击〖确定〗按钮完成特征操作。

图 4-23　增加拉伸

（9）创建草图。选择如图 4-24（a）所示的侧面，接着在〖草图〗工具栏中单击〖草图〗按钮，然后创建如图 4-24（b）所示的圆，完成后退出草图环境。

（10）移除拉伸。在〖实体〗工具栏中单击〖移除拉伸〗按钮，弹出〖Feature Guide〗对话框，然后根据图 4-25 所示的步骤进行参数设置，最后单击〖确定〗按钮完成特征操作。

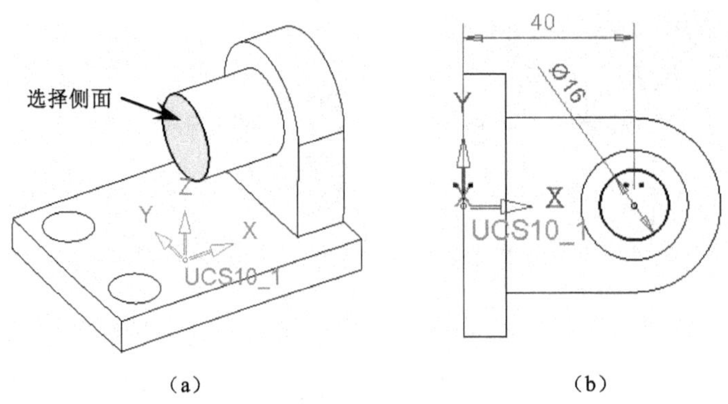

图 4-24　创建草图

图 4-25　移除拉伸

(11) 保存文件。在〖标准〗工具栏中单击〖保存〗按钮，接着在弹出的〖CimatronE 浏览器〗对话框中设置文件的名称和保存路径即可。

6. 操作特训二

根据图 4-26 所示的二维图，创建三维实体。

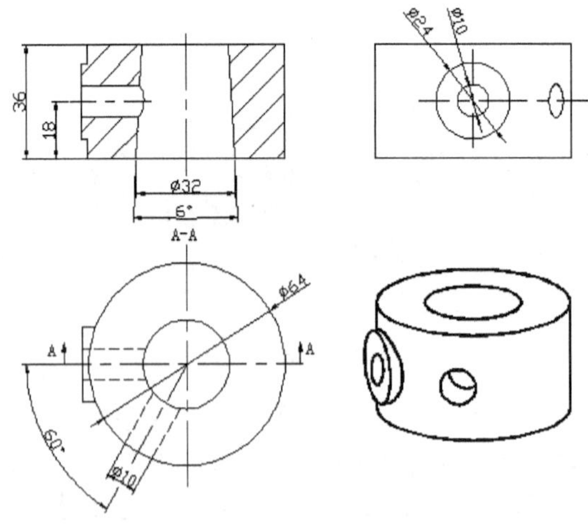

图 4-26　零件图

（1）在桌面上双击图标打开 CimatronE 10.0 软件。

（2）进入零件界面，如图 4-27 所示。

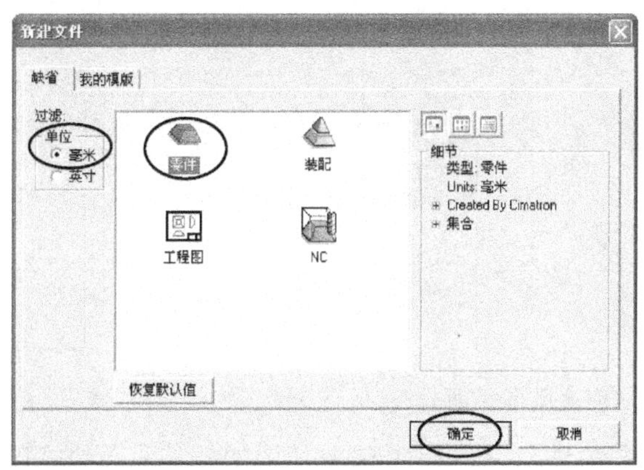

图 4-27　进入零件界面

（3）创建草图。默认 XY 平面为草图平面，然后创建如图 4-28 所示的草图，完成后退出草图环境。

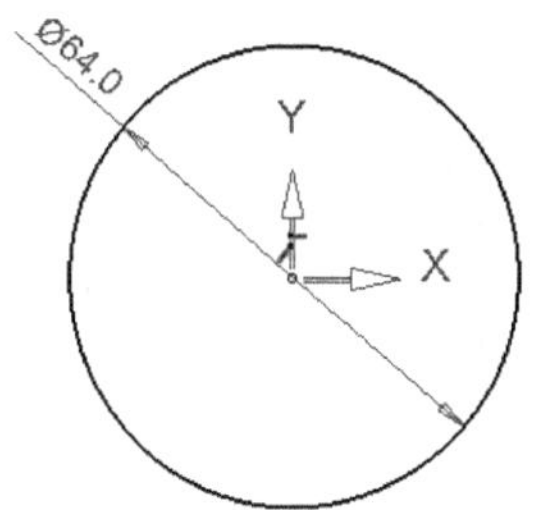

图 4-28　创建草图

（4）新建拉伸。在〖实体〗工具栏中单击〖新建拉伸〗按钮，弹出〖Feature Guide〗对话框，然后根据图 4-29 所示的步骤进行参数设置，最后单击〖确定〗按钮完成特征操作。

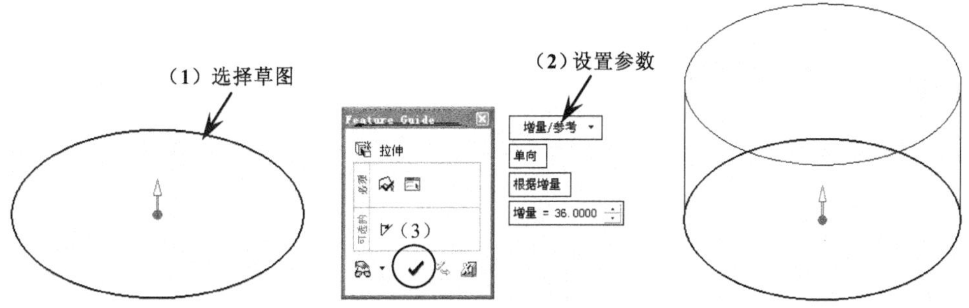

图 4-29　新建拉伸

（5）创建基准平面。在菜单栏中选择〖基准〗/〖平面〗/〖主平面〗命令，弹出〖Feature Guide〗对话框，然后选择当前的坐标系，如图 4-30 所示。

（6）创建草图。选择 XZ 平面为草图平面，然后创建如图 4-31 所示的圆，完成后退出草图环境。

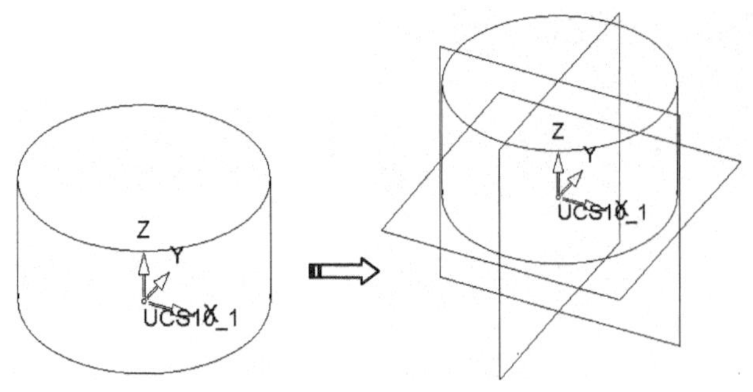

图 4-30　创建基准平面

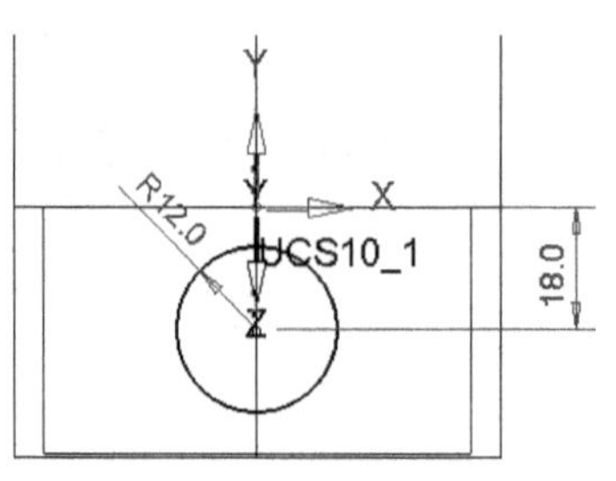

图 4-31　创建草图

（7）增加拉伸。在〖实体〗工具栏中单击〖增加拉伸〗按钮，弹出〖Feature Guide〗对话框，然后根据图 4-32 所示的步骤进行参数设置，最后单击〖确定〗按钮完成特征操作。

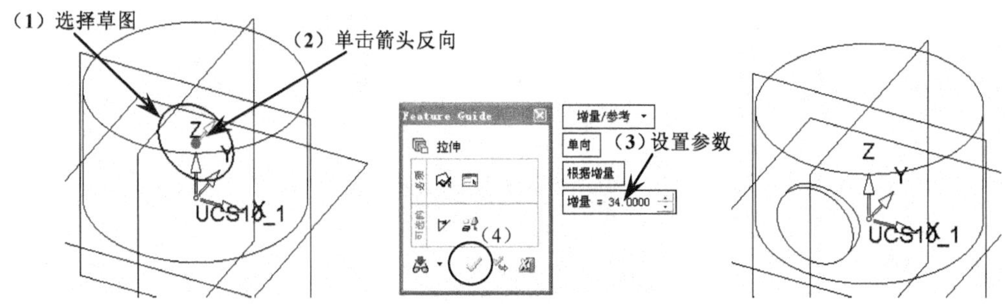

图 4-32　增加拉伸

（8）创建基准轴。在菜单栏中选择〖基准〗/〖轴〗/〖相交〗命令，弹出〖Feature Guide〗对话框，然后依次选择 XZ 平面和 YZ 平面，如图 4-33 所示。

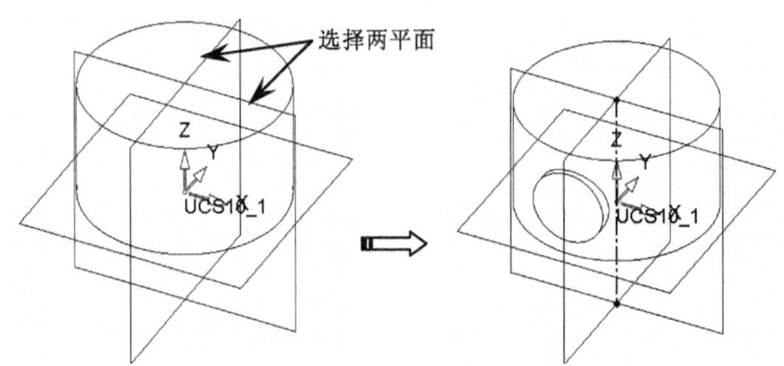

图 4-33　创建基准轴

（9）创建基准平面。在菜单栏中选择〖基准〗/〖平面〗/〖倾斜〗命令，弹出〖Feature Guide〗对话框，接着依次选择 YZ 平面和前面创建的基准轴，然后设置角度值，如图 4-34 所示。

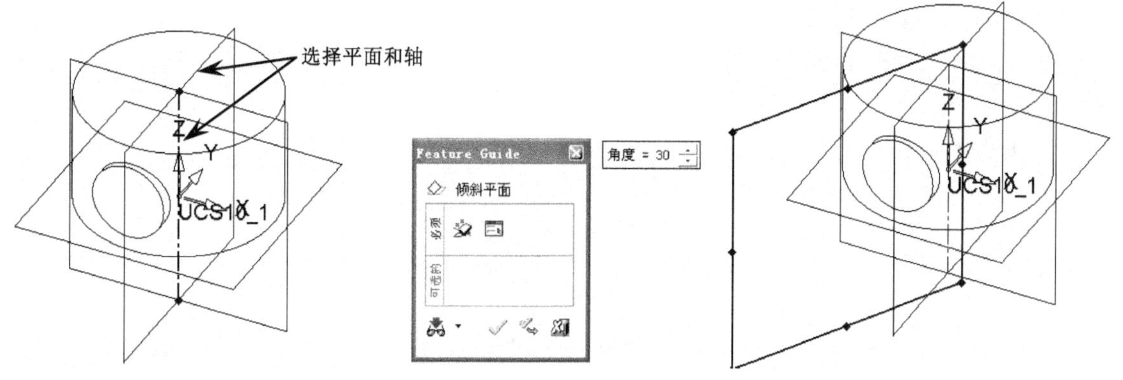

图 4-34　创建基准平面

（10）创建草图。选择上一创建的基准平面为草图平面，然后创建如图 4-35 所示的圆，完成后退出草图环境。

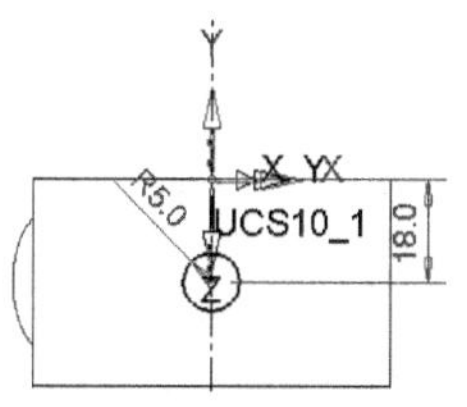

图 4-35　创建草图

（11）移除拉伸。在〖实体〗工具栏中单击〖移除拉伸〗按钮，弹出〖Feature Guide〗对话框，然后根据图 4-36 所示的步骤进行参数设置，最后单击〖确定〗按钮完成特征操作。

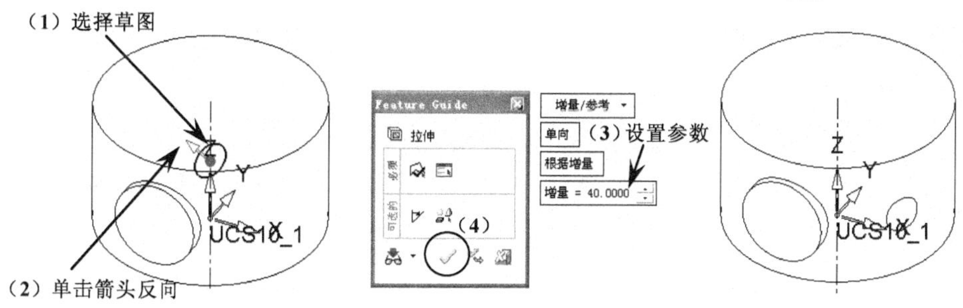

图 4-36　移除拉伸

（12）创建草图。默认 XY 平面为草图平面，然后创建如图 4-37 所示的草图，完成后退出草图环境。

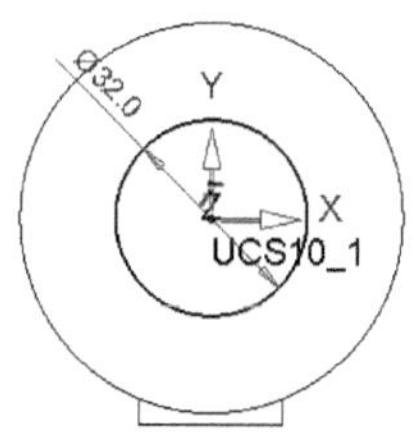

图 4-37　创建草图

（13）移除拉伸。在〖实体〗工具栏中单击〖移除拉伸〗按钮，弹出〖Feature Guide〗对话框，然后根据图 4-38 所示的步骤进行参数设置，最后单击〖确定〗按钮完成特征操作。

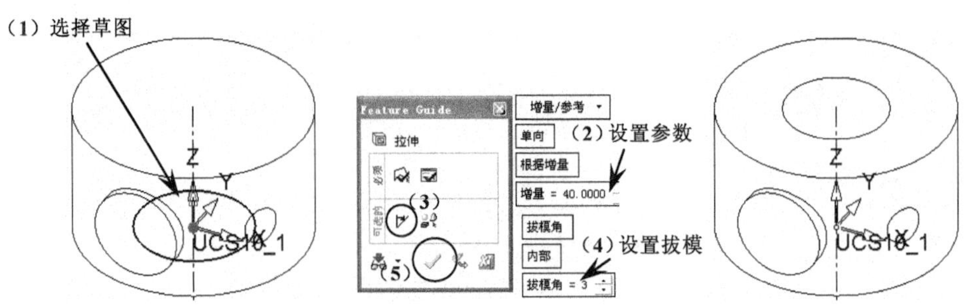

图 4-38　移除拉伸

（14）保存文件。在〖标准〗工具栏中单击〖保存〗按钮，接着在弹出的〖CimatronE 浏览器〗对话框中设置文件的名称和保存路径即可。

4.3　旋转

旋转是指截面沿着指定的中心轴进行转动，从而产生圆柱状、圆锥状或盘状的实体。旋转的对象可以是草图，也可以是特征面。

绘制三维产品的过程中，当产品的形状或局部形状的截面都是圆时，则可以使用旋转命令进行绘制。

1．新建旋转

旋转创建新的特征。在〖实体〗工具栏中单击〖新建旋转〗按钮，弹出〖Feature Guide〗对话框，接着依次选择草图和旋转轴，然后设置旋转参数，最后单击按钮，如图 4-39 所示。

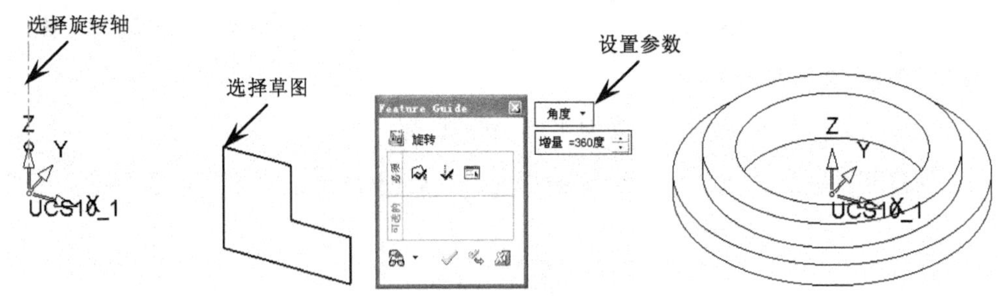

图 4-39　新建旋转

要点提示

如果需要选择坐标轴为旋转轴，则将鼠标移近该轴即会自动显示射线轴，然后单击鼠标选择作为旋转轴。

2．增加旋转

在原有的实体特征上拉伸旋转新的特征，和原实体结合在一起。在菜单栏中选择〖实体〗/〖增加〗/〖旋转〗命令，弹出〖Feature Guide〗对话框，接着依次选择草图和旋转轴，然后设置旋转参数，最后单击✓按钮，如图 4-40 所示。

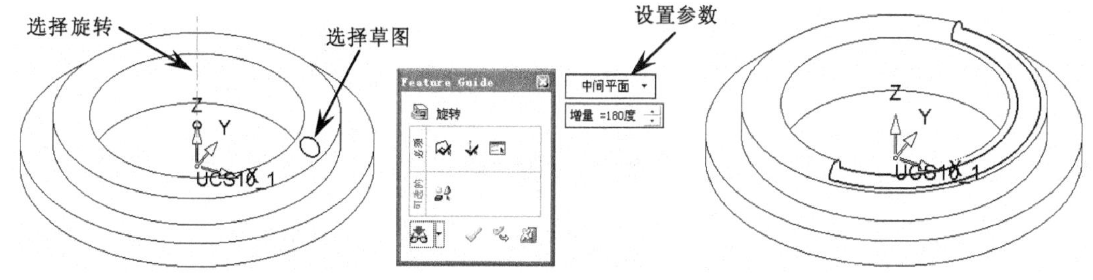

图 4-40　增加旋转

3．移除旋转

在已有的实体上进行旋转切割。在菜单栏中选择〖实体〗/〖移除〗/〖旋转〗命令，弹出〖Feature Guide〗对话框，接着依次选择草图和旋转轴，然后设置旋转参数，最后单击✓按钮，如图 4-41 所示。

图 4-41　移除旋转

4．功能注释

由于〖新建旋转〗、〖增加旋转〗和〖移除旋转〗三个命令的设置参数几乎是一样的，所以一起进行参数的注释讲解。

（1）〖角度〗 角度 ：只往一个方向进行旋转。

（2）〖中间平面〗 中间平面 ：同时往两个方向旋转，如图 4-42 所示。

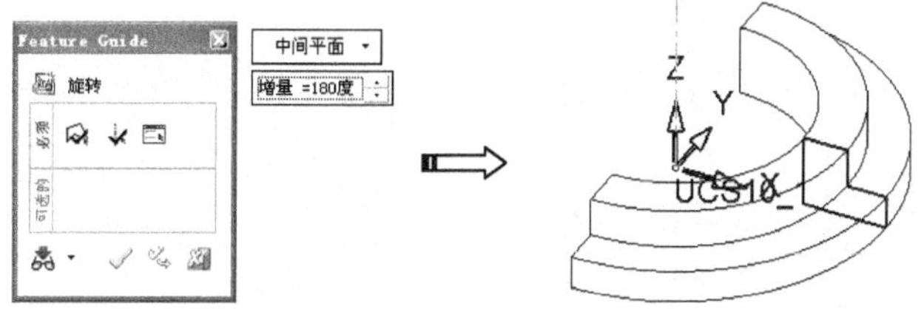

图 4-42　中间平面

（3）〖至参考〗 至参考 ：从草图的位置旋转至指定的特征面，如图 4-43 所示。

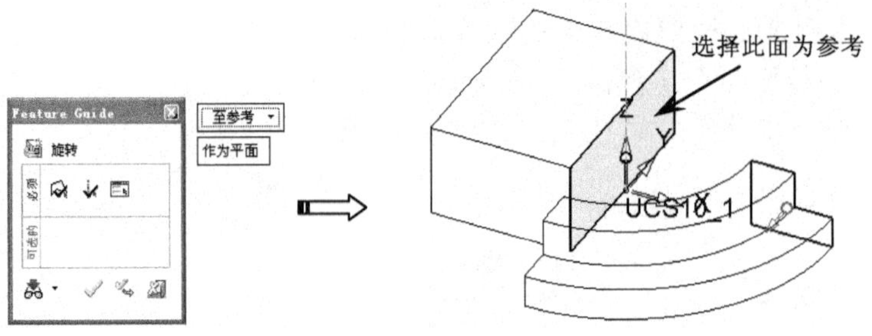

图 4-43　至参考

（4）〖至最近参考〗 至最近参考 ：旋转至与最近的实体特征形成相交结合，如图 4-44 所示。

图 4-44　至最近参考

5．操作特训一

根据图 4-45 所示的二维图，创建三维实体。

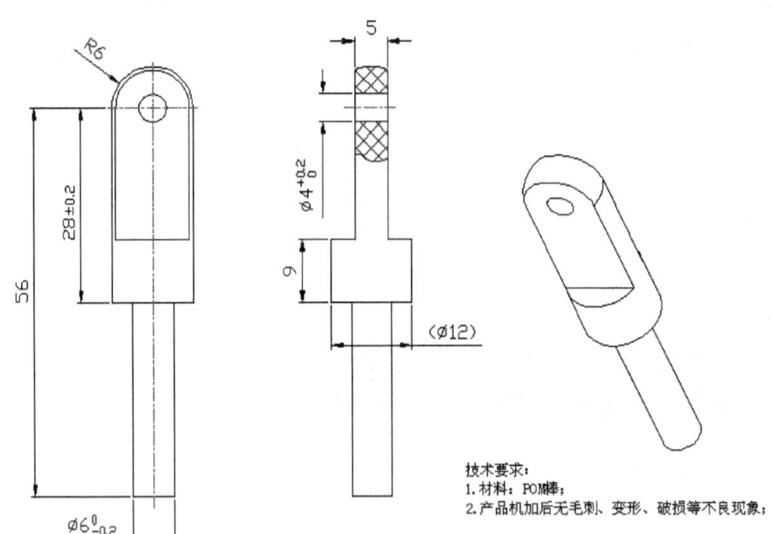

图 4-45　推杆二维图

（1）在桌面上双击图标打开 CimatronE 10.0 软件。

（2）进入零件界面，如图 4-46 所示。

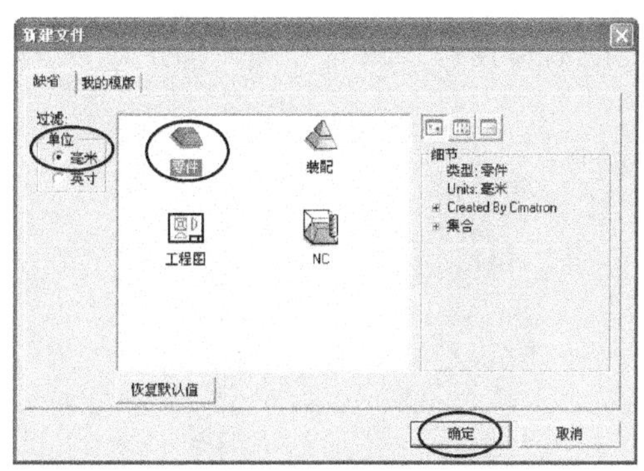

图 4-46　进入零件界面

（3）创建草图。选择 XZ 平面为草图平面，然后创建如图 4-47 所示的草图，完成后退出草图环境。

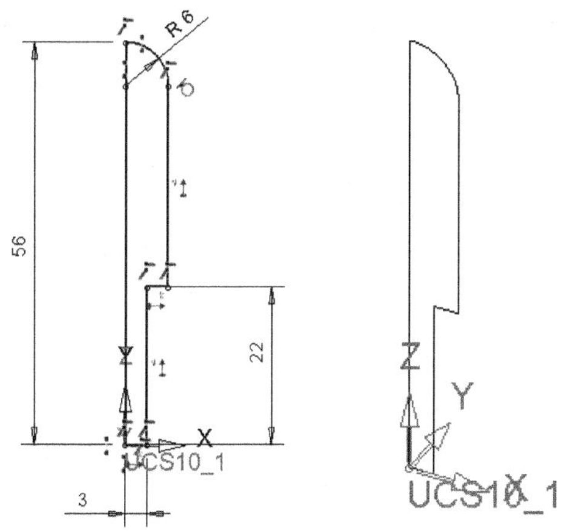

图 4-47　创建草图

（4）新建旋转。在〖实体〗工具栏中单击〖新建旋转〗按钮，弹出〖Feature Guide〗对话框，然后根据图 4-48 所示的步骤进行参数设置，最后单击〖确定〗按钮完成特征操作。

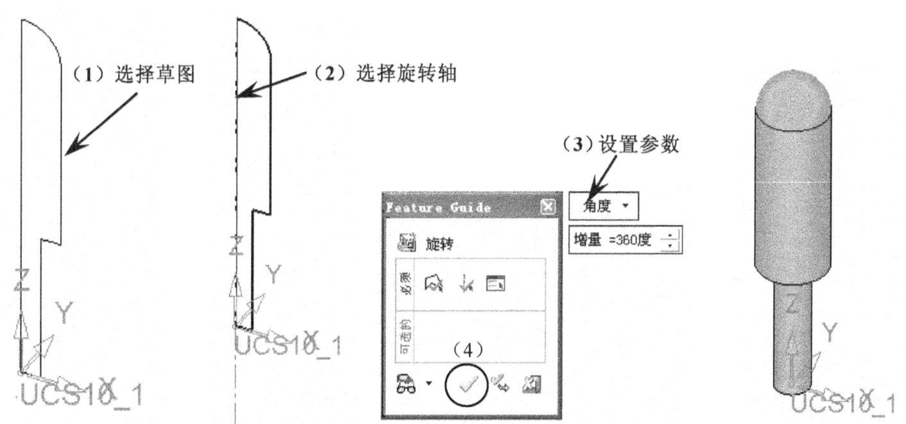

图 4-48　新建旋转

（5）移除拉伸。参考前面的操作，使用〖移除拉伸〗命令完成如图 4-49 所示的两个拉伸特征。

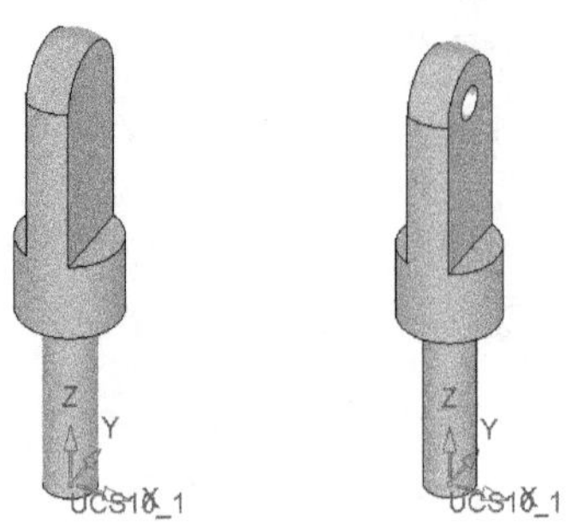

图 4-49　移除拉伸

（6）保存文件。在〖标准〗工具栏中单击〖保存〗按钮，接着在弹出的〖CimatronE 浏览器〗对话框中设置文件的名称和保存路径即可。

6. 操作特训二

根据图 4-50 所示的二维图，创建三维实体。

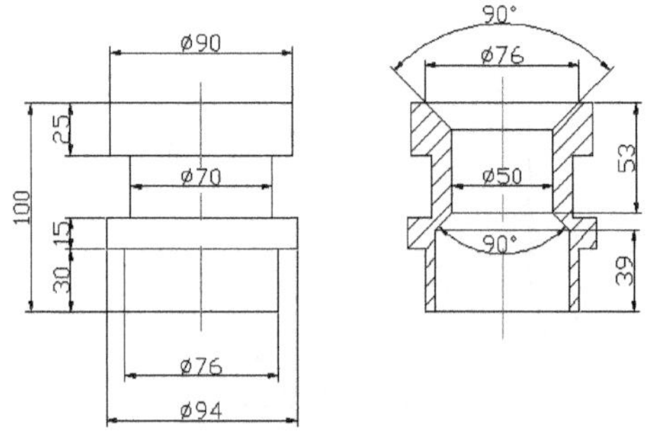

图 4-50　筒套二维图

（1）在桌面上双击图标打开 CimatronE 10.0 软件。

（2）进入零件界面，如图 4-51 所示。

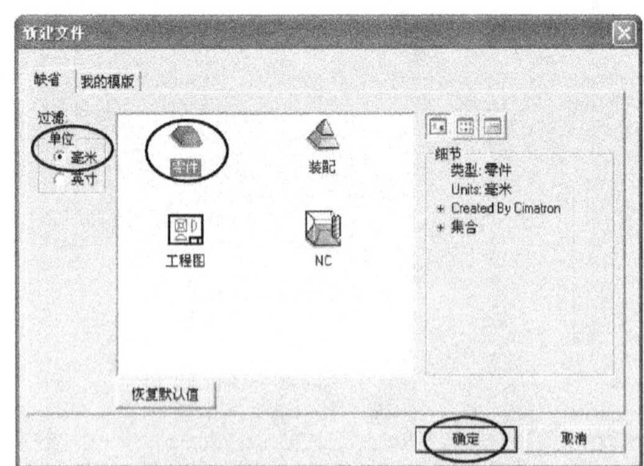

图 4-51　进入零件界面

（3）创建草图。选择 XZ 平面为草图平面，然后创建如图 4-52 所示的草图，完成后退出草图环境。

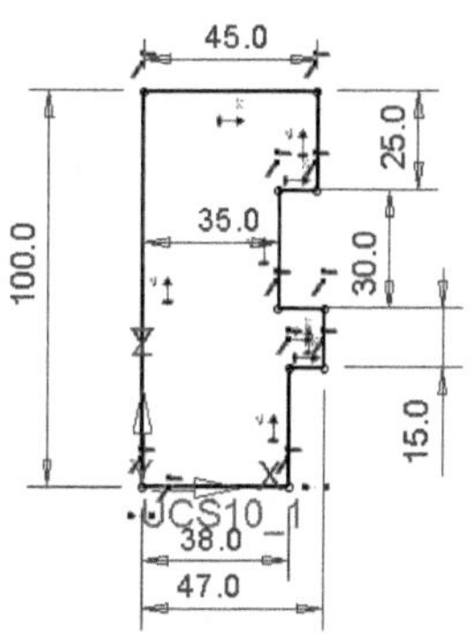

图 4-52　创建草图

（4）新建旋转。在〖实体〗工具栏中单击〖新建旋转〗按钮，弹出〖Feature Guide〗对话框，然后根据图 4-53 所示的步骤进行参数设置，最后单击〖确定〗按钮完成特征操作。

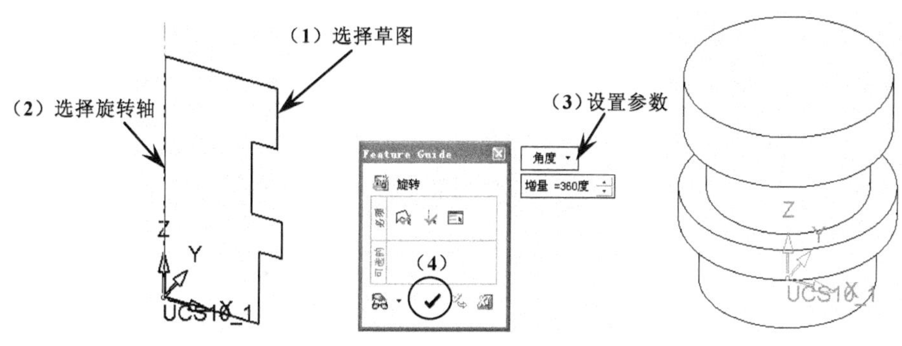

图 4-53　新建旋转

（5）创建草图。选择 XZ 平面为草图平面，然后创建如图 4-54 所示的草图，完成后退出草图环境。

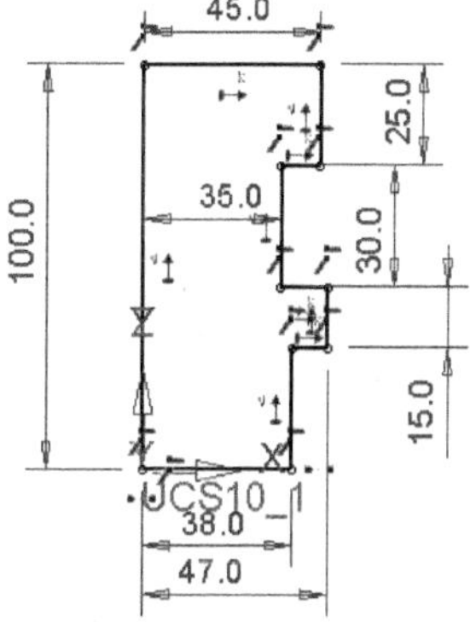

图 4-54　创建草图

（6）移除旋转。在菜单栏中选择〖实体〗/〖移除〗/〖旋转〗命令，弹出〖Feature Guide〗对话框，然后根据图 4-55 所示的步骤进行参数设置，最后单击〖确定〗✔按钮完成特征操作。

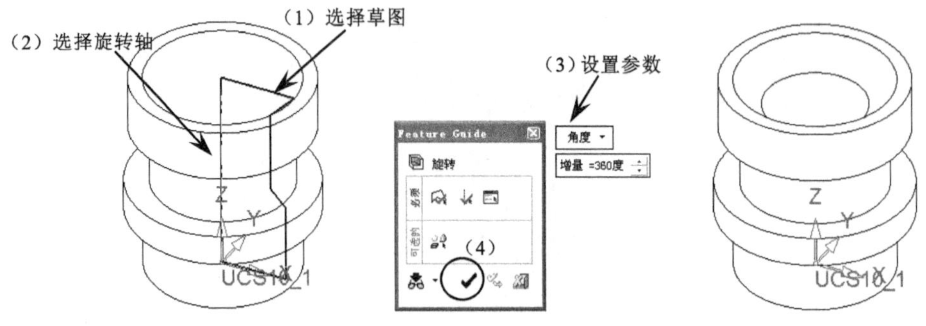

图 4-55　移除旋转

（7）保存文件。在〖标准〗工具栏中单击〖保存〗按钮，接着在弹出的〖CimatronE 浏览器〗对话框中设置文件的名称和保存路径即可。

4.4　导动（扫描）

导动（扫描）即是截面沿着指定的轨迹运动，从而产生实体或曲面。

绘制三维实体时，当产品的形状或局部形状的截面都相同且在同一轨迹上时，则可以使用扫描命令进行绘制。

1. 新建导动

在菜单栏中选择〖实体〗/〖新建〗/〖导动〗命令，弹出〖Feature Guide〗对话框，然后依次选择截面和轨迹，如图 4-56 所示。

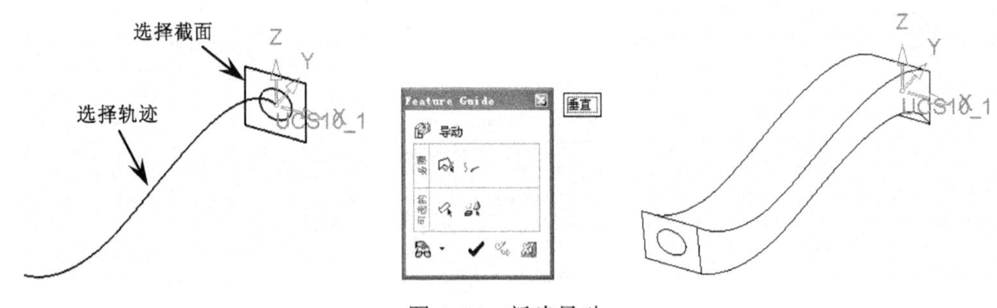

图 4-56　新建导动

只能选择一个截面和一条轨迹。

2. 增加导动

在已有的实体上扫描增加特征，并结合在一起。在菜单栏中选择〖实体〗/〖增加〗/〖导动〗命令，弹出〖Feature Guide〗对话框，然后依次选择截面和轨迹，如图 4-57 所示。

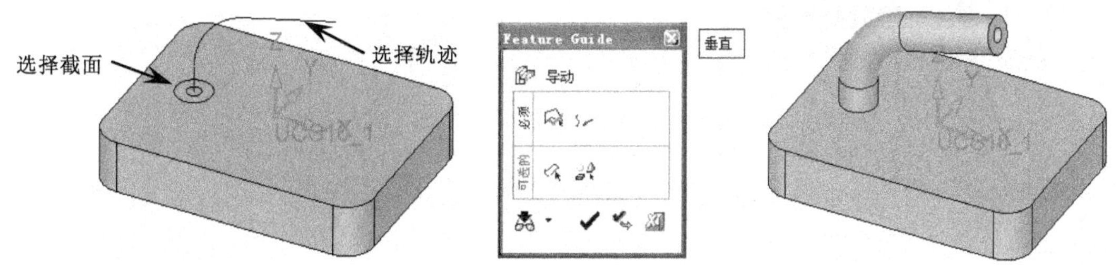

图 4-57　增加导动

3. 移除导动

扫描创建特征对原实体进行切割。在菜单栏中选择〖实体〗/〖增加〗/〖导动〗命令，弹出〖Feature Guide〗对话框，然后依次选择截面和轨迹，如图 4-58 所示。

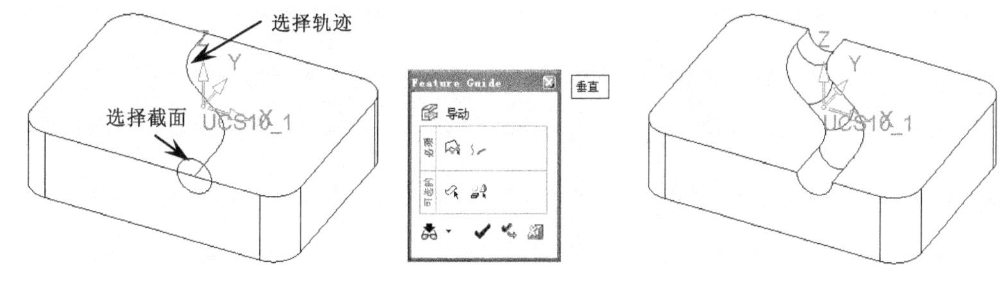

图 4-58　移除导动

4. 功能注释

由于〖新建导动〗、〖增加导动〗和〖移除导动〗三个命令的设置参数几乎是一样的，所以一起进行参数的注释讲解。

（1）〖拾取截面〗：单击重新选择扫描的截面。

（2）〖拾取导向线〗：单击重新选择扫描的轨迹线。

（3）〖垂直〗垂直：扫描截面始终垂直于轨迹线，如图 4-59 所示。

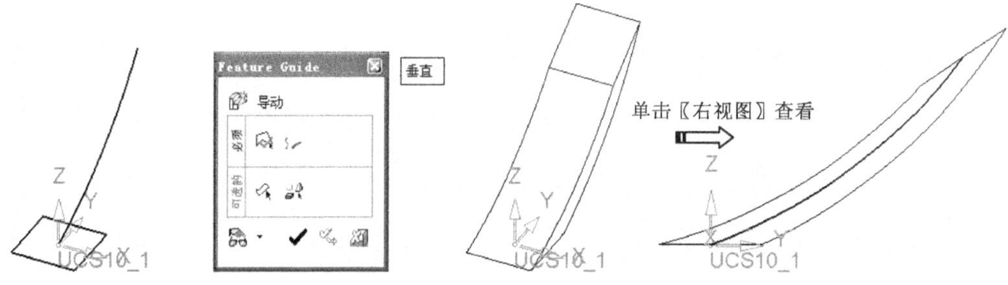

图 4-59　垂直

（4）〖平行〗平行：扫描截面始终平行于草图截面，如图 4-60 所示。

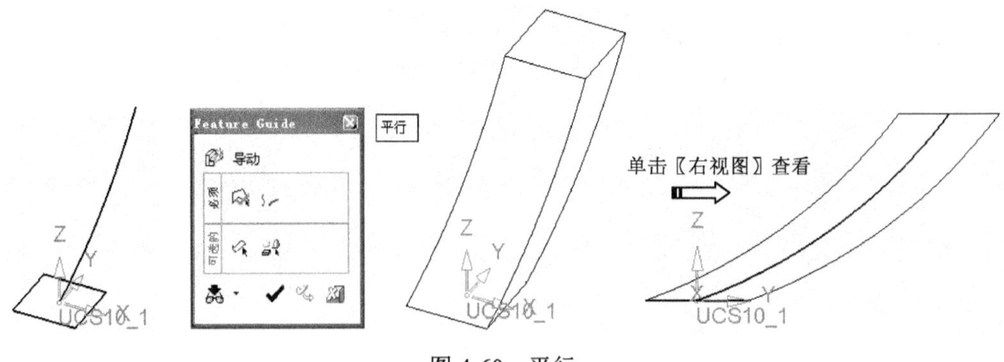

图 4-60　平行

5. 操作特训

创建如图 4-61 所示的三维实体。

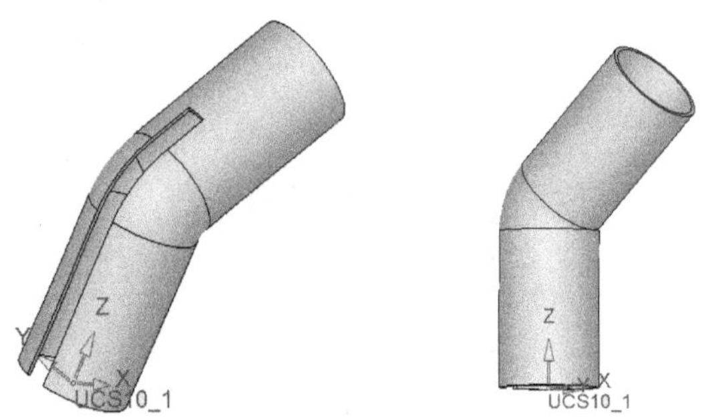

图 4-61　三维实体

（1）在桌面上双击图标打开 CimatronE 10.0 软件。

（2）进入零件界面，如图 4-62 所示。

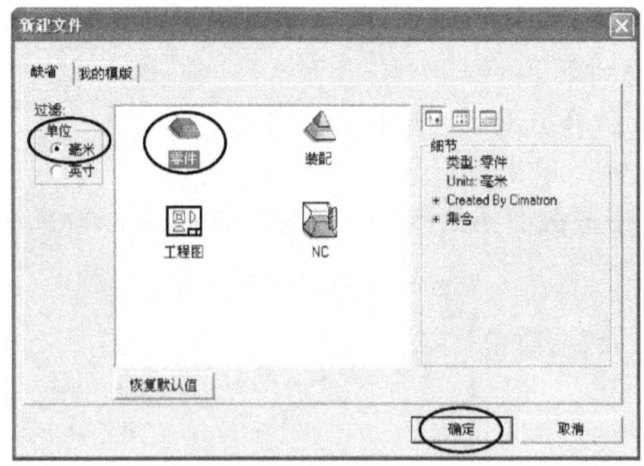

图 4-62　进入零件界面

（3）创建草图。默认 XY 平面为草图平面，然后创建如图 4-63 所示的草图，完成后退出草图环境。

（4）创建草图。选择 XZ 平面为草图平面，然后创建如图 4-64 所示的草图，完成后退出草图环境。

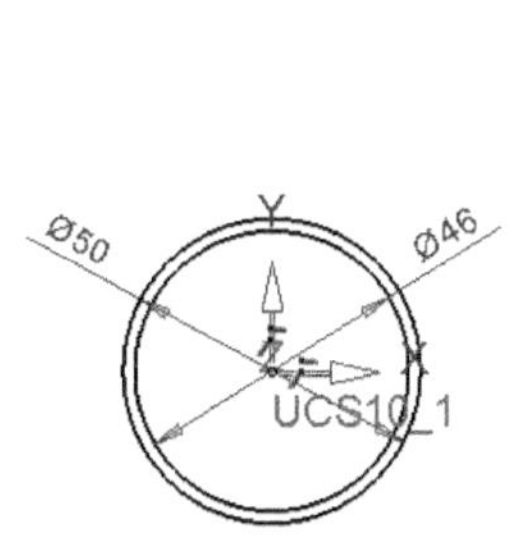

图 4-63　创建草图

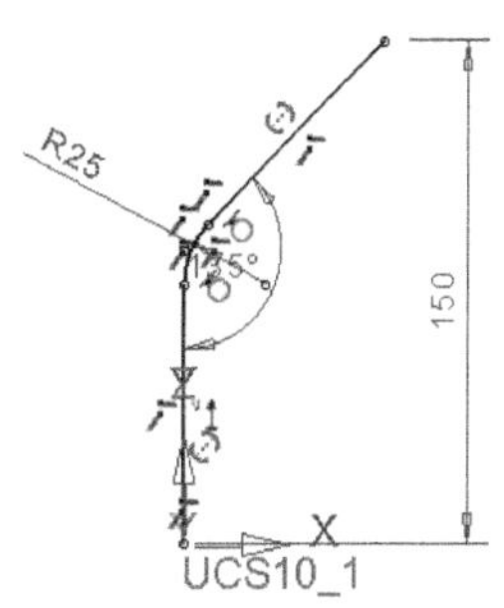

图 4-64　创建草图

（5）新建导动。在菜单栏中选择〖实体〗/〖新建〗/〖导动〗命令，弹出〖Feature Guide〗对话框，然后根据图 4-65 所示的步骤进行参数设置，最后单击〖确定〗按钮完成特征操作。

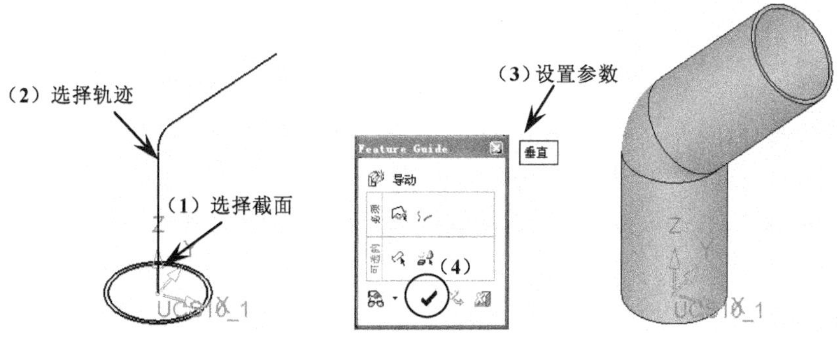

图 4-65　新建导动

（6）创建草图。选择 XZ 平面为草图平面，然后创建如图 4-66 所示的草图，完成后退出草图环境。

（7）创建草图。默认 XY 平面为草图平面，然后创建如图 4-67 所示的矩形，完成后退出草图环境。

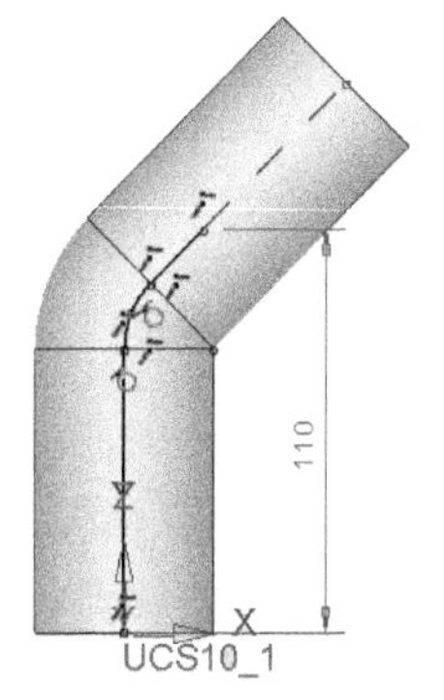

图 4-66　创建草图

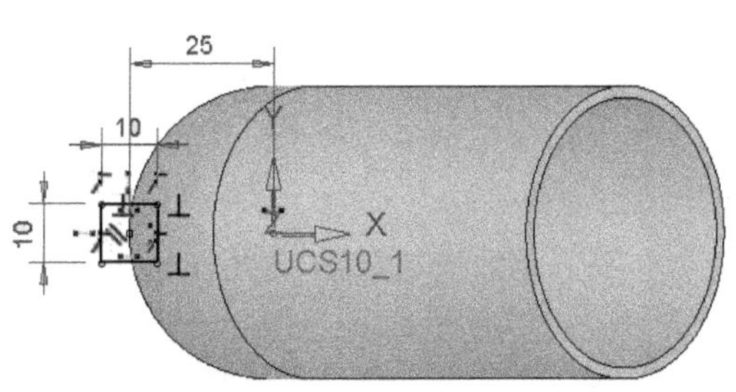

图 4-67　创建草图

（8）移除导动。在菜单栏中选择〖实体〗/〖移除〗/〖导动〗命令，弹出〖Feature Guide〗对话框，然后根据图 4-68 所示的步骤进行参数设置，最后单击〖确定〗按钮完成特征操作。

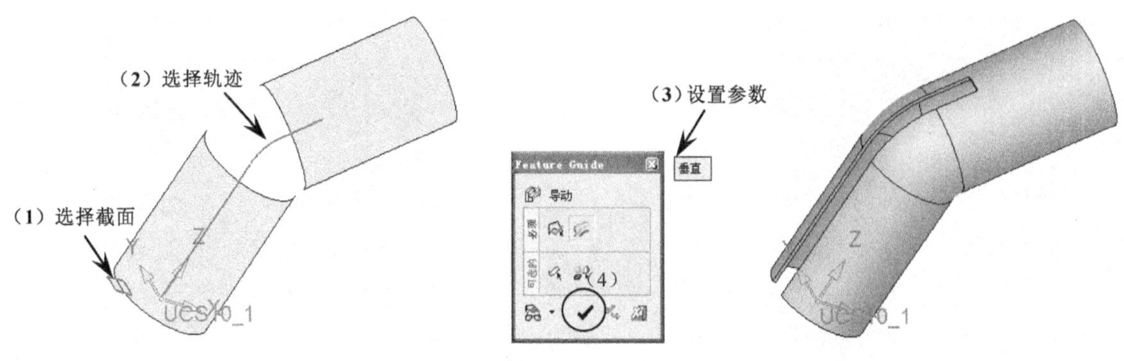

图 4-68　移除导动

（9）保存文件。在〖标准〗工具栏中单击〖保存〗按钮，接着在弹出的〖CimatronE 浏览器〗对话框中设置文件的名称和保存路径即可。

4.5　管道

通过指定轨迹和直径创建一定形状的管，其构建原理和“导动”差不多，只是不需要创建截面。

1. 新建管道

在菜单栏中选择〖实体〗/〖新建〗/〖管道〗命令，弹出〖Feature Guide〗对话框，然后选择轨迹和设置管道参数，如图 4-69 所示。

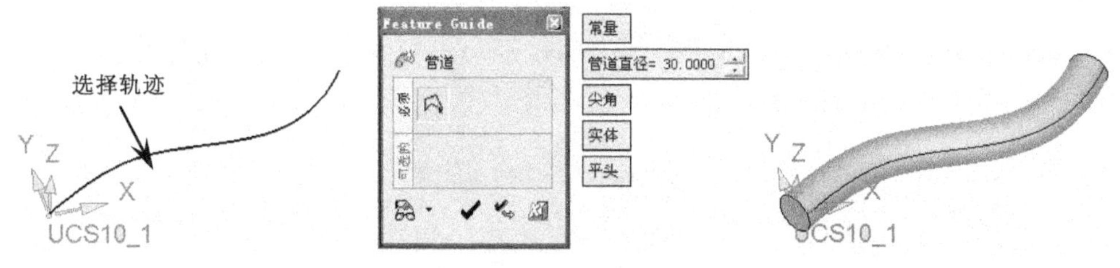

图 4-69　新建管道

2. 增加管道

在已有的实体上增加管道特征，并结合在一起。在菜单栏中选择〖实体〗/〖增加〗/〖管道〗命令，弹出〖Feature Guide〗对话框，然后选择截面和设置管道参数，如图 4-70 所示。

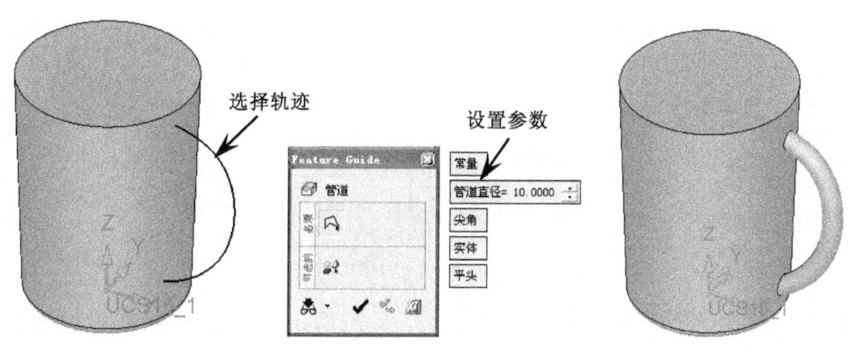

图 4-70 增加管道

3. 移除管道

创建管道对现有实体进行切割。在菜单栏中选择〖实体〗/〖移除〗/〖管道〗命令，弹出〖Feature Guide〗对话框，然后选择轨迹和设置管道参数，如图 4-71 所示。

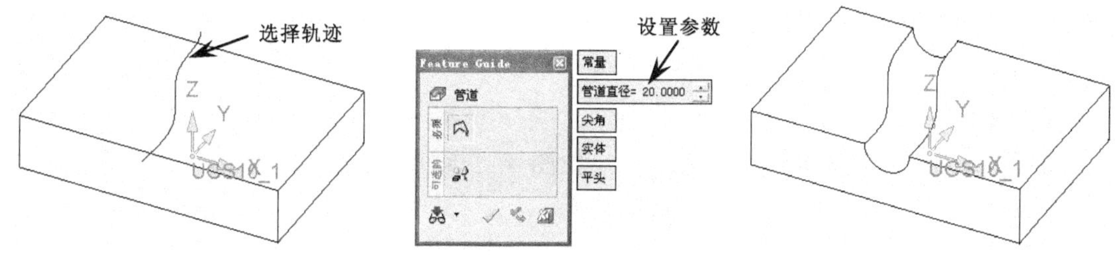

图 4-71 移除管道

4. 功能注释

由于〖新建管道〗、〖增加管道〗和〖移除管道〗三个命令的设置参数几乎是一样的，所以一起进行参数的注释讲解。

（1）〖常量〗 常量 ：创建相同截面的管道。

（2）〖变量〗 变量 ：通过设置始端和末端的直径来创建变化直径的管道，如图 4-72 所示。

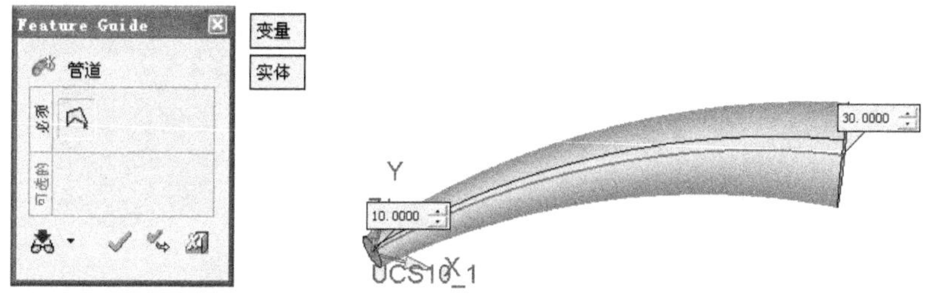

图 4-72 变量

（3）〖尖角〗 尖角 ：如果轨迹线中存在尖角，则不作处理，如图 4-73 所示。

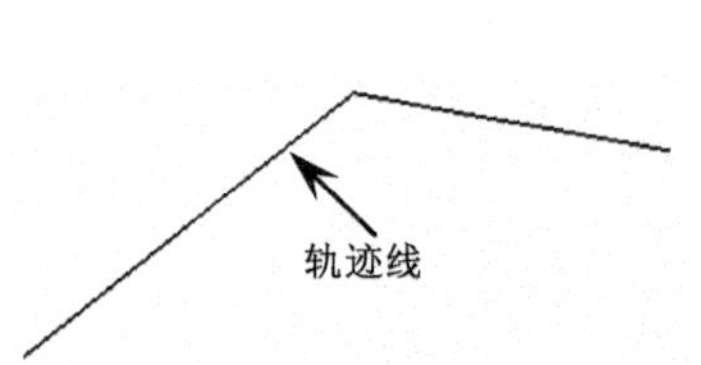

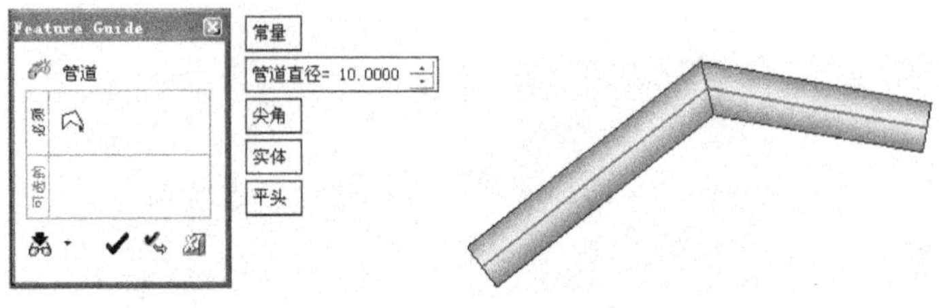

图 4-73　尖角

（4）〖角落圆角〗角落圆角：如果轨迹线中存在尖角，可通过设置圆角过渡，如图 4-74 所示。

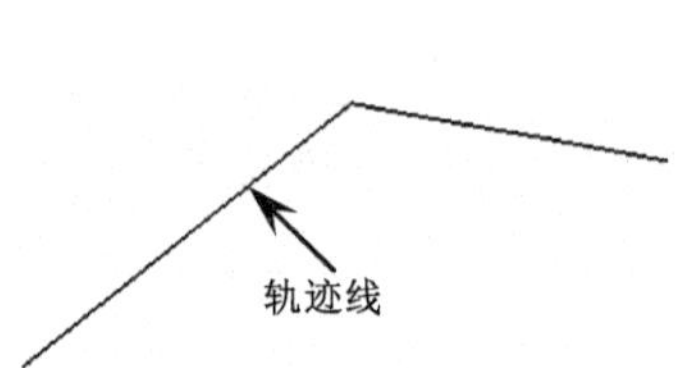

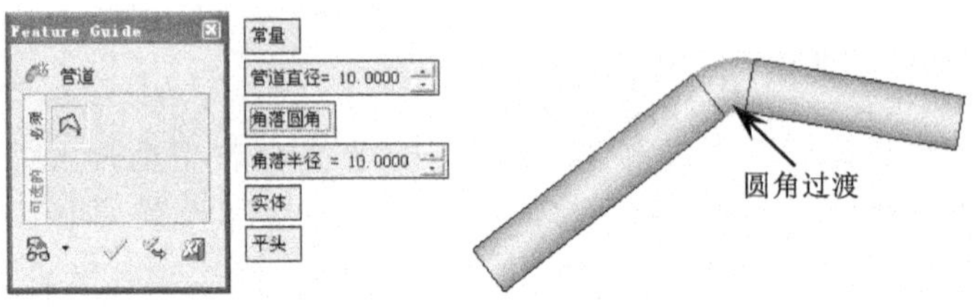

图 4-74　角落圆角

（5）〖实体〗实体：产生的管道是实心的。

（6）〖壳〗壳：创建带壁厚的空心管，如图 4-75 所示。

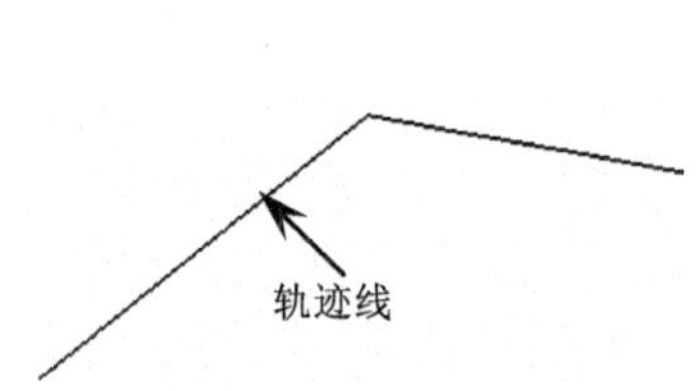

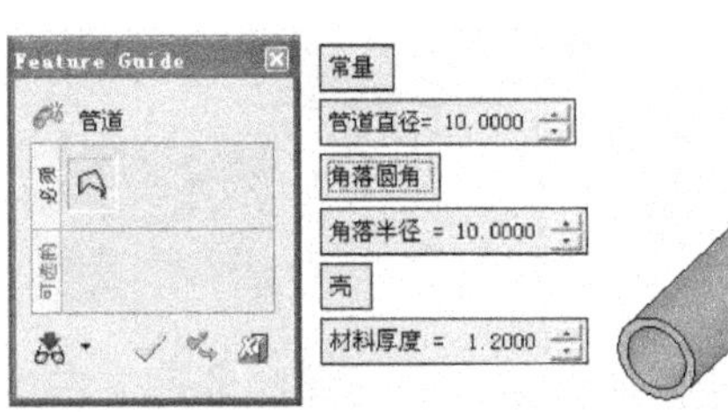

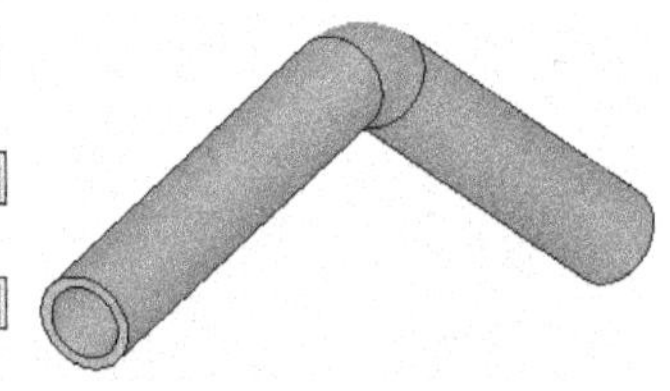

图 4-75　壳

（7）〖球头〗球头：设置管的末端为球状，如图 4-76 所示。

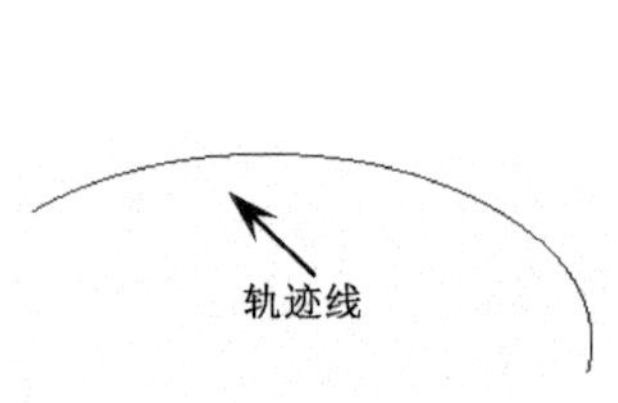

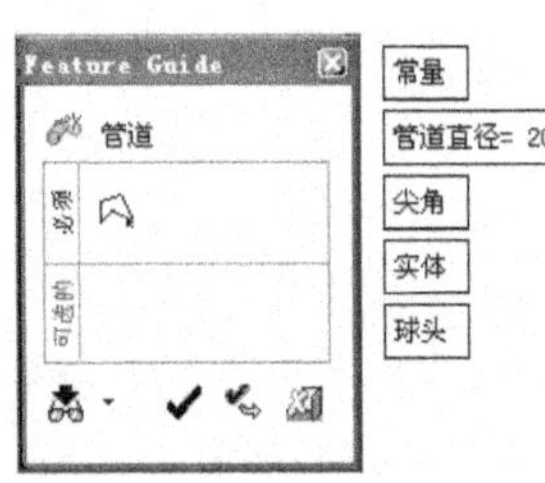

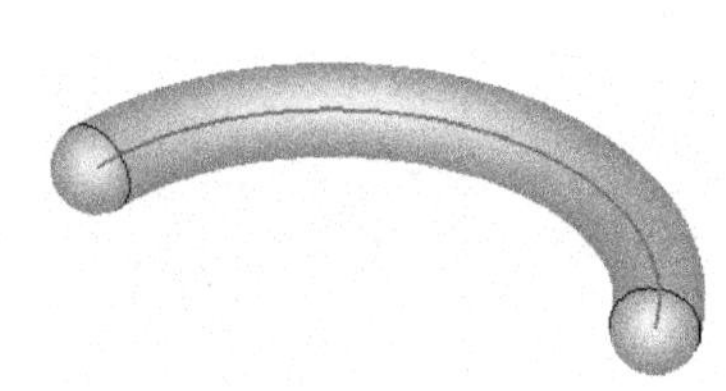

图 4-76　球头

5. 操作特训

创建如图 4-77 所示的三维实体。

（1）在桌面上双击图标打开 CimatronE 10.0 软件。

（2）进入零件界面，如图 4-78 所示。

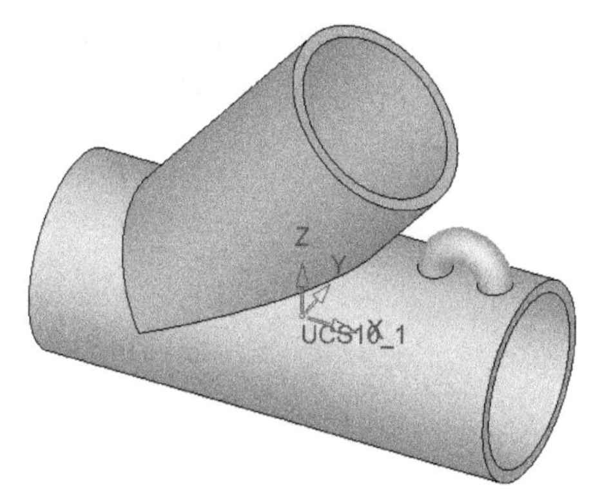

图 4-77　三维实体

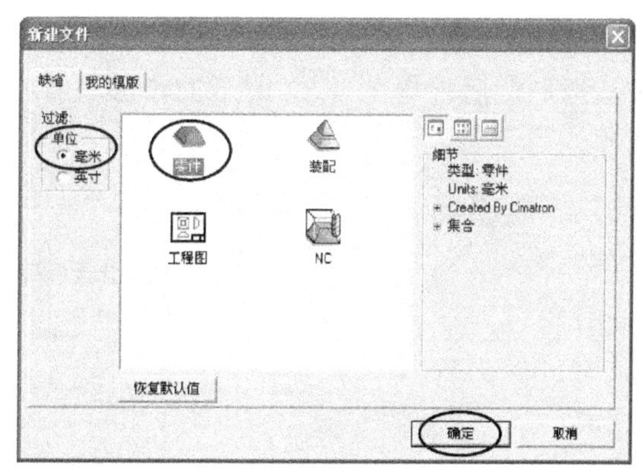

图 4-78　进入零件界面

（3）创建草图一。默认 XY 平面为草图平面，然后创建如图 4-79 所示的直线，完成后退出草图环境。

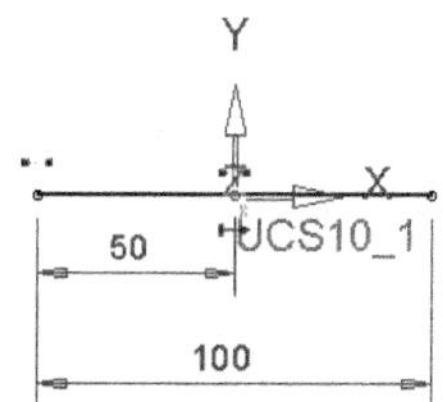

图 4-79　创建草图一

（4）新建管道。在菜单栏中选择〖实体〗/〖新建〗/〖管道〗命令，弹出〖Feature Guide〗对话框，然后根据图 4-80 所示的步骤进行参数设置，最后单击〖确定〗按钮完成特征操作。

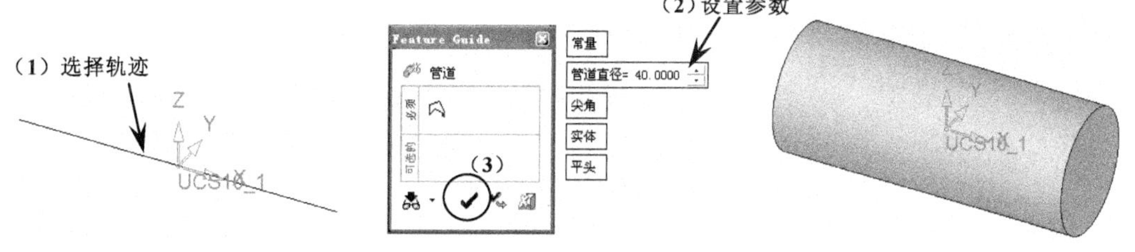

图 4-80　新建管道

（5）创建草图二。选择 XZ 平面为草图平面，然后创建如图 4-81 所示的草图，完成后退出草图环境。

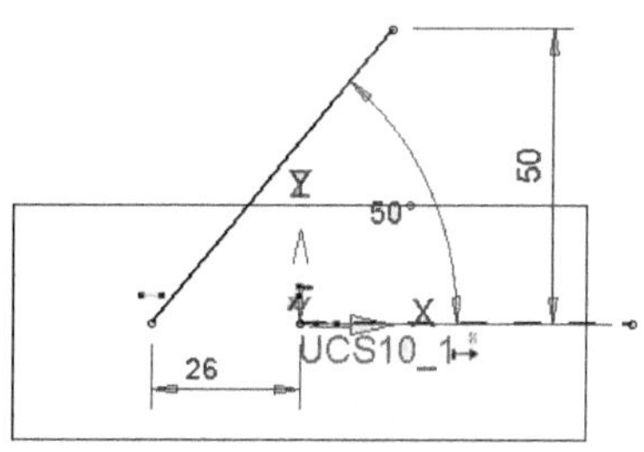

图 4-81　创建草图二

（6）增加管道。在菜单栏中选择〖实体〗/〖增加〗/〖管道〗命令，弹出〖Feature Guide〗对话框，然后根据图 4-82 所示的步骤进行参数设置，最后单击〖确定〗按钮完成特征操作。

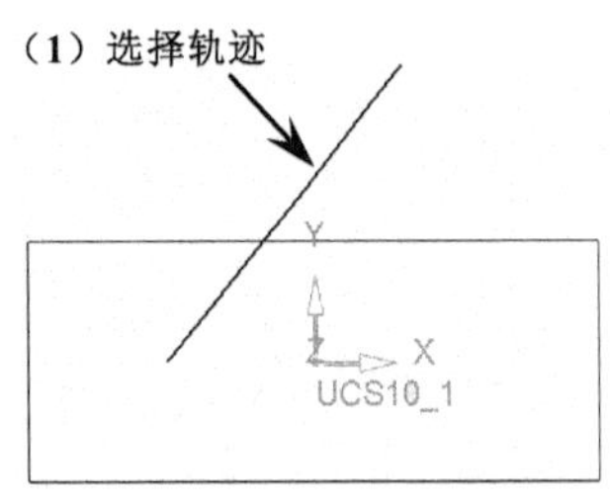

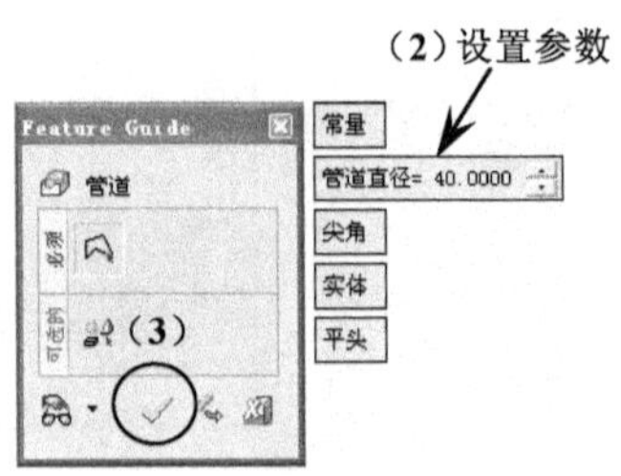

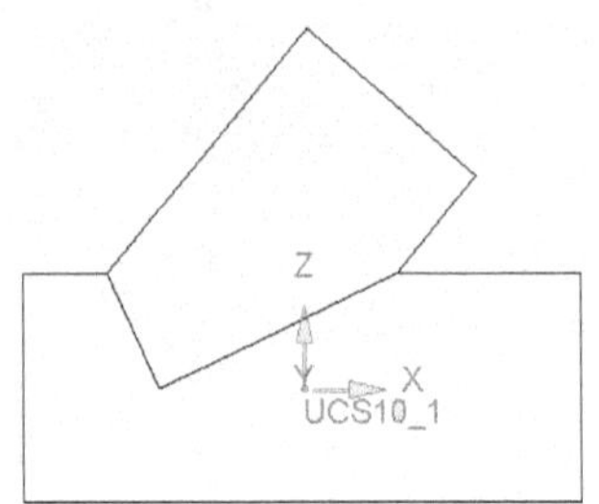

图 4-82　增加管道

（7）创建草图三。选择 XZ 平面为草图平面，然后创建如图 4-83 所示的圆，完成后退出草图环境。

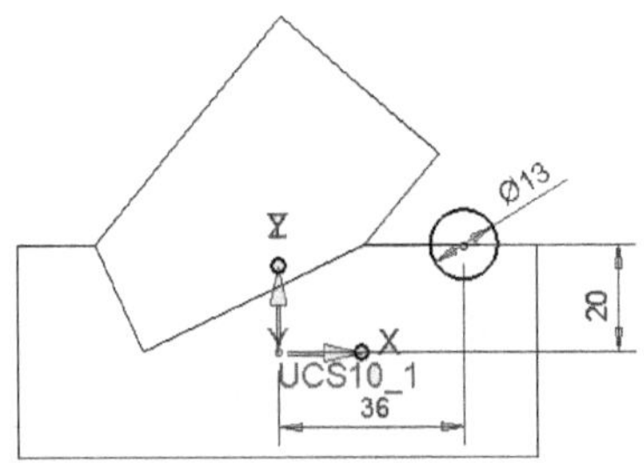

图 4-83　创建草图三

（8）增加管道。在菜单栏中选择〖实体〗/〖增加〗/〖管道〗命令，弹出〖Feature Guide〗对话框，然后根据图 4-84 所示的步骤进行参数设置，最后单击〖确定〗按钮完成特征操作。

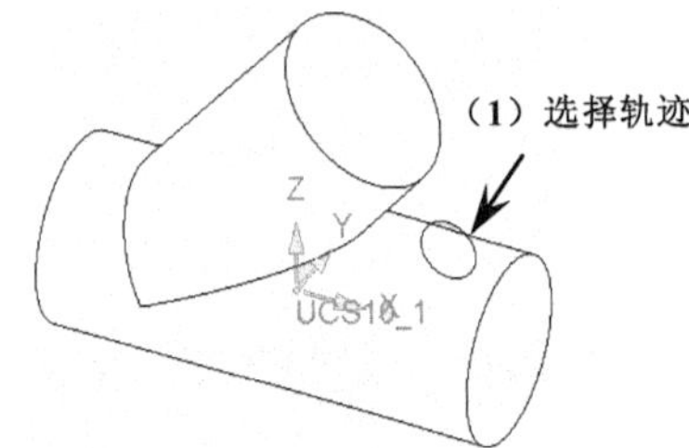

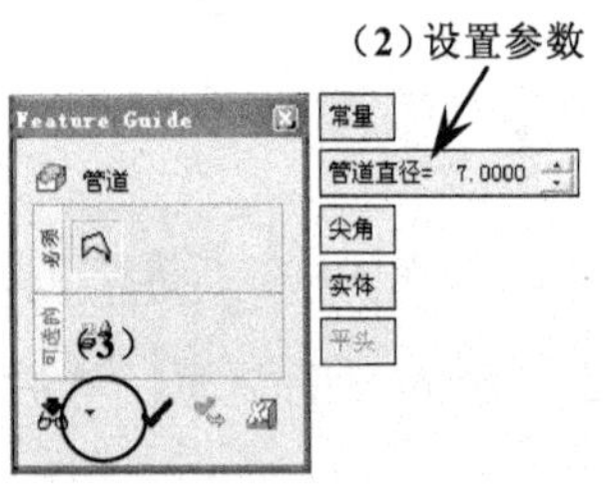

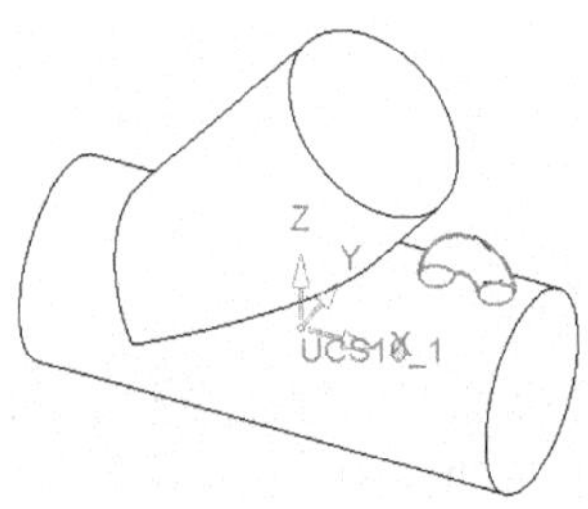

图 4-84　增加管道

（9）显示轨迹线。在特征树中选择“草图 11”，接着单击鼠标右键，并在弹出的〖右键〗菜单中选择〖显示草图/轮廓〗命令；选择“草图 12”，接着单击鼠标右键，并在弹出的〖右键〗菜单中选择〖显示草图/轮廓〗命令，如图 4-85 所示。

（10）移除管道。在菜单栏中选择〖实体〗/〖移除〗/〖管道〗命令，弹出〖Feature Guide〗对话框，然后根据图 4-86 所示的步骤进行参数设置，最后单击〖确定〗按钮完成特征操作。

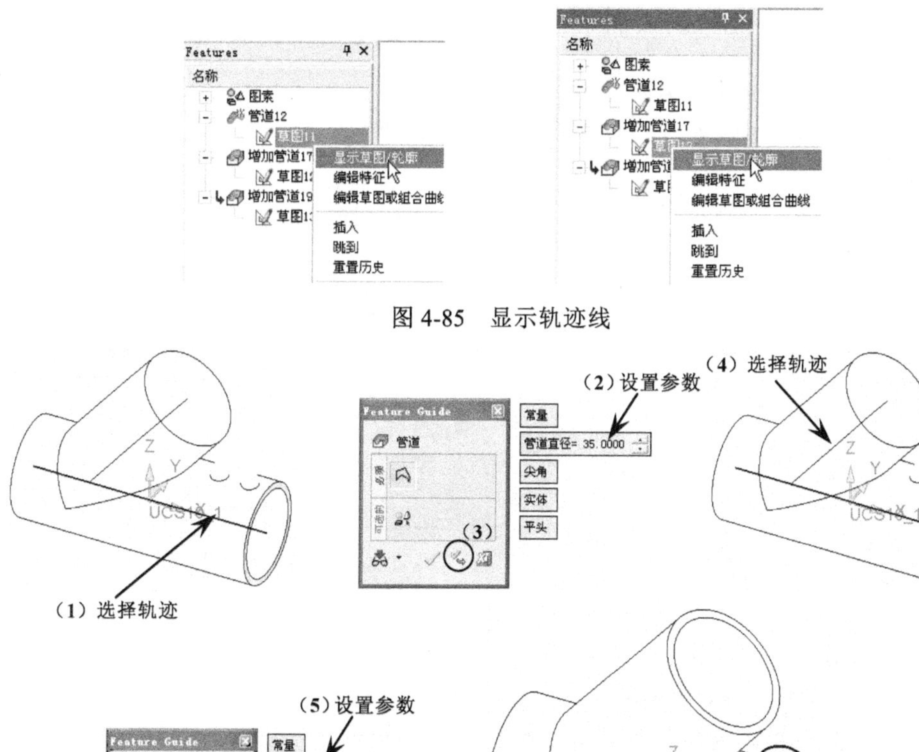

图 4-85　显示轨迹线

图 4-86　移除管道

（11）保存文件。在〖标准〗工具栏中单击〖保存〗按钮，接着在弹出的〖CimatronE 浏览器〗对话框中设置文件的名称和保存路径即可。

4.6　放样

放样是指多个封闭的截面轮廓通过直线或曲线的形式过渡成实体。创建放样实体时要求按顺序逐个选择截面，且每个截面都是封闭的。

1. 功能注释

在菜单栏中选择〖实体〗/〖新建〗/〖放样〗命令，弹出〖Feature Guide〗对话框。

（1）〖单个面〗单个面：单个面时生成的实体表面将作为一个面。

（2）〖多个面〗多个面：多个面则表示每一个线段独立形成一个面。

2. 操作特训

创建如图 4-87 所示的三维实体。

（1）在桌面上双击图标打开 CimatronE 10.0 软件。

（2）进入零件界面，如图 4-88 所示。

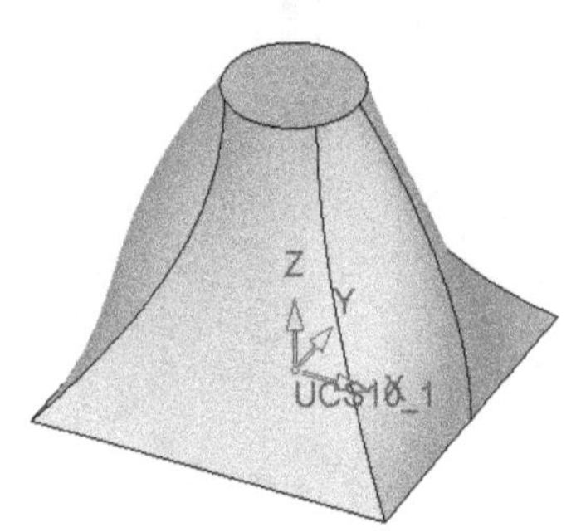

图 4-87　三维实体

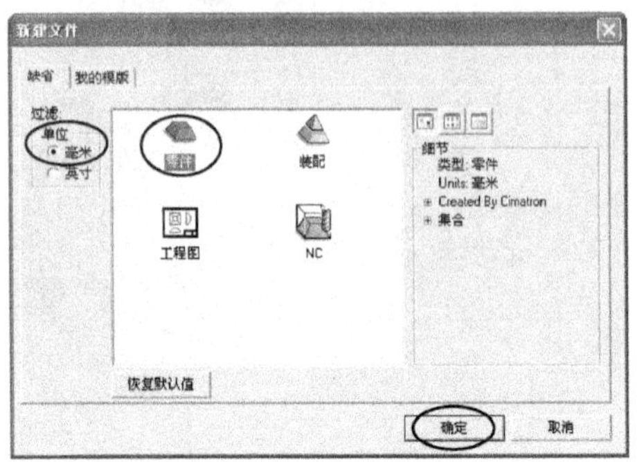

图 4-88　进入零件界面

（3）创建基准主平面。在菜单栏中选择〖基准〗/〖平面〗/〖主平面〗命令，弹出〖Feature Guide〗对话框，然后选择当前坐标系。

（4）创建基准平面一。在菜单栏中选择〖基准〗/〖平面〗/〖平行〗命令，弹出〖Feature Guide〗对话框，然后选择 XY 基准平面，并设置如图 4-89 所示的参数。

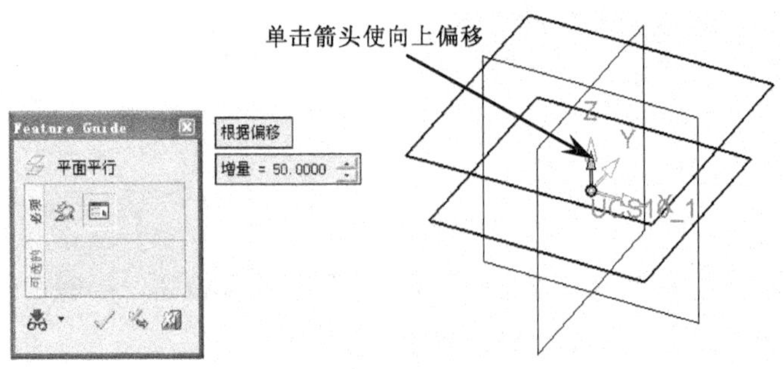

图 4-89　创建基准平面一

（5）创建基准平面二。在菜单栏中选择〖基准〗/〖平面〗/〖平行〗命令，弹出〖Feature Guide〗对话框，然后选择 XY 基准平面，并设置如图 4-90 所示的参数。

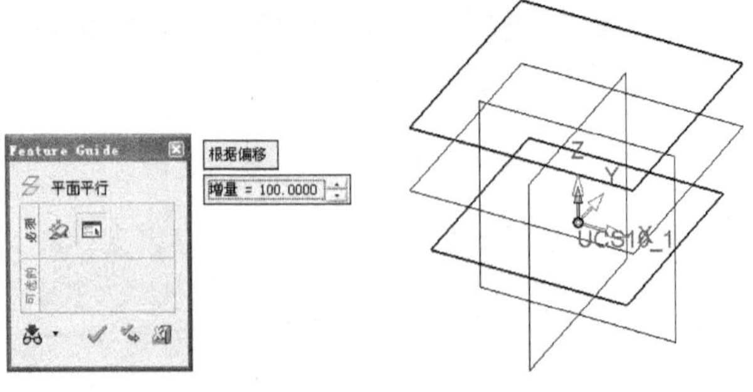

图 4-90　创建基准平面二

（6）创建草图一。选择 XY 平面为草图平面，然后创建如图 4-91 所示的矩形，完成后退出草图环境。

（7）创建草图二。选择基准平面一为草图平面，然后创建如图 4-92 所示的椭圆，完成后退出草图环境。

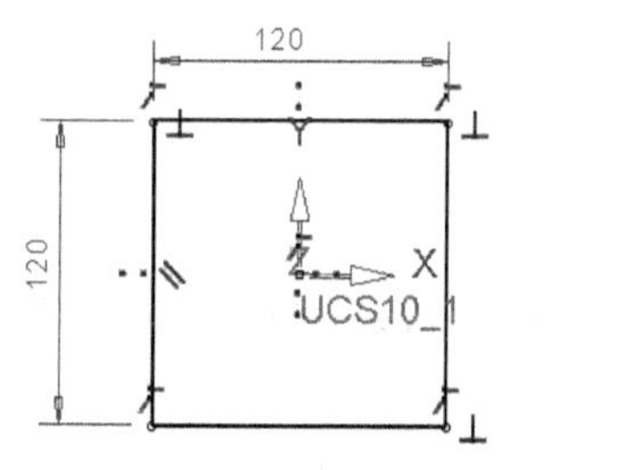

图 4-91　创建草图一

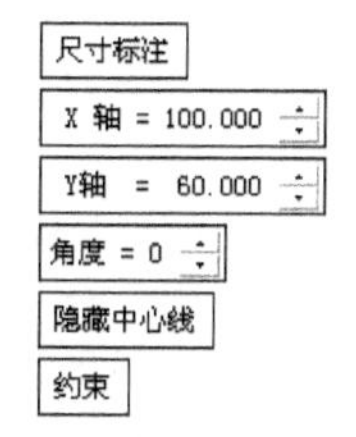

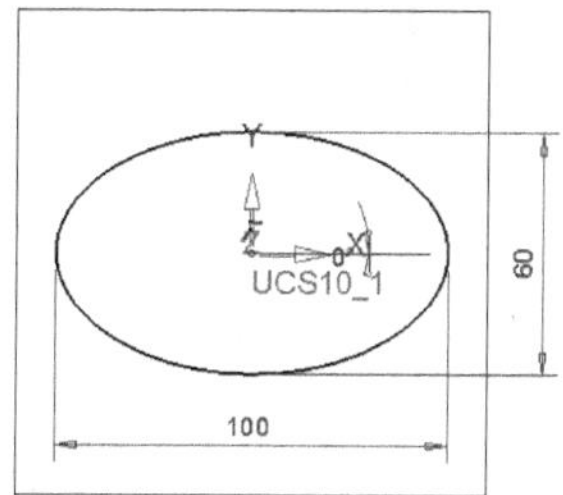

图 4-92　创建草图二

（8）创建草图三。选择基准平面二为草图平面，然后创建如图 4-93 所示的圆，完成后退出草图环境。

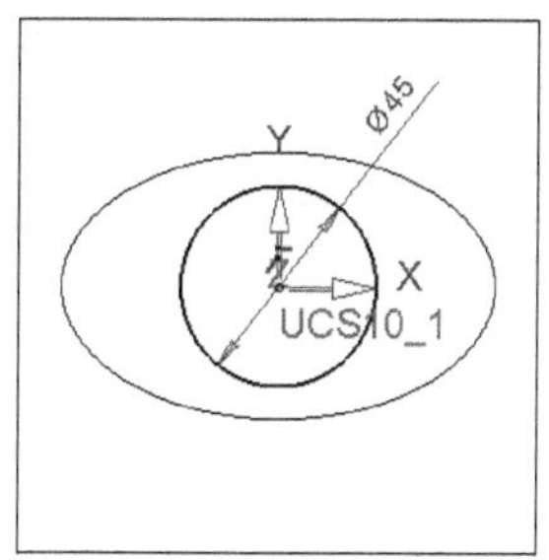

图 4-93　创建草图三

（9）创建放样。在菜单栏中选择〖实体〗/〖新建〗/〖放样〗命令，弹出〖Feature Guide〗对话框，然后根据图 4-94 所示的步骤进行参数设置，最后单击〖确定〗按钮。

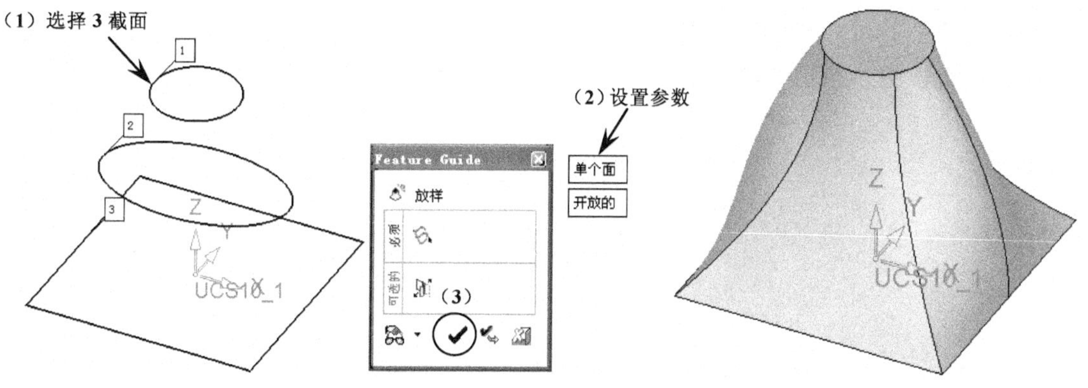

图 4-94　新建放样

（10）保存文件。在〖标准〗工具栏中单击〖保存〗按钮，接着在弹出的〖CimatronE 浏览器〗对话框中设置文件的名称和保存路径即可。

4.7 表皮（多截面扫描）

通过选择多个截面进行扫描生成实体，且每个截面都必须是封闭的，可以认为是导动与放样的结合。

1．功能注释

在菜单栏中选择〖实体〗/〖新建〗/〖表皮〗命令，弹出〖Feature Guide〗对话框。

（1）〖单个面〗 单个面 ：单个面时生成的实体表面将作为一个面。

（2）〖多个面〗 多个面 ：多个面则表示每一个线段独立形成一个面。

2．操作特训

创建如图 4-95 所示的三维实体。

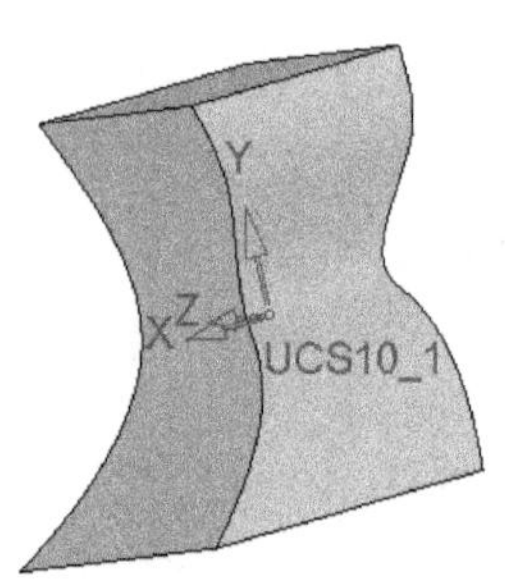

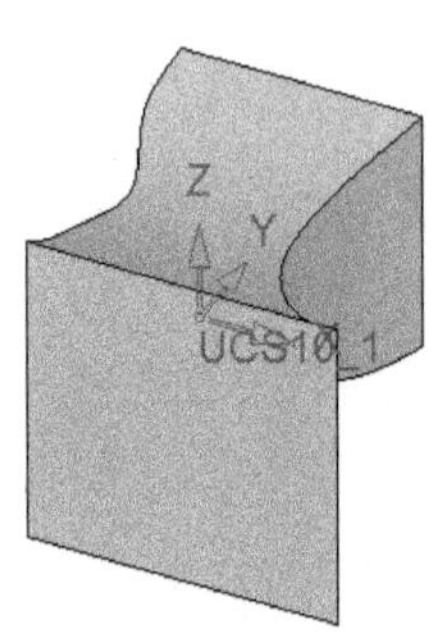

图 4-95　三维实体

（1）在桌面上双击图标打开 CimatronE 10.0 软件。

（2）进入零件界面。

（3）创建截面。在三个不同的基准平面上创建三个草图，如图 4-96 所示。

（4）创建轨迹。通过〖样条线〗命令创建如图 4-97 所示的样条线。

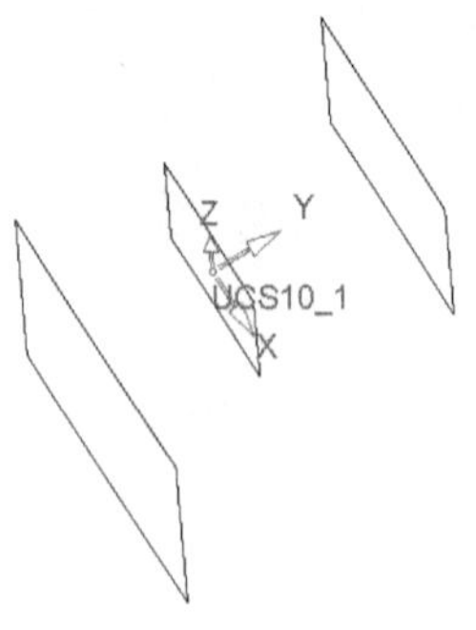

图 4-96　创建截面

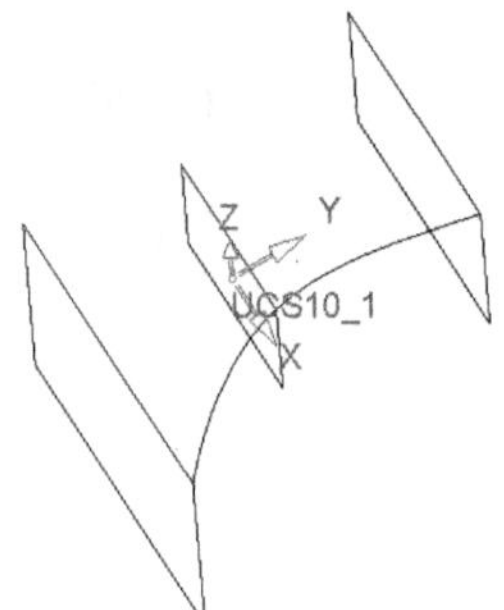

图 4-97　创建轨迹

截面必须与轨迹相交，否则无法生成实体。

（5）创建表皮。在菜单栏中选择〖实体〗/〖新建〗/〖表皮〗命令，弹出〖Feature Guide〗对话框，然后根据图 4-98 所示的步骤进行参数设置，最后单击〖确定〗按钮。

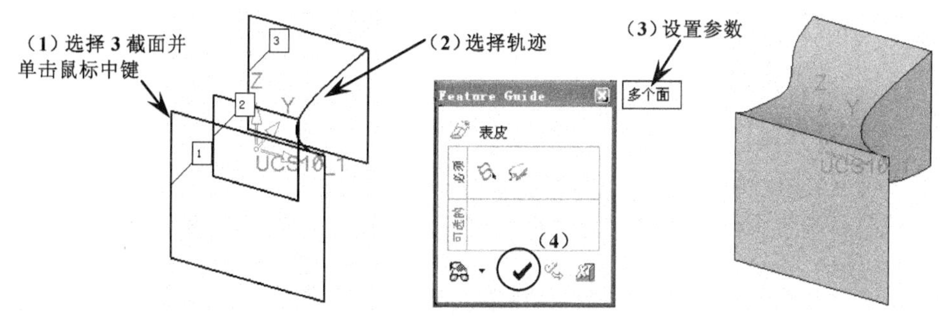

图 4-98　新建表皮

（6）保存文件。在〖标准〗工具栏中单击〖保存〗按钮，接着在弹出的〖CimatronE 浏览器〗对话框中设置文件的名称和保存路径即可。

4.8　圆角

实体倒圆角是零件设计过程中常用的功能之一，是指在实体的边缘产生倒圆角特征。在〖实体〗工具栏中单击〖圆角〗按钮，弹出〖Feature Guide〗对话框，接着选择需要倒角的实体边并单击鼠标中键，然后设置圆角参数，最后单击按钮，如图 4-99 所示。

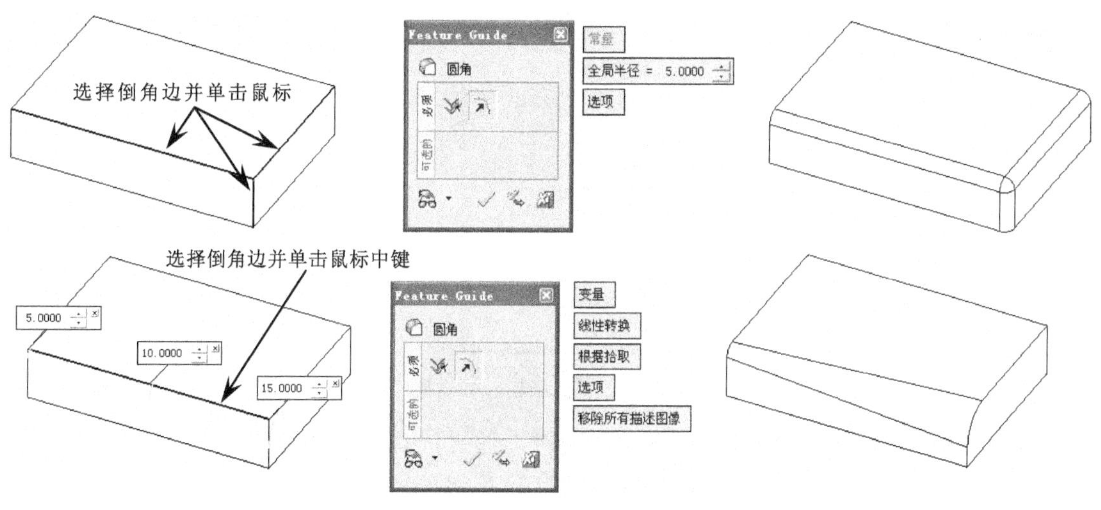

图 4-99　圆角

（1）〖常量〗常量：创建恒定不变的圆角值。

（2）〖变量〗变量：创建变化的圆角值，如图 4-100 所示。

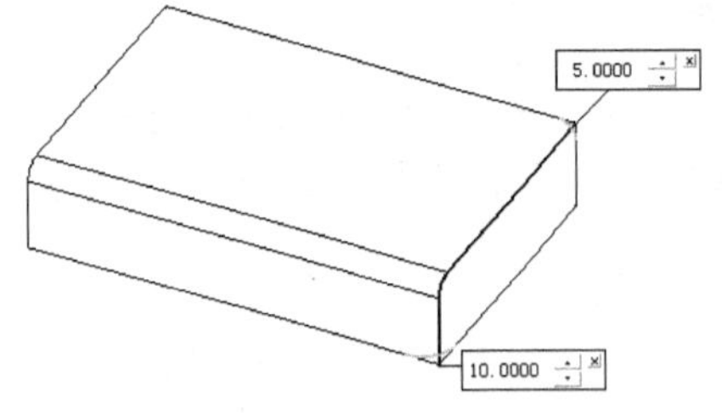

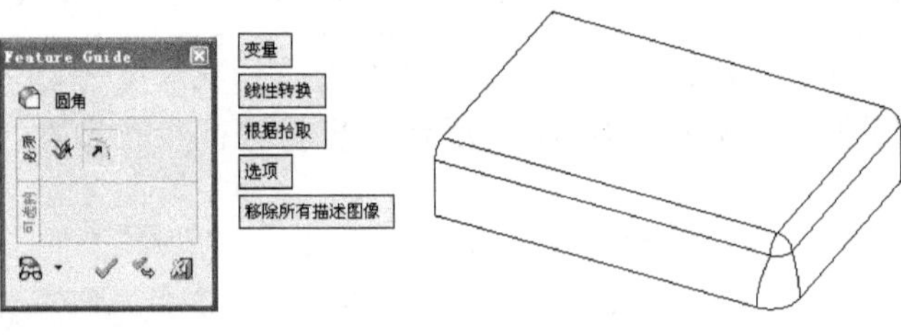

图 4-100　变量

（3）〖线性转换〗线性转换：生成的圆角边缘将以直线过渡。

（4）〖样条转换〗样条转换：生成的圆角边缘将以样条线过渡，如图 4-101 所示。

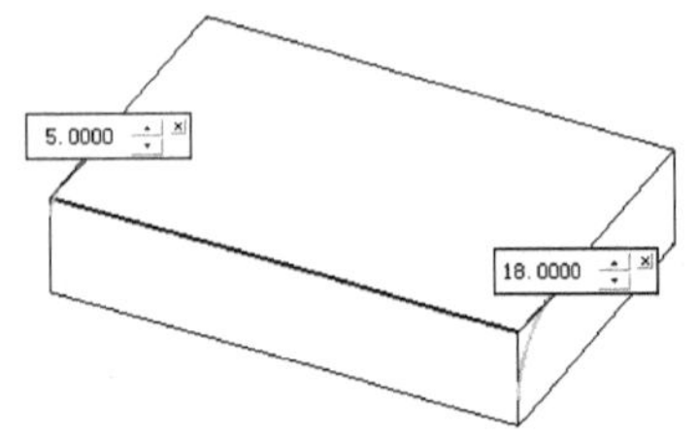

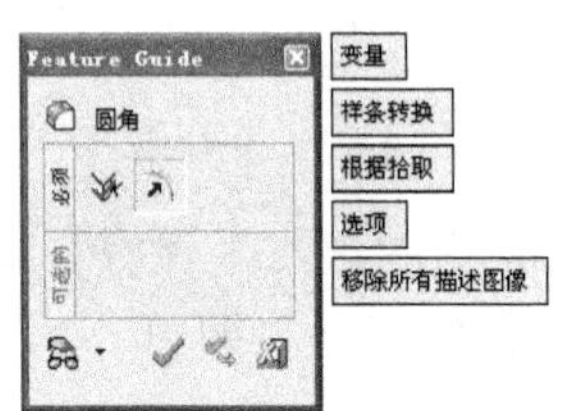

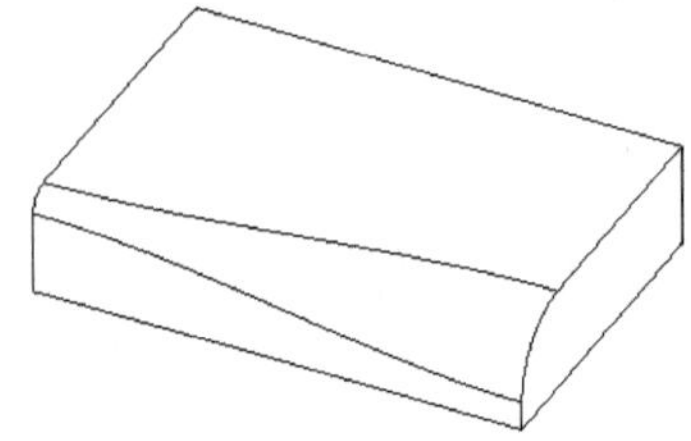

图 4-101　样条转换

（5）〖选项〗选项：单击选项按钮，弹出〖选项〗对话框，可通过该对话框的选项设置圆角的结果，如图 4-102 所示。

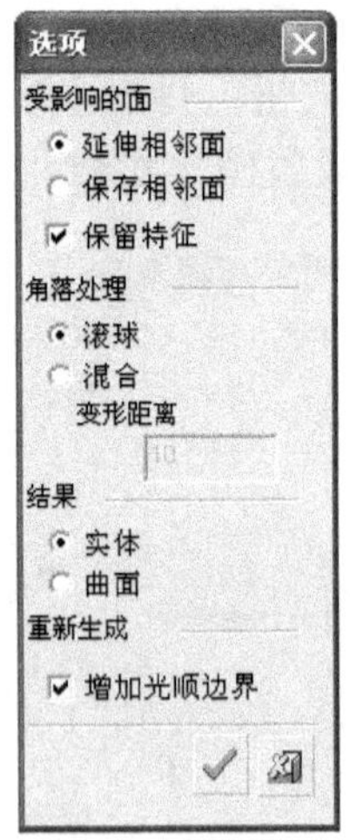

图 4-102　〖选项〗对话框

（6）〖根据拾取〗根据拾取：创建变化圆角时，通过选择倒角边上的点来指定圆角值。

（7）〖根据间隔〗根据间隔：将倒角边按指定的数量等分，如图 4-103 所示。

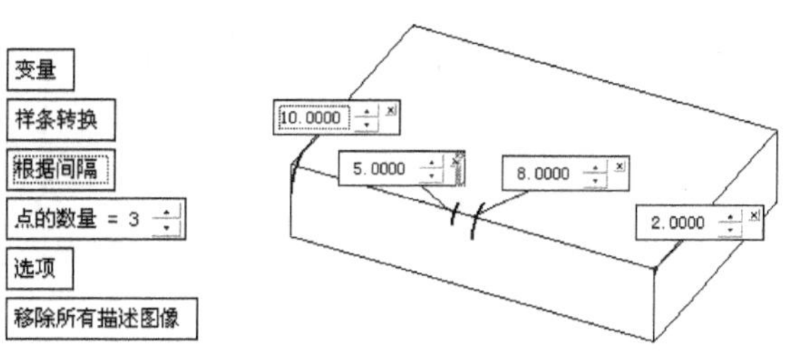

图 4-103　根据间隔

4.9　圆角-面

通过选择相交的曲面进行倒圆角。

在菜单栏中选择〖实体〗/〖圆角-面〗/〖面-面〗命令，弹出〖Feature Guide〗对话框，接着选择实体上其中一个面并单击鼠标中键，选择另一个面并单击鼠标中键，然后设置圆角参数，最后单击 按钮，如图 4-104 所示。

图 4-104　面-面

（1）〖修剪曲面〗 修剪曲面 ：倒圆角后将原曲面修剪掉。

（2）〖保留原始〗 保留原始 ：倒圆角后保存原来的曲面，如图 4-105 所示。

图 4-105　保留原始

4.10　斜角

用于沿着实体边界对实体进行倒角。在〖实体〗工具栏中单击〖斜角〗 按钮，弹出

〖Feature Guide〗对话框，接着选择需要倒角的实体边并单击鼠标中键，然后设置圆角参数，最后单击✓按钮，如图 4-106 所示。

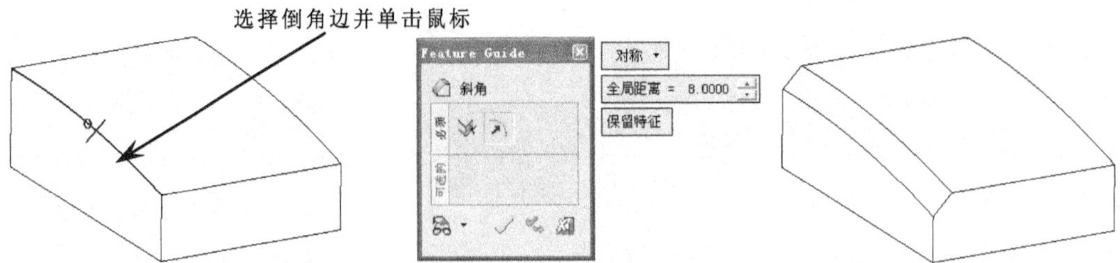

图 4-106　斜角

（1）〖对称〗 对称 ：设置倒角两边的距离相等。

（2）〖距离-角度〗 距离-角度 ：通过设置距离和角度值来创建倒角，如图 4-107 所示。

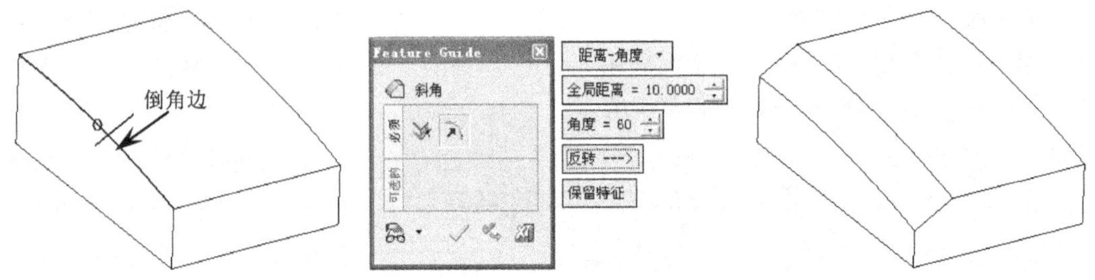

图 4-107　距离-角度

（3）〖距离-距离〗 距离-距离 ：通过设置倒角两边的距离值来创建倒角，如图 4-108 所示。

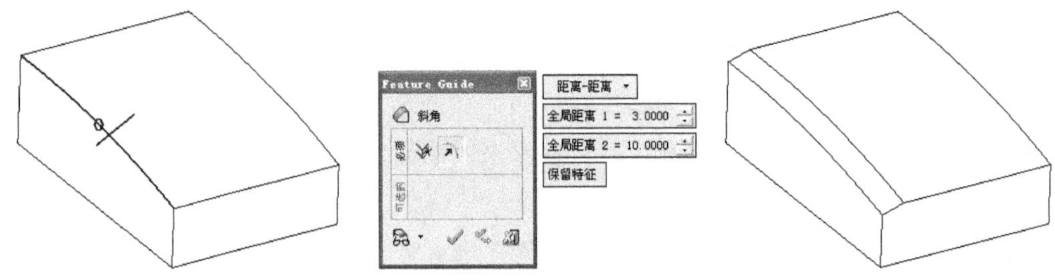

图 4-108　距离-距离

4.11　抽壳

抽壳即是对实心的实体进行抽空，并设置一定的壁厚度。抽壳时可选择一个或多个删除面，并可设置不同的厚度。抽壳产品的外表面应该尽可能均匀，不能有死角，否则可能会产生抽壳失败的情况。

在〖实体〗工具栏中单击〖抽壳〗按钮，弹出〖Feature Guide〗对话框，接着选择要删除的面并单击鼠标中键，然后设置抽壳参数，最后单击✓按钮，如图 4-109 所示。

图 4-109 抽壳

（1）〖拾取物体〗：选择要删除的面，可以是一个面，也可以是多个面，如图 4-110 所示。

图 4-110 删除多个面

（2）〖内部〗内部：实体往内部进行抽壳。
（3）〖外部〗外部：实体往外部进行抽壳，增大实体的尺寸。
（4）〖双向〗双向：设置实体同时往内和外抽壳。
（5）〖创建不一致的抽壳〗：创建不同厚度的抽壳，如图 4-111 所示。

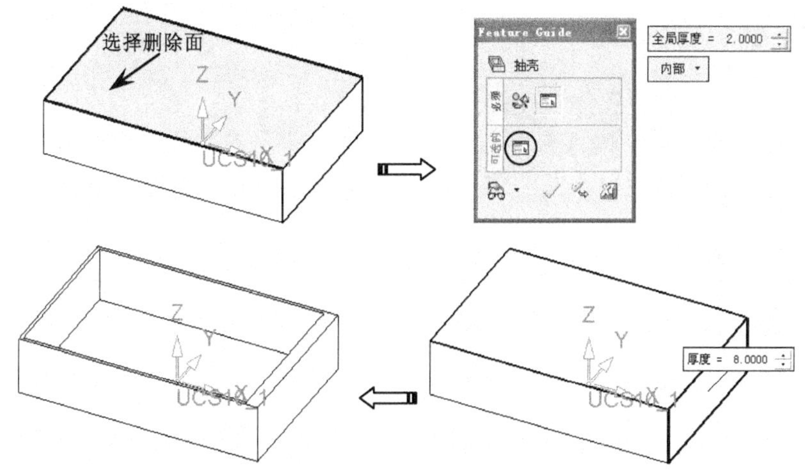

图 4-111 创建不同厚度的抽壳

4.12 拔模

拔模即是对产品进行拔模角度的设置，因为产品的拔模角直接影响产品在模具中的顶出难易程度。拔模角度越大，产品容易被顶出。但拔模角度越大，产品精度会越差，一般情况下产品拔模角设置为 0.5°～2°。

在〖实体〗工具栏中单击〖拔模〗按钮，弹出〖Feature Guide〗对话框，接着选择参考面（垂直于拔模方向的面），选择需要拔模的面并单击鼠标中键，然后设置拔模参数，最后单击✓按钮，如图 4-112 所示。

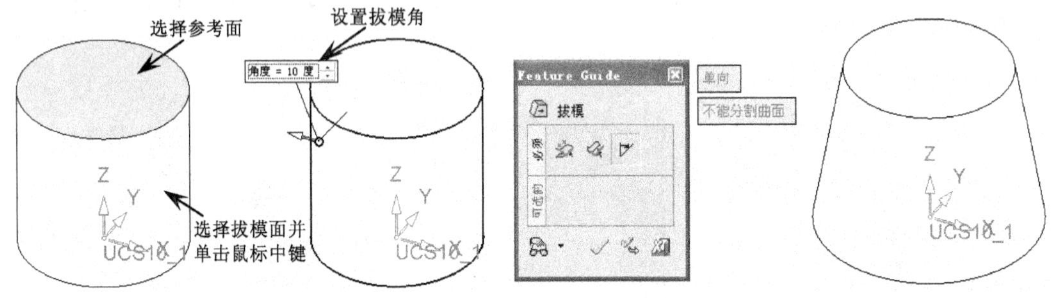

图 4-112　拔模

（1）〖中间平面〗中间平面：选择拔模的参考平面，即垂直于拔模方向上的面。

（2）〖中间轮廓〗中间轮廓：选择实体上的轮廓作为拔模分界线，然后两边同时设置拔模。

（3）〖垂直于平面〗垂直于平面：拔模方向垂直于选择的中间平面。

4.13 合并

选择两个或多个独立的实体合并为一个整体的实体。

在菜单栏中选择〖实体〗/〖合并〗命令或在〖实体〗工具栏中单击〖合并〗按钮，弹出〖Feature Guide〗对话框，然后依次选择需要合并的两个实体，最后单击✓按钮，如图 4-113 所示。

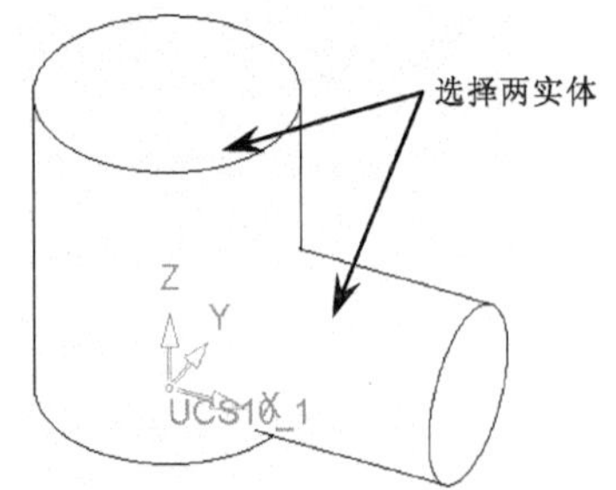

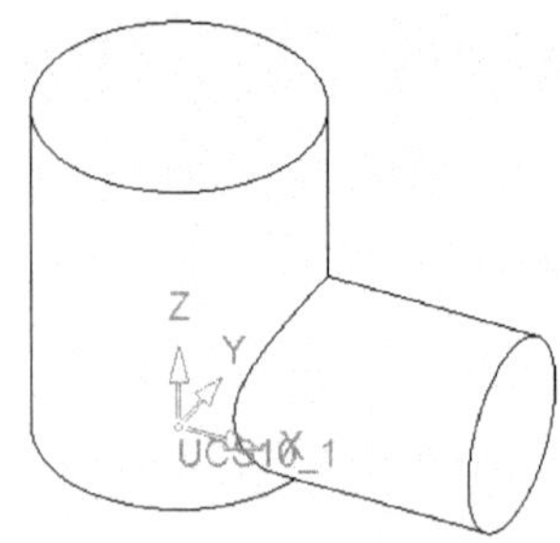

图 4-113　合并

4.14 分割

通过物体或轮廓线将一个实体分割成两个独立的实体。

1．使用物体

在菜单栏中选择〖实体〗/〖分割〗/〖使用物体〗命令，弹出〖Feature Guide〗对话框，接着选择被分割的实体并单击鼠标中键，然后选择分割工具，最后单击✓按钮，如图4-114所示。

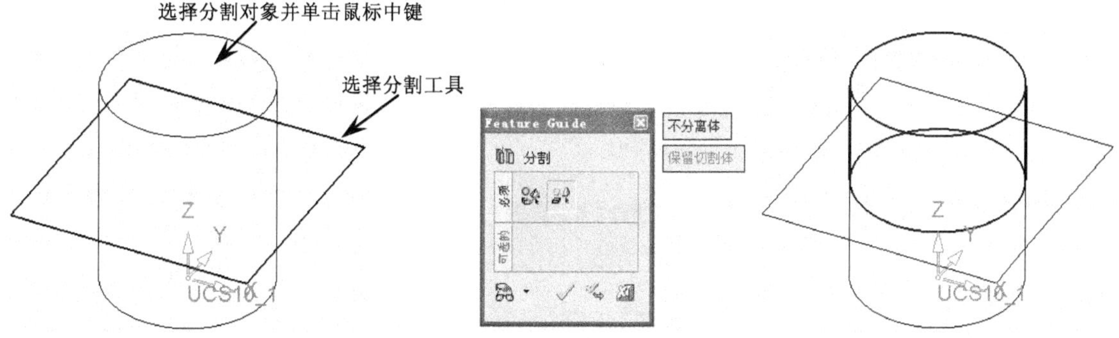

图4-114　使用物体切割

2．使用轮廓

在菜单栏中选择〖实体〗/〖分割〗/〖使用物体〗命令，弹出〖Feature Guide〗对话框，接着选择被分割的实体并单击鼠标中键，然后选择分割工具，最后单击✓按钮，如图4-115所示。

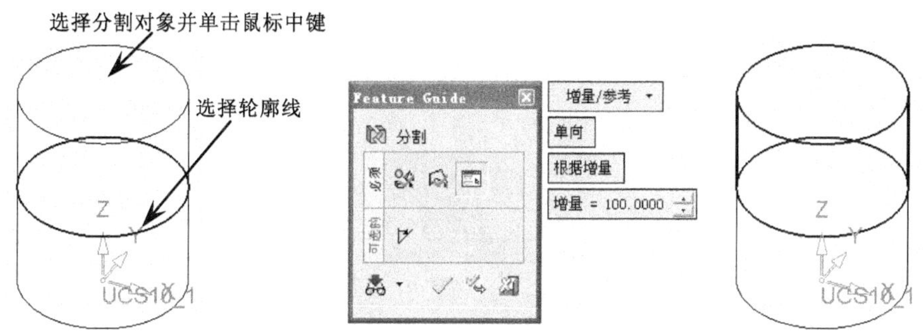

图4-115　使用轮廓切割

4.15 切除

用实体作工具将原实体进行切除。

在〖实体〗工具栏中单击〖切除〗按钮，弹出〖Feature Guide〗对话框，接着选择被切除对象并单击鼠标中键，然后选择切除工具，最后单击按钮，如图 4-116 所示。

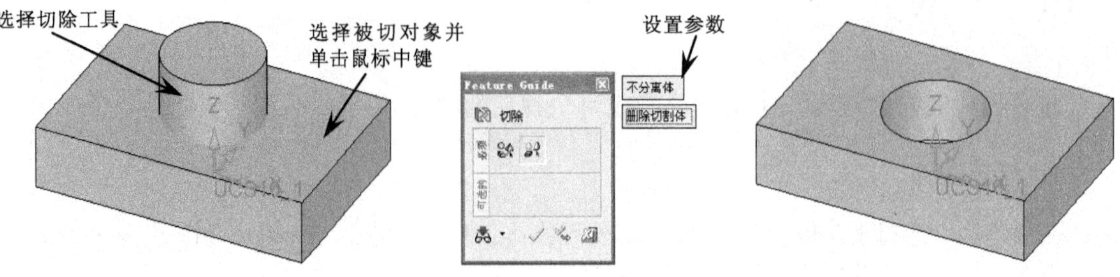

图 4-116　切除

（1）〖不分离体〗不分离体：切割后不分离体。

（2）〖分离体〗分离体：如果切割体能将原实体分开两半，则设置为分离，如图 4-117 所示。

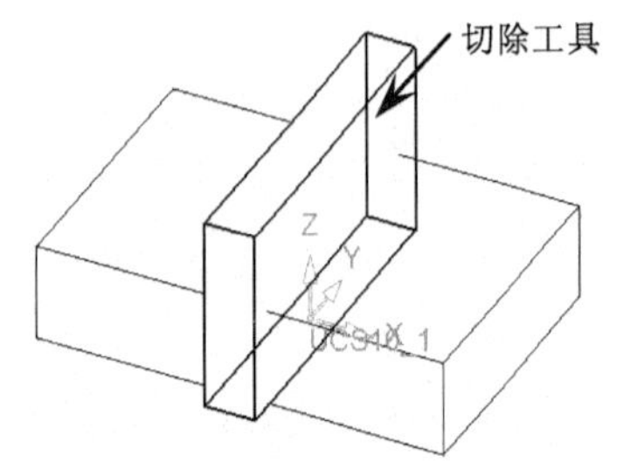

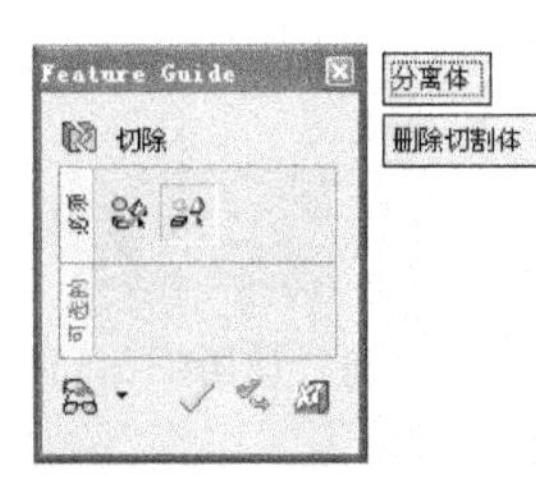

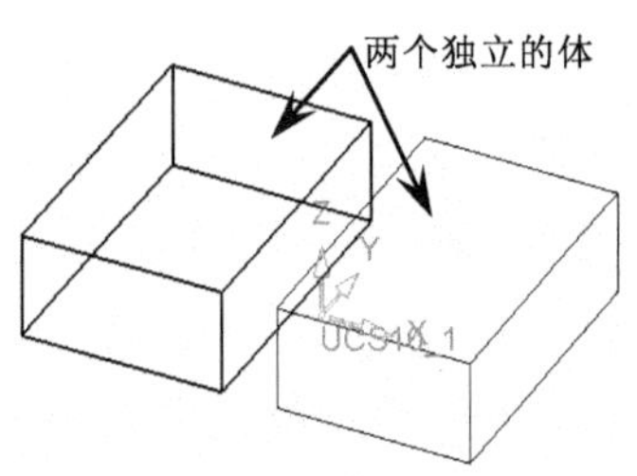

图 4-117　分离体

（3）〖删除切割体〗删除切割体：切割后将切割工具删除掉。

（4）〖保留切割体〗保留切割体：切除后保留切割工具，如图 4-118 所示。

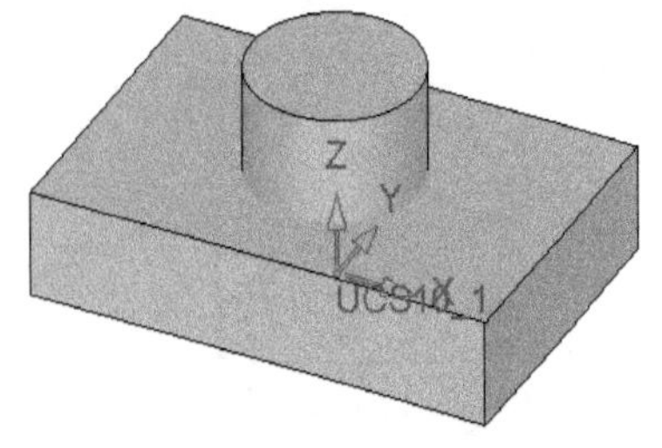

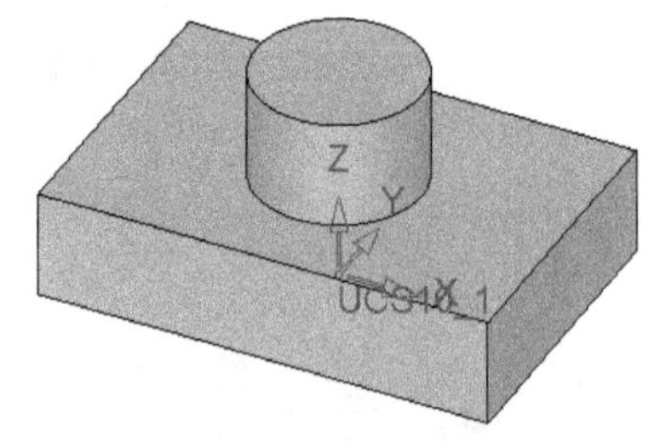

图 4-118　保留切割体

使用 CimatronE 设计电极（铜公）时，则经常需要使用〖切除〗命令，并要“保留切割”。

4.16 缩放

主要通过产品的缩放来重新计算产品的尺寸，使其满足模具设计制造的要求。缩放时可以采用等比例缩放，也可进行 X、Y、Z 不等比例的缩放。

在菜单栏中选择〖实体〗/〖缩放〗命令，弹出〖Feature Guide〗对话框。设置接着选择需要缩放的实体并单击鼠标中键，然后选择缩放的中心点并设置缩放参数，最后单击✓按钮，如图 4-119 所示。

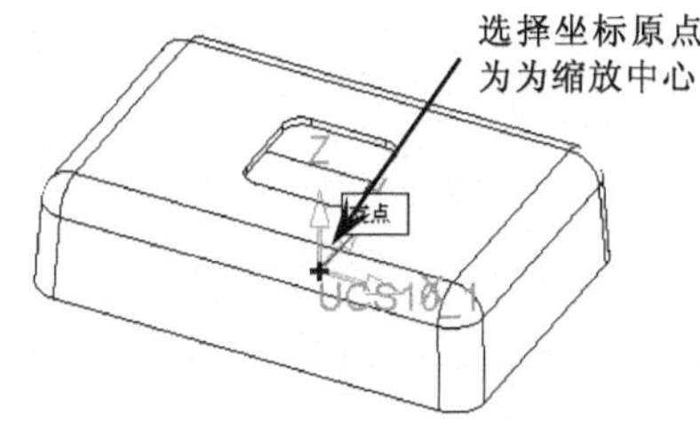

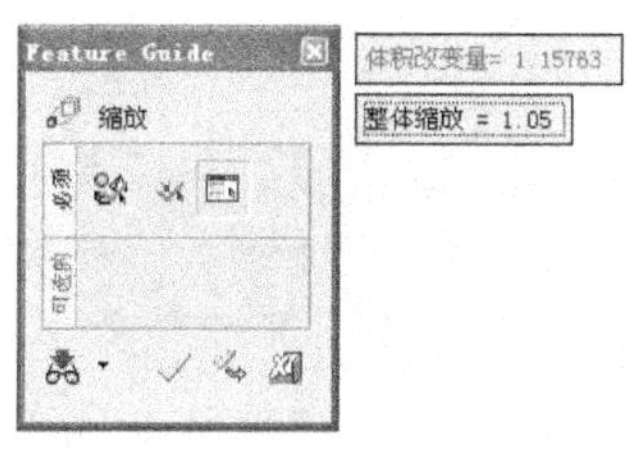

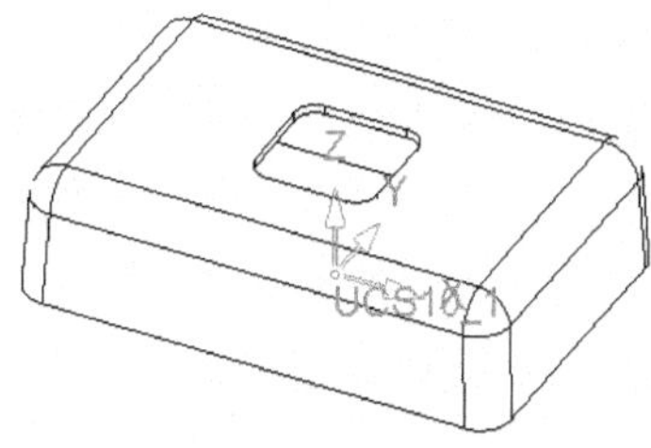

图 4-119　缩放

4.17 移动图素

对已生成的几何特征，如曲线、曲面、实体，可通过线性、旋转和镜像三种方式进行位置的移动。

在菜单栏中选择〖编辑〗/〖移动图素〗命令，弹出了〖移动图素〗的子菜单，如图 4-120 所示。

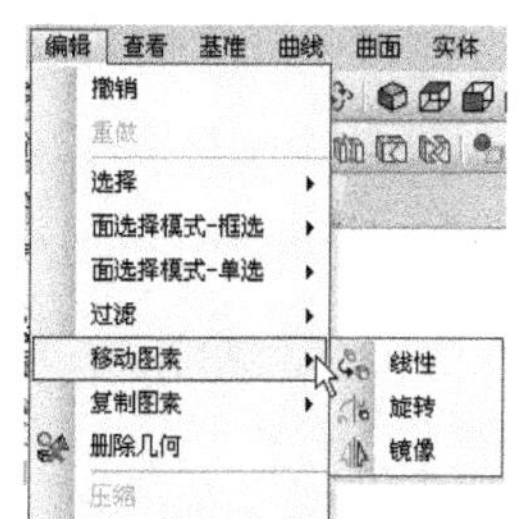

图 4-120　〖移动图素〗子菜单

1．线性移动

以平移的方式移动几何体，包括点对点、XYZ 增量、沿方向和从坐标系至坐标系四种方式。

（1）点对点：通过指定起始点和终止点进行图素的移动，如图 4-121 所示。

图 4-121　点对点

（2）XYZ 增量：通过指定 X、Y、Z 轴的移动量进行图素的移动，如图 4-122 所示。

图 4-122　XYZ 增量

（3）沿方向：通过指定方向和距离进行图素的移动，如图 4-123 所示。

图 4-123　沿方向

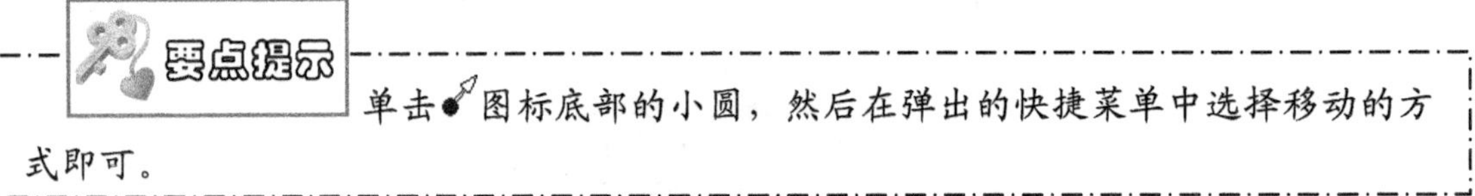

单击图标底部的小圆，然后在弹出的快捷菜单中选择移动的方式即可。

（4）从坐标系至坐标系：通过指定两个坐标系进行图素的移动，如图 4-124 所示。

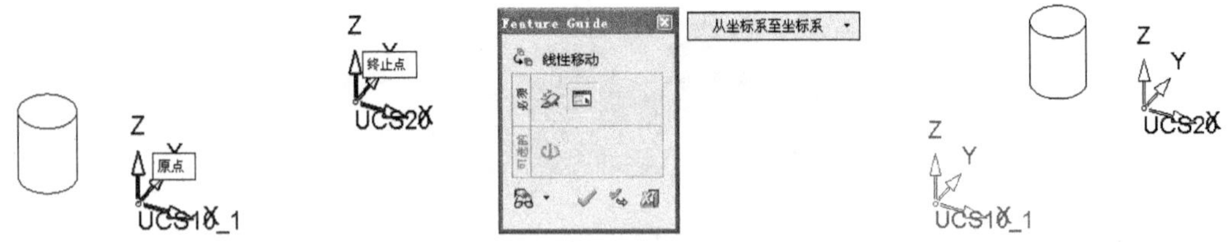

图 4-124　从坐标系至坐标系

2．旋转

以绕中心轴旋转的方式移动图素。选择要移动的图素并单击鼠标中键，接着选择中心轴，然后设置旋转参数，如图 4-125 所示。

图 4-125　旋转

3．镜像

产生的几何体与原几何体关于一平面对称。选择要镜像的图素并单击鼠标中键，然后选择平面，如图 4-126 所示。

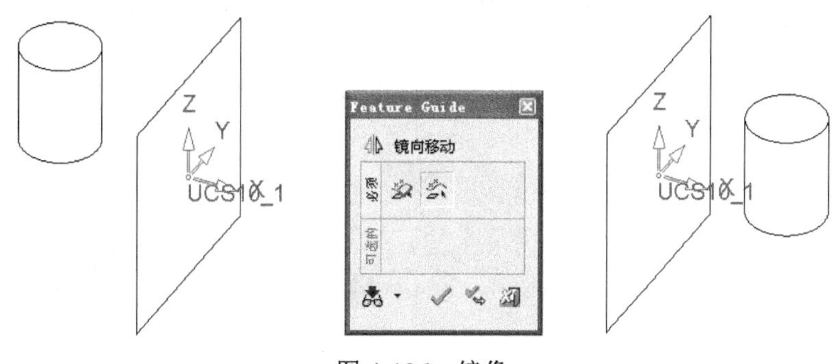

图 4-126　镜像

4.18　复制图素

将当前的几何体按一定的方式进行复制变换，复制的方式主要有线性、阵列、旋转阵列、沿曲线和镜像五种。

在菜单栏中选择〖编辑〗/〖复制图素〗命令，弹出〖复制图素〗的子菜单，如图 4-127 所示。

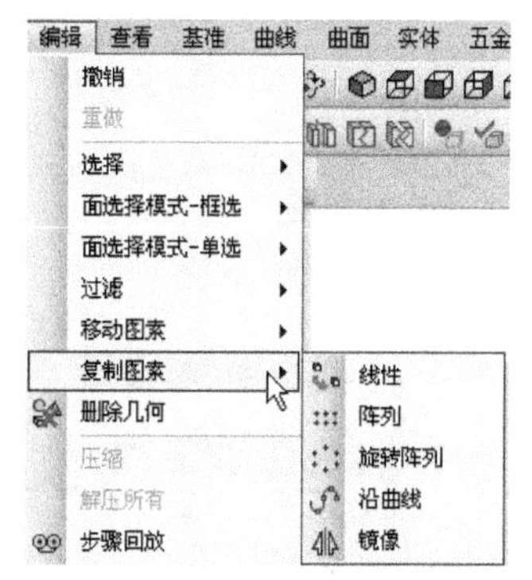

图 4-127　〖复制图素〗子菜单

1．线性

以复制的方式移动几何体，包括点对点、XYZ 增量、沿方向和从坐标系至坐标系 4 种方式，其操作和“线性移动”完全一样，在此将不作介绍。

2．阵列

通过平移的方式产生一组相同的图素。选择要阵列的特征并单击鼠标中键，接着指定一点作为方向，然后设置阵列参数，如图 4-128 所示。

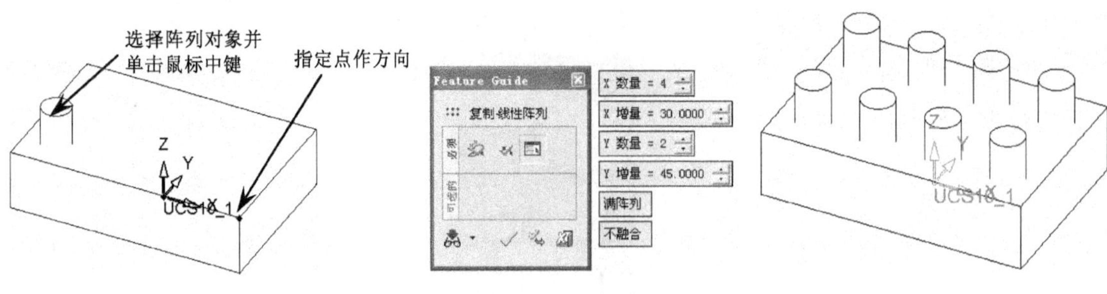

图 4-128　阵列

3. 旋转阵列

通过围绕一个中心轴旋转产生一组按圆均布的图素。选择要旋转阵列的特征并单击鼠标中键，接着选择旋转中心轴，然后设置旋转阵列参数，如图 4-129 所示。

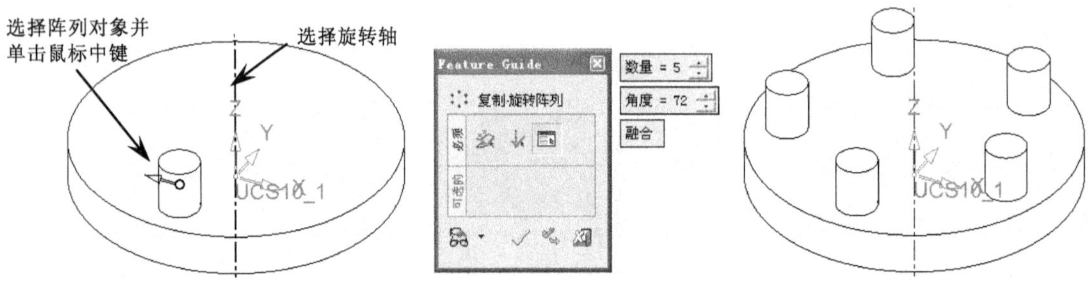

图 4-129　旋转阵列

4. 沿曲线

特征沿着曲线进行阵列。选择要阵列的特征并单击鼠标中键，接着选择曲线和坐标系，然后设置阵列参数，如图 4-130 所示。

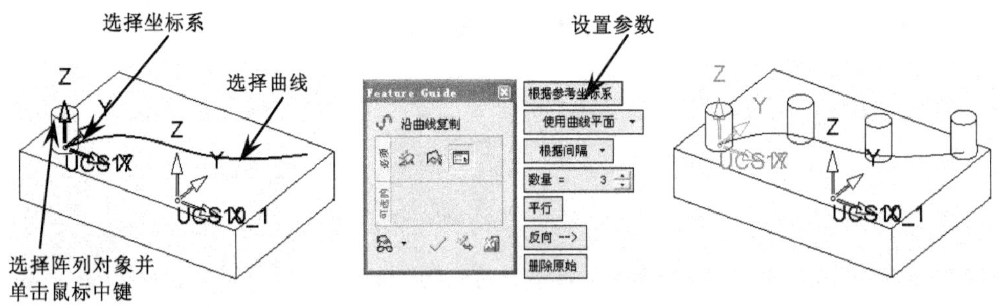

图 4-130　沿曲线

为了使阵列的效果更理想，则应将坐标系设置在曲线的端点上，并激活该坐标。

5. 镜像

对称于一平面产生新的相同实体，并保留原来的实体。选择要镜像的特征并单击鼠标中键，接着镜像平面，如图 4-131 所示。

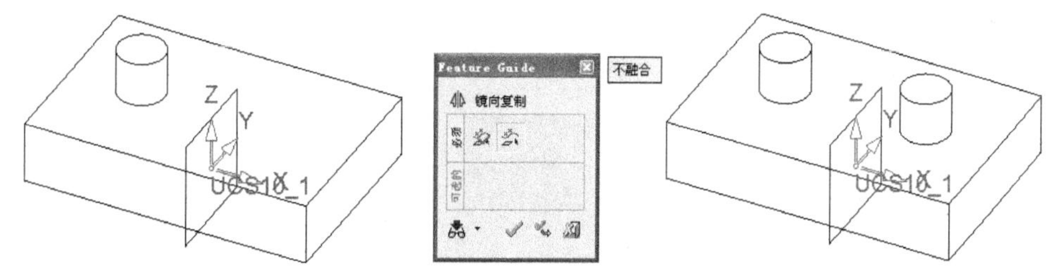

图 4-131　镜像

4.19　本章学习收获

通过本章的学习，读者必须掌握以下内容。

（1）拉伸的灵活运用，彻底弄懂拉伸命令可以创建的结构特征。
（2）创建基准轴的方法，尤其是最常用的方法。
（3）掌握坐标系的创建方法，并灵活运用到实际设计中。
（4）理解创建集合的意义，尤其在设计模型时应正确使用集合。

4.20　练习题

（1）根据提供的图 4-132 所示的二维图，使用本章所学习的知识创建三维实体。

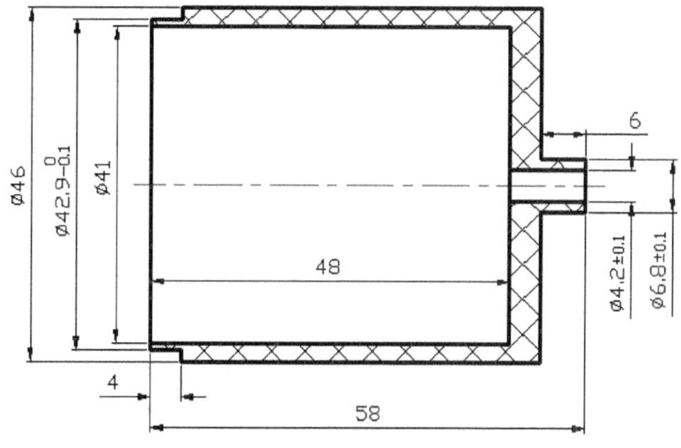

图 4-132　创建三维实体一

（2）根据提供的图 4-133 所示的二维图，使用本章所学习的知识创建三维实体。

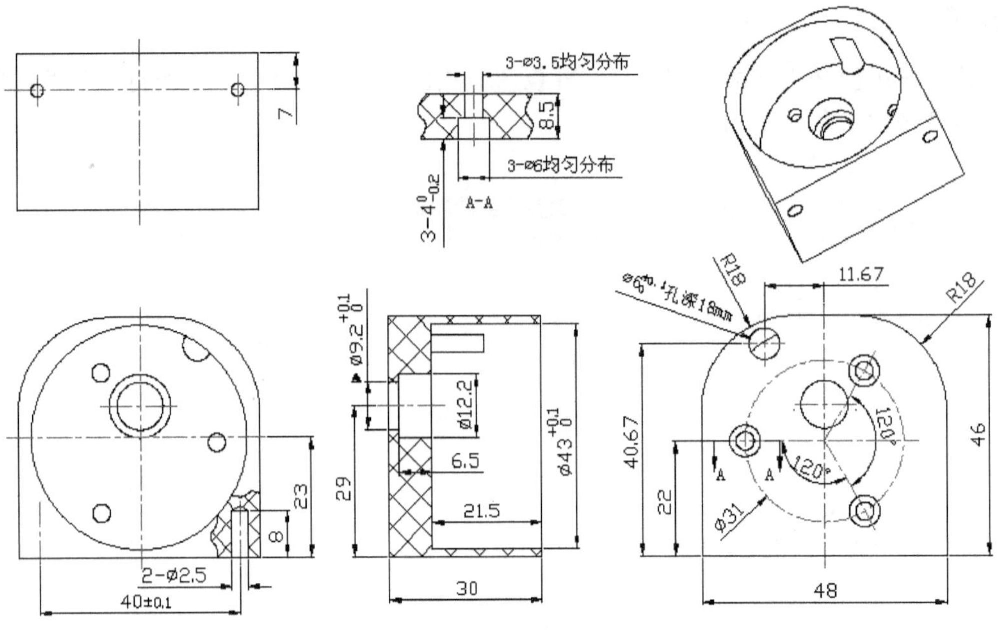

图 4-133　创建三维实体二

（3）根据提供的图 4-134 所示的二维图，使用本章所学习的知识创建三维实体。

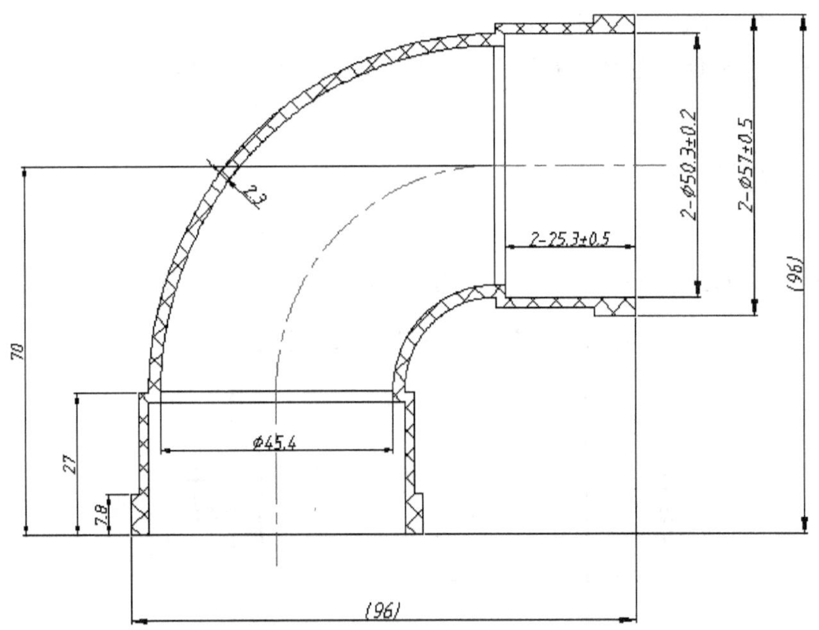

图 4-134　创建三维实体三

第5章

实体设计实例——电脑显示器托盘

电脑显示器托盘是非常常见的一种塑料产品，通过本章的学习，会让您的设计基本功得到更大的提高。

5.1 学习目标与课时安排

学习目标及学习内容

（1）进一步巩固草图和拉伸命令的应用。

（2）掌握旋转、抽壳和拔模等常用命令的应用。

（3）重点掌握了复制图素的应用。

学习课时安排（共 2 课时）

（1）本章知识点讲解——0.5 课时。

（2）实例详细操作——1.5 课时。

5.2 实例设计详细步骤

电脑显示器托盘的设计主要分为主体的设计、加强筋的设计和卡扣的设计。

1．主体的设计

（1）在桌面上双击图标打开 CimatronE 10.0 软件。

（2）进入零件界面，如图 5-1 所示。

（3）创建草图 11。选择 XZ 平面为草图平面，然后创建如图 5-2 所示的封闭草图，完成后退出草图环境。

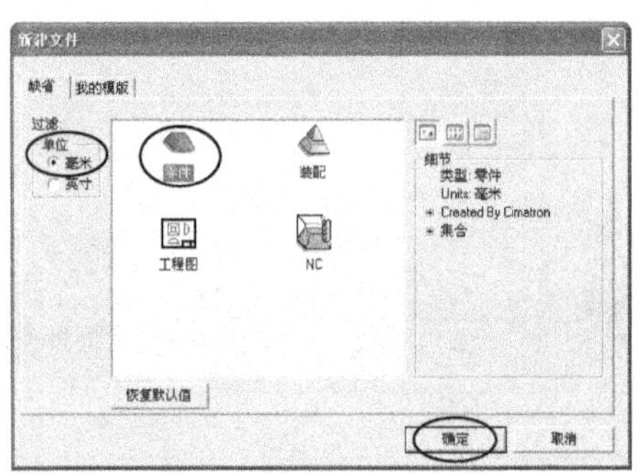

图 5-1　进入零件界面

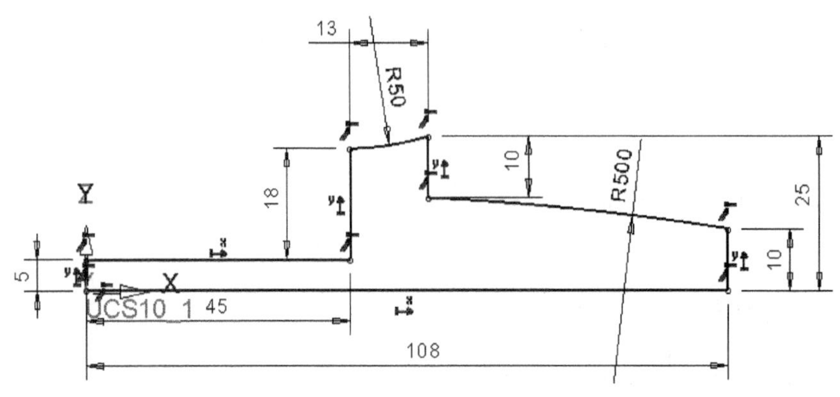

图 5-2　创建草图 11

（4）新建旋转。在〖实体〗工具栏中单击〖新建旋转〗按钮，弹出〖Feature Guide〗对话框，然后根据图 5-3 所示的步骤进行参数设置，最后单击〖确定〗按钮完成特征操作。

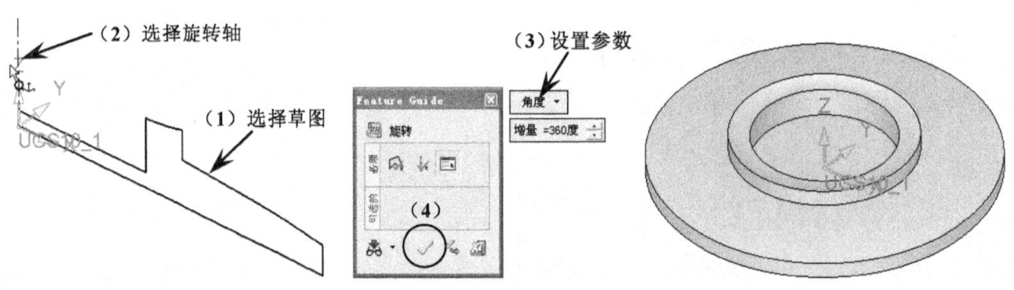

图 5-3　新建旋转

（5）设置拔模角。在〖实体〗工具栏中单击〖拔模〗按钮，弹出〖Feature Guide〗对话框，然后根据图 5-4 所示的步骤进行参数设置，最后单击〖确定〗按钮完成特征操作。

（6）抽壳。在〖实体〗工具栏中单击〖抽壳〗按钮，弹出〖Feature Guide〗对话框，然后根据图 5-5 所示的步骤进行参数设置，最后单击按钮完成特征操作。

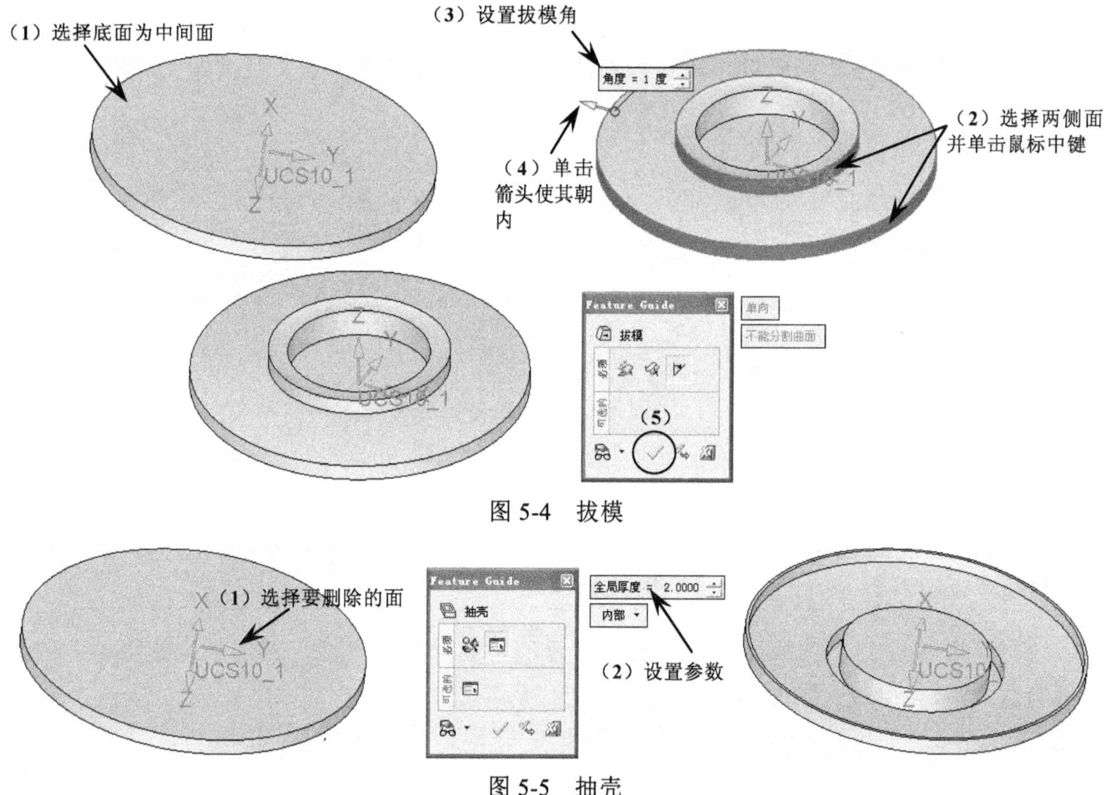

图 5-4　拔模

图 5-5　抽壳

2．创建加强筋

（1）创建草图 12。选择实体的最底面为草图平面，然后创建如图 5-6 所示的两个圆，其中内圆与指定的实体边缘重合，外圆由内圆偏移 1mm，完成后退出草图环境。

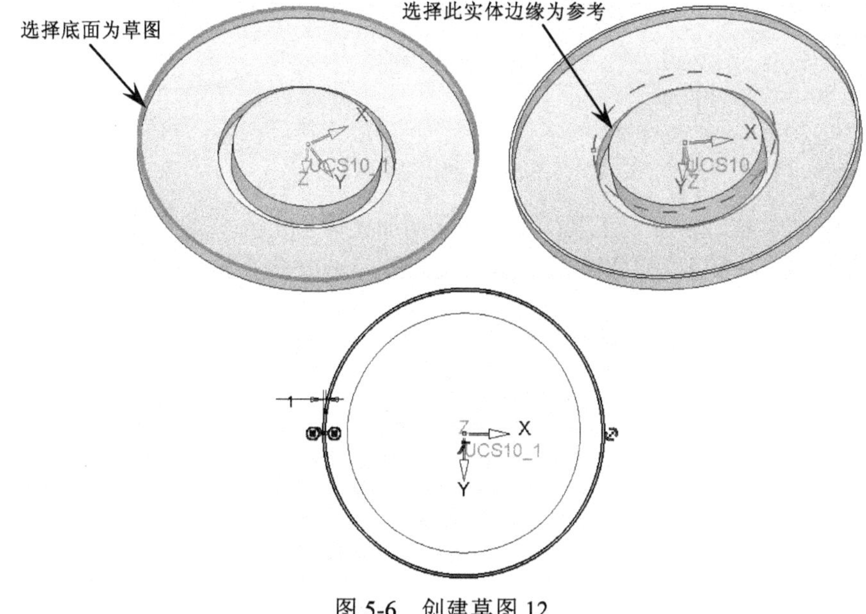

图 5-6　创建草图 12

（2）增加拉伸。在〖实体〗工具栏中单击〖增加拉伸〗按钮，弹出〖Feature Guide〗对话框，然后根据图 5-7 所示的步骤进行参数设置，最后单击〖确定〗按钮完成特征操作。

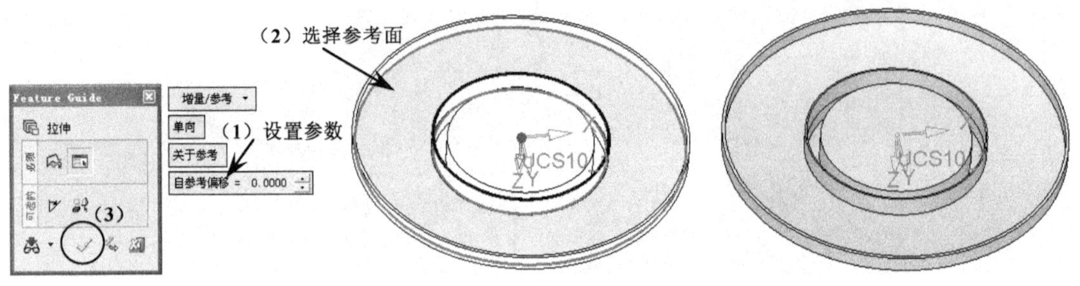

图 5-7　增加拉伸

由于刚退出草图环境，上一步创建的草图还处于被选中的状态，选择拉伸命令时则会自动选择该草图为拉伸对象。

（3）创建草图 13。选择如图 5-8（a）所示的平面为草图平面，然后创建如图 5-8（b）所示的两个圆，完成后退出草图环境。

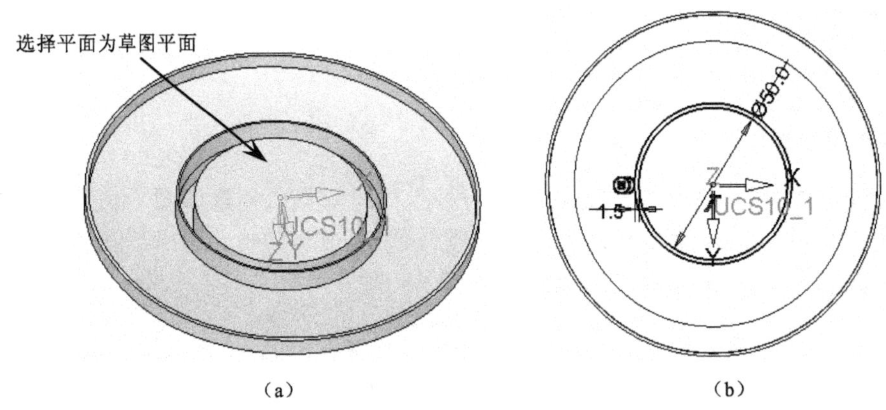

（a）　　（b）

图 5-8　创建草图 13

（4）增加拉伸。在〖实体〗工具栏中单击〖增加拉伸〗按钮，弹出〖Feature Guide〗对话框，然后根据图 5-9 所示的步骤进行参数设置，最后单击〖确定〗按钮完成特征操作。

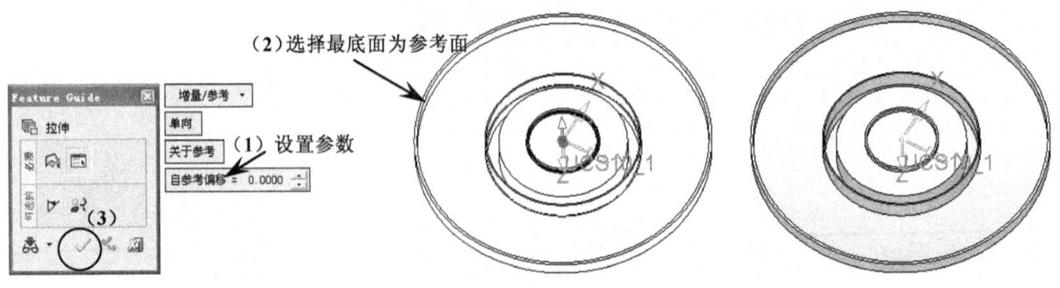

图 5-9　增加拉伸

（5）创建草图 14。选择如图 5-10（a）所示的平面为草图平面，然后创建如图 5-10（b）所示的长矩形，完成后退出草图环境。

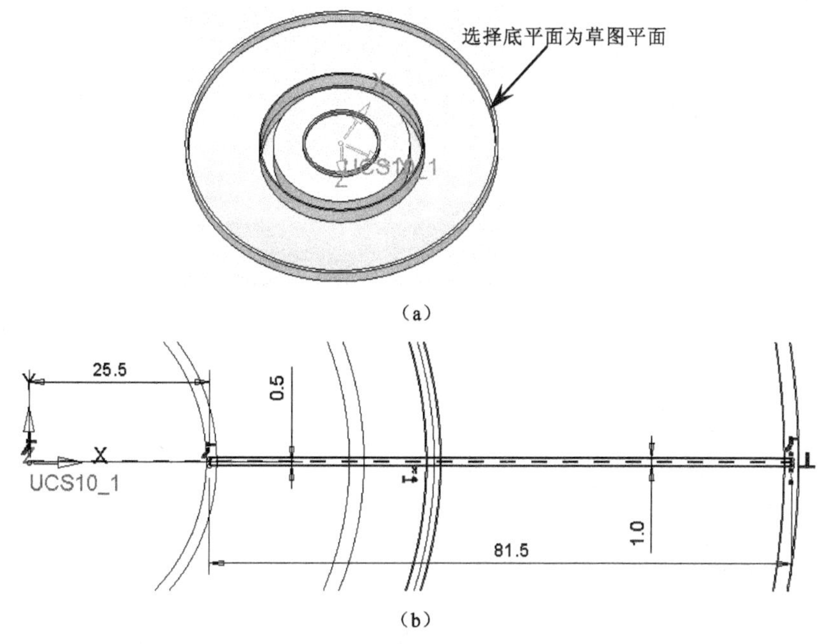

图 5-10　创建草图 14

（6）新建拉伸。在〖实体〗工具栏中单击〖新建拉伸〗按钮，弹出〖Feature Guide〗对话框，然后根据图 5-11 所示的步骤进行参数设置，最后单击〖确定〗按钮完成特征操作。

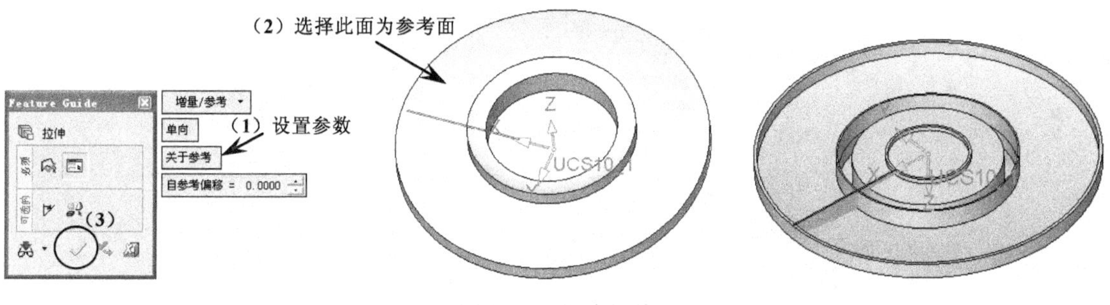

图 5-11　新建拉伸

请读者思考为什么此处不使用“增加拉伸”命令，而使用“新建拉伸”命令。

（7）旋转阵列。在菜单栏中选择〖编辑〗/〖复制图素〗/〖旋转阵列〗命令，弹出〖Feature Guide〗对话框，然后根据图 5-12 所示的步骤进行参数设置，最后单击〖确定〗按钮完成特征操作。

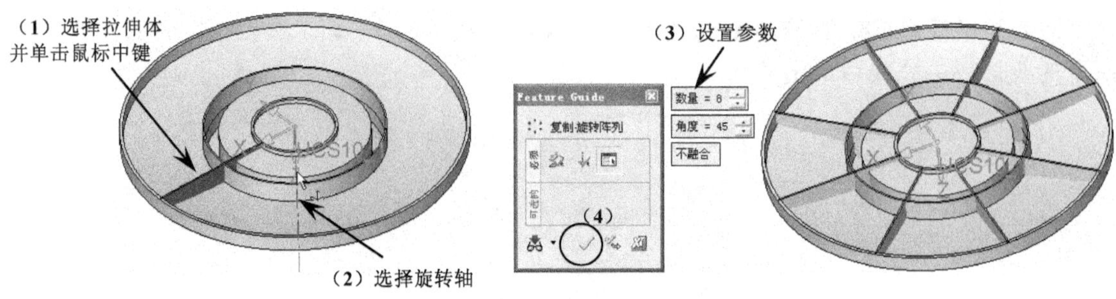

图 5-12　旋转阵列

(8) 合并。在〖实体〗工具栏中单击〖合并〗按钮，弹出〖Feature Guide〗对话框，然后根据图 5-13 所示的步骤进行参数设置，最后单击〖确定〗按钮完成特征操作。

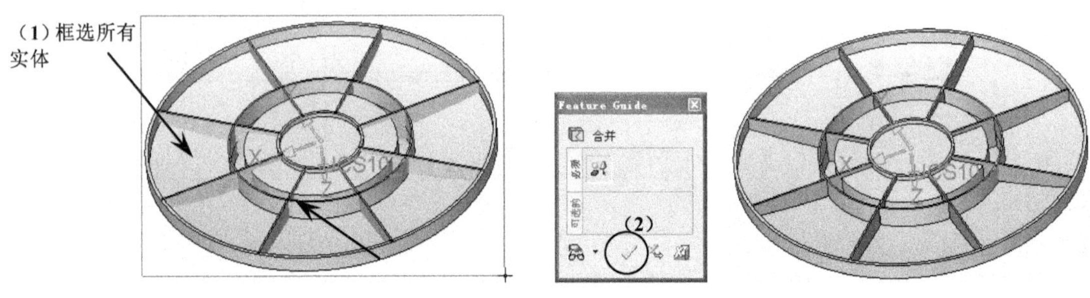

图 5-13　合并

(9) 创建草图 15。选择如图 5-14 (a) 所示的平面为草图平面，然后创建如图 5-14 (b) 所示的圆，完成后退出草图环境。

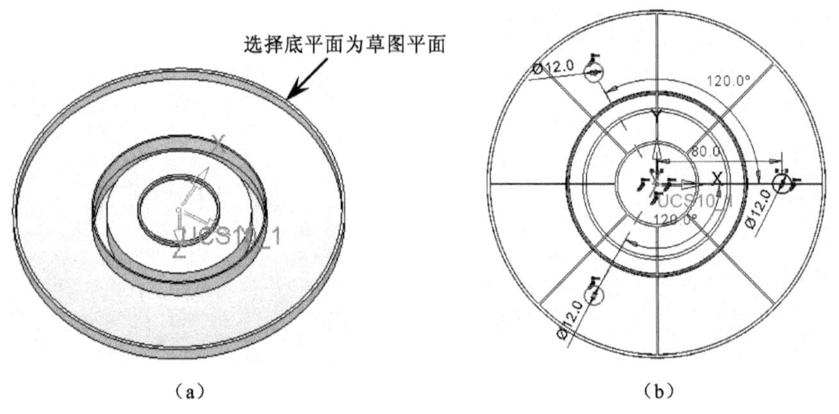

图 5-14　创建草图 15

(10) 增加拉伸。在〖实体〗工具栏中单击〖增加拉伸〗按钮，弹出〖Feature Guide〗对话框，然后根据图 5-15 所示的步骤进行参数设置，最后单击〖确定〗按钮完成特征操作。

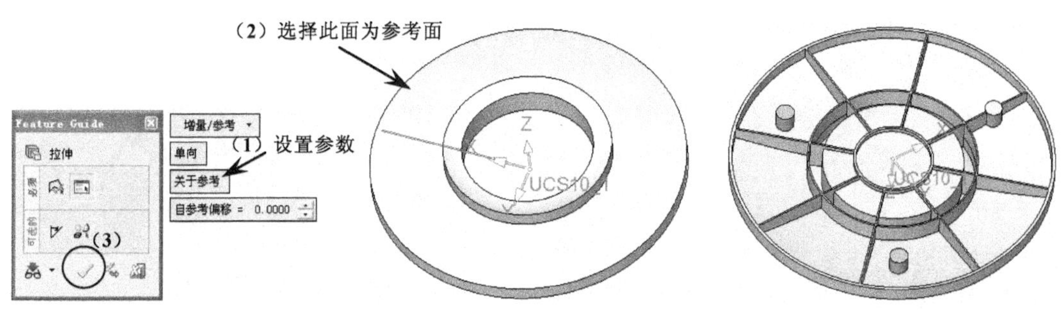

图 5-15　增加拉伸

(11) 创建草图 16。选择如图 5-16 (a) 所示的平面为草图平面，然后创建如图 5-16 (b) 所示的圆，完成后退出草图环境。

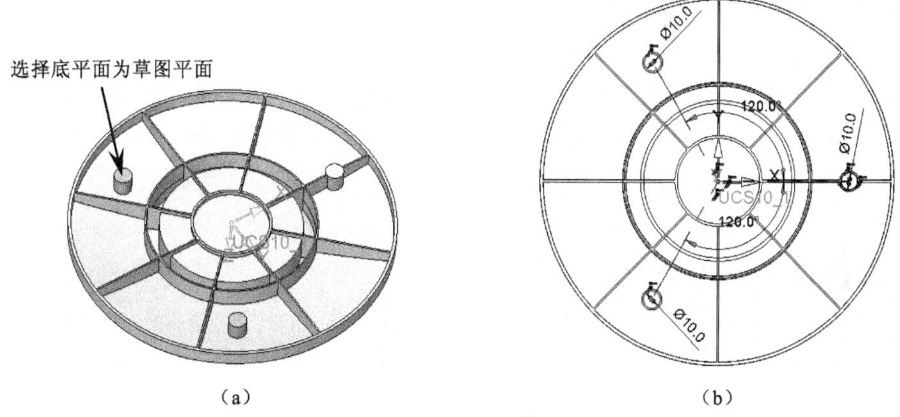

图 5-16　创建草图 16

(12) 移除拉伸。在〖实体〗工具栏中单击〖移除拉伸〗按钮，弹出〖Feature Guide〗对话框，然后根据图 5-17 所示的步骤进行参数设置，最后单击〖确定〗按钮完成特征操作。

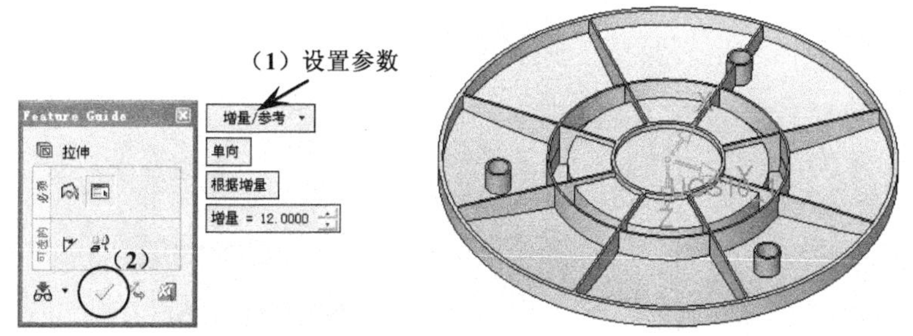

图 5-17　移除拉伸

(13) 创建基准平面。在菜单栏中选择〖基准〗/〖平面〗/〖平行〗命令，弹出 Feature Guide〗对话框，然后根据图 5-18 所示的步骤进行参数设置，最后单击〖确定〗按钮完成特征操作。

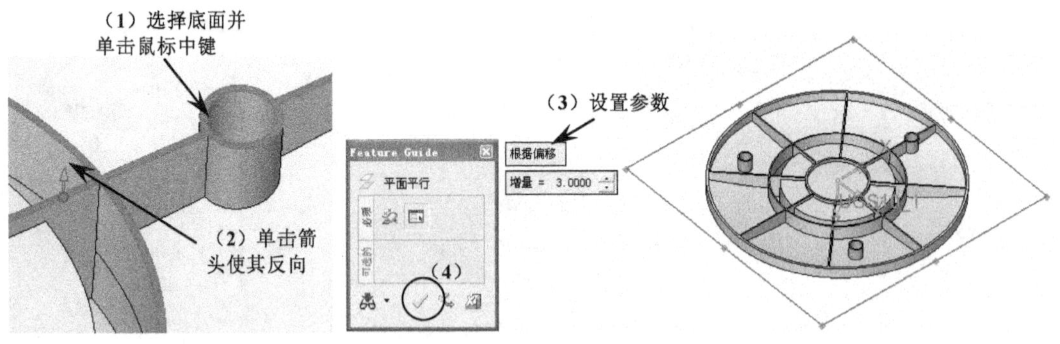

图 5-18　创建基准平面

（14）创建草图 17。选择上一步创建的基准平面为草图平面，然后创建如图 5-19 所示的矩形，完成后退出草图环境。

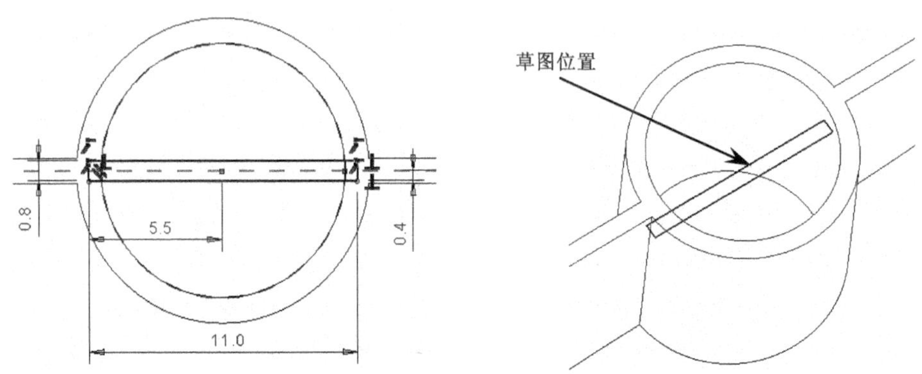

图 5-19　创建草图 17

（15）新建拉伸。在〖实体〗工具栏中单击〖新建拉伸〗按钮，弹出〖Feature Guide〗对话框，然后根据图 5-20 所示的步骤进行参数设置，最后单击〖确定〗按钮完成特征操作。

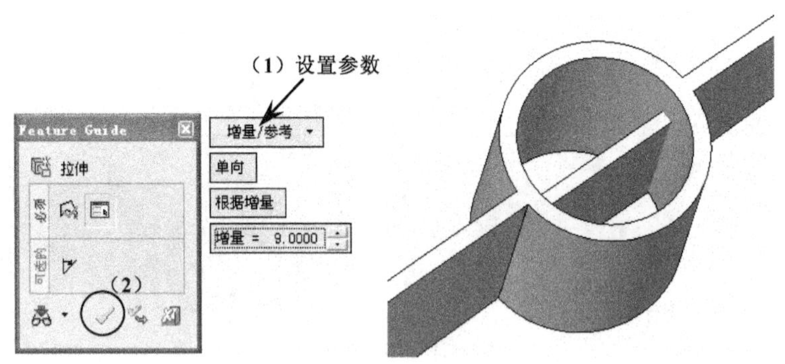

图 5-20　新建拉伸

（16）旋转阵列。在菜单栏中选择〖编辑〗/〖复制图素〗/〖旋转阵列〗命令，弹出〖Feature Guide〗对话框，然后根据图 5-21 所示的步骤进行参数设置，最后单击〖确定〗按钮完成特征操作。

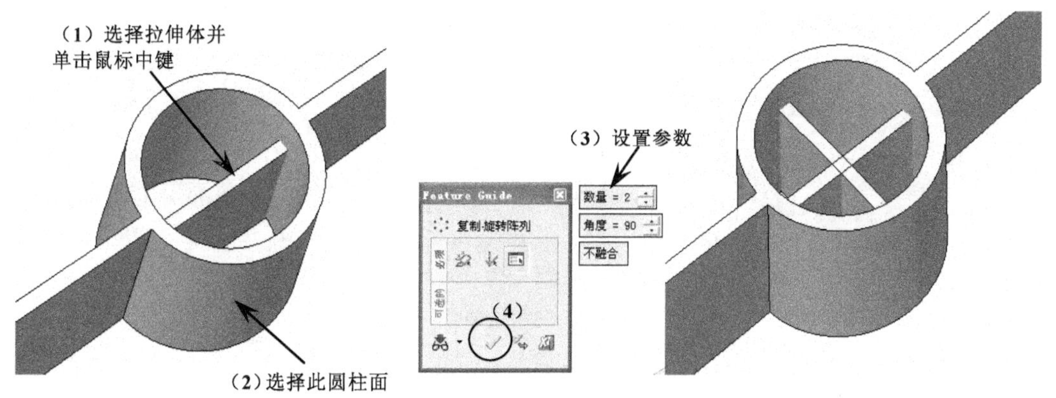

图 5-21　旋转阵列

（17）旋转阵列。在菜单栏中选择〖编辑〗/〖复制图素〗/〖旋转阵列〗命令，弹出〖Feature Guide〗对话框，然后根据图 5-22 所示的步骤进行参数设置，最后单击〖确定〗按钮完成特征操作。

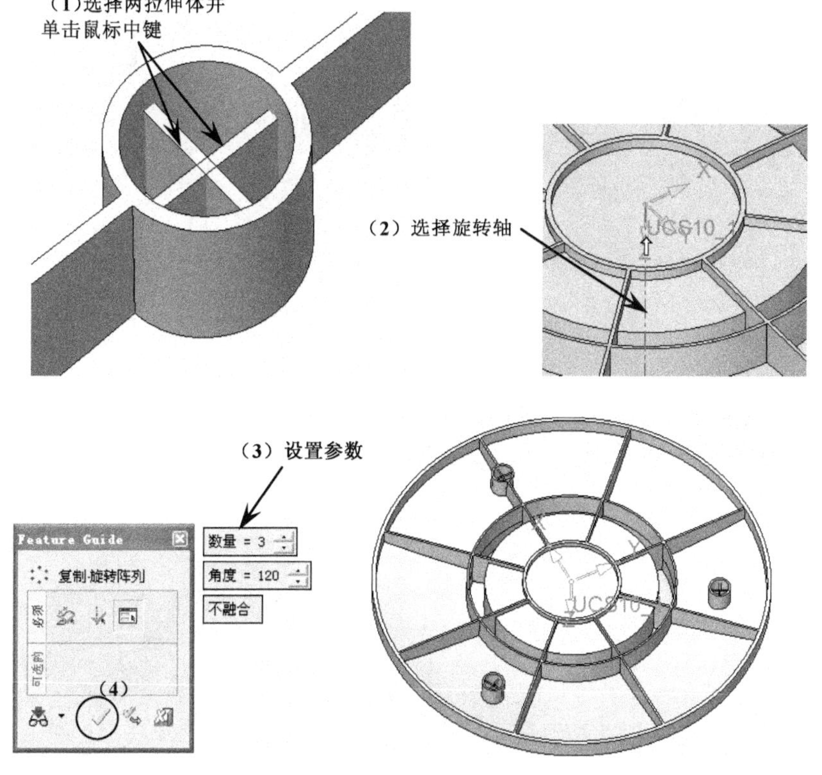

图 5-22　旋转阵列

（18）合并。在〖实体〗工具栏中单击〖合并〗按钮，弹出〖Feature Guide〗对话框，然后根据图 5-23 所示的步骤进行参数设置，最后单击〖确定〗按钮完成特征操作。

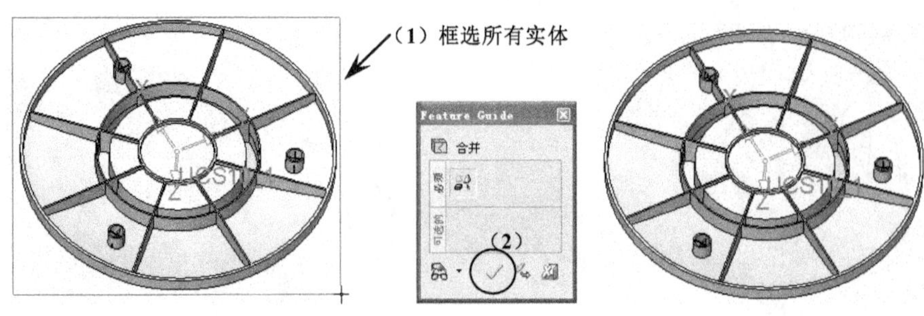

图 5-23　合并

3. 创建倒扣位

(1) 创建草图 18。选择如图 5-24 (a) 所示的平面为草图平面，然后创建如图 5-24 (b) 所示的圆，完成后退出草图环境。

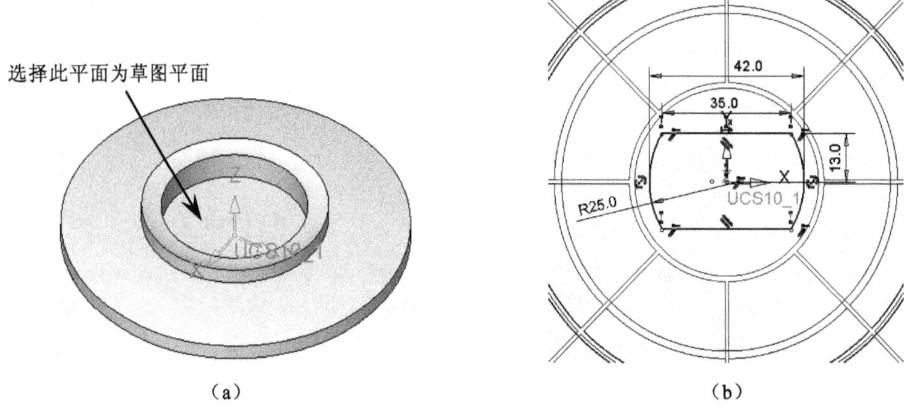

图 5-24　创建草图 18

(2) 移除拉伸。在〖实体〗工具栏中单击〖移除拉伸〗按钮，弹出〖Feature Guide〗对话框，然后根据图 5-25 所示的步骤进行参数设置，最后单击〖确定〗按钮完成特征操作。

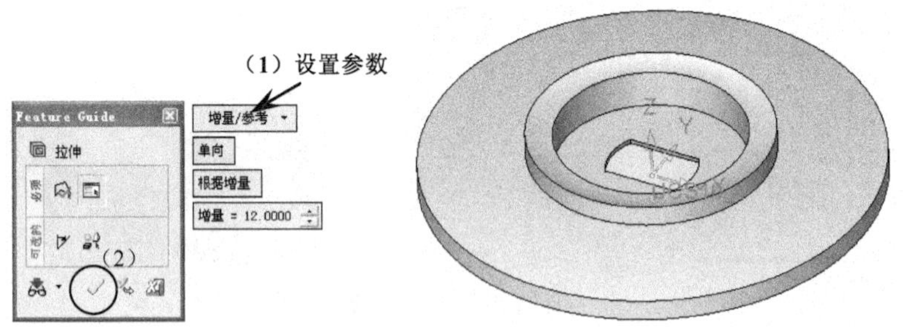

图 5-25　移除拉伸

(3) 创建草图 19。选择如图 5-26 (a) 所示的平面为草图平面，然后创建如图 5-26 (b) 所示的圆，完成后退出草图环境。

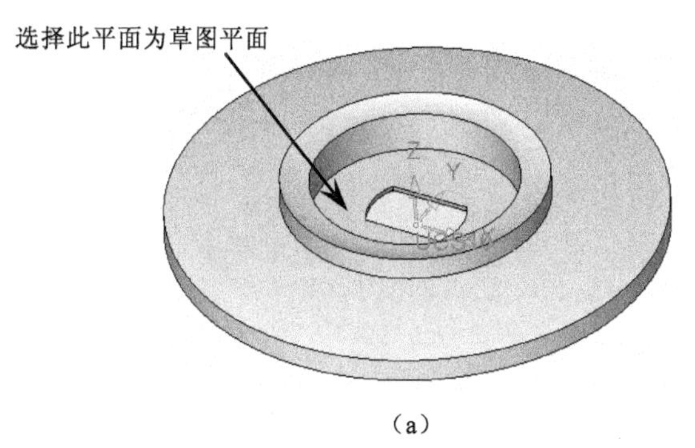

（a）

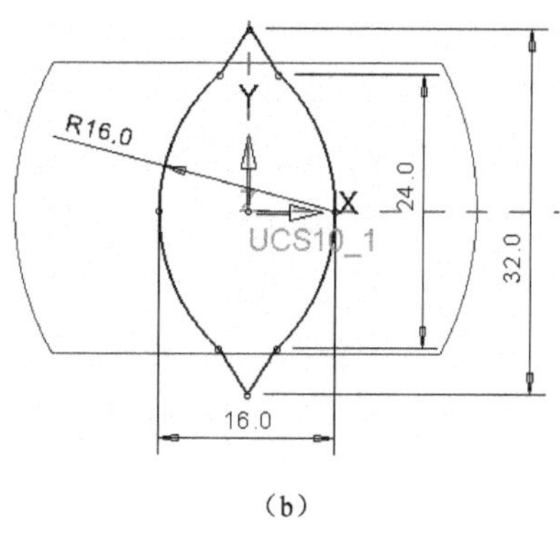

（b）

图 5-26　创建草图 19

（4）增加拉伸。在〖实体〗工具栏中单击〖增加拉伸〗按钮，弹出〖Feature Guide〗对话框，然后根据图 5-27 所示的步骤进行参数设置，最后单击〖确定〗按钮完成特征操作。

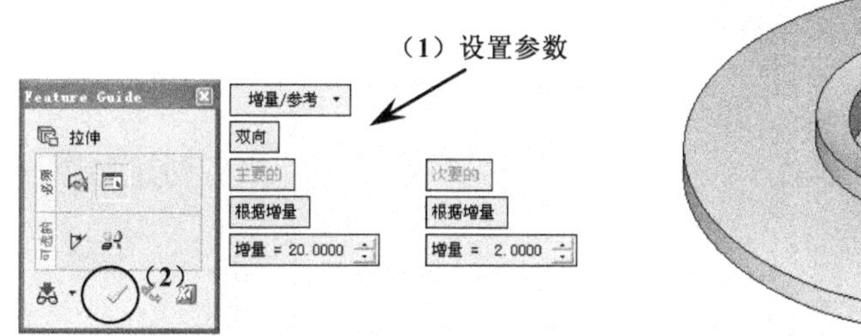

图 5-27　增加拉伸

（5）创建草图 20。选择如图 5-28（a）所示的平面为草图平面，然后创建如图 5-28（b）所示的圆，完成后退出草图环境。

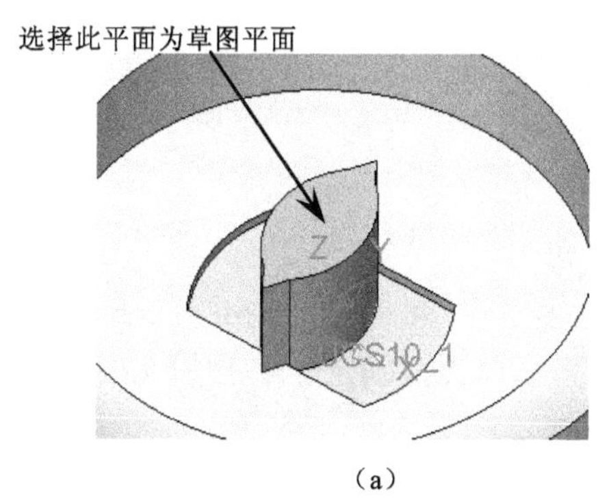

（a）

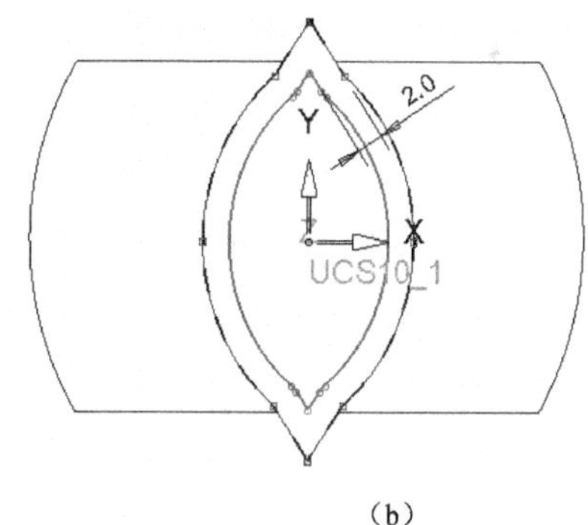

（b）

图 5-28　创建草图 20

（6）移除拉伸。在〖实体〗工具栏中单击〖移除拉伸〗按钮，弹出〖Feature Guide〗对话框，然后根据图 5-29 所示的步骤进行参数设置，最后单击〖确定〗按钮完成特征操作。

（7）倒圆角。在〖实体〗工具栏中单击〖圆角〗按钮，弹出〖Feature Guide〗对话框，然后根据图 5-30 所示的步骤进行参数设置，最后单击〖确定〗按钮完成特征操作。

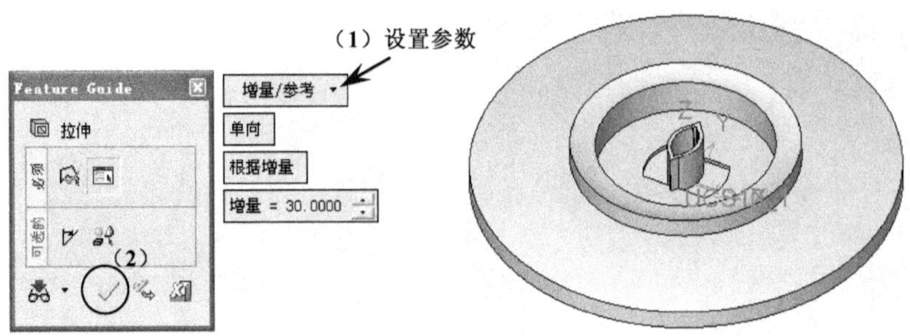

图 5-29　移除拉伸

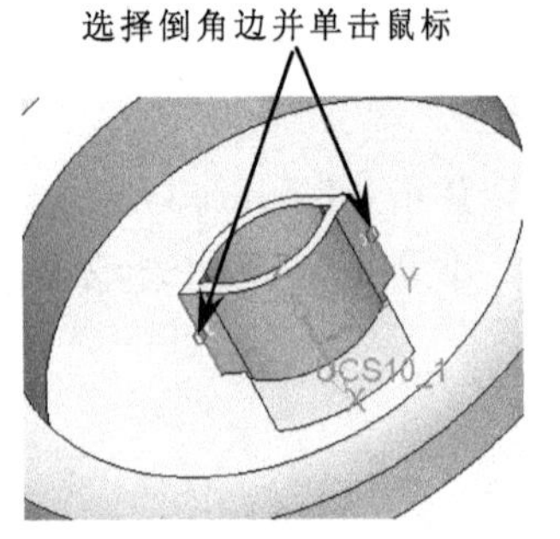

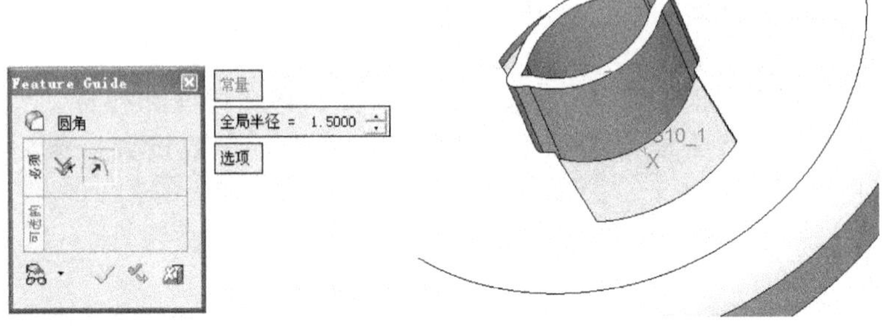

图 5-30　倒圆角

（8）创建草图 21。选择如图 5-31（a）所示的平面为草图平面，然后创建如图 5-31（b）所示的圆，完成后退出草图环境。

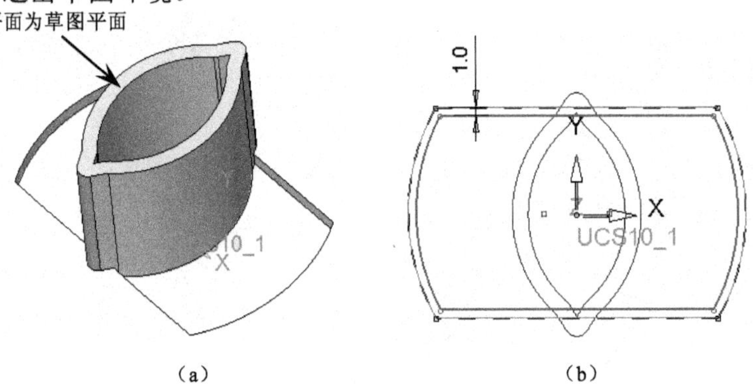

图 5-31　创建草图 21

（9）增加拉伸。在〖实体〗工具栏中单击〖增加拉伸〗按钮，弹出〖Feature Guide〗对话框，然后根据图 5-32 所示的步骤进行参数设置，最后单击〖确定〗✓按钮完成特征操作。

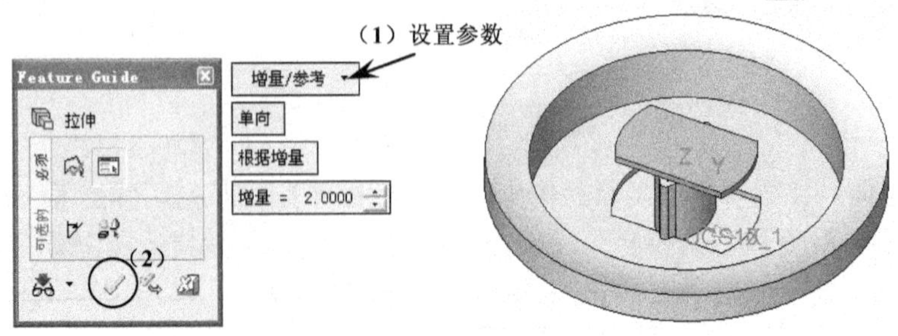

图 5-32　增加拉伸

（10）倒斜角。在〖实体〗工具栏中单击〖斜角〗按钮，弹出〖Feature Guide〗对话框，接着选择需要倒角的实体边并单击鼠标中键，然后设置圆角参数，最后单击按钮，如图 5-33 所示。

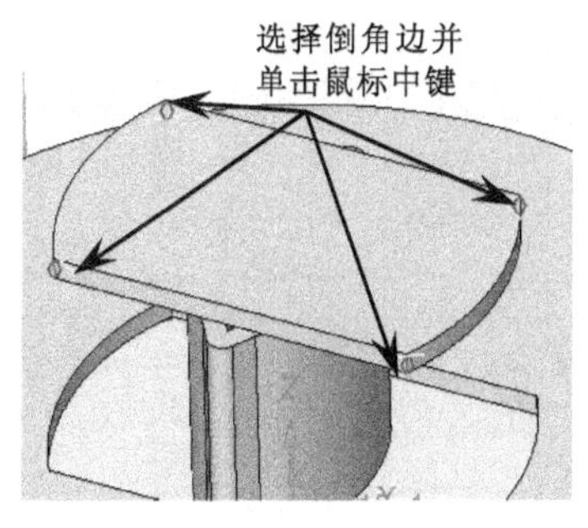

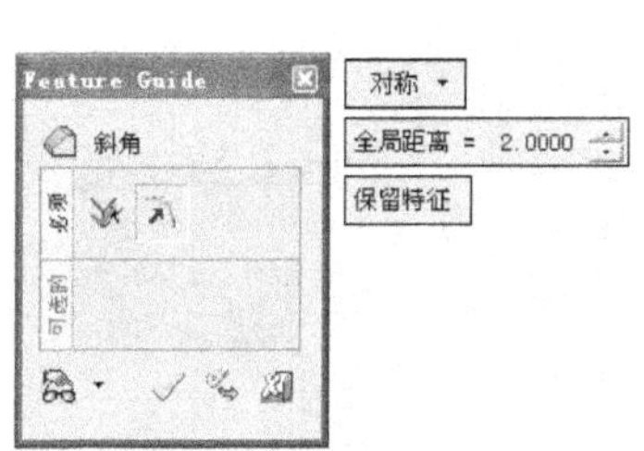

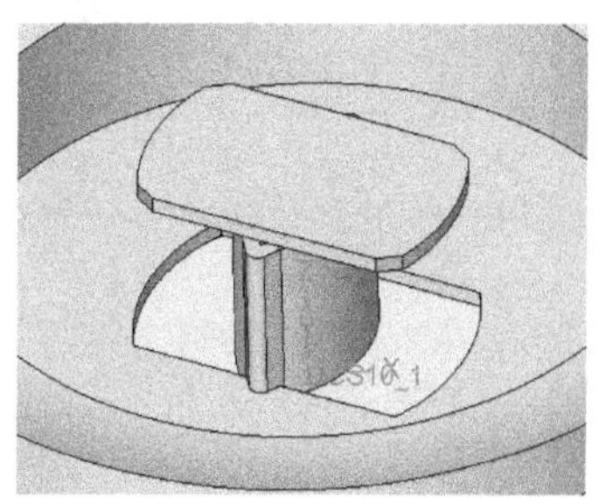

图 5-33 倒斜角

（11）保存文件。在〖标准〗工具栏中单击〖保存〗按钮，接着在弹出的〖CimatronE 浏览器〗对话框中设置文件的名称和保存路径即可，所设计的电脑显示器托盘三维图如图 5-34 所示。

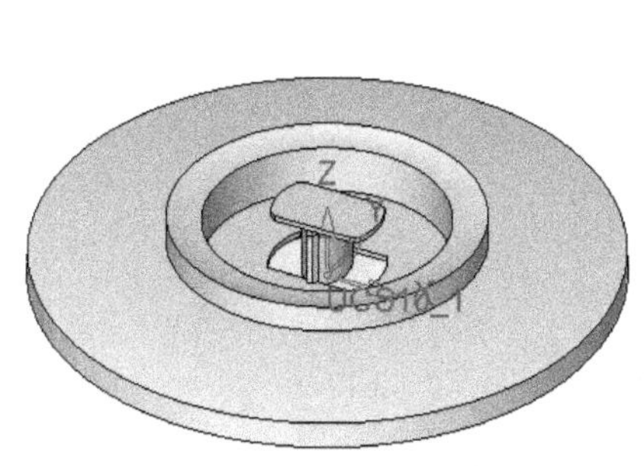

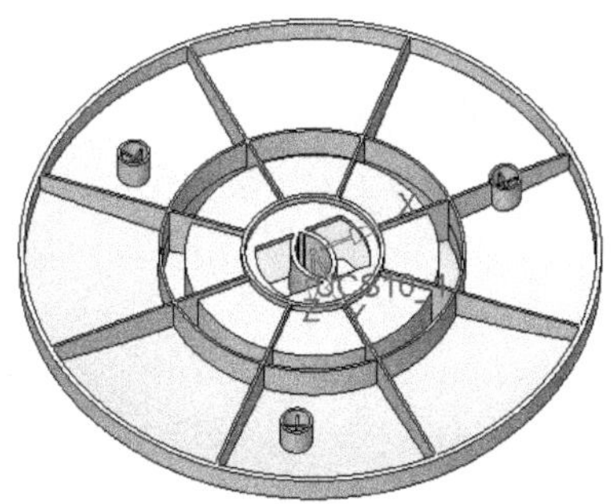

图 5-34 保存文件

5.3 本章学习收获

通过本章的学习，读者必须掌握以下内容。

（1）掌握产品三维设计的流程。

（2）灵活掌握拉伸、旋转阵列和拔模等常用的命令。

（3）清楚产品的出模方向，设置拔模角时一定要注意方向。

5.4 练习题

根据图 5-35 所示的旋盖 2D 图，完成其 3D 设计。

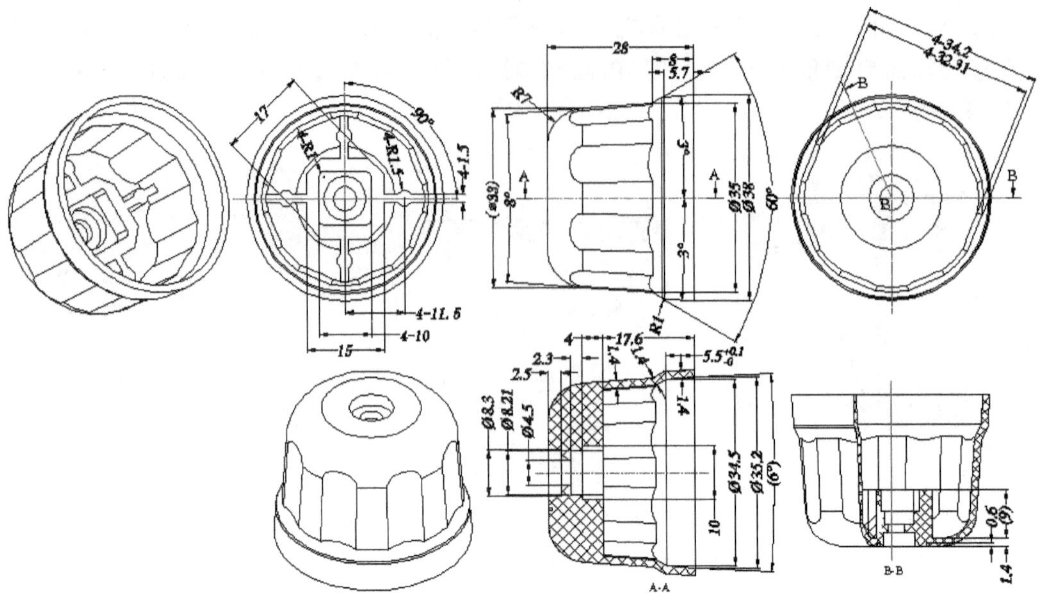

图 5-35　旋盖 2D 图

第6章

实体设计实例——自动阀顶盖

自动阀顶盖是一种典型的塑料外壳，通过本章的学习使读者快速提高实体设计的技能，以达到学以致用的目的。

6.1 学习目标与课时安排

学习目标及学习内容

（1）进一步巩固草图和拉伸命令的应用。

（2）掌握旋转、抽壳和拔模等常用命令的应用。

（3）重点掌握了复制图素的应用。

学习课时安排（共 2 课时）

（1）本章知识点讲解——0.5 课时。

（2）实例详细操作——1.5 课时。

6.2 实例设计详细步骤

（1）在桌面上双击图标打开 CimatronE 10.0 软件。

（2）进入零件界面，如图 6-1 所示。

（3）创建草图 11。默认 XY 平面为草图平面，然后创建如图 6-2 所示的封闭草图，完成后退出草图环境。

（4）新建拉伸。在〖实体〗工具栏中单击〖新建拉伸〗按钮，弹出〖Feature Guide〗对话框，然后根据图 6-3 所示的步骤进行参数设置，最后单击〖确定〗✓按钮完成特征操作。

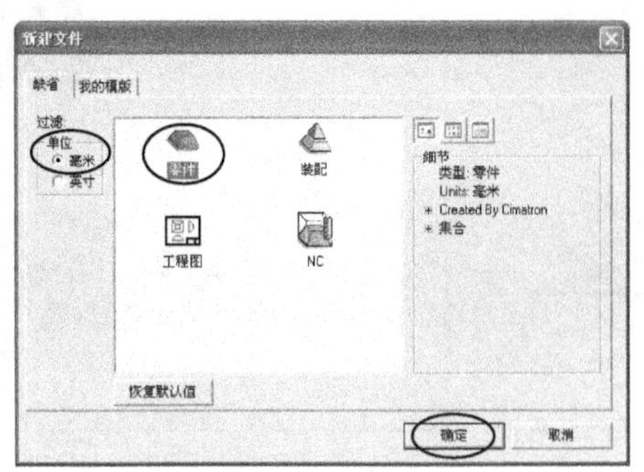
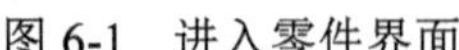

图 6-1　进入零件界面

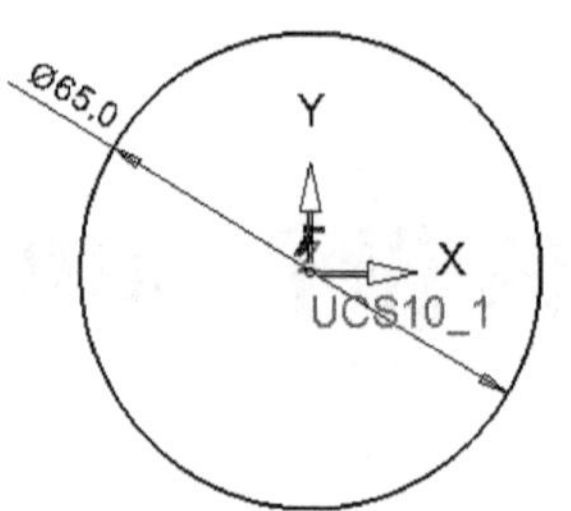

图 6-2　创建草图 11

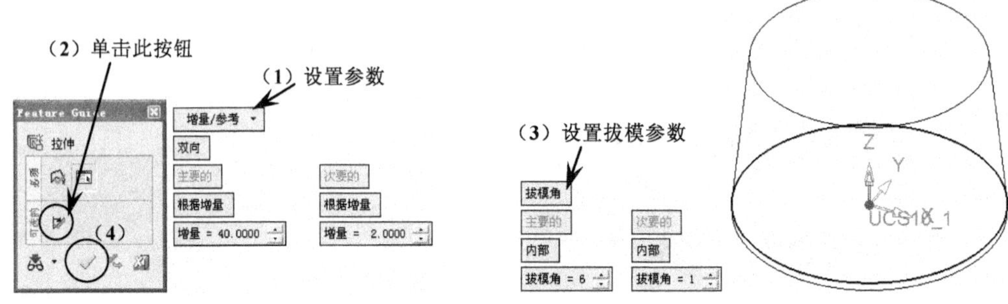

图 6-3　新建拉伸

（5）创建草图 12。选择 XZ 平面为草图平面，然后创建如图 6-4 所示的封闭草图，完成后退出草图环境。

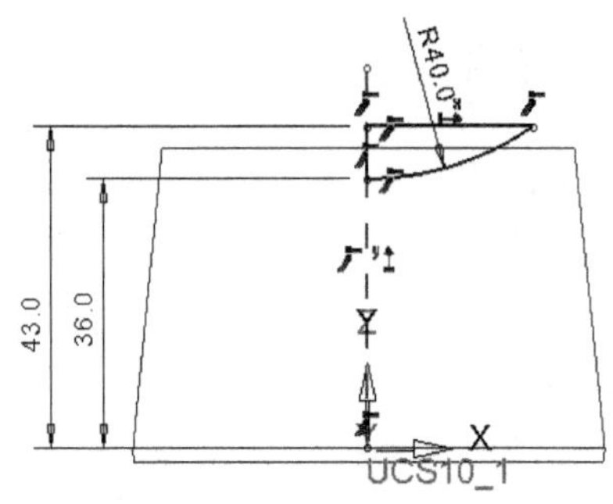

图 6-4　创建草图 12

（6）移除旋转。在菜单栏中选择〖实体〗/〖移除〗/〖旋转〗命令，弹出〖Feature Guide〗对话框，然后根据图 6-5 所示的步骤进行参数设置，最后单击〖确定〗✓按钮完成特征操作。

（7）倒圆角。在〖实体〗工具栏中单击〖圆角〗按钮，弹出〖Feature Guide〗对话框，然后根据图 6-6 所示的步骤进行参数设置，最后单击〖确定〗✓按钮完成特征操作。

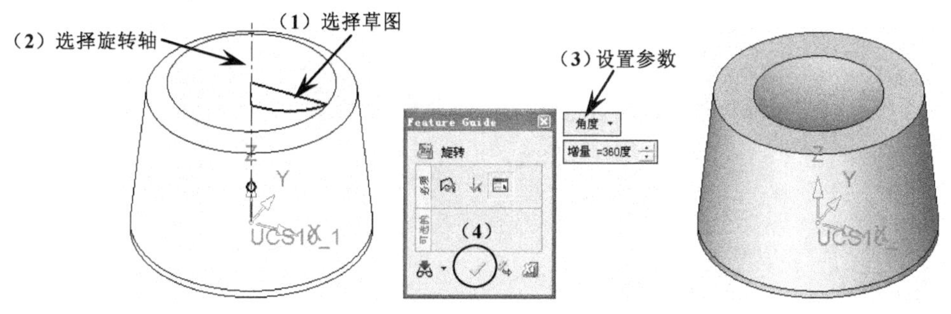

图 6-5　移除旋转

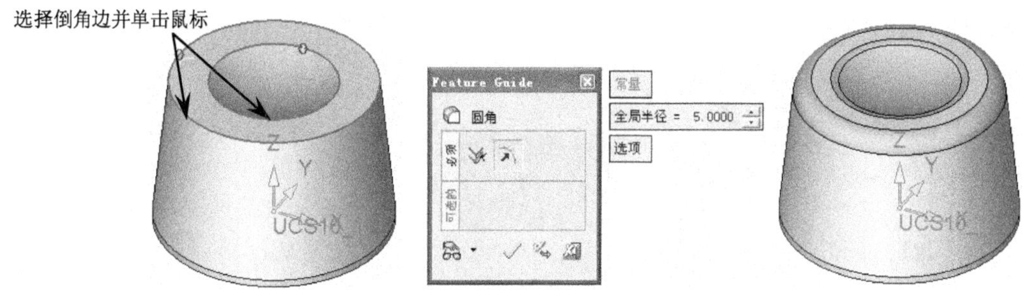

图 6-6　倒圆角

（8）创建草图 13。选择 XZ 平面为草图平面，然后创建如图 6-7 所示的封闭草图，完成后退出草图环境。

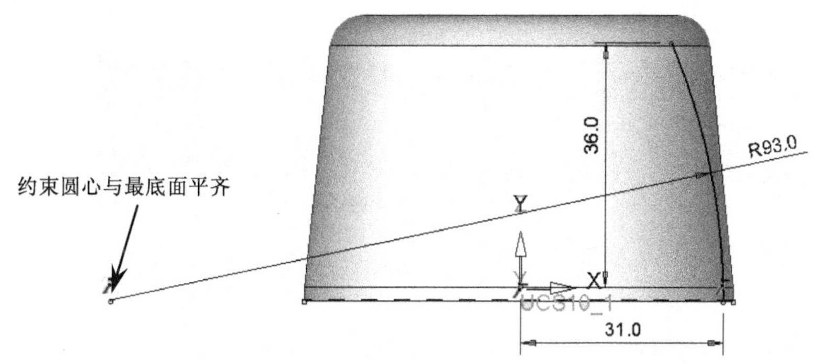

图 6-7　创建草图 13

（9）新建管道。在菜单栏中选择〖实体〗/〖新建〗/〖管道〗命令，弹出〖Feature Guide〗对话框，然后根据图 6-8 所示的步骤进行参数设置，最后单击〖确定〗✓按钮完成特征操作。

（10）旋转阵列。在菜单栏中选择〖编辑〗/〖复制图素〗/〖旋转阵列〗命令，弹出〖Feature Guide〗对话框，然后根据图 6-9 所示的步骤进行参数设置，最后单击〖确定〗✓按钮完成特征操作。

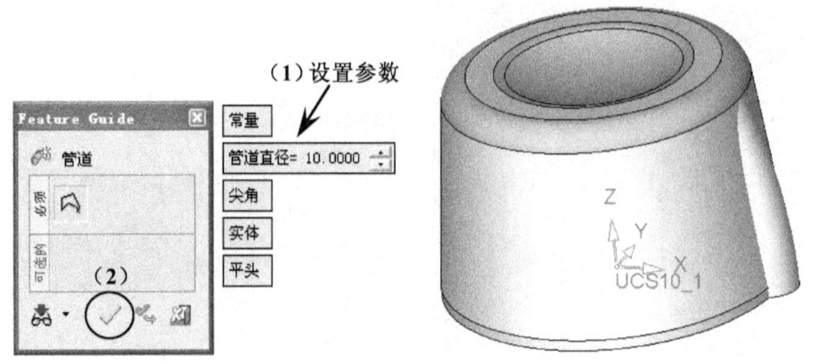

图 6-8　新建管道

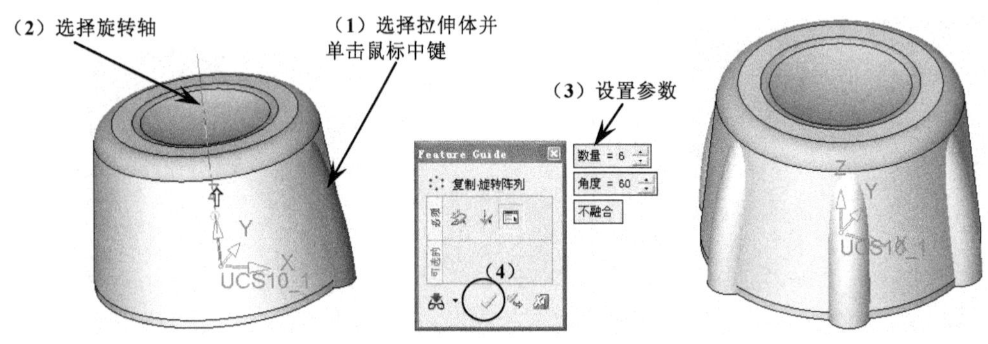

图 6-9　旋转阵列

（11）合并。在〖实体〗工具栏中单击〖合并〗按钮，弹出〖Feature Guide〗对话框，然后根据图 6-10 所示的步骤进行参数设置，最后单击〖确定〗按钮完成特征操作。

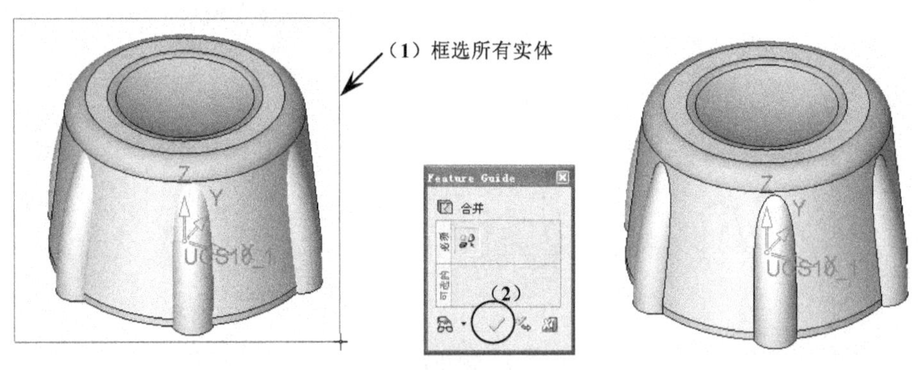

图 6-10　合并

（12）倒圆角。参考前面的操作，对实体侧面上的 6 处角位进行倒圆角，如图 6-11 所示。

（13）抽壳。在〖实体〗工具栏中单击〖抽壳〗按钮，弹出〖Feature Guide〗对话框，然后根据图 6-12 所示的步骤进行参数设置，最后单击按钮完成特征操作。

（14）创建基准平面。在菜单栏中选择〖基准〗/〖平面〗/〖主平面〗命令，弹出弹出〖Feature Guide〗对话框，然后选择坐标系，如图 6-13 所示。

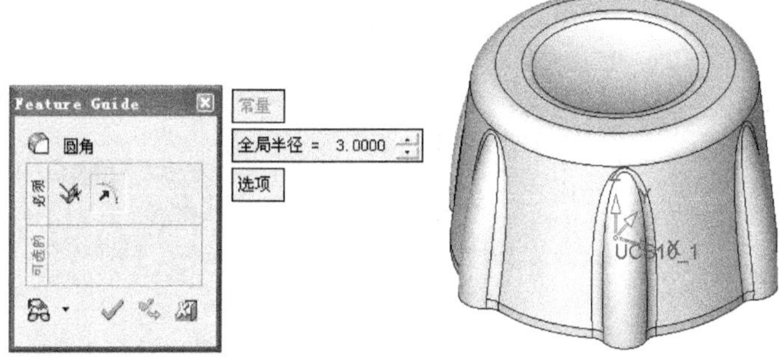

图 6-11　倒圆角

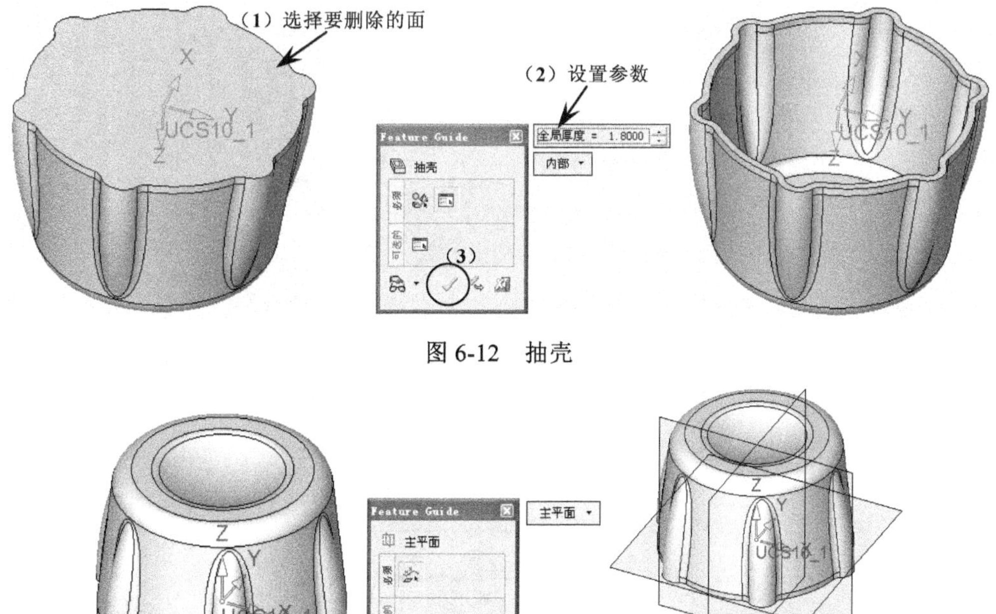

图 6-12　抽壳

图 6-13　创建基准平面

（15）切除。在〖实体〗工具栏中单击〖分割〗按钮，弹出〖Feature Guide〗对话框，然后根据图 6-14 所示的步骤进行参数设置，最后单击✓按钮完成特征操作。

由于抽壳后可能会造成底面不平，所以通过切除的方式使底面平整。

（16）创建草图 14。选择 XY 平面为草图平面，然后创建如图 6-15 所示的封闭草图，完成后退出草图环境。

（17）移除拉伸。在〖实体〗工具栏中单击〖移除拉伸〗按钮，弹出〖Feature Guide〗对话框，然后根据图 6-16 所示的步骤进行参数设置，最后单击〖确定〗✓按钮完成特征操作。

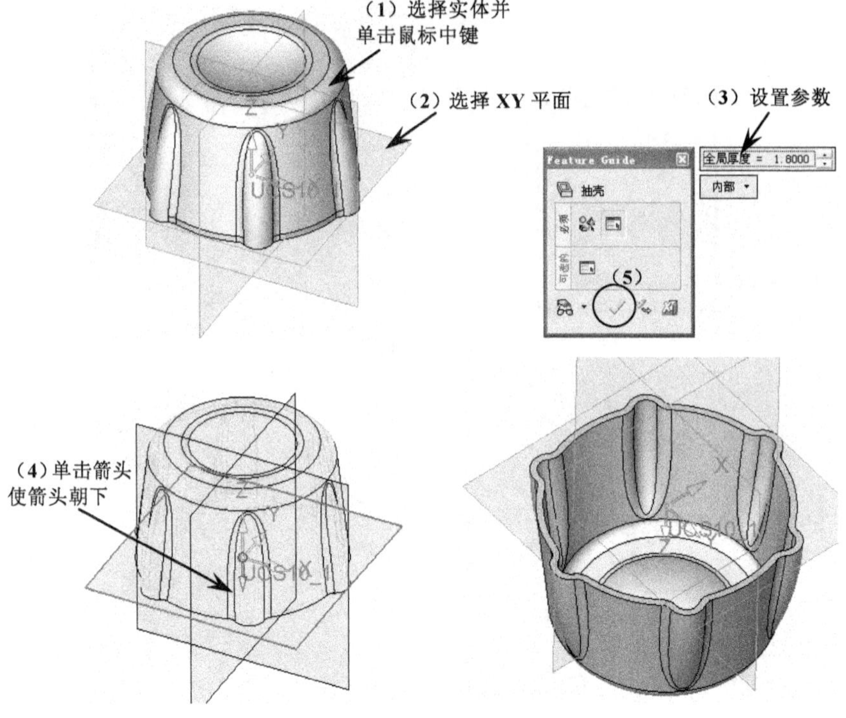

图 6-14　切除

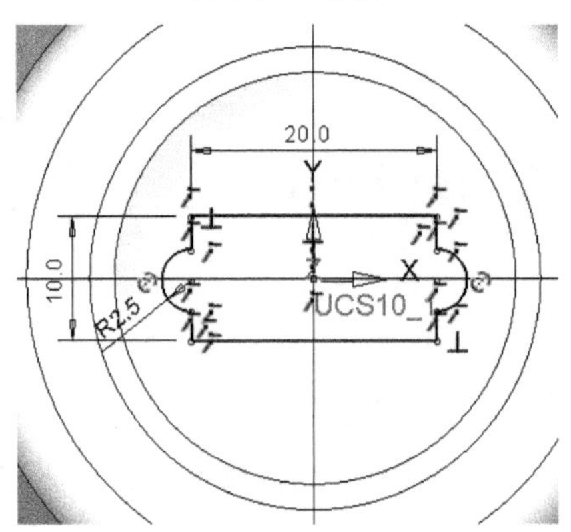

图 6-15　创建草图 14

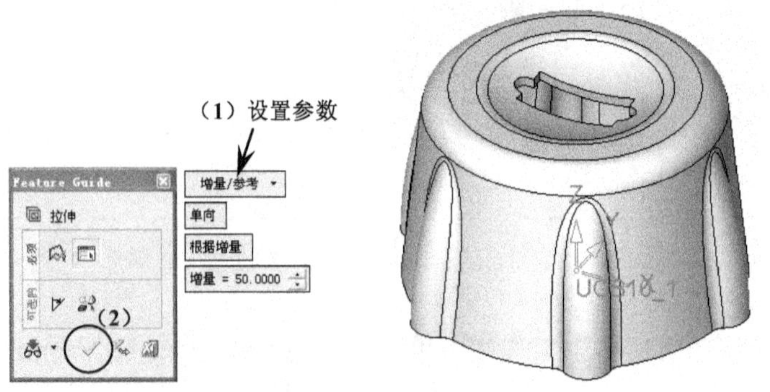

图 6-16　移除拉伸

（18）创建基准平面。在菜单栏中选择〖基准〗/〖平面〗/〖平行〗命令，弹出〖Feature Guidc〗对话框，然后根据图 6-17 所示的步骤进行参数设置，最后单击〖确定〗✓按钮完成特征操作。

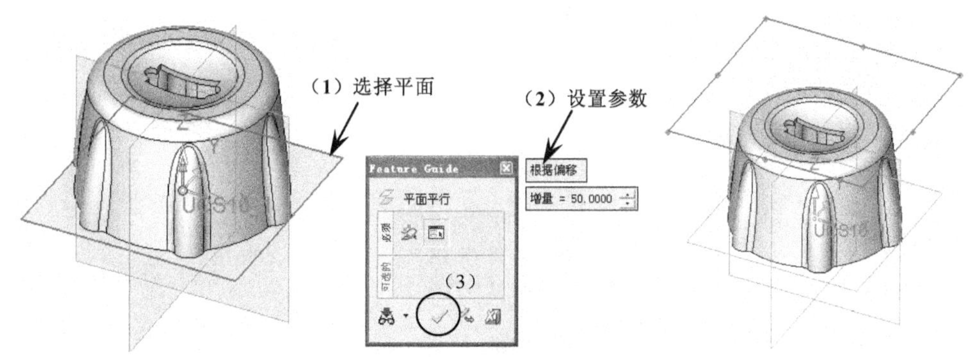

图 6-17　创建基准平面

（19）创建草图 15。选择 XY 平面为草图平面，然后创建如图 6-18 所示的矩形，完成后退出草图环境。

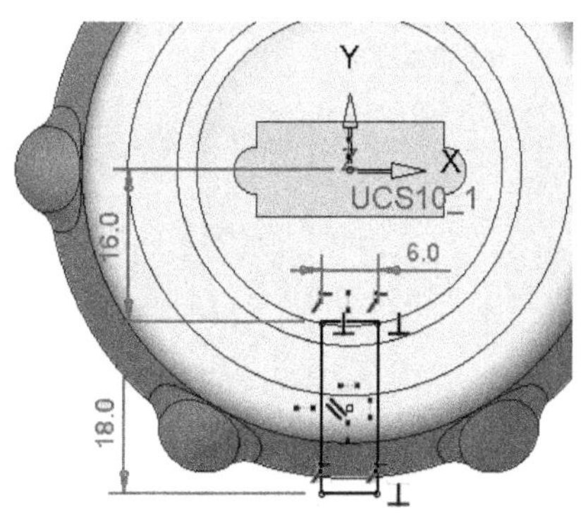

图 6-18　创建草图 15

（20）新建拉伸。在〖实体〗工具栏中单击〖新建拉伸〗按钮，弹出〖Feature Guide〗对话框，然后根据图 6-19 所示的步骤进行参数设置，最后单击〖确定〗✓按钮完成特征操作。

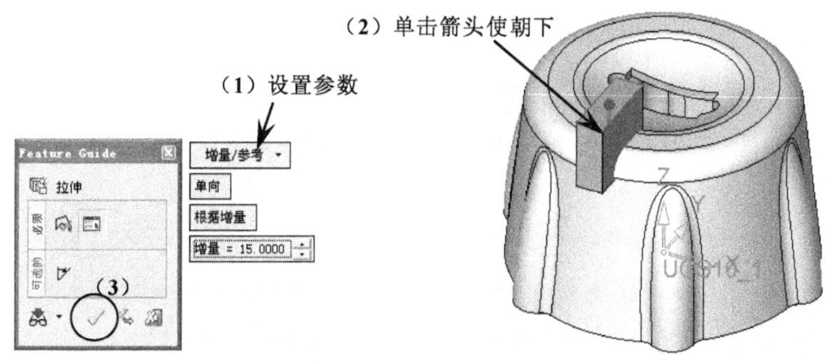

图 6-19　新建拉伸

（21）镜像。在菜单栏中选择〖编辑〗/〖复制图素〗/〖镜像〗命令，弹出弹出〖Feature Guide〗对话框，然后根据图 6-20 所示的步骤进行参数设置，最后单击〖确定〗✓按钮完成特征操作。

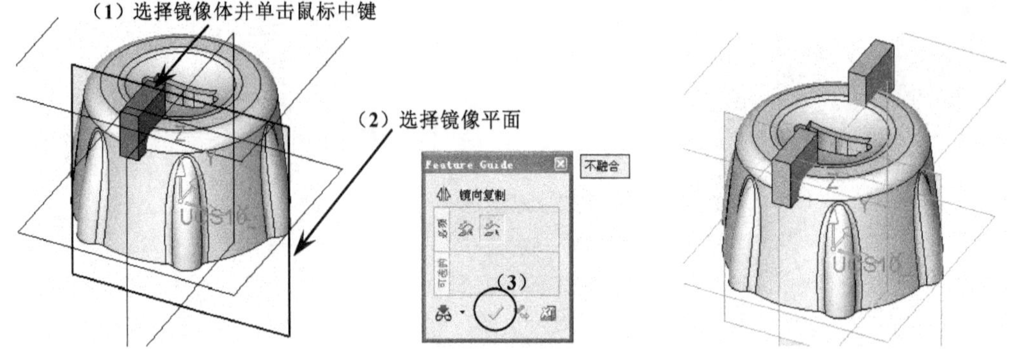

图 6-20　镜像

（22）切除。在〖实体〗工具栏中单击〖分割〗按钮，弹出〖Feature Guide〗对话框，然后根据图 6-21 所示的步骤进行参数设置，最后单击✓按钮完成特征操作。

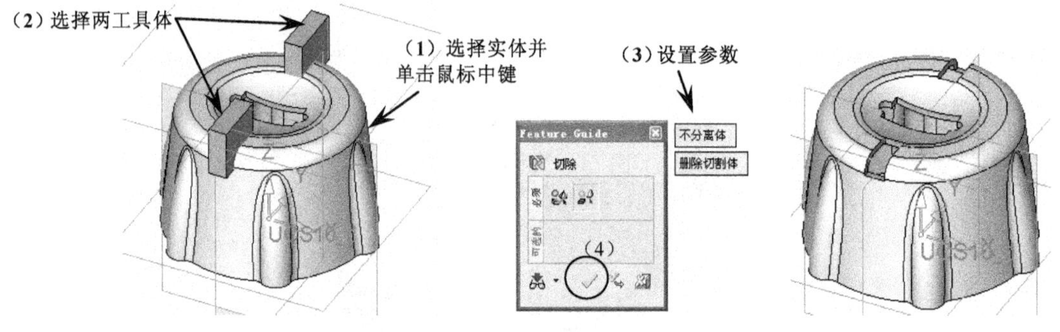

图 6-21　切除

（23）创建草图 16。选择 XY 平面为草图平面，然后创建如图 6-22 所示的圆，完成后退出草图环境。

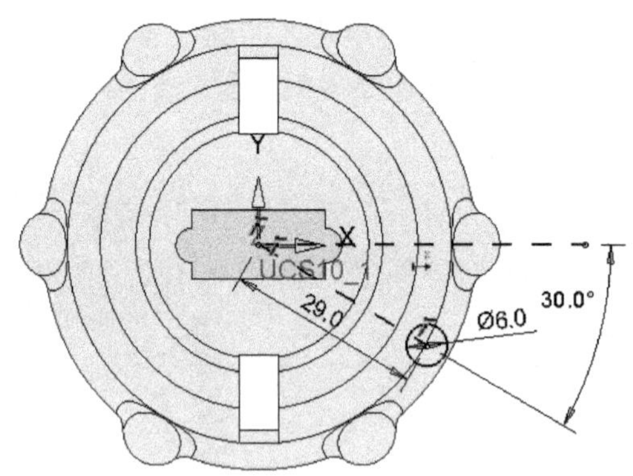

图 6-22　创建草图 16

（24）新建拉伸。在〖实体〗工具栏中单击〖新建拉伸〗按钮，弹出〖Feature Guide〗对话框，然后根据图 6-23 所示的步骤进行参数设置，最后单击〖确定〗✓按钮完成特征操作。

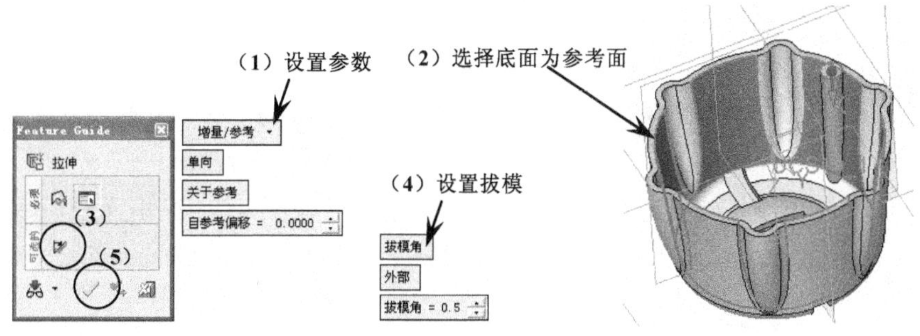

图 6-23　新建拉伸

请读者认真思考此处的拔模角为何设置为“外部”的形式。

（25）创建基准轴。在菜单栏中选择〖基准〗/〖轴〗/〖相交〗命令，弹出〖Feature Guide〗对话框，然后根据图 6-24 所示的步骤进行参数设置，最后单击〖确定〗按钮完成特征操作。

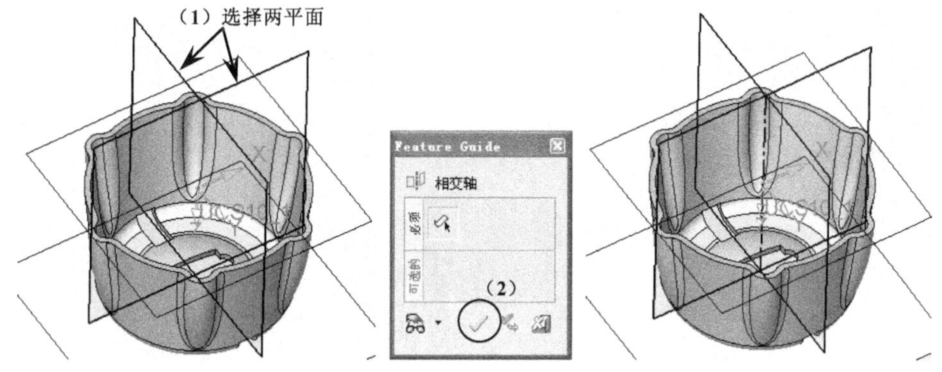

图 6-24　创建基准轴

（26）创建基准平面。在菜单栏中选择〖基准〗/〖平面〗/〖倾斜〗命令，弹出〖Feature Guide〗对话框，然后根据图 6-25 所示的步骤进行参数设置，最后单击〖确定〗按钮完成特征操作。

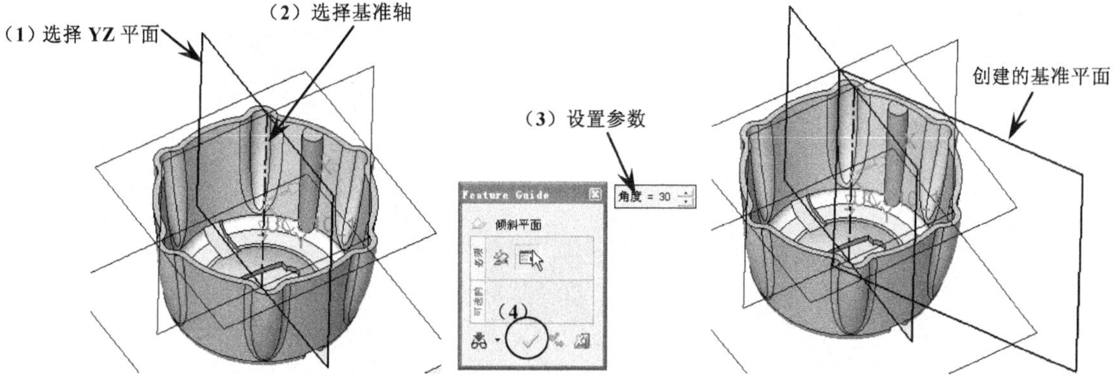

图 6-25　创建基准平面

如果创建的基准平面角度不对，可通过单击箭头改变方向。

（27）镜像。在菜单栏中选择〖编辑〗/〖复制图素〗/〖镜像〗命令，弹出弹出〖Feature Guide〗对话框，然后根据图6-26所示的步骤进行参数设置，最后单击〖确定〗✓按钮完成特征操作。

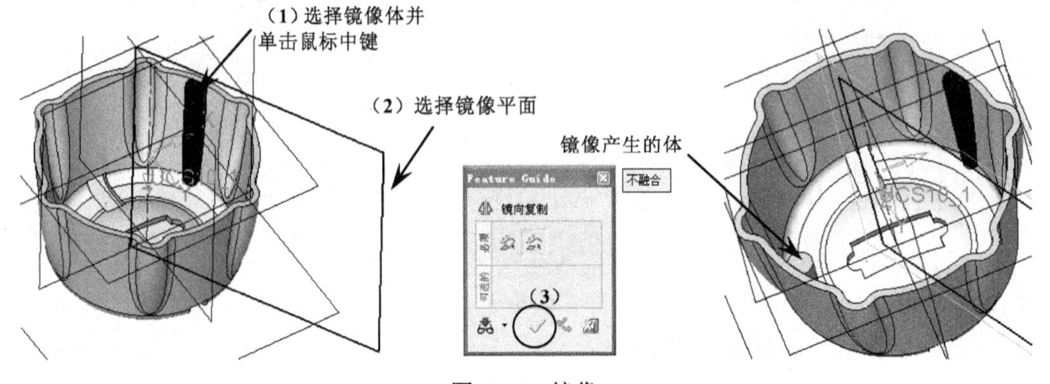

图6-26 镜像

（28）隐藏基准平面。在特征树中选择“集合”选项，然后在“Planes”的右边单击小灯泡，隐藏基准平面，如图6-27所示。

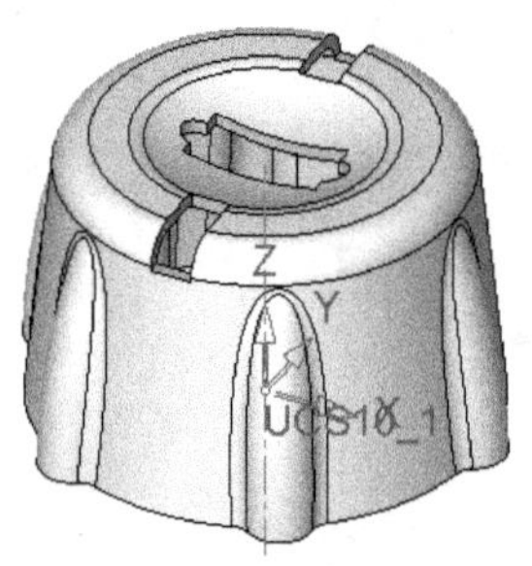

图6-27 隐藏基准平面

（29）合并。在〖实体〗工具栏中单击〖合并〗按钮，弹出〖Feature Guide〗对话框，然后根据图6-28所示的步骤进行参数设置，最后单击〖确定〗✓按钮完成特征操作。

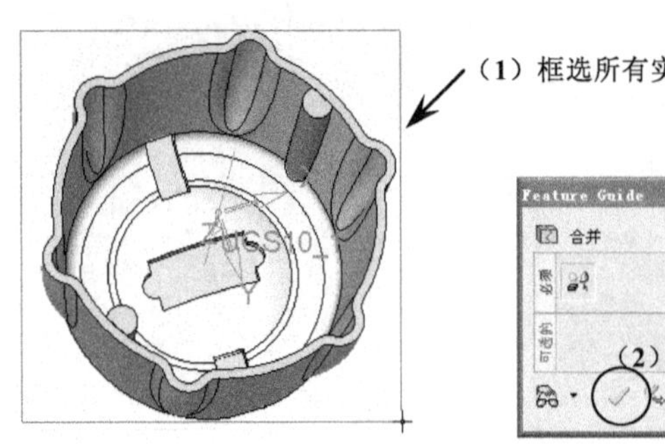

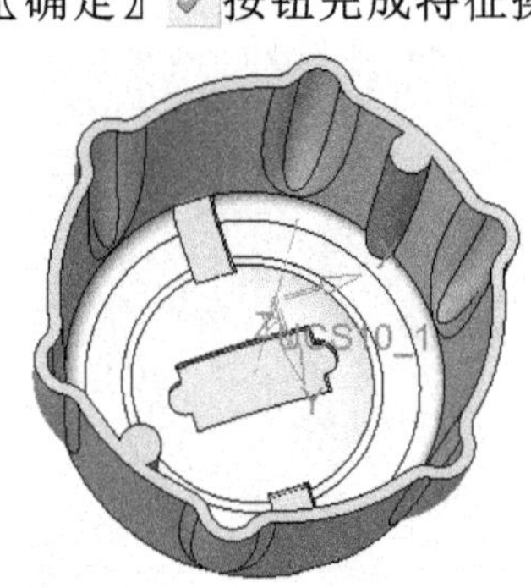

图6-28 合并

（30）倒圆角。参考前面的操作，对实体内侧面上的两处角位进行倒圆角，如图 6-29 所示。

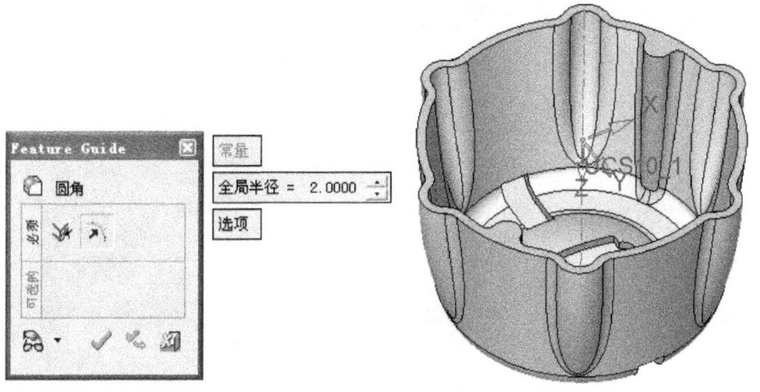

图 6-29　倒圆角

（31）创建草图 17。选择 XY 平面为草图平面，然后创建如图 6-30 所示的两个圆，完成后退出草图环境。

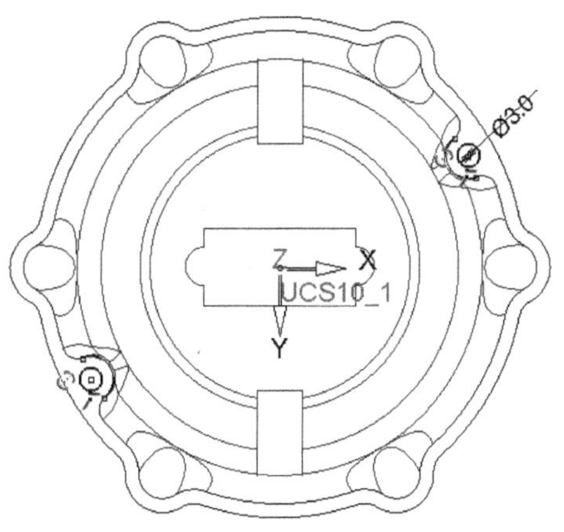

图 6-30　创建草图 17

（32）移除拉伸。在〖实体〗工具栏中单击〖移除拉伸〗按钮，弹出〖Feature Guide〗对话框，然后根据图 6-31 所示的步骤进行参数设置，最后单击〖确定〗按钮完成特征操作。

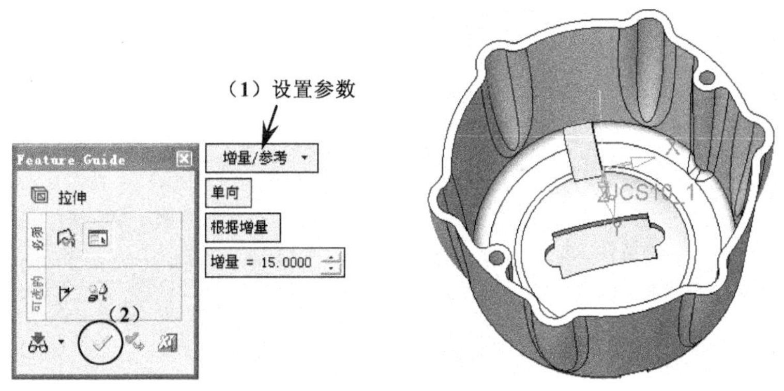

图 6-31　移除拉伸

（33）保存文件。在〖标准〗工具栏中单击〖保存〗按钮，接着在弹出的〖CimatronE 浏览器〗对话框中设置文件的名称和保存路径即可，所设计的自动阀顶盖三维图如图 6-32 所示。

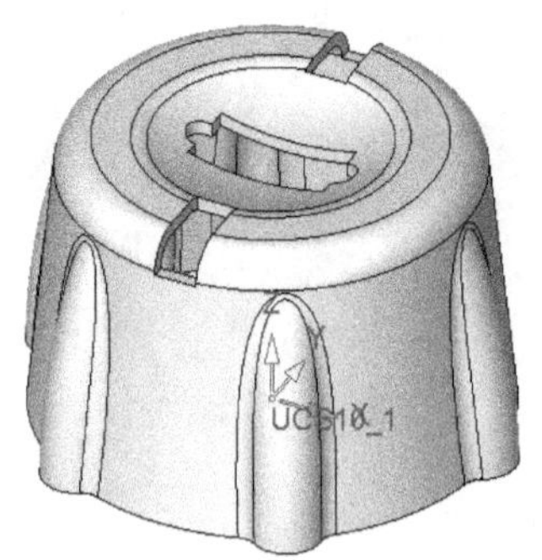
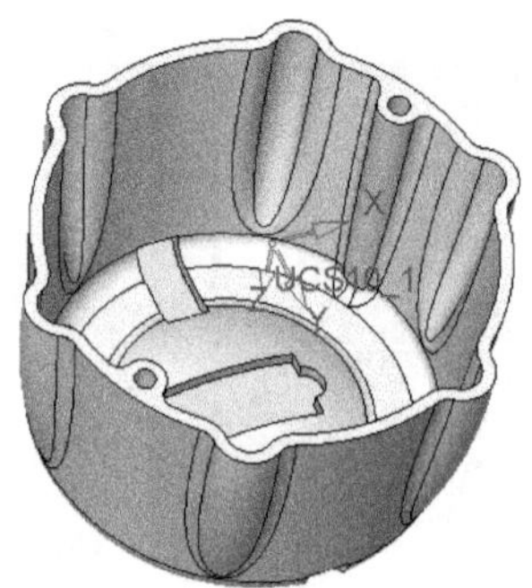

图 6-32　保存文件

6.3　本章学习收获

通过本章的学习，读者必须掌握以下内容。

（1）更深一层掌握拉伸命令的应用。

（2）灵活创建基准轴和基准平面，方便草图或镜像等的操作。

（3）灵活运用管道等设计方法进行零件外观的设计。

6.4　练习题

（1）根据图 6-33 所示的鼠标底盖 2D 图，完成其 3D 设计。

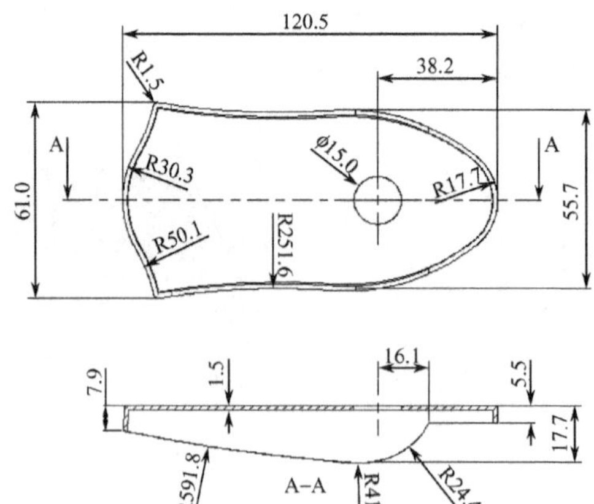

图 6-33　鼠标底盖 2D 图

（2）根据图 6-34 所示的零件 2D 图，完成其 3D 设计。

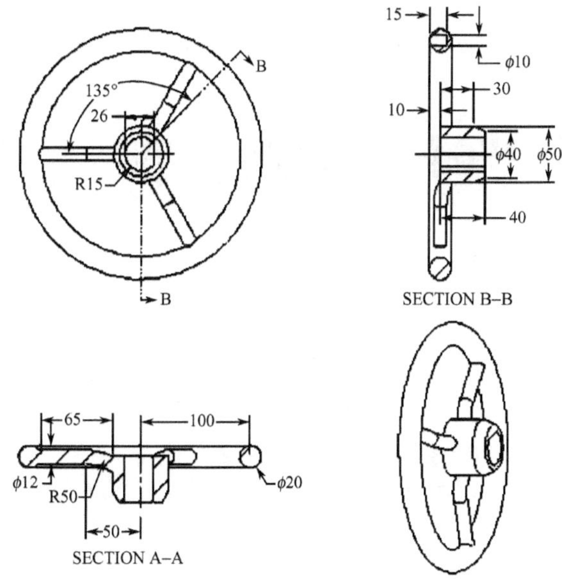

图 6-34　零件 2D 图

第7章 曲线设计基本功特训

本章所讲述的曲线主要是空间曲线，即绘制不在同一平面上的曲线。〖曲线〗工具栏如图 7-1 所示。

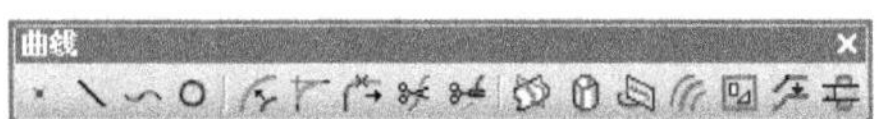

图 7-1　〖曲线〗工具栏

7.1　学习目标与课时安排

学习目标及学习内容

（1）认识创建空间曲线有哪些主要的命令。
（2）了解创建设计需要哪些前提条件。
（3）掌握空间曲线的操作方法和技巧。

学习课时安排（共 5 课时）

（1）点、直线、圆——1 课时。
（2）样条线、螺旋线、相交、投影——1 课时。
（3）最大轮廓、曲面曲线、偏移——1 课时。
（4）延伸、角落处理、文字——1 课时。
（5）等分曲线、分割曲线、修剪曲线——1 课时。

7.2　点

通过选择特征角上的点或设置曲线来创建点。

1．根据拾取

在指定的位置上创建点。在菜单栏中选择〖曲线〗/〖点〗/〖根据拾取〗命令，或在〖曲线〗工具栏中单击〖点〗按钮，弹出〖Feature Guide〗对话框，然后选择已有特征的点，如图 7-2 所示。

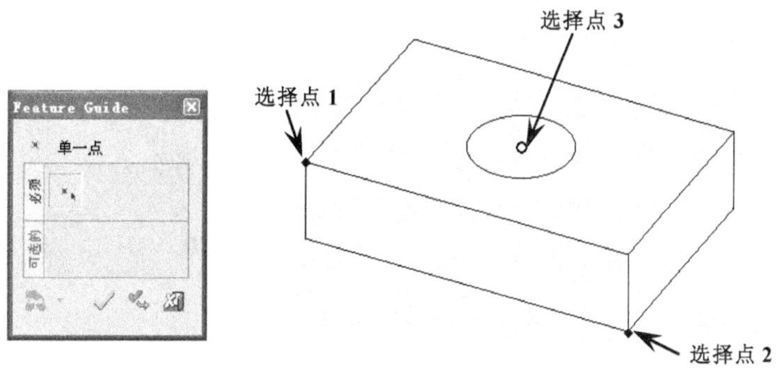

图 7-2　根据拾取创建点

> **要点提示**
>
> 选择点时，要配合〖点〗过滤来进行，如图 7-3 所示。通过选择相应的按钮，可以快速准确的选择所需要的点。

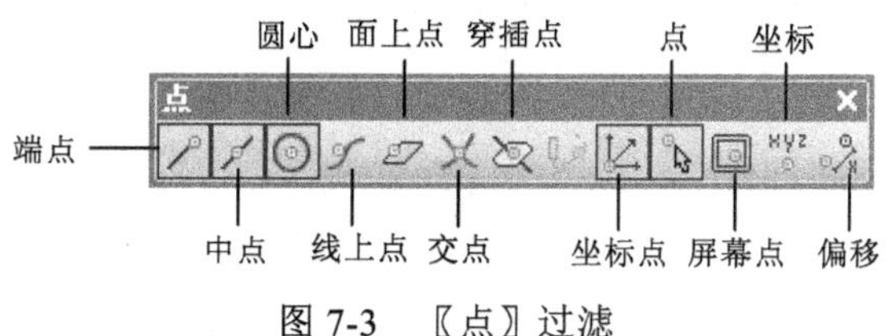

图 7-3　〖点〗过滤

2．在曲线上

通过设置距离和数量在曲线上创建多个点。在菜单栏中选择〖曲线〗/〖点〗/〖在曲线上〗命令，弹出〖Feature Guide〗对话框，然后选择曲线并设置相关参数，如图 7-4 所示。

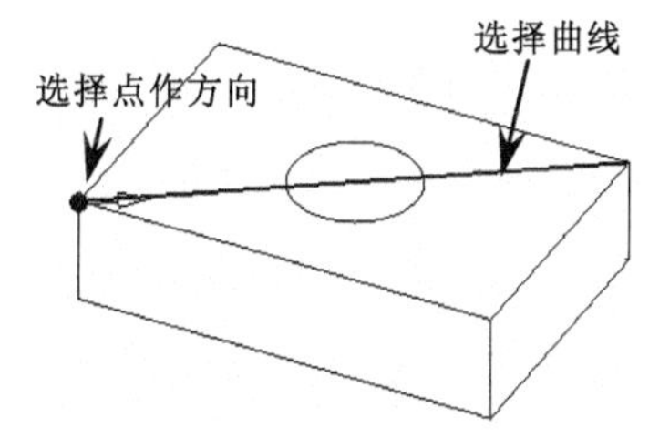

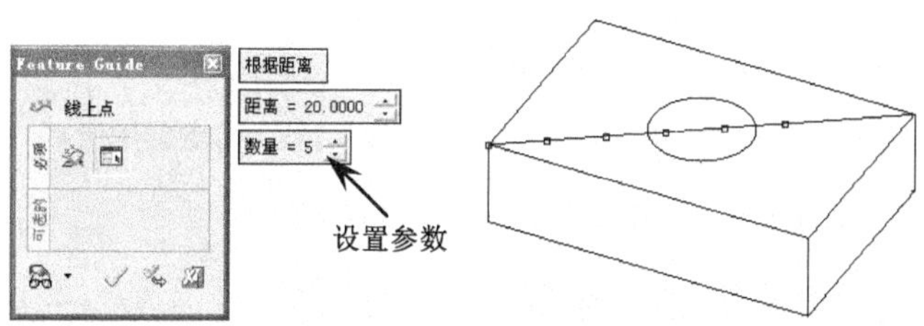

图 7-4　在曲线上创建点

工程师点评：

创建点的目的是方便和准确地创建曲线，然后再通过曲线创建曲面或实体。

7.3 直线

在〖曲线〗工具栏中单击〖直线〗按钮，弹出〖Feature Guide〗对话框，然后在浮动菜单中通过选项改变选择不同的方法创建直线，如图 7-5 所示。

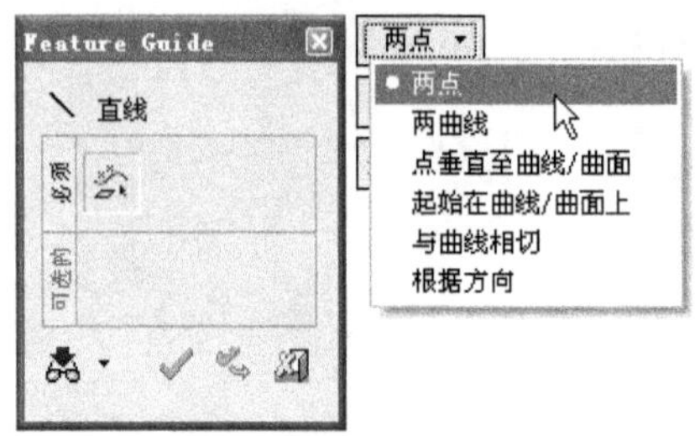

图 7-5　创建直线的方法

1. 两点

通过指定两点创建直线，且其创建方式有“单一”和“串连”两种，如图 7-6 所示。

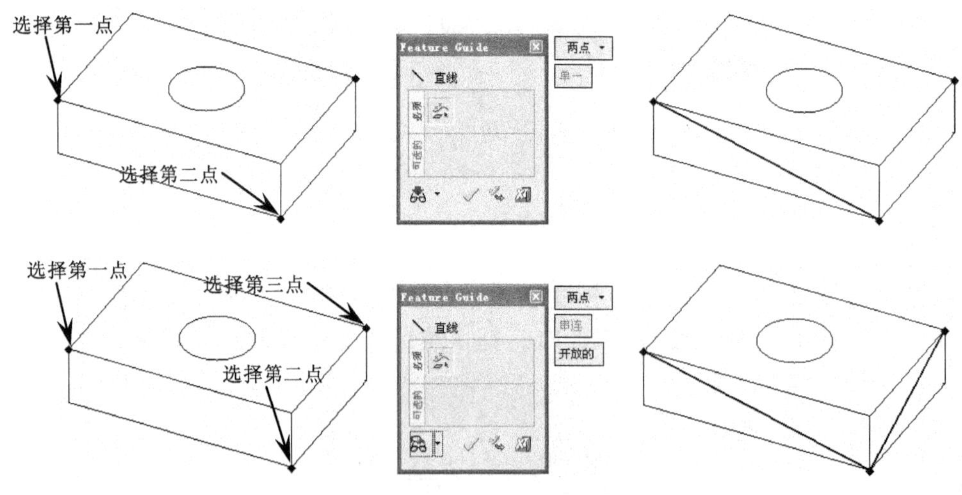

图 7-6　两点创建直线

2. 两曲线

创建的直线与选择的两曲线相切或垂直，如图 7-7 所示。

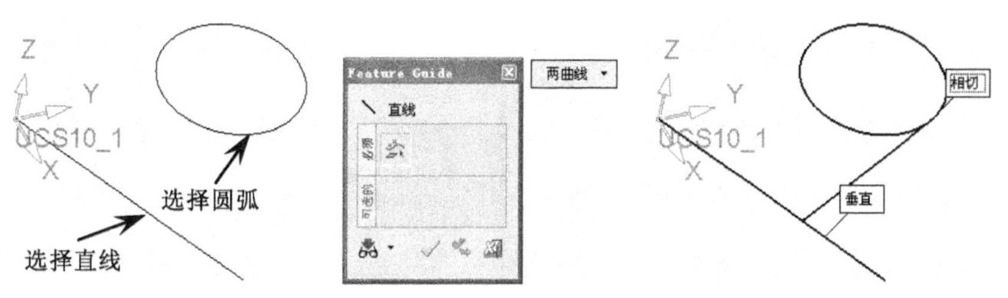

图 7-7　两曲线创建直线

只要满足相切或垂直的条件，两者之间可以单击进行切换。

3．与曲线相切

通过设置与选择的曲线相切，并设置长度、角度来创建直线，如图 7-8 所示。

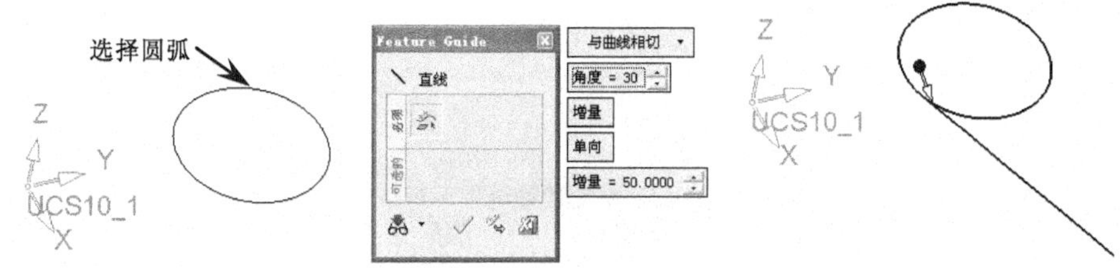

图 7-8　与曲线相切创建直线

4．根据方向

沿着当前 Z 轴方向创建直线，如图 7-9 所示。

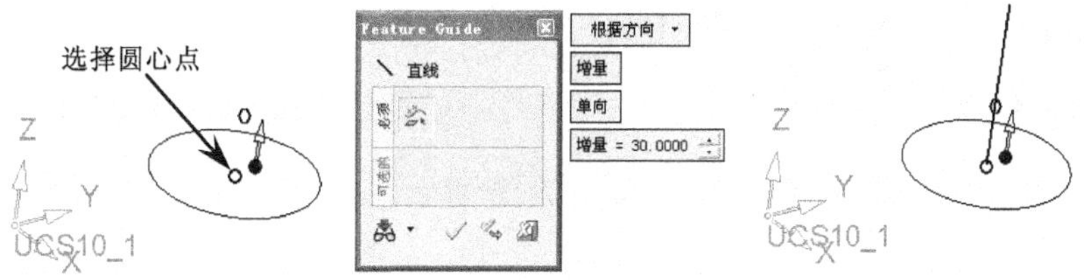

图 7-9　根据方向创建直线

7.4　圆

可以创建圆或圆弧。在〖曲线〗工具栏中单击〖轴〗按钮，弹出〖Feature Guide〗对话框，然后在浮动菜单中通过选项改变选择不同的方法创建圆，如图 7-10 所示。

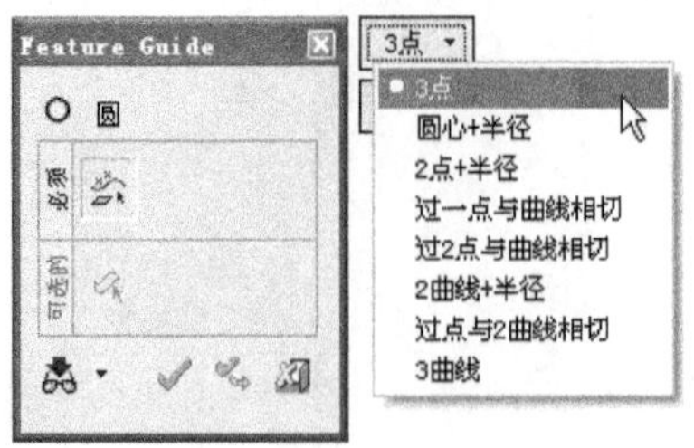

图 7-10　创建圆的方法

1．3 点

通过指定 3 点创建圆弧或圆，如图 7-11 所示。

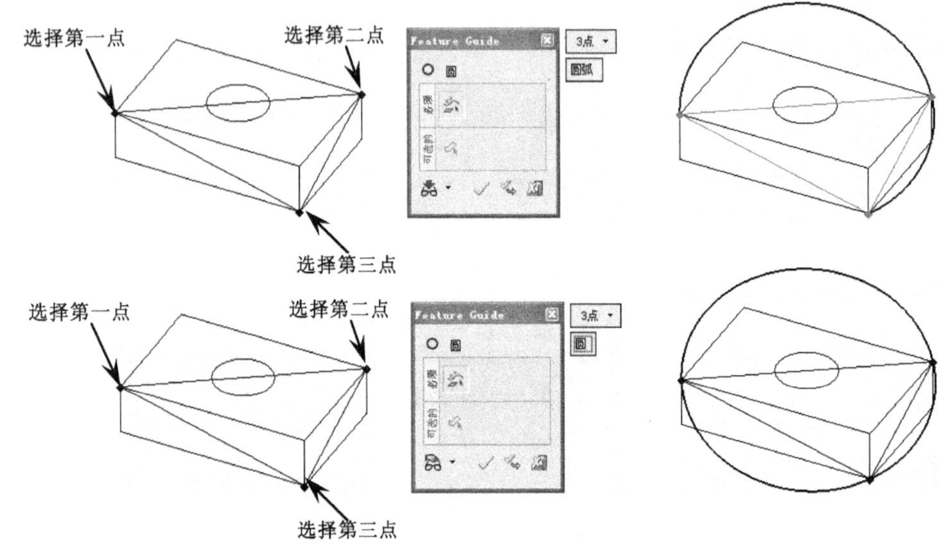

图 7-11　3 点创建圆或圆弧

2．圆心+半径

通过指定圆心和设置半径创建圆，如图 7-12 所示。

创建的圆弧或圆所在平面垂直于当前坐标 Z 轴，如需要创建一定角度的圆弧或圆，则应先旋转坐标轴。

3．2 点+半径

通过指定两点和设置半径值创建圆或圆弧，如图 7-13 所示。

4．3 曲线

创建的圆弧同时与指定的 3 条曲线相切，如图 7-14 所示。

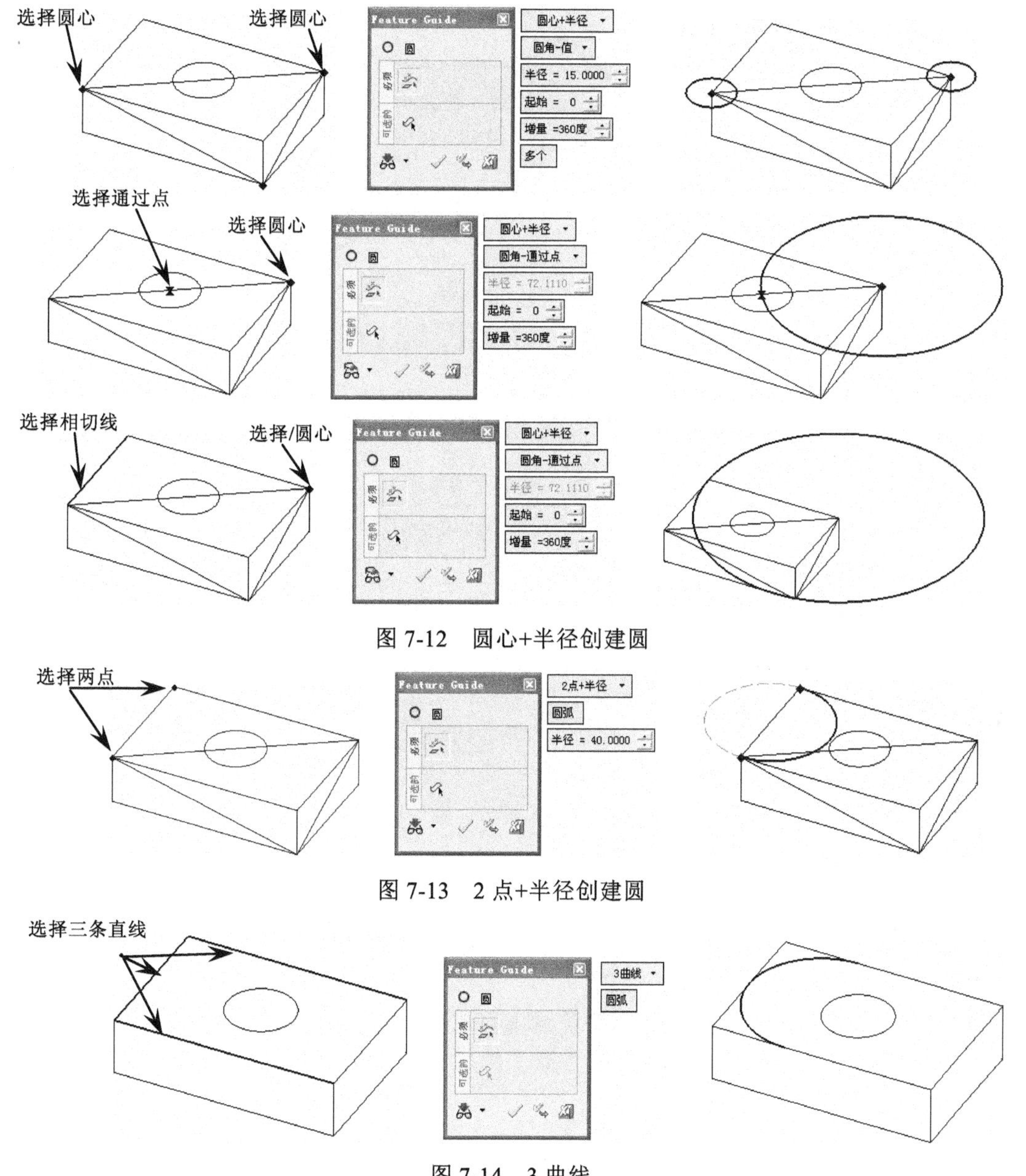

图 7-12　圆心+半径创建圆

图 7-13　2 点+半径创建圆

图 7-14　3 曲线

7.5　样条线

通过选择一系列点或控制点产生一条光滑的曲线。在〖曲线〗工具栏中单击〖样条线〗按钮，弹出〖Feature Guide〗对话框，然后选择样条线上的点，完成选择后单击鼠标中键退出，如图 7-15 所示。

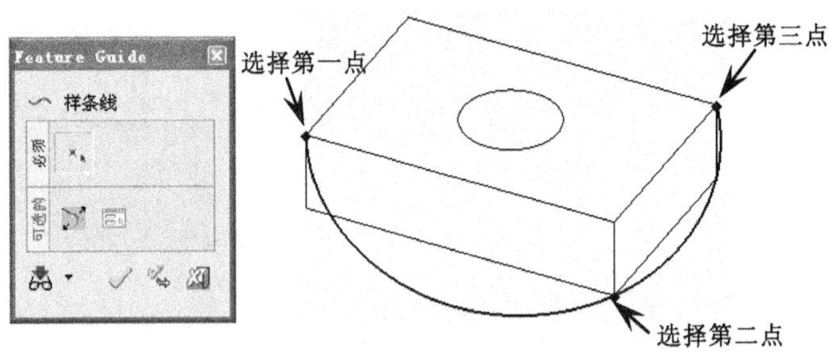

图 7-15　样条线

创建样条线时，还可以设置两端点与原曲线的相切约束关系，这点在产品造型中非常重要，如图 7-16 所示。

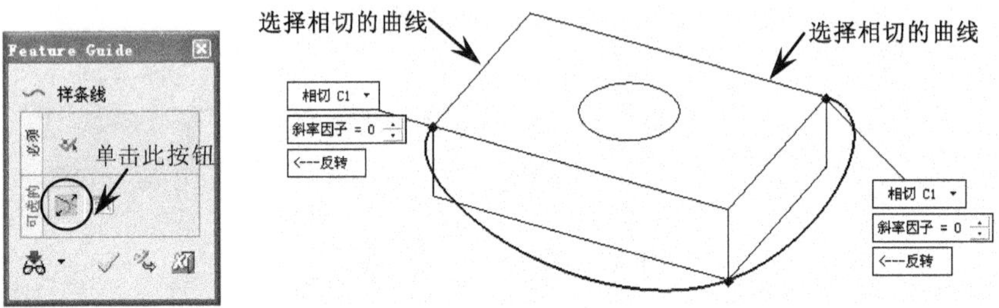

图 7-16　样条线约束相切

7.6　螺旋线

通过指定螺旋线的螺距、高度与半径来生成螺旋曲线。在菜单栏中选择〖曲线〗/〖螺旋线〗命令，弹出〖Feature Guide〗对话框，然后指定螺纹线中心和设置螺旋线参数，如图 7-17 所示。

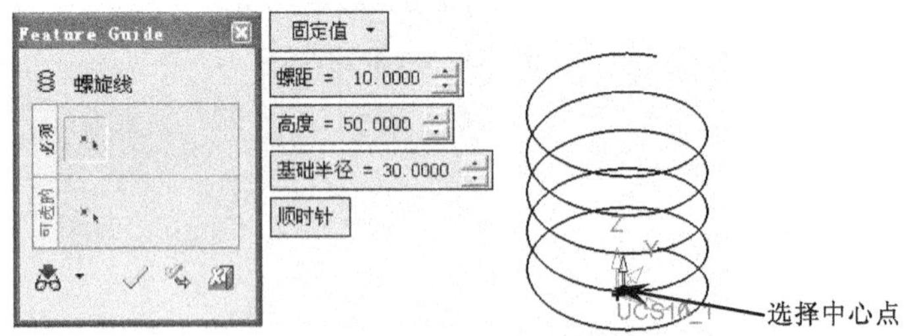

图 7-17　螺旋线

7.7 相交

通过选择两相交的曲面或平面，产生相交的曲线。在〖曲线〗工具栏中单击〖相交曲线〗按钮，弹出〖Feature Guide〗对话框，选择两相交的面，如图 7-18 所示。

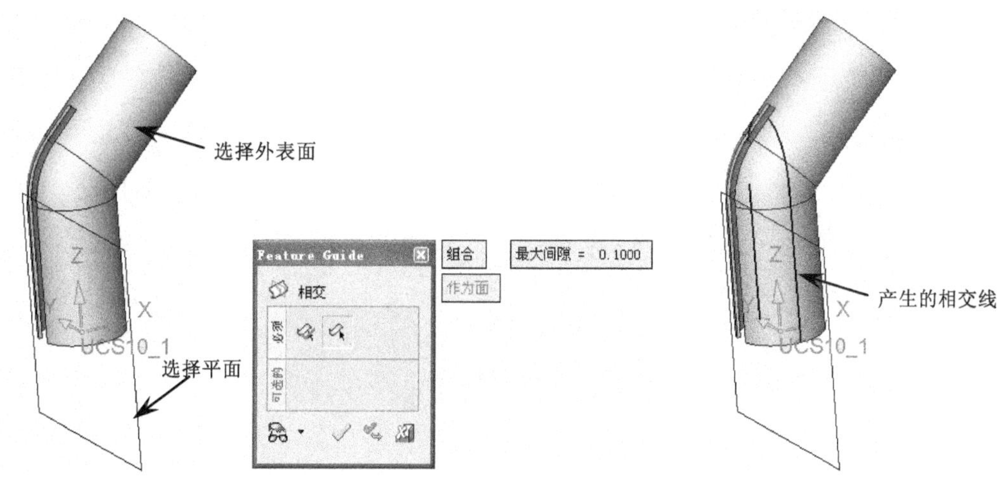

图 7-18 相交

7.8 投影

将选择的曲线依指定方向或曲面法线投影到曲面上。在〖曲线〗工具栏中单击〖投影〗按钮，弹出〖Feature Guide〗对话框，接着选择曲线并单击鼠标中键，然后选择投影的曲面，如图 7-19 所示。

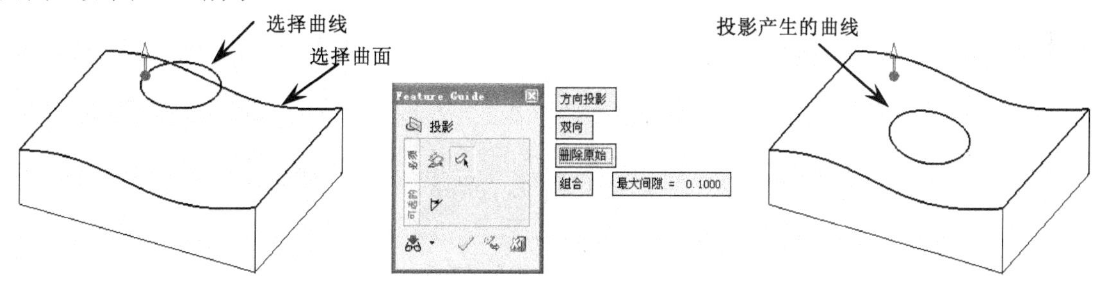

图 7-19 投影

7.9 等分曲线

根据选择的两曲线创建等分曲线。在〖曲线〗工具栏中单击〖等分曲线〗按钮，弹

出〖Feature Guide〗对话框，然后依次选择曲线和曲面，如图 7-20 所示。

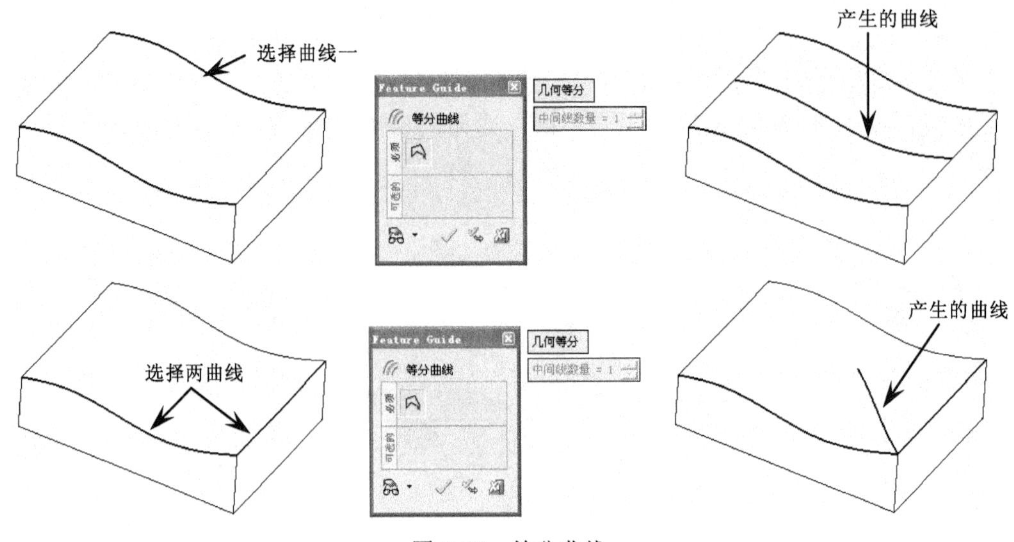

图 7-20　等分曲线

7.10　最大轮廓

根据指定的拔模方向在单一曲面或多个曲面上创建分线。在〖曲线〗工具栏中单击〖最大轮廓〗按钮，弹出〖Feature Guide〗对话框，然后选择曲面和设置拔模角，如图 7-21 所示。

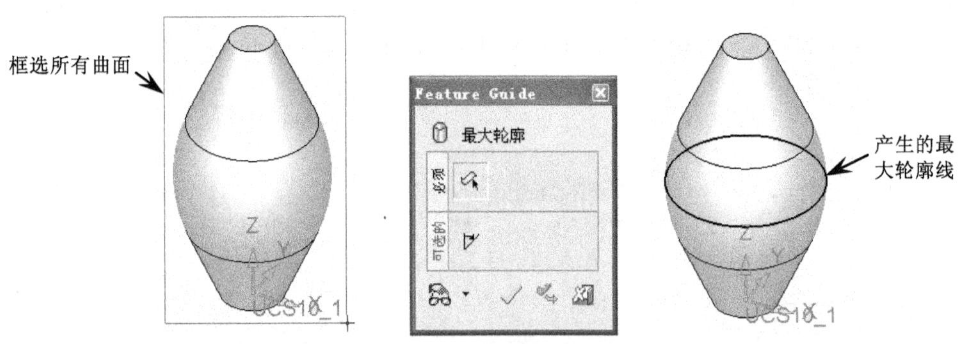

图 7-21　最大轮廓线

7.11　曲面曲线

根据选择曲面的边缘生成曲线。在菜单栏中选择〖曲线〗/〖曲面曲线〗命令，弹出〖Feature Guide〗对话框，然后选择曲面，如图 7-22 所示。

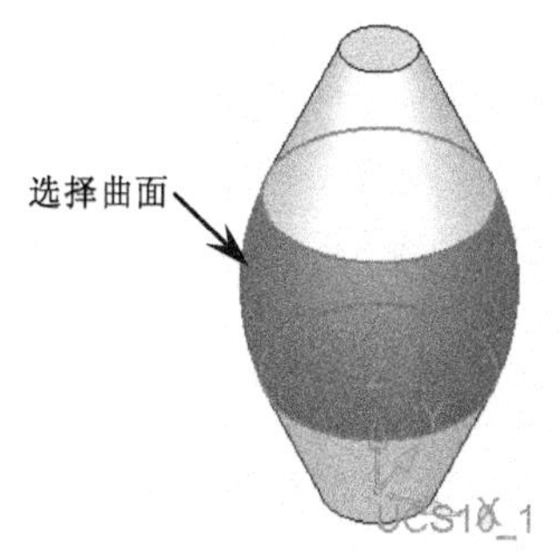

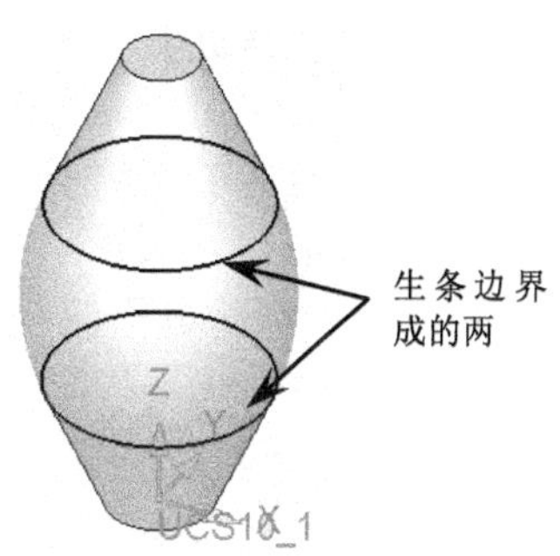

图 7-22　曲面曲线

7.12　偏移

选择曲线或边缘进行偏移。在菜单栏中选择〖曲线〗/〖偏移〗命令，弹出〖Feature Guide〗对话框，然后选择曲线或特征边缘，如图 7-23 所示。

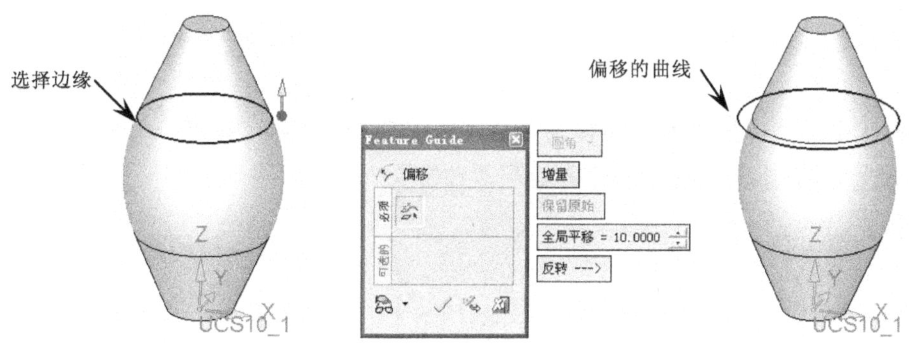

图 7-23　偏移

7.13　延伸

对选择的曲线进行延伸，包括“线性延伸”和“自然延伸”两种方式。在〖曲线〗工具栏中单击〖延伸〗按钮，弹出〖Feature Guide〗对话框，然后选择曲线并设置延伸参数，如图 7-24 所示。

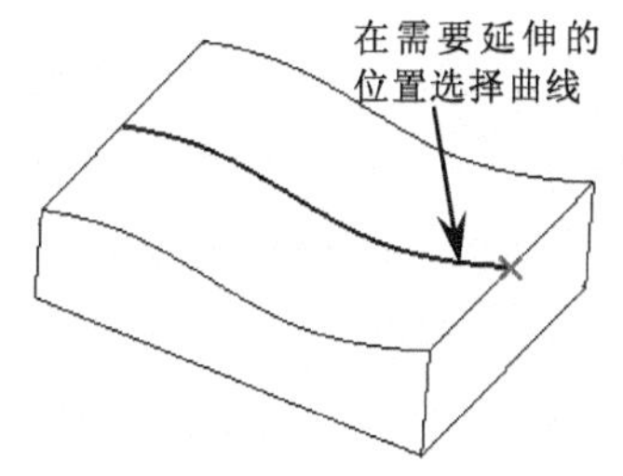

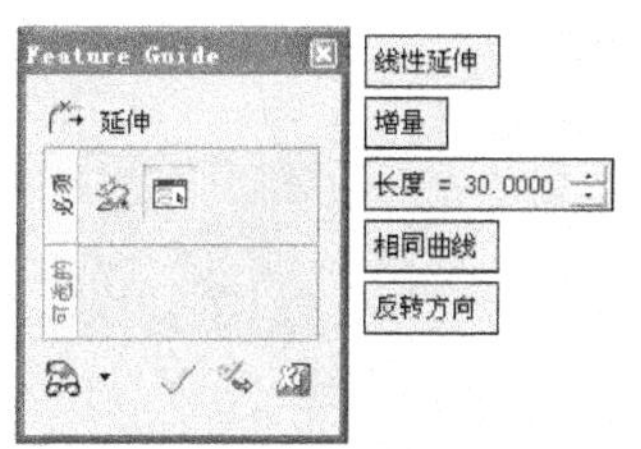

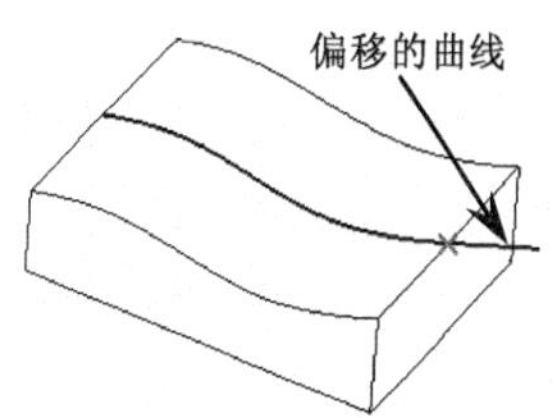

图 7-24　延伸

7.14 角落处理

对空间曲线进行倒圆角。在〖曲线〗工具栏中单击〖角落处理〗按钮，弹出〖Feature Guide〗对话框，然后选择曲线并设置倒角参数，如图 7-25 所示。

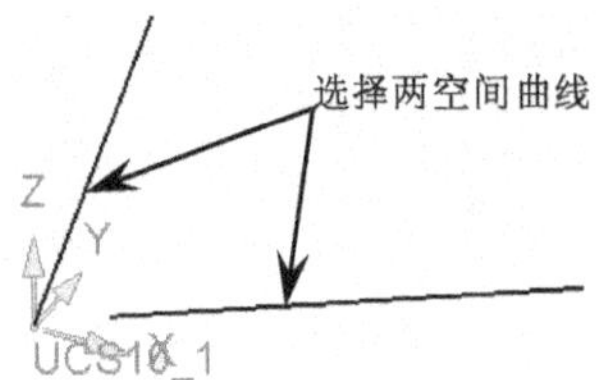

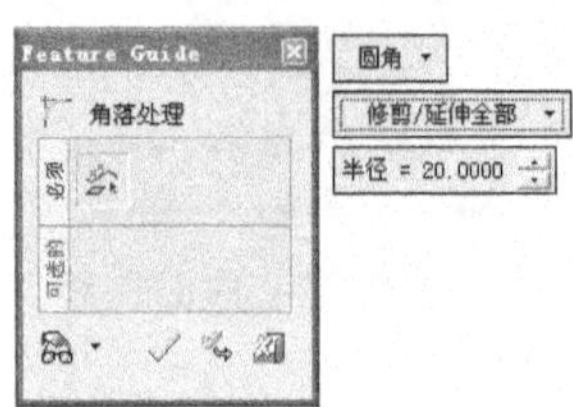

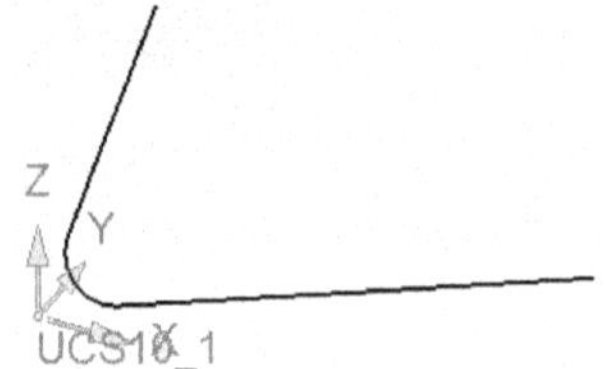

图 7-25　角落处理

7.15 文字

在指定的平面和位置上创建文字。在菜单栏中选择〖曲线〗/〖文字〗命令，弹出〖文字〗对话框，接着输入文字和设置文字的字型、大小，然后单击按钮退出〖文字〗对话框，最后依次指定文件的放置平面和参考点，如图 7-26 所示。

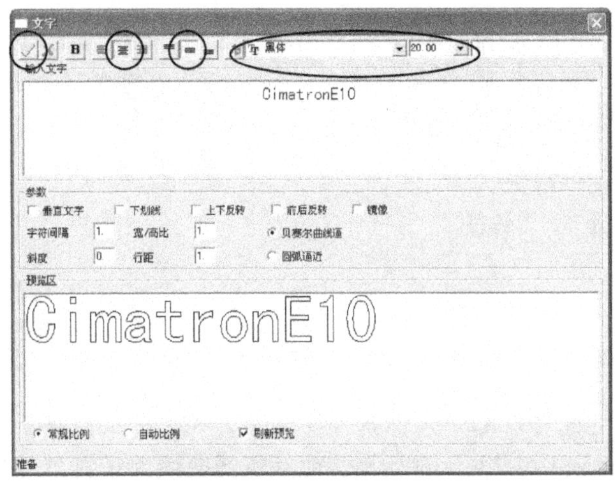

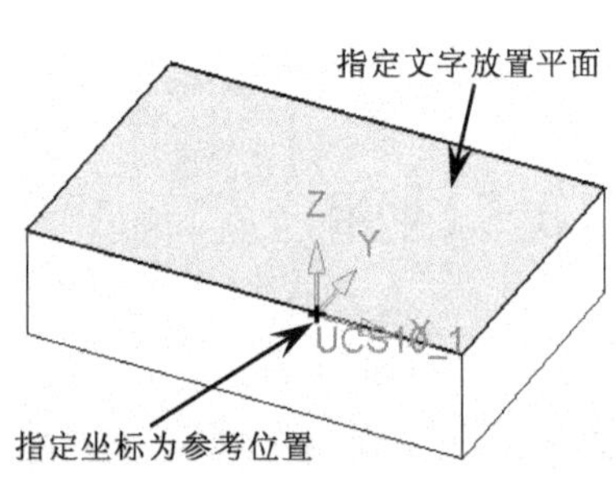

图 7-26　文字

7.16 分割曲线

选择曲线、曲面或平面作为分割工具，对曲线进行分割。在〖曲线〗工具栏中单击〖分割曲线〗按钮，弹出〖Feature Guide〗对话框，接着选择分割对象并单击鼠标中键，然后选择分割工具，如图 7-27 所示。

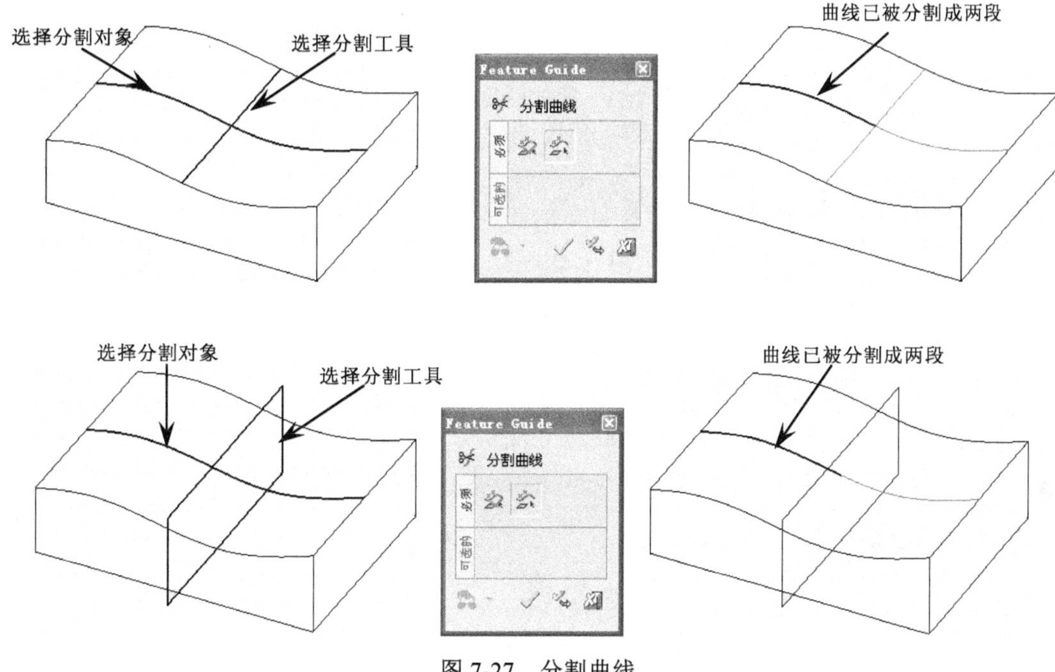

图 7-27　分割曲线

7.17 修剪曲线

选择曲线、曲面或平面作为修剪工具，对曲线进行修剪。在〖曲线〗工具栏中单击〖修剪曲线〗按钮，弹出〖Feature Guide〗对话框，接着选择修剪对象并单击鼠标中键，然后选择修剪工具，如图 7-28 所示。

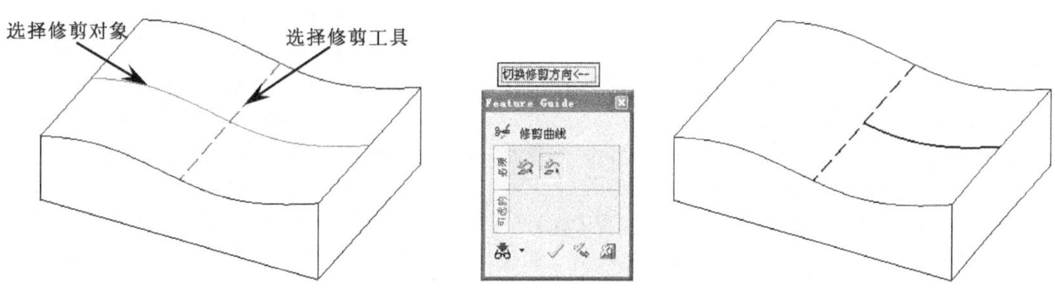

图 7-28　修剪曲线

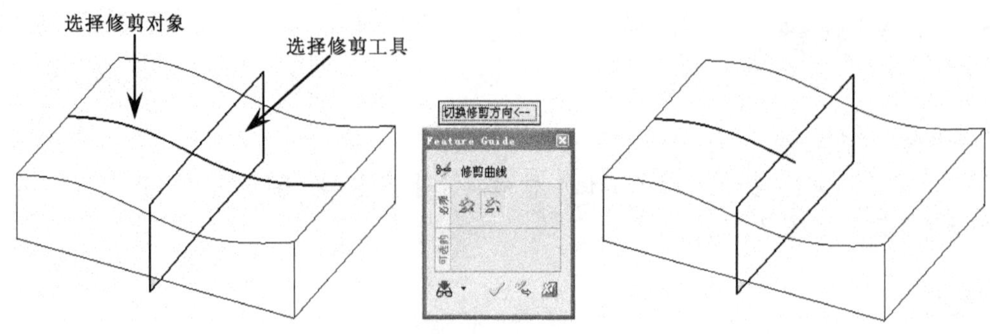

图 7-28　修剪曲线（续）

7.18　本章学习收获

通过本章的学习，读者必须掌握以下内容。

（1）了解空间曲线命令中的重要命令，如样条线、投影、相交和修剪曲线等。

（2）掌握空间创建直线、圆与草图创建直线和圆的区别。

（3）掌握文字创建的方法及注意问题。

7.19　练习题

根据本章的学习内容，创建如图 7-29 所示的三维线架。

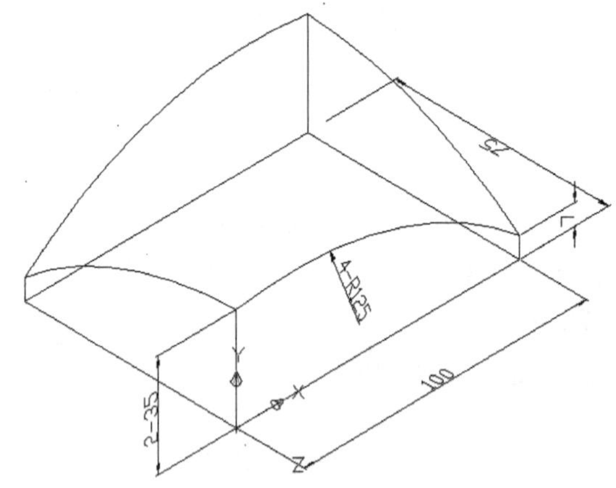

图 7-29　创建三维线架

第8章

曲面设计基本功特训

本章主要介绍创建曲面和编辑曲面的命令，包括操作命令中的扫掠、旋转、导动、混合、边界曲面、网格面、表皮和编辑命令中的圆角-面、圆角、三曲面圆角、圆角角落、偏移、延伸、缝合、分割和修剪等。曲面工具栏如图 8-1 所示。

图 8-1 〖曲面〗工具栏

8.1 学习目标与课时安排

学习目标及学习内容

（1）了解创建曲面有哪些主要的功能。

（2）了解创建曲面与创建实体有什么区别。

（3）掌握创建曲面和编辑曲面的各种方法和技巧。

学习课时安排（共 5 课时）

（1）扫掠、导动——1 课时。

（2）混合、边界曲面、网格面——1 课时。

（3）表皮、圆角、三曲面圆角、圆角角落——1 课时。

（4）偏移、延伸、缝合——1 课时。

（5）分割曲面、修剪曲面、组合曲面——1 课时。

8.2 扫掠

将一个截面拉伸产生一个曲面，和实体设计中的拉伸命令类似。选择的截面可以是开放的，也可以是封闭的。

在〖曲面〗工具栏中单击〖扫掠曲面〗按钮，弹出〖Feature Guide〗对话框，接着选择截面或特征边缘并单击鼠标中键，然后设置拉伸参数，如图 8-2 所示。

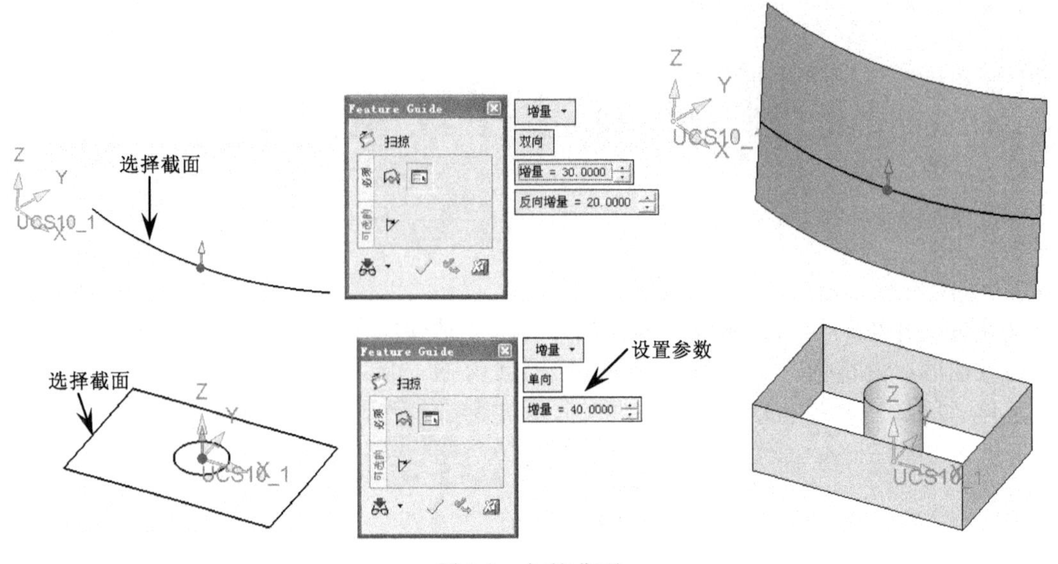

图 8-2　扫掠曲面

扫掠和实体设计中的拉伸命令的参数是一样的，具体可参考第 4 章的拉伸命令介绍。

8.3　旋转

旋转指一个截面绕旋转中心轴旋转产生曲面，它与实体设计中的旋转实体类似，选择的截面可以是开放的，也可以是封闭的。

在菜单栏中选择〖曲面〗/〖旋转〗命令，弹出〖Feature Guide〗对话框，接着依次选择截面和旋转中心轴，然后设置旋转参数，如图 8-3 所示。

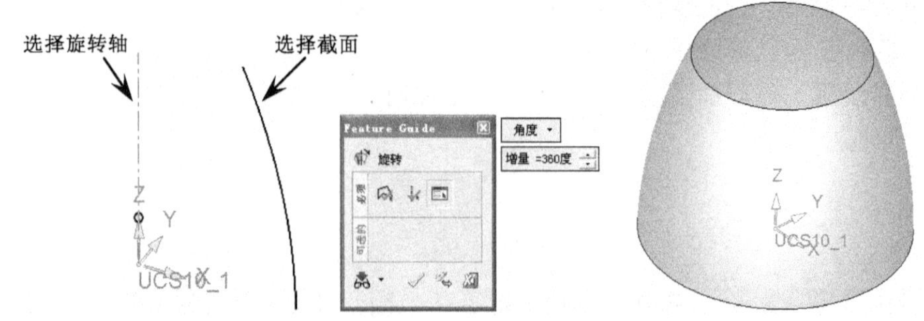

图 8-3　旋转曲面

图 8-3　旋转曲面（续）

8.4　导动

选择截面沿着轨迹线运动而产生曲面，包括一个截面一条轨迹、两个截面一条轨迹和两个截面两个轨迹的形式。

在菜单栏中选择〖曲面〗/〖导动〗命令，弹出〖Feature Guide〗对话框，接着依次选择截面和轨迹线，然后设置旋转参数，如图 8-4 所示。

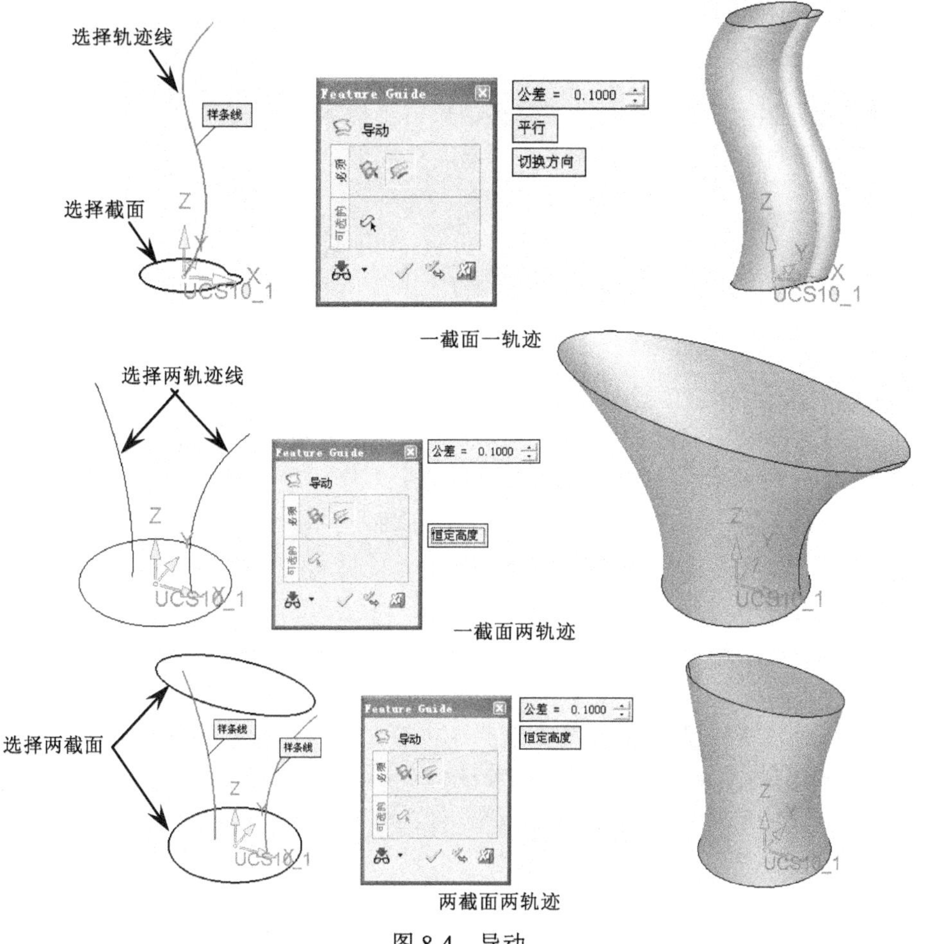

图 8-4　导动

8.5 混合

选择多条截面生成光滑的曲面。在〖曲面〗工具栏中单击〖混合〗按钮，弹出〖Feature Guide〗对话框，然后选择各个截面，如图 8-5 所示。

图 8-5　混合曲面

8.6 边界曲面

选择边界生成曲面。在〖曲面〗工具栏中单击〖边界〗按钮，弹出〖Feature Guide〗对话框，然后选择曲面的边界，如图 8-6 所示。

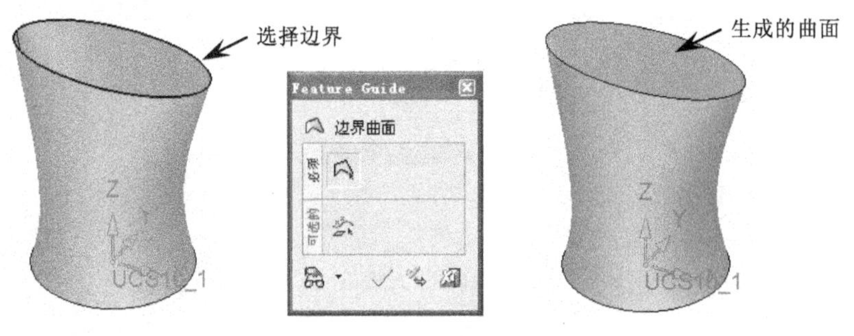

图 8-6　边界曲面

8.7 网格面

通过选择 U 向和 V 向的交叉曲线创建类似网格的曲面。在菜单栏中选择〖曲面〗/〖网格面〗命令，弹出〖Feature Guide〗对话框，接着选择一个方向上的曲线，完成选择后单击鼠标中键确认，然后选择另一方向上的曲线，如图 8-7 所示。

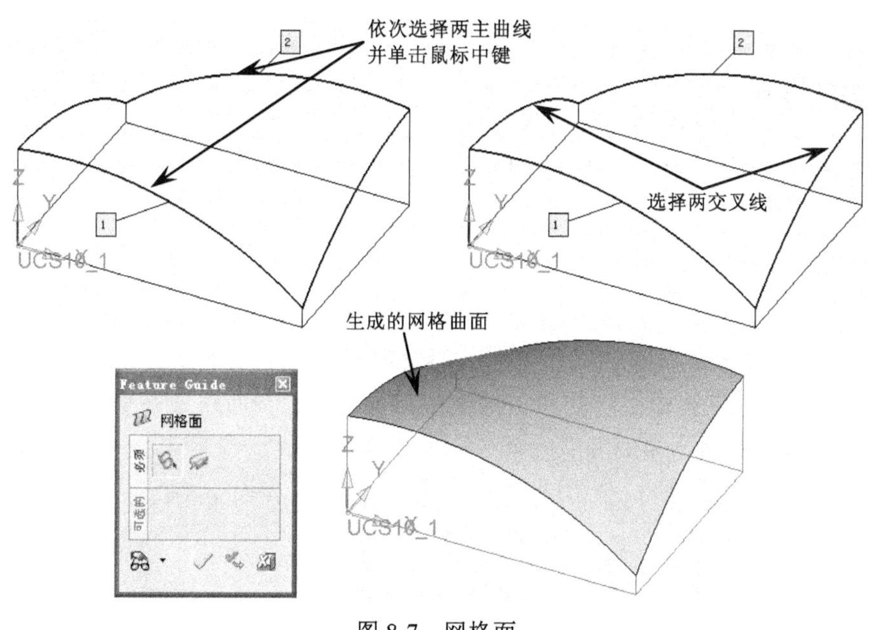

图 8-7　网格面

主曲线与交叉曲线必须要连接，否则无法生成网格面。

8.8　表皮（扫描曲面）

选择截面沿着轨迹运动产生曲面，且截面与轨迹线必须相交。在菜单栏中选择〖曲面〗/〖表皮〗命令，弹出〖Feature Guide〗对话框，接着选择截面并单击鼠标中键，然后选择轨迹线，如图 8-8 所示。

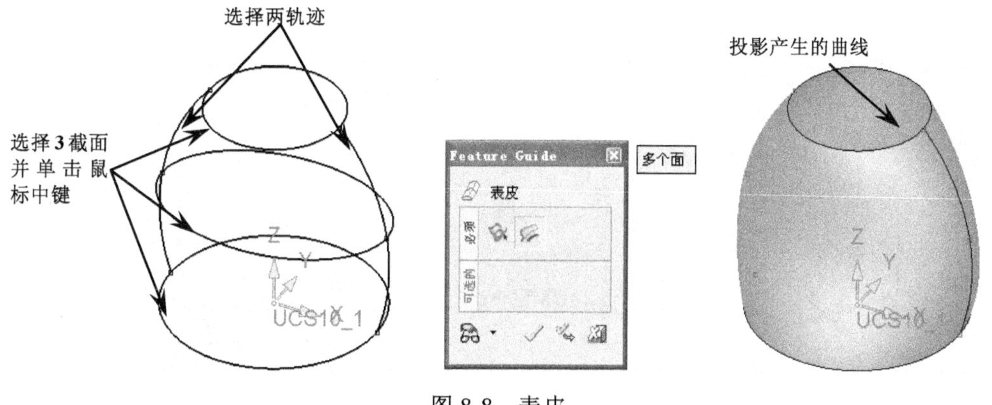

图 8-8　表皮

截面线与轨迹线都可以是多条，但截面线与轨迹线必须相交。

8.9 圆角

选择两组曲面进行倒圆角。在〖曲面〗工具栏中单击〖圆角面〗按钮，弹出〖Feature Guide〗对话框，接着选择面组一并单击鼠标中键，然后选择面组二并单击鼠标中键，最后设置圆角参数，如图 8-9 所示。

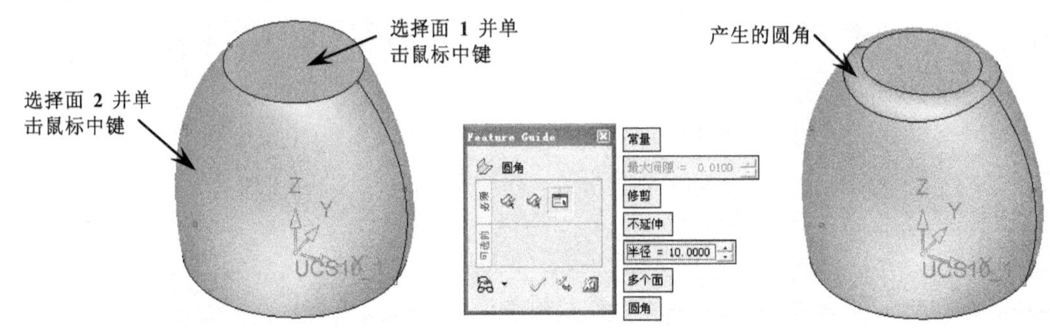

图 8-9 圆角

可同时选择多个面作为一组面。

8.10 三曲面圆角

选择三个曲面进行倒圆角，且圆角与三个曲面同时相切。在〖曲面〗工具栏中单击〖三面倒圆角〗按钮，弹出〖Feature Guide〗对话框，接着依次选择三个曲面，且每选择一个曲面时都要单击鼠标中键确认，如图 8-10 所示。

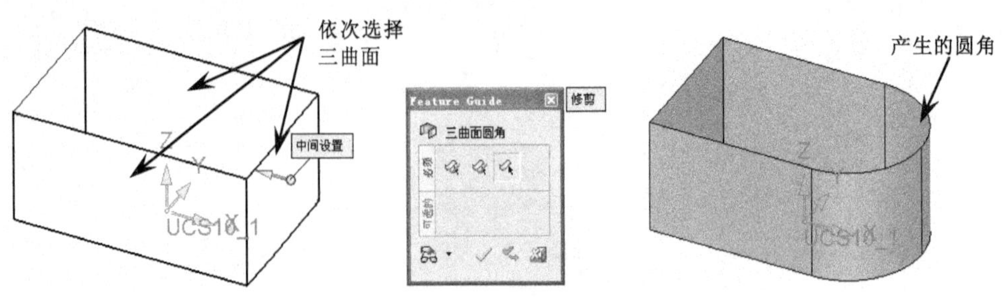

图 8-10 三曲面圆角

8.11 圆角角落

对选择三个圆角曲面的交接处进行处理。在菜单栏中选择〖曲面〗/〖圆角角落〗命令，弹出〖Feature Guide〗对话框，然后选择三个圆角曲面，并设置圆角参数，如图 8-11 所示。

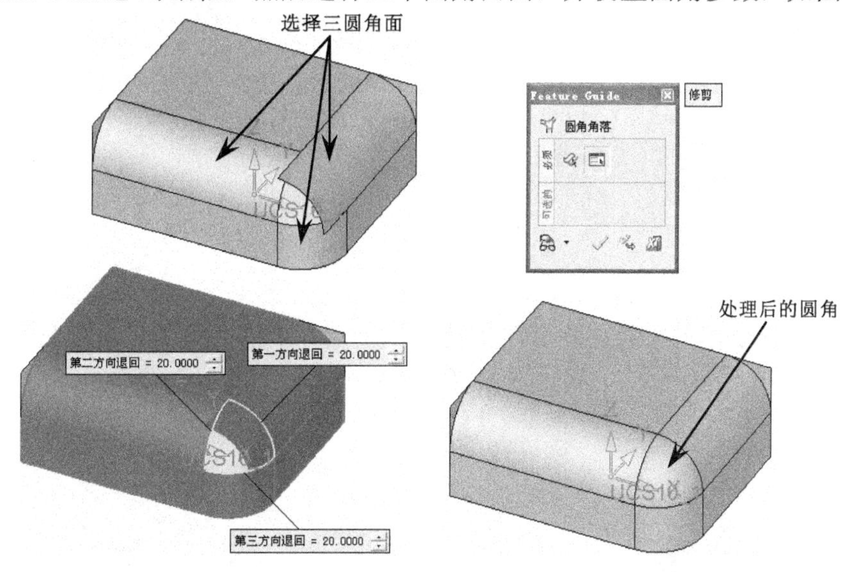

图 8-11 圆角角落

8.12 偏移

选择曲面向内或向外进行偏移。在〖曲面〗工具栏中单击〖偏移〗按钮，弹出〖Feature Guide〗对话框，然后选择偏移的曲面并设置偏移的参数，如图 8-12 所示。

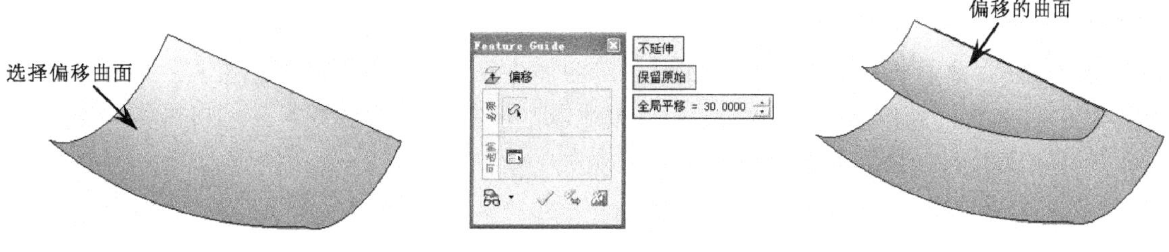

图 8-12 偏移

8.13 延伸

从曲面的边缘延伸曲面，包括“相切”、“自然”和“多方向连续”三种方式。在〖曲面〗工具栏中单击〖延伸〗按钮，弹出〖Feature Guide〗对话框，然后选择曲面的边缘，并设置延伸参数，如图 8-13 所示。

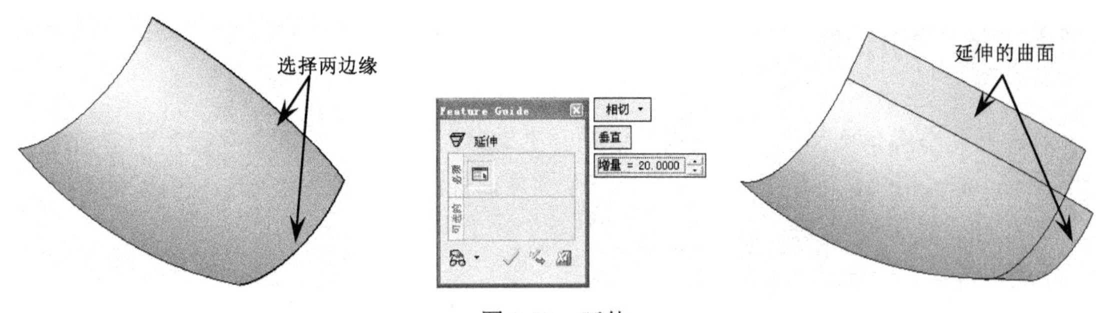

图 8-13　延伸

8.14　缝合

选择两个或两个以上的独立曲面合并为一个整体的曲面。在〖曲面〗工具栏中单击〖缝合〗按钮，弹出〖Feature Guide〗对话框，然后框选需要缝合的曲面，如图 8-14 所示。

图 8-14　缝合

8.15　分割曲面

选择曲线、曲面或平面作为分割工具，对曲面进行分割。在〖曲面〗工具栏中单击〖分割曲面〗按钮，弹出〖Feature Guide〗对话框，接着选择分割对象并单击鼠标中键，然后选择分割工具，如图 8-15 所示。

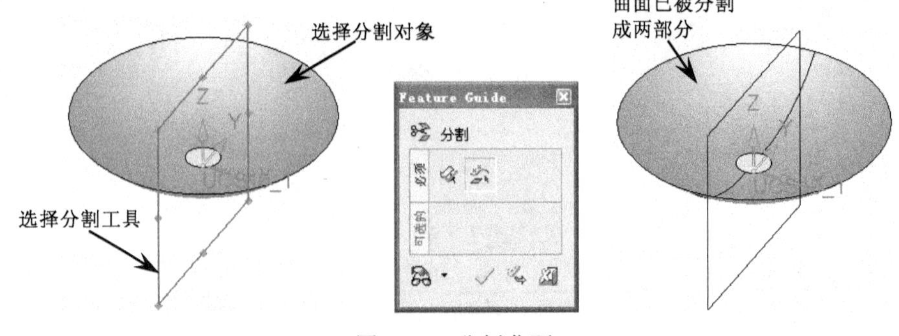

图 8-15　分割曲面

8.16 修剪曲面

选择曲线、曲面或平面作为修剪工具，对曲面进行修剪，只保留一边。在〖曲面〗工具栏中单击〖修剪曲面〗按钮，弹出〖Feature Guide〗对话框，接着选择修剪对象并单击鼠标中键，然后选择修剪工具，如图 8-16 所示。

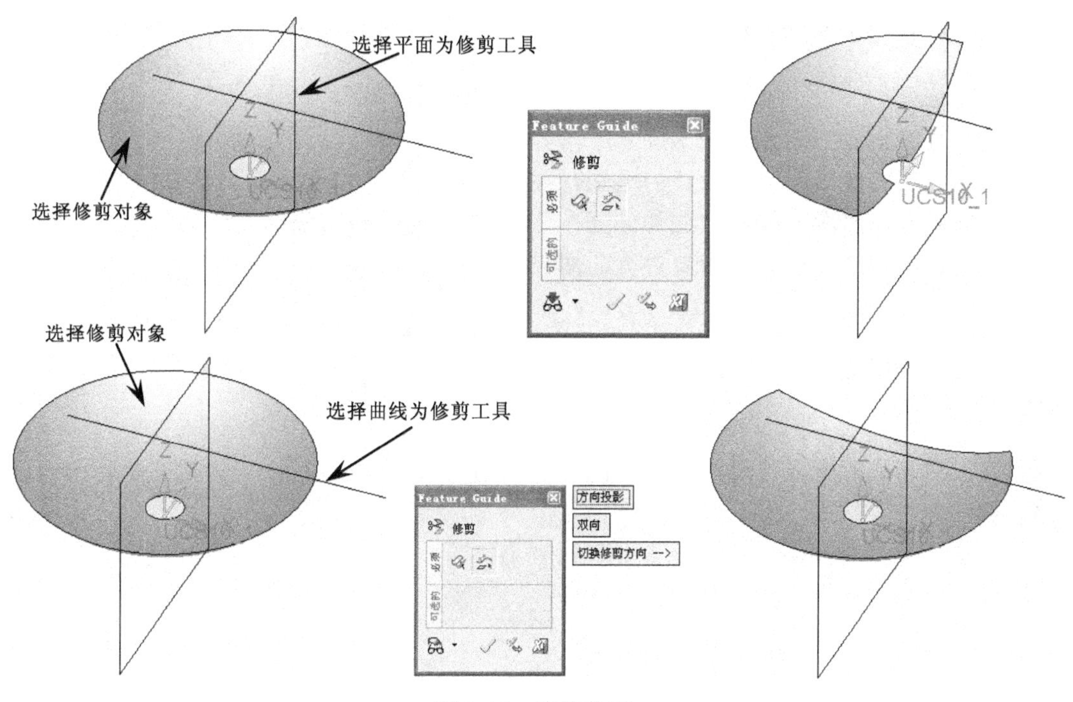

图 8-16 修剪曲面

8.17 组合曲面

选择曲面组中的相切片体组合成一个完全独立的曲面。在菜单栏中选择〖曲面〗/〖组合曲面〗命令，弹出〖Feature Guide〗对话框，然后选择几个已缝合的相切（光滑连接）片体，如图 8-17 所示。

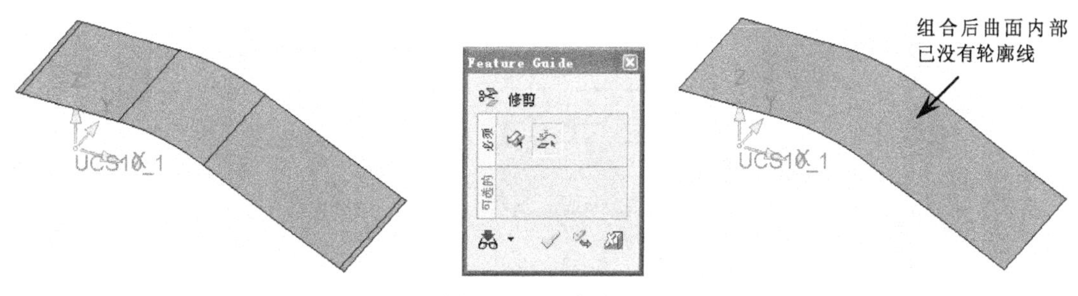

图 8-17 组合曲面

1. 几个片体必须相切（光滑连接）才能组合成功。
2. 将曲面组合是为了方便对曲面进行修剪等。

8.18 本章学习收获

通过本章的学习，读者必须掌握以下内容。

（1）了解曲面设计与实体设计的区别，线架的创建对曲面设计起到至关重要的作用。

（2）掌握创建曲面的常用方法和技巧，熟练各功能命令的操作。

（3）清楚认识产品设计中需要进行曲面设计的各种情况。

8.19 练习题

（1）根据本章的学习内容，创建如图 8-18 所示的曲面。

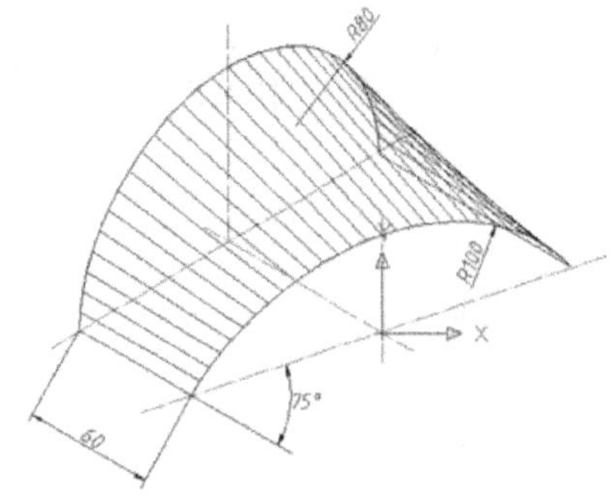

图 8-18 曲面练习一

（2）根据本章的学习内容，创建如图 8-19 所示的曲面。

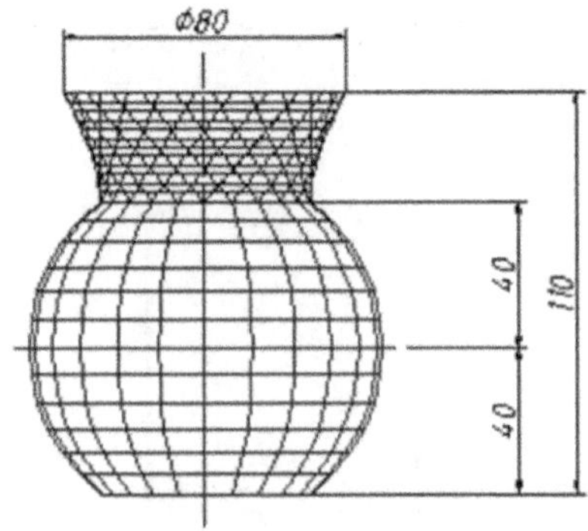

图 8-19 曲面练习二

（3）根据本章的学习内容，创建如图 8-20 所示的曲面。

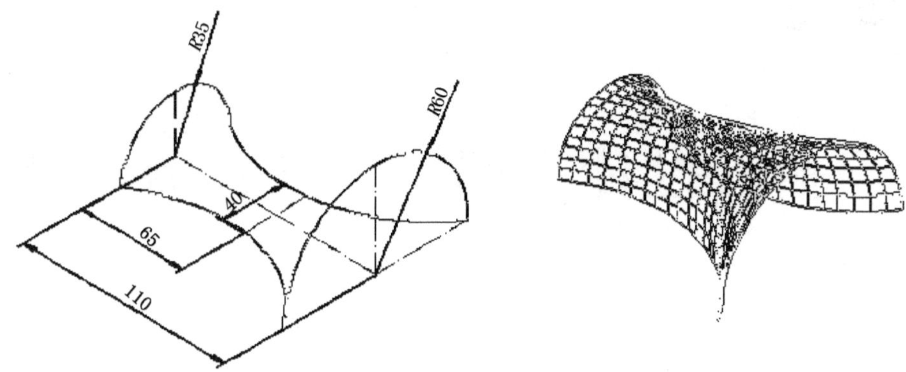

图 8-20　曲面练习三

曲面设计实例——汤匙的设计

汤匙的曲面设计非常具有代表性，通过本章的学习可以让您全面掌握曲面设计的方法和技巧，快速提高曲面设计的能力。

9.1 学习目标与课时安排

学习目标及学习内容

（1）进一步巩固草图和扫掠命令的应用。
（2）掌握曲线设计的应用。
（3）重点掌握混合、网格面、缝合、修剪曲面和组合曲面命令的应用。

学习课时安排（共 2 课时）

（1）本章知识点讲解——0.5 课时。
（2）实例详细操作——1.5 课时。

9.2 实例设计详细步骤

（1）在桌面上双击图标打开 Cimatron E10.0 软件。
（2）进入零件界面，如图 9-1 所示。
（3）创建草图 11。默认 XY 平面为草图平面，然后创建如图 9-2 所示的草图，完成后退出草图环境。
（4）创建草图 12。选择 XZ 平面为草图平面，然后创建如图 9-3 所示的草图，完成后退出草图环境。

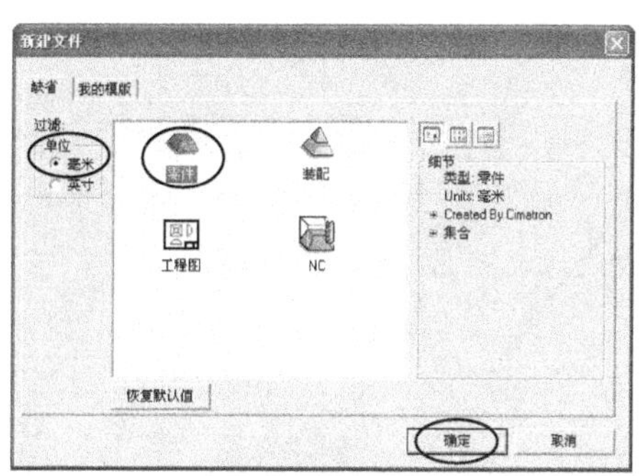

图 9-1　进入零件界面

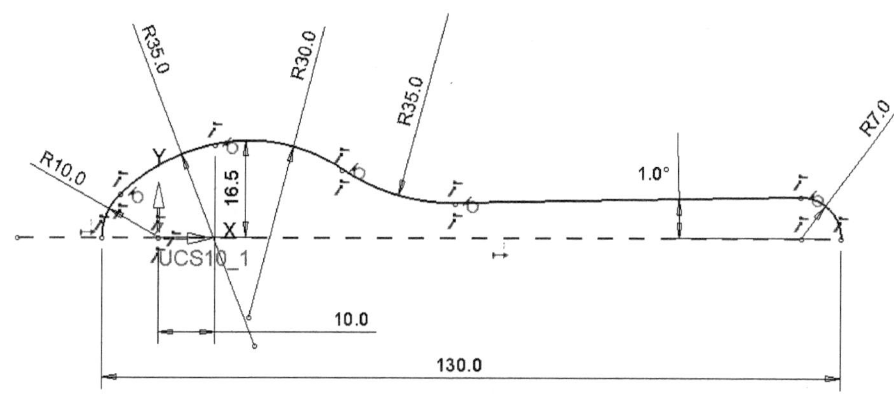

图 9-2　创建草图 11

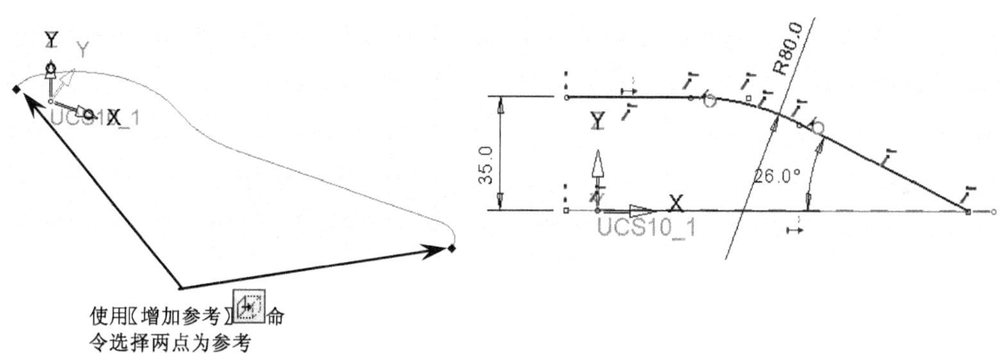

图 9-3　创建草图 12

要点提示

创建产品多个截面草图时，经常需要使用〖草图〗工具栏中的〖增加参考〗命令来捕捉参考点。

（5）创建草图 13。选择 XZ 平面为草图平面，然后创建如图 9-4 所示的草图，完成后退出草图环境。

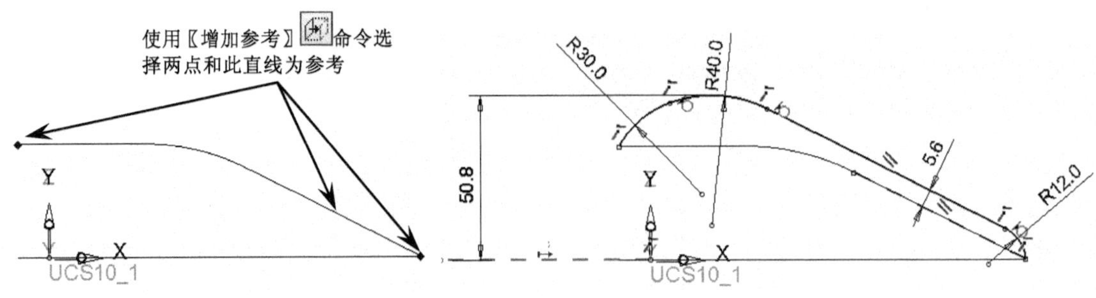

图 9-4　创建草图 13

（6）扫掠曲面。在〖曲面〗工具栏中单击〖扫掠曲面〗按钮，弹出〖Feature Guide〗对话框，然后根据图 9-5 所示的步骤进行参数设置，最后单击〖确定〗按钮完成特征操作。

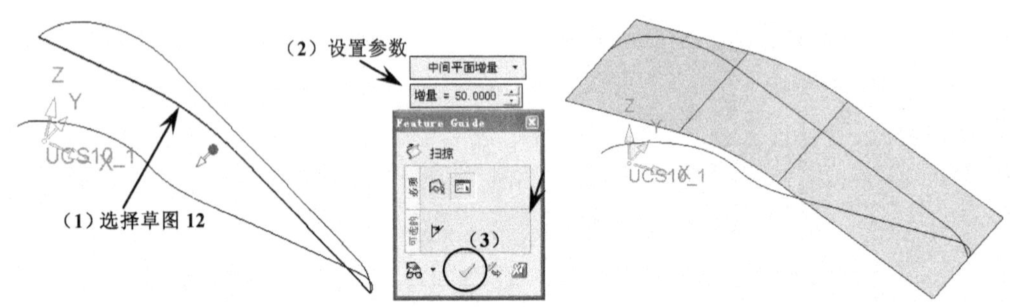

图 9-5　扫掠曲面

（7）延伸曲面。在〖曲面〗工具栏中单击〖延伸曲面〗按钮，弹出〖Feature Guide〗对话框，然后根据图 9-6 所示的步骤进行参数设置，最后单击〖确定〗按钮完成特征操作。

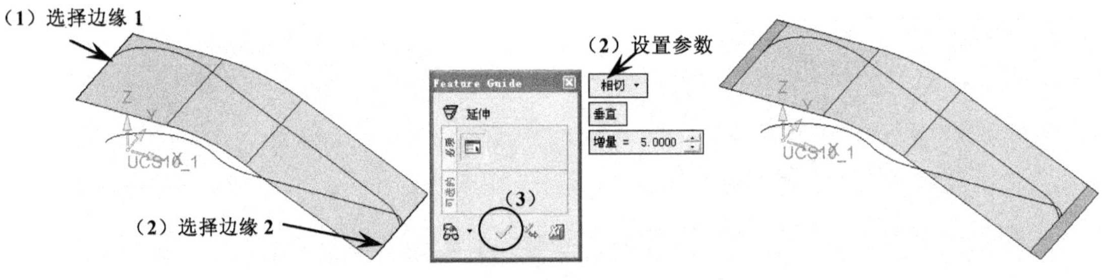

图 9-6　延伸曲面

（8）组合曲面。在菜单栏中选择〖曲面〗/〖组合曲面〗命令，弹出〖Feature Guide〗对话框，然后根据图 9-7 所示的步骤进行参数设置，最后单击〖确定〗按钮完成特征操作。

（9）投影曲线。在〖曲线〗工具栏中单击〖投影〗按钮，弹出〖Feature Guide〗对话框，然后根据图 9-8 所示的步骤进行参数设置，最后单击〖确定〗按钮完成特征操作。

（10）创建基准平面。在菜单栏中选择〖基准〗/〖平面〗/〖主平面〗命令，然后选择当前坐标系，如图 9-9 所示。

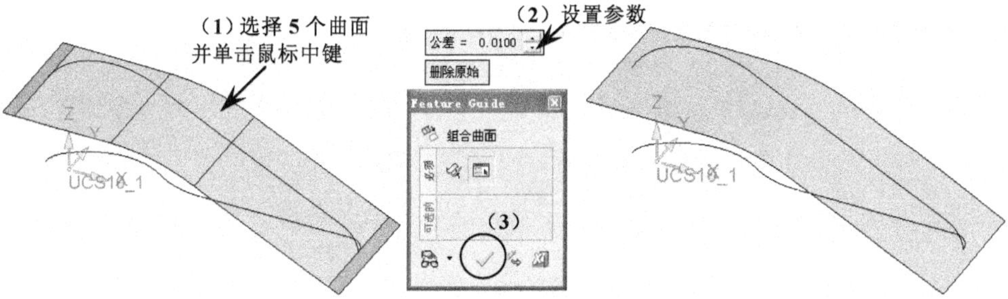

图 9-7　组合曲面

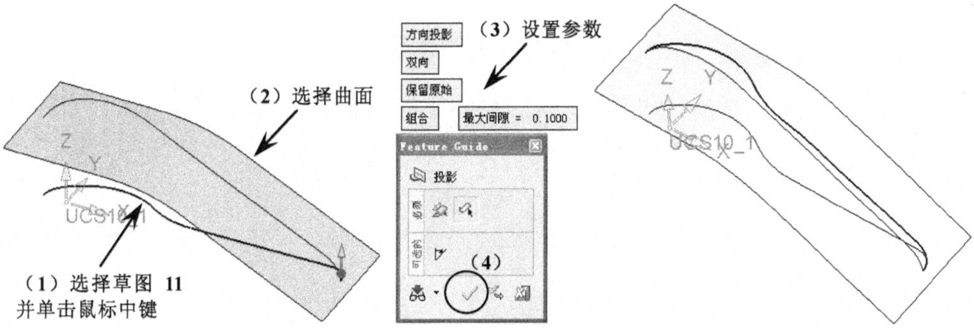

图 9-8　投影曲线

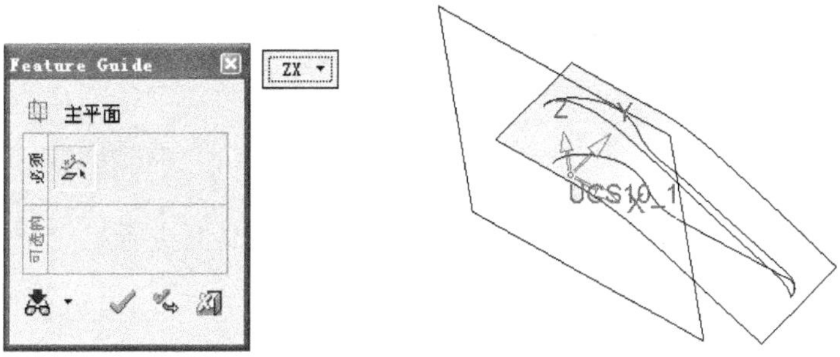

图 9-9　创建基准平面

（11）镜像曲线。在菜单栏中选择〖编辑〗/〖复制图素〗/〖镜像〗命令，弹出〖Feature Guide〗对话框，然后根据图 9-10 所示的步骤进行参数设置，最后单击〖确定〗✓按钮完成特征操作。

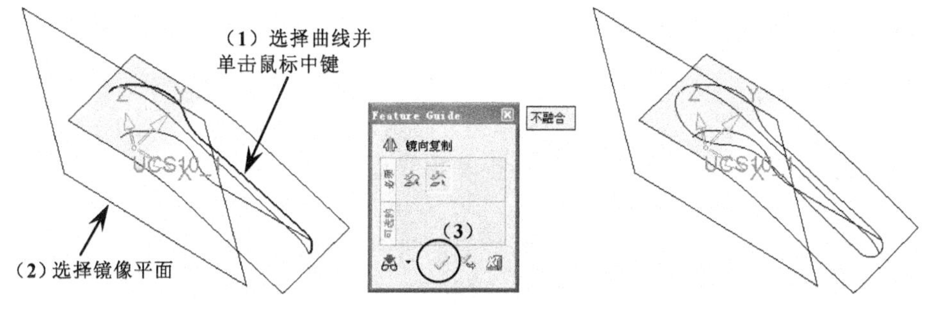

图 9-10　镜像曲线

（12）隐藏基准平面和草图 11，结果如图 9-11 所示。

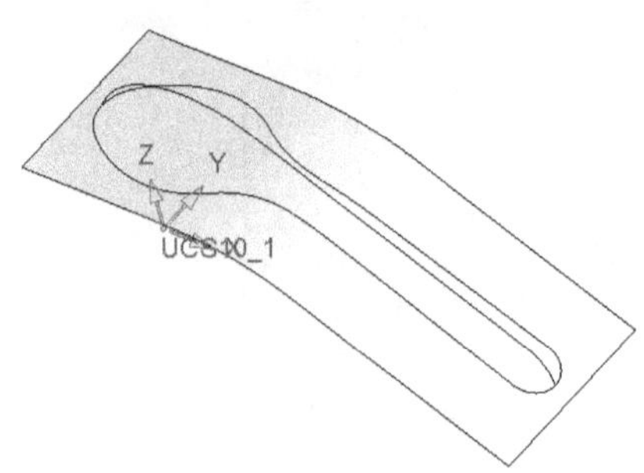

图 9-11 隐藏图素

（13）混合曲面。在〖曲面〗工具栏中单击〖混合〗按钮，弹出〖Feature Guide〗对话框，然后根据图 9-12 所示的步骤进行参数设置，最后单击〖确定〗按钮完成特征操作。

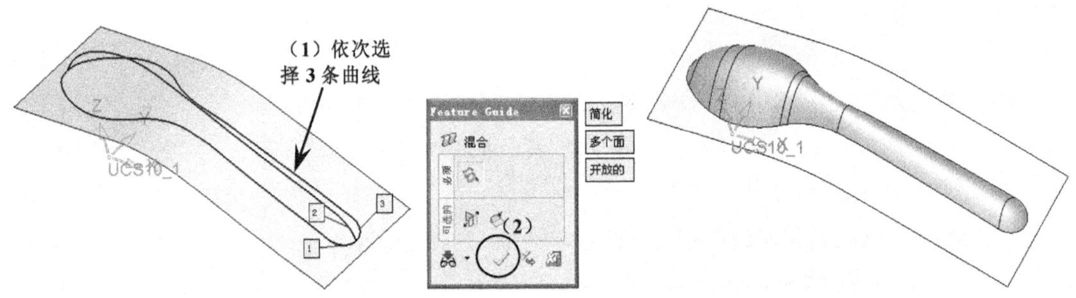

图 9-12 混合曲面

（14）组合曲面。参考前面的操作，对上一步创建的曲面进行组合，如图 9-13 所示。

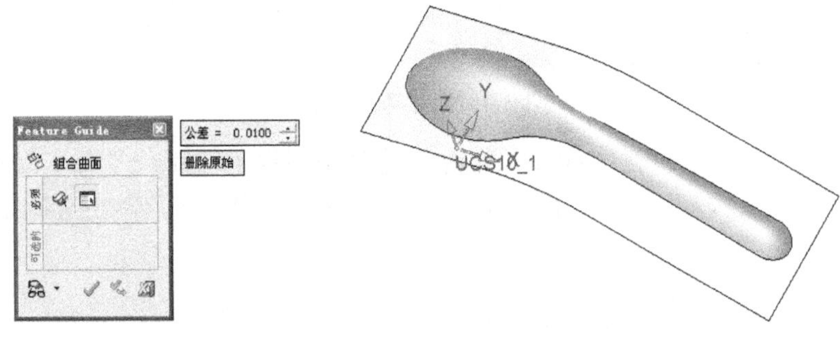

图 9-13 组合曲面

（15）修剪曲面。在〖曲面〗工具栏中单击〖修剪曲面〗按钮，弹出〖Feature Guide〗对话框，然后根据图 9-14 所示的步骤进行参数设置，最后单击〖确定〗按钮完成特征操作。

（16）修剪曲面。参考前一步操作，对曲面的另一边进行修剪，如图 9-15 所示。

（17）创建草图 14。默认 XY 平面为草图平面，然后创建如图 9-16 所示的矩形，完成后退出草图环境。

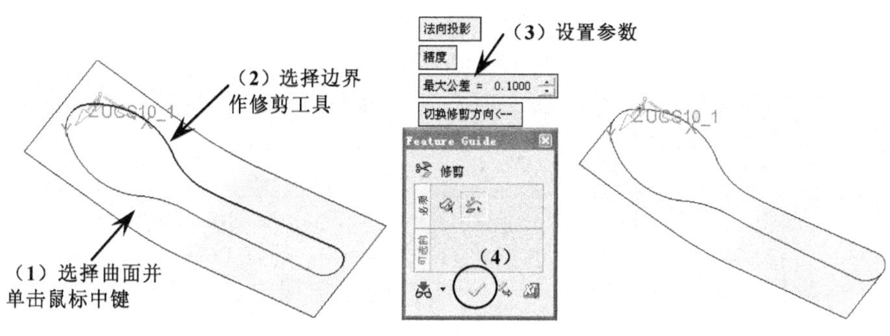

图 9-14　修剪曲面

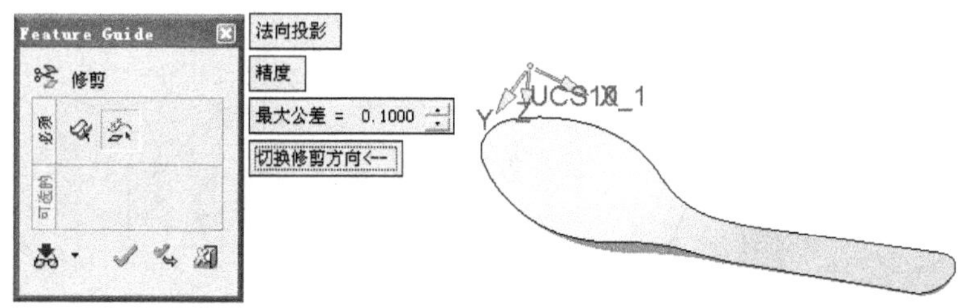

图 9-15　修剪曲面

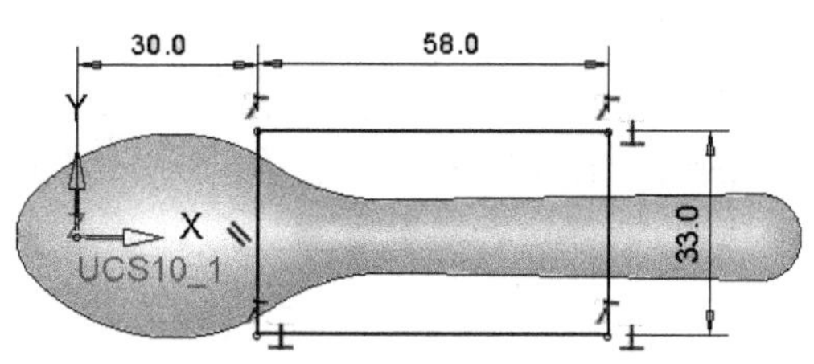

图 9-16　创建草图 14

（18）修剪曲面。在〖曲面〗工具栏中单击〖修剪曲面〗按钮，弹出〖Feature Guide〗对话框，然后根据图 9-17 所示的步骤进行参数设置，最后单击〖确定〗按钮完成特征操作。

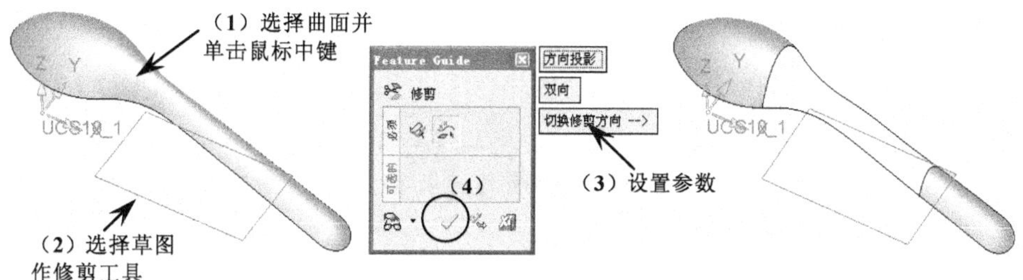

图 9-17　修剪曲面

（19）隐藏草图 14，然后显示前面创建的基准平面，结果如图 9-18 所示。

（20）创建相交曲线。在〖曲线〗工具栏中单击〖相交〗按钮，弹出〖Feature Guide〗对话框，然后根据图 9-19 所示的步骤进行参数设置，最后单击〖确定〗按钮完成特征操作。

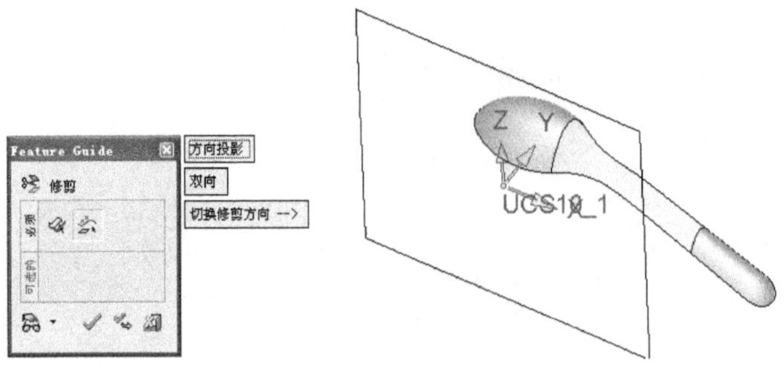

图 9-18　显示基准平面

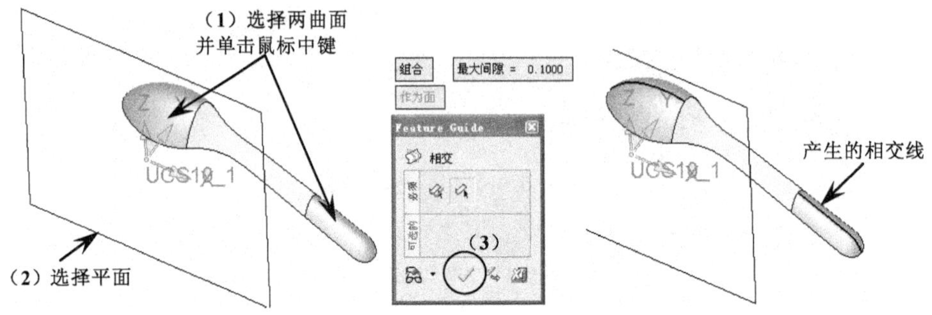

图 9-19　创建相交曲线

（21）创建样条线。在〖曲线〗工具栏中单击〖样条线〗按钮，弹出〖Feature Guide〗对话框，然后根据图 9-20 所示的步骤进行参数设置，最后单击〖确定〗按钮。

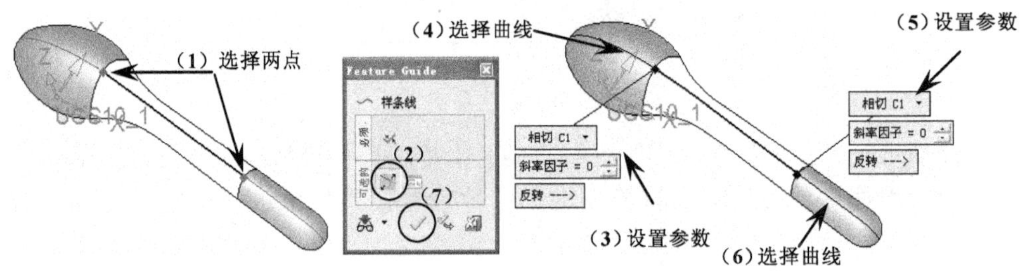

图 9-20　创建样条线

要点提示 创建样条线时设置两端与连接曲线相切是造型设计中一个非常重要的手段，其直接影响着曲面的光顺效果。

（22）创建网格面。在菜单栏中选择〖曲面〗/〖网格面〗命令，弹出〖Feature Guide〗对话框，然后根据图 9-21 所示的步骤进行参数设置，最后单击〖确定〗按钮完成特征操作。

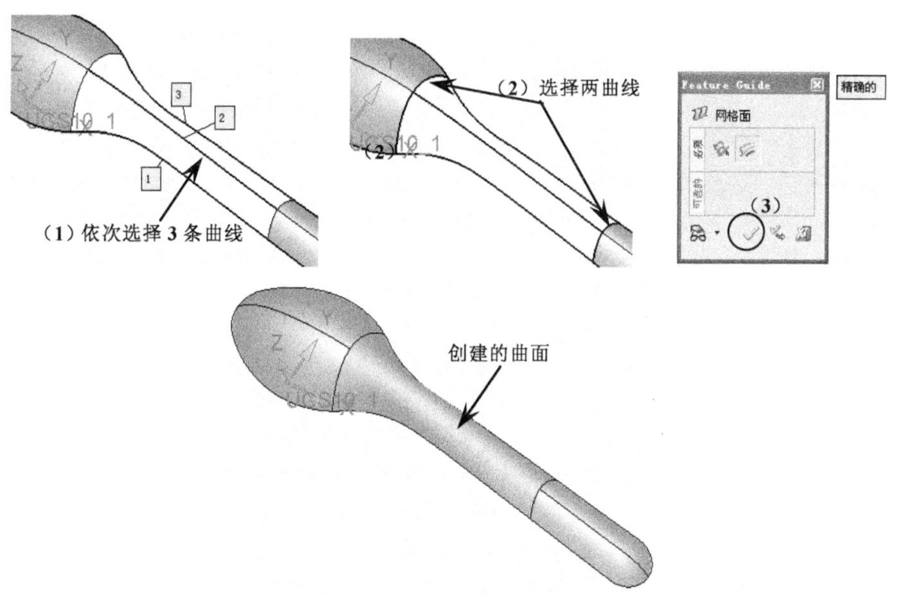

图 9-21　创建网格面

(23) 创建草图 15。选择 XZ 平面为草图平面，然后创建如图 9-22 所示的矩形，完成后退出草图环境。

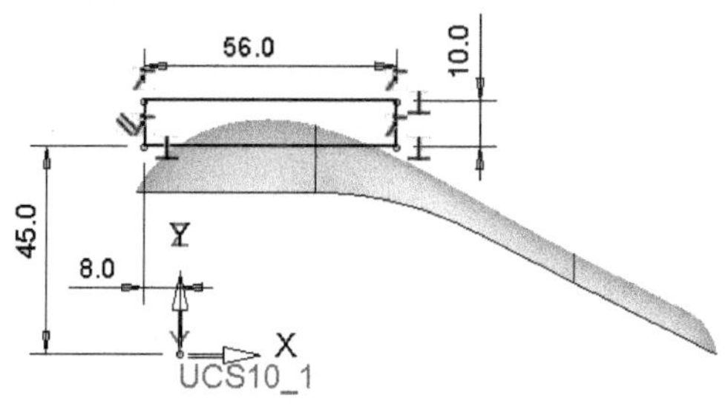

图 9-22　创建草图 15

(24) 修剪曲面。在〖曲面〗工具栏中单击〖修剪曲面〗按钮，弹出〖Feature Guide〗对话框，然后根据图 9-23 所示的步骤进行参数设置，最后单击〖确定〗按钮完成特征操作。

(25) 创建边界面。在〖曲面〗工具栏中单击〖边界〗按钮，弹出〖Feature Guide〗对话框，然后根据图 9-24 所示的步骤进行参数设置，最后单击〖确定〗按钮完成特征操作。

(26) 组合曲面。参考前面的操作，选择上一步创建的两个曲面进行组合，如图 9-25 所示。

(27) 倒圆角。在〖曲面〗工具栏中单击〖圆角面〗按钮，弹出〖Feature Guide〗对话框，然后根据图 9-26 所示的步骤进行参数设置，最后单击〖确定〗按钮完成特征操作。

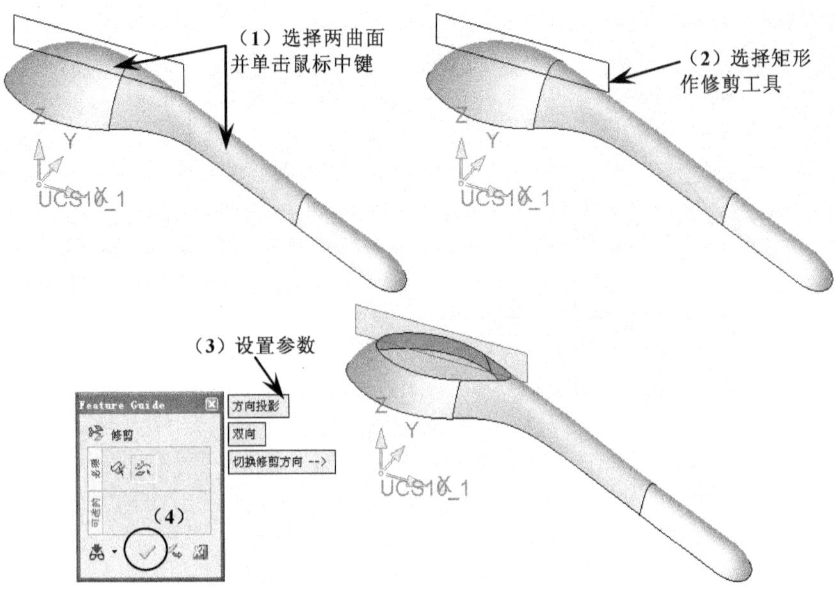

图 9-23　修剪曲面

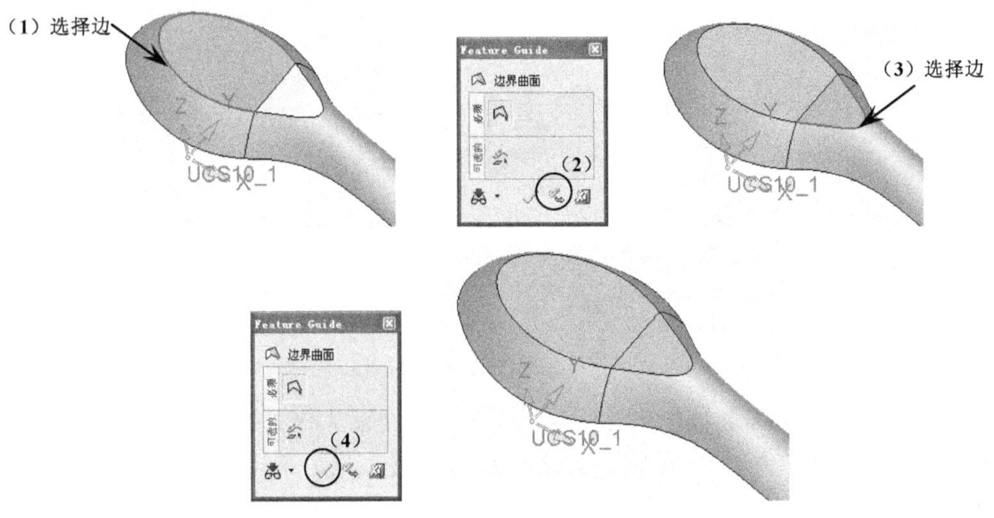

图 9-24　创建边界面

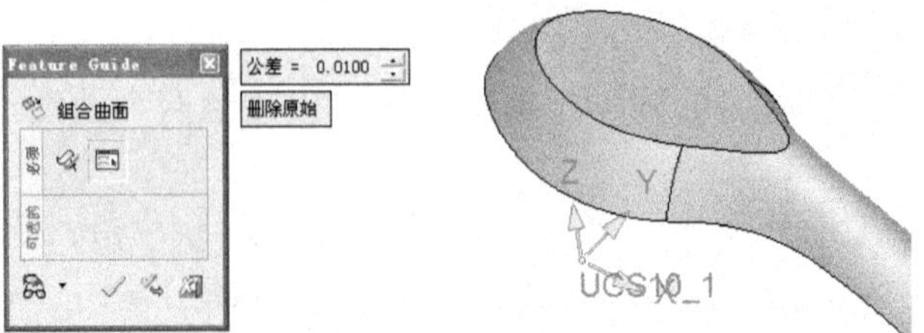

图 9-25　组合曲面

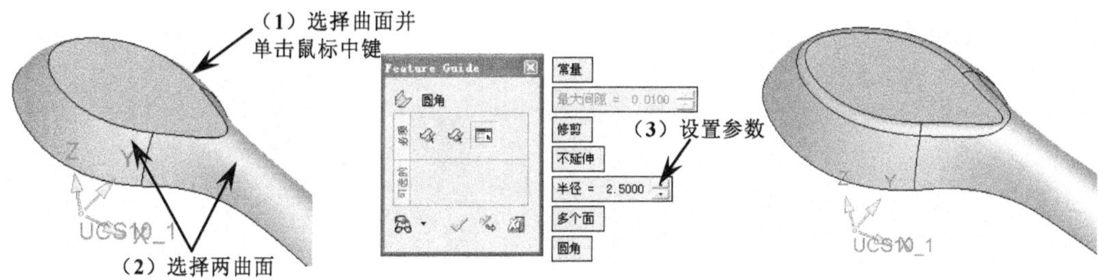

图 9-26　倒圆角

（28）缝合曲面。在〖曲面〗工具栏中单击〖缝合〗按钮，弹出〖Feature Guide〗对话框，然后框选所有的曲面，如图 9-27 所示。

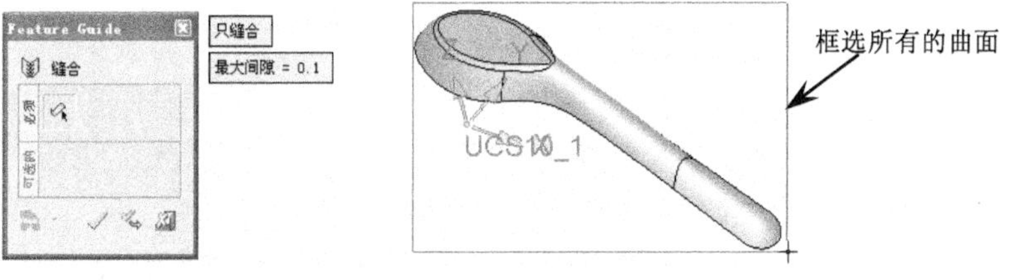

图 9-27　缝合曲面

将封闭的曲面缝合后，即产生实体。

（29）抽壳。在〖实体〗工具栏中单击〖抽壳〗按钮，弹出〖Feature Guide〗对话框，然后根据图 9-28 所示的步骤进行参数设置，最后单击〖确定〗按钮完成特征操作。

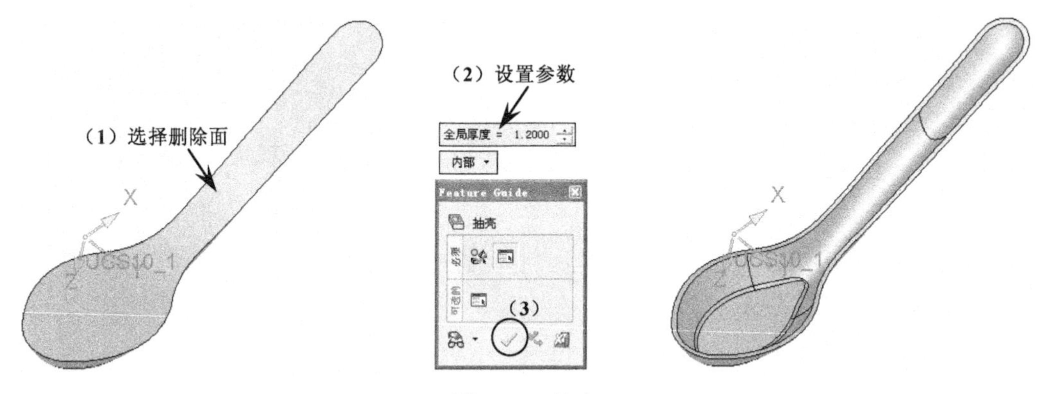

图 9-28　抽壳

（30）保存文件。在〖标准〗工具栏中单击〖保存〗按钮，接着在弹出的〖CimatronE 浏览器〗对话框中设置文件的名称和保存路径即可，所设计的汤匙三维图如图 9-29 所示。

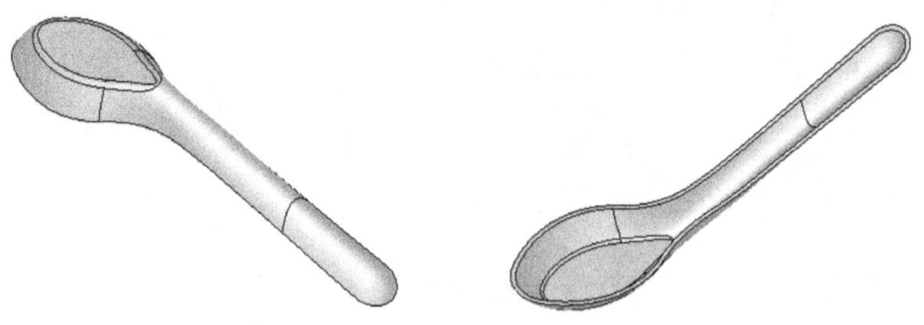

图 9-29　保存文件

9.3　本章学习收获

通过本章的学习，读者必须掌握以下内容。

（1）认识草图、曲线对曲面创建的重要意义。

（2）灵活运用投影、相交和样条线命令创建所需的空间曲线。

（3）灵活运用混合、网格面修剪曲面和组合曲面等命令创建较复杂的曲面。

9.4　练习题

打开光盘中的〖Lianxi/Ch09/qumian.igs〗文件，然后根据提供的线架来创建曲面，如图 9-30 所示。

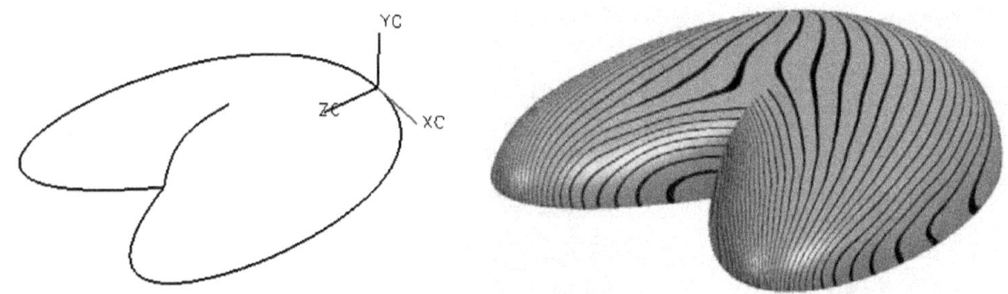

图 9-30　创建曲面

第2部分

CimatronE 10.0 分模

本书第 2 部分主要介绍 CimatronE 10.0 分模的基础知识，并通过两章实例详细阐述分模的详细过程。其中第 10 章主要介绍分模的主要命令和分模的基本步骤等，而第 11 章和第 12 章主要通过自动阀顶盖的分模和散热器盒的分模详细介绍分模的过程，并重点指出出模过程中需要注意的地方。通过第 2 部分知识的系统学习，可以让读者快速掌握 CimatronE 10.0 分模的基本内容。

作　者　寄　语

1. 由于 CimatronE 软件具有非常强大的编程功能，所以在很多的工厂企业中的工程师都喜欢直接在 CimatronE 软件中进行产品分模，然后直接进行数控编程。这样可省去文件数据转换的麻烦，也避免因文件转换导致出现模型错误的风险。

2. 分模前，应认真分析产品中各曲面的属性，将型腔面、型芯面和行位面等区分开，然后再创建分型面。

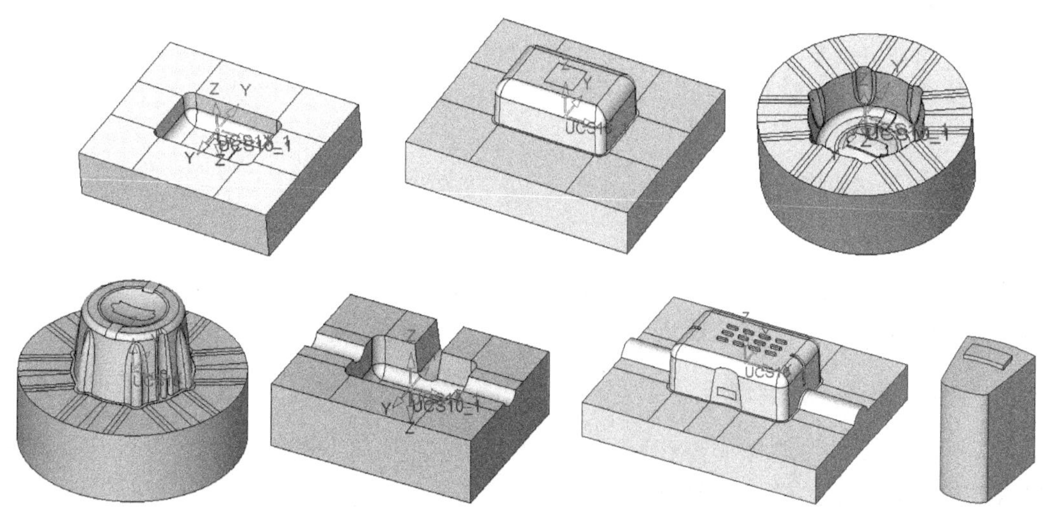

CimatronE 10.0 分模基础

CimatronE 10.0 可以快速地进行分模设计和模具结构设计。本章主要介绍 CimatronE 分模常用的命令及基本操作，如分模分析、新方向、分型面属性、分型线、分型面、输出模具组件和激活工具等。

10.1 学习目标与课时安排

学习目标及学习内容

（1）如何进入分模环境。

（2）掌握分模的基本步骤。

（3）掌握分模分析、分型线和分型面命令的使用。

（4）掌握输出模具组件和激活工具命令的使用。

学习课时安排（共 3 课时）

（1）进入分模环境、了解分模的基本步骤——1 课时。

（2）分模分析、分型线和分型面的创建——1 课时。

（3）分型面属性、输出模具组件、激活工作——1 课时。

10.2 进入分模环境

进入分模环境有两种方式，一是从零件界面上进入，二是直接从 CimatronE 原始界面中单击〖分模设置向导〗按钮进入。

1．零件界面进入分模环境

在零件设计界面中选择〖查看〗/〖面板〗/〖向导〗/〖分模向导〗命令，界面中将会弹出〖分模向导〗工具栏，如图 10-1 所示。

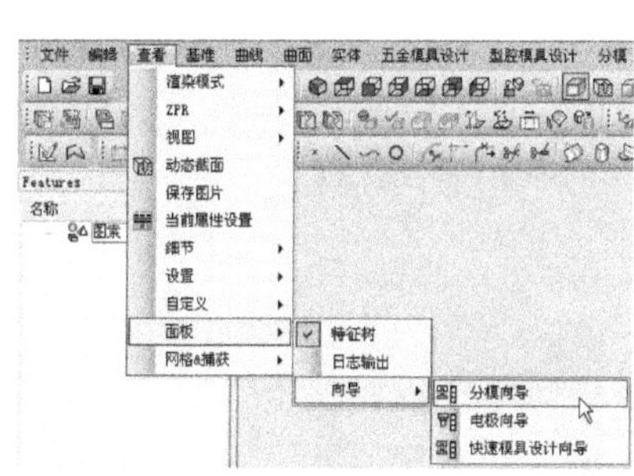
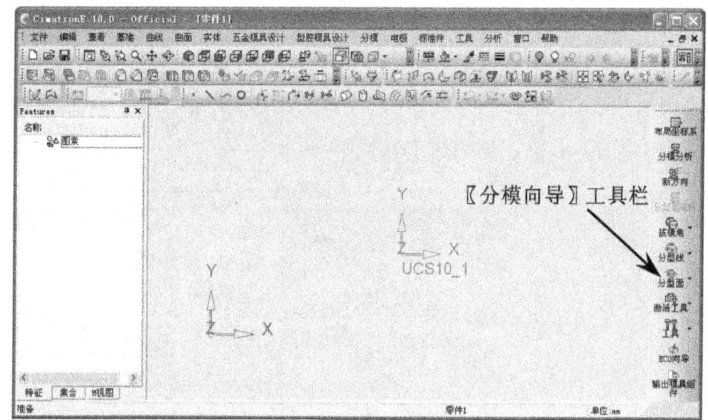

图 10-1 进入分模环境

2. 原始界面进入分模环境

在电脑桌面上双击图标，进入原始界面。在〖设置向导〗工具栏中单击〖分模设置向导〗按钮，弹出〖分模设置向导〗对话框。单击〖打开文件〗按钮，接着在弹出的〖CimatronE 浏览器〗中选择要分模的文件即可，如图 10-2 所示。

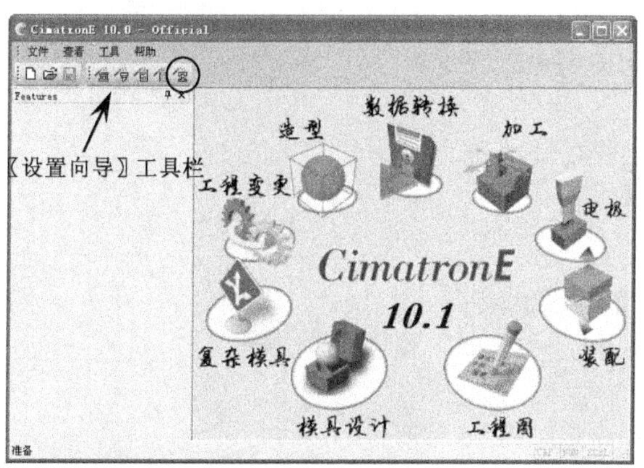

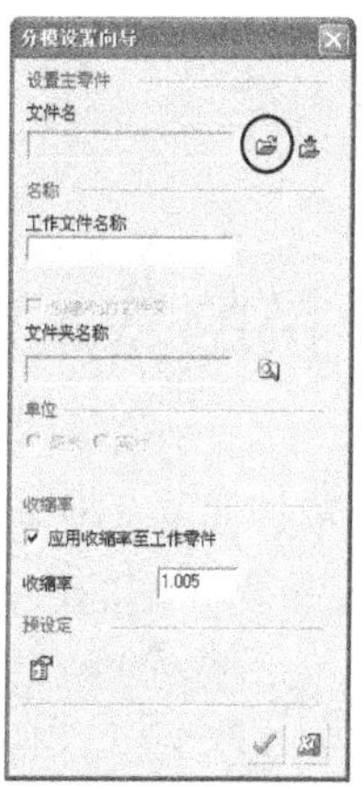

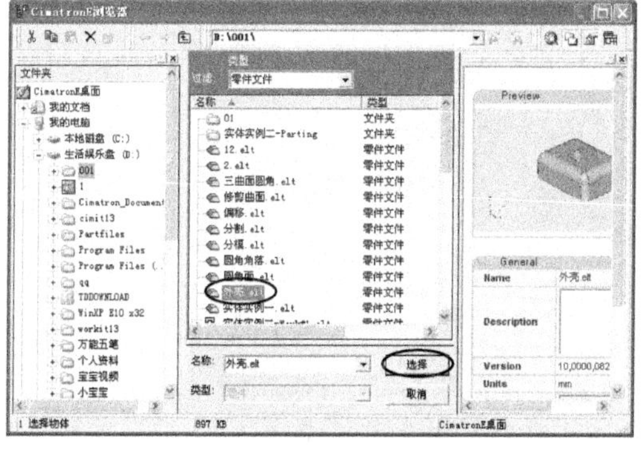
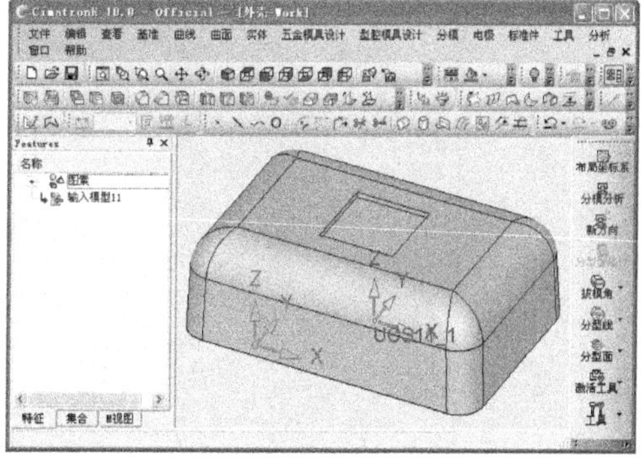

图 10-2 进入分模环境

当 CimatronE 原始界面中并没有出现〖设置向导〗工具栏时，则需要将其导出，如图 10-3 所示。

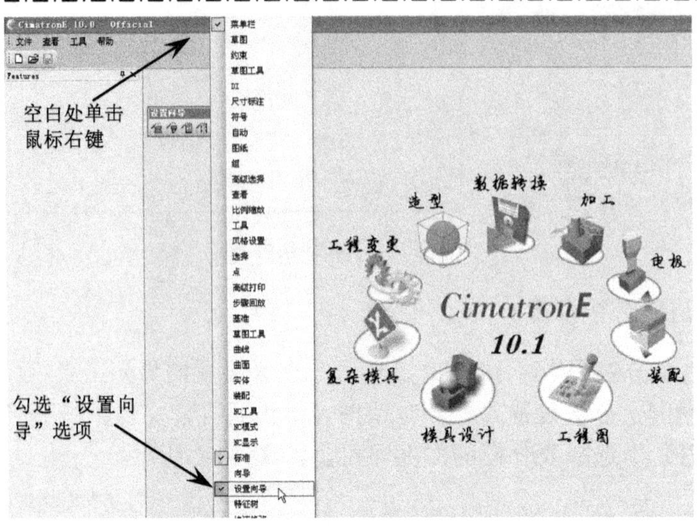

图 10-3 导出〖设置向导〗工具栏

10.3 分模的基本步骤

CimatronE 分模基本遵循以下的步骤进行。

（1）输入需要分模的产品，并设置收缩率，如图 10-4 所示。

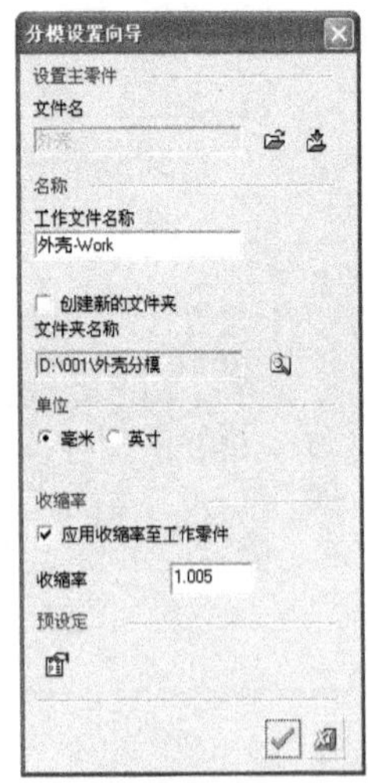

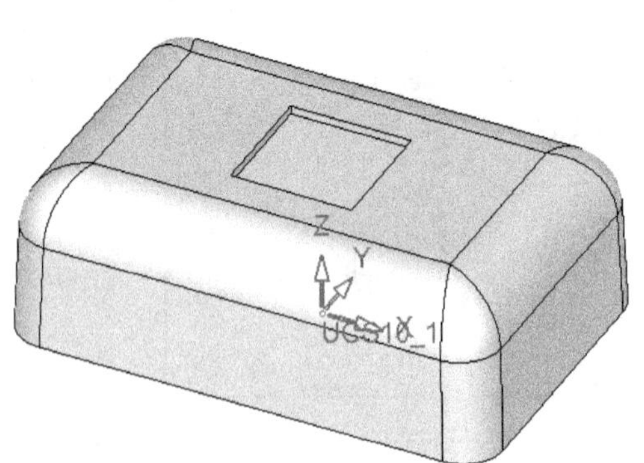

图 10-4 输入模型和设置收缩率

（2）分析模型，将现有的模型进行型芯、型腔、滑块、斜顶等分出，如图 10-5 所示。

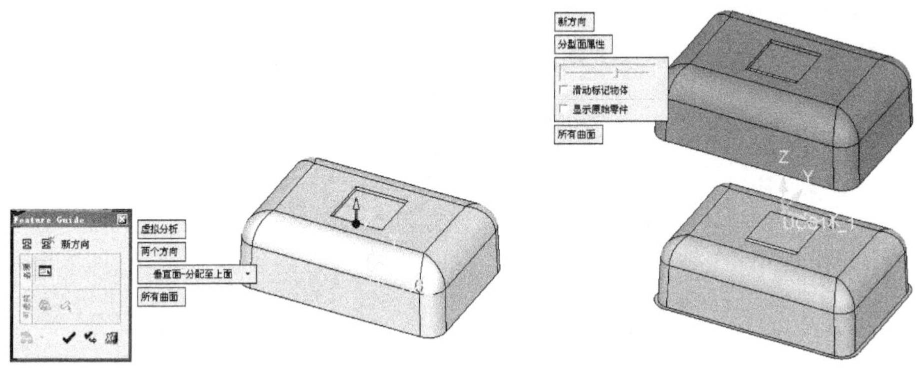

图 10-5　分析模型

（3）创建内分模线，即产品中碰穿面或擦穿面的孔边界线，如图 10-6 所示。

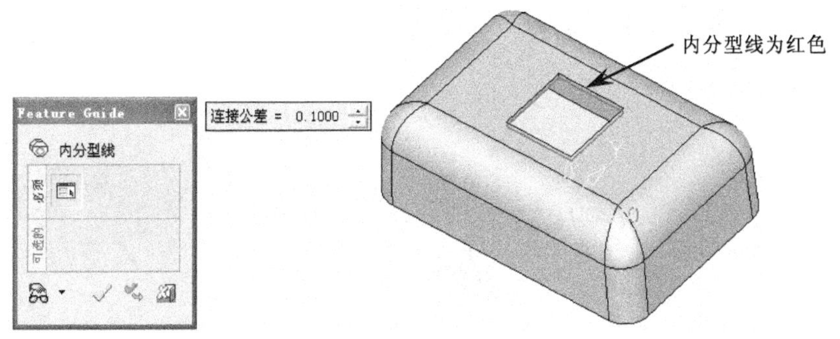

图 10-6　创建内分模线

（4）创建内分型面。必须保证前面已经创建了内分型线，否则无法创建内分型面，如图 10-7 所示。

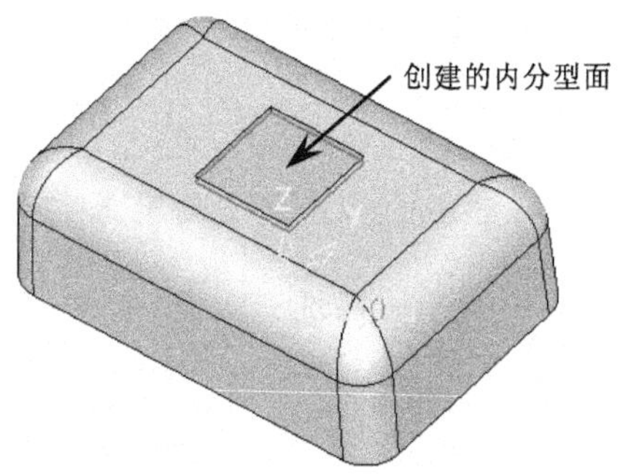

图 10-7　创建内分型面

如果分模的产品中不存在碰穿面或擦穿面，则无需创建内分型线和内分型面。

（5）创建外分型线，其主要目的是创建外分型面。通常创建外分型线主要是使用〖组合曲线〗命令。

（6）创建外分型面，如图 10-8 所示。

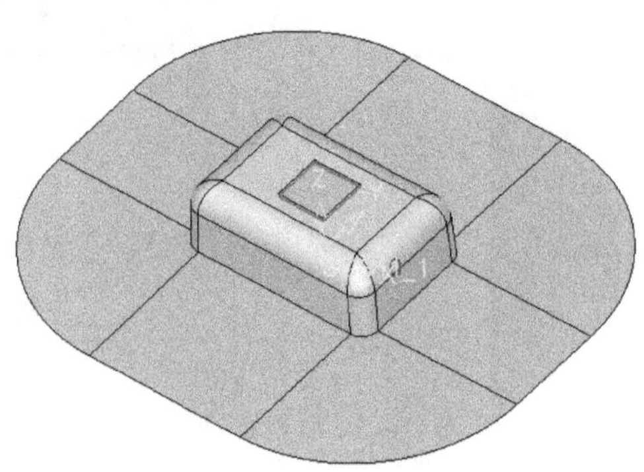

图 10-8　创建外分型面

（7）设置内分型面和外分型面属性。即将内分型面和外分型面分别附属到型芯和型腔中，如图 10-9 所示。

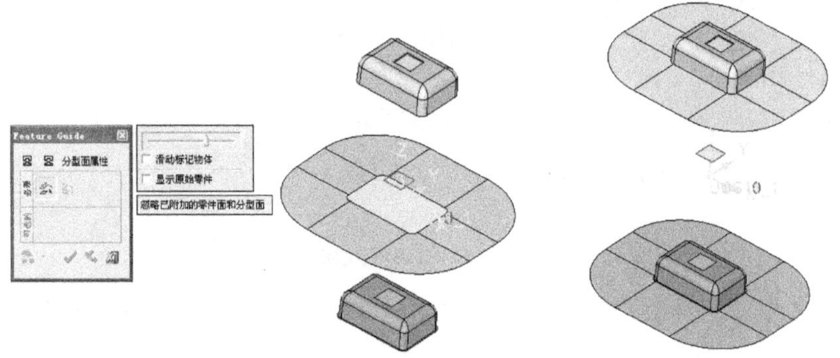

图 10-9　设置分型面属性

要点提示

如果不将内分型面和外分型面附属到型腔和型芯上，则最终无法正确地分割出型芯和型腔。

（8）创建毛坯。使用〖拉伸〗命令创建毛坯，如图 10-10 所示。

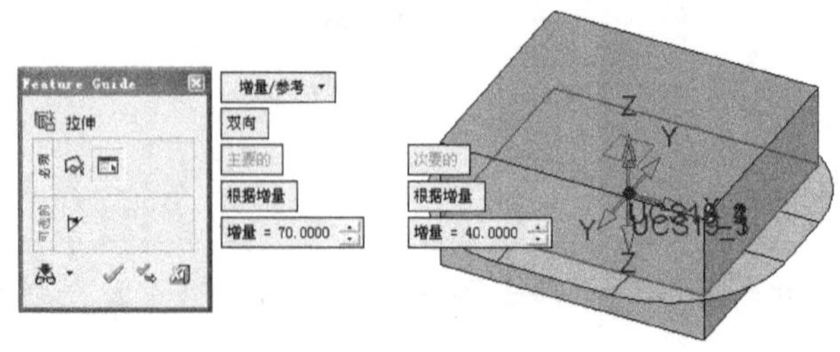

图 10-10　创建毛坯

（9）输出模具组件，如图 10-11 所示。

（10）缝合分型面。打开“型腔”文件，然后通过〖激活工具〗/〖缝合分型面〗命令缝合分型面，如图 10-12 所示。

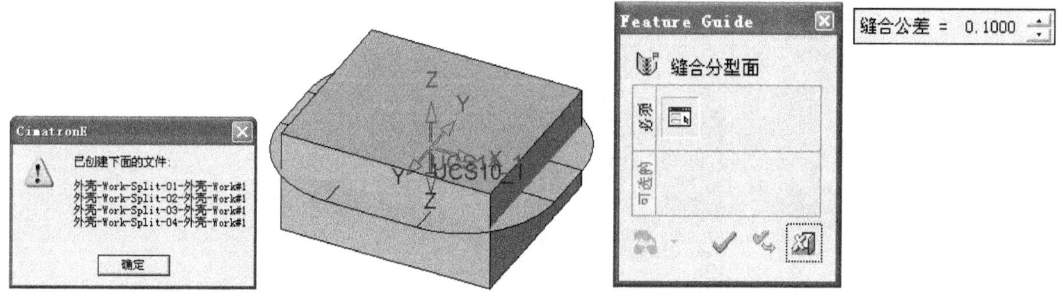

图 10-11　输出模具组件　　　　图 10-12　缝合分型面

（11）切除创建型腔，如图 10-13 所示。

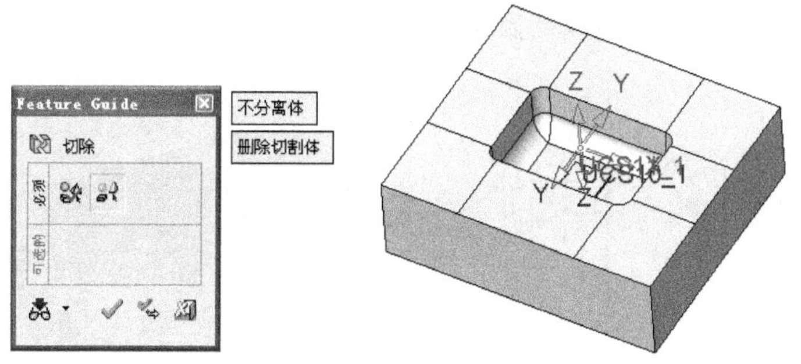

图 10-13　切除创建型腔

（12）打开“型芯”文件，然后依次进行缝合分型面和切除创建型芯，结果如图 10-14 所示。

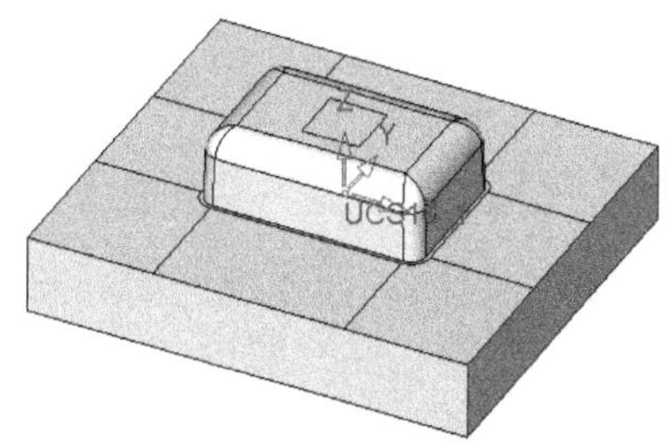

图 10-14　创建型芯

10.4　分模分析

分模分析的目的是通过指定分模方向，然后将产品的型腔面、型芯面和滑块面（未确定面）等区分出来。

在〖分模向导〗工具栏中单击 分模分析 按钮，弹出〖Feature Guide〗对话框，如图 10-15 所示。

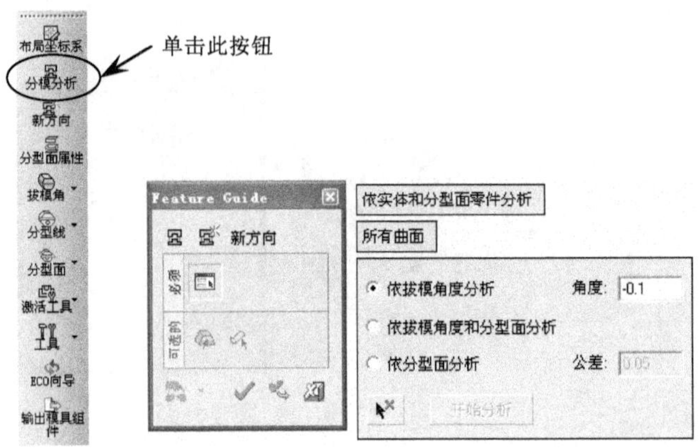

图 10-15　分模分析

一般分模分析时，都会单击 依实体和分型面零件分析 选项将其切换到 虚拟分析 选项，如图 10-16 所示。

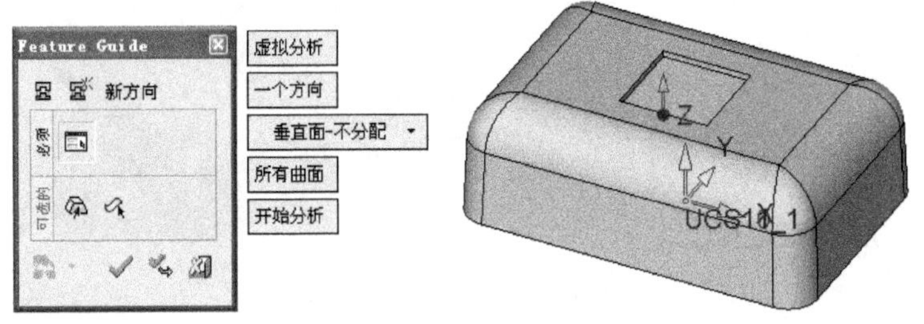

图 10-16　切换选项

（1）〖一个方向〗：只指定方向断开的零件，只生成一个断开特征。

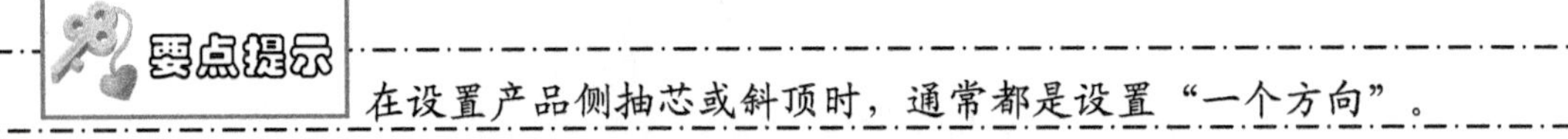

在设置产品侧抽芯或斜顶时，通常都是设置“一个方向”。

（2）〖两个方向〗：将产品沿着分模的方向正反向同时断开零件，生成两个断开的特征，如图 10-17 所示。

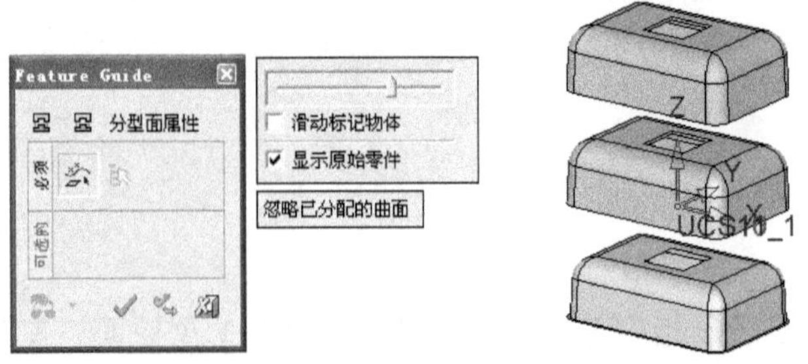

图 10-17　两个方向

一般在开始分模时，都需要将型腔面和型芯面分开来，则需设置为“两个方向”。

（3）〖垂直面—不分配〗：产品中垂直的曲面暂不作处理，如图 10-18 所示。

（4）〖垂直面-分配至上面〗：将产品中垂直的面分配到型腔面中，作为型腔成型面。

（5）〖垂直面-分配至下面〗：将产品中垂直的面分配到型芯面中，作为型芯成型面。

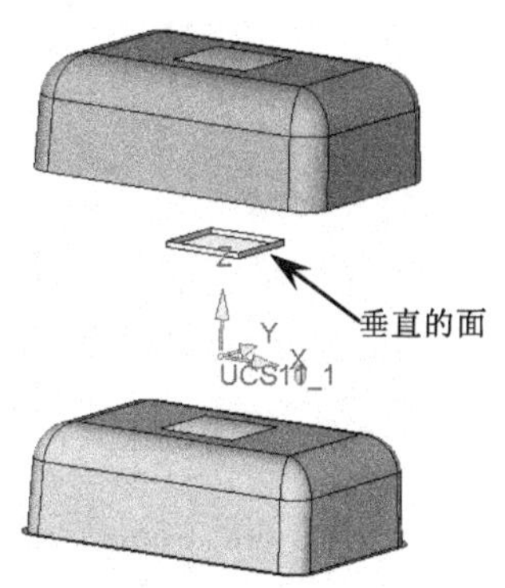

图 10-18 垂直面—不分配

10.5 分型面属性

将产生的内分型面、外分型面或其他的辅助面附加到选定的断开特征上，后面的两章实例会重点详细地介绍其操作。

在〖分模向导〗工具栏中单击分型面属性按钮，弹出〖Feature Guide〗对话框，如图 10-19 所示。

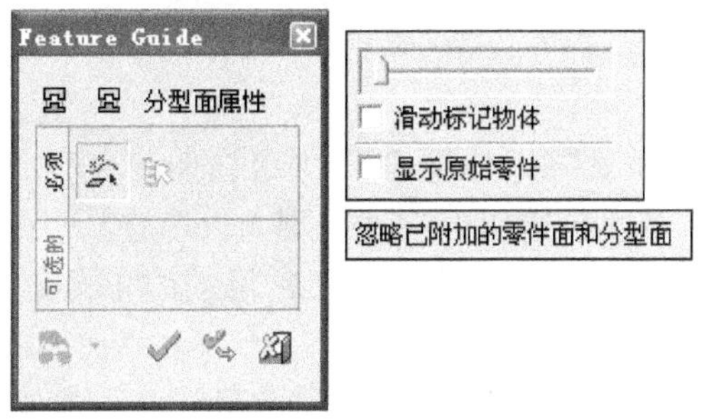

图 10-19 分型面属性

将分型面附加到型腔和型芯上，如图 10-20 所示。具体操作请根据第 11 章和第 12 章中的分型属性设置的相关内容。

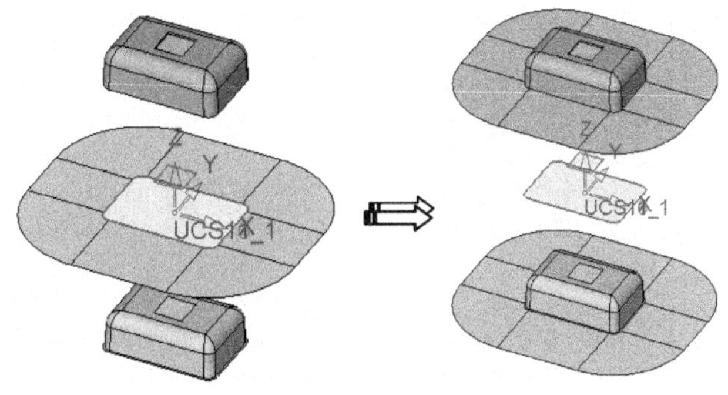

图 10-20 分型面属性

10.6　分型线

创建分型线的目的主要是方便后面创建分型面。创建分型线的方法主要有“组合曲线”和“内分型线”两种，如果目的是创建内分型面，则多数使用“内分型线”的方式来创建分线；如果目的是创建外分型面，则主要是使用“组合曲线”的方式来创建分型线。

1．内分型线

在〖分模向导〗工具栏中选择〖分型线〗/〖内分型线〗命令，弹出〖Feature Guide〗对话框，然后默认产生的内分型线并单击〖确定〗按钮，如图 10-21 所示。

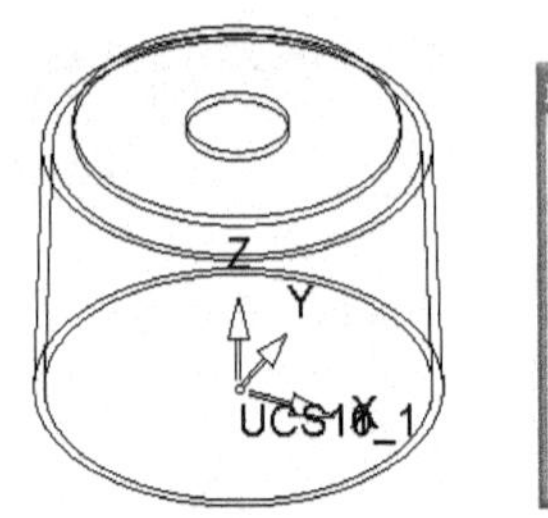
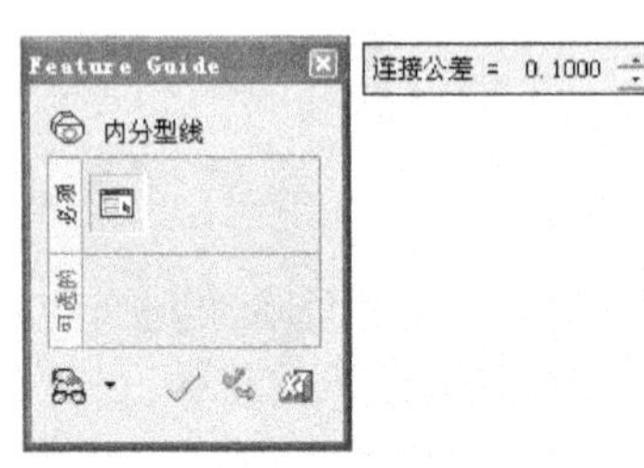

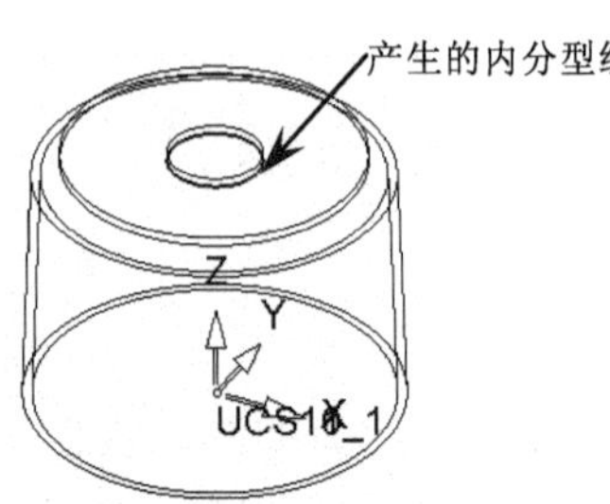

图 10-21　创建内分型线

2．组合曲线

在〖分模向导〗工具栏中选择〖分型线〗/〖组合曲线〗命令，弹出〖Feature Guide〗对话框，如图 10-22 所示。可见创建组合曲线主要有“串连”、“一个接一个”、“沿开放边”、“2D 单一曲线”和“曲面外边界”五种方式，而常用的的方式是“串连”和“曲面外边界”两种。

（1）串连：先指定一个边界作起始边，然后选择一条与起始边相邻的边作终止边，如图 10-23 所示。

图 10-22　组合曲线　　　　图 10-23　串连

（2）曲面外边界：选择曲面，将在曲面的外边缘产生封闭的曲线，如图 10-24 所示。

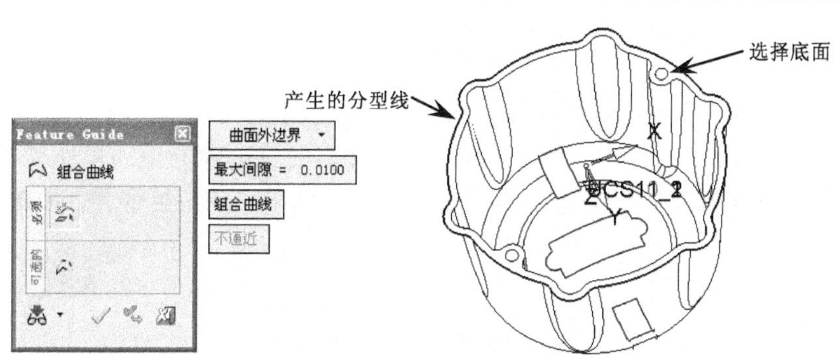

图 10-24　曲面外边界

10.7　分型面

分型面是分模中最重要的组成部分，通过创建分型面与型腔面、型芯面结合，然后切割毛坯，从而产生模具型腔和型芯。

在〖分模向导〗工具栏中单击图标，弹出〖分型面〗下拉菜单，如图 10-25 所示。

其中创建分型面最常用的方法主要有“外分型面”、“内分型面”、“边界曲面”、“混合”和“扫掠”，在后面两章中将会重点介绍分型面的各种创建方法。

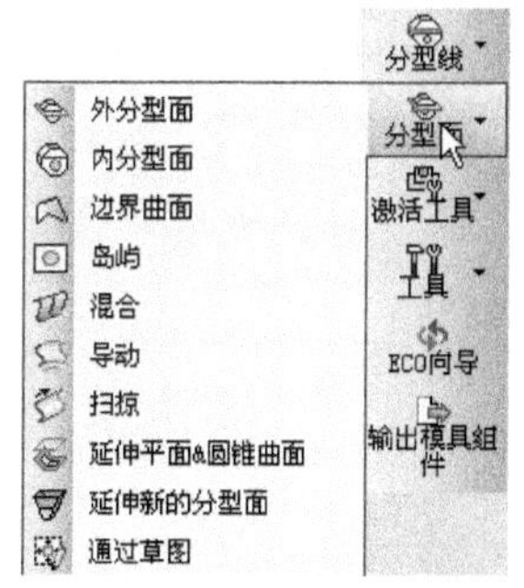

图 10-25　〖分型面〗下拉菜单

10.8　工具

CimatronE 分模工具提供的功能主要有收缩率、新毛坯和工作坐标系。

1．收缩率

设置产品注塑成型时的收缩率，注意不同材料收缩率不同。在〖分模向导〗工具栏中选择〖工具〗/〖收缩率〗命令，弹出〖Feature Guide〗对话框，接着单击鼠标中键确定物体的选择，然后选择坐标点并单击鼠标中键，最后单击〖确定〗按钮完成特征操作，如图 10-26 所示。

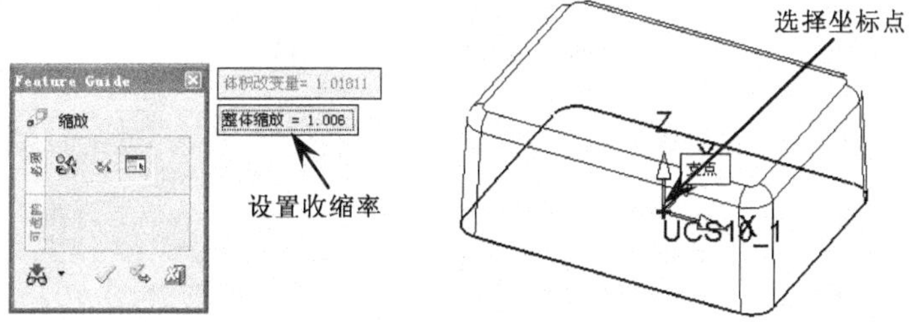

图 10-26　设置收缩率

2. 新毛坯

创建分模的毛坯，即被切除的对象。在〖分模向导〗工具栏中选择〖工具〗/〖新毛坯〗命令，弹出〖Feature Guide〗对话框，首先需要选择前面已创建的毛坯草图（多数为圆或矩形），然后设置相应的拉伸参数，最后单击〖确定〗按钮完成特征操作，如图 10-27 所示。

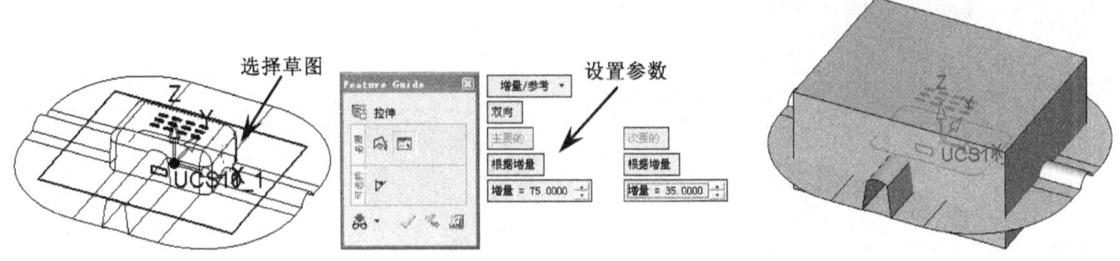

图 10-27　创建新毛坯

3. 工作坐标系

设置分模的工作坐标系，一般位于产品的中心位置。在〖分模向导〗工具栏中选择〖工具〗/〖工作坐标系〗命令，弹出〖Feature Guide〗对话框，然后默认系统产生坐标系的位置，最后单击〖确定〗按钮完成特征操作，如图 10-28 所示。

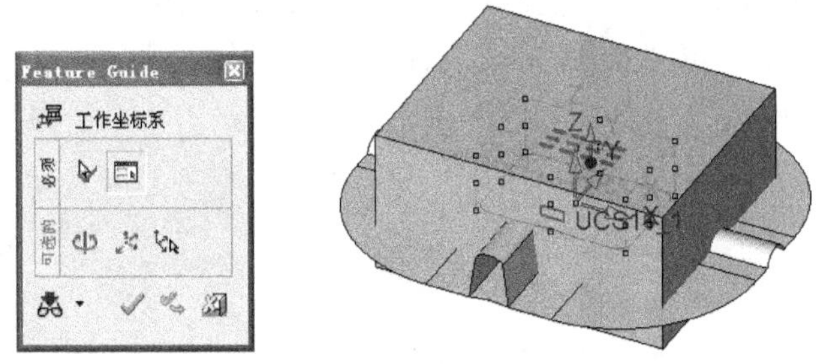

图 10-28　创建工作坐标系

10.9　输出模具组件

输出生成模具中的各种组件。在〖分模向导〗工具栏中单击按钮，系统将弹出提示信息，提示输出组件时要保存当前文件，并单击 是 按钮；系统再次弹出提示信息，提示已经生成了型腔、型芯或滑块等文件，然后单击 确定 按钮，如图 10-29 所示。

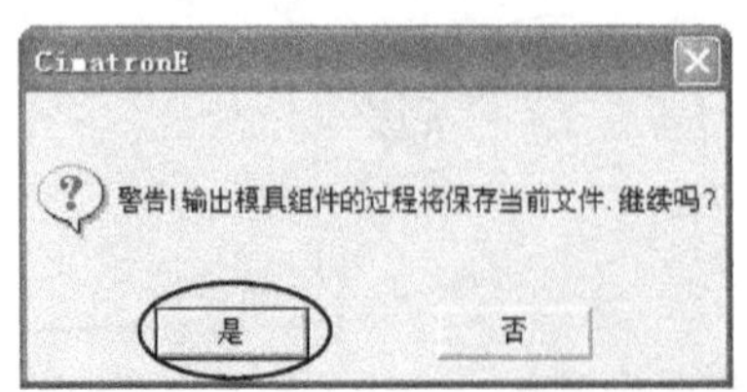

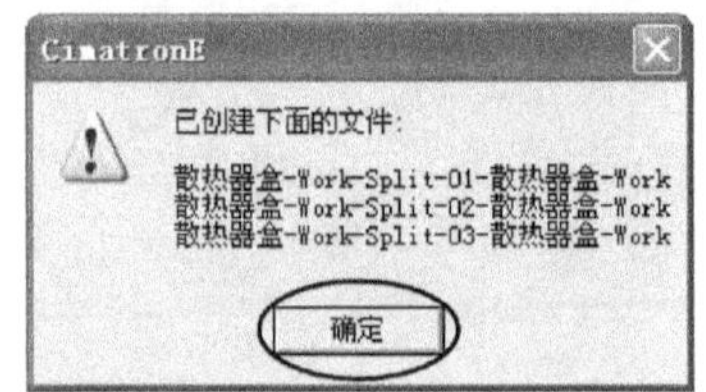

图 10-29　输出模具组件

生成模具组件后，需在〖标准〗菜单栏中单击〖打开文件〗按钮，然后打开系统提示已生成的文件即可，如图 10-30 所示。

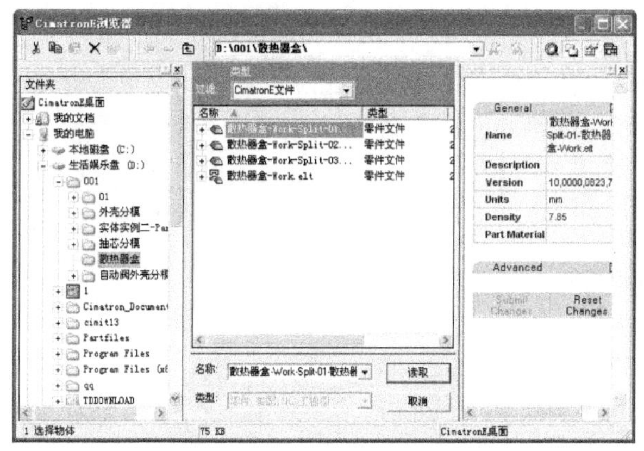

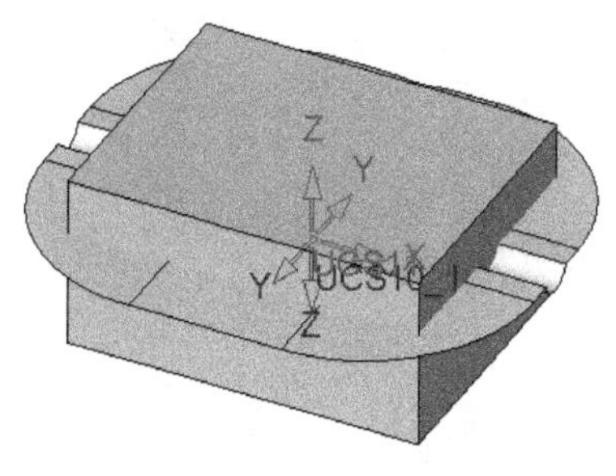

图 10-30　打开型腔文件

10.10　激活工具

CimatronE 分模激活工具提供的功能主要有缝合分型面、切除和删除几何体。

1．缝合分型面

在进行切除生成型腔或型芯前，必须要先缝合分型面，保证各个分型面为一个整体。在〖分模向导〗工具栏中选择〖激活工具〗/〖缝合分型面〗命令，弹出〖Feature Guide〗对话框，然后单击〖确定〗按钮完成特征操作，如图 10-31 所示。

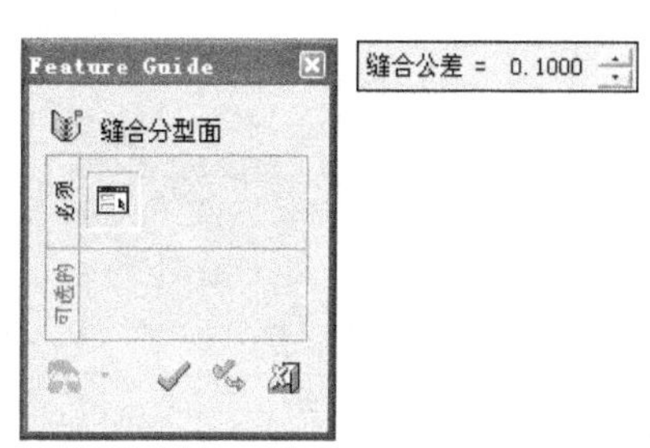

图 10-31　缝合分型面

缝合分型面只能进行一次。

2．切除

使用分型面将毛坯进行切除，从而生成型腔、型芯和滑块等。在〖分模向导〗工具栏中选择〖激活工具〗/〖切除〗命令，弹出〖Feature Guide〗对话框，首先选择毛坯并单击鼠标中键，然后选择分型面，最后单击〖确定〗按钮，如图 10-32 所示。

3．删除几何体

将组件中多余的曲面或体删除掉。在〖分模向导〗工具栏中选择〖激活工具〗/〖删除

几何体〗命令，弹出〖Feature Guide〗对话框，然后选择需要删除的特征，最后单击〖确定〗✓按钮，如图 10-33 所示。

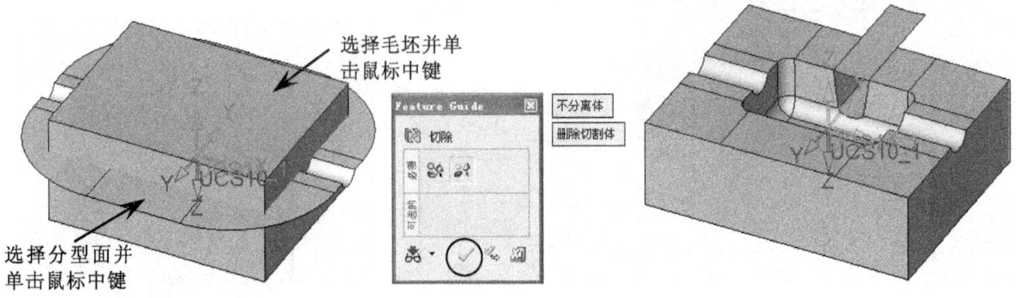

图 10-32　切除

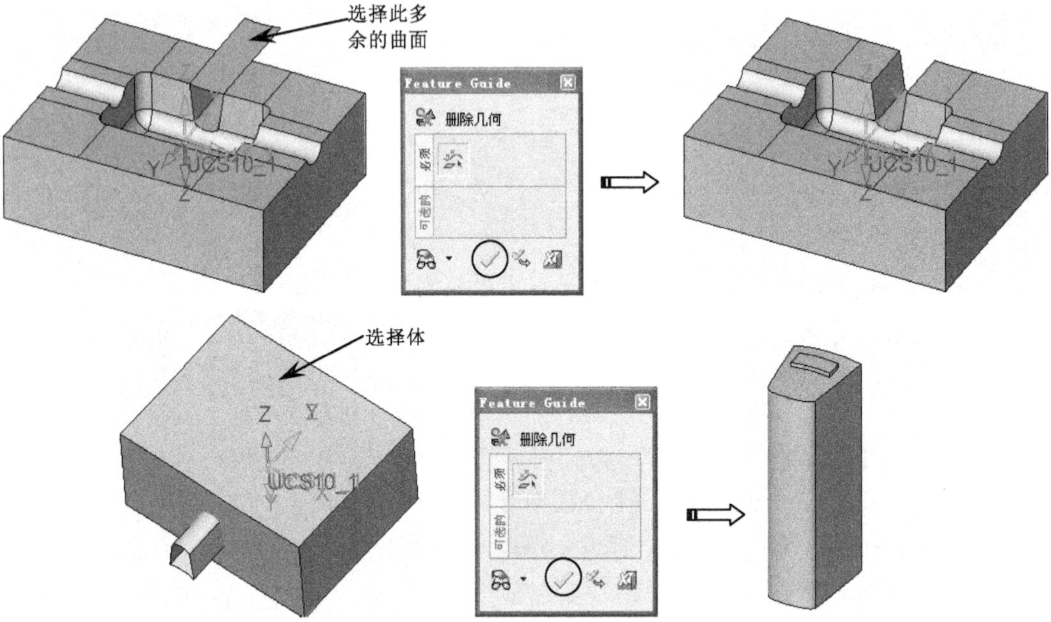

图 10-33　删除几何体

10.11　本章学习收获

通过本章的学习，读者必须掌握以下内容。

（1）了解分模的基本过程。

（2）掌握分模常需要使用的命令。

（3）了解分型线、分型面的创建目的。

（4）掌握模具组件的输出方法及组件的生成、编辑等。

10.12 练习题

打开光盘中的〖Lianxi/Ch10/分型面.elt〗文件，然后创建分型面，如图 10-34 所示。

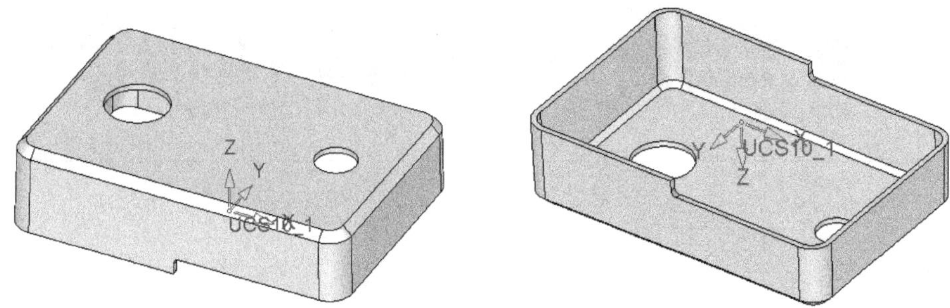

图 10-34 创建分型面

分模实例一——自动阀顶盖的分模

通过本章的学习，可以快速掌握产品分模的详细过程及需要注意的事项。

11.1 学习目标与课时安排

学习目标及学习内容

（1）进一步掌握分模常用命令的应用。

（2）掌握分模过程中需要注意的事项。

（3）掌握分模的详细步骤。

学习课时安排（共 2 课时）

（1）本章知识点讲解——0.5 课时。

（2）实例详细操作——1.5 课时。

11.2 自动阀顶盖分模详细步骤

（1）在桌面上双击图标打开 CimatronE 10.0 软件。

（2）输入文件和设置收缩率。在〖设置向导〗工具栏中单击〖分模设置向导〗按钮，弹出〖分模设置向导〗对话框，根据图 11-1 所示的步骤进行参数设置，最后单击〖确定〗按钮。

（3）分模分析。在〖分模向导〗工具栏中单击按钮，弹出〖Feature Guide〗对话框，然后根据图 11-2 所示的步骤进行参数设置，最后单击〖确定〗按钮。

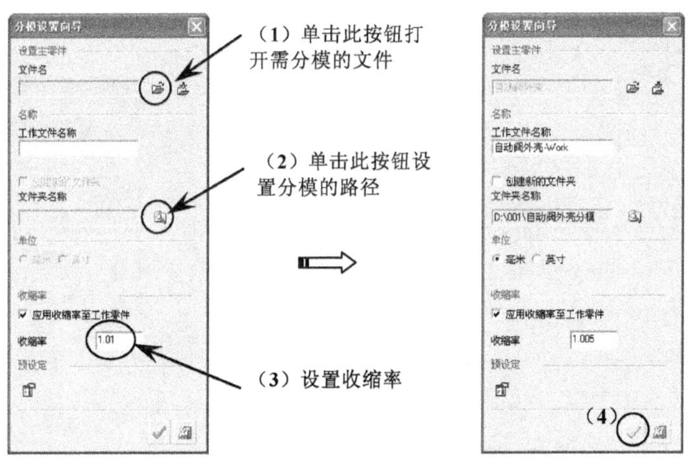

图 11-1　输入文件和设置收缩率

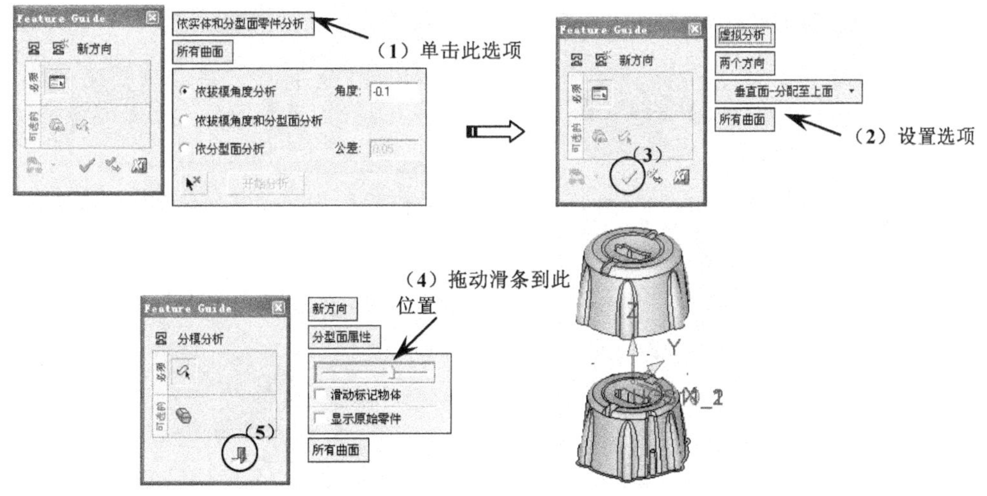

图 11-2　分模分析

设置“垂直面-分配至上面”的目的是使模型中的直面分配到型腔面上。

（4）创建组合曲线。在〖草图〗工具栏中单击〖组合曲线〗按钮，然后根据图 11-3 所示的步骤进行参数设置，最后单击〖确定〗按钮。

（5）参考上一步操作，创建另一边的组合曲线，如图 11-4 所示。

（6）创建网格面。参考前面的操作，使用〖网格面〗功能创建如图 11-5 所示的网格面。

（7）创建基准平面。参考前面的操作，使用〖基准〗/〖平面〗/〖主平面〗命令创建如图 11-6 所示的基准平面。

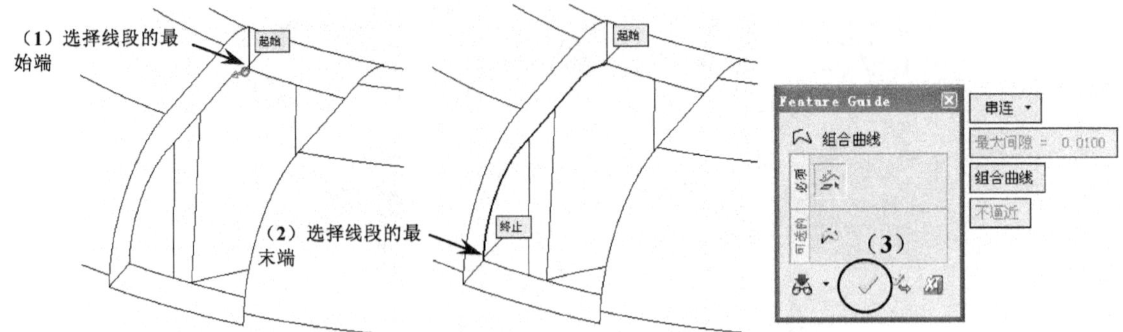

图 11-3　创建组合曲线

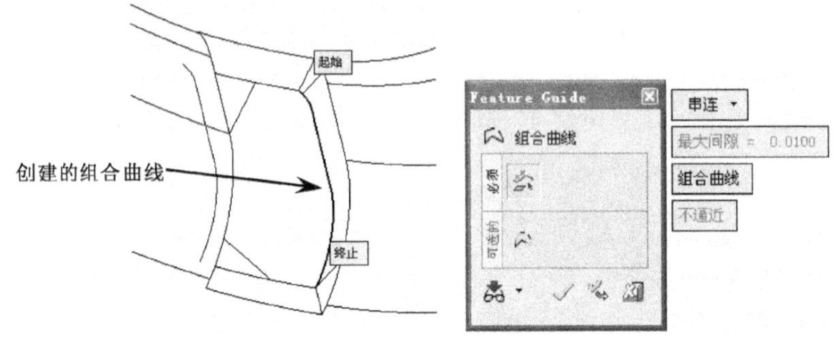

图 11-4　创建组合曲线

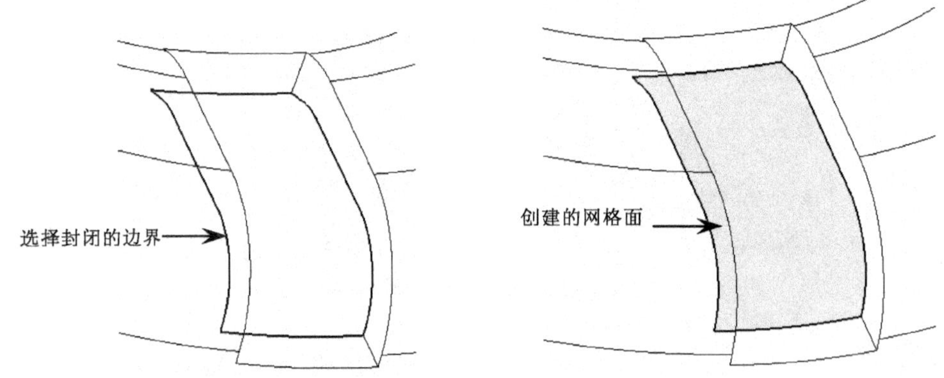

图 11-5　创建网格面

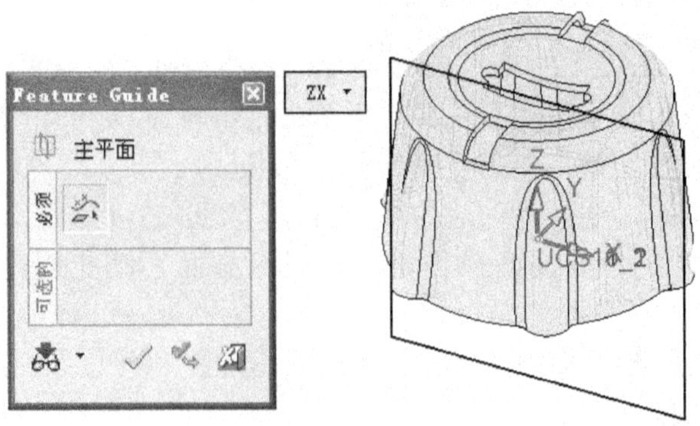

图 11-6　创建基准平面

（8）镜像曲面。使用〖编辑〗/〖复制图素〗/〖镜像〗命令镜像前面创建的网格面，结果如图 11-7 所示。

（9）预览分型线。在〖分模向导〗工具栏中选择〖分型线〗/〖预览分型线〗命令，模型中将会显示分型线，如图 11-8 所示。

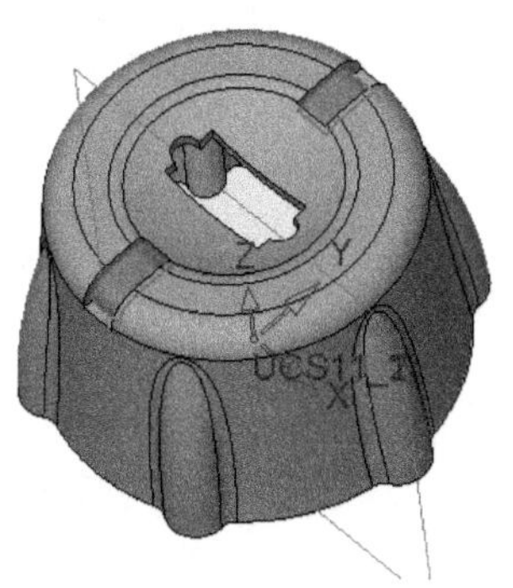

图 11-7　镜像曲面

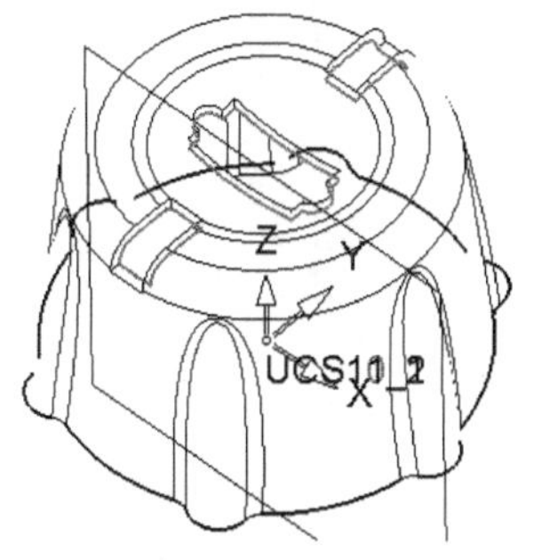

图 11-8　预览分型线

1. 预览分型线并不是真的创建分型线。

2. 可同时创建内分型线和外分型线，其中红色的为内分型线，蓝色的为外分型线。

（10）创建内分型线。在〖分模向导〗工具栏中选择〖分型线〗/〖创建内分型线〗命令，弹出〖Feature Guide〗对话框，然后单击〖确定〗✓按钮。

（11）在空白区域单击鼠标右键，接着在弹出的〖右键〗菜单中选择“清除选择”命令。

（12）创建边界曲面。在〖分模向导〗工具栏中选择〖分型面〗/〖边界曲面〗命令，弹出〖Feature Guide〗对话框，然后根据图 11-9 所示的步骤进行参数设置，最后单击〖确定〗✓按钮。

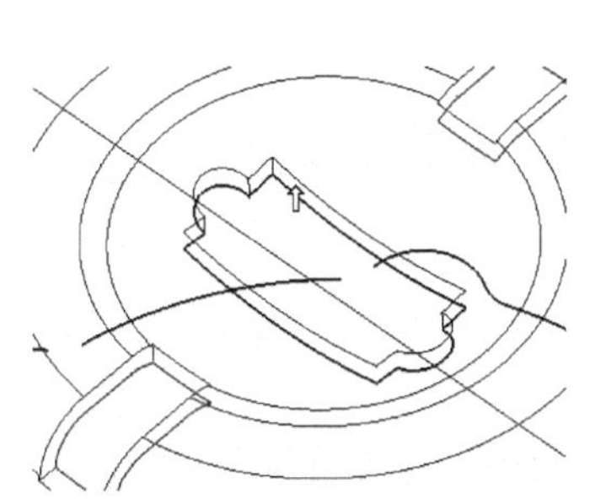

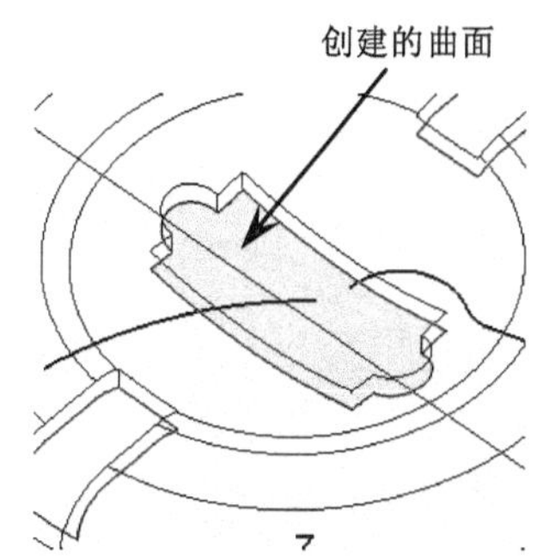

图 11-9　创建边界曲面

（13）创建外分型线。在〖分模向导〗工具栏中选择〖分型线〗/〖组合曲线〗命令，弹出〖Feature Guide〗对话框，然后根据图 11-10 所示的步骤进行参数设置，最后单击〖确定〗✓按钮。

（14）创建外分型面。在〖分模向导〗工具栏中选择〖分型面〗/〖外分型面〗命令，弹出〖Feature

Guide〗对话框，然后根据图 11-11 所示的步骤进行参数设置，最后单击〖确定〗✓按钮。

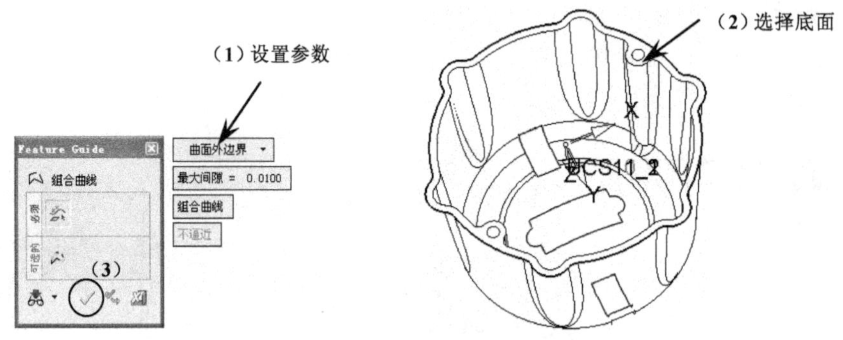

图 11-10　创建外分型线

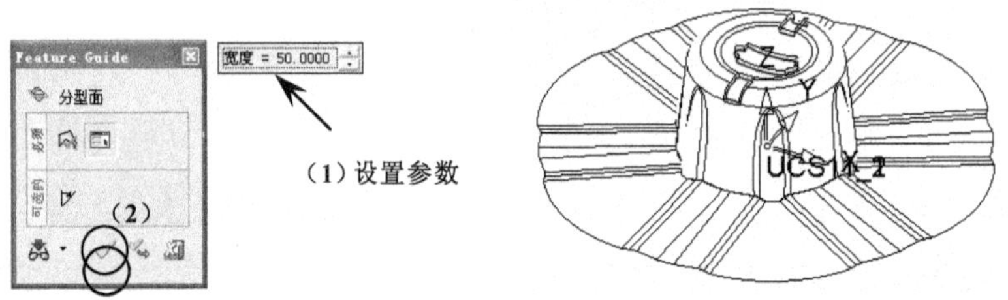

图 11-11　创建外分型面

（15）分型面属性设置。在〖分模向导〗工具栏中单击分型面属性按钮，弹出〖Feature Guide〗对话框，然后根据图 11-12 所示的步骤进行参数设置。

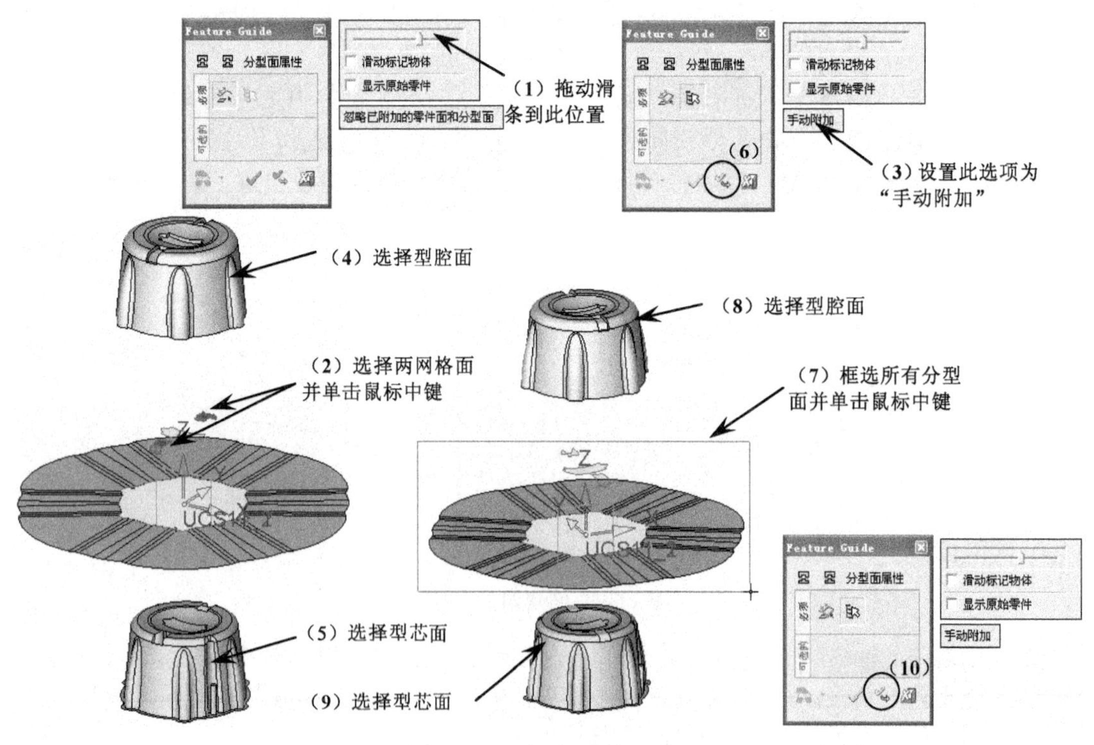

图 11-12　分型面属性设置

（16）分型面属性设置。承接上一步操作，然后根据图 11-13 所示的步骤进行参数设置，最后单击〖确定〗✓按钮完成特征操作。

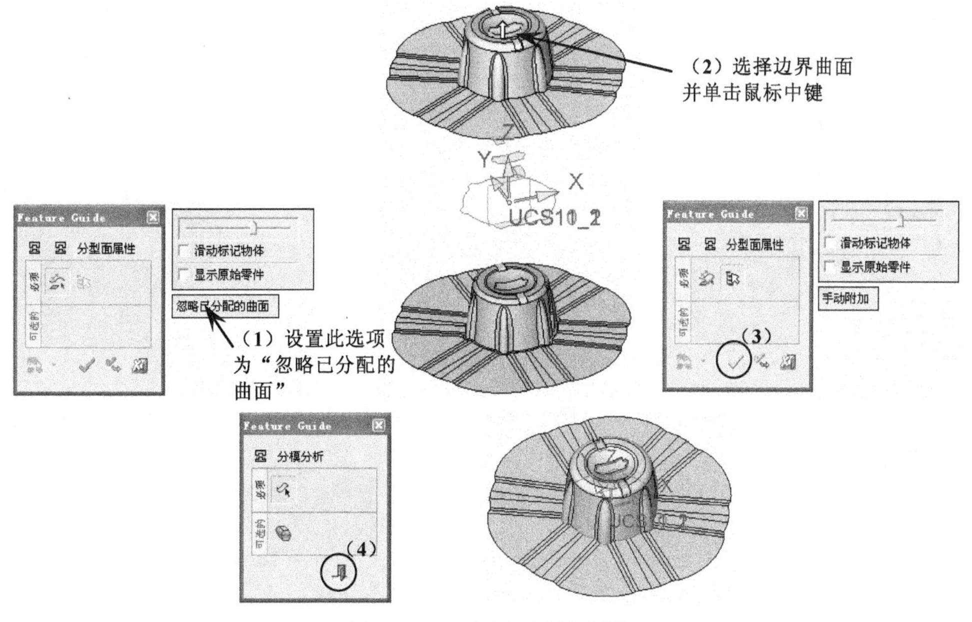

图 11-13　分型面属性设置

1. 选择内分型面并单击鼠标中键后，系统会自动默认型腔面和型芯面为附属对象。

2. 如果分型面没有设置好，则后面无法分割出正确的型腔和型芯。

（17）创建草图。默认 XY 平面为草图平面，然后创建如图 11-14 所示的圆，完成后退出草图环境。

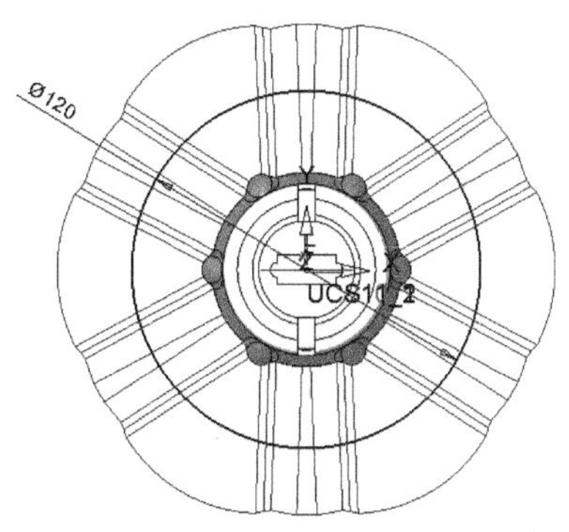

图 11-14　创建草图

（18）创建毛坯。在〖分模向导〗工具栏中选择〖工具〗/〖新毛坯〗命令，弹出〖Feature Guide〗对话框，然后根据图 11-15 所示的步骤进行参数设置，最后单击〖确定〗✓按钮完成特征操作。

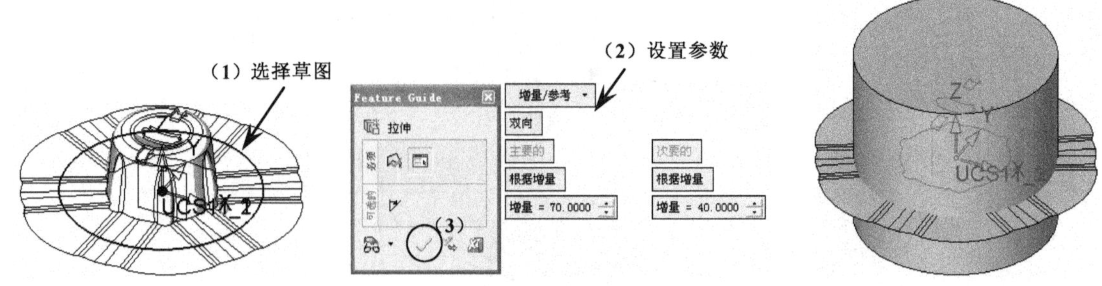

图 11-15 创建毛坯

（19）输出模具组件。在〖分模向导〗工具栏中单击按钮，然后根据图 11-16 所示的步骤进行操作。

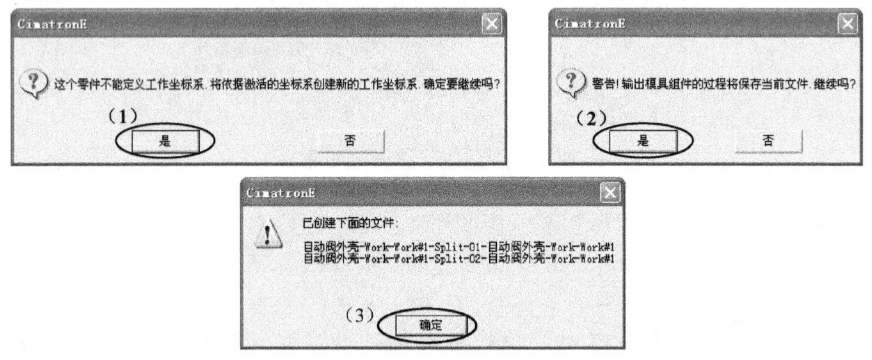

图 11-16 输出模具组件

（20）打开型腔文件。选择含有“Split-01”的文件并打开，如图 11-17 所示。

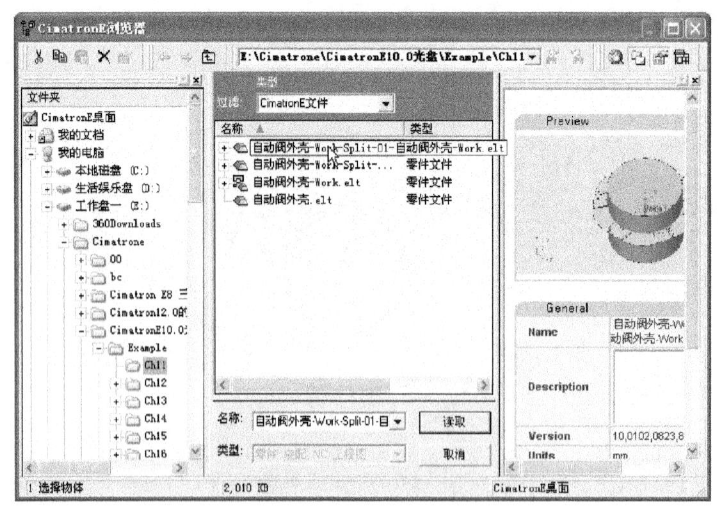

图 11-17 打开型腔文件

（21）缝合分型面。在〖分模向导〗工具栏中选择〖激活工具〗/〖缝合分型面〗命令，弹出〖Feature Guide〗对话框，然后单击〖确定〗✓按钮完成特征操作，如图 11-18 所示。

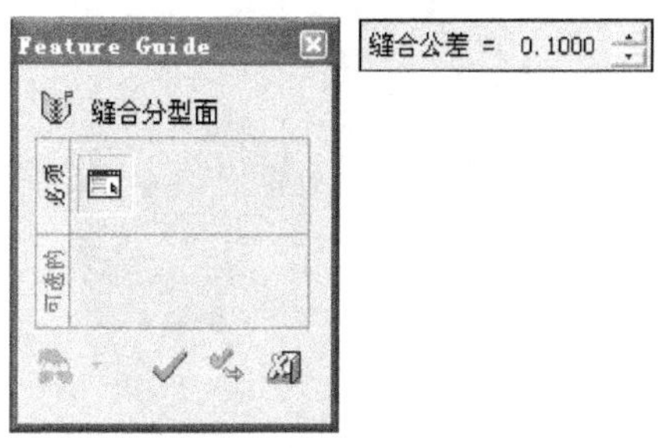

图 11-18　缝合分型面

（22）切除。在〖分模向导〗工具栏中选择〖激活工具〗/〖切除〗命令，弹出〖Feature Guide〗对话框，然后根据图 11-19 所示的步骤进行参数设置，最后单击〖确定〗✓按钮完成特征操作。

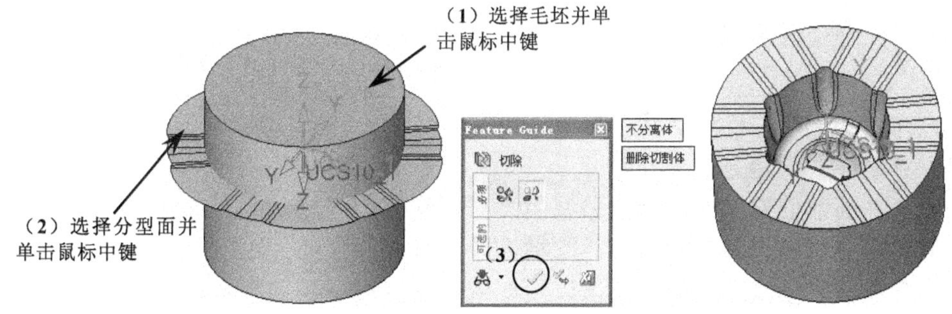

图 11-19　切除

（23）保存文件。在〖标准〗工具栏中单击〖保存〗按钮保存型腔文件，然后关闭型腔文件。

（24）打开型芯文件。选择含有“Split-02”的文件并打开，如图 11-20 所示。

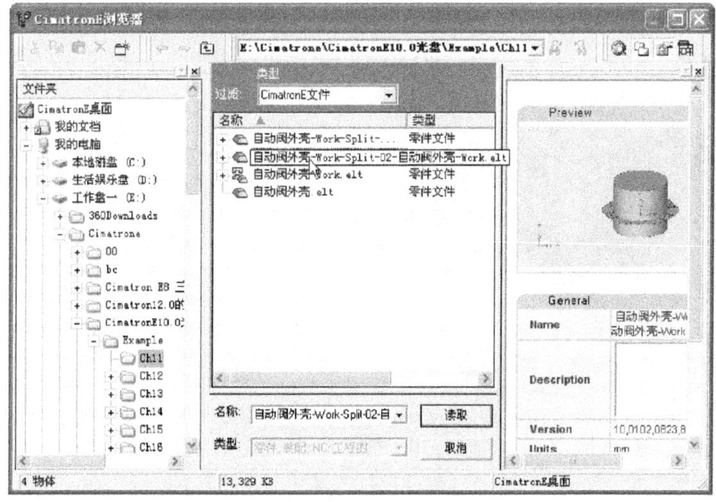

图 11-20　打开型芯文件

（25）参考前面的操作，依次进行缝合分型面和切除，结果如图 11-21 所示。

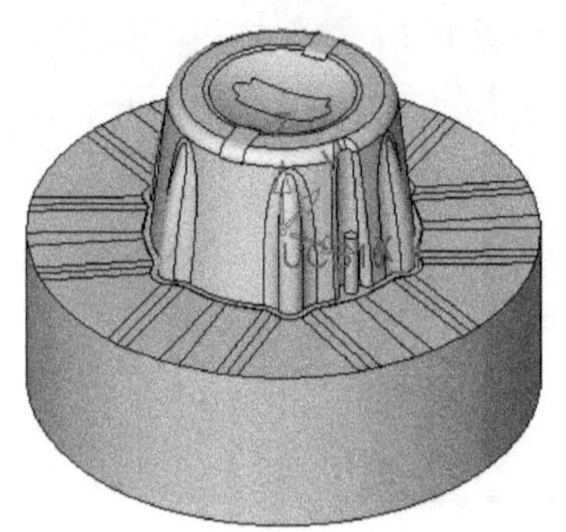

图 11-21 创建型芯文件

（26）保存文件。在〖标准〗工具栏中单击〖保存〗按钮保存型芯文件。

11.3 本章学习收获

通过本章的学习，读者必须掌握以下内容。

（1）分型线的创建方法。

（2）分型面的创建方法，创建分型面时需要注意的问题。

（3）认识分型面属性的重要性，掌握设置分型面属性的方法。

（4）掌握输出模具组件的方法，以及如何正确生成型腔和型芯。

11.4 练习题

打开光盘中的〖Lianxi/Ch11/fenmo.igs〗文件，然后根据本章所学的知识对产品进行分模，如图 11-22 所示。

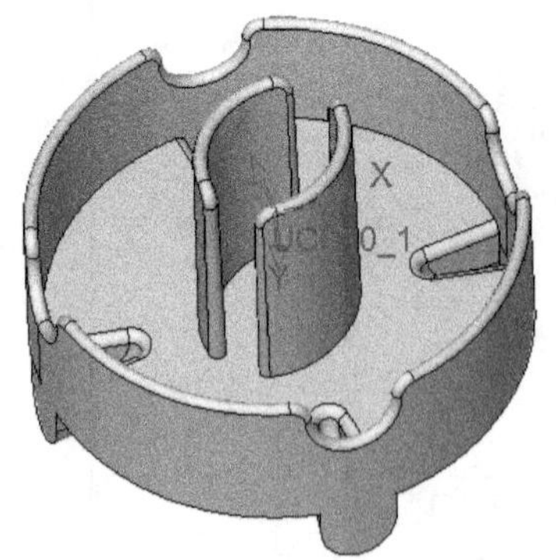

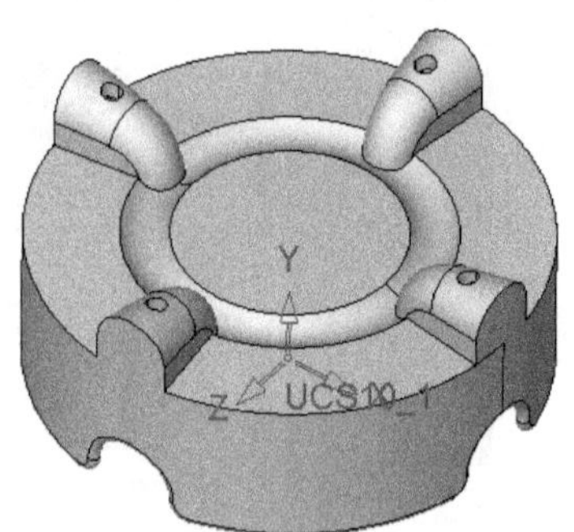

图 11-22 分模

第12章

分模实例二——散热器盒的分模

通过本章的学习，可以掌握产品中需要进行侧抽芯的分模流程，并进一步掌握分模重要的知识点。

12.1 学习目标与课时安排

学习目标及学习内容

（1）进一步掌握分模常用命令的应用。

（2）掌握分模过程中需要注意的事项。

（3）掌握分模的详细步骤。

学习课时安排（共 2 课时）

（1）本章知识点讲解——0.5 课时。

（2）实例详细操作——2 课时。

12.2 散热器盒分模详细步骤

（1）在桌面上双击图标打开 CimatronE 10.0 软件。

（2）输入文件和设置收缩率。在〖设置向导〗工具栏中单击〖分模设置向导〗按钮，弹出〖分模设置向导〗对话框，根据图 12-1 所示的步骤进行参数设置，最后单击〖确定〗按钮。

（3）分模分析。在〖分模向导〗工具栏中单击按钮，弹出〖Feature Guide〗对话框，然后根据图 12-2 所示的步骤进行参数设置，最后单击〖确定〗按钮。

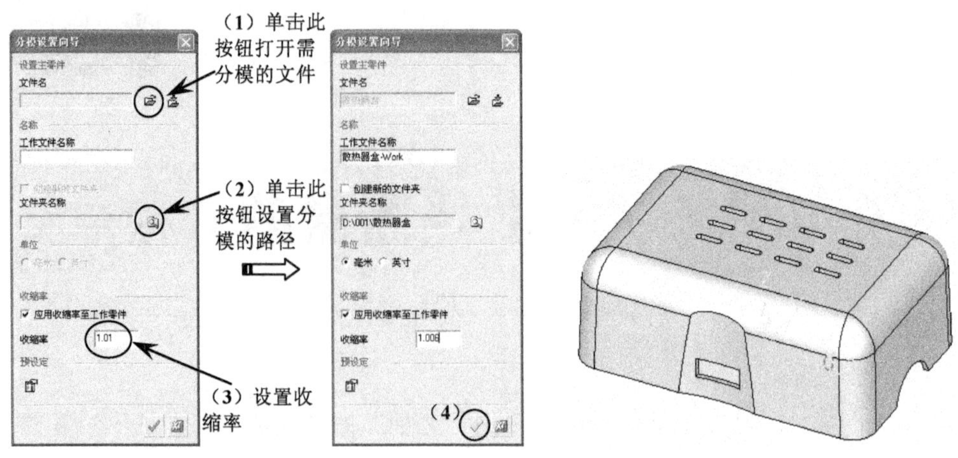

图 12-1　输入文件和设置收缩率

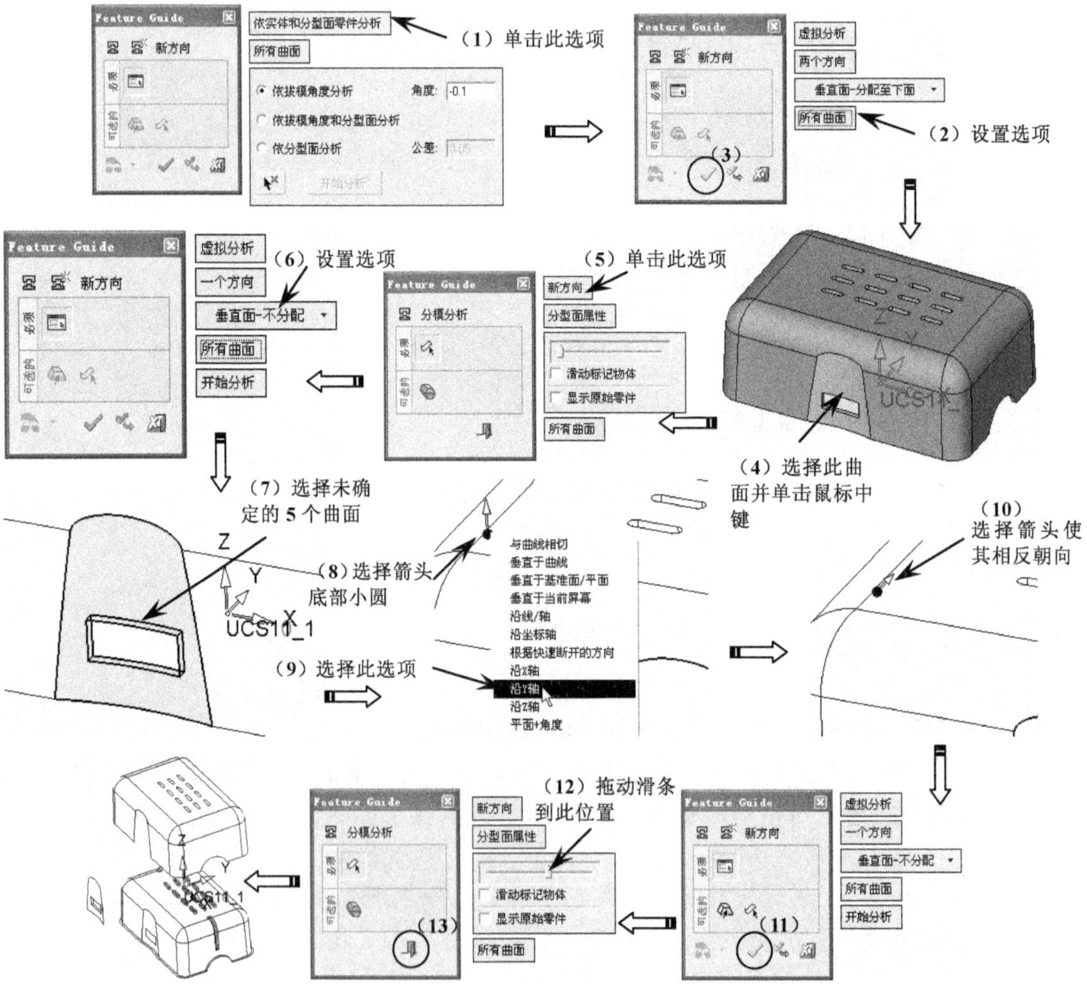

（1）单击此选项
依实体和分型面零件分析
所有曲面
依拔模角度分析　角度: -0.1
依拔模角度和分型面分析
依分型面分析　公差: 0.05
开始分析
Feature Guide
新方向
必须
可选的
虚拟分析
两个方向
垂直面-分配至下面
所有曲面
（2）设置选项
（3）
（4）选择此曲面并单击鼠标中键
UCS1
（5）单击此选项
新方向
分型面属性
滑动标记物体
显示原始零件
所有曲面
分模分析
（6）设置选项
虚拟分析
一个方向
垂直面-不分配
所有曲面
开始分析
（7）选择未确定的 5 个曲面
Z
Y
X
UCS10_1
（8）选择箭头底部小圆
与曲线相切
垂直于曲线
垂直于基准面/平面
垂直于当前屏幕
沿线/轴
沿坐标轴
根据快速断开的方向
沿X轴
沿Y轴
沿Z轴
平面+角度
（9）选择此选项
（10）选择箭头使其相反朝向
（11）
（12）拖动滑条到此位置
（13）
UCS11_1

图 12-2　分模分析

选择曲面并单击鼠标中键，即是将此曲面附加到“未确定”区域中。

（4）预览分型线。在〖分模向导〗工具栏中选择〖分型线〗/〖预览分型线〗命令，模型中将会显示分型线，如图 12-3 所示。

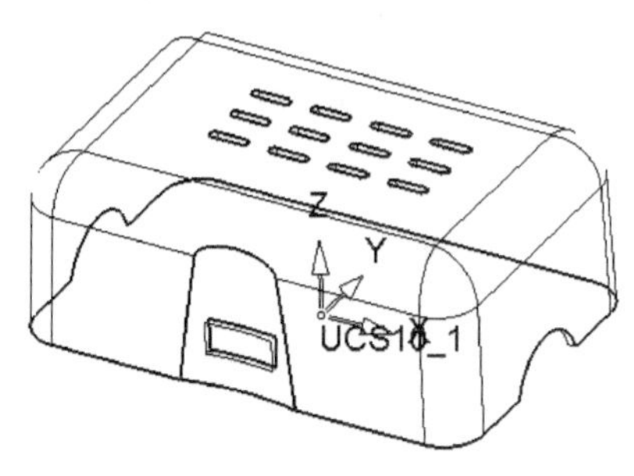

图 12-3　预览分型线

（5）创建内分型线。在〖分模向导〗工具栏中选择〖分型线〗/〖创建内分型线〗命令，弹出〖Feature Guide〗对话框，然后单击〖确定〗✓按钮完成特征操作。

（6）创建内分型面。在〖分模向导〗工具栏中选择〖分型面〗/〖内分型面〗命令，弹出〖Feature Guide〗对话框，系统默认选择上一步创建的内分型线，最后单击〖确定〗✓按钮，如图 12-4 所示。

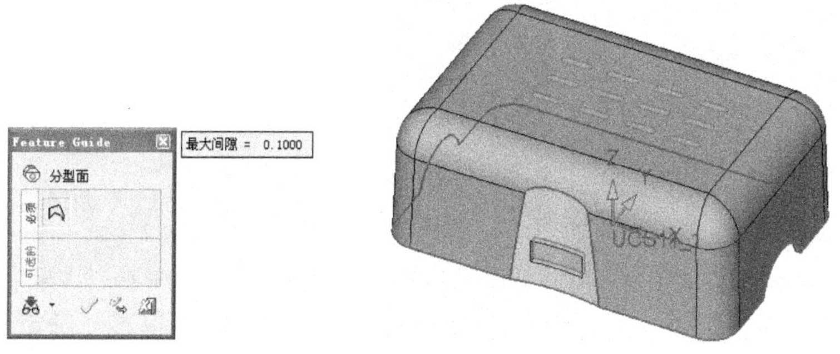

图 12-4　创建内分型面

（7）创建外分型线。在〖分模向导〗工具栏中选择〖分型线〗/〖组合曲线〗命令，弹出〖Feature Guide〗对话框，然后根据图 12-5 所示的步骤进行参数设置，最后单击〖确定〗✓按钮。

（8）创建外分型面。在〖分模向导〗工具栏中选择〖分型面〗/〖外分型面〗命令，弹出〖Feature Guide〗对话框，然后根据图 12-6 所示的步骤进行参数设置，最后单击〖确定〗✓按钮。

（9）创建外分型面。参考上一步操作，选择另一面的外分型线作对象，然后创建如图 12-7 所示的外分型面。

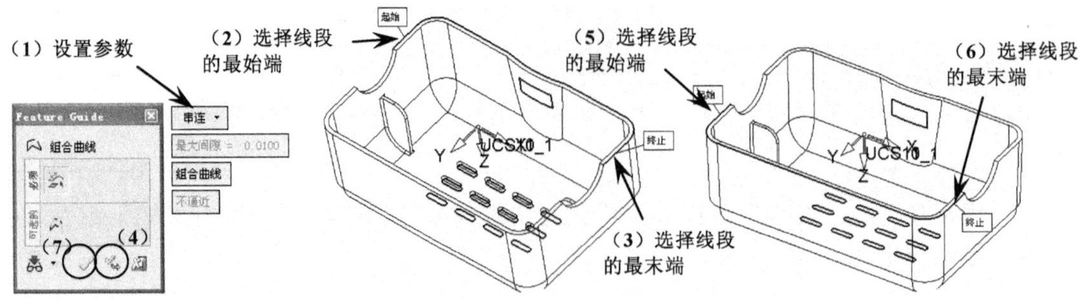

图 12-5　创建外分型线

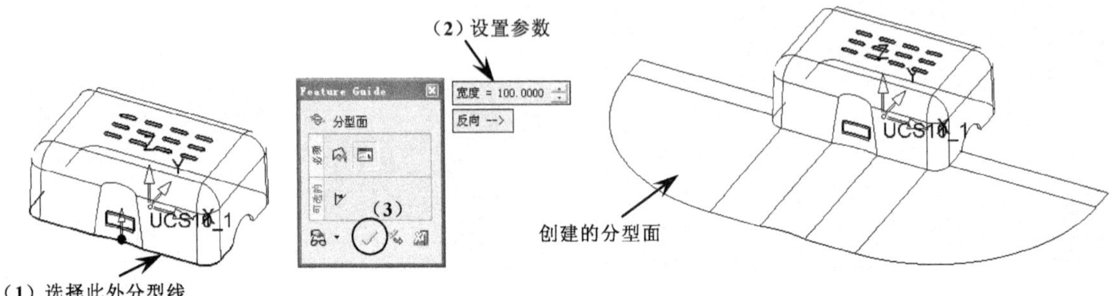

图 12-6　创建外分型面

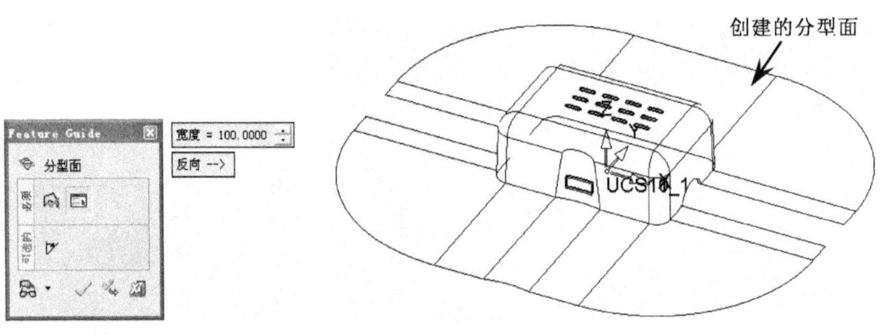

图 12-7　创建外分型面

（10）扫掠创建分型面。在〖分模向导〗工具栏中选择〖分型面〗/〖扫掠〗命令，弹出〖Feature Guide〗对话框，然后根据图 12-8 所示的步骤进行参数设置，最后单击〖确定〗按钮。

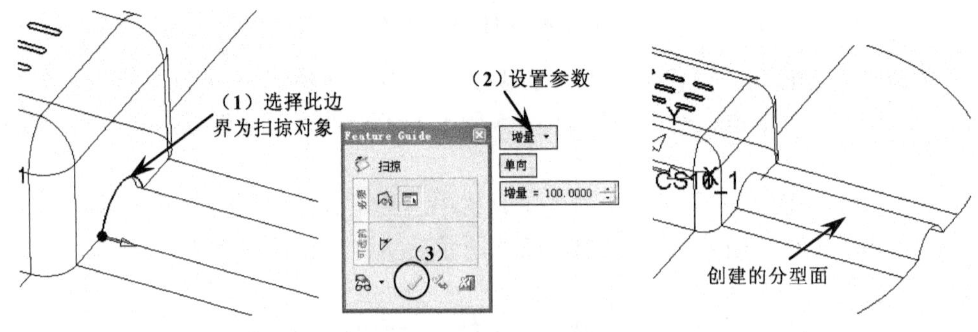

图 12-8　扫掠创建分型面

（11）扫掠创建曲面。参考上一步操作，对另一边创建分型面，如图 12-9 所示。

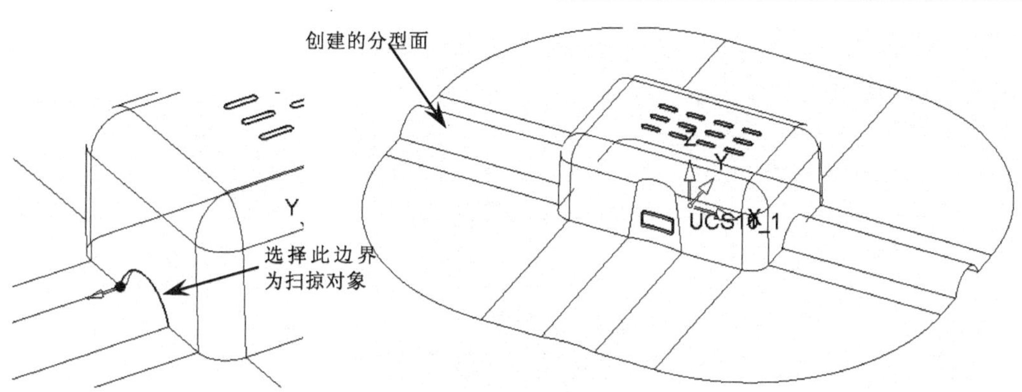

图 12-9　扫掠创建分型面

（12）创建组合曲线。在〖分模向导〗工具栏中选择〖分型线〗/〖组合曲线〗命令，弹出〖Feature Guide〗对话框，然后根据图 12-10 所示的步骤进行参数设置，最后单击〖确定〗按钮。

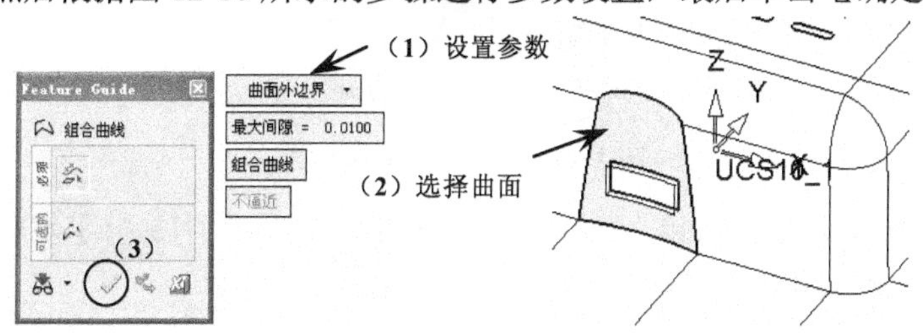

图 12-10　创建组合曲线

（13）扫掠创建分型面。在〖分模向导〗工具栏中选择〖分型面〗/〖扫掠〗命令，弹出〖Feature Guide〗对话框，然后根据图 12-11 所示的步骤进行参数设置，最后单击〖确定〗按钮。

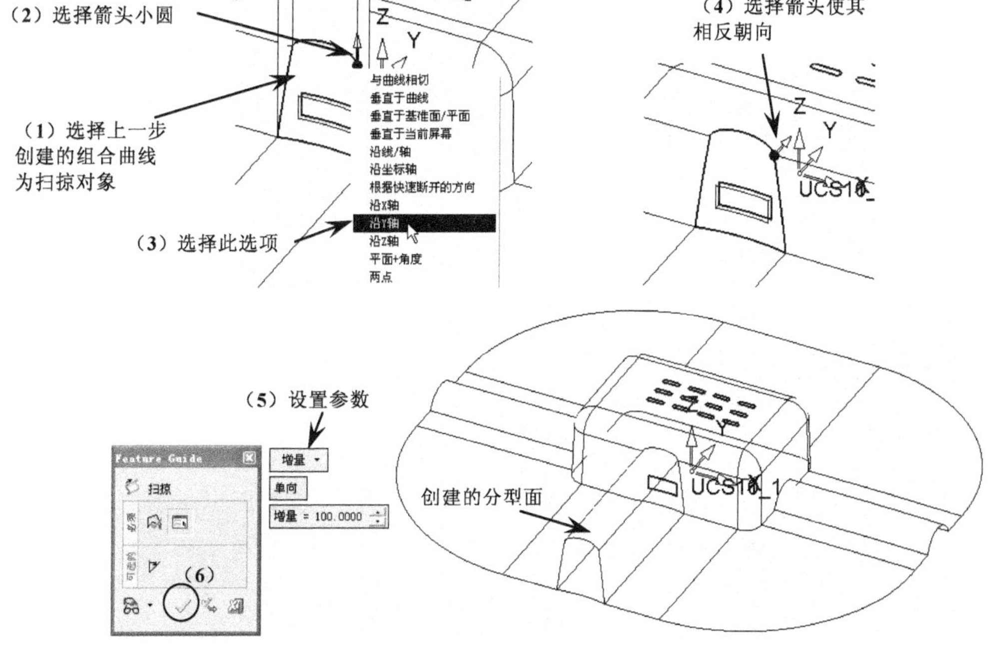

图 12-11　创建分型面

（14）分型面属性设置。在〖分模向导〗工具栏中单击分型面属性按钮，弹出〖Feature Guide〗对话框，然后根据图 12-12 所示的步骤进行参数设置。

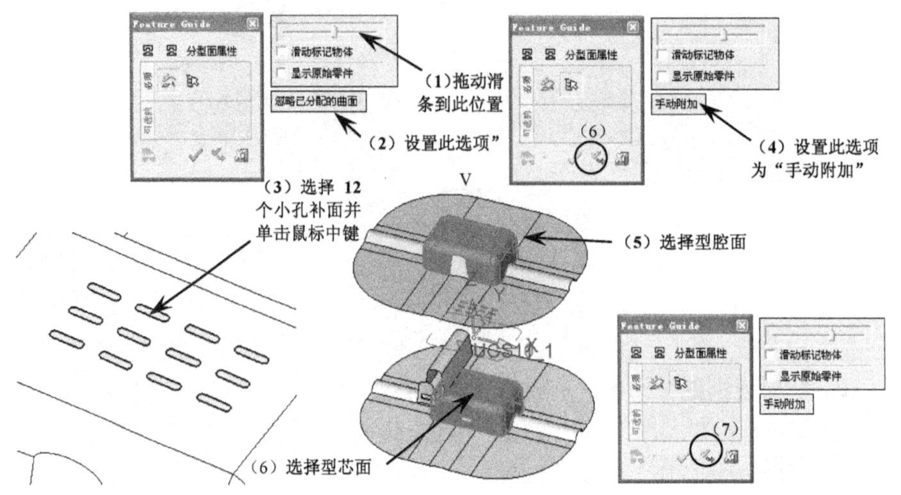

图 12-12　分型面属性设置

（15）分型面属性设置。承接上一步操作，然后根据图 12-13 所示步骤进行参数设置，最后单击〖确定〗✓按钮。

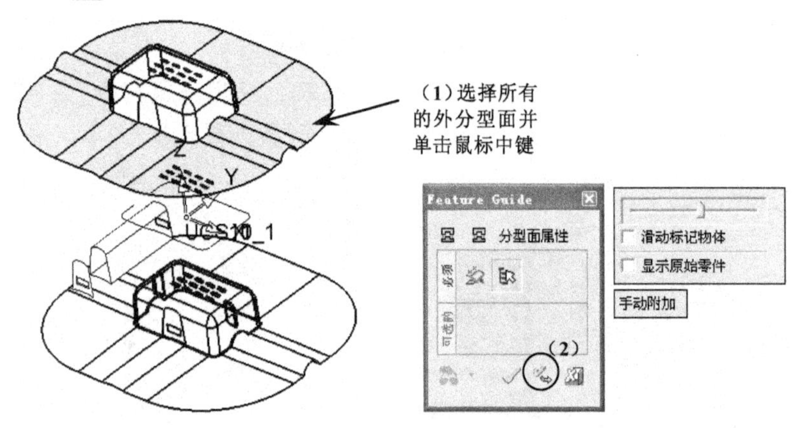

图 12-13　分型面属性设置

要点提示

选择外分型面并单击鼠标中键后，系统会自动默认型腔面和型芯面为附属对象，所以则不需要重新选择型腔面和型芯面了。

（16）分型面属性设置。承接上一步操作，然后根据图 12-14 所示步骤进行参数设置，最后单击〖确定〗✓按钮。

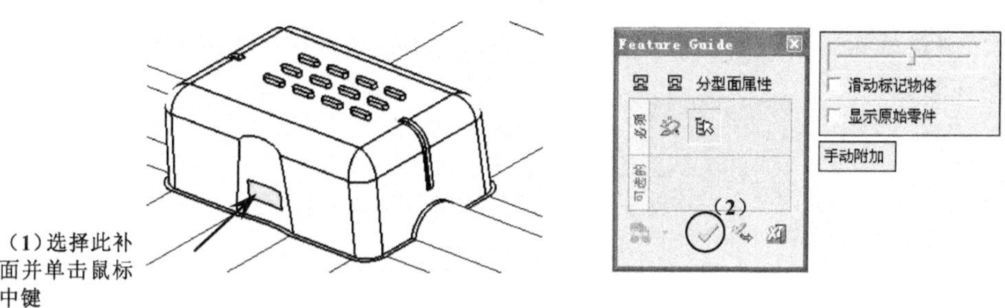

图 12-14 分型面属性设置

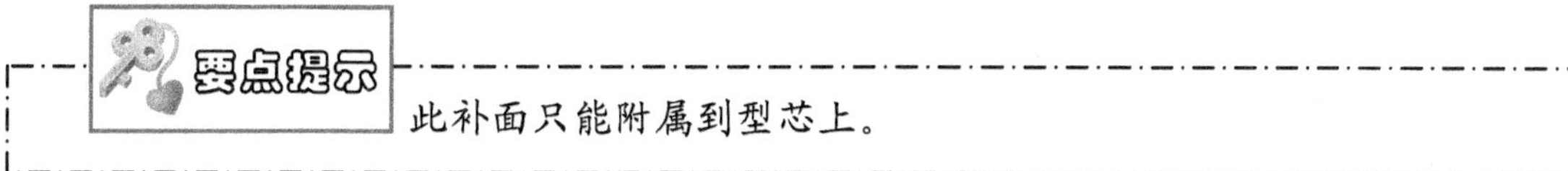

要点提示 此补面只能附属到型芯上。

（17）分型面属性设置。承接上一步操作，然后根据图 12-15 所示步骤进行参数设置，最后单击〖确定〗✓按钮。

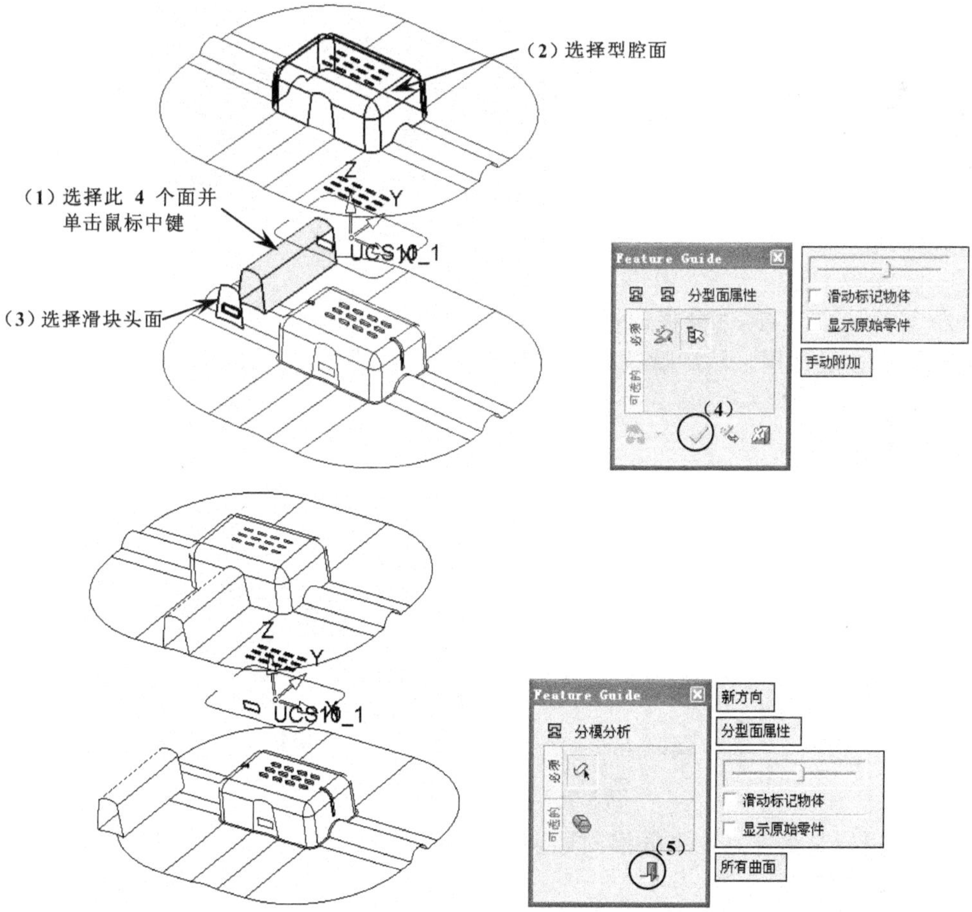

图 12-15 分型面属性设置

（18）创建草图。默认 XY 平面为草图平面，然后创建如图 12-16 所示的矩形，完成后退出草图环境。

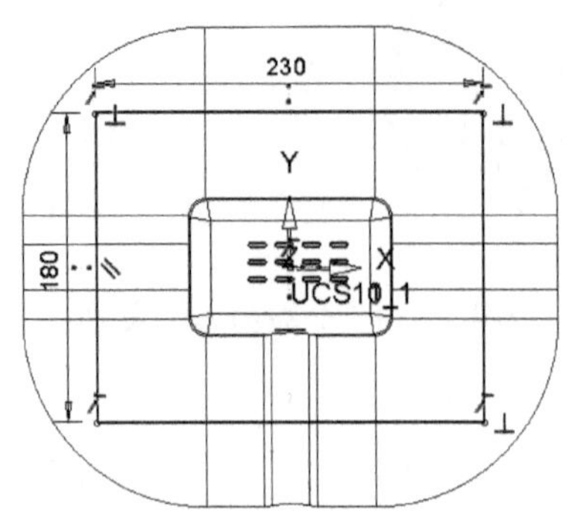

图 12-16　创建草图

（19）创建毛坯。在〖分模向导〗工具栏中选择〖工具〗/〖新毛坯〗命令，弹出〖Feature Guide〗对话框，然后根据图 12-17 所示的步骤进行参数设置，最后单击〖确定〗按钮。

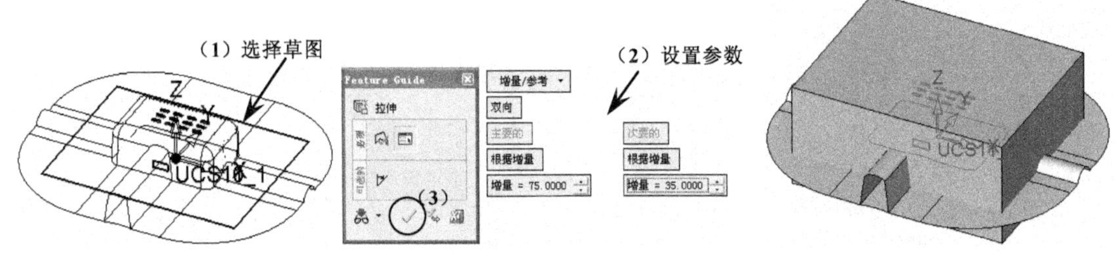

图 12-17　创建毛坯

（20）创建工作坐标。〖分模向导〗工具栏中选择〖工具〗/〖工作坐标系〗命令，弹出〖Feature Guide〗对话框，然后默认系统产生坐标系的位置，最后单击〖确定〗按钮，如图 12-18 所示。

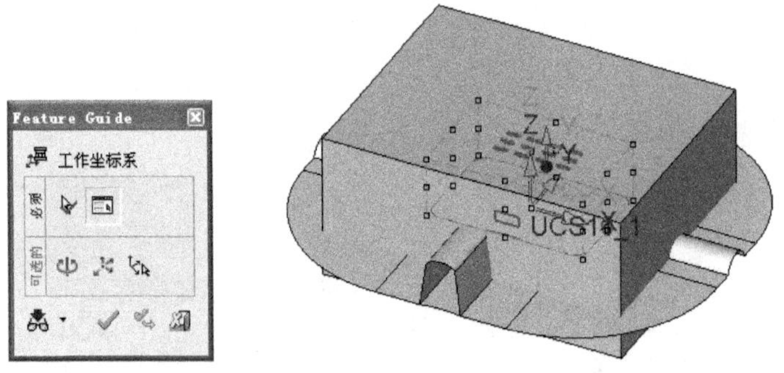

图 12-18　创建工作坐标系

（21）输出模具组件。在〖分模向导〗工具栏中单击按钮，然后根据图 12-19 所示的步骤进行操作。

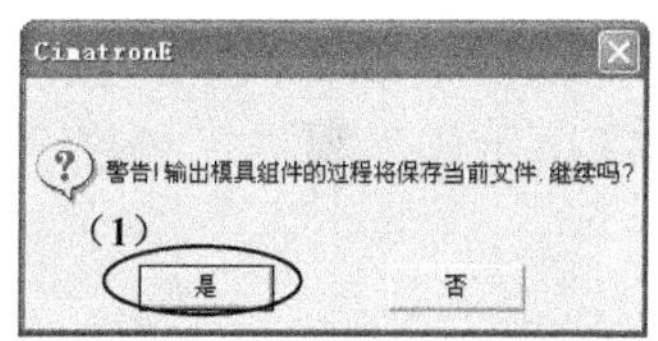

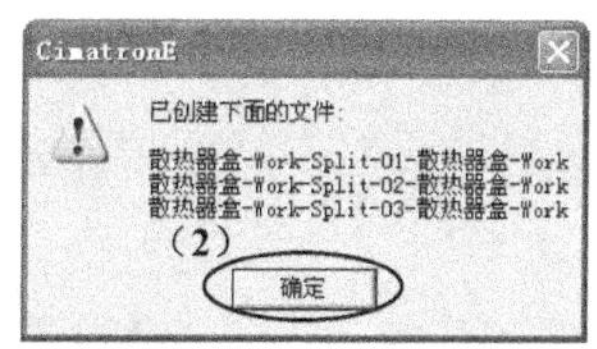

图 12-19 输出模具组件

（22）打开型腔文件。选择含有“Split-01”的文件并打开，如图 12-20 所示。

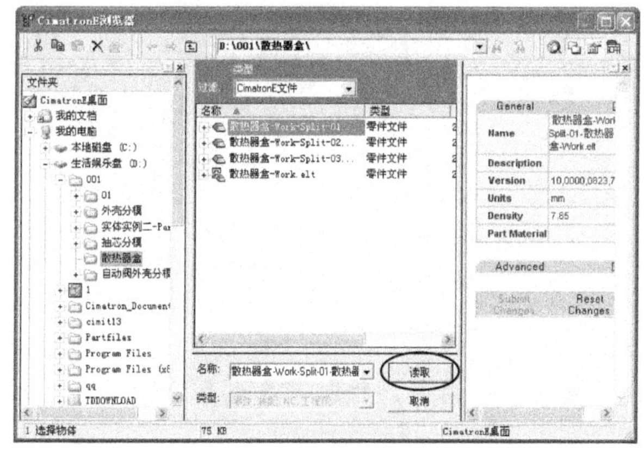
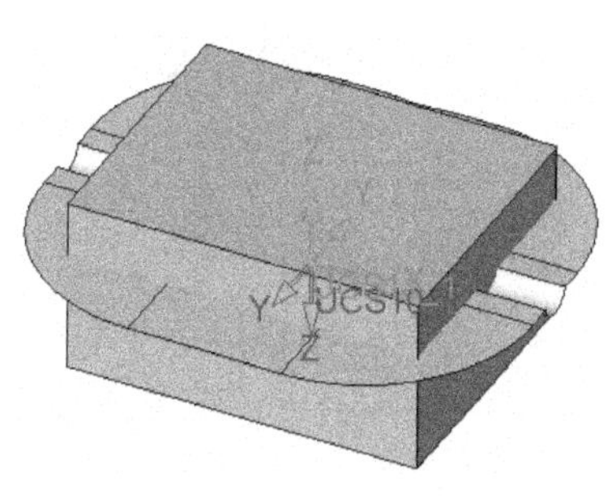

图 12-20 打开型腔文件

（23）缝合分型面。在〖分模向导〗工具栏中选择〖激活工具〗/〖缝合分型面〗命令，弹出〖Feature Guide〗对话框，然后单击〖确定〗✓按钮，如图 12-21 所示。

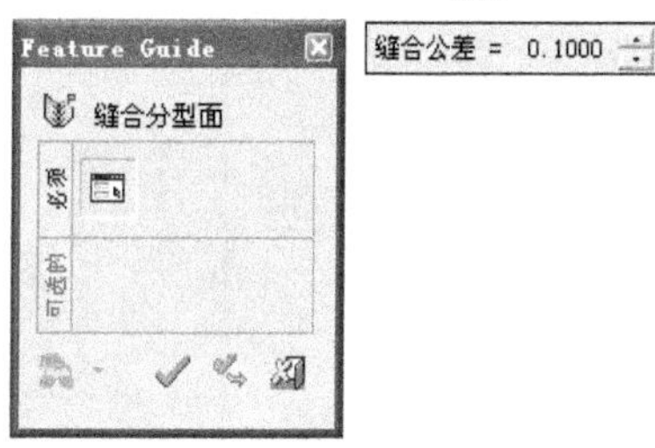

图 12-21 缝合分型面

（24）切除。在〖分模向导〗工具栏中选择〖激活工具〗/〖切除〗命令，弹出〖Feature Guide〗对话框，然后根据图 12-22 所示的步骤进行参数设置，最后单击〖确定〗✓按钮。

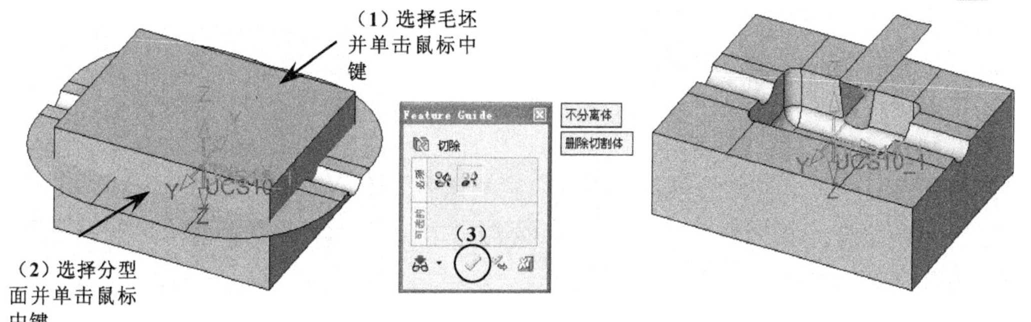

图 12-22 切除

（25）删除几何体。在〖分模向导〗工具栏中选择〖激活工具〗/〖删除几何体〗命令，弹出〖Feature Guide〗对话框，然后根据图 12-23 所示的步骤进行参数设置，最后单击〖确定〗✓按钮。

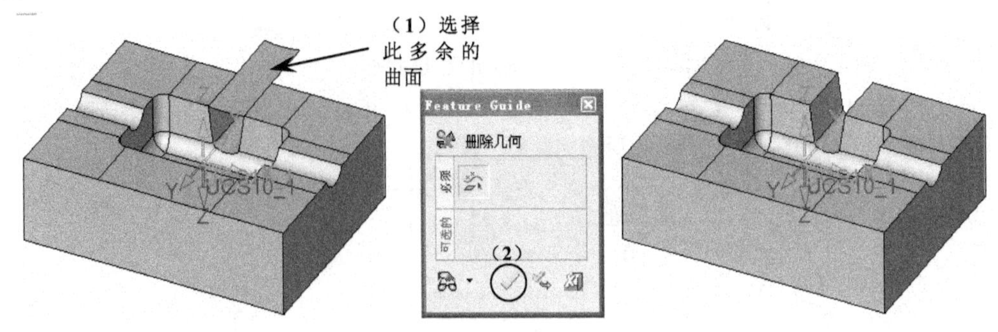

图 12-23　删除几何体

由于多余的曲面存在相同的两个，所以需要重复删除两次。

（26）保存文件。在〖标准〗工具栏中单击〖保存〗按钮保存型腔文件，然后关闭型腔文件。

（27）打开型芯文件。选择含有“Split-02”的文件并打开，如图 12-24 所示。

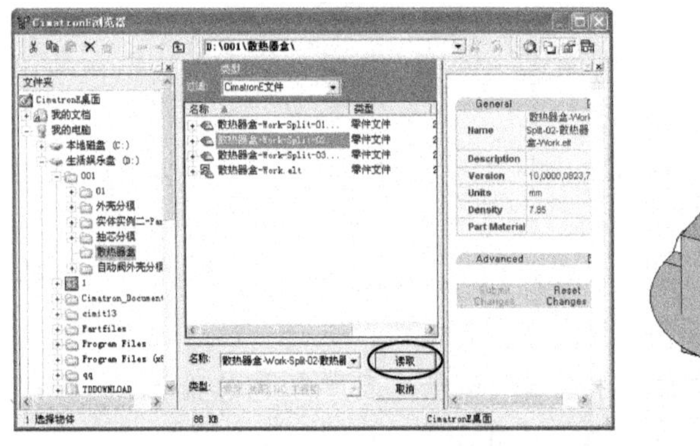

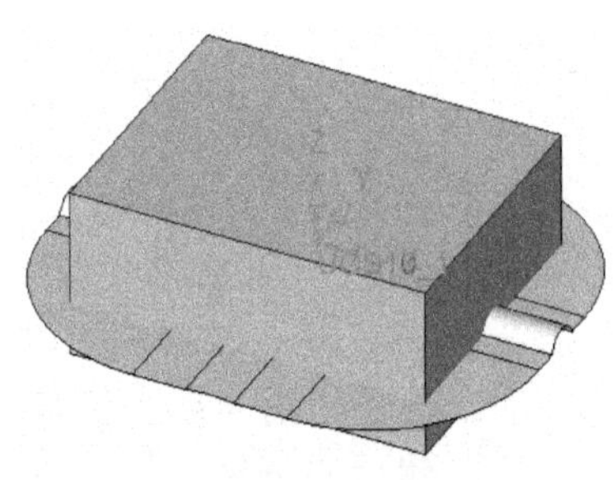

图 12-24　打开型芯文件

（28）参考前面的操作，依次进行缝合分型面和切除，结果如图 12-25 所示。

（29）保存文件。在〖标准〗工具栏中单击〖保存〗按钮保存型芯文件。

（30）打开滑块文件。选择含有“Split-03”的文件并打开，如图 12-26 所示。

（31）删除几何体。在〖分模向导〗工具栏中选择〖激活工具〗/〖删除几何体〗命令，弹出〖Feature Guide〗对话框，然后根据图 12-27 所示的步骤进行参数设置，最后单击〖确定〗✓按钮。

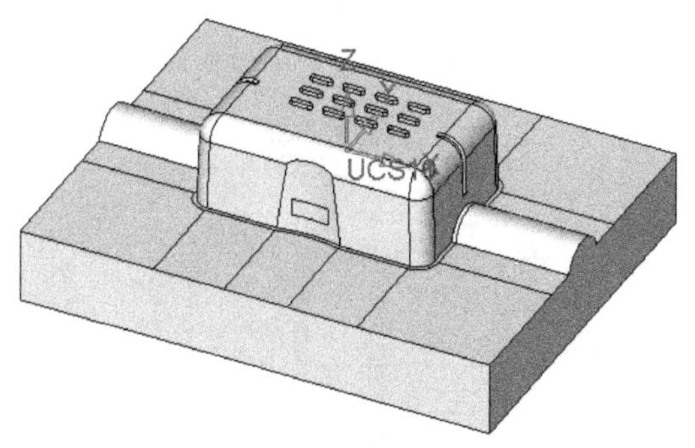

图 12-25　创建型芯文件

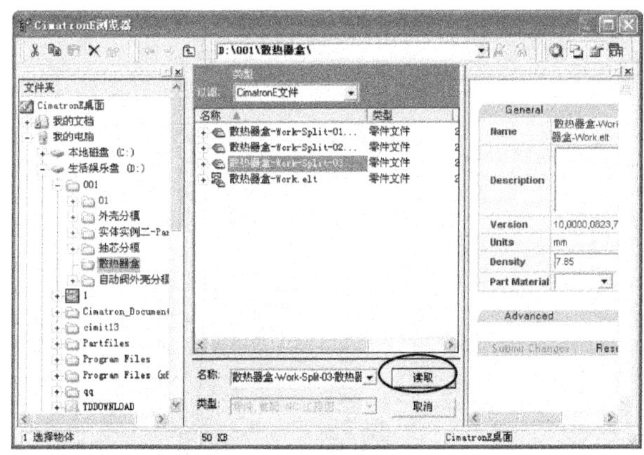

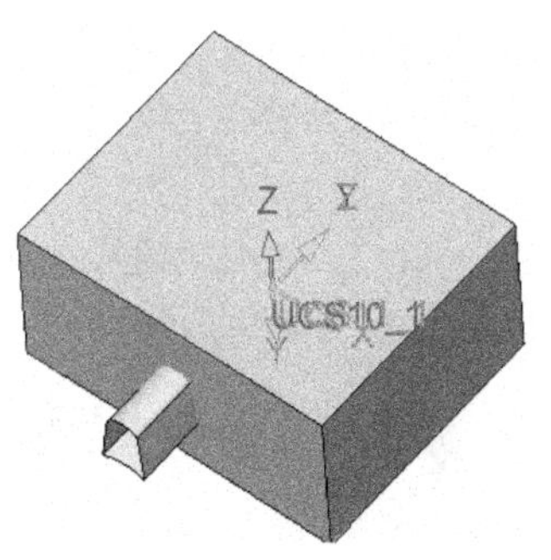

图 12-26　打开滑块文件

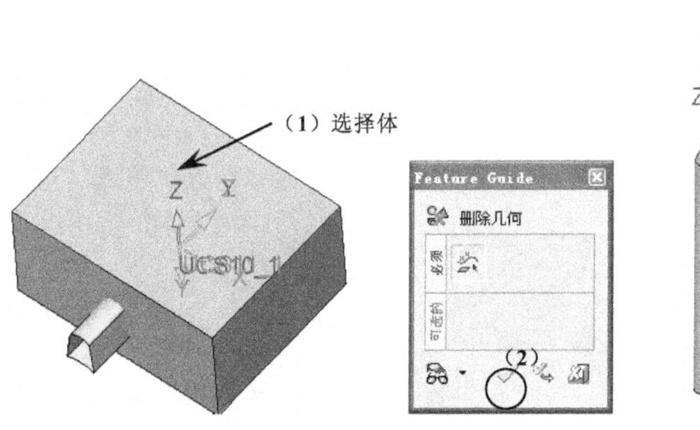

图 12-27　删除几何体

（32）创建草图。选择 XZ 平面为草图平面，然后创建如图 12-28 所示的直线，完成后退出草图界面。

（33）扫掠创建曲面。参考前面的操作，选择上一步创建的草图为扫掠对象，然后创建如图 12-29 所示的曲面。

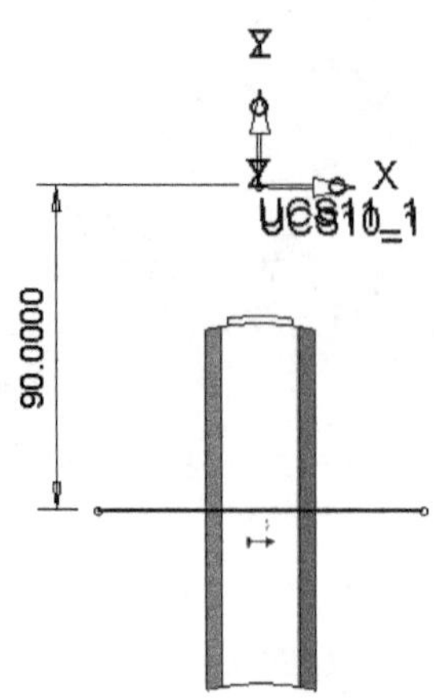

图 12-28　创建草图

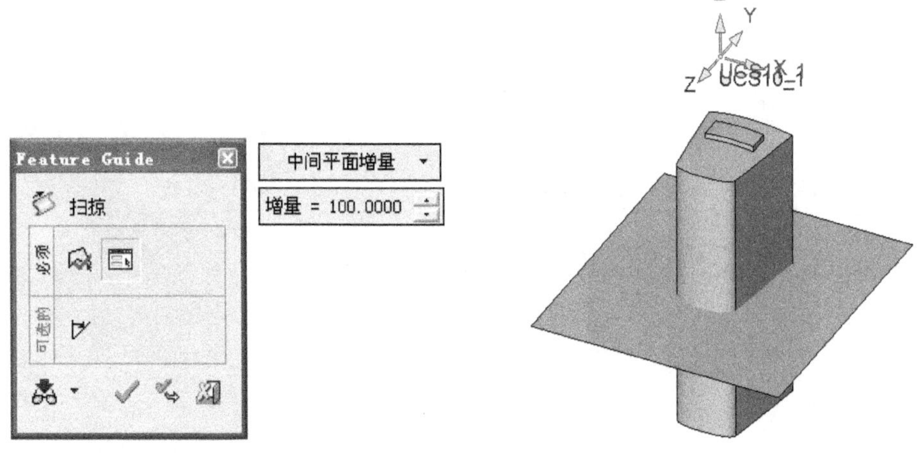

图 12-29　扫掠创建曲面

（34）修剪曲面。参考前面的操作，对两曲面组进行修剪，如图 12-30 所示。

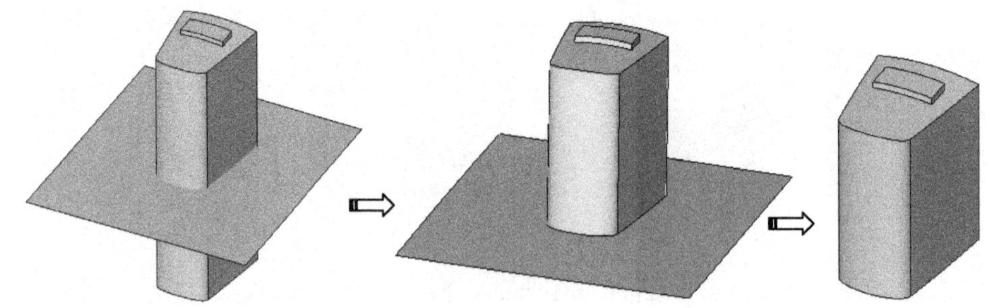

图 12-30　修剪曲面

（35）保存文件。在〖标准〗工具栏中单击〖保存〗按钮保存滑块头文件。

（36）分模的结果如图 12-31 所示。

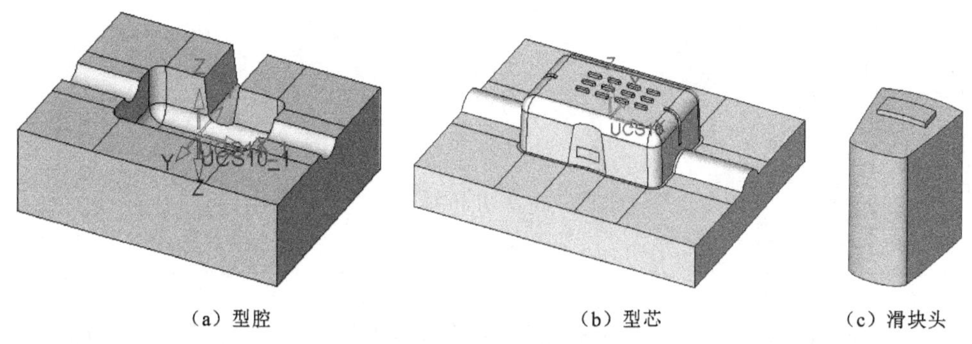

（a）型腔　　（b）型芯　　（c）滑块头

图 12-31　分模结果

12.3　本章学习收获

通过本章的学习，读者必须掌握以下内容。

（1）模具设计中，需要设计滑块的产品结构。

（2）进一步掌握分型线的创建方法，明白各方法的目的。

（3）掌握滑块头的创建方法和技巧。

（4）掌握输出模具组件的方法，以及正确生成型腔、型芯和滑块头的方法。

12.4　练习题

打开光盘中的〖Lianxi/Ch12/fenmo.elt〗文件，然后根据本章所学的知识对产品进行分模，如图 12-32 所示。

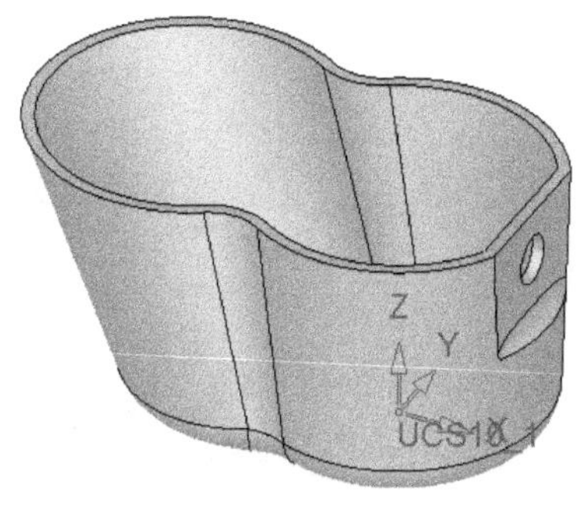
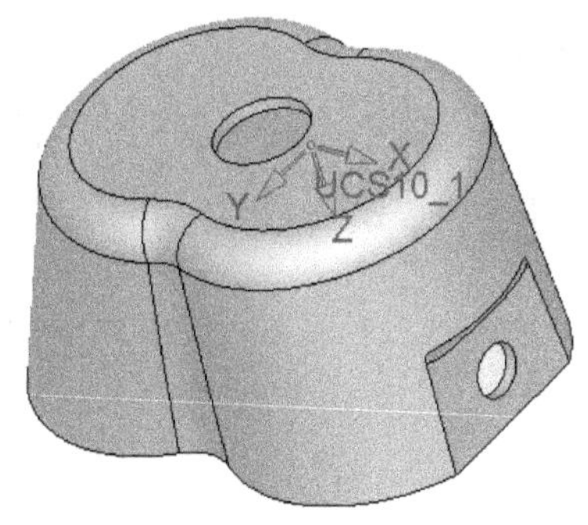

图 12-32　分模

第3部分

CimatronE 10.0 数控编程入门基础

第3部分主要介绍CimatronE 10.0数控编程入门基础知识，共8章。主要内容有CimatronE数控编程基础、2.5 轴加工、体积铣加工、曲面铣削加工、清角加工、轮廓铣加工、钻孔加工和转换刀具路径。通过第3部分知识的系统学习，可以让读者快速掌握CimatronE 10.0数控编程的基本内容。

作 者 寄 语

1. CimatronE软件提供的编程加工策略较多，但并不是需要掌握所有的加工命令。在模具加工制造方面，只需要掌握常用的几个即可，后面书中的实例将得到体现。

2. 在第 3 部分知识内容的学习时，读者应深入思考各加工参数对刀路的影响，主要用于哪些场合的加工。

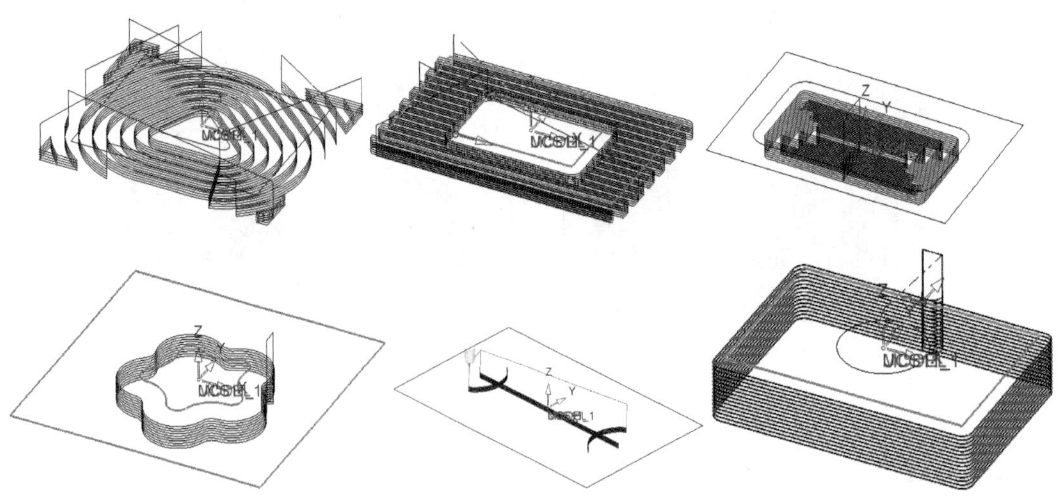

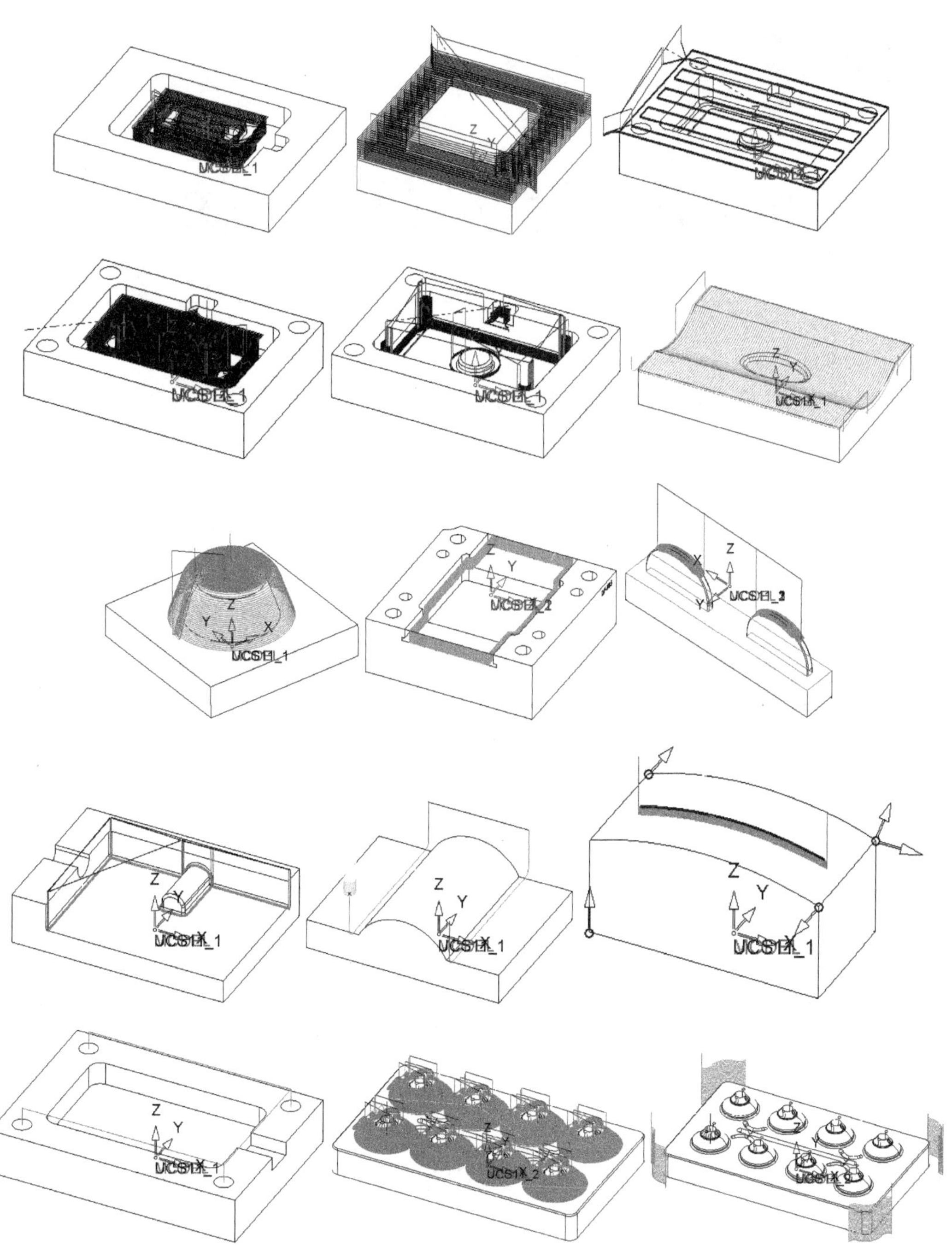

CimatronE 数控编程基础

本章主要介绍 CimatronE 10.0 数控编程的基本知识点，让读者对数控编程有一个基本的认识，掌握 CimtronE 10.0 数控编程的步骤和了解常用的编程命令，为后面的学习打下扎实的根基。

13.1 学习目标与课时安排

学习目标及学习内容

（1）掌握进入编程界面及基本设置的方法。

（2）掌握输入编程模型及调整加工坐标的方法。

（3）掌握模具加工中常用的编程命令。

（4）掌握数控编程的基本步骤。

学习课时安排（共 3 课时）

（1）编程界面、输入模型、常用命令介绍——1 课时。

（2）编程的基本步骤——1 课时。

（3）编程入门示例——1 课时。

13.2 进入 CimatronE 10.0 编程界面

1. 直接进入

指在原始界面中选择“NC”选项而进入编程界面。在电脑桌面中双击图标，弹出 CimatronE 10.0 的原始界面。在〖标准〗工具栏中单击〖新建文件〗按钮，弹出〖新建文件〗对话框，默认单位为“毫米”，然后选择图标并单击按钮，进入编程界面，如图 13-1 所示。

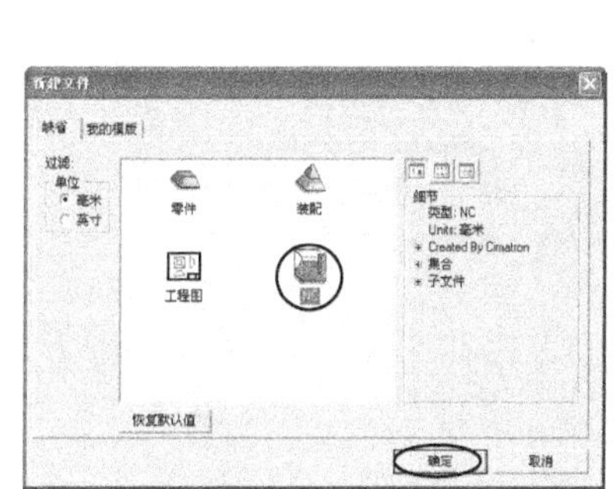
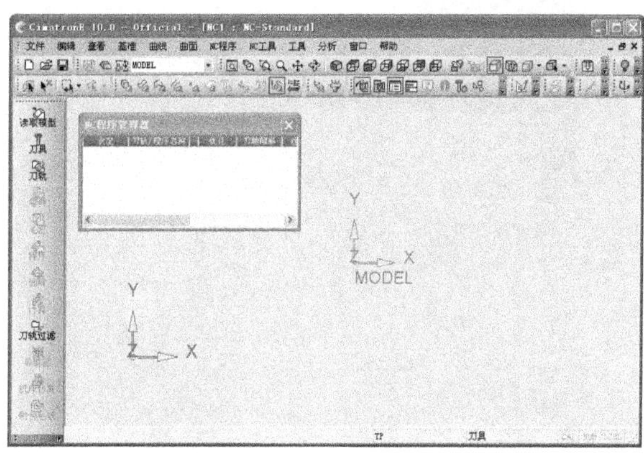

图 13-1　直接进入编程界面

2. 从零件设计界面进入

将零件设计界面中的模型输出到编程界面中。在已打开的零件设计界面中选择〖文件〗/〖输出〗/〖至加工〗命令，即进入编程界面，然后单击按钮✓确定零件的摆放，如图 13-2 所示。但当零件设计界面中的文件未保存时，则需要先保存。

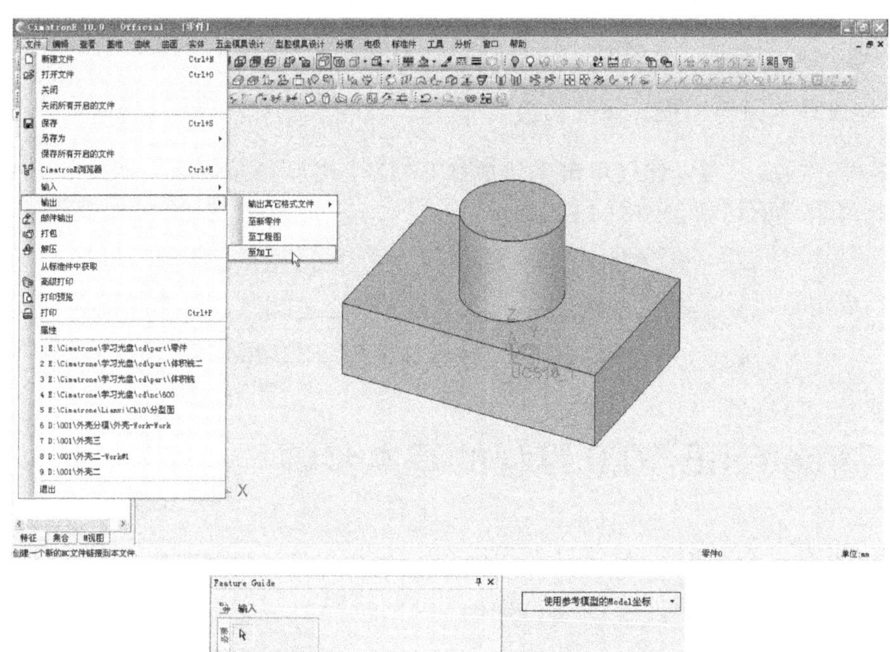
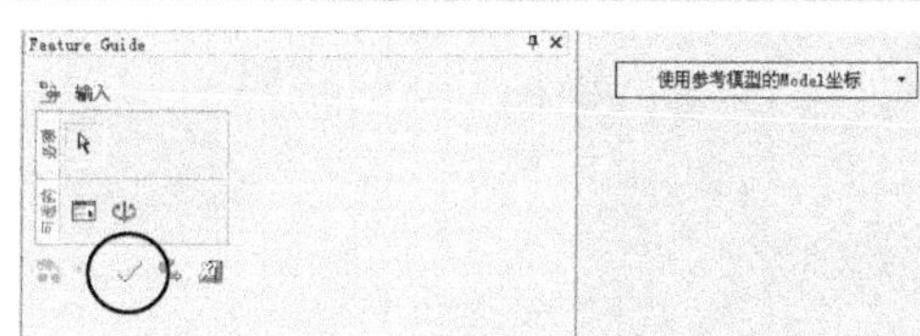

图 13-2　从零件设计界面进入

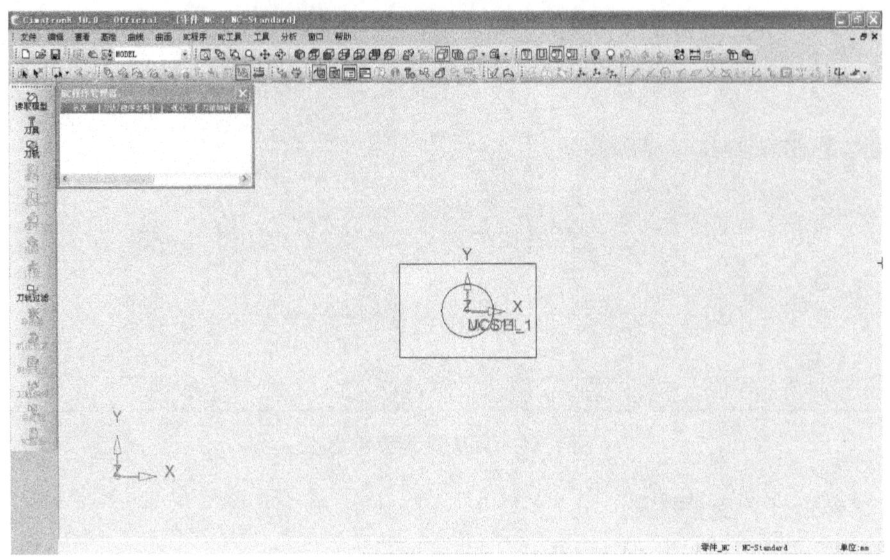

图 13-2　从零件设计界面进入（续）

3．打开已编程的文件

直接打开已经编程的 NC 文件，则直接进入加工界面。

4．零件设计界面与编程界面的切换

进入编程界面后，可以通过单击〖切换到 CAD 模式〗按钮和〖切换到 CAM 模式〗按钮进行环境界面切换，如图 13-3 所示。

图 13-3　零件设计界面与加工界面的切换

13.3　CimatronE 10.0 编程的基本步骤

CimatronE 编程的基本步骤：输入编程模型、创建刀具、创建刀轨、创建毛坯、创建程序、检验程序、输出 NC 后处理和保存文件。

13.3.1　输入编程模型

编程前，首先需要输入编程模型。在编程界面左侧的〖NC 向导〗工具栏中单击 读取模型 按钮，弹出〖CimatronE 浏览器〗对话框，接着选择编程文件的存放路径并单击 选择 按钮，然后单击〖确定〗✓按钮确定模型的放置，如图 13-4 所示。

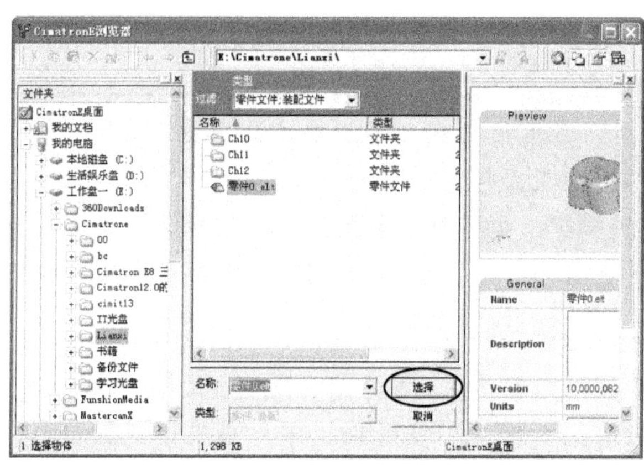

图 13-4　输入编程模型

要点提示

1. 这里只能读取 CimatronE 的零件设计文件或装配文件，如需要输入其他软件格式的编程文件，则首先需在零件设计界面中将其输入，接着保存为 CimatronE 文件格式（.elt 后缀），然后再输出至加工环境即可。

2. 当输入的编程模型其加工摆放不满足加工要求时，则可通过单击〖Feature Guide〗对话框中的〖设置旋转参数〗按钮来旋转模型。

13.3.2　创建刀具

创建当前模型编程所需要的刀具。在〖NC 向导〗工具栏中单击按钮，弹出〖刀具及夹头〗对话框，然后单击〖新刀具〗按钮创建所需的刀具，如图 13-5 所示。

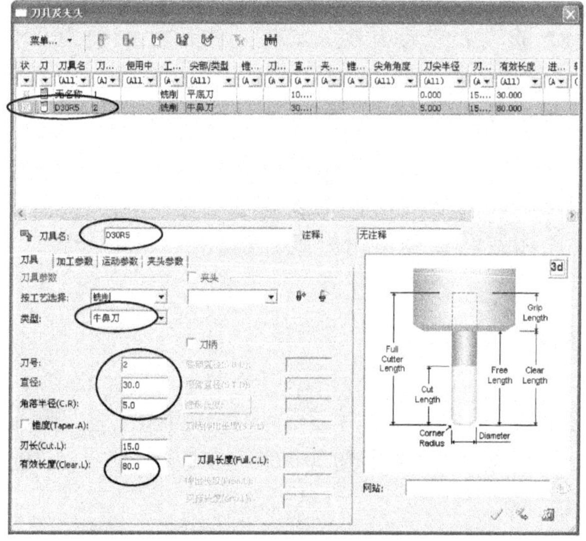

图 13-5　创建刀具

1. 新建刀具时，需要设置的刀具参数有刀具名、类型、直径、角落半径和有效长度，其他参数可不用设置。

2. 新建刀具的命名应有一定的规律，如创建直径为 12 的平底刀，可命名为 D12；如创建直径为 30、角落半径为 5 的牛鼻刀，可命名为 D30R5；如创建直径为 8 的球刀，可命名为 R4 或（8R4）。

数控铣刀从形状上主要分为平底刀（端铣刀）、牛鼻刀和球刀，如图 13-6 所示，从刀具使用性能上分为白钢刀、飞刀和合金刀。在工厂实际加工中，最常用的刀具有 D63R6、D50R5、D35R5、D32R5、D30R5、D25R5、D20R0.8、D17R0.8、D13R0.8、D12、D10、D8、D6、D4、R5、R3、r2.5、r2、r1.5、r1 和 r0.5 等。

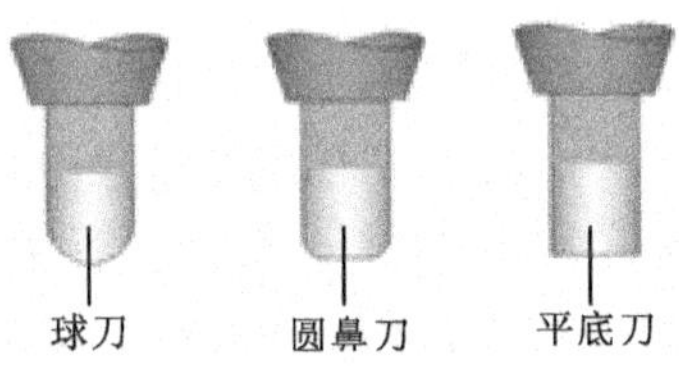

图 13-6　创建刀具

（1）平底刀：主要用于粗加工、平面精加工、外形精加工和清角加工。其缺点是刀尖容易磨损，影响加工精度。

（2）圆鼻刀：主要用于模胚的粗加工、平面粗精加工，特别适用于材料硬度高的模具开粗加工。

（3）球刀：主要用于非平面的半精加工和精加工。

选择刀具时，要使刀具的尺寸与模胚的加工尺寸相适应。如模腔的尺寸是 80×80，则应该选择 D25R5 或 D16R0.8 等刀具进行开粗；如模腔的尺寸大于 100×100，则应该选择 D30R5、D32R5 或 D35R5 的飞刀进行开粗；如模腔的尺寸大于 300×300，那应该选择直径大于 D35R5 的飞刀进行开粗，如 D50R5 或 D63R6 等。另外，刀具的选择由机床的功率所决定，如功率小的数控铣床或加工中心，则不能使用大于 D50R5 的刀具。

在实际加工中，常选择立铣刀加工平面零件轮廓的周边、凸台、凹槽等；选择镶硬质合金刀片的玉米铣刀加工毛坯的表面、侧面及型腔开粗；选择球头铣刀、圆鼻刀、锥形铣刀和盘形铣刀加工一些立体型面和变斜角轮廓外形。

13.3.3　创建毛坯

创建加工零件的毛坯。在〖NC 向导〗工具栏中单击 按钮，弹出〖初始毛坯〗对话框，然后设置毛坯的类型和参数即可，如图 13-7 所示。详细的操作步骤参考后面的实例。

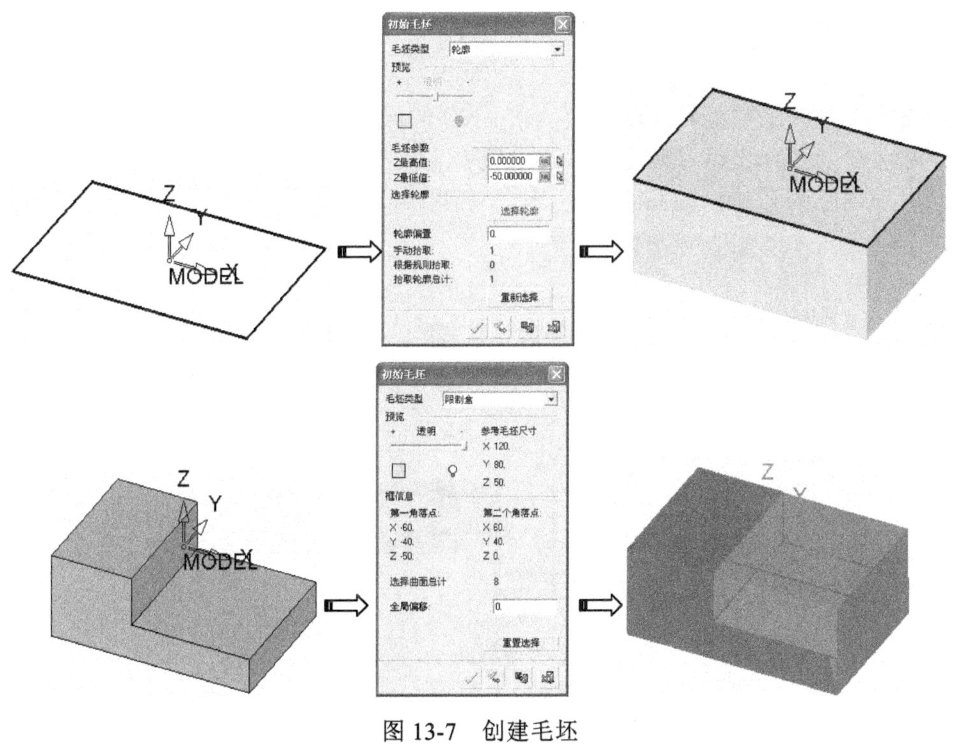

图 13-7　创建毛坯

要点提示

常用的创建毛坯类型主要是“轮廓”和“限制盒”，如加工的模型是二维轮廓线，则应选择“轮廓”的方式；如加工的模型是实体或曲面，则应选择“限制盒”的方式。

毛坯创建完成后，并不能直接显示毛坯效果的，可在〖NC 程序管理器〗中双击前面创建的毛坯才能显示，如图 13-8 所示。如不需再查看，则在弹出的〖初始毛坯〗对话框单击〖取消〗按钮退出。

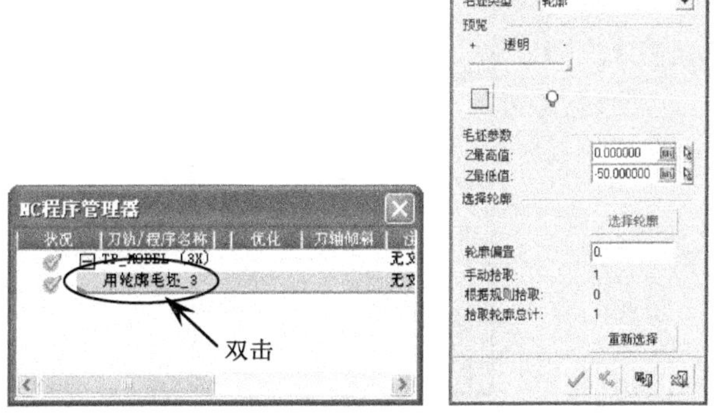

图 13-8　查看毛坯

13.3.4 创建刀轨

主要用于设置加工类型和安全高度。在〖NC 向导〗工具栏中单击 按钮，弹出〖创建刀轨〗对话框，然后选择刀轨的类型和设置安全高度即可，此时〖NC 程序管理器〗对话框中则会出现创建的刀轨，如图 13-9 所示。

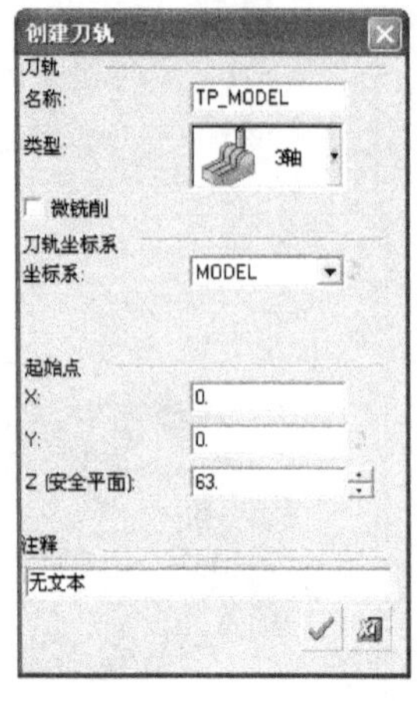

图 13-9 创建刀轨

13.3.5 创建程序

创建程序是 CimatronE 编程中最关键的知识点，各种加工参数设置和生成刀路都在这一步中完成。

在〖NC 向导〗工具栏中单击 按钮，弹出〖Procedure Wizard〗对话框，如图 13-10 所示。然后依次进行加工策略的选择、加工曲面和边界的选择、加工刀具的选择、刀具参数的设置、机床参数的设置。

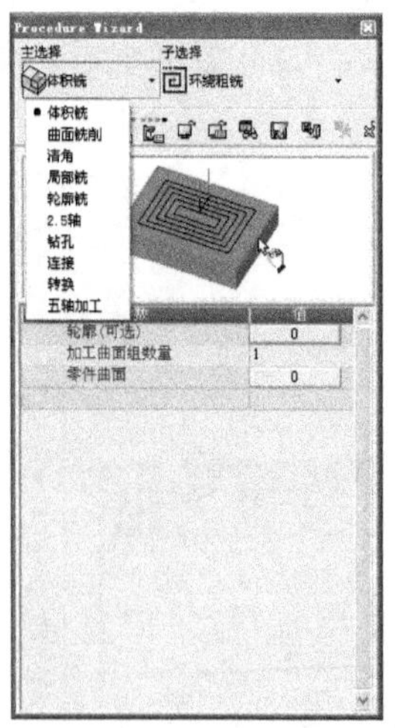

图 13-10 〖Procedure Wizard〗对话框

1．加工策略的选择

通过设置加工的主选择和子选择，确定刀路的走刀方式，如图 13-11 所示。其中不同的主选择，会对应不同的子选择。

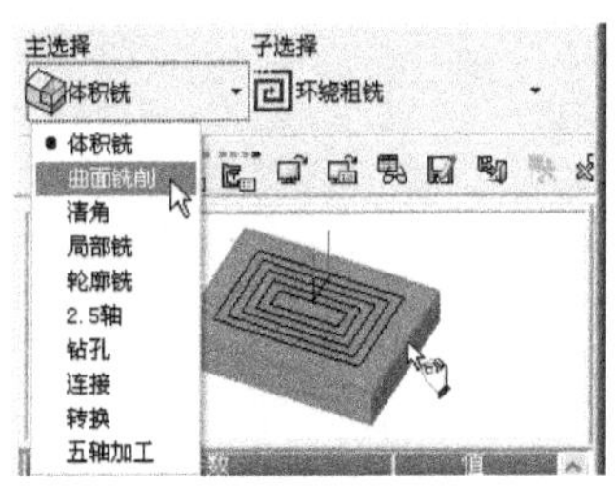

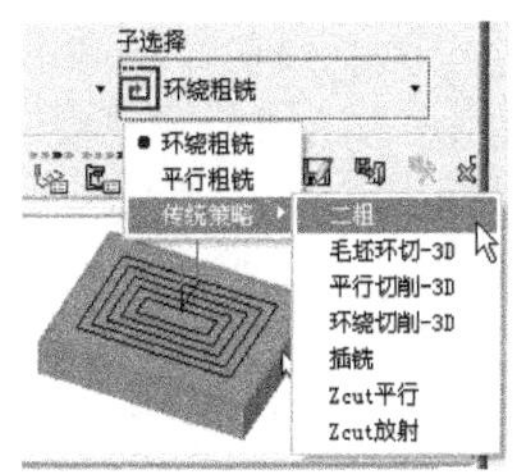

图 13-11　主选择和子选择

2．轮廓和加工曲面的选择

选择需加工的曲面和确定加工轮廓。在〖Procedure Wizard〗对话框中单击如图 13-12 所示的两个按钮进行选择加工轮廓和加工曲面。

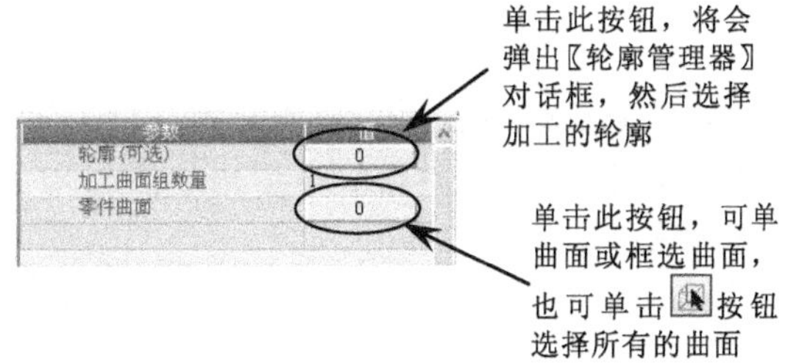

图 13-12　选择轮廓和加工曲面

选择完轮廓或加工曲面后，需要单击鼠标中键确定。

3．加工刀具的选择

在实际的数控加工中，往往需要选择多把刀具完成零件或模具的加工，此时就需要对已创建的刀具进行选择。

在〖Procedure Wizard〗对话框中单击〖刀具和夹头〗按钮，接着选择当前程序需要的刀具，然后单击〖确定〗按钮退出，如图 13-13 所示。

4．刀路参数的设置

设置当前刀路的参数，如安全平面、进退刀方式、加工公差、加工余量和刀轨设置等。在〖Procedure Wizard〗对话框中单击〖刀路参数〗按钮，弹出刀路的相关参数，如图 13-14 所示。

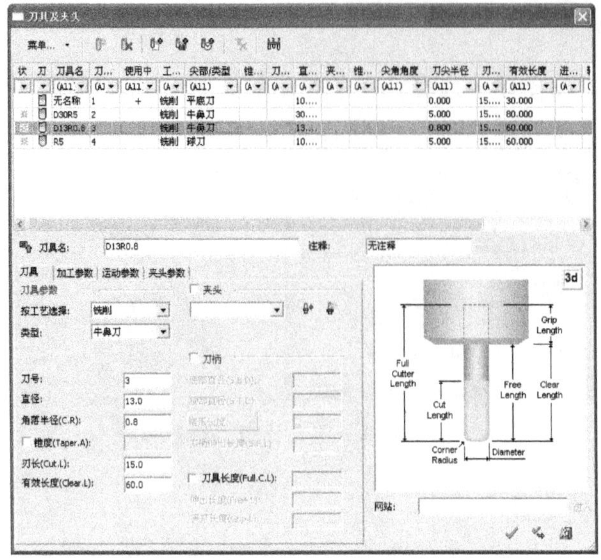

图 13-13　选择刀具

5．机床参数的设置

设置机床的参数，主要包括刀具转速、进给和冷却的开与关等。在〖Procedure Wizard〗对话框中单击〖刀路参数〗按钮，弹出刀路的相关参数，如图 13-15 所示。

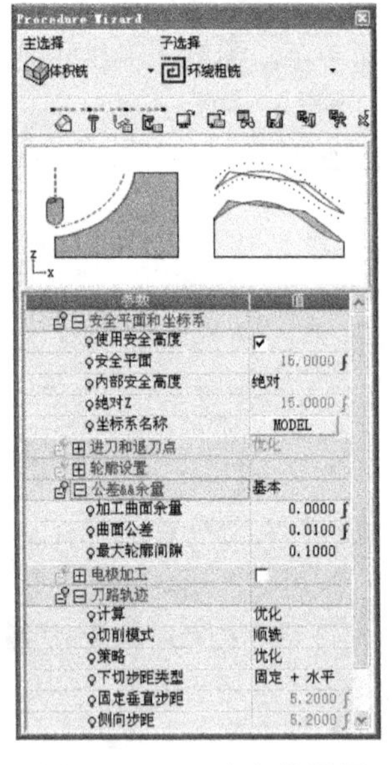

图 13-14　刀路参数设置

图 13-15　机床参数设置

6．保存并计算程序

当前面的参数都已经设置好，则需对程序进行保存和计算。在〖Procedure Wizard〗对话框中单击〖保存并计算〗按钮，系统开始计算并生成刀路。

13.3.6　机床仿真

对生成的程序进行实体模拟，确认刀路的正确性。在〖NC 向导〗工具栏中单击〖机床仿真〗按钮，弹出〖机床仿真〗对话框，设置模拟的类型后单击〖确定〗按钮，进入到“Cimatron’s Verifier”环境，然后单击〖开始〗按钮进行模拟，如图 13-16 所示。后处理完成后在菜单栏中选择〖文件〗/〖退出〗命令退出机床仿真。

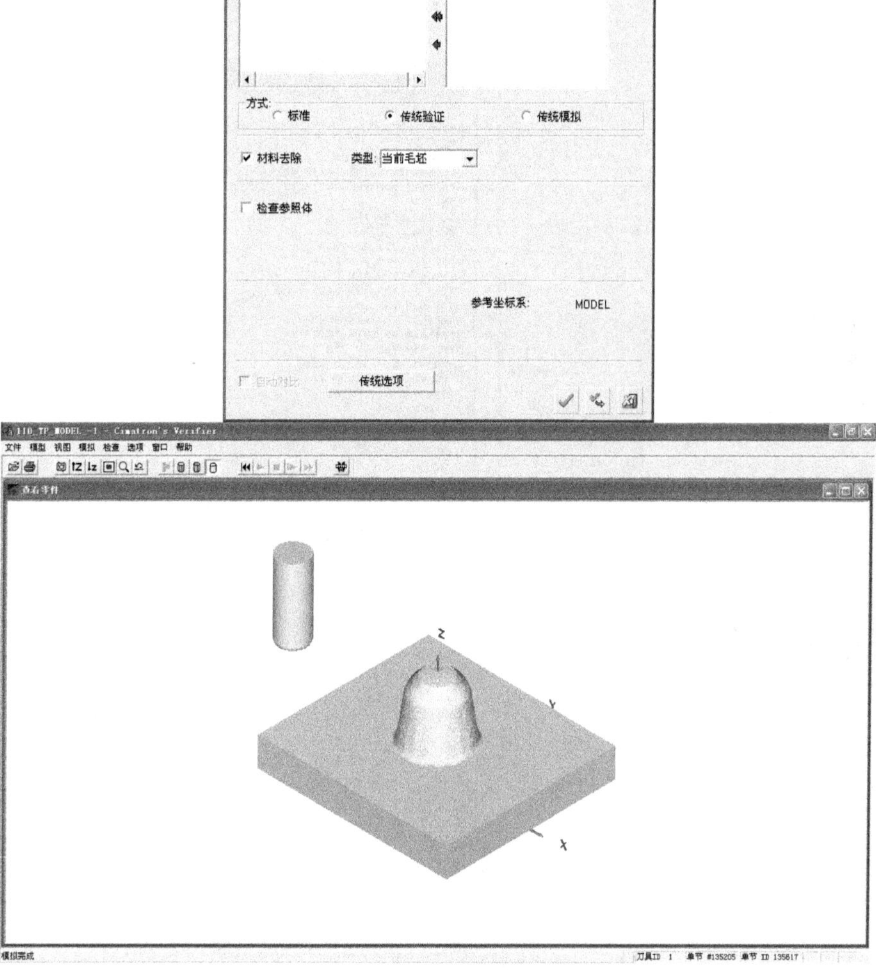

图 13-16　机床仿真

13.3.7　后处理

后处理就是将 CimatronE 中已生成程序的刀具轨迹通过特定的处理器传输到数控机床

上，然后进行加工。一般情况下，不能直接输入 CAM 软件内部产生的刀轨到机床上加工，因为各种类型的机床在物理性能和控制系统方面都不尽相同，所以，NC 程序中指令和格式的要求也不同。因此，刀轨数据必须经过处理以适应各种机床及其控制系统的特定要求。这种处理，在大多数 CAM 软件中叫做 “后处理”。后处理的结果就是使刀轨数控变成机床能识别的刀轨数据，即 NC 代码。

在〖NC 向导〗工具栏中单击 按钮，弹出〖后处理〗对话框，然后选择需要后处理的程序和设置后处理的输出路径等，然后单击〖确定〗 按钮生成后处理，如图 13-17 所示。

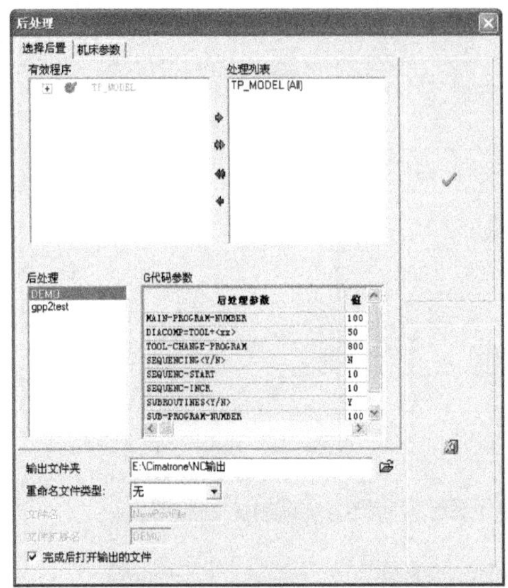

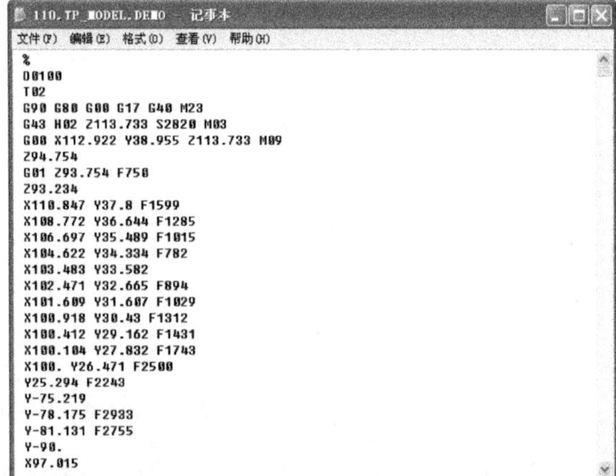

图 13-17　生成后处理

13.4　编程入门演示

对图 13-18 所示的模型进行编程。

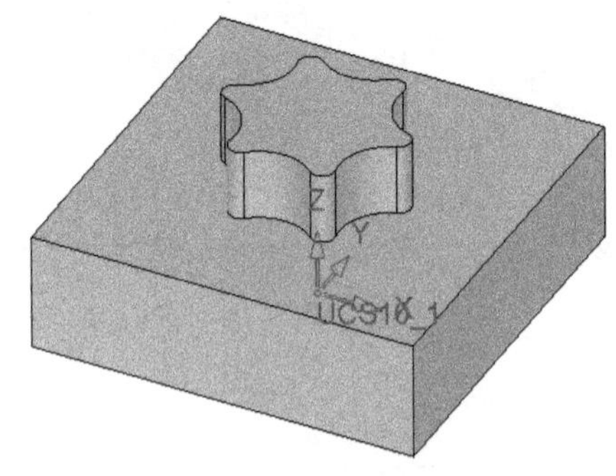

图 13-18　编程模型

1．编程公共参数设置

（1）在桌面上双击图标打开 CimatronE 10.0 软件。

（2）新建文件。在〖标准〗工具栏中单击〖新建文件〗按钮，弹出〖新建文件〗对话框，接着选择图标并默认单位为“毫米”，最后单击 确定 按钮，如图 13-19 所示。

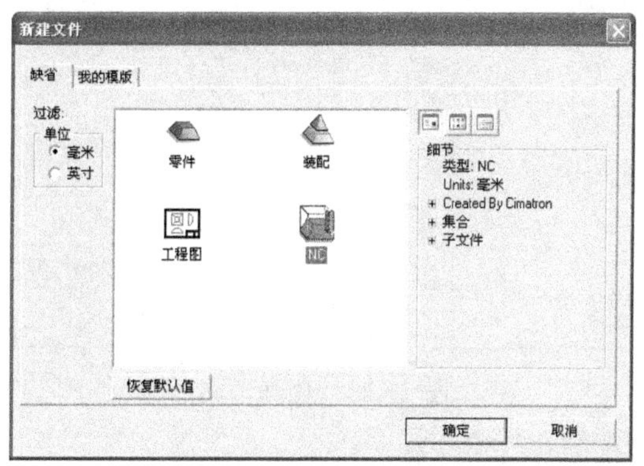

图 13-19　新建文件

（3）输入编程模型。在〖NC 向导〗工具栏中单击 读取模型 按钮，接着读取光盘中的〖Example\Ch13\入门演示.elt〗源文件，然后在〖Feature Guide〗对话框中单击〖确定〗按钮确定模型的摆放，如图 13-20 所示。

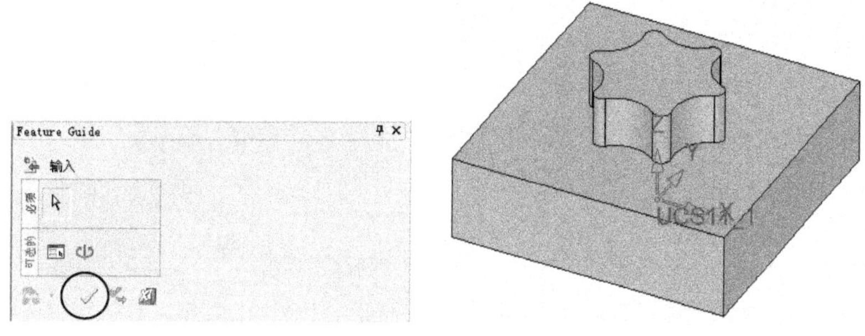

图 13-20　输入编程模型

（4）创建刀具。在〖NC 向导〗工具栏中单击〖刀具〗 刀具 按钮，弹出〖刀具及夹头〗对话框，接着单击按钮，然后创建如图 13-21 所示的两把刀具。

（5）设置刀轨和安全平面。在〖NC 向导〗工具栏中单击 刀轨 按钮，弹出〖创建刀轨〗对话框，然后设置如图 13-22 所示的参数，最后单击〖确定〗按钮。

（6）创建毛坯。在〖NC 向导〗工具栏中单击 毛坯 按钮，弹出〖Feature Guide〗对话框，然后设置如图 13-23（a）所示的参数，最后单击〖确定〗按钮，如图 13-23（b）所示。

（7）选择加工策略。在〖NC 向导〗工具栏中单击 程序 按钮，弹出〖Procedure Wizard〗对话框，然后设置主选择为“体积铣”，子选择为“环绕粗铣”，如图 13-24 所示。

（8）选择加工轮廓。不关闭〖Procedure Wizard〗对话框，然后根据图 13-25 所示的步骤进行参数设置。

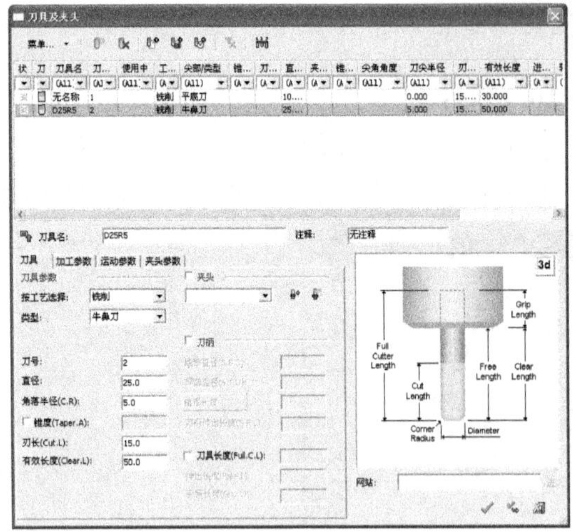
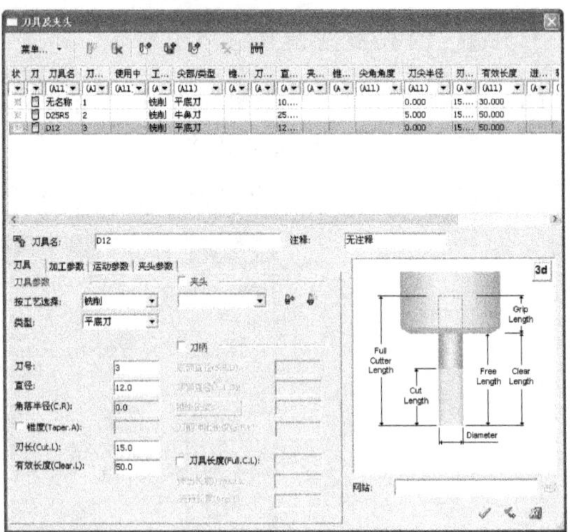

图 13-21　创建刀具

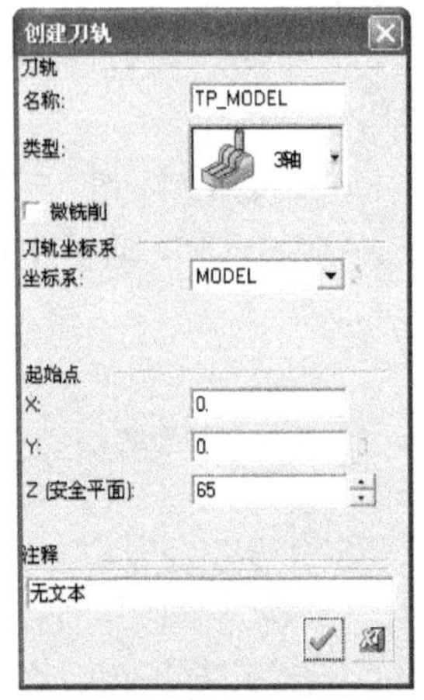

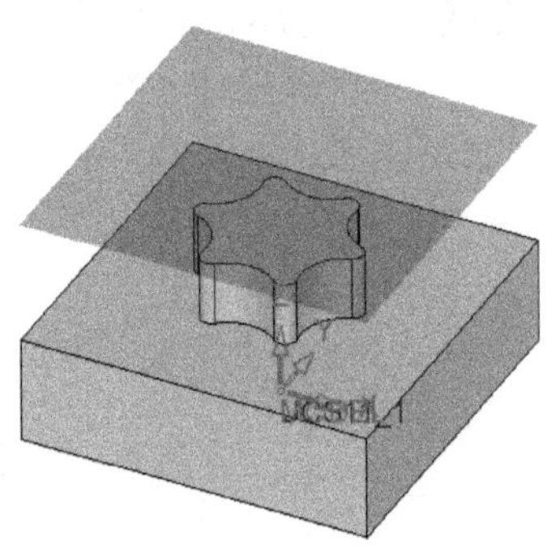

图 13-22　设置刀轨和安全平面

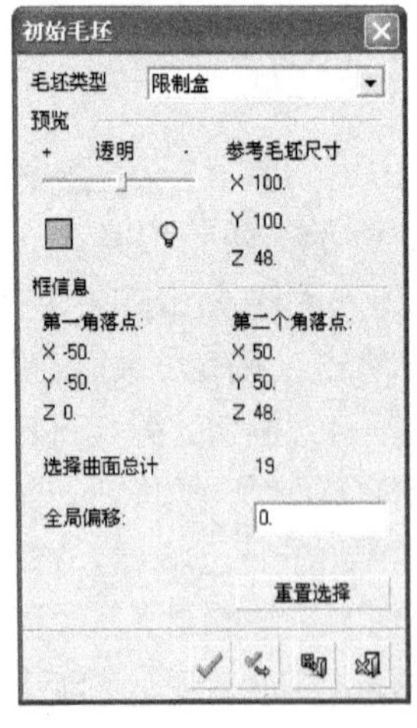

（a）

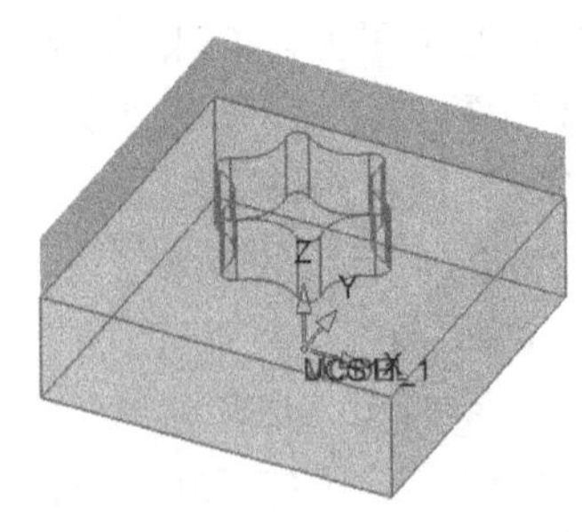

（b）

图 13-23　创建毛坯

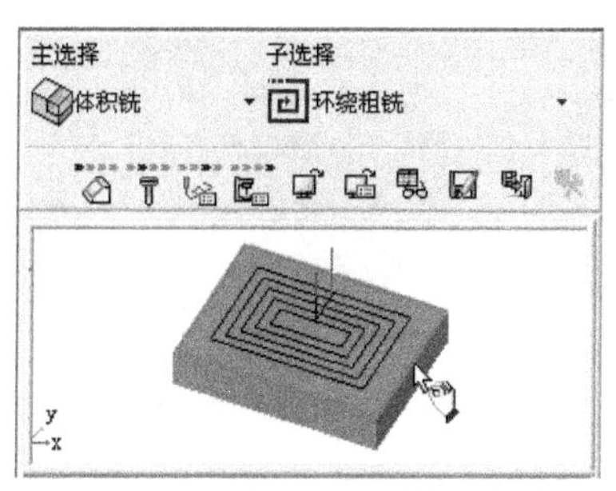

图 13-24　选择加工策略

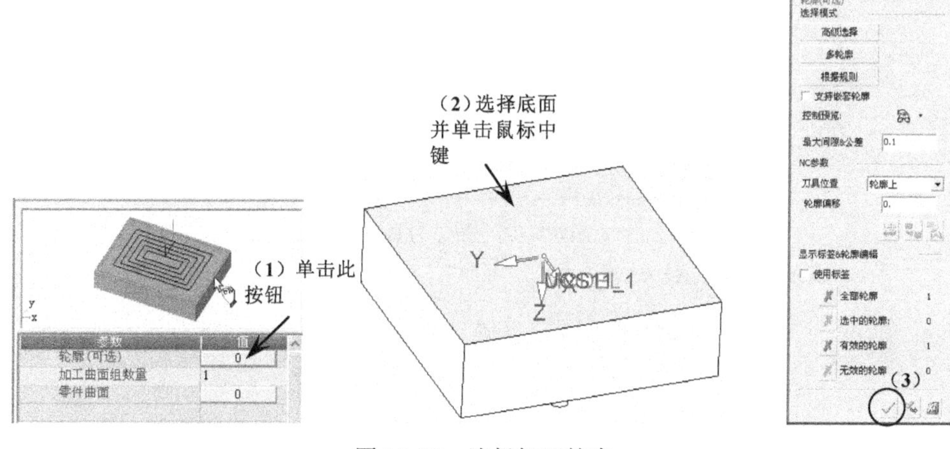

图 13-25　选择加工轮廓

（9）选择加工曲面。不关闭〖Procedure Wizard〗对话框，然后根据图 13-26 所示的步骤进行参数设置。

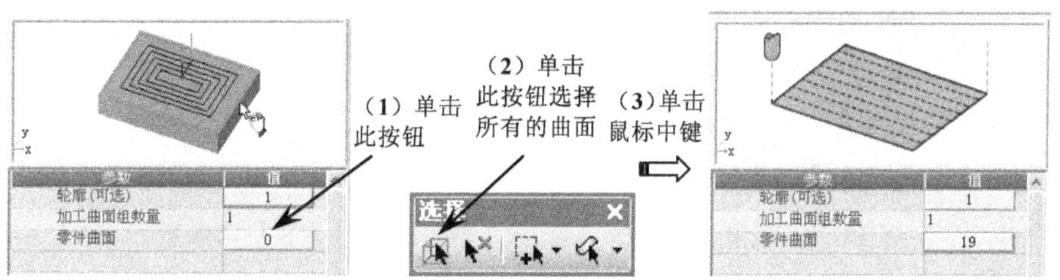

图 13-26　选择加工曲面

2．开粗加工

（1）选择刀具。在〖Procedure Wizard〗对话框中单击〖刀具和夹头〗按钮，弹出〖刀具和夹头〗对话框，然后根据图 13-27 所示的步骤进行参数设置。

（2）设置刀路参数。在〖Procedure Wizard〗对话框中单击〖刀路参数〗按钮，然后设置如图 13-28 所示的参数，其他参数按默认设置。

（3）设置机床参数。在〖Procedure Wizard〗对话框中单击〖机床参数〗按钮，然后设置如图 13-29 所示的参数，其他参数按默认设置。

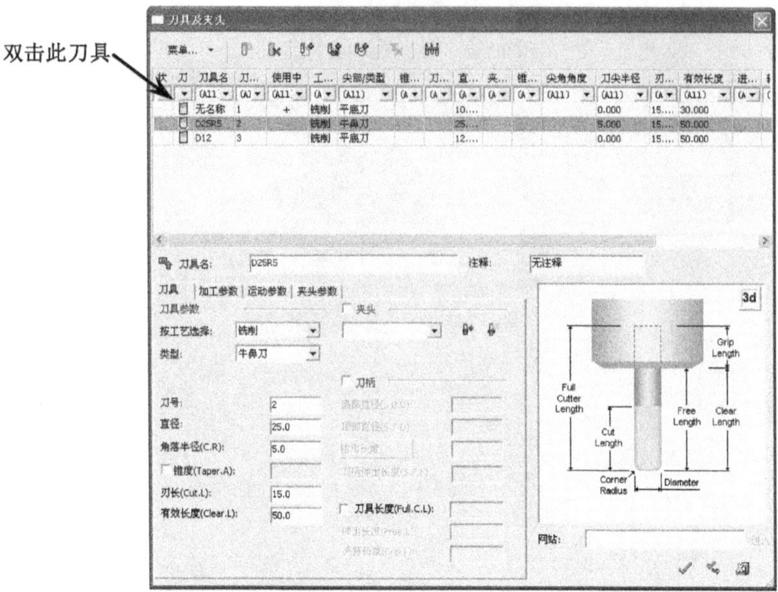

图 13-27　选择刀具

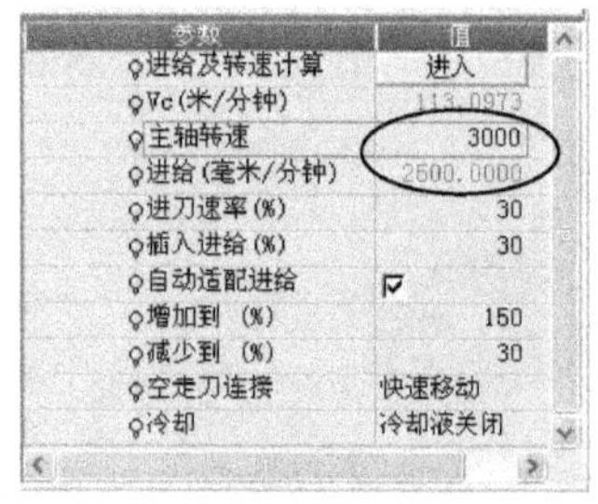

图 13-28　设置刀路参数　　　　图 13-29　设置机床参数

（4）保存并计算刀路。在〖Procedure Wizard〗对话框中单击〖保存并计算〗按钮，系统开始计算刀路，如图 13-30 所示。

（5）隐藏刀路。在〖NC 程序管理器〗对话框单击“R-环绕切削-4”的右边的小灯泡，使其由黄色变成灰色，将显示的刀具路径隐藏，如图 13-31 所示。

3．二次开粗

（1）选择加工策略。在〖NC 向导〗工具栏中单击按钮，弹出〖Procedure Wizard〗对话框，然后设置主选择为“体积铣”，子选择为“二粗”，如图 13-32 所示。

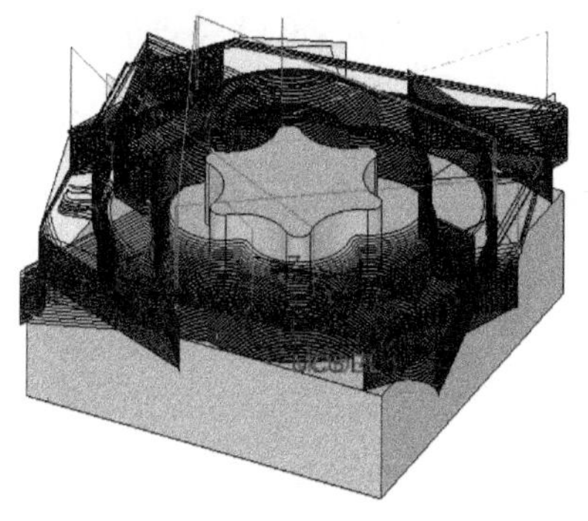
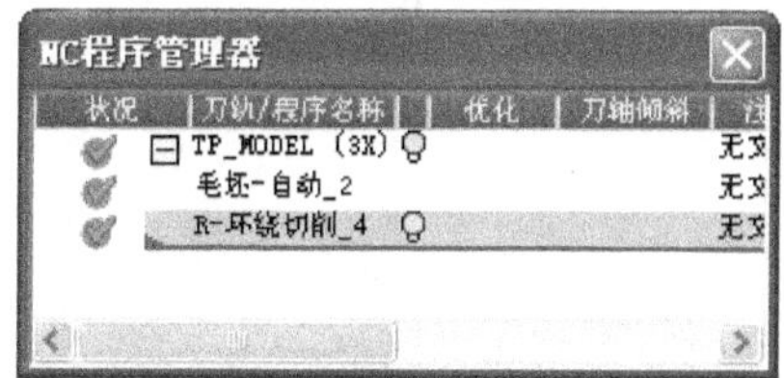

图 13-30 保存并计算刀路

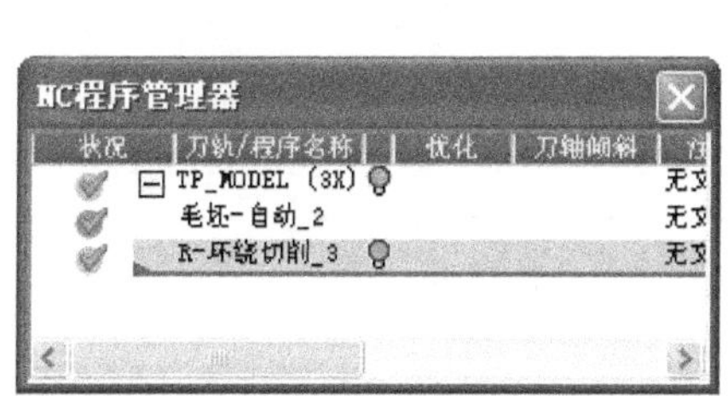

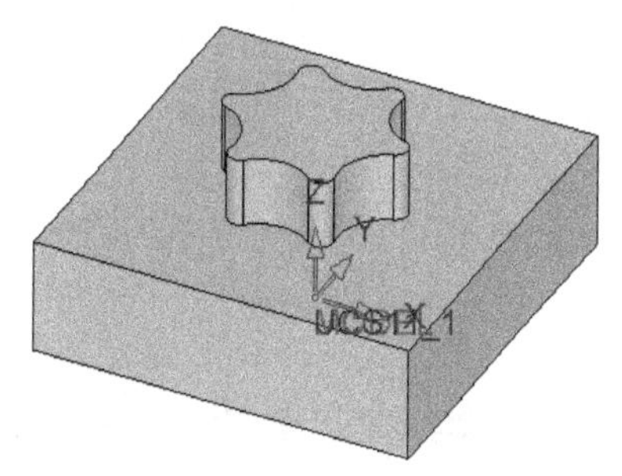

图 13-31 隐藏刀路

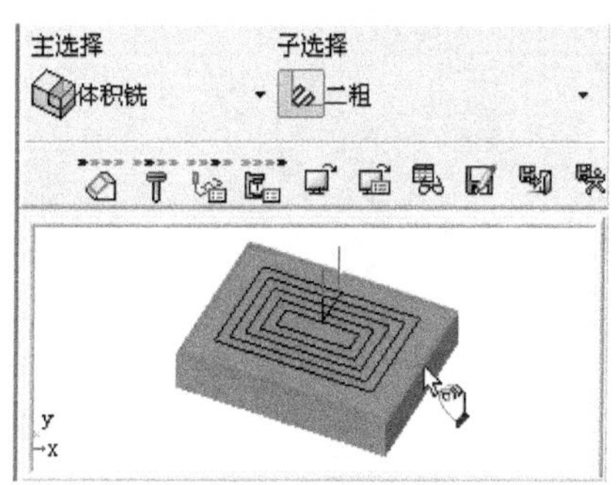

图 13-32 选择加工策略

（2）选择刀具。在〖Procedure Wizard〗对话框中单击〖刀具和夹头〗按钮，弹出〖刀具和夹头〗对话框，然后根据图 13-33 所示的步骤进行参数设置。

（3）设置刀路参数。在〖Procedure Wizard〗对话框中单击〖刀路参数〗按钮，然后设置如图 13-34 所示的参数，其他参数按默认设置。

（4）设置机床参数。在〖Procedure Wizard〗对话框中单击〖机床参数〗按钮，然后设置如图 13-35 所示的参数，其他参数按默认设置。

（5）保存并计算刀路。在〖Procedure Wizard〗对话框中单击〖保存并计算〗按钮，系统开始计算刀路，如图 13-36 所示。

（6）保存文件。在〖标准〗工具栏中单击〖保存〗按钮，弹出〖CimatronE〗对话框，然后设置保存的名称及路径即可。

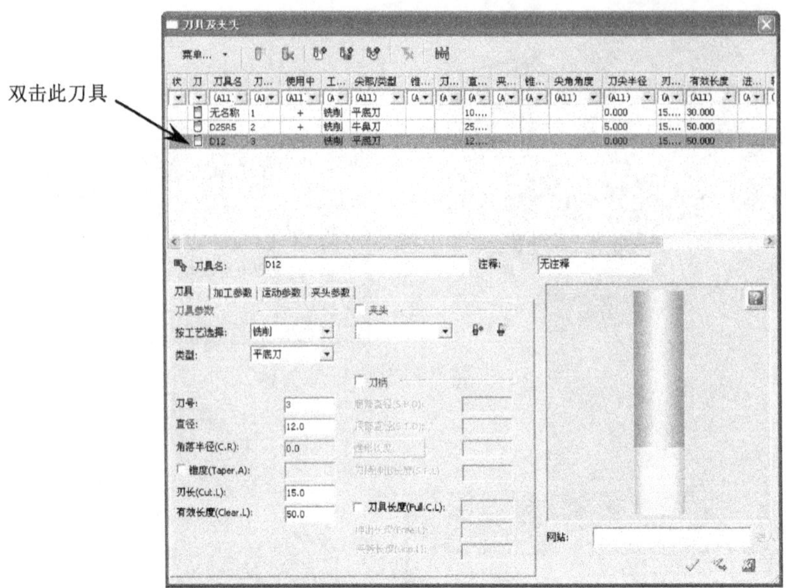

图 13-33　选择刀具

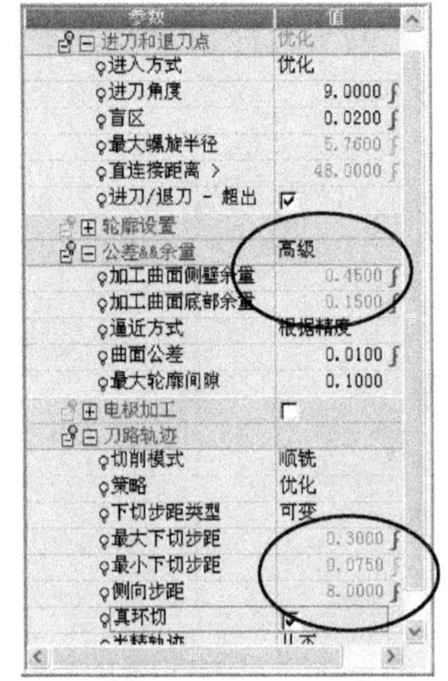

图 13-34　设置刀路参数

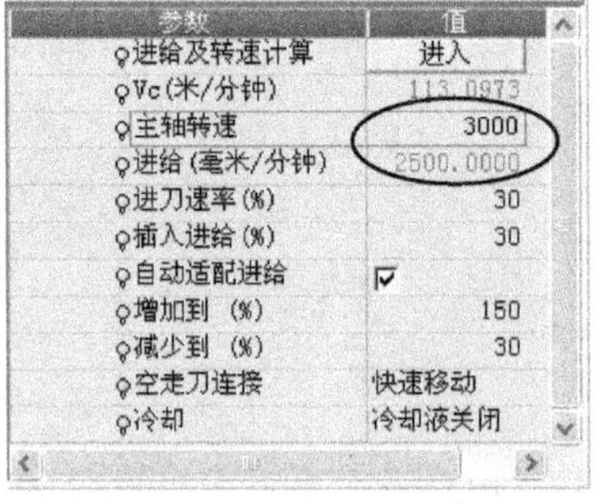

图 13-35　设置机床参数

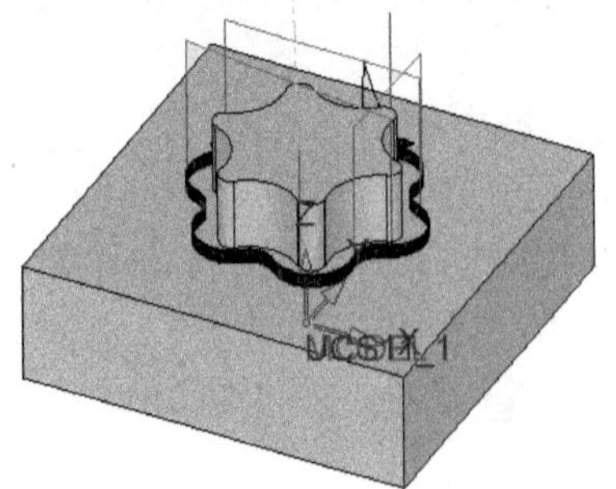

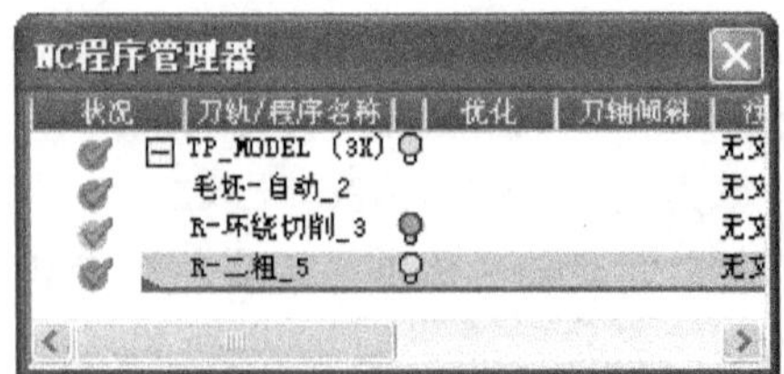

图 13-36　保存并计算刀路

要点提示 本入门示例只是通过两个常用的刀路策略介绍编程的具体操作方法，而实际加工中该工件是需要创建多个程序的。

13.5　本章学习收获

通过本章的学习，读者必须掌握以下内容。

（1）了解 CimatronE 编程界面及有哪些常用的编程命令。

（2）掌握 CimatronE 编程的基本流程。

（3）掌握创建刀具、刀具命名等的方法。

（4）掌握毛坯的创建方法、程序的保存和计算等。

13.6　练习题

打开光盘中的〖Lianxi/Ch13/入门练习.elt〗文件，如图 13-37 所示。根据本章所学的知识将零件输入到加工环境，然后创建合适的加工刀具、创建刀轨和毛坯。

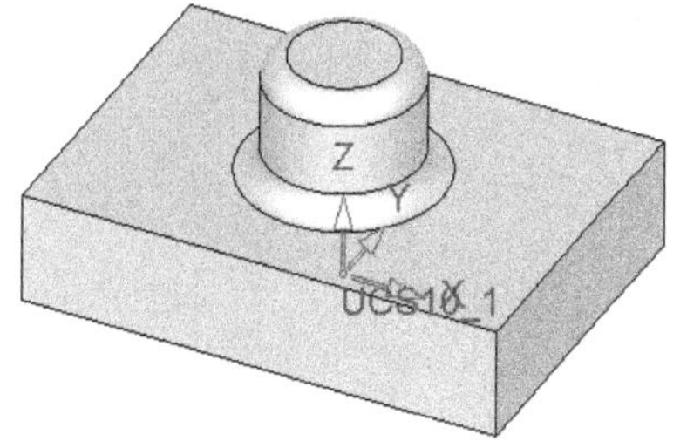

图 13-37 “入门练习.elt”文件

2.5 轴加工

本章主要介绍 CimatronE 10.0 二维加工（2.5 轴）加工的操作方法，主要包括毛坯环切、平行切削、环绕切削、精铣侧壁、开放轮廓和封闭轮廓。本章以操作演示与重要参数注释作为讲述，读者可以轻松快速地掌握 2.5 轴加工的方法和各种技巧。

14.1 学习目标与课时安排

学习目标及学习内容

（1）掌握进入编程界面及基本设置的方法。
（2）掌握输入编程模型及调整加工坐标的方法。
（3）掌握模具加工中常用的编程命令。
（4）掌握数控编程的基本步骤。

学习课时安排（共 6 课时）

（1）毛坯环切——1 课时。
（2）平行切削、环绕切削——1 课时。
（3）精铣侧壁——1 课时。
（4）开放轮廓、封闭轮廓——1 课时。
（5）综合实例特训——2 课时。

14.2 型腔-毛坯环切

生成的刀路轨迹按照边界形状等距离偏移，直至到达加工边界。如图 14-1 所示为型腔-毛坯环切产生的刀路。

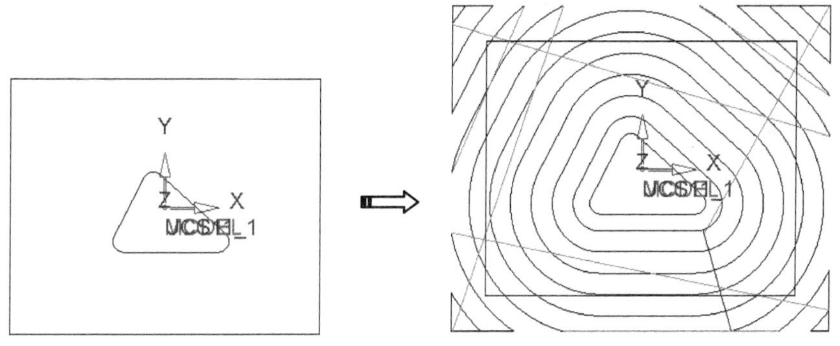

图 14-1　毛坯环切产生的刀路

1. 操作演示

下面以型腔-毛坯环切的加工为例，讲述如何创建型腔-毛坯环切加工及需要进行哪些参数设置。

（1）打开光盘中的〖Example\Ch14\毛坯环切.blt〗文件，然后将其输出到加工环境，如图 14-2 所示。

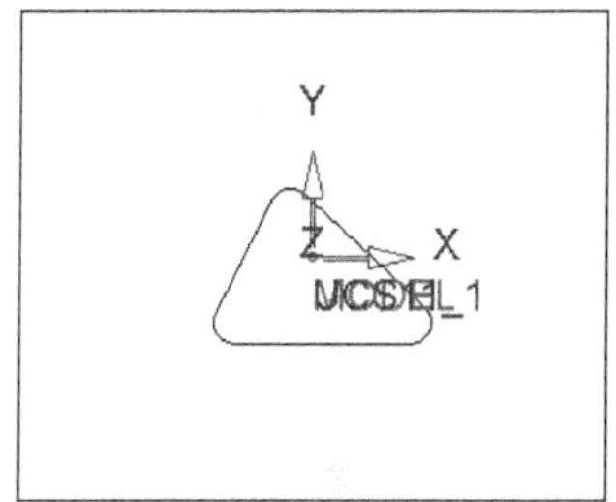

图 14-2　毛坯环切.blt 文件

（2）创建刀具。在〖NC 向导〗工具栏中单击〖刀具〗按钮，弹出〖刀具及夹头〗对话框，接着单击按钮，然后创建如图 14-3 所示的刀具。

（3）设置刀轨和安全平面。在〖NC 向导〗工具栏中单击按钮，弹出〖创建刀轨〗对话框，然后设置如图 14-4 所示的参数，最后单击〖确定〗按钮完成特征操作。

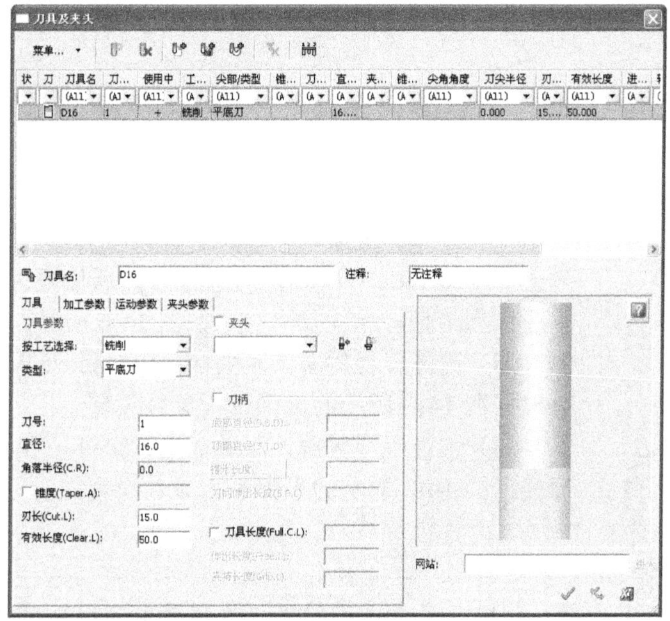

图 14-3　创建刀具

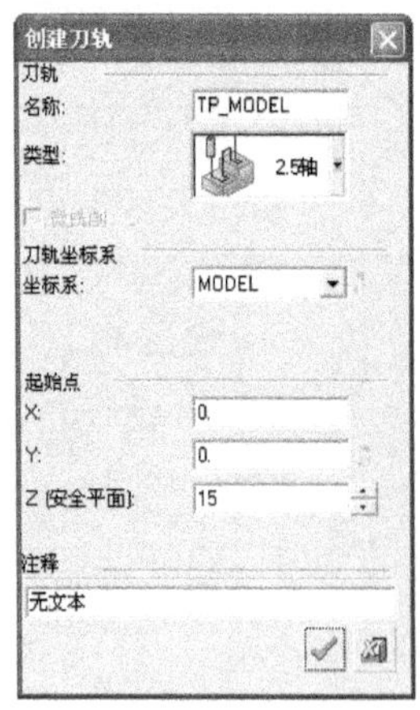
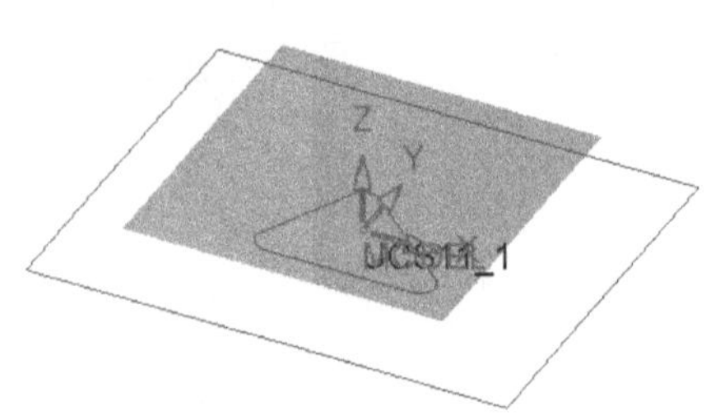

图 14-4　设置刀轨和安全平面

（4）创建毛坯。在〖NC 向导〗工具栏中单击 按钮，弹出〖Feature Guide〗对话框，然后根据图 14-5 所示的步骤进行参数设置，最后单击〖确定〗 按钮完成特征操作。

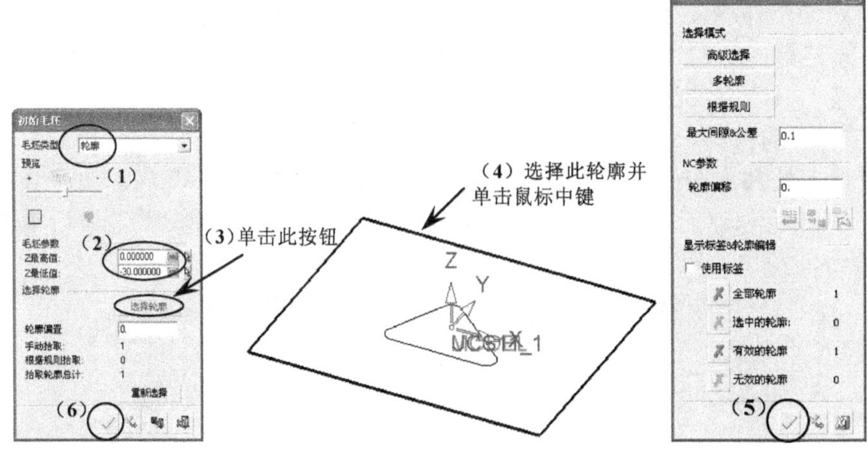

图 14-5　创建毛坯

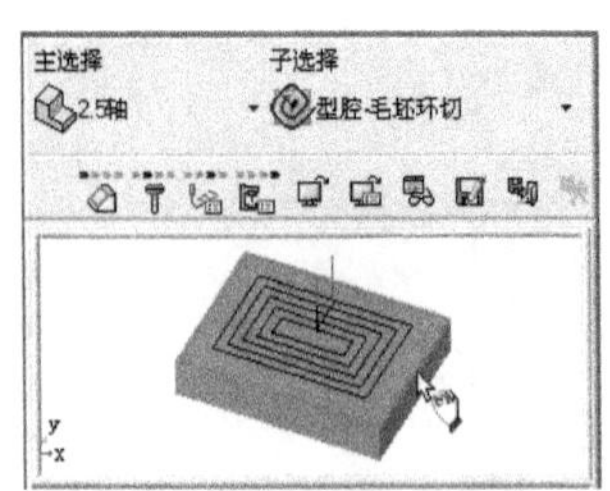

图 14-6　选择加工策略

（5）选择加工策略。在〖NC 向导〗工具栏中单击 按钮，弹出〖Procedure Wizard〗对话框，然后设置主选择为"2.5 轴"，子选择为"型腔-毛坯环切"，如图 14-6 所示。

（6）选择零件轮廓。不关闭〖Procedure Wizard〗对话框，然后根据图 14-7 所示的步骤进行参数设置。

（7）选择毛坯轮廓。不关闭〖Procedure Wizard〗对话框，然后根据图 14-8 所示的步骤进行参数设置。

毛坯环切时应定义毛坯轮廓，否则产生的刀路与环绕切削相同。

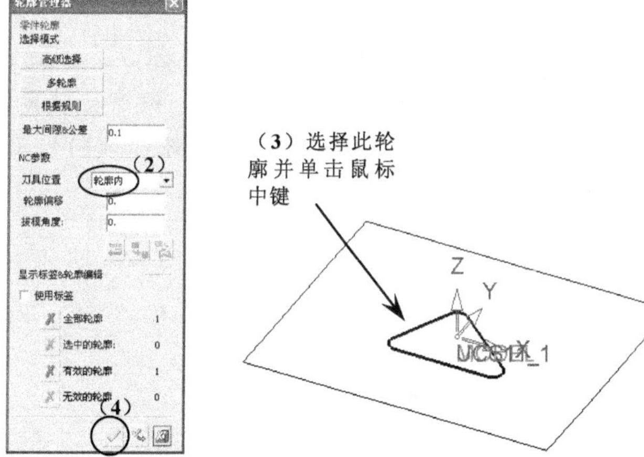

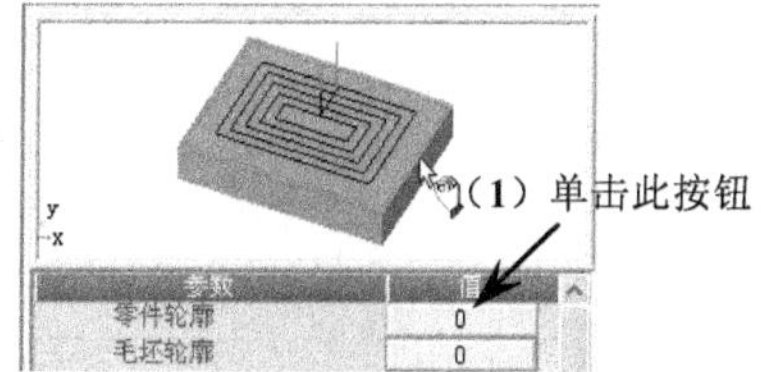

图 14-7　选择零件轮廓

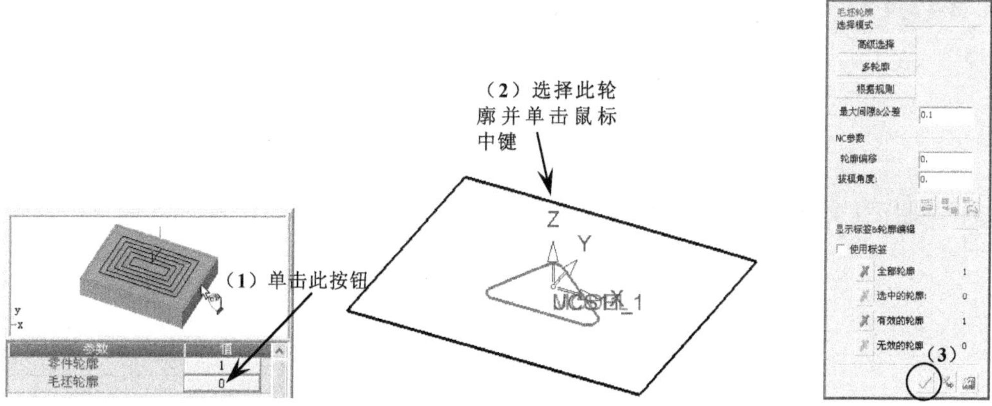

图 14-8　选择加工曲面

（8）设置刀路参数。在〖Procedure Wizard〗对话框中单击〖刀路参数〗按钮，然后设置如图 14-9 所示的参数，其他参数按默认设置。

（9）设置机床参数。在〖Procedure Wizard〗对话框中单击〖机床参数〗按钮，然后设置如图 14-10 所示的参数，其他参数按默认设置。

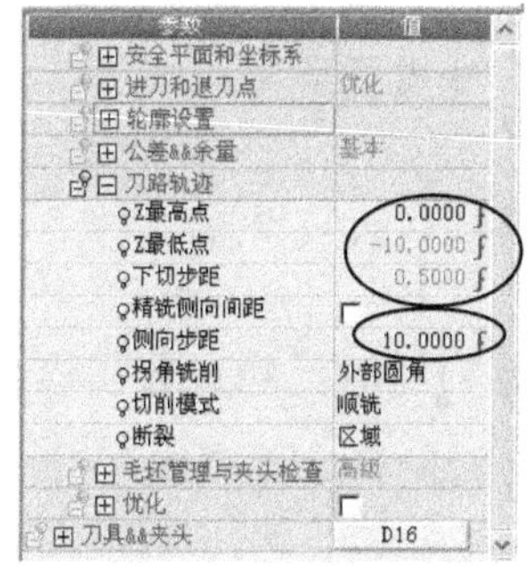

图 14-9　设置刀路参数

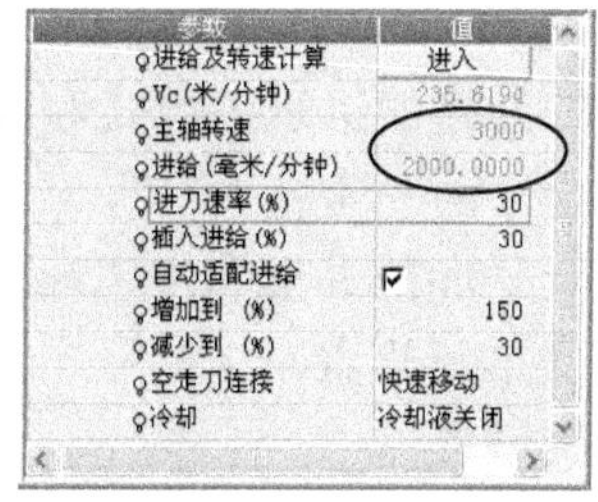

图 14-10　设置机床参数

2.5 轴加工的刀路一般都比较简单，需要设置的参数也不需要很多，除了 Z 最高点、Z 最低点、下切步距和侧向步距等重要的参数外，其他参数可以按系统默认设置。

（10）保存并计算刀路。在〖Procedure Wizard〗对话框中单击〖保存并计算〗按钮，系统开始计算刀路，如图 14-11 所示。

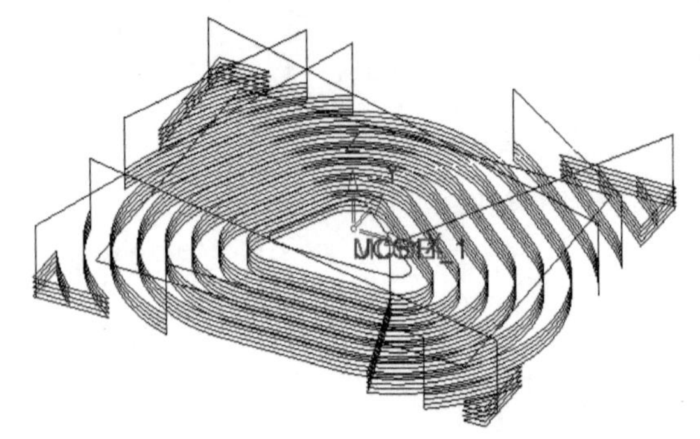

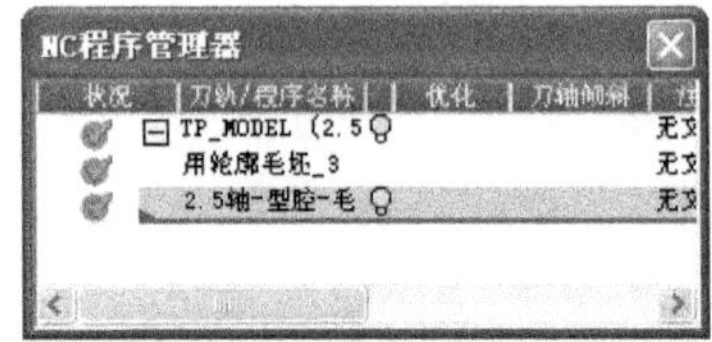

图 14-11　保存并计算刀路

（11）机床仿真结果如图 14-12 所示。

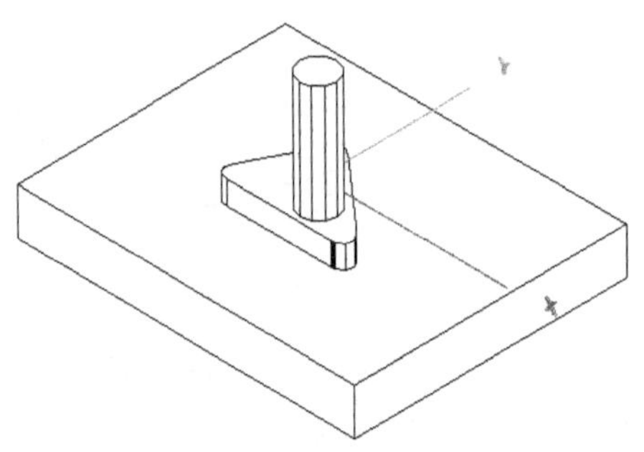

图 14-12　机床仿真

2. 重要参数注释

型腔-毛坯环切的参数如图 14-13 所示，这里只介绍一些重要而常用的参数。

（1）进/退刀

设置加工刀路的进退刀方式和高度等，一般情况下可以默认其设置。

（2）安全平面和坐标系

设置安全平面的高度和加工坐标系，因为前面在创建刀轨时已经设置了该参数，所以在此也不需要重新设置。

（3）轮廓设置

① 刀具位置：设置刀具中心与轮廓线的位置，包括轮廓上、轮廓内和轮廓外，其效果如图 14-14 所示。

参数	值
⊞ 进/退刀	
⊞ 安全平面和坐标系	
⊟ 进刀和退刀点	优化
进刀角度	90.0000
最小切削宽度	0.0000
缓刀距离	1.0000
⊟ 轮廓设置	
刀具位置	轮廓内
轮廓偏移	0.0000
拔模角	0.0000
⊟ 公差&&余量	基本
轮廓偏移(粗加工)	0.0000
进刀点偏移	8.8000
轮廓精度	0.0100
最大轮廓间隙	0.1000
⊟ 刀路轨迹	
Z最高点	0.0000
Z最低点	-10.0000
下切步距	0.5000
精铣侧向间距	☐
侧向步距	10.0000
拐角铣削	外部圆角
切削模式	顺铣
断裂	区域
⊞ 毛坯管理与夹头检查	高级
⊞ 优化	☐
⊞ 刀具&&夹头	D16

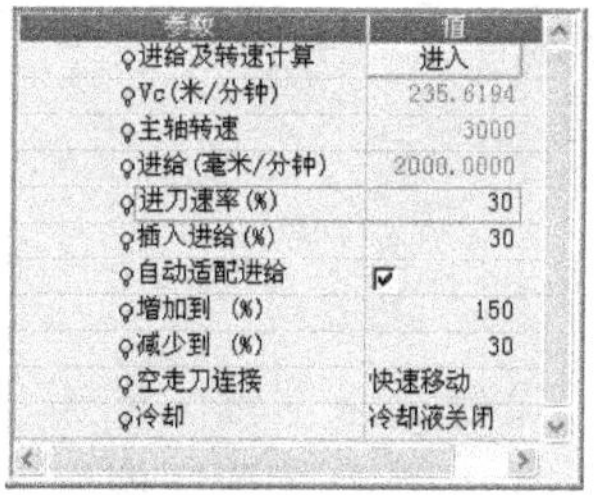

参数	值
进给及转速计算	进入
Vc(米/分钟)	235.6194
主轴转速	3000
进给(毫米/分钟)	2000.0000
进刀速率(%)	30
插入进给(%)	30
自动适配进给	☑
增加到 (%)	150
减少到 (%)	30
空走刀连接	快速移动
冷却	冷却液关闭

图 14-13　毛坯环切加工参数

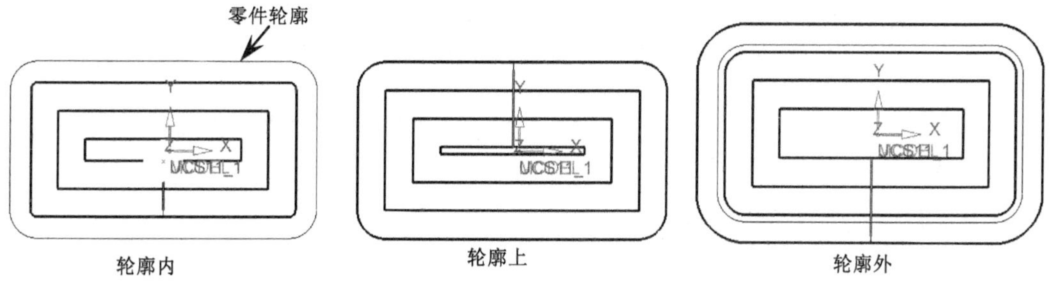

图 14-14　刀具位置

② 轮廓偏移：设置加工时根据轮廓的偏移值进行刀路偏移。由于轮廓边界都是按实际加工设计好的，所以一般不需要设置该参数。

③ 拔模角：设置侧壁加工的拔模角，如图 14-15 所示。

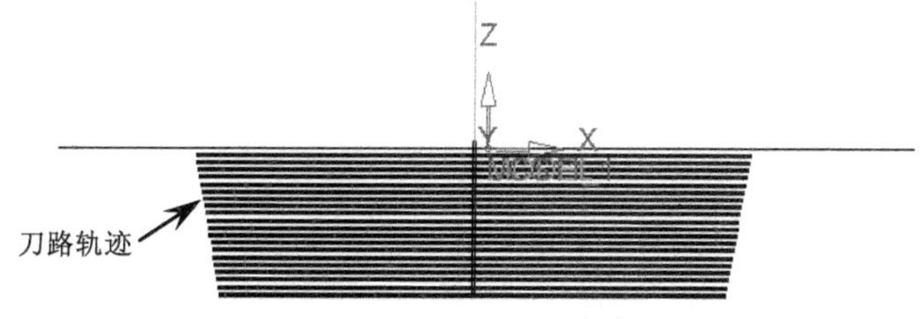

图 14-15　加工拔模角

（4）刀路轨迹

① Z 最高点：设置加工的最高位置，如工件的最高位置在坐标原点上，则应设置最高值为 0。

② Z 最低点：设置加工的最低位置，可以是正值也可以是负值。

③ 参考 Z：选择图素作为加工的位置。

④ 下切步距：设置加工时每刀的下切深度，如图 14-16 所示。

⑤ 侧向步距：设置相邻两刀轨的距离，如图 14-17 所示。

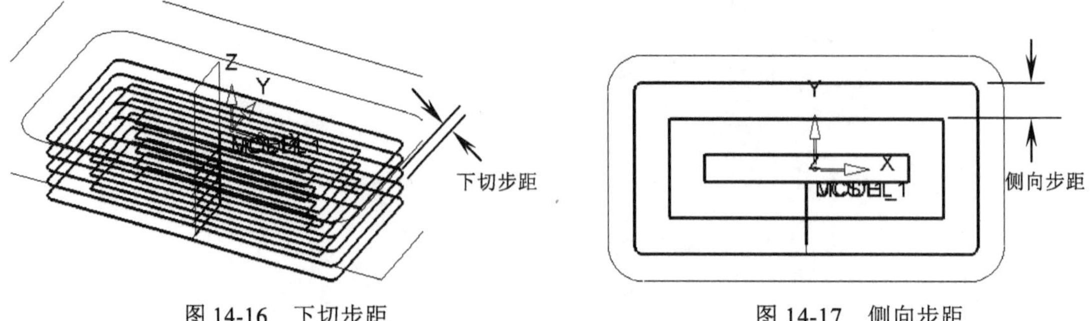

图 14-16　下切步距　　图 14-17　侧向步距

（5）主轴转速：设置机床主轴的转速

（6）进给：设置加工时的走刀速度。

实际数控加工中，编程人员只需设定这两个机床参数，其他的可由操机人员根据实际情况来操作。

14.3　型腔-平行切削

生成的刀路轨迹互相平行，如图 14-18 所示。

1．操作演示

下面以型腔-平行切削的加工为例，讲述创建型腔-平行切削加工的方法及需要进行的参数设置。

（1）打开光盘中的〖Example\Ch14\平行切削.blt〗文件，然后将其输出到加工环境，如图 14-19 所示。

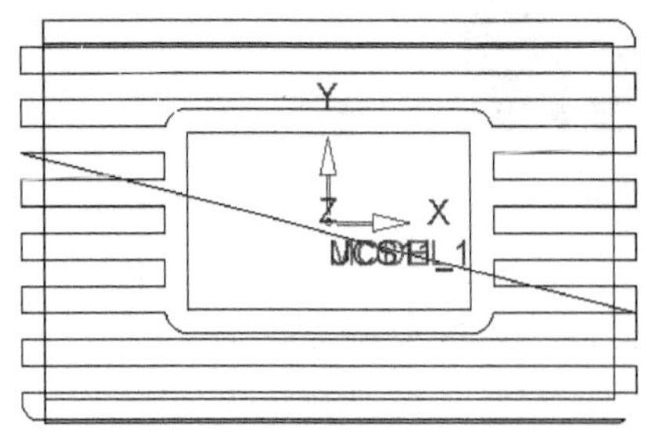

图 14-18　平行切削刀路

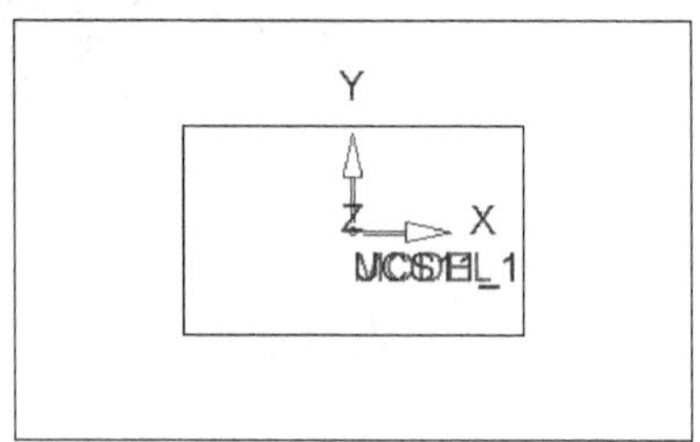

图 14-19　平行切削.blt 文件

（2）创建刀具。在〖NC 向导〗工具栏中单击〖刀具〗按钮，弹出〖刀具及夹头〗对话框，接着单击按钮，然后创建如图 14-20 所示的刀具。

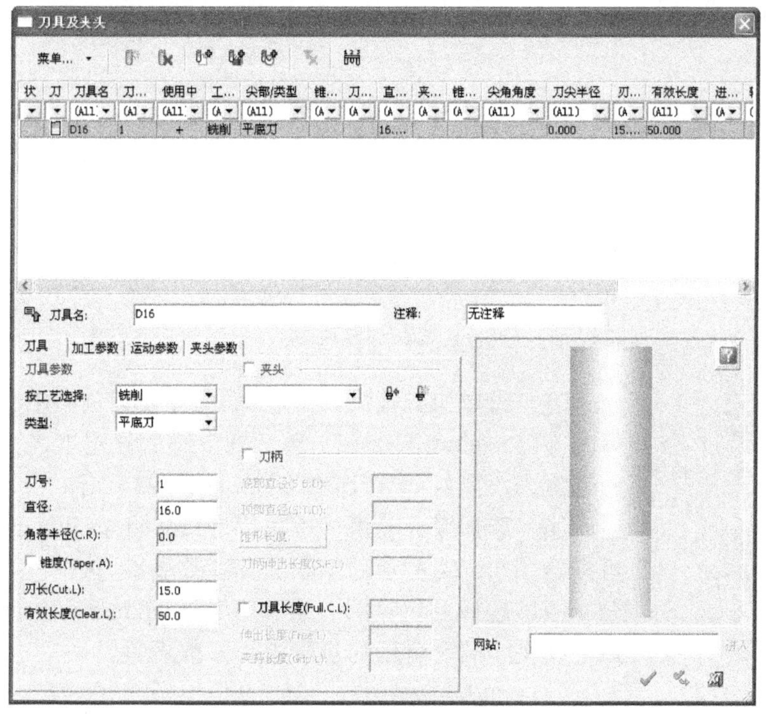

图 14-20　创建刀具

（3）设置刀轨和安全平面。在〖NC 向导〗工具栏中单击按钮，弹出〖创建刀轨〗对话框，然后设置如图 14-21 所示的参数，最后单击〖确定〗按钮完成特征操作。

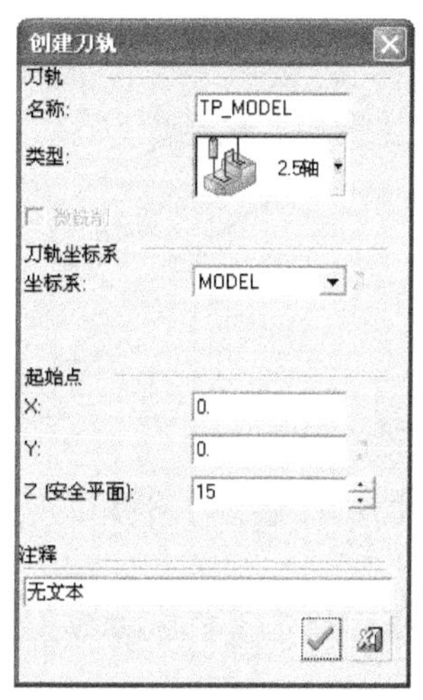

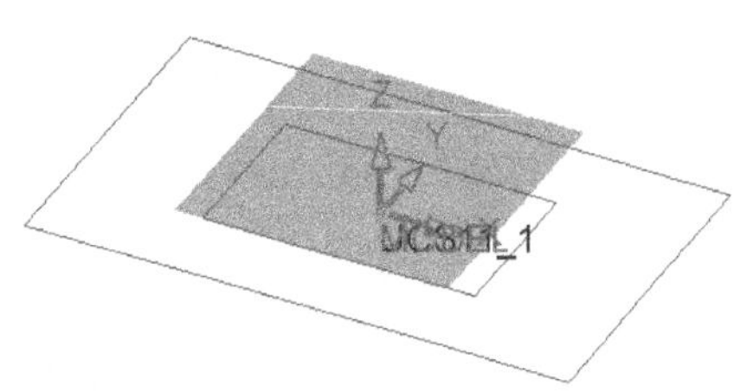

图 14-21　设置刀轨和安全平面

（4）创建毛坯。在〖NC 向导〗工具栏中单击按钮，弹出〖Feature Guide〗对话框，然后根据图 14-22 所示的步骤进行参数设置，最后单击〖确定〗按钮。

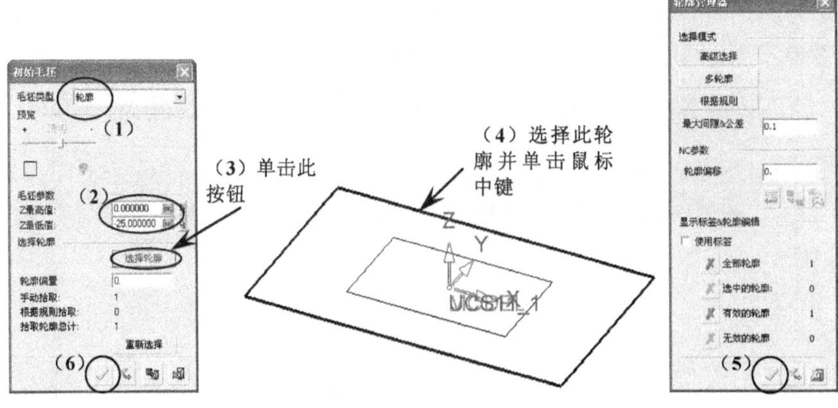

图 14-22　创建毛坯

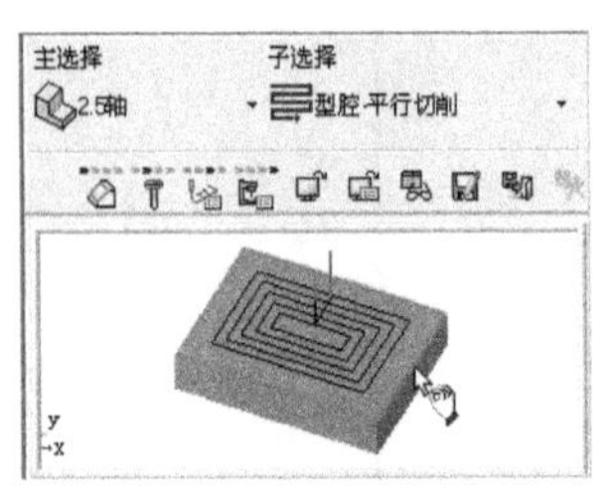

图 14-23　选择加工策略

（5）选择加工策略。在〖NC 向导〗工具栏中单击按钮，弹出〖Procedure Wizard〗对话框，然后设置主选择为“2.5 轴”，子选择为“型腔-平行切削”，如图 14-23 所示。

（6）选择零件轮廓。不关闭〖Procedure Wizard〗对话框，然后根据图 14-24 所示的步骤进行参数设置。

（7）选择毛坯轮廓。不关闭〖Procedure Wizard〗对话框，然后根据图 14-25 所示的步骤进行参数设置。

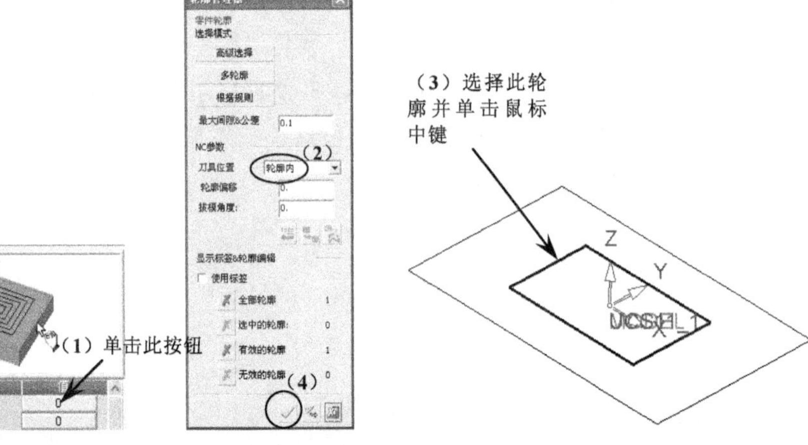

图 14-24　选择零件轮廓

（8）设置刀路参数。在〖Procedure Wizard〗对话框中单击〖刀路参数〗按钮，然后设置如图 14-26 所示的参数，其他参数按默认设置。

（9）设置机床参数。在〖Procedure Wizard〗对话框中单击〖机床参数〗按钮，然后设置如图 14-27 所示的参数，其他参数按默认设置。

（10）保存并计算刀路。在〖Procedure Wizard〗对话框中单击〖保存并计算〗按钮，系统开始计算刀路，如图 14-28 所示。

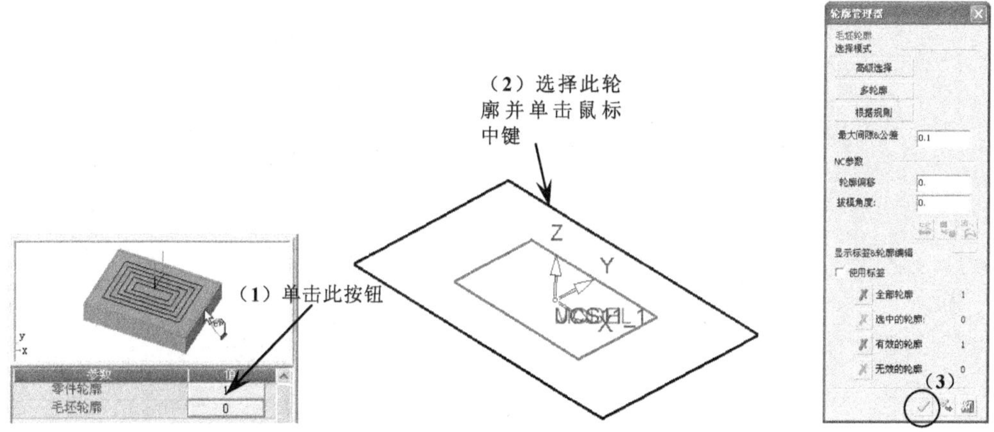

图 14-25　选择加工曲面

参数	值
⊞ 进/退刀	
⊞ 安全平面和坐标系	
⊞ 进刀和退刀点	优化
⊞ 轮廓设置	
⊟ 公差&&余量	基本
轮廓偏移(粗加工)	0.0000
轮廓精度	0.0100
最大轮廓间隙	0.1000
⊟ 刀路轨迹	
Z最高点	0.0000
Z最低点	-12.0000
下切步距	0.4000
精铣侧向间距	☑
侧向步距	9.0000
拐角铣削	圆角
切削风格	双向
铣削外部轮廓	☑
铣削角度	0.0000
切换起始边	反向
⊞ 毛坯管理与夹头检查	高级
⊞ 优化	☐
⊞ 刀具&&夹头	D16

图 14-26　设置刀路参数

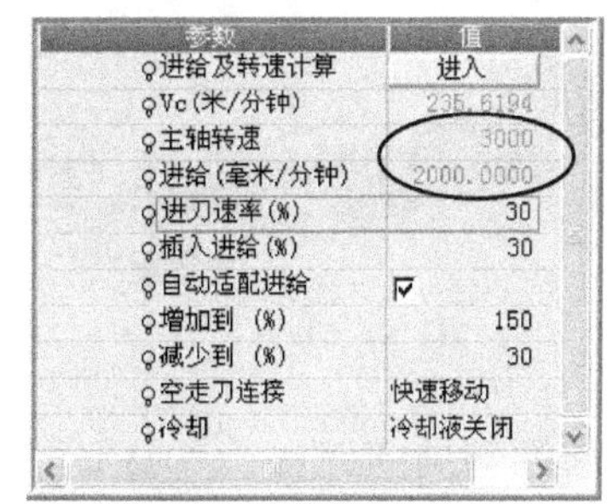

参数	值
进给及转速计算	进入
Vc(米/分钟)	235.6194
主轴转速	3000
进给(毫米/分钟)	2000.0000
进刀速率(%)	30
插入进给(%)	30
自动适配进给	☑
增加到 (%)	150
减少到 (%)	30
空走刀连接	快速移动
冷却	冷却液关闭

图 14-27　设置机床参数

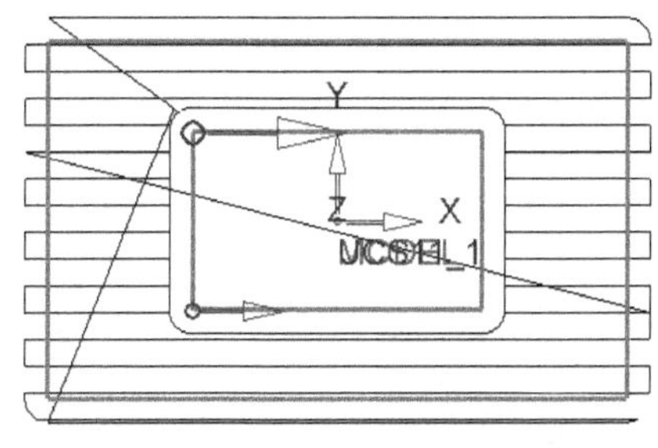

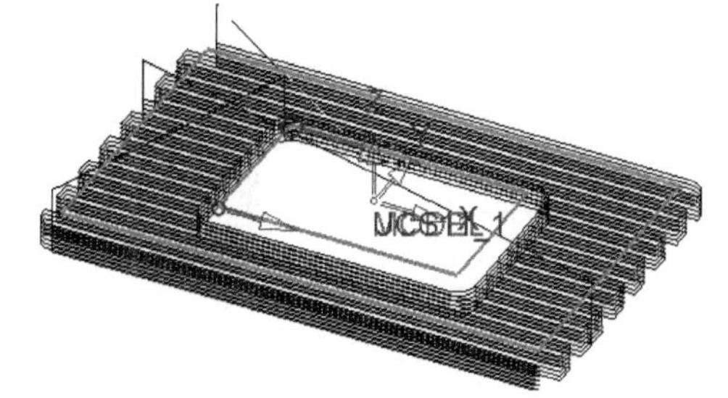

图 14-28　保存并计算刀路

（11）机床仿真结果如图 14-29 所示。

2．重要参数注释

型腔-平行切削的参数如图 14-30 所示，这里只介绍一些特别而重要的加工参数。

（1）切削风格：设置切削的方向，包括单向和双向，如图 14-31 所示。可见单向的刀路提刀多，加工效率低；而双向的刀路提刀少，加工效率高。

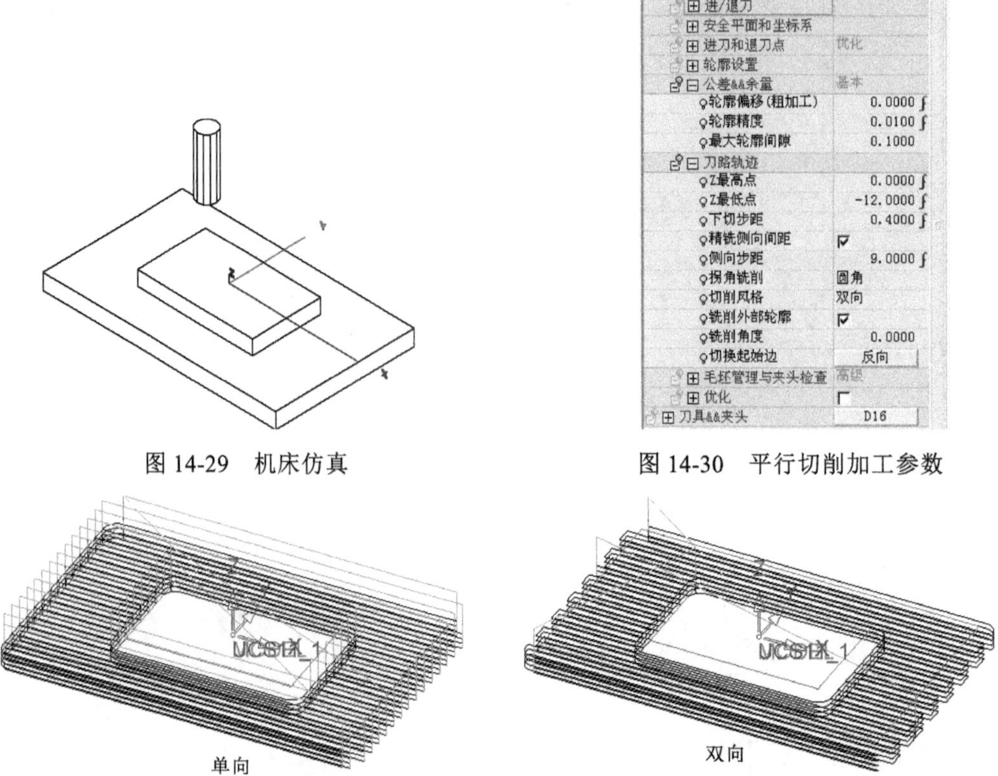

图 14-29　机床仿真

图 14-30　平行切削加工参数

图 14-31　切削风格

（2）精铣侧向间距：当勾选该选项，则会在加工刀路的侧向增加一条围绕零件轮廓的刀路，如图 14-32（a）所示。如没勾选该选项，则不会产生该刀轨，如图 14-32（b）所示。

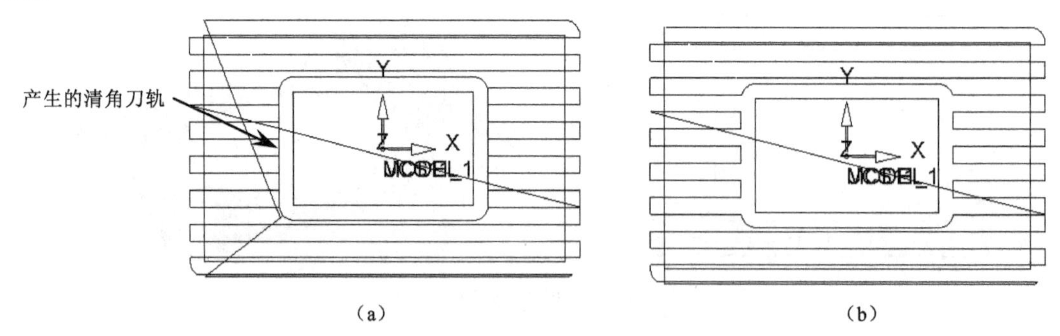

图 14-32　精铣侧向间距

要点提示

使用平行铣削的方式加工零件中的岛屿或凹槽时，则应勾选“精铣侧向间距”选项，否则会在平行铣削岛屿或凹槽时留下余量。

（3）切削角度：设置刀轨的加工角度，如图 14-33 所示。

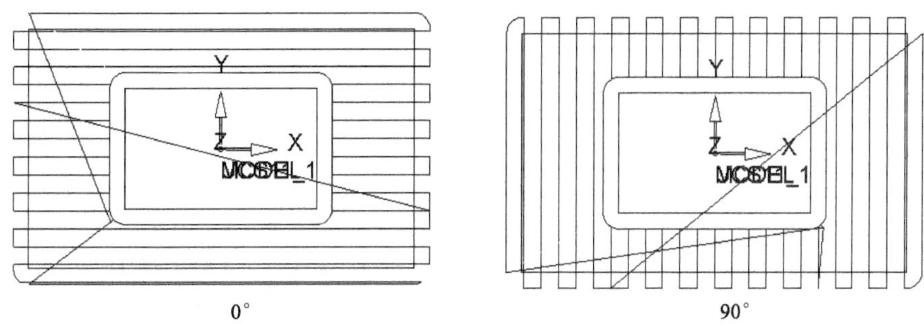

图 14-33 切削角度

14.4 型腔-环绕切削

环绕切削是非常常用的一种加工方法，其走刀方式是以环绕零件轮廓的方式进行余量清除，主要用于 2D 腔体轮廓的加工。环绕切削的刀路如图 14-34 所示。

1．操作演示

下面以型腔-环绕切削的加工为例，讲述创建型腔-环绕切削加工的方法及需要进行的参数设置。

（1）打开光盘中的〖Example\Ch14\环绕切削.blt〗文件，然后将其输出到加工环境，如图 14-35 所示。

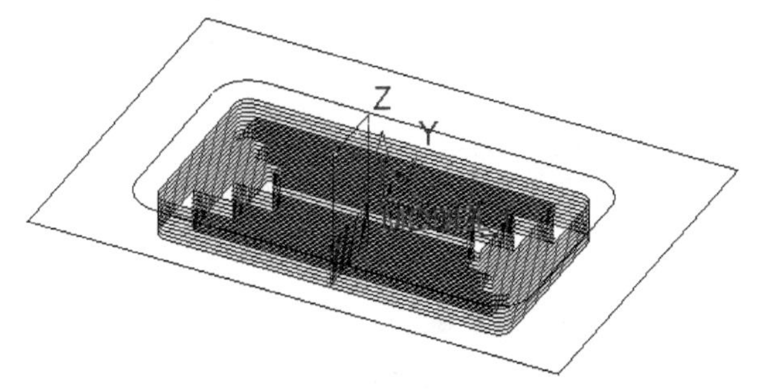

图 14-34 环绕切削刀路

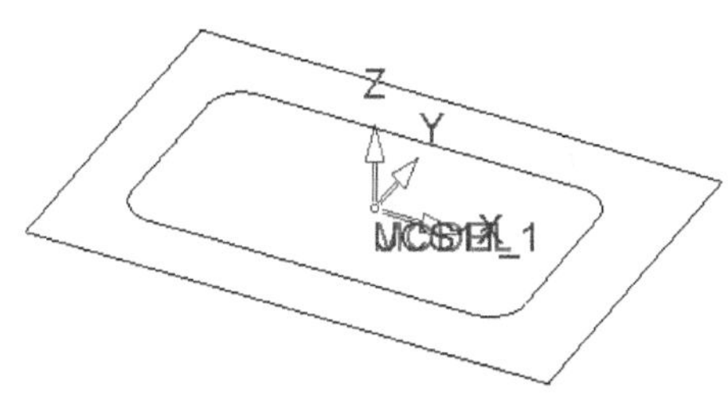

图 14-35 环绕切削.blt 文件

（2）创建刀具。参考前面的操作，然后创建 D17R0.8 的牛鼻刀，刀具有效长度为 60。

（3）设置刀轨和安全平面。在〖NC 向导〗工具栏中单击 按钮，弹出〖创建刀轨〗对话框，然后设置如图 14-36 所示的参数，最后单击〖确定〗 按钮。

（4）创建毛坯。在〖NC 向导〗工具栏中单击 按钮，弹出〖Feature Guide〗对话框，然后根据图 14-37 所示的步骤进行参数设置，最后单击〖确定〗 按钮。

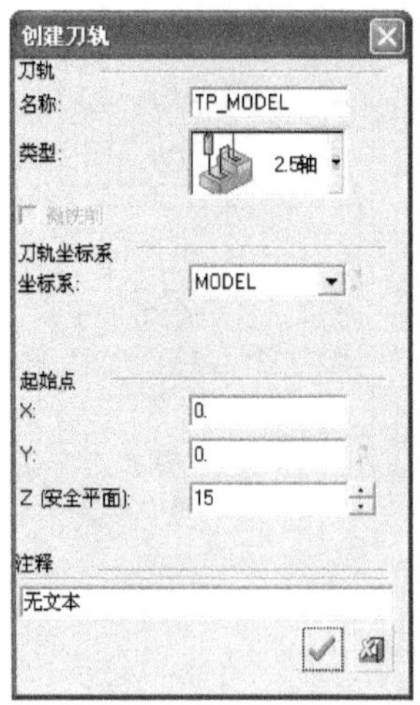

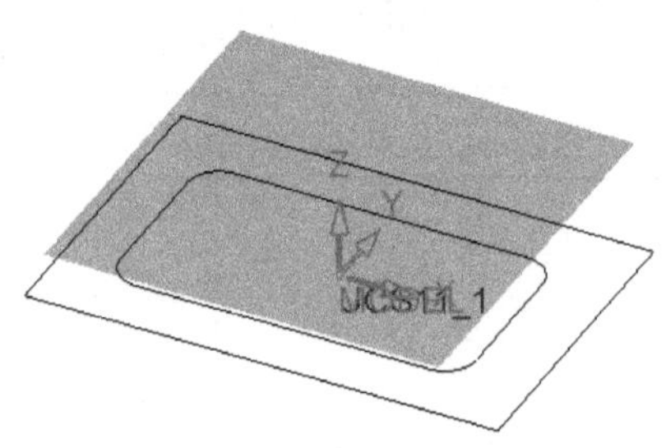

图 14-36　设置刀轨和安全平面

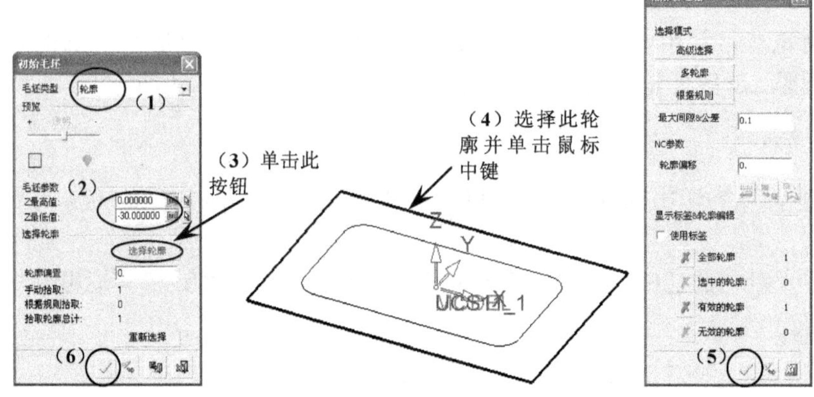

图 14-37　创建毛坯

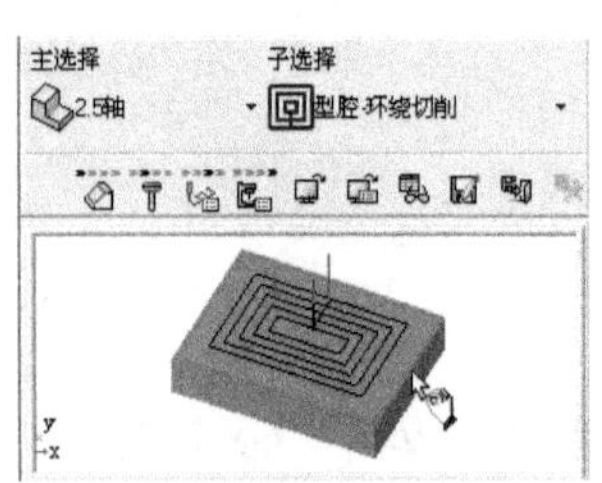

图 14-38　选择加工策略

（5）选择加工策略。在〖NC 向导〗工具栏中单击 按钮，弹出〖Procedure Wizard〗对话框，然后设置主选择为“2.5 轴”，子选择为“型腔-环绕切削”，如图 14-38 所示。

（6）选择零件轮廓。不关闭〖Procedure Wizard〗对话框，然后根据图 14-39 所示的步骤进行参数设置。

（7）设置刀路参数。在〖Procedure Wizard〗对话框中单击〖刀路参数〗 按钮，然后设置如图 14-40 所示的参数，其他参数按默认设置。

（8）设置机床参数。在〖Procedure Wizard〗对话框中单击〖机床参数〗 按钮，然后设置如图 14-41 所示的参数，其他参数按默认设置。

（9）保存并计算刀路。在〖Procedure Wizard〗对话框中单击〖保存并计算〗 按钮，系统开始计算刀路，如图 14-42 所示。

（10）机床仿真结果如图 14-43 所示。

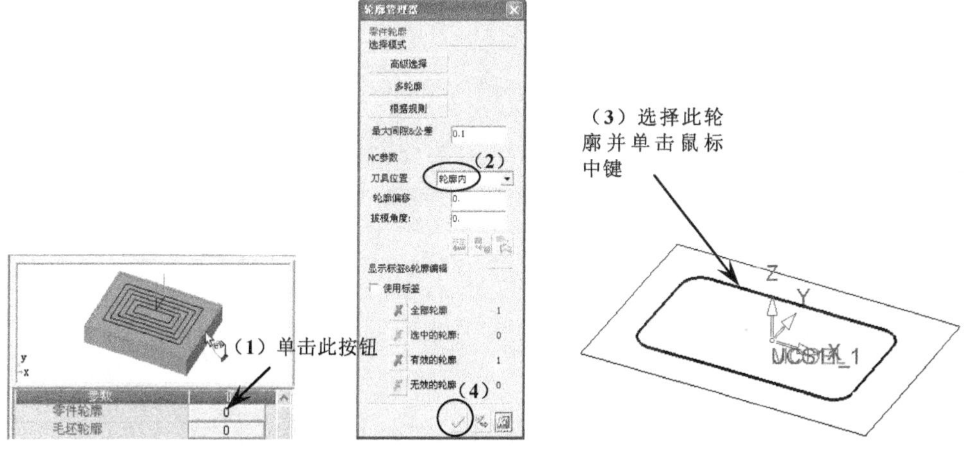

图 14-39　选择零件轮廓

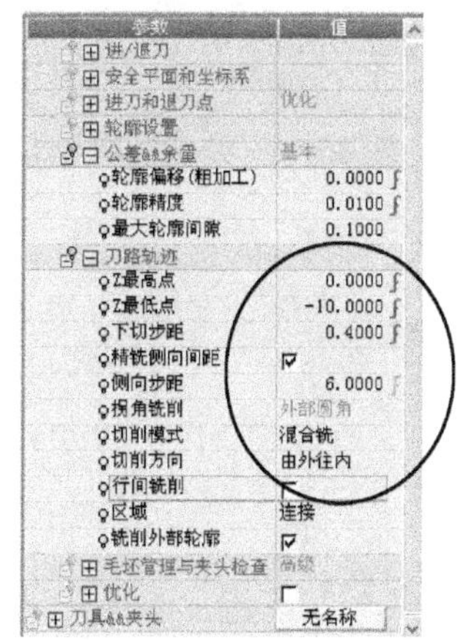

图 14-40　设置刀路参数

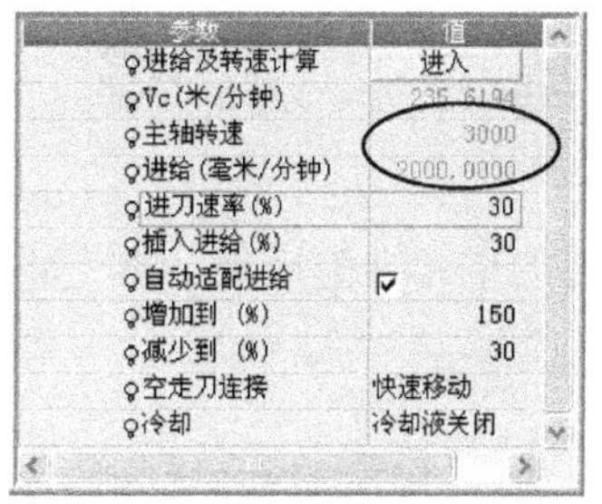

图 14-41　设置机床参数

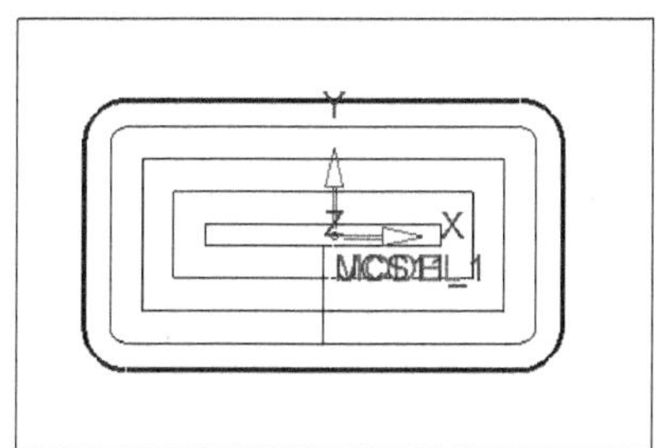

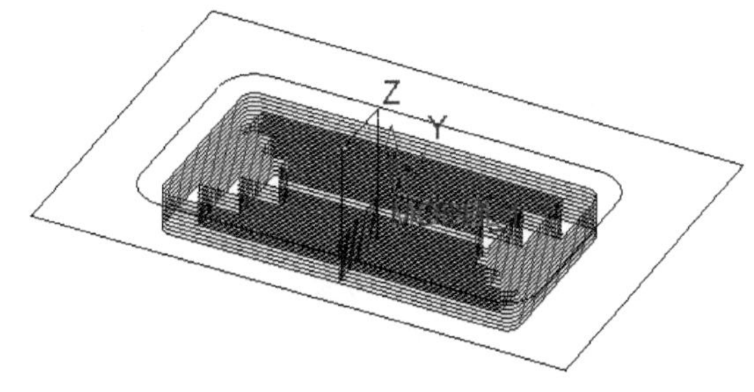

图 14-42　保存并计算刀路

2. 重要参数注释

型腔-环绕切削的参数如图 14-44 所示，这里只介绍一些特别而重要的加工参数。

（1）拐角铣削：主要设置刀路在尖角处的过渡方式，包括全部尖角、外部圆角和全部圆角三种方式，一般情况默认为外部圆角即可。

（2）切削模式：包括顺铣、逆铣和混合铣，选择混合铣的方式会大大提高加工的效率。

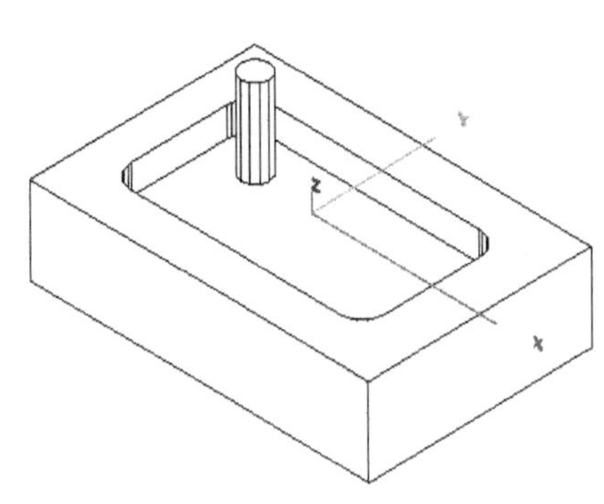
图 14-43　机床仿真

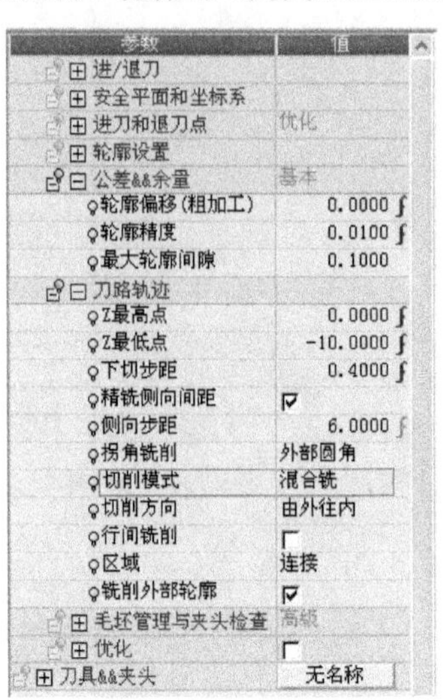

图 14-44　环绕切削加工参数

14.5　型腔-精铣侧壁

用于精加工零件的侧壁，其刀路效果如图 14-45 所示。

1. 操作演示

下面以型腔-精铣侧壁（岛屿）的加工为例，讲述创建型腔-精铣侧壁加工的方法及需要进行的参数设置。

（1）打开光盘中的〖Example\Ch14\精铣侧壁.blt〗文件，然后将其输出到加工环境，如图 14-46 所示。

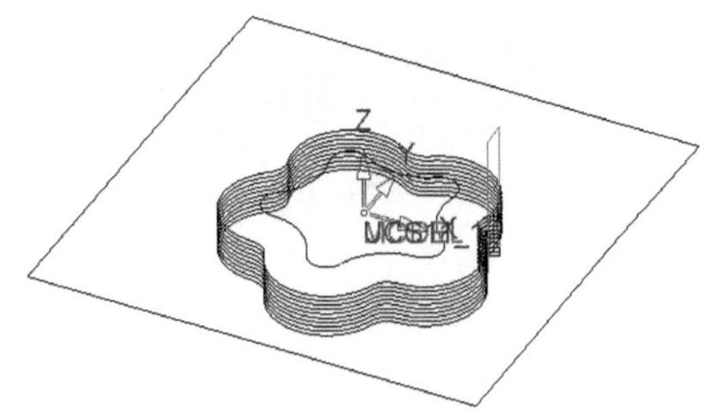

图 14-45　精铣侧壁刀路

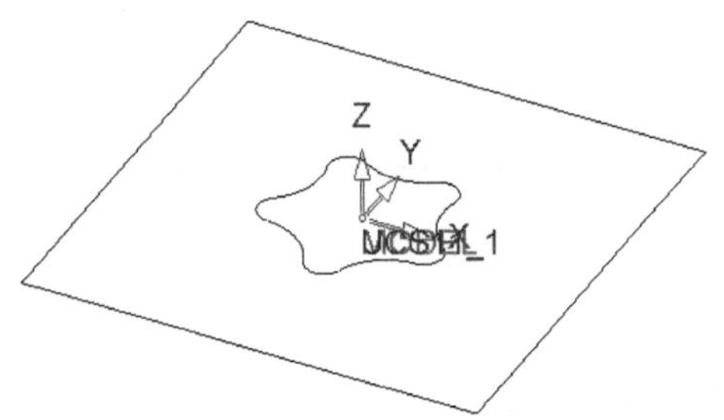

图 14-46　精铣侧壁.blt 文件

（2）创建刀具。参考前面的操作，创建一把 D17R0.8 的牛鼻刀，其有效刀长为 60。

（3）设置刀轨和安全平面。在〖NC 向导〗工具栏中单击 按钮，弹出〖创建刀轨〗对话框，然后设置如图 14-47 所示的参数，最后单击〖确定〗 按钮。

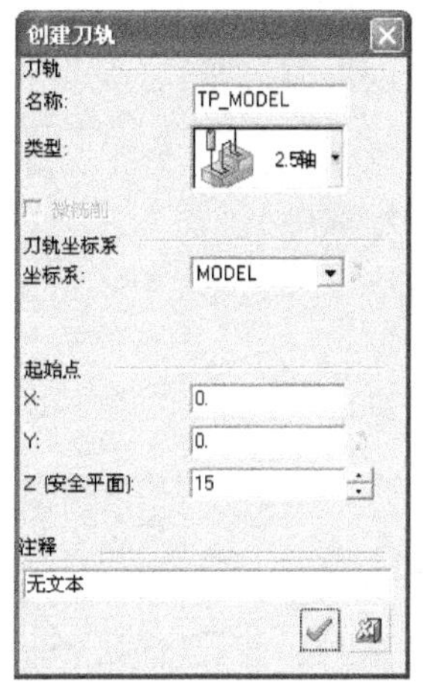

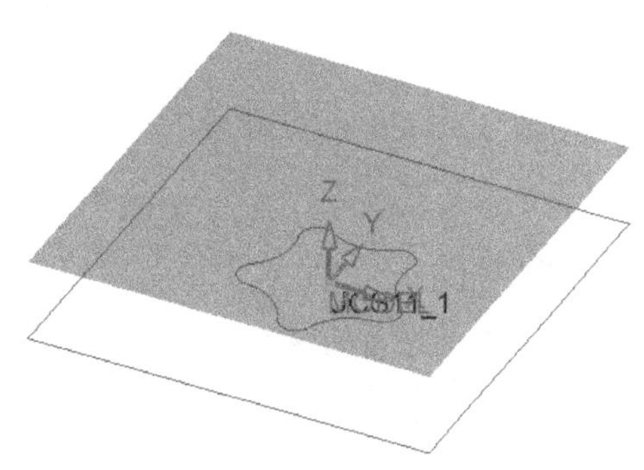

图 14-47　设置刀轨和安全平面

（4）选择加工策略。在〖NC 向导〗工具栏中单击 按钮，弹出〖Procedure Wizard〗对话框，然后设置主选择为“2.5 轴”，子选择为“型腔-精铣侧壁”，如图 14-48 所示。

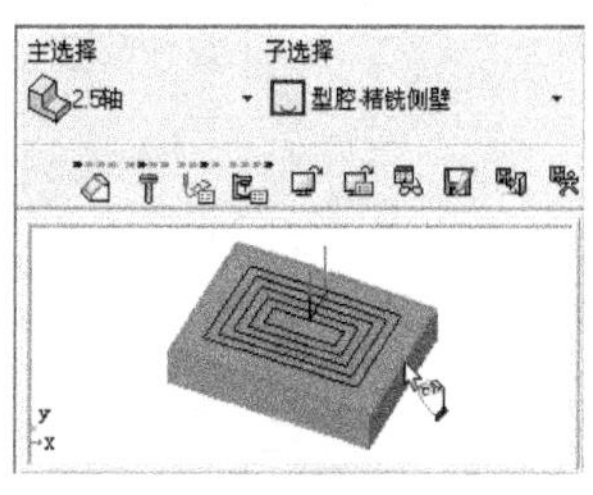

图 14-48　选择加工策略

（5）选择零件轮廓。不关闭〖Procedure Wizard〗对话框，然后根据图 14-49 所示的步骤进行参数设置。

（6）选择毛坯轮廓。不关闭〖Procedure Wizard〗对话框，然后根据图 14-50 所示的步骤进行参数设置。

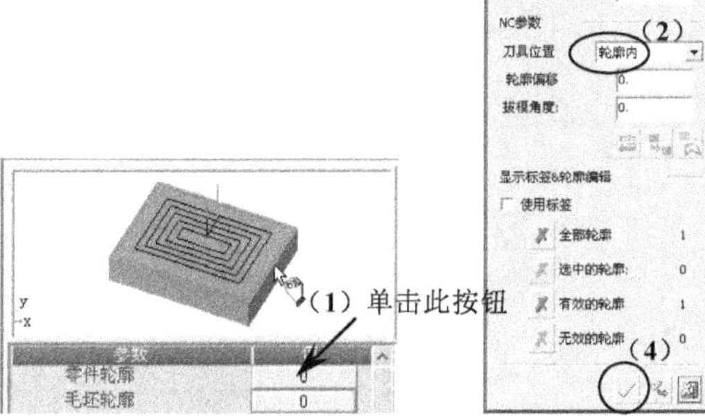

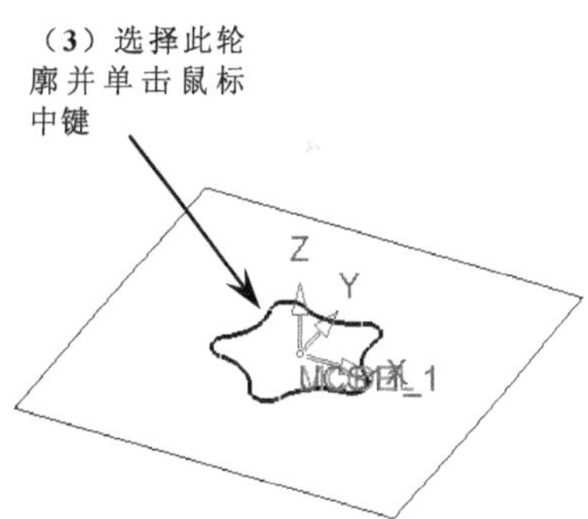

图 14-49　选择零件轮廓

（7）设置刀路参数。在〖Procedure Wizard〗对话框中单击〖刀路参数〗 按钮，然后设置如图 14-51 所示的参数，其他参数按默认设置。

（8）设置机床参数。在〖Procedure Wizard〗对话框中单击〖机床参数〗 按钮，然后设置如图 14-52 所示的参数，其他参数按默认设置。

（9）保存并计算刀路。在〖Procedure Wizard〗对话框中单击〖保存并计算〗 按钮，系统开始计算刀路，如图 14-53 所示。

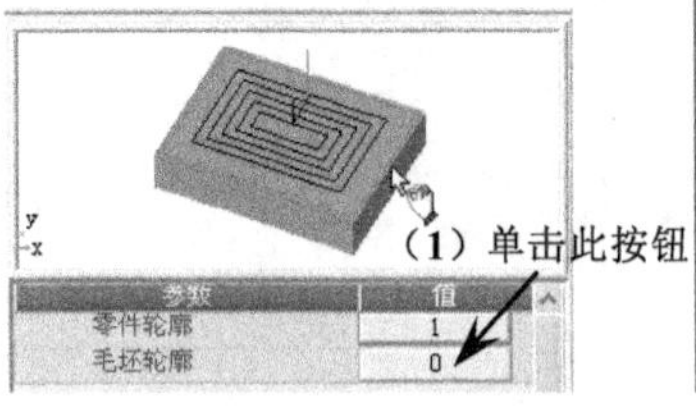

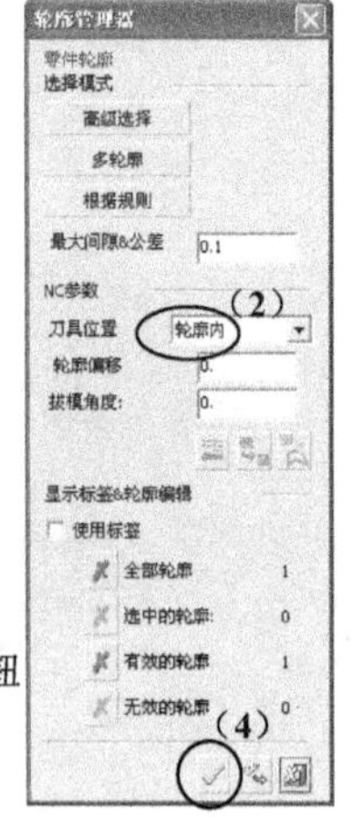

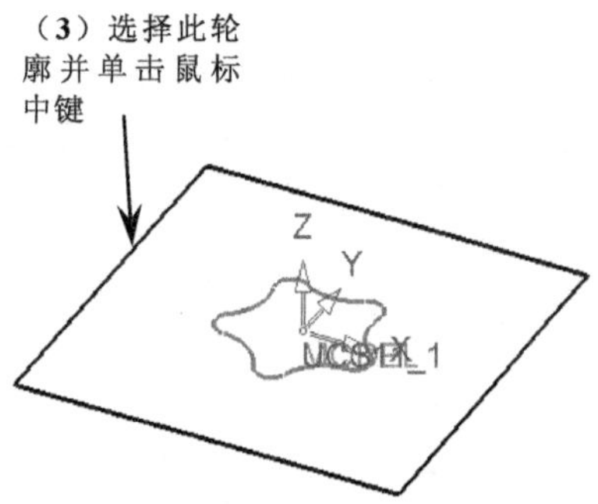

图 14-50　选择毛坯轮廓

图 14-51　设置刀路参数

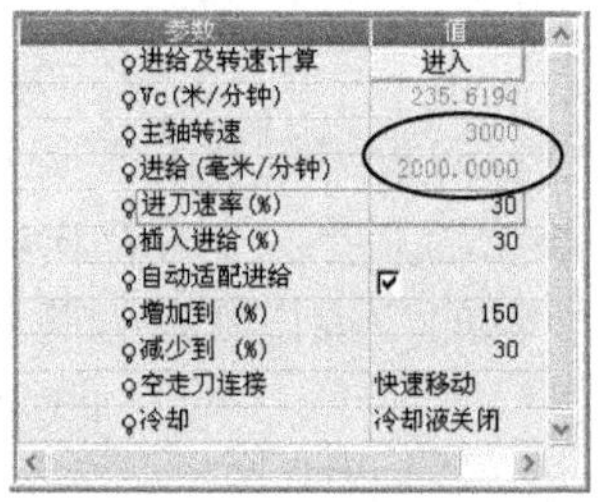

图 14-52　设置机床参数

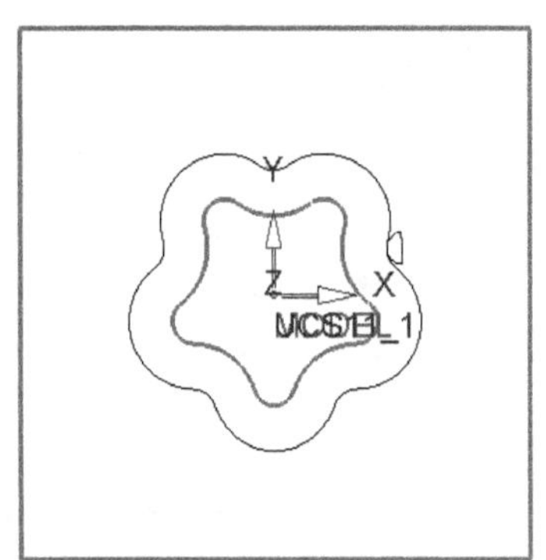

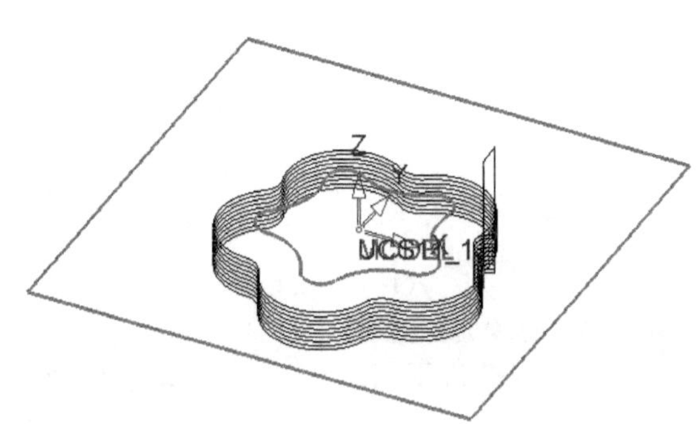

图 14-53　保存并计算刀路

要点提示

以上精铣侧壁的对象是岛屿的侧壁，如精铣的侧壁是凹槽的侧壁，则应如何选择轮廓，请读者认真思考。

2. 重要参数注释

型腔-精铣侧壁的参数如图 14-54 所示，这里只介绍一些特别而重要的加工参数。

（1）轮廓进/退刀：设置进刀方式，包括法向和相切两种方式，其效果如图 14-55 所示。

参数	值
⊟ 进/退刀	
轮廓进/退刀	相切
圆弧半径	3.0000
补偿延伸线	☐
⊞ 安全平面和坐标系	
⊞ 进刀和退刀点	优化
⊟ 轮廓设置	
刀具位置	轮廓内
轮廓偏移	0.0000
拔模角	0.0000
⊟ 公差&&余量	基本
轮廓精度	0.0100
最大轮廓间隙	0.1000
⊟ 刀路轨迹	
Z最高点	0.0000
Z最低点	-10.0000
下切步距	0.2500
拐角铣削	外部圆角
切削模式	混合铣
切削方向	由外往内
铣削外部轮廓	☐
⊞ 毛坯管理与夹头检查	高级
⊞ 优化	☐
⊞ 刀具&&夹头	D17R0.8

图 14-54　精铣侧壁加工参数

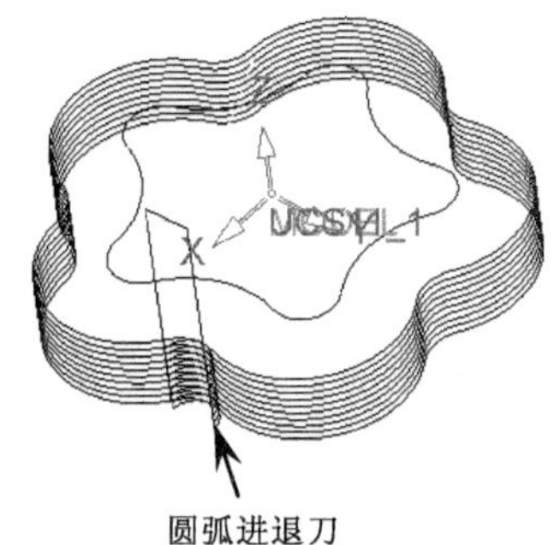

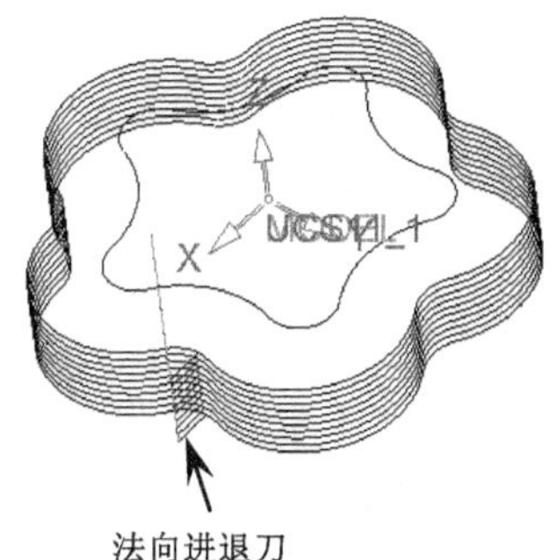

图 14-55　轮廓进/退刀

（2）圆弧半径：设置刀具切入和切出的圆弧半径。

14.6　开放轮廓

沿着开放的轮廓产生刀路轨迹，主要应用于平面中的流道加工和文字、图案的雕刻加工，其加工效果如图 14-56 所示。

1. 操作演示

下面以流道的加工为例，讲述如何创建开放轮廓加工及需要进行哪些参数设置。

（1）打开光盘中的〖Example\Ch14\开放轮廓.blt〗文件，然后将其输出到加工环境，如图 14-57 所示。

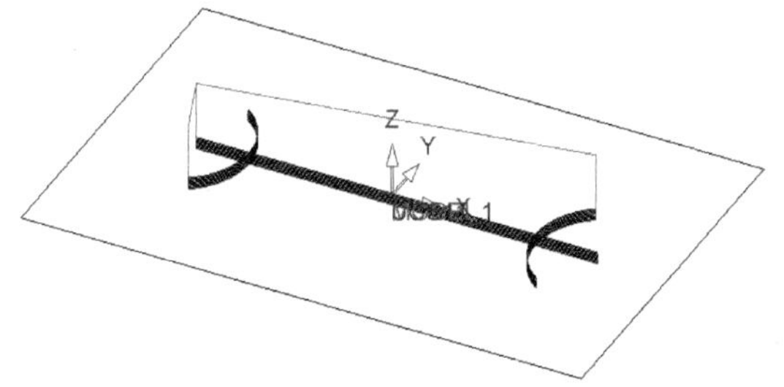

图 14-56　开放轮廓刀路

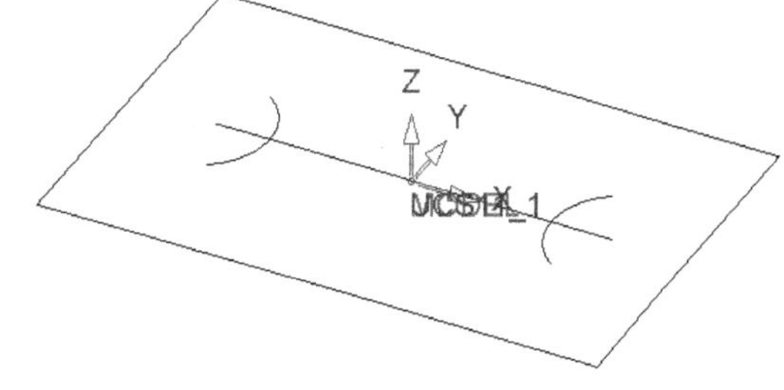

图 14-57　开放轮廓.blt 文件

（2）创建刀具。参考前面的操作，创建一把 R4 的球刀，其直径为 8，有效刀长为 60。

（3）设置刀轨和安全平面。在〖NC 向导〗工具栏中单击 按钮，弹出〖创建刀轨〗

对话框，然后设置如图 14-58 所示的参数，最后单击〖确定〗✓按钮。

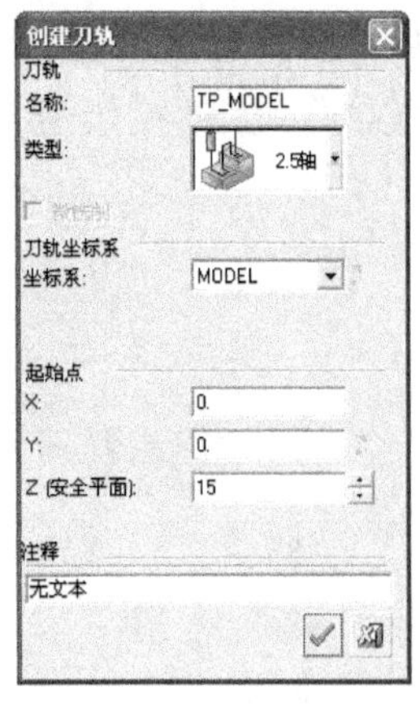

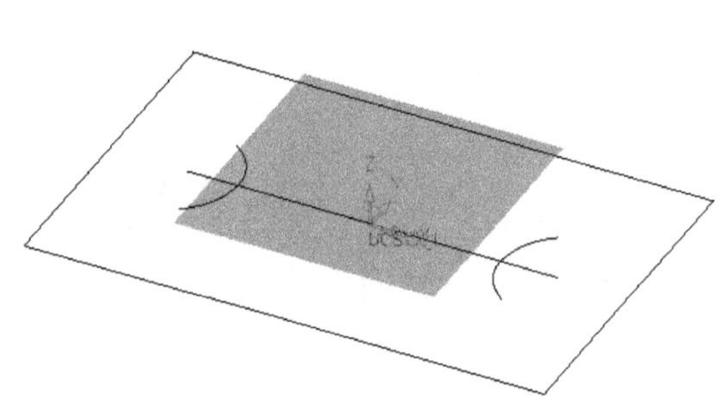

图 14-58　设置刀轨和安全平面

（4）创建毛坯。在〖NC 向导〗工具栏中单击 按钮，弹出〖Feature Guide〗对话框，然后根据图 14-59 所示的步骤进行参数设置，最后单击〖确定〗✓按钮。

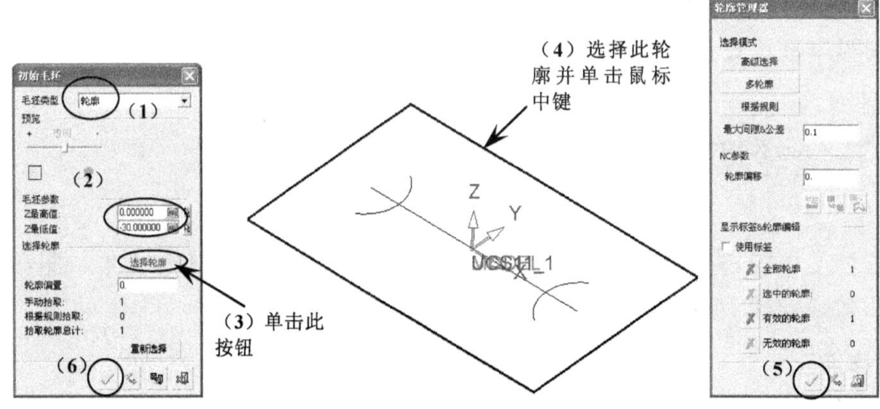

图 14-59　创建毛坯

（5）选择加工策略。在〖NC 向导〗工具栏中单击 按钮，弹出〖Procedure Wizard〗对话框，然后设置主选择为“2.5 轴”，子选择为“开放轮廓”，如图 14-60 所示。

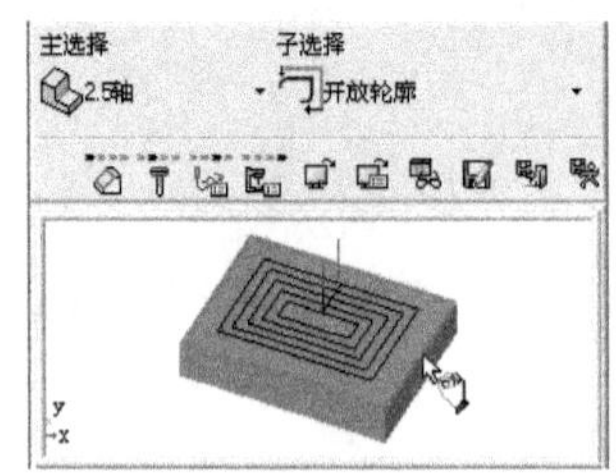

图 14-60　选择加工策略

（6）选择零件轮廓。不关闭〖Procedure Wizard〗对话框，然后根据图 14-61 所示的步骤进行参数设置。

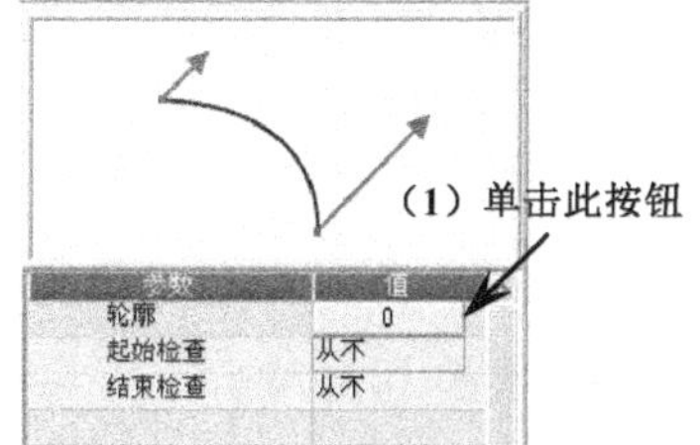

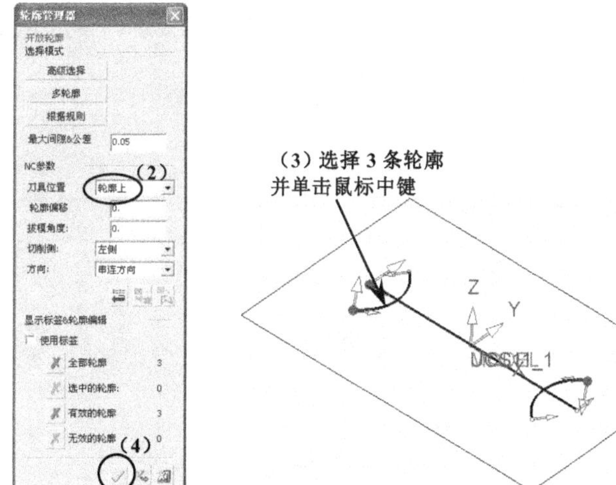

图 14-61　选择零件轮廓

要点提示

3 条轮廓线不能同时选择，要逐条选择并单击鼠标中键确定。

（7）设置刀路参数。在〖Procedure Wizard〗对话框中单击〖刀路参数〗按钮，然后设置如图 14-62 所示的参数，其他参数按默认设置。

（8）设置机床参数。在〖Procedure Wizard〗对话框中单击〖机床参数〗按钮，然后设置如图 14-63 所示的参数，其他参数按默认设置。

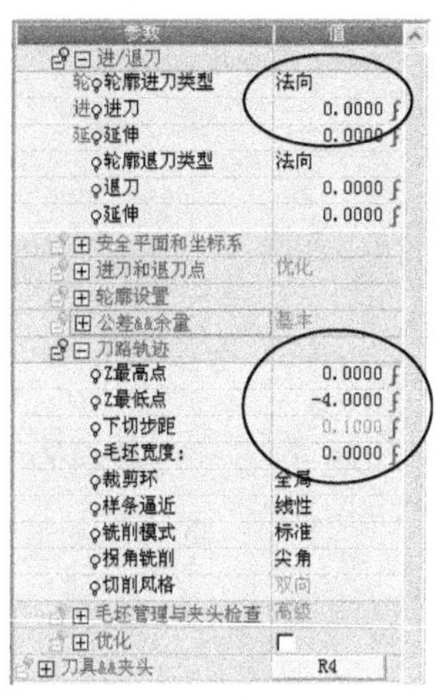

图 14-62　设置刀路参数

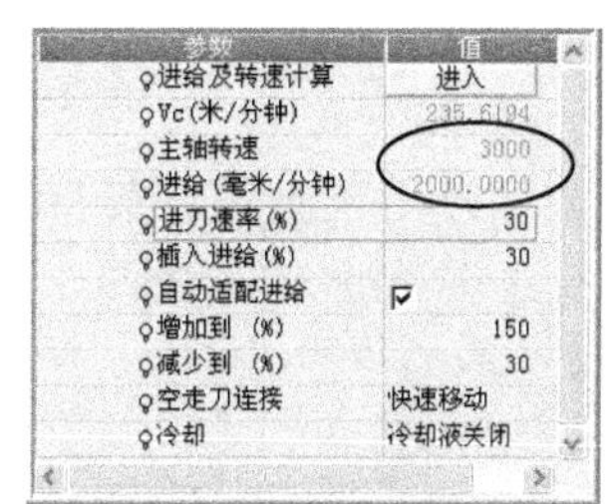

图 14-63　设置机床参数

要点提示

请读者认真思考此处为何设置轮廓进/退刀的类型为“法向”，且进退刀的距离为 0，如果设置成其他选项，则会产生怎样的情况。

（9）保存并计算刀路。在〖Procedure Wizard〗对话框中单击〖保存并计算〗按钮，系统开始计算刀路，如图 14-64 所示。

（10）机床仿真结果如图 14-65 所示。

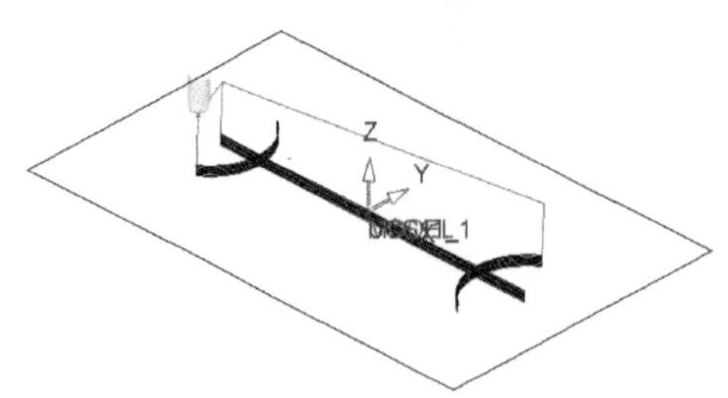

图 14-64　保存并计算刀路

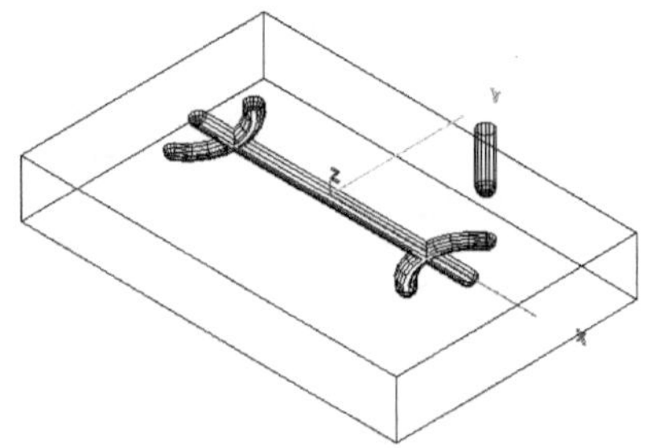

图 14-65　机床仿真

2．重要参数注释

开放轮廓的参数如图 14-66 所示，这里只介绍一些特别重要的加工参数。

参数	值
⊟ 进/退刀	
轮廓进刀类型	法向
进刀	0.0000
延伸	0.0000
轮廓退刀类型	法向
退刀	0.0000
延伸	0.0000
⊞ 安全平面和坐标系	
⊞ 进刀和退刀点	优化
⊞ 轮廓设置	
⊞ 公差&&余量	基本
⊟ 刀路轨迹	
Z最高点	0.0000
Z最低点	-4.0000
下切步距	0.1000
毛坯宽度:	0.0000
裁剪环	全局
样条逼近	线性
铣削模式	标准
拐角铣削	尖角
切削风格	双向
⊞ 毛坯管理与夹头检查	高级
⊞ 优化	
⊞ 刀具&&夹头	R4

图 14-66　开放轮廓加工参数

（1）毛坯宽度：用于定义在轮廓上的加工余量。当设置毛坯宽度后再设置合理的侧向步距，则可进行多刀次加工，如图 14-67 所示。

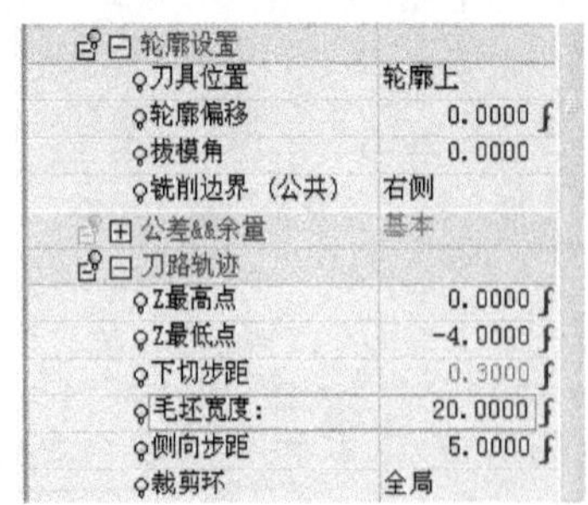

⊟ 轮廓设置	
刀具位置	轮廓上
轮廓偏移	0.0000
拔模角	0.0000
铣削边界（公共）	右侧
⊞ 公差&&余量	基本
⊟ 刀路轨迹	
Z最高点	0.0000
Z最低点	-4.0000
下切步距	0.3000
毛坯宽度:	20.0000
侧向步距	5.0000
裁剪环	全局

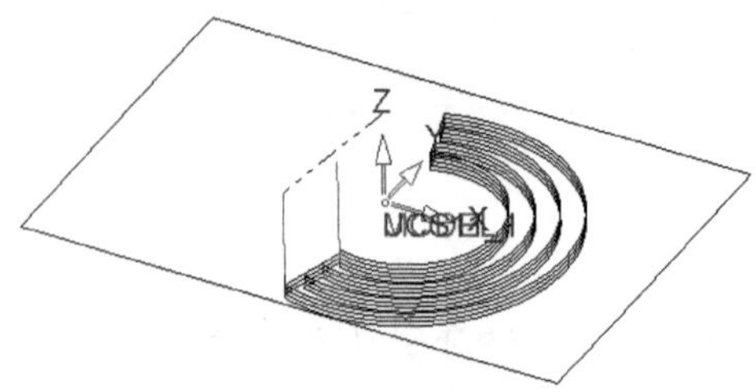

图 14-67　毛坯宽度

（2）裁剪环：包括局部、全局和关闭三个选项。进行裁剪可以避免过切，但也可能会造成加工不到位，建议选择系统默认的“全局”选项。

14.7 封闭轮廓

沿着封闭的轮廓线生成切削加工的刀路轨迹，主要应用于零件外轮廓的加工。其加工效果如图 14-68 所示。

1．操作演示

下面以工件外壁的加工为例，讲述创建封闭轮廓加工的方法及需要进行的参数设置。

（1）打开光盘中的〖Example\Ch14\封闭轮廓.blt〗文件，然后将其输出到加工环境，如图 14-69 所示。

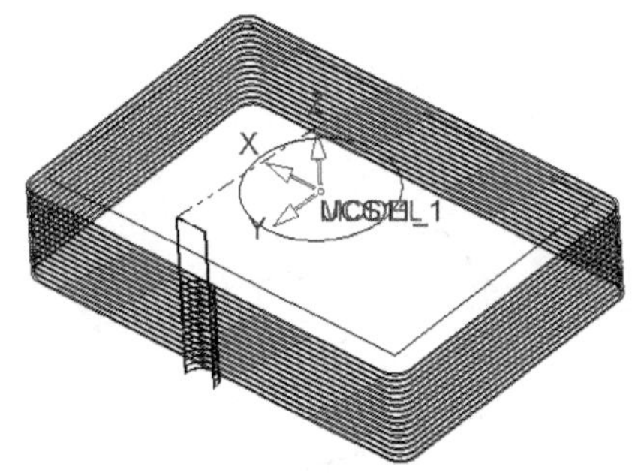

图 14-68　封闭轮廓刀路

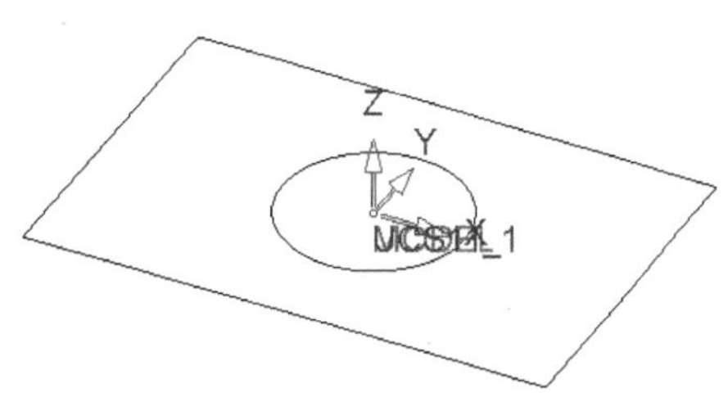

图 14-69　封闭轮廓.blt 文件

（2）创建刀具。参考前面的操作，创建一把 D12 的平底刀，其直径为 12，有效刀长为 50。

（3）设置刀轨和安全平面。在〖NC 向导〗工具栏中单击 按钮，弹出〖创建刀轨〗对话框，然后设置如图 14-70 所示的参数，最后单击〖确定〗 按钮。

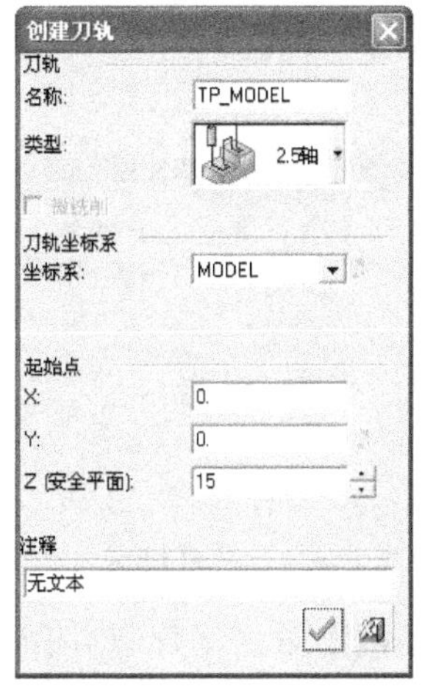

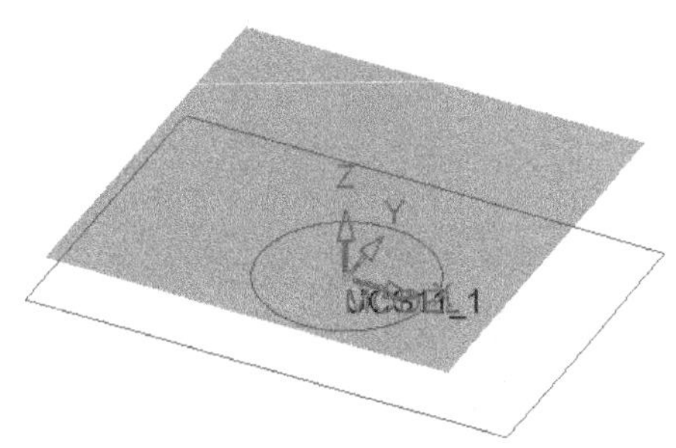

图 14-70　设置刀轨和安全平面

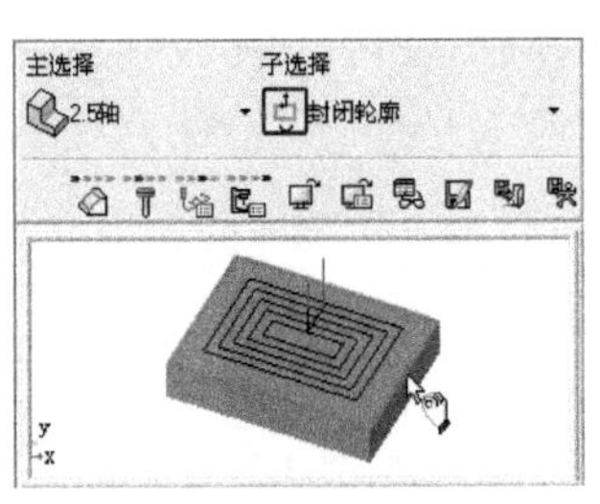

图 14-71 选择加工策略

（4）选择加工策略。在〖NC 向导〗工具栏中单击 按钮，弹出〖Procedure Wizard〗对话框，然后设置主选择为“2.5 轴”，子选择为“封闭轮廓”，如图 14-71 所示。

（5）选择零件轮廓。不关闭〖Procedure Wizard〗对话框，然后根据图 14-72 所示的步骤进行参数设置。

（6）设置刀路参数。在〖Procedure Wizard〗对话框中单击〖刀路参数〗 按钮，然后设置如图 14-73 所示的参数，其他参数按默认设置。

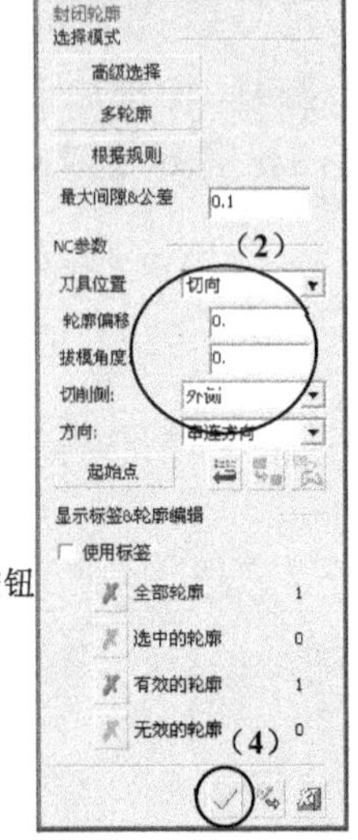

（1）单击此按钮

参数 | 值
轮廓 | 0

（3）选择此轮廓并单击鼠标中键

图 14-72 选择零件轮廓

（7）设置机床参数。在〖Procedure Wizard〗对话框中单击〖机床参数〗 按钮，然后设置如图 14-74 所示的参数，其他参数按默认设置。

图 14-73 设置刀路参数

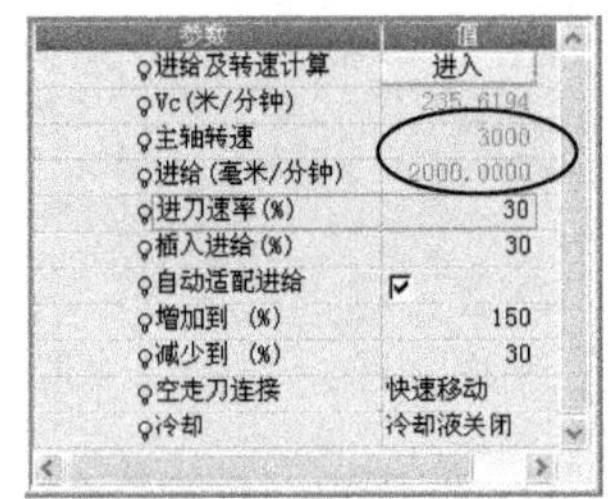

图 14-74 设置机床参数

（8）保存并计算刀路。在〖Procedure Wizard〗对话框中单击〖保存并计算〗 按钮，系统开始计算刀路，如图 14-75 所示。

2. 重要参数注释

封闭轮廓的参数如图 14-76 所示，这里只介绍一些特别重要的加工参数。

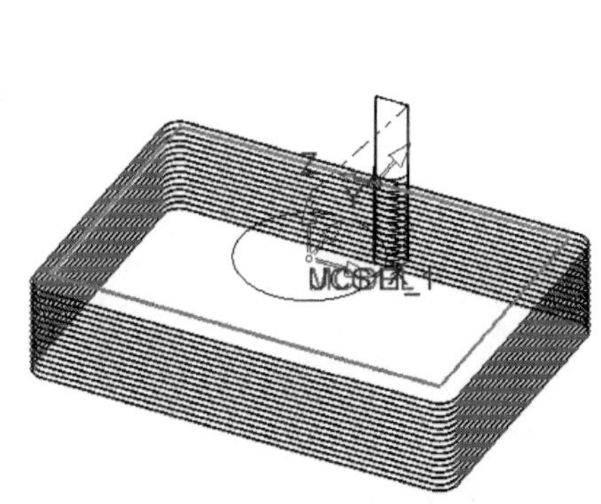

图 14-75　保存并计算刀路

参数	值
⊟ 进/退刀	
轮廓进刀类型	相切
圆弧半径	5.0000
延伸	0.0000
轮廓退刀类型	相切
圆弧半径	5.0000
延伸	0.0000
⊞ 安全平面和坐标系	
⊞ 进刀和退刀点	优化
⊞ 轮廓设置	
⊞ 公差&&余量	基本
⊟ 刀路轨迹	
Z最高点	0.0000
Z最低点	-30.0000
下切步距	0.8000
毛坯宽度:	1.0000
侧向步距	0.5000
裁剪环	全局
样条逼近	线性
铣削模式	标准
拐角铣削	圆角
切削模式	逆铣
⊞ 毛坯管理与夹头检查	高级

图 14-76　封闭轮廓加工参数

（1）样条逼近：包括线性和圆弧两种方式。选择线性的方式时，生成的程序将全部使用直线遁入空门插补 G01 指令；选择“圆弧”的逼近方式时，生成的程序将使用直线插补指令 G01 和圆弧插补指令 G02/G03。如图 14-77 所示为样条线逼近示意图。

图 14-77　样条逼近

（2）铣削模式：决定了加工时的走刀方式，主要包括标准和摆线。通常情况下选择标准模式，刀具沿直线轮廓进给，如图 14-78（a）所示；当切削较大的毛坯宽度时，选择摆线的方式可以保持均匀的切削负荷，并能保持较高的切削速度，摆线切削的效果如图 14-78（b）所示。

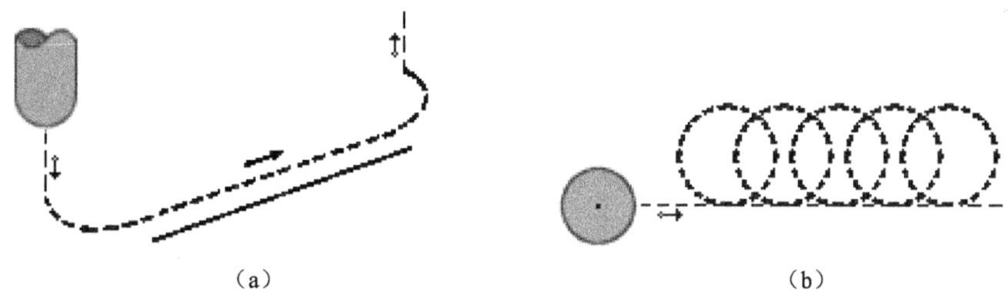

图 14-78　切削模式

14.8　2.5 轴加工综合实例特训

下面以工厂的一个铝制装配零件为实例，综合运用本章所学的知识内容，详细讲述 2.5 轴编程加工的过程及需要注意的操作问题。

1．公共参数设置

（1）在桌面上双击图标打开 CimatronE 10.0 软件。

（2）新建文件。在〖标准〗工具栏中单击〖新建文件〗按钮，弹出〖新建文件〗对话框，接着选择图标并默认单位为“毫米”，最后单击 确定 按钮，如图 14-79 所示。

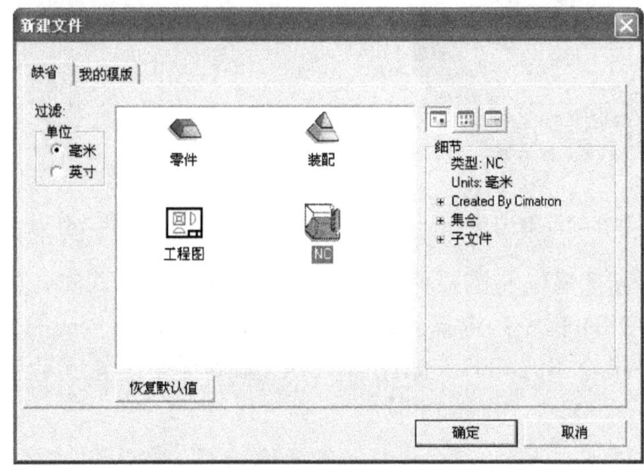

图 14-79　新建文件

（3）输入编程模型。在〖NC 向导〗工具栏中单击 读取模型 按钮，接着读取光盘中的〖Example\Ch14\综合特训.elt〗源文件，然后在〖Feature Guide〗对话框中单击〖确定〗按钮确定模型的摆放，如图 14-80 所示。

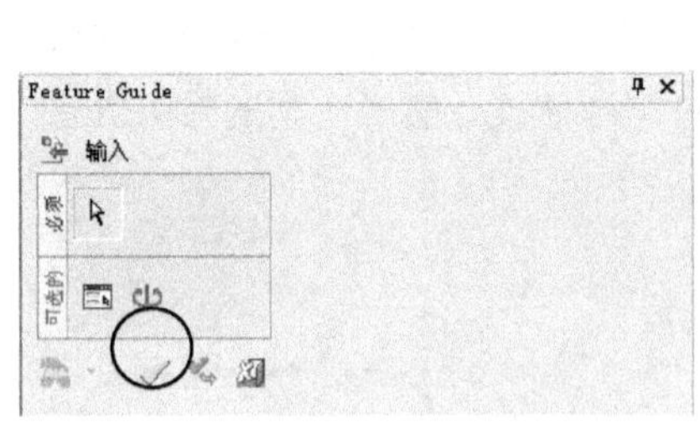

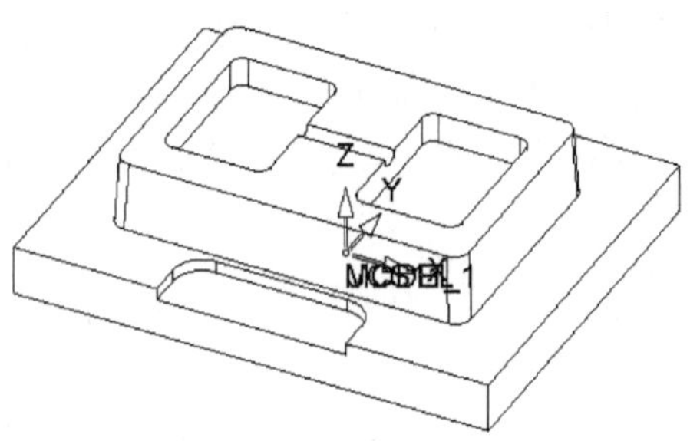

图 14-80　输入编程模型

（4）创建刀具。在〖NC 向导〗工具栏中单击〖刀具〗按钮，弹出〖刀具及夹头〗对话框，接着单击按钮，然后创建如图 14-81 所示的四把刀具。

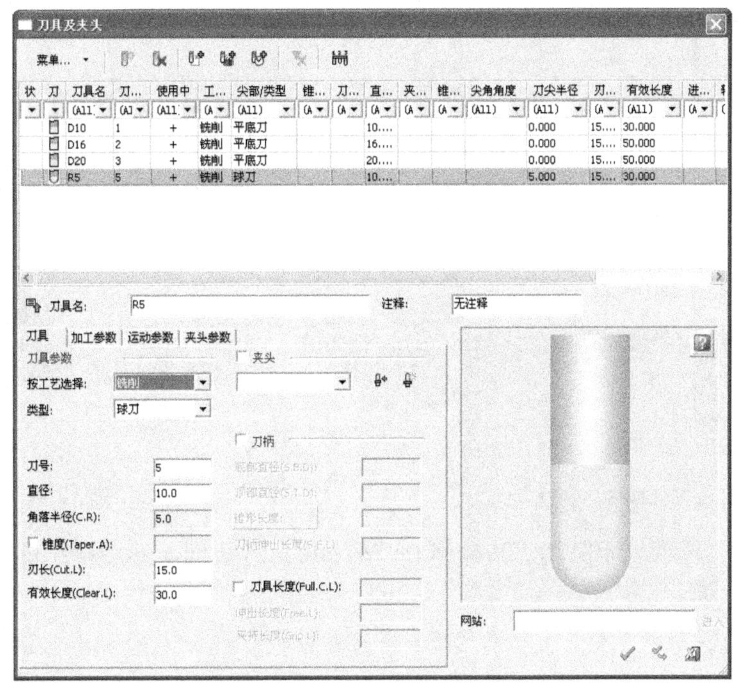

图 14-81　创建刀具

（5）设置刀轨和安全平面。在〖NC 向导〗工具栏中单击按钮，弹出〖创建刀轨〗对话框，然后设置如图 14-82 所示的参数，最后单击〖确定〗按钮。

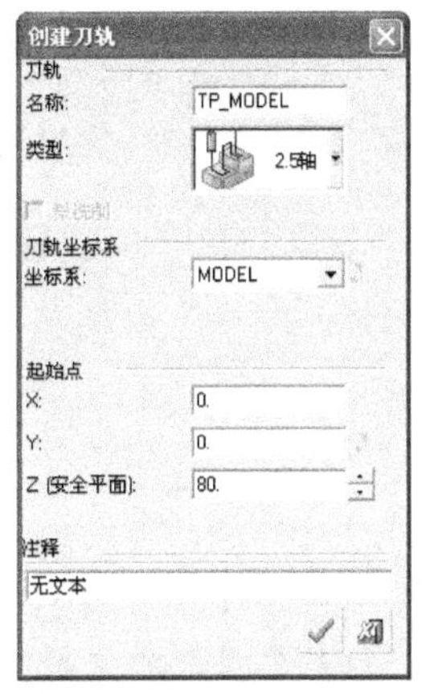

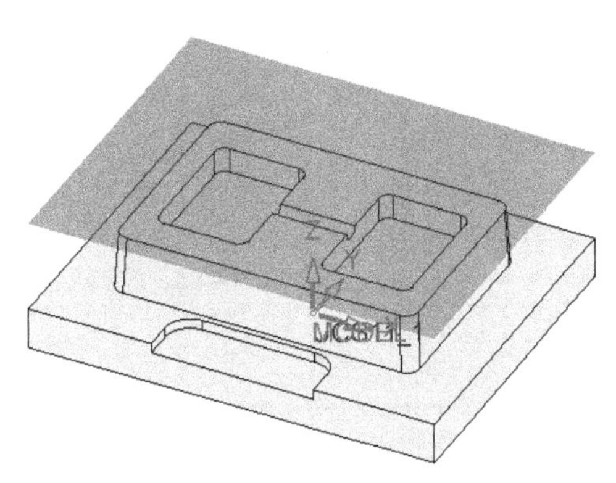

图 14-82　设置刀轨和安全平面

（6）创建毛坯。在〖NC 向导〗工具栏中单击按钮，弹出〖Feature Guide〗对话框，然后设置如图 14-83（a）所示的参数，最后单击〖确定〗按钮，如图 14-83（b）所示。

2. 平行切削

（1）选择加工策略。在〖NC 向导〗工具栏中单击按钮，弹出〖Procedure Wizard〗对话框，然后设置主选择为“2.5 轴”，子选择为“型腔-平行铣削”，如图 14-84 所示。

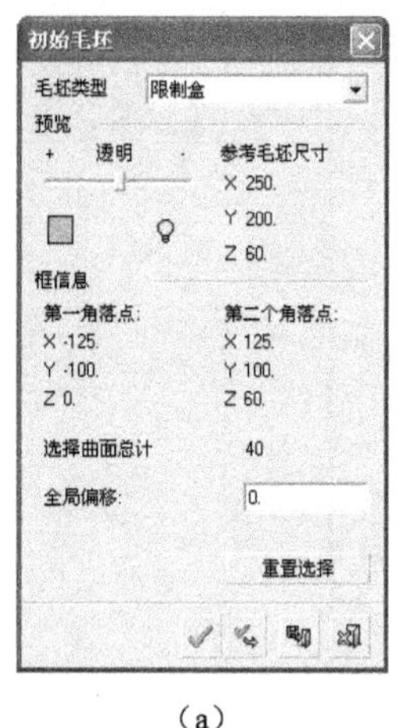

（a）

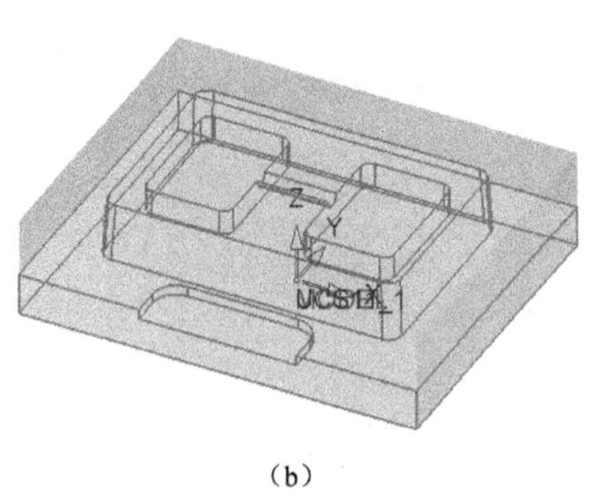

（b）

图 14-83　创建毛坯

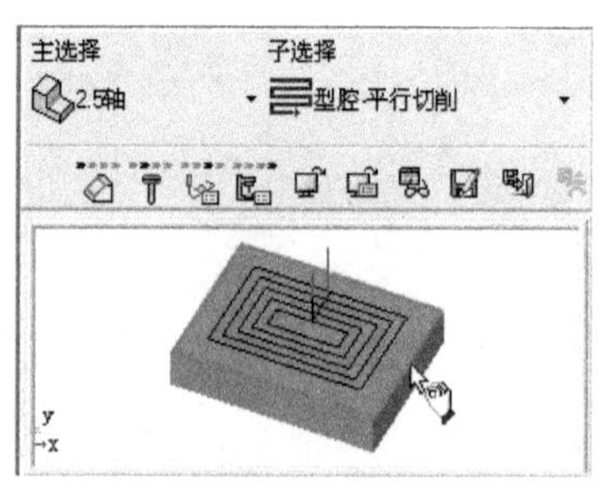

图 14-84　选择加工策略

（2）选择加工轮廓。不关闭〖Procedure Wizard〗对话框，然后根据图 14-85 所示的步骤进行参数设置。

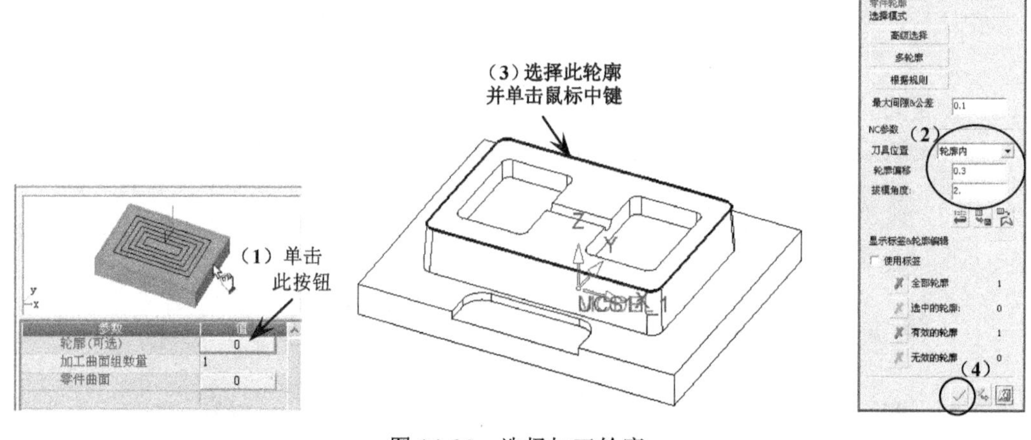

图 14-85　选择加工轮廓

这里设置轮廓偏移为 0.3，目的是设置保留侧面余量待后面进行精加工。

（3）选择毛坯轮廓。不关闭〖Procedure Wizard〗对话框，然后根据图 14-86 所示的步骤进行参数设置。

（4）选择刀具。在〖Procedure Wizard〗对话框中单击〖刀具〗按钮，弹出〖刀具和夹头〗对话框，然后选择刀具名为“D20”的刀具并双击鼠标左键进行选择。

（5）设置刀路参数。在〖Procedure Wizard〗对话框中单击〖刀路参数〗按钮，然后设置如图 14-87 所示的参数，其他参数按默认设置。

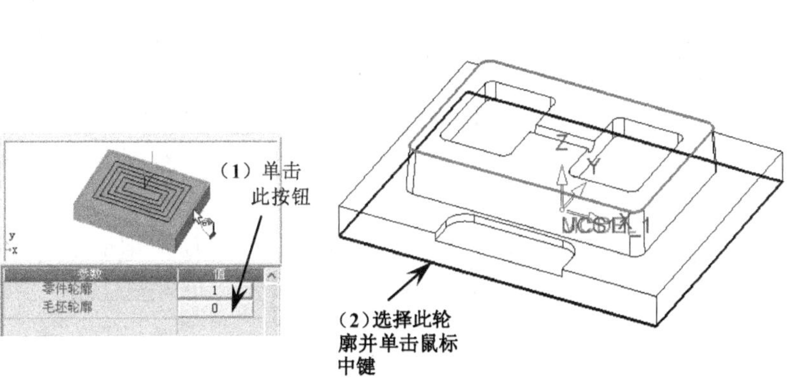

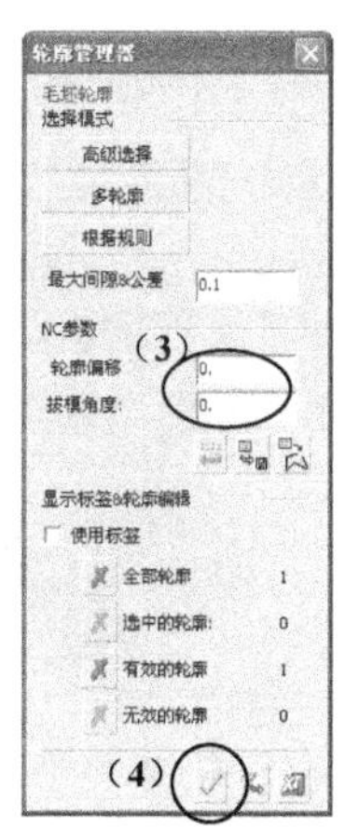

图 14-86　选择毛坯轮廓

（6）设置机床参数。在〖Procedure Wizard〗对话框中单击〖机床参数〗按钮，然后设置如图 14-88 所示的参数，其他参数按默认设置。

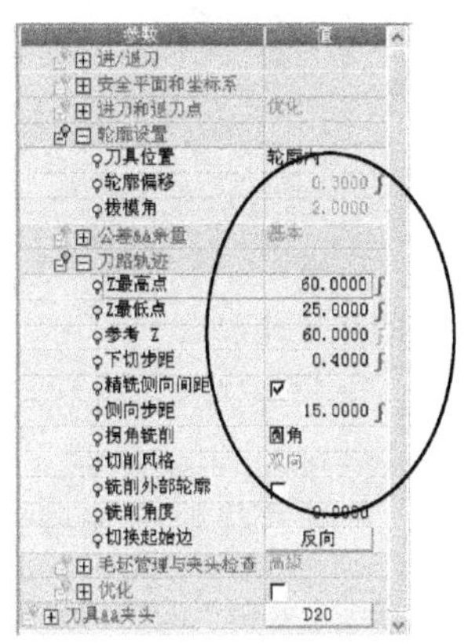

图 14-87　设置刀路参数

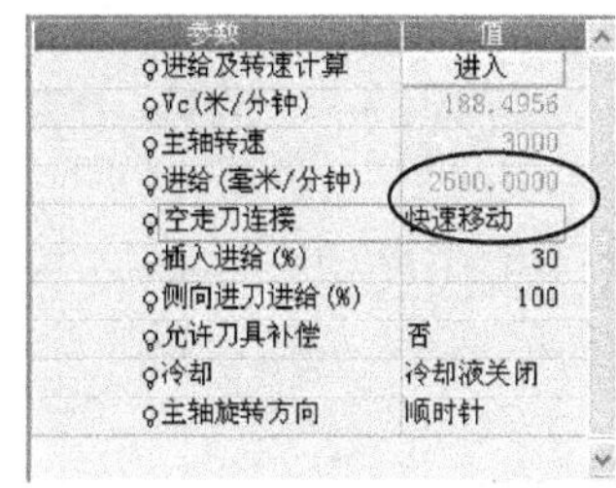

参数	值
进给及转速计算	进入
Vc(米/分钟)	188.4956
主轴转速	3000
进给(毫米/分钟)	2500.0000
空走刀连接	快速移动
插入进给(%)	30
侧向进刀进给(%)	100
允许刀具补偿	否
冷却	冷却液关闭
主轴旋转方向	顺时针

图 14-88　设置机床参数

（7）保存并计算刀路。在〖Procedure Wizard〗对话框中单击〖保存并计算〗按钮，系统开始计算刀路，如图 14-89 所示。单击刀路名称右边的小灯泡使其变成灰色，从而隐藏当前刀路。

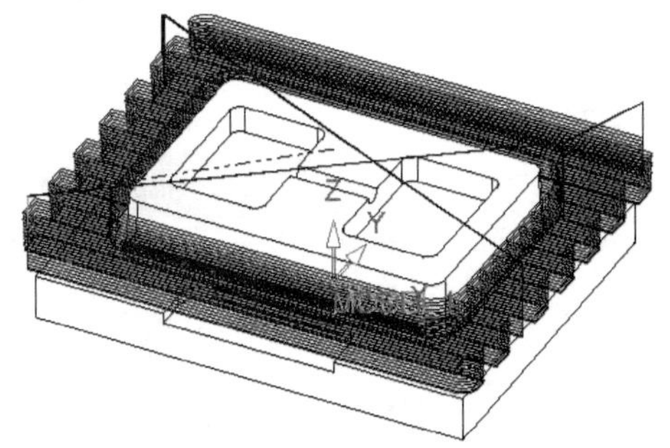

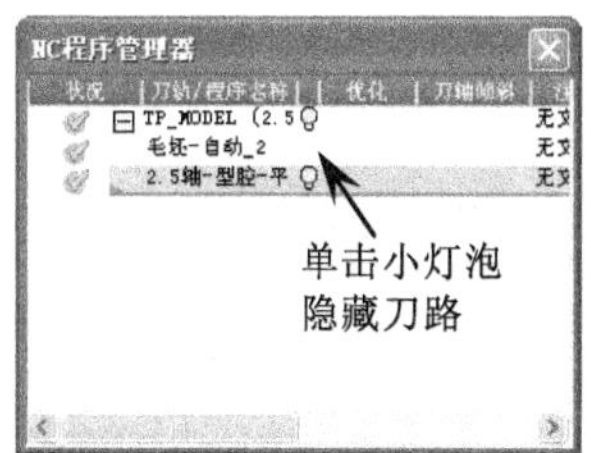

图 14-89　保存并计算刀路

3．精铣侧壁

（1）选择加工策略。在〖NC 向导〗工具栏中单击 按钮，弹出〖Procedure Wizard〗对话框，然后设置主选择为“2.5 轴”，子选择为“精铣侧壁”，如图 14-90 所示。

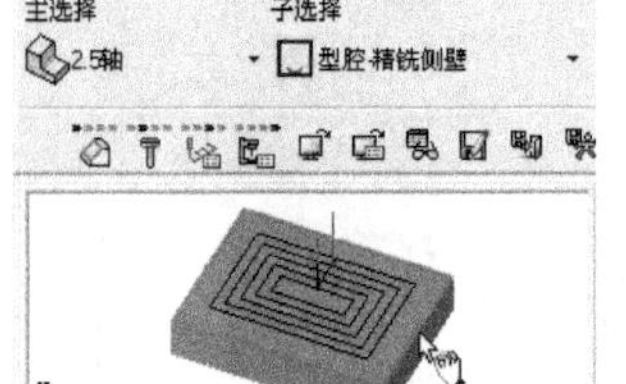

图 14-90　选择加工策略

（2）设置刀路参数。在〖Procedure Wizard〗对话框中单击〖刀路参数〗 按钮，然后设置如图 14-91 所示的参数，其他参数按默认设置。

（3）设置机床参数。在〖Procedure Wizard〗对话框中单击〖机床参数〗 按钮，然后设置如图 14-92 所示的参数，其他参数按默认设置。

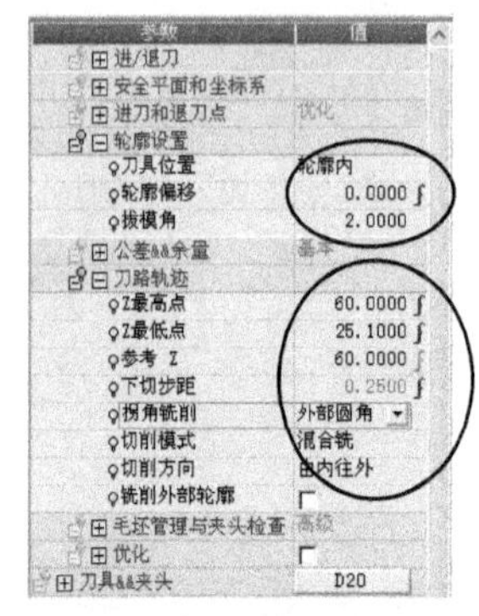

图 14-91　设置刀路参数

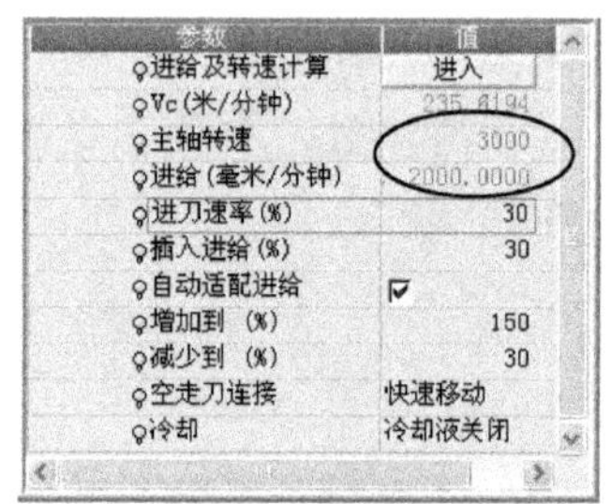

图 14-92　设置机床参数

1．因为此刀路要将侧壁余量完全清除，所以需将轮廓偏移值修改为 0。

2．为了使精加工侧壁时不完全到底，可设置 Z 最低点的高度比开粗时高 0.1。

（4）保存并计算刀路。在〖Procedure Wizard〗对话框中单击〖保存并计算〗 按钮，系统开始计算刀路，如图 14-93 所示。单击刀路名称右边的小灯泡使其变成灰色，从而隐藏当前刀路。

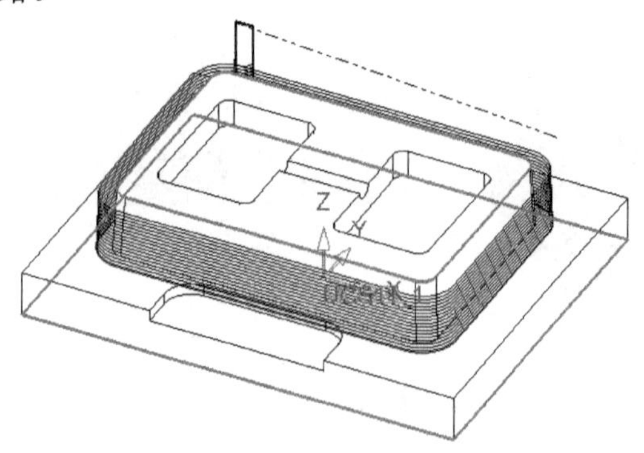

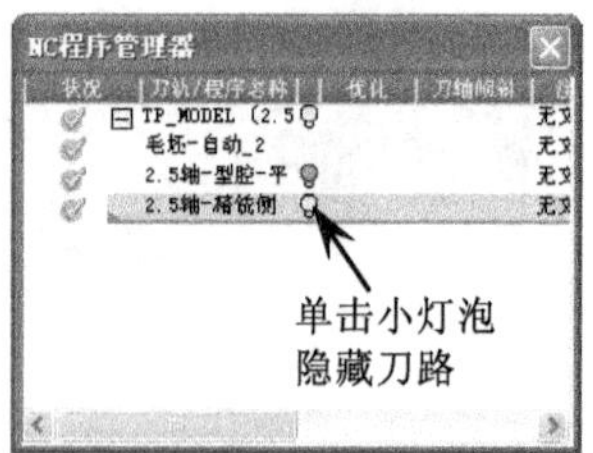

图 14-93　保存并计算刀路

4．开放轮廓

（1）选择加工策略。在〖NC 向导〗工具栏中单击 按钮，弹出〖Procedure Wizard〗对话框，然后设置主选择为“2.5轴”，子选择为“开放轮廓”，如图 14-94 所示。

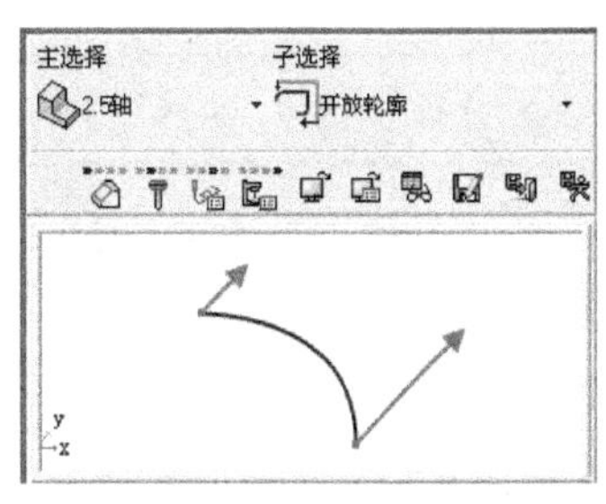

图 14-94　选择加工策略

（2）选择轮廓。不关闭〖Procedure Wizard〗对话框，然后根据图 14-95 所示的步骤进行参数设置。

（3）设置刀路参数。在〖Procedure Wizard〗对话框中单击〖刀路参数〗 按钮，然后设置如图 14-96 所示的参数，其他参数按默认设置。

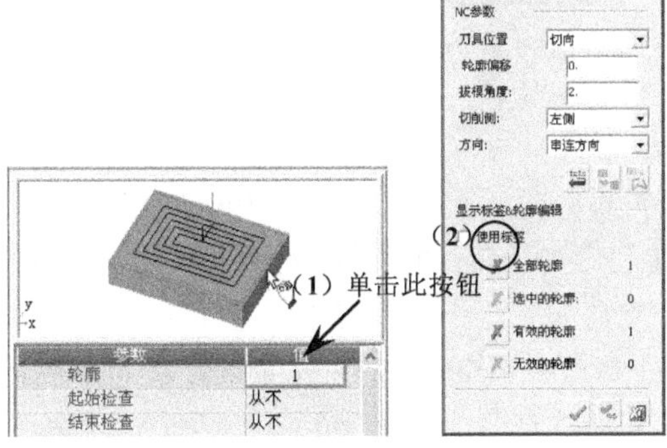

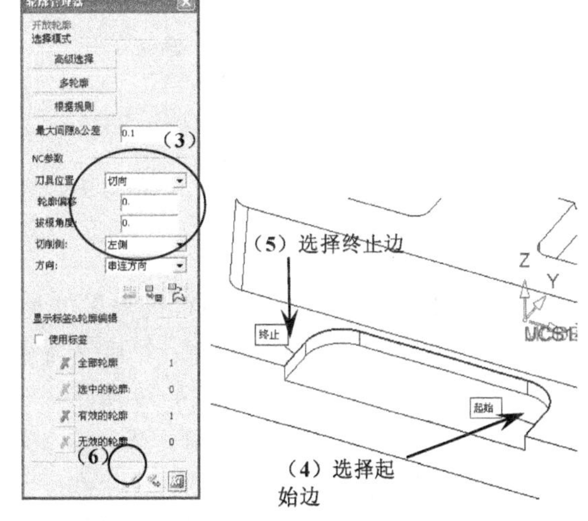

图 14-95　选择轮廓

（4）设置机床参数。在〖Procedure Wizard〗对话框中单击〖机床参数〗 按钮，然后设置如图 14-97 所示的参数，其他参数按默认设置。

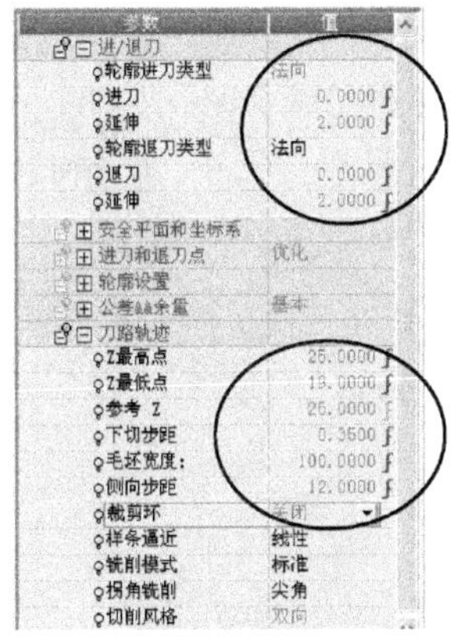

参数	值
进/退刀	
轮廓进刀类型	法向
进刀	0.0000
延伸	2.0000
轮廓退刀类型	法向
退刀	0.0000
延伸	2.0000
安全平面和坐标系	
进刀和退刀点	优化
轮廓设置	
公差&&余量	基本
刀路轨迹	
Z最高点	25.0000
Z最低点	13.0000
参考 Z	25.0000
下切步距	0.3500
毛坯宽度:	100.0000
侧向步距	12.0000
截剪环	关闭
样条逼近	线性
铣削模式	标准
拐角铣削	尖角
切削风格	双向

图 14-96　设置刀路参数

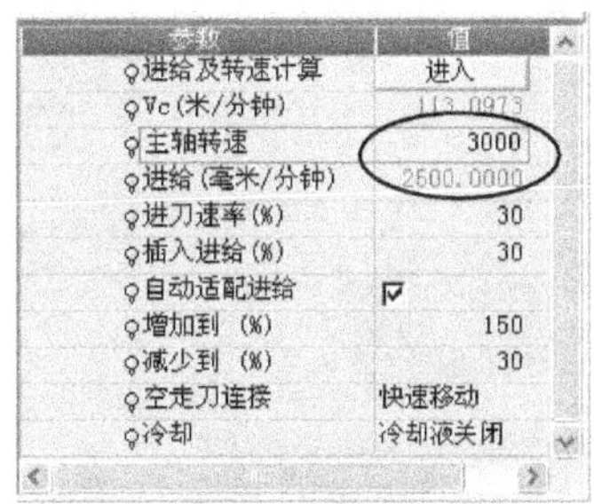

参数	值
进给及转速计算	进入
Vc(米/分钟)	113.0973
主轴转速	3000
进给(毫米/分钟)	2500.0000
进刀速率(%)	30
插入进给(%)	30
自动适配进给	☑
增加到 (%)	150
减少到 (%)	30
空走刀连接	快速移动
冷却	冷却液关闭

图 14-97　设置机床参数

要点提示

以上参数中将裁剪环设置为“关闭”目的是将开放区域外的刀路裁剪掉，否则会产生较多的空刀。

（5）保存并计算刀路。在〖Procedure Wizard〗对话框中单击〖保存并计算〗按钮，系统开始计算刀路，如图 14-98 所示。单击刀路名称右边的小灯泡使其变成灰色，从而隐藏当前刀路。

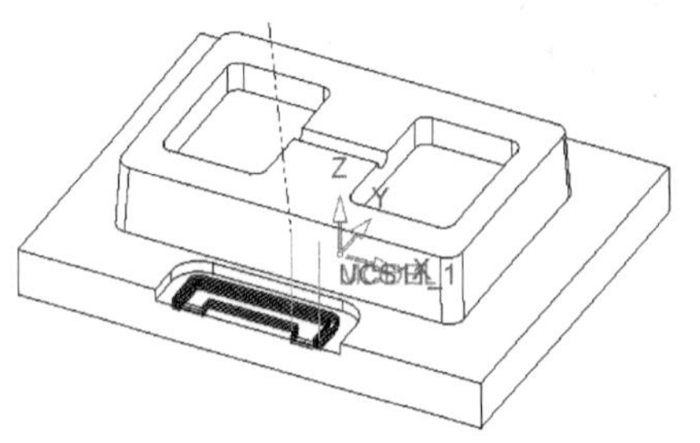

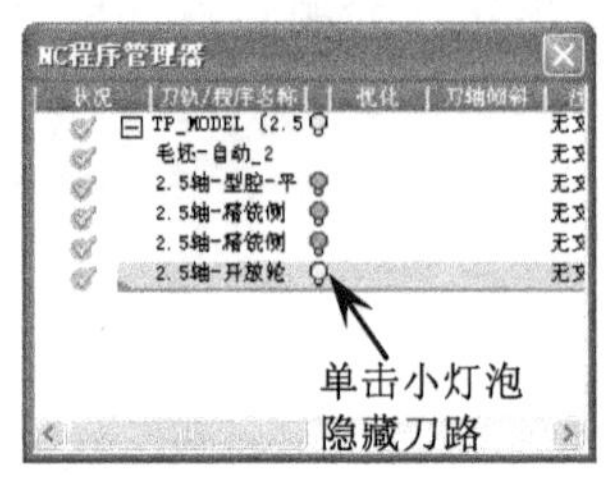

图 14-98　保存并计算刀路

5．环绕切削

（1）选择加工策略。在〖NC 向导〗工具栏中单击按钮，弹出〖Procedure Wizard〗对话框，然后设置主选择为“2.5 轴”，子选择为“型腔-环绕切削”，如图 14-99 所示。

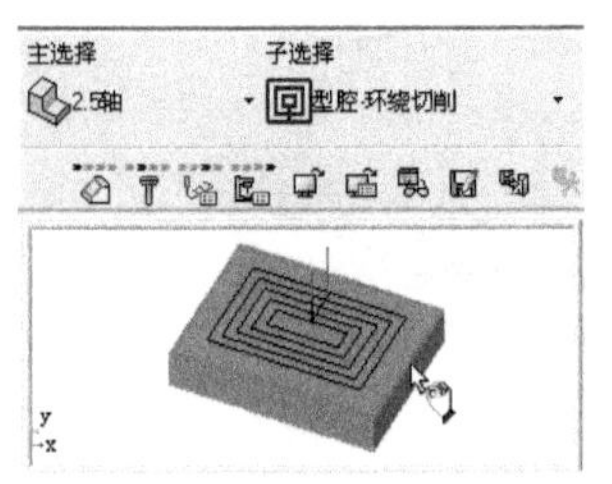

图 14-99　选择加工策略

（2）选择零件轮廓。不关闭〖Procedure Wizard〗对话框，然后根据图 14-100 所示的步骤进行参数设置。

（3）选择刀具。在〖Procedure Wizard〗对话框中单击〖刀具〗按钮，弹出〖刀具和夹头〗对话框，然后选择刀具名为“D16”的刀具并双击鼠标左键进行选择。

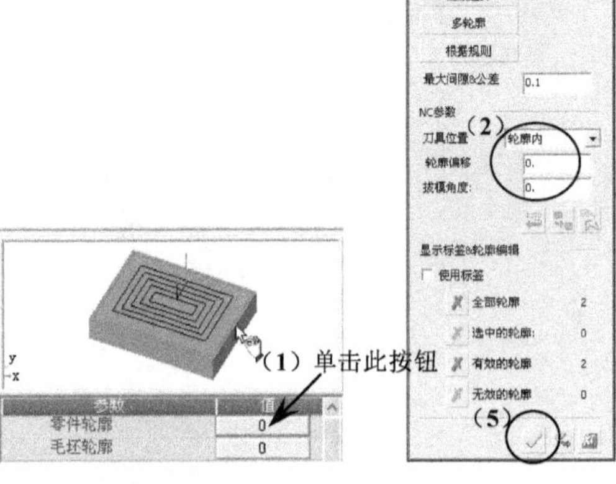

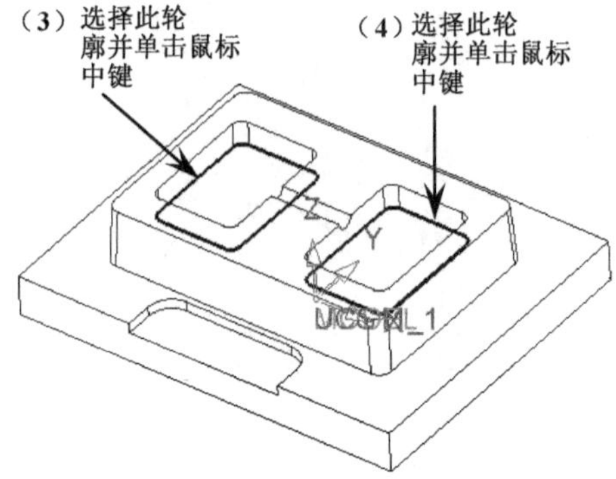

图 14-100　选择零件轮廓

（4）设置刀路参数。在〖Procedure Wizard〗对话框中单击〖刀路参数〗按钮，然后设置如图 14-101 所示的参数，其他参数按默认设置。

（5）设置机床参数。在〖Procedure Wizard〗对话框中单击〖机床参数〗按钮，然后设置如图 14-102 所示的参数，其他参数按默认设置。

图 14-101　设置刀路参数

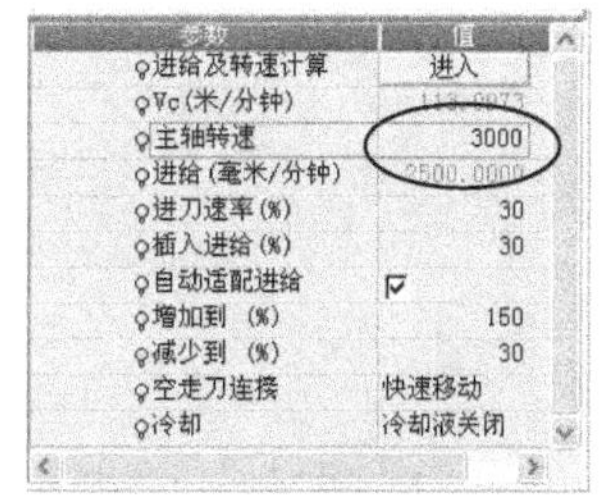

图 14-102　设置机床参数

1. 为了设置侧面余量，可以直接在对话框中设置轮廓偏移值。

2. 为了避免刀具中加工过程中腔体中心位置会残余一些小余量，则应勾选“行间距离”选项。

（6）保存并计算刀路。在〖Procedure Wizard〗对话框中单击〖保存并计算〗按钮，系统开始计算刀路，如图 14-103 所示。单击刀路名称右边的小灯泡使其变成灰色，从而隐藏当前刀路。

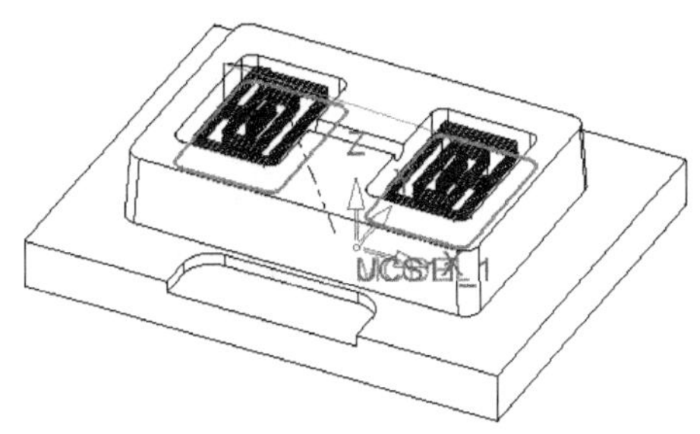

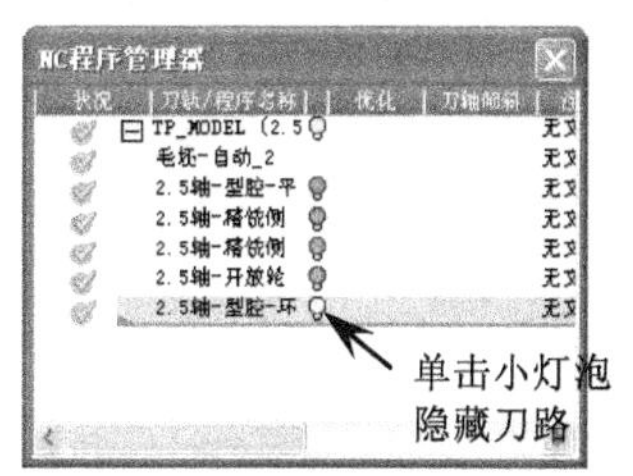

图 14-103　保存并计算刀路

6．封闭轮廓

（1）选择加工策略。在〖NC 向导〗工具栏中单击按钮，弹出〖Procedure Wizard〗对话框，然后设置主选择为“2.5 轴”，子选择为“封闭轮廓”，如图 14-104 所示。

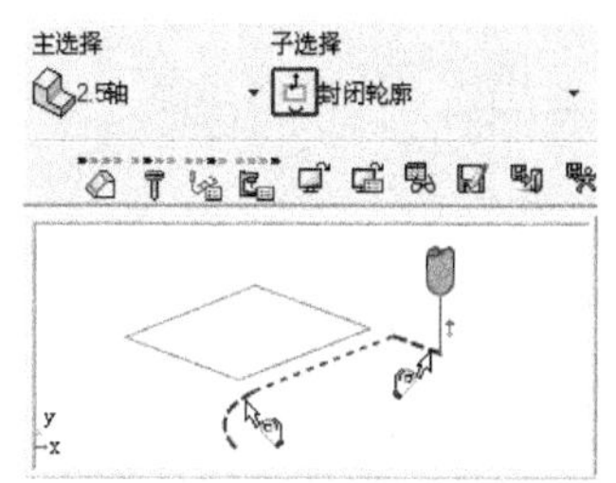

图 14-104　选择加工策略

（2）选择刀具。在〖Procedure Wizard〗对话框中单击〖刀具〗按钮，弹出〖刀具和夹头〗对话框，然后选择刀具名为“D10”的刀具并双击鼠标左键进行选择。

（3）设置刀路参数。在〖Procedure Wizard〗对话框中单击〖刀路参数〗按钮，然后设置如图 14-105 所示的参数，其他参数按默认设置。

（4）设置机床参数。在〖Procedure Wizard〗对话框中单击〖机床参数〗按钮，然后设置如图 14-106 所示的参数，其他参数按默认设置。

图 14-105　设置刀路参数

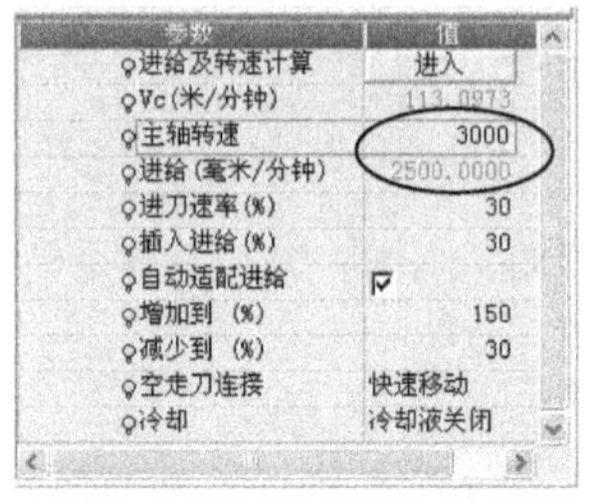

图 14-106　设置机床参数

（5）保存并计算刀路。在〖Procedure Wizard〗对话框中单击〖保存并计算〗按钮，系统开始计算刀路，如图 14-107 所示。单击刀路名称右边的小灯泡使其变成灰色，从而隐藏当前刀路。

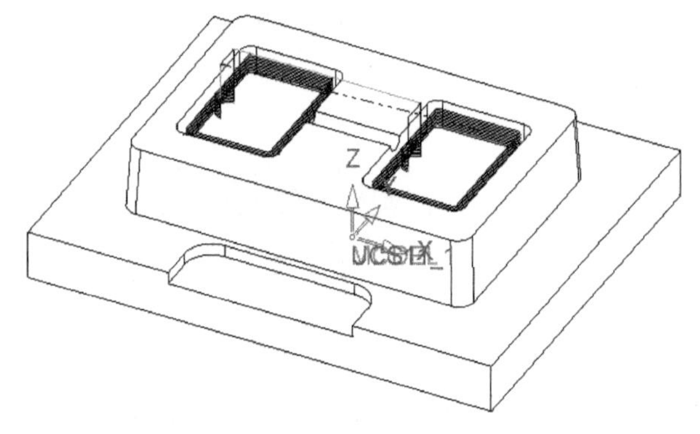
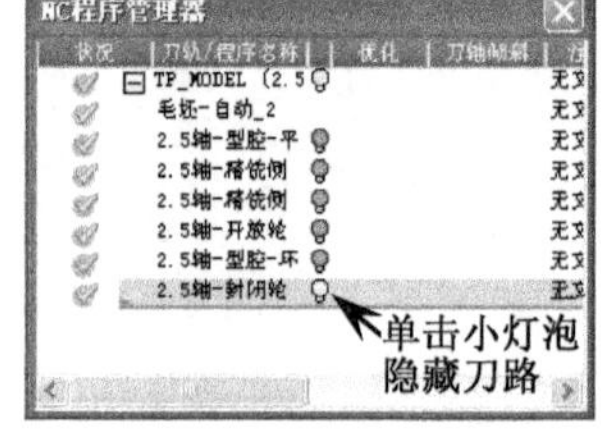

图 14-107　保存并计算刀路

可见封闭轮廓的加工策略同样可用于精铣侧面上。

7．开放轮廓

（1）选择加工策略。在〖NC 向导〗工具栏中单击按钮，弹出〖Procedure Wizard〗对话框，然后设置主选择为“2.5 轴”，子选择为“开放轮廓”，如图 14-108 所示。

（2）选择轮廓。不关闭〖Procedure Wizard〗对话框，然后根据图 14-109 所示的步骤进行参数设置。

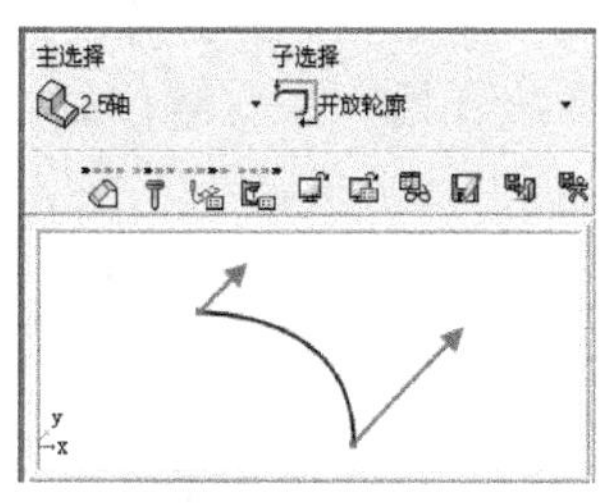

图 14-108 选择加工策略

（3）选择刀具。在〖Procedure Wizard〗对话框中单击〖刀具〗按钮，弹出〖刀具和夹头〗对话框，然后选择刀具名为“R5”的刀具并双击鼠标左键进行选择。

（4）设置刀路参数。在〖Procedure Wizard〗对话框中单击〖刀路参数〗按钮，然后设置如图 14-110 所示的参数，其他参数按默认设置。

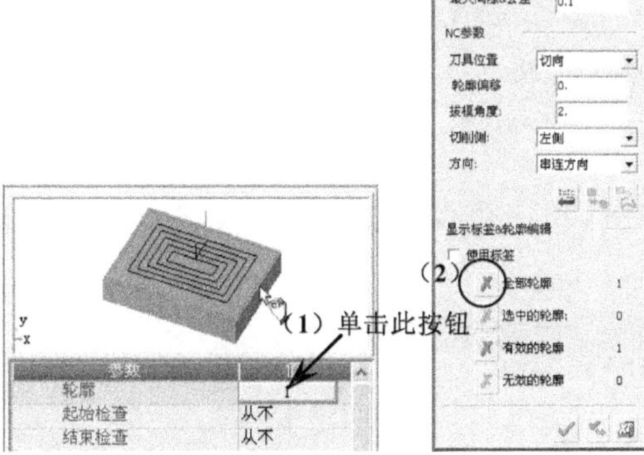

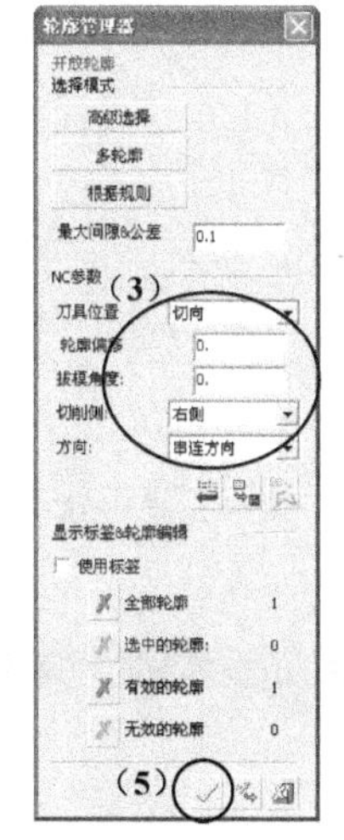

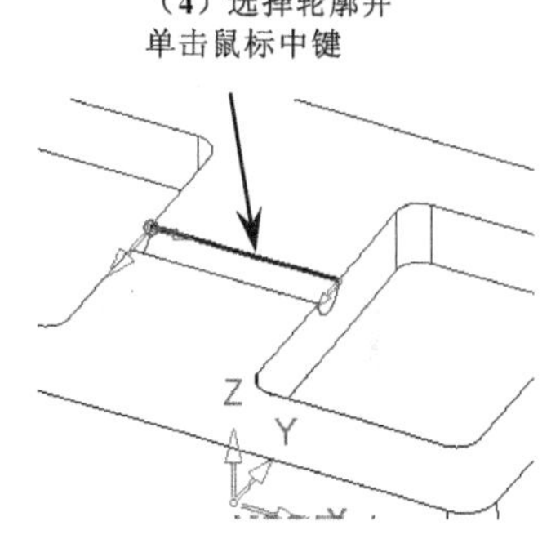

图 14-109 选择轮廓

（5）设置机床参数。在〖Procedure Wizard〗对话框中单击〖机床参数〗按钮，然后设置如图 14-111 所示的参数，其他参数按默认设置。

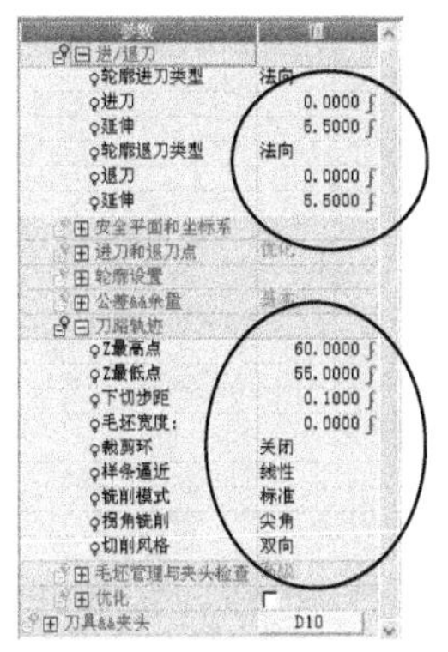

参数	值
⊟ 进/退刀	
轮廓进刀类型	法向
进刀	0.0000
延伸	5.5000
轮廓退刀类型	法向
退刀	0.0000
延伸	5.5000
⊞ 安全平面和坐标系	
⊞ 进刀和退刀点	优化
⊞ 轮廓设置	
⊞ 公差&&余量	基本
⊟ 刀路轨迹	
Z最高点	60.0000
Z最低点	55.0000
下切步距	0.1000
毛坯宽度:	0.0000
触剪环	关闭
样条逼近	线性
铣削模式	标准
拐角铣削	尖角
切削风格	双向
⊞ 毛坯管理与夹头检查	
⊞ 优化	
⊞ 刀具&&夹头	D10

图 14-110 设置刀路参数

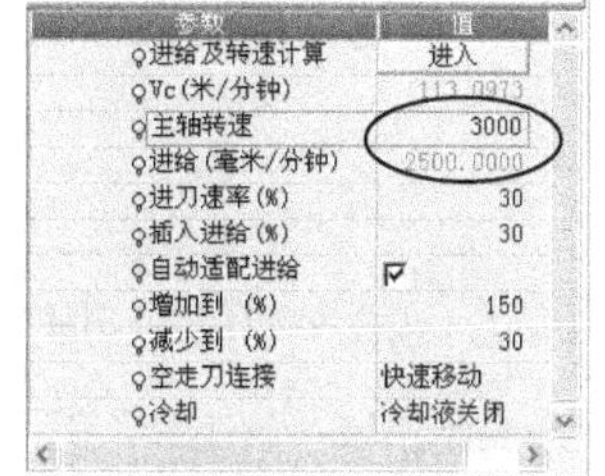

参数	值
进给及转速计算	进入
Vc（米/分钟）	113.0973
主轴转速	3000
进给（毫米/分钟）	2500.0000
进刀速率（%）	30
插入进给（%）	30
自动适配进给	☑
增加到 （%）	150
减少到 （%）	30
空走刀连接	快速移动
冷却	冷却液关闭

图 14-111 设置机床参数

请读者认真思考以上参数中为何将进/退刀值设置为 0，并设置延伸值为 5.5。

（6）保存并计算刀路。在〖Procedure Wizard〗对话框中单击〖保存并计算〗按钮，系统开始计算刀路，如图 14-112 所示。

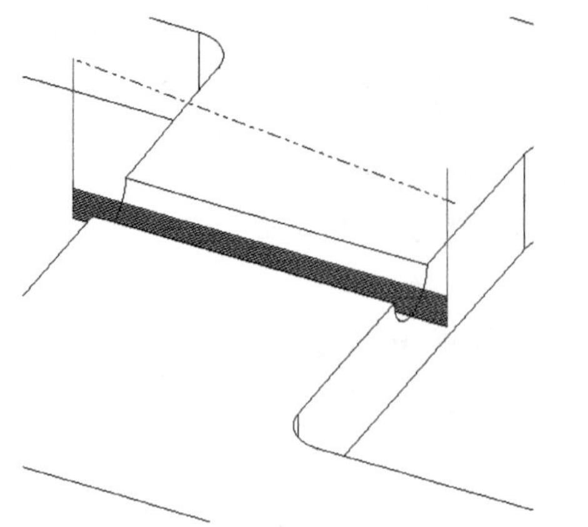

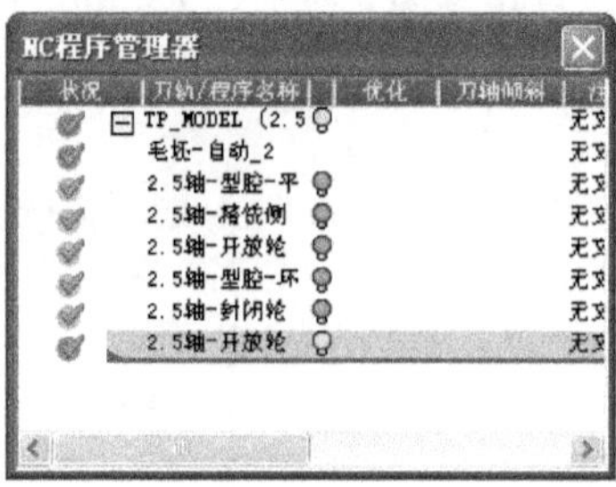

图 14-112　保存并计算刀路

8．机床仿真

（1）在〖NC 向导〗工具栏中单击按钮，弹出〖机床仿真〗对话框，然后根据图 14-113 所示的步骤进行参数设置。

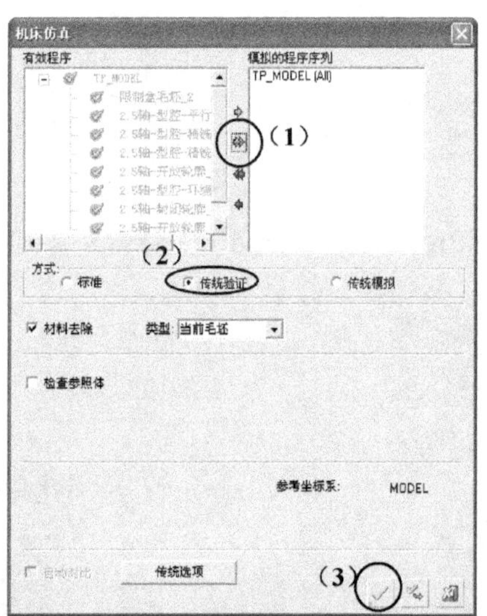

图 14-113　选择加工策略

（2）在“Cimatron's Verifier”环境界面中单击〖开始〗按钮，系统开始切削模拟，如图 14-114 所示。

（3）在“Cimatron's Verifier”环境界面选择〖文件〗/〖退出〗命令，退出机床仿真。

（4）保存文件。在〖标准〗工具栏中单击〖保存〗按钮，弹出〖CimatronE〗对话框，然后设置保存的名称及路径即可。

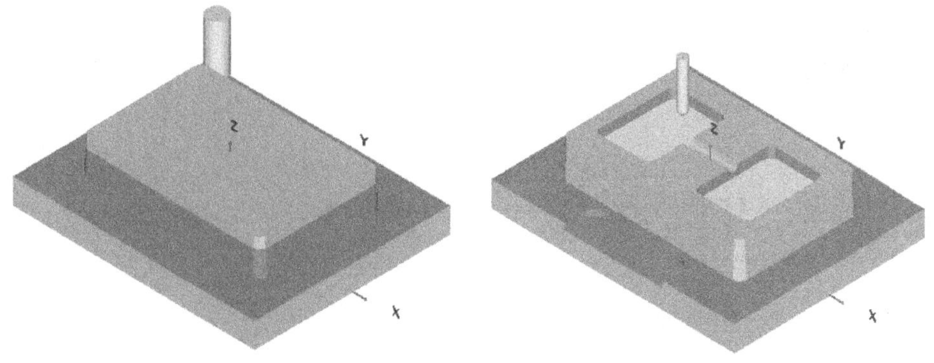

图 14-114　切削模拟

14.9　本章学习收获

通过本章的学习，读者必须掌握以下内容。

（1）掌握型腔-毛坯环切的创建方法及应用场合。

（2）掌握型腔-平行切削和型腔-环绕切削的创建方法及应用场合。

（3）掌握精铣侧壁的创建方法及使用场合。

（4）掌握开放轮廓、封闭轮廓的创建方法及应用场合。

（5）熟练掌握零件轮廓与毛坯的选择及设置。

（6）了解各加工参数的含义，并掌握影响刀路效果的参数。

14.10　练习题

打开光盘中的〖Lianxi/Ch14/2.5 轴加工.elt〗文件，如图 14-115 所示，然后根据本章所学的零件进行数控编程。

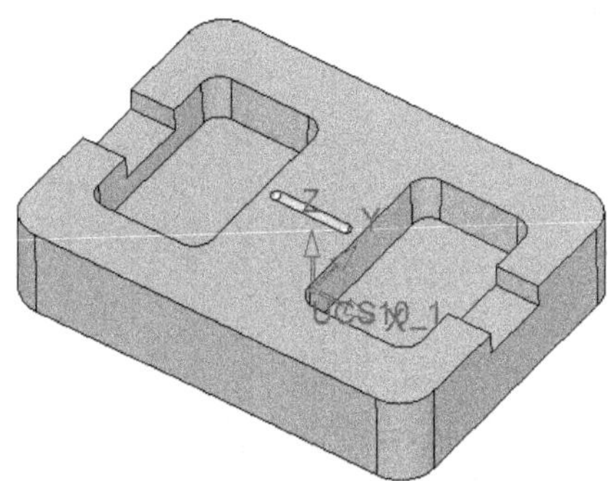

图 14-115　2.5 轴加工.elt 文件

第15章 体积铣加工

体积铣主要用于工件和模具的开粗加工，切削大部分的余量。体积铣采用层铣的加工方法，按照零件在不同深度上的截面形状进行逐层的加工，刀路安全可靠。

15.1 学习目标与课时安排

学习目标及学习内容

（1）掌握体积铣编程的基本流程。

（2）掌握模具开粗加工中需要设置的重要参数。

（3）掌握二粗加工的参数设置及需要注意的问题。

（4）掌握前台生成程序的方法。

学习课时安排（共 4 课时）

（1）平行粗铣——1 课时。

（2）环绕粗铣——1 课时。

（3）二粗——1 课时。

（4）综合实例特训——1 课时。

15.2 环绕粗铣

环绕粗铣是数控加工中最常用的刀路策略，根据加工工件的形状计算产生环绕切削的刀具路径，且逐层进行切削。使用环切粗铣可以保证刀具在加工同一层时不抬刀，并且可以将轮廓或岛屿的角落加工到位，是复杂模具粗加工的理想选择。如图 15-1 所示为环绕粗铣的刀具路径。

1. 操作演示

下面以典型腔体的加工为例，讲述创建环绕粗铣加工的方法及需要进行的参数设置。

（1）打开光盘中的〖Example\Ch15\环绕粗铣.blt〗文件，然后将其输出到加工环境，如图 15-2 所示。

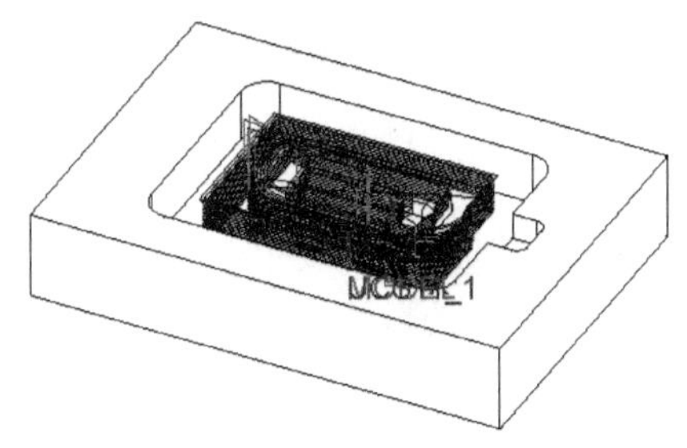

图 15-1　环绕切削刀路

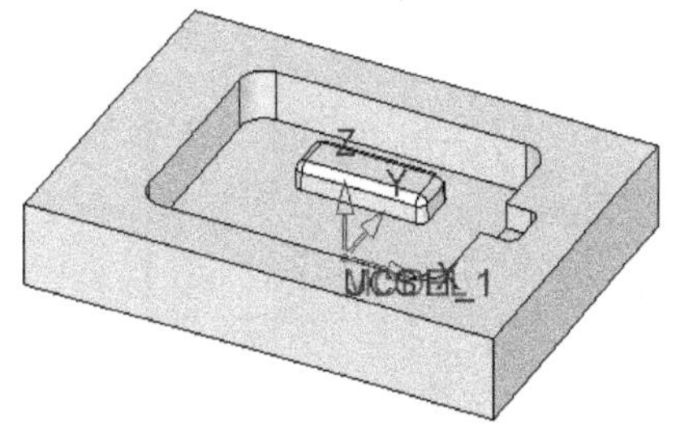

图 15-2　环绕粗铣.blt 文件

（2）创建刀具。在〖NC 向导〗工具栏中单击〖刀具〗按钮，弹出〖刀具及夹头〗对话框。首先单击〖删除选择的刀具〗按钮，弹出〖CimatronE〗对话框，单击 是 按钮；然后单击〖新刀具〗按钮，并创建如图 15-3 所示的刀具。

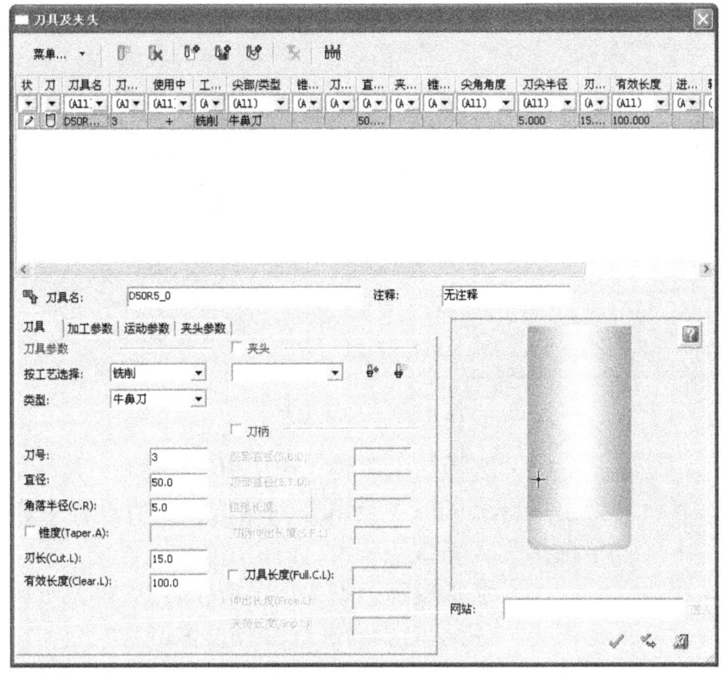

图 15-3　创建刀具

（3）设置刀轨和安全平面。在〖NC 向导〗工具栏中单击按钮，弹出〖创建刀轨〗对话框，然后设置如图 15-4 所示的参数，最后单击〖确定〗按钮完成特征操作。

（4）创建毛坯。在〖NC 向导〗工具栏中单击按钮，弹出〖Feature Guide〗对话框，然后设置如图 15-5 所示的参数，最后单击〖确定〗按钮完成特征操作。

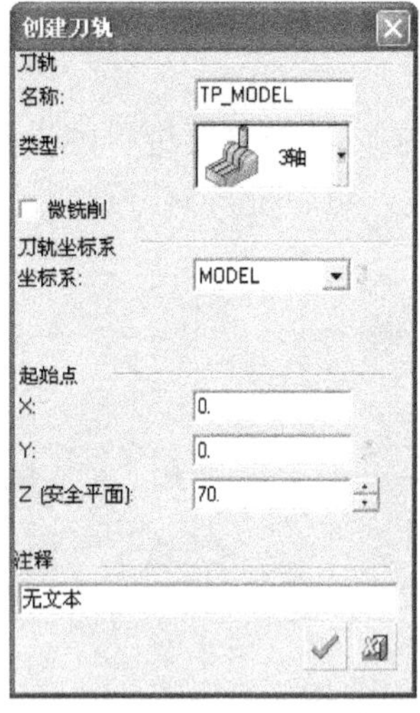

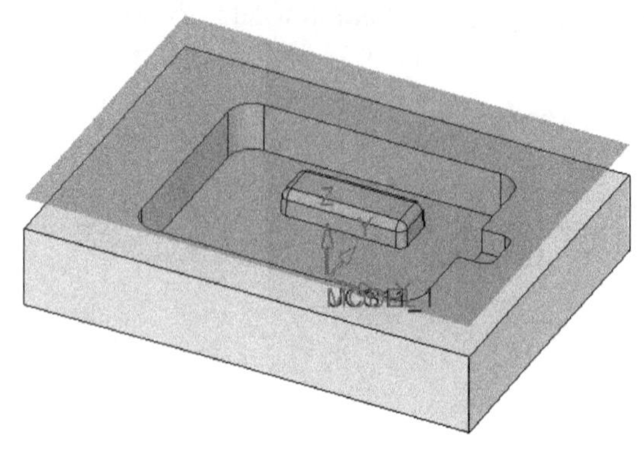

图 15-4　设置刀轨和安全平面

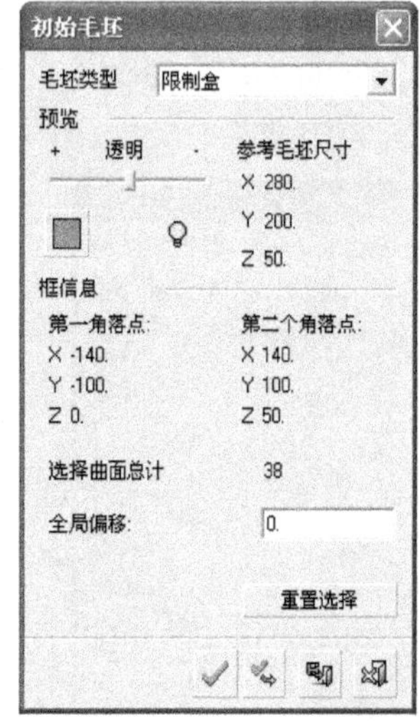

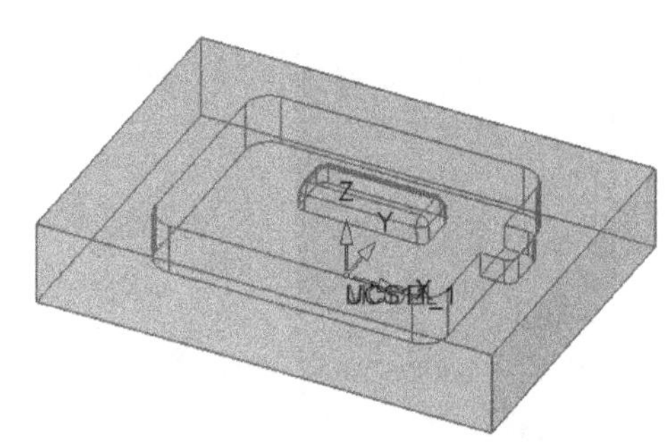

图 15-5　创建毛坯

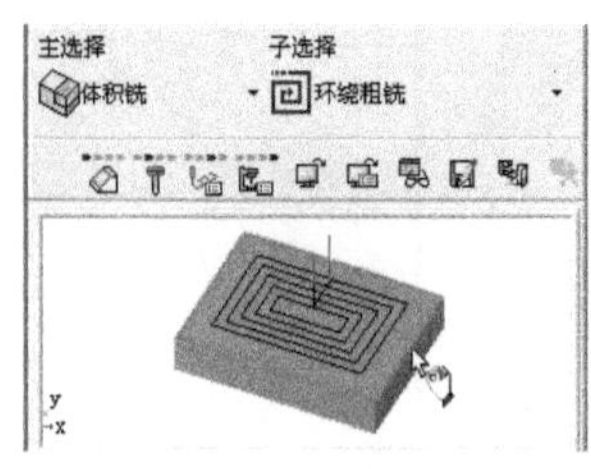

图 15-6　选择加工策略

（5）选择加工策略。在〖NC 向导〗工具栏中单击[程序]按钮，弹出〖Procedure Wizard〗对话框，然后设置主选择为“体积铣”，子选择为“环绕粗铣”，如图 15-6 所示。

（6）选择轮廓。不关闭〖Procedure Wizard〗对话框，然后根据图 15-7 所示的步骤进行参数设置。

（7）选择加工曲面。不关闭〖Procedure Wizard〗对话框，然后根据图 15-8 所示的步骤进行参数设置。

（8）设置刀路参数。在〖Procedure Wizard〗对话框中单击〖刀路参数〗按钮，然后设置如图 15-9 所示的参数，其他参数按默认设置。

（9）设置机床参数。在〖Procedure Wizard〗对话框中单击〖机床参数〗按钮，然后设置如图 15-10 所示的参数，其他参数按默认设置。

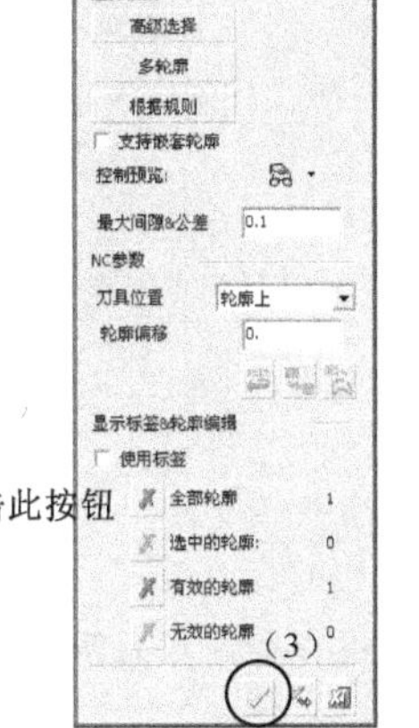

图 15-7　选择轮廓

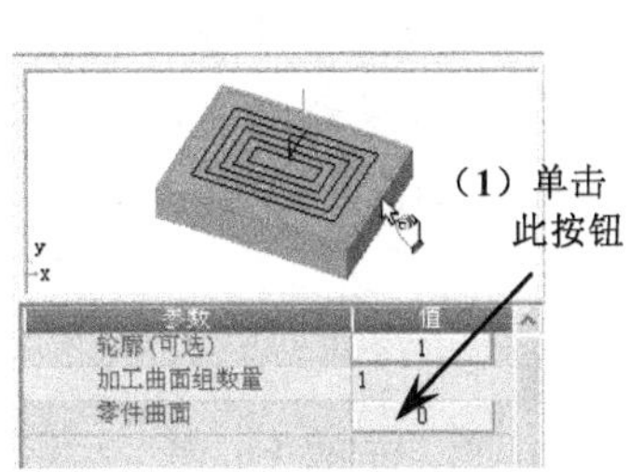

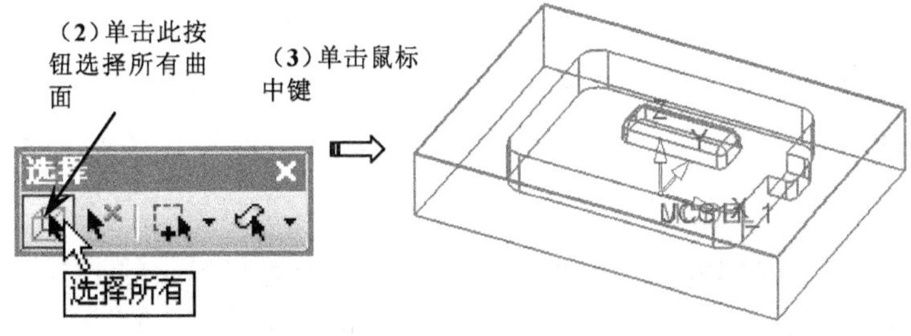

图 15-8　选择加工曲面

参数	值
安全平面和坐标系	
进刀和退刀点	优化
进入方式	优化
进刀角度	3.0000
盲区	28.8000
最大螺旋半径	14.4000
直连接距离 >	200.0000
进刀/退刀 - 超出轮	☑
轮廓设置	
公差&&余量	高级
加工曲面侧壁余量	0.4000
加工曲面底部余量	0.2000
逼近方式	根据精度
曲面公差	0.0100
最大轮廓间隙	0.1000
电极加工	☐
刀路轨迹	
计算	优化
切削模式	混合铣+顺铣
策略	优化
下切步距类型	固定 + 水平
固定垂直步距	0.5000
侧向步距	30.0000
真环切	☑
半精轨迹	[illegible]
忽略平面上的余量	☐

图 15-9　设置刀路参数

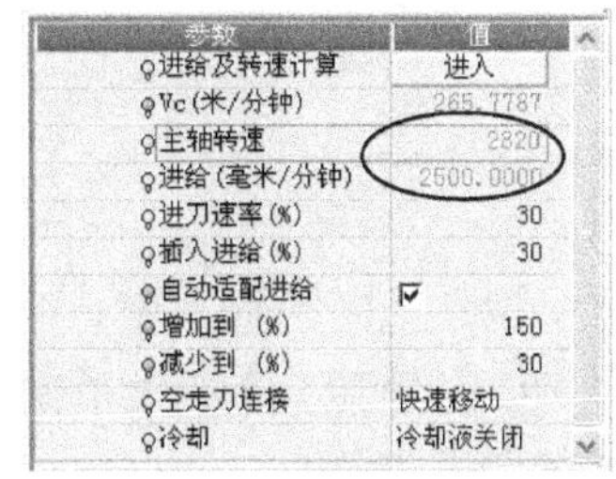

参数	值
进给及转速计算	进入
Vc(米/分钟)	265.7787
主轴转速	2820
进给(毫米/分钟)	2500.0000
进刀速率(%)	30
插入进给(%)	30
自动适配进给	☑
增加到 (%)	150
减少到 (%)	30
空走刀连接	快速移动
冷却	冷却液关闭

图 15-10　设置机床参数

开粗加工时，则必须设置加工余量。一般情况下开粗的侧壁余量与底部余量是不相同的，此时就需要在公差&&余量的右侧单击基本将其切换到高级，然后再分别设置侧壁余量和底部余量。

（10）保存并计算刀路。在〖Procedure Wizard〗对话框中单击〖保存并计算〗按钮，系统开始计算刀路，如图 15-11 所示。

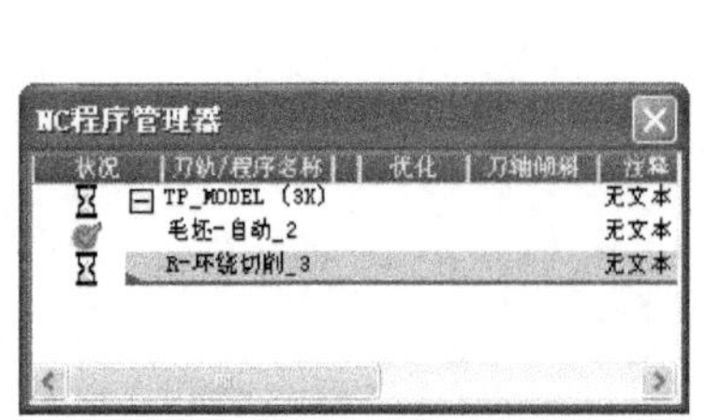

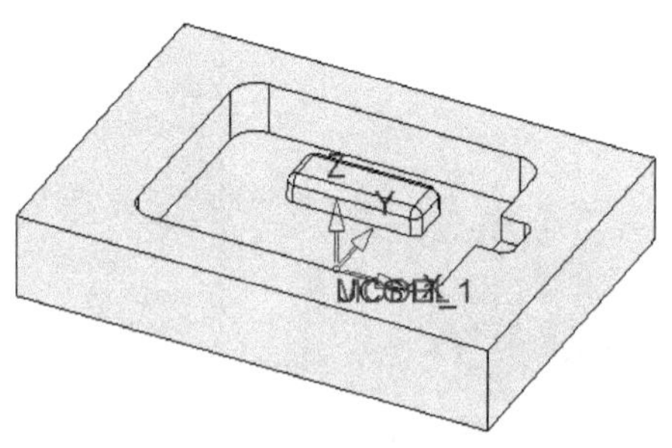

图 15-11　保存并计算刀路

要点提示

读者可以发现，单击〖保存并计算〗按钮之后，系统并未真正地产生刀路，这令很多的 CimatronE 初学者感到困惑和束手无策。如果程序名称的左边出现图标，则表示程序在后台计算，但后台也并没有真的进行计算。下面介绍刀路生成的解决办法。

（11）在编程界面上单击鼠标右键，接着在弹出的〖右键〗菜单中选择“停止所有程序计算”命令，接着在弹出的〖CimatronE〗对话框中单击 是 按钮，如图 15-12 所示。

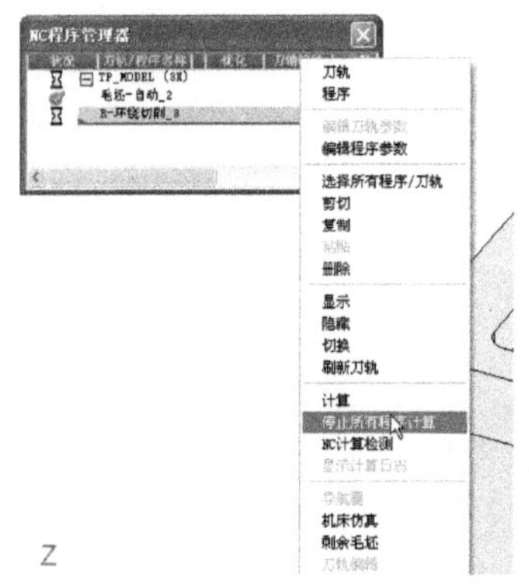

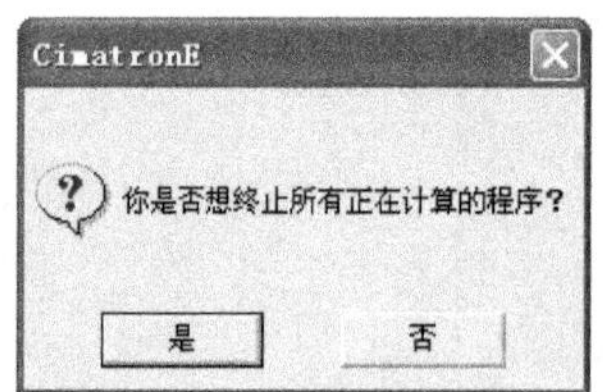

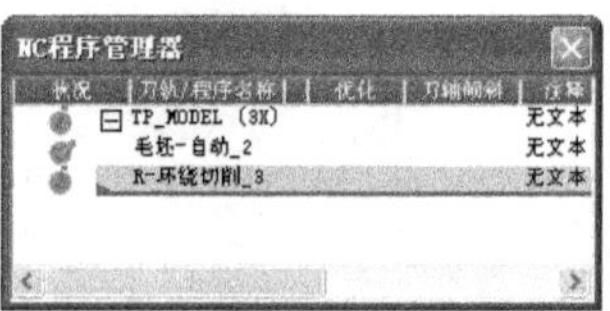

图 15-12　停止所有程序计算

（12）在〖NC 向导〗工具栏中单击按钮，弹出〖计算〗对话框，然后根据图 15-13 所示的步骤进行参数设置。

2. 重要参数注释

环绕粗铣的加工参数如图 15-14 所示，这里只介绍一些重要而特别的参数。

1）进刀和退刀点

（1）进刀方式：在开粗加工中，可默认进刀方式为“优化”，系统将自动生成优化的刀具路径，加工时间较短。

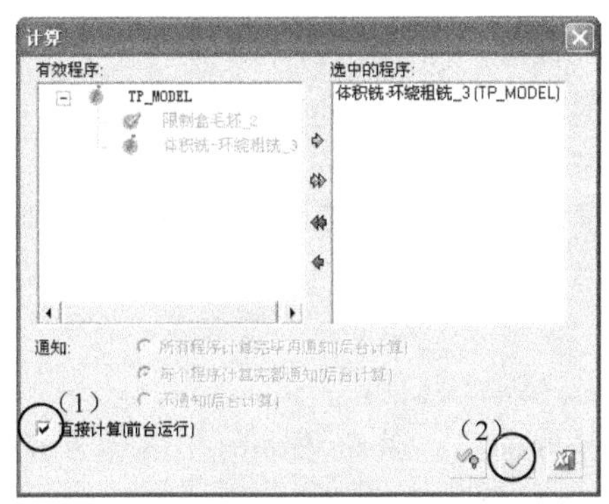

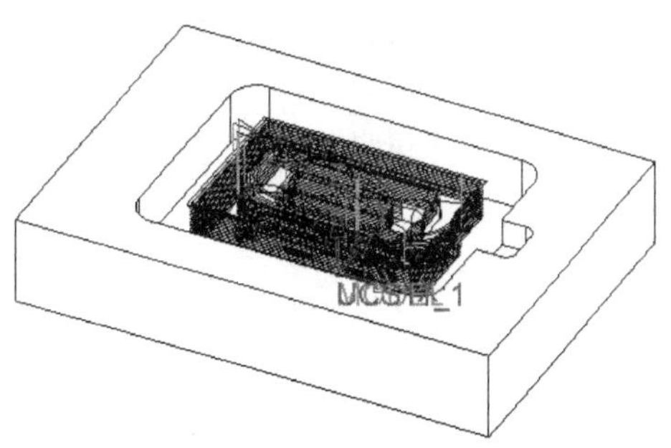

图 15-13　直接计算

参数	值
⊞ 安全平面和坐标系	
⊟ 进刀和退刀点	优化
进入方式	优化
进刀角度	3.0000 ƒ
盲区	28.8000 ƒ
最大螺旋半径	14.4000 ƒ
直连接距离 >	120.0000 ƒ
进刀/退刀 - 超出	☑
⊞ 轮廓设置	
⊟ 公差&&余量	高级
加工曲面侧壁余量	0.4000 ƒ
加工曲面底部余量	0.2000 ƒ
逼近方式	根据精度
曲面公差	0.0100 ƒ
最大轮廓间隙	0.1000
⊟ 电极加工	☐
⊟ 刀路轨迹	
计算	优化
切削模式	混合铣+顺铣
策略	优化
下切步距类型	固定 + 水平
固定垂直步距	0.5000 ƒ
侧向步距	18.0000 ƒ
真环切	☐
半精轨迹	从不
忽略平面上的余量	☐
加工顺序	区域

参数	值
进给及转速计算	进入
Vc(米/分钟)	235.6194
主轴转速	3000
进给(毫米/分钟)	2000.0000
进刀速率(%)	30
插入进给(%)	30
自动适配进给	☑
增加到 (%)	150
减少到 (%)	30
空走刀连接	快速移动
冷却	冷却液关闭

图 15-14　环绕粗铣加工参数

要点提示

1. 用长度：定义一个最大的长度范围，用于在该范围内寻找一个插入点，当加工的范围没有合适的插入点时，则使用螺旋下刀方式。

2. 不插入：选择该方式时，表示刀具只能从水平面切入，而不允许刀具从上方进刀。

3. 钻孔：选择该方式时，刀具进刀类似于钻孔加工直接进刀。

（2）进刀角度：设置刀具的进刀角度。当小于 90° 时，可产生螺旋下刀的方式。

（3）最大螺旋半径：设置螺纹下刀的螺纹半径值，等于盲区设置值的一半。

（4）直连接距离：设置相邻两提刀的直接距离，当小于该设定值时，则直接连接而不提刀到安全平面。

2）公差&&余量

（1）加工曲面余量：当默认余量方式为“基本”时，则只能设置所有加工曲面的余量值相同，一般半精加工可以采用。

（2）加工曲面侧壁余量：设置加工曲面的侧面余量。

（3）加工曲面底部余量：设置加工曲面的底部余量。

3）刀路轨迹

（1）切削模式：包括顺铣、逆铣、混合铣、混合铣+顺铣和混合铣+逆铣五种方式，粗加工中选择混合铣的方式可以获得更高的加工效率。

铣刀与工件接触部分的旋转方向与工件进给方向相同称为顺铣，反之为逆铣。

（2）钻孔：选择该方式时，刀具进刀类似于钻孔加工直接进刀。

（3）下切步距类型包括下面三种。

① 固定：指除最后一层外，每层的下刀深度相同。

② 可变：通过指定最大下切步距和最小下切步距以调整出最合适的垂直下切步距，这种方法特别适用于有台阶的零件加工。

③ 固定+水平面：指在固定垂直步进加工层以外，在有台阶的水平面上还生成一个切削层，保证每个台阶面都进行合理切削。

（4）精铣水平面：选择该选项，则表示在粗加工的同时，还进行水平面的精加工。

（5）真环切：勾选该选项，可设置刀具螺旋进刀。

（6）半精加工：勾选该选项，刀具在粗加工完成后会增加半精加工的刀路。

15.3 平行粗铣

平行粗铣生成一组相互平行的切削粗加工刀具路径，类似于 2.5 轴中的型腔-平行切削。多数用于平面的开粗或较规则工件的开粗，其生成的刀路效果如图 15-15 所示。

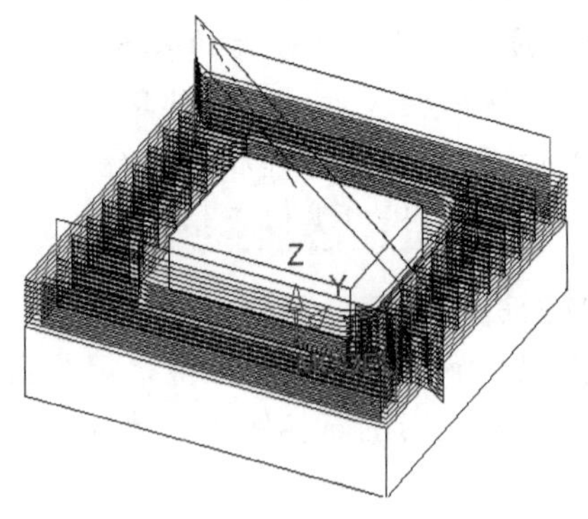

图 15-15 平行粗铣加工刀路

由于平行粗铣与平行切削的操作一样，参数设置也几乎一样，所以将不再作详细的操作介绍了。

15.4 二粗

二粗就是进行二次开粗，使用直径较小的刀具对前面没有加工到且余量较多的部位进行粗加工，从而利于后面的半精加工和精加工。

1. 操作演示

下面以 15.2 节中操作演示中完成的刀路为实例，讲述创建二粗加工的方法及需要进行的参数设置。

（1）打开光盘中的〖Example\Ch15\二粗-NC.blt〗文件，如图 15-16 所示。

（2）隐藏刀路。在〖NC 程序管理器〗对话框单击刀路名称右边的小灯泡，使其由黄色变成灰色，将显示的刀具路径隐藏，如图 15-17 所示。

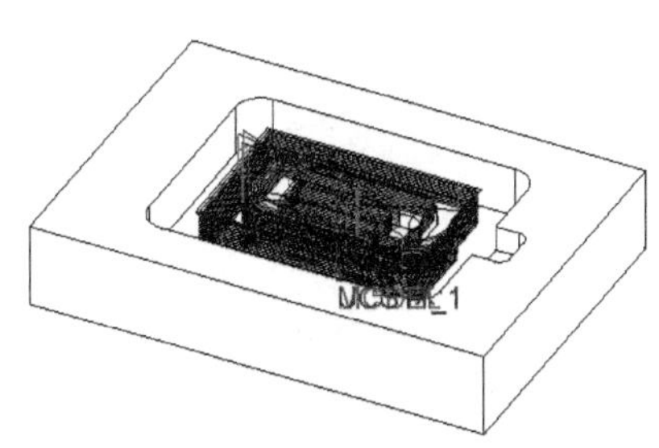

图 15-16　二粗-NC.blt 文件

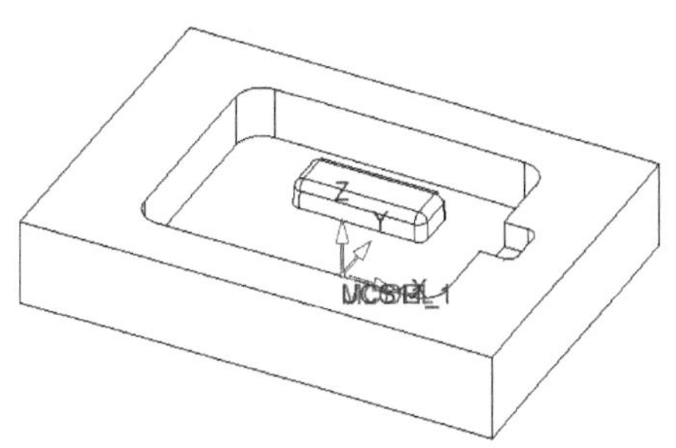

图 15-17　隐藏刀具路径

（3）创建刀具。在〖NC 向导〗工具栏中单击〖刀具〗按钮，弹出〖刀具及夹头〗对话框，接着单击〖新刀具〗按钮，并创建如图 15-18 所示的刀具。

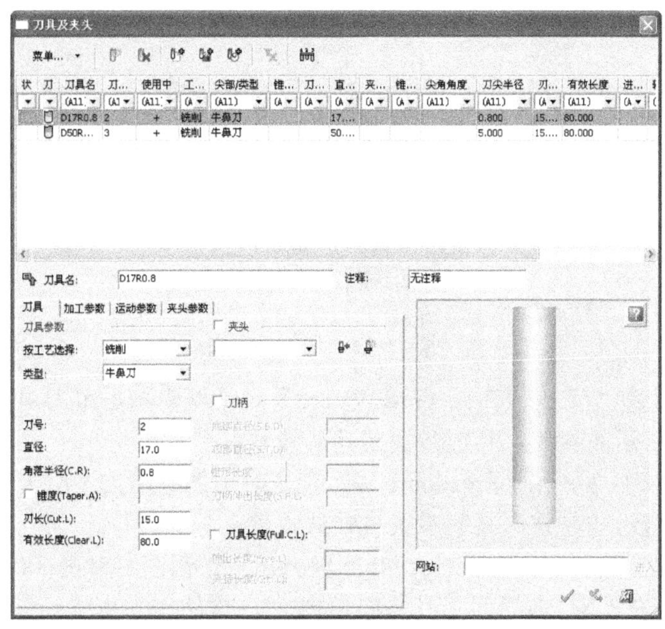

图 15-18　创建刀具

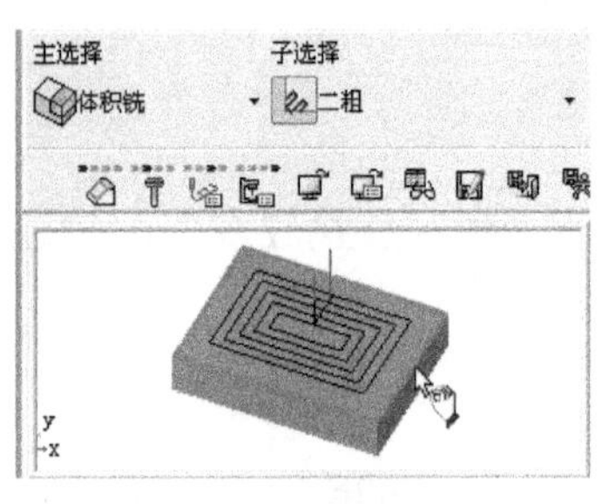
图 15-19　选择加工策略

（4）选择加工策略。在〖NC 向导〗工具栏中单击［程序］按钮，弹出〖Procedure Wizard〗对话框，然后设置主选择为“体积铣”，子选择为“二粗”，如图 15-19 所示。

（5）选择刀具。在〖Procedure Wizard〗对话框中单击〖刀具〗按钮，弹出〖刀具和夹头〗对话框，然后选择刀具名为“D17R0.8”的刀具并双击鼠标左键进行选择。

（6）选择轮廓。不关闭〖Procedure Wizard〗对话框，然后根据图 15-20 所示的步骤进行参数设置。

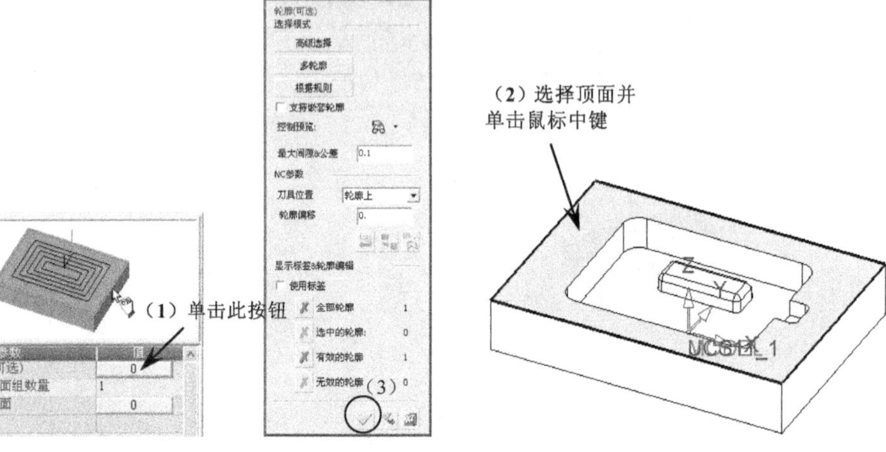

图 15-20　选择轮廓

（7）选择加工曲面。不关闭〖Procedure Wizard〗对话框，然后根据图 15-21 所示的步骤进行参数设置。

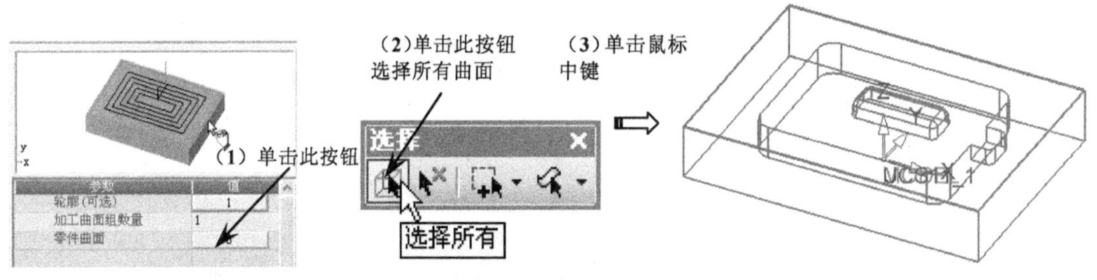

图 15-21　选择加工曲面

（8）设置刀路参数。在〖Procedure Wizard〗对话框中单击〖刀路参数〗按钮，然后设置如图 15-22 所示的参数，其他参数按默认设置。

（9）设置机床参数。在〖Procedure Wizard〗对话框中单击〖机床参数〗按钮，然后设置如图 15-23 所示的参数，其他参数按默认设置。

（10）保存并计算刀路。在〖Procedure Wizard〗对话框中单击〖保存并关闭〗按钮。

（11）计算。在〖NC 向导〗工具栏中单击［计算］按钮，弹出〖计算〗对话框，然后根据图 15-24 所示的步骤进行参数设置。

图 15-22　设置刀路参数

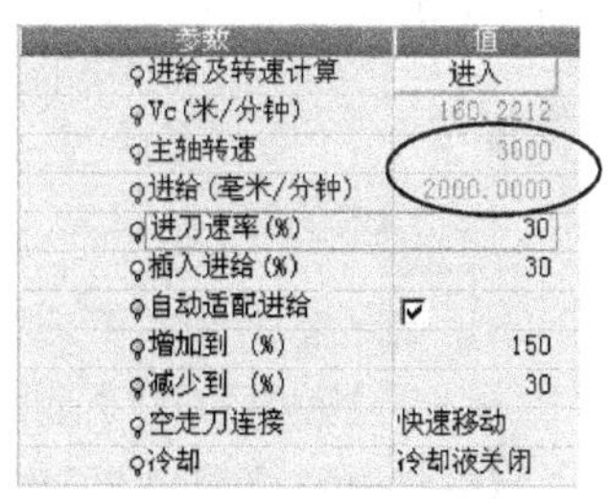

图 15-23　设置机床参数

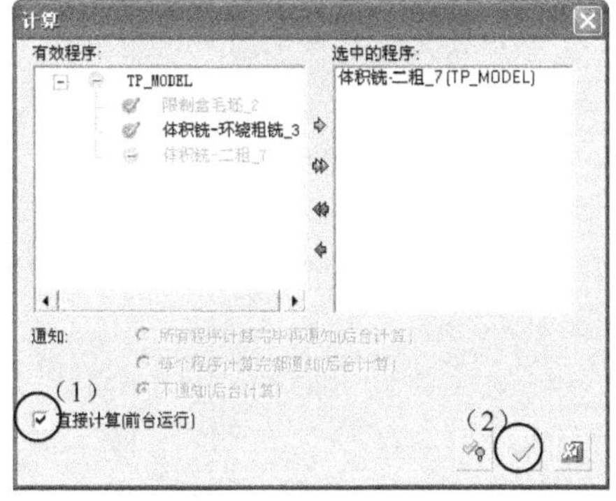

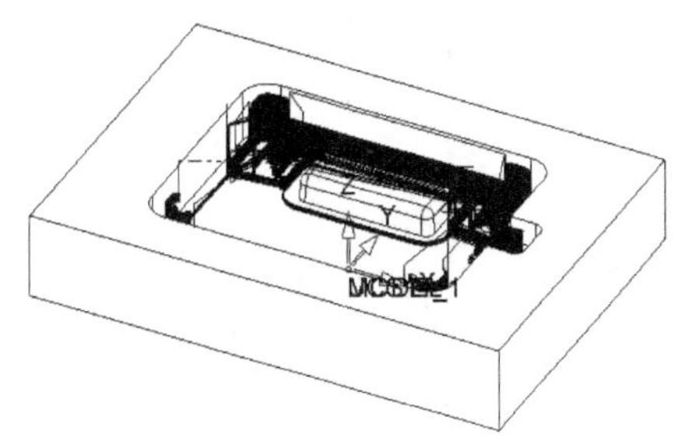

图 15-24　计算

2. 重要参数注释

二粗加工参数如图 15-25 所示，由于二粗参数与开粗参数完全一样，所以在此不再作注释。

参数	值
进给及转速计算	进入
Vc(米/分钟)	235.6194
主轴转速	3000
进给(毫米/分钟)	2000.0000
进刀速率(%)	30
插入进给(%)	30
自动适配进给	☑
增加到 (%)	150
减少到 (%)	30
空走刀连接	快速移动
冷却	冷却液关闭

图 15-25　二粗加工参数

15.5　体积铣综合实例特训

下面以工厂的一个装配工装加工为实例，综合运用本章所学的知识内容，详细讲述体积铣编程加工的过程及需要注意的操作问题。

1．公共参数设置

（1）在桌面上双击图标打开 CimatronE 10.0 软件。

（2）新建文件。在〖标准〗工具栏中单击〖新建文件〗按钮，弹出〖新建文件〗对话框，接着选择图标并默认单位为“毫米”，最后单击 确定 按钮，如图 15-26 所示。

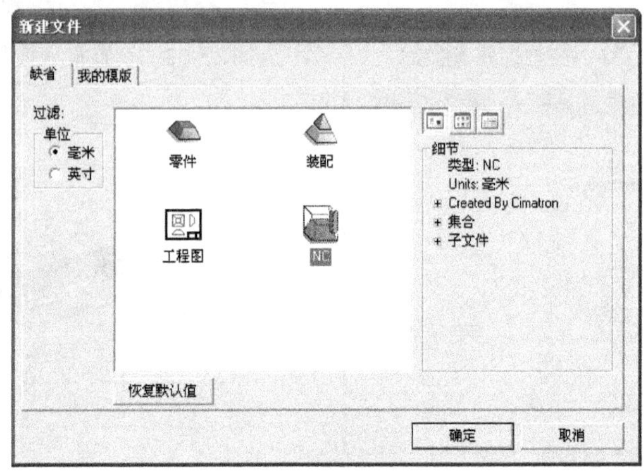

图 15-26　新建文件

（3）输入编程模型。在〖NC 向导〗工具栏中单击按钮，接着读取光盘中的〖Example\Ch15\综合特训.elt〗源文件，然后在〖Feature Guide〗对话框中单击〖确定〗按钮确定模型的摆放，如图 15-27 所示。

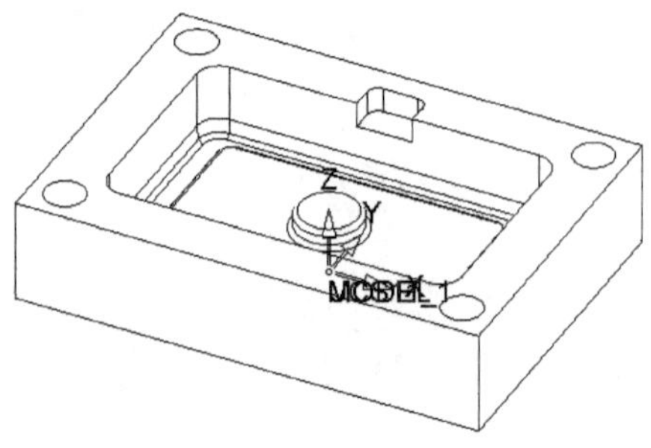

图 15-27　输入编程模型

（4）创建刀具。在〖NC 向导〗工具栏中单击〖刀具〗按钮，弹出〖刀具及夹头〗对话框，接着单击按钮，然后创建如图 15-28 所示的两把刀具。

（5）设置刀轨和安全平面。在〖NC 向导〗工具栏中单击按钮，弹出〖创建刀轨〗对话框，然后设置如图 15-29 所示的参数，最后单击〖确定〗按钮。

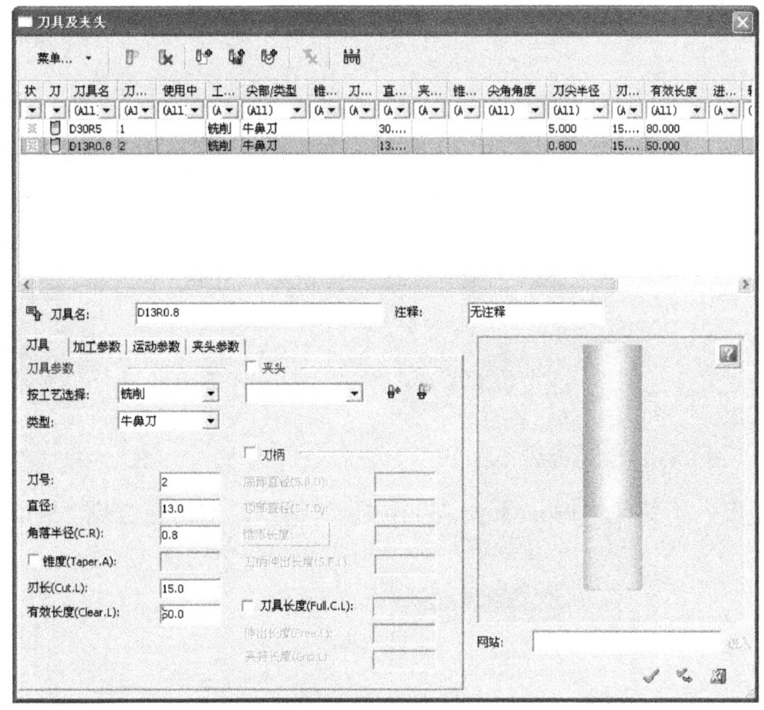

图 15-28 创建刀具

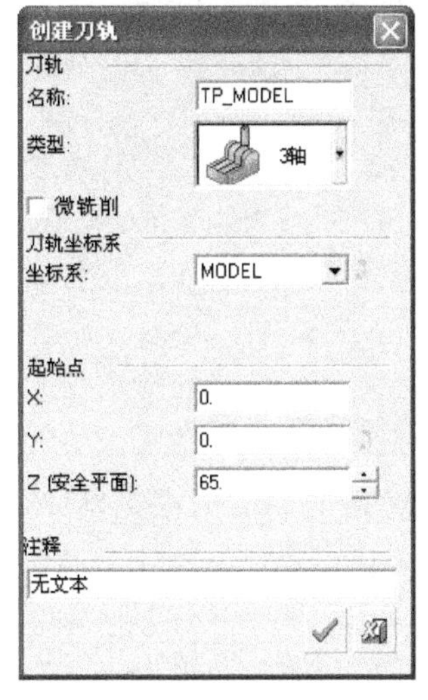

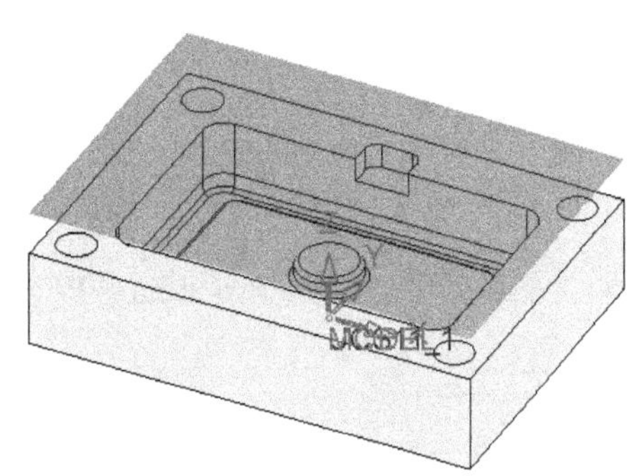

图 15-29 设置刀轨和安全平面

（6）创建毛坯。在〖NC 向导〗工具栏中单击 按钮，弹出〖Feature Guide〗对话框，然后设置如图 15-30 所示的参数，最后单击〖确定〗 按钮，如图 15-30 所示。

2．顶面加工——平行粗铣

（1）选择加工策略。在〖NC 向导〗工具栏中单击 按钮，弹出〖Procedure Wizard〗对话框，然后设置主选择为“体积铣”，子选择为“平行粗铣”，如图 15-31 所示。

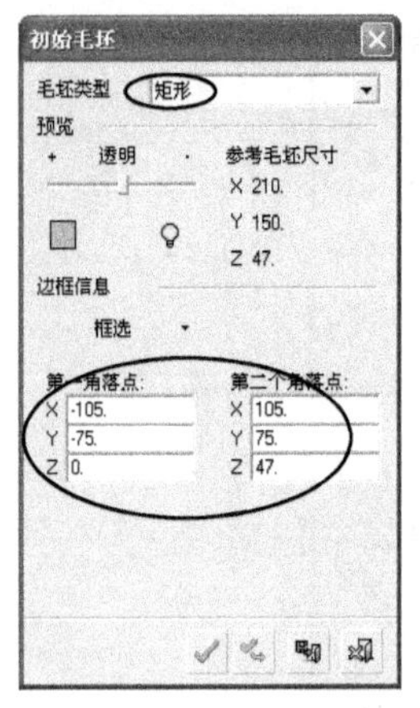

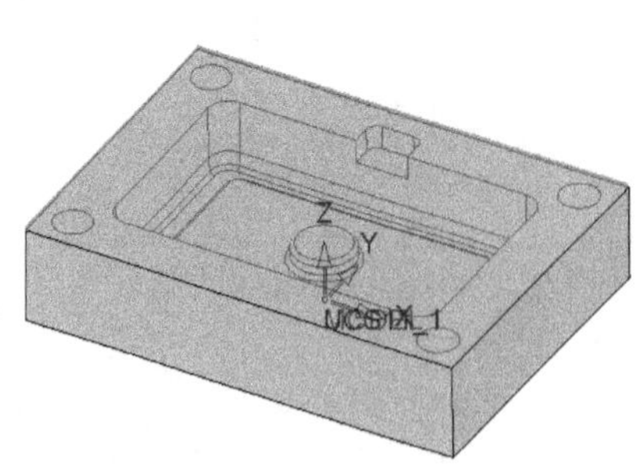
图 15-30　创建毛坯

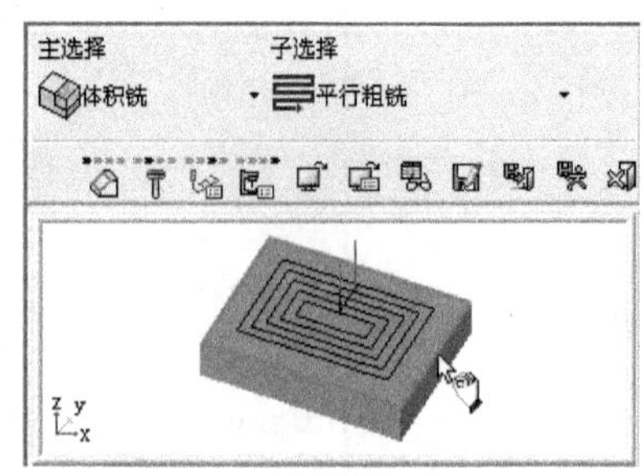

图 15-31　选择加工策略

（2）选择轮廓。不关闭〖Procedure Wizard〗对话框，然后根据图 15-32 所示的步骤进行参数设置。

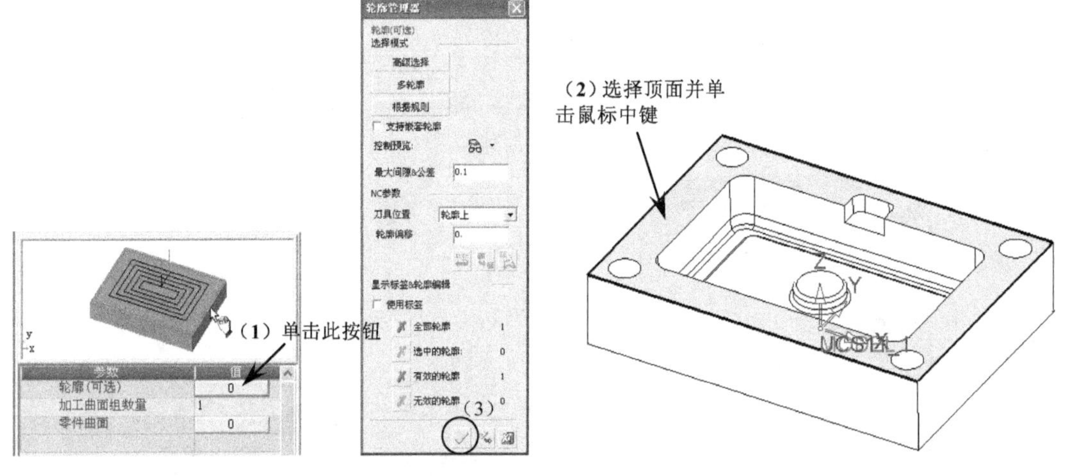

图 15-32　选择轮廓

（3）选择加工曲面。不关闭〖Procedure Wizard〗对话框，然后根据图 15-33 所示的步骤进行参数设置。

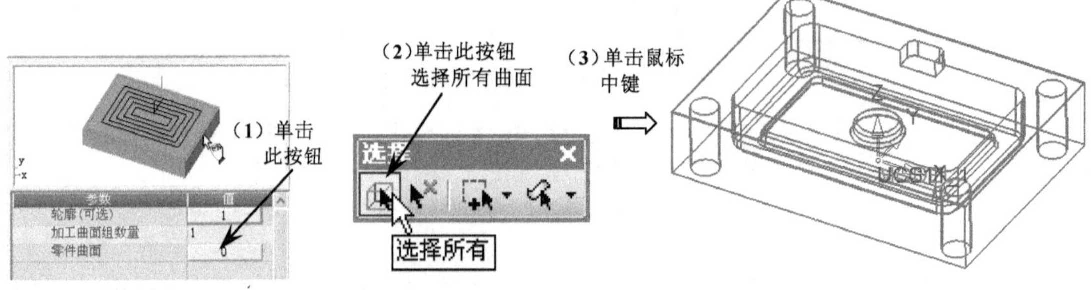

图 15-33　选择加工曲面

（4）选择刀具。在〖Procedure Wizard〗对话框中单击〖刀具〗按钮，弹出〖刀具和夹头〗对话框，然后选择刀具名为“D30R5”的刀具并双击鼠标左键进行选择。

（5）设置刀路参数。在〖Procedure Wizard〗对话框中单击〖刀路参数〗按钮，然后设置如图 15-34 所示的参数，其他参数按默认设置。

（6）设置机床参数。在〖Procedure Wizard〗对话框中单击〖机床参数〗按钮，然后设置如图 15-35 所示的参数，其他参数按默认设置。

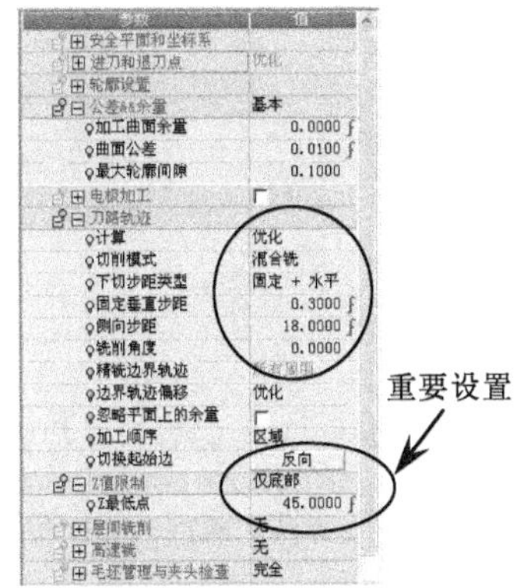

图 15-34　设置刀路参数

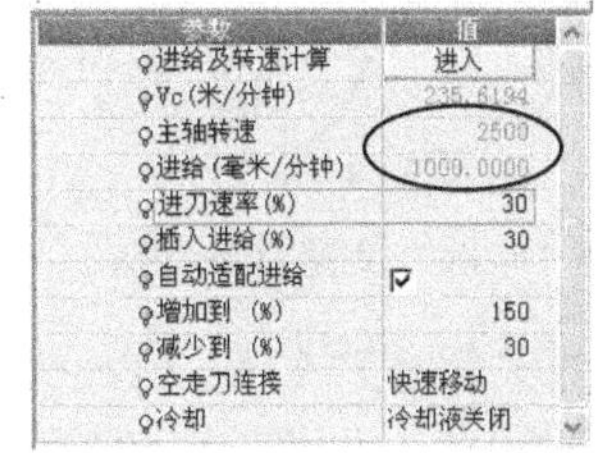

图 15-35　设置机床参数

（7）保存并关闭程序。在〖Procedure Wizard〗对话框中单击〖保存并关闭〗按钮，保存并关闭当前程序，如图 15-36 所示。

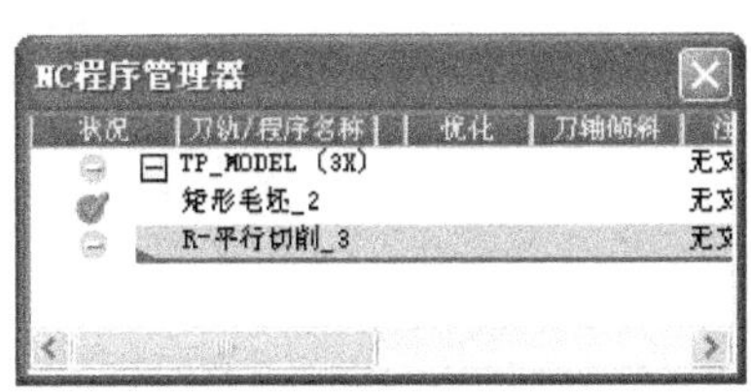

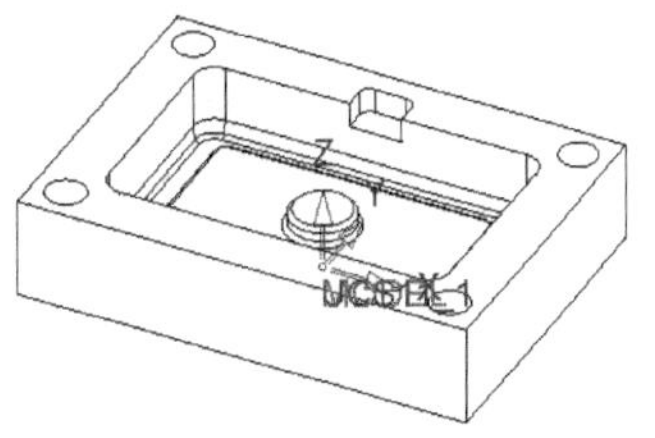

图 15-36　保存并关闭程序

选择保存并关闭程序，即没有马上进行计算程序。

3．开粗加工——环绕粗铣

（1）选择加工策略。在〖NC 向导〗工具栏中单击按钮，弹出〖Procedure Wizard〗对话框，然后设置主选择为“体积铣”，子选择为“环绕粗铣”，如图 15-37 所示。

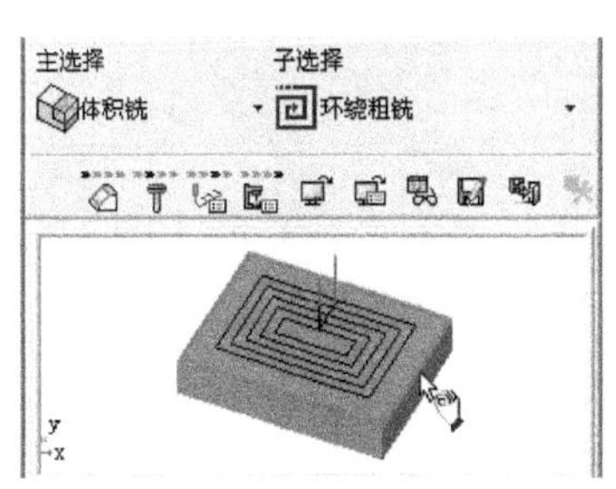

图 15-37　选择加工策略

（2）设置刀路参数。在〖Procedure Wizard〗对话框中单击〖刀路参数〗按钮，然后设置如图 15-38 所示的参数，其他参数按默认设置。

（3）设置机床参数。在〖Procedure Wizard〗对话框中单

击〖机床参数〗按钮，然后设置如图 15-39 所示的参数，其他参数按默认设置。

图 15-38　设置刀路参数

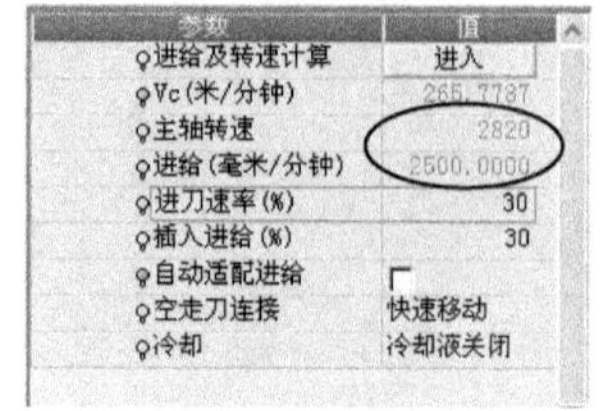

图 15-39　设置机床参数

（4）保存并关闭程序。在〖Procedure Wizard〗对话框中单击〖保存并关闭〗按钮，保存并关闭当前程序，如图 15-40 所示。

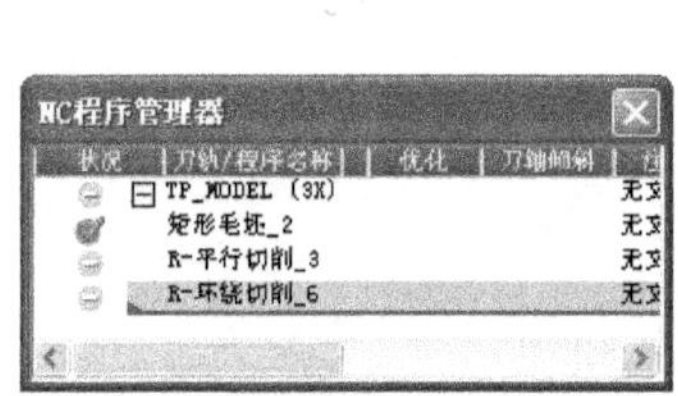

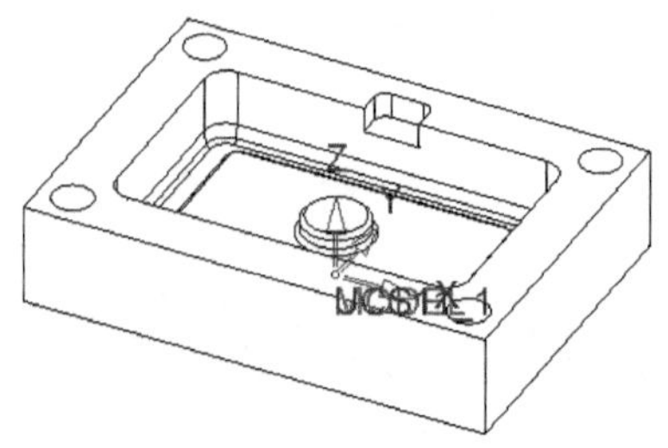

图 15-40　保存并关闭程序

4．二次开粗加工——二粗

（1）选择加工策略。在〖NC 向导〗工具栏中单击按钮，弹出〖Procedure Wizard〗对话框，然后设置主选择为“体积铣”，子选择为“二粗”，如图 15-41 所示。

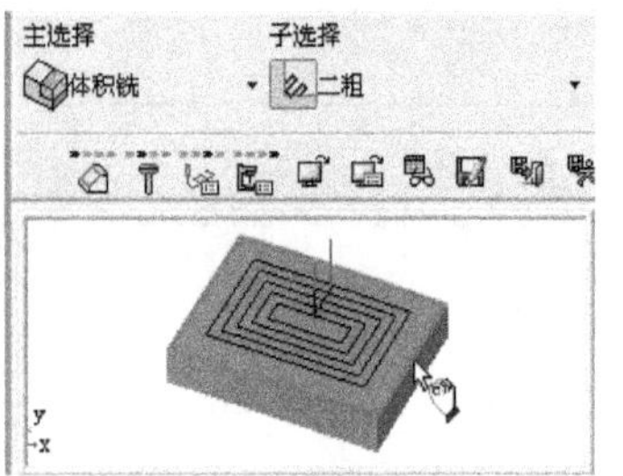

图 15-41　选择加工策略

（2）选择刀具。在〖Procedure Wizard〗对话框中单击〖刀具〗按钮，弹出〖刀具和夹头〗对话框，然后选择刀具名为“D13R0.8”的刀具并双击鼠标左键进行选择。

（3）设置刀路参数。在〖Procedure Wizard〗对话框中单击〖刀路参数〗按钮，然后设置如图 15-42 所示的参数，其他参数按默认设置。

（4）设置机床参数。在〖Procedure Wizard〗对话框中单击〖机床参数〗按钮，然后设置如图 15-43 所示的参数，其他参数按默认设置。

（5）保存并关闭程序。在〖Procedure Wizard〗对话框中单击〖保存并关闭〗按钮，保存并关闭当前程序，如图 15-44 所示。

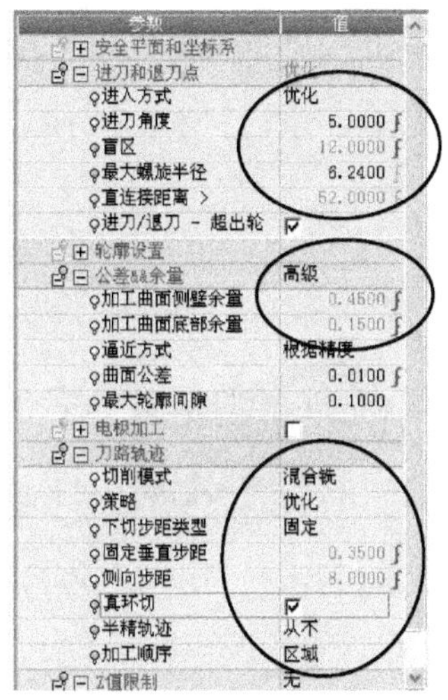

图 15-42　设置刀路参数

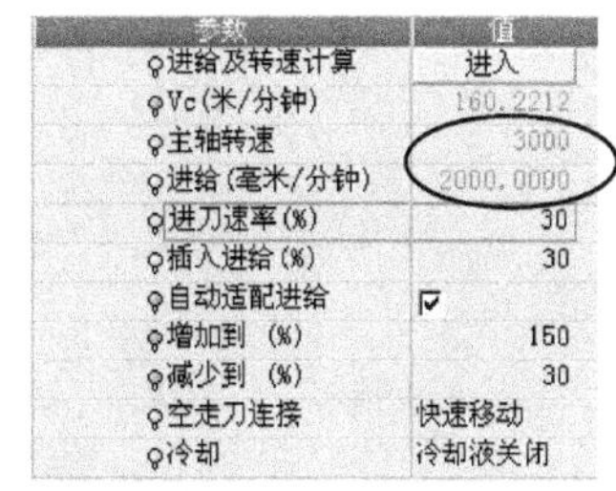

图 15-43　设置机床参数

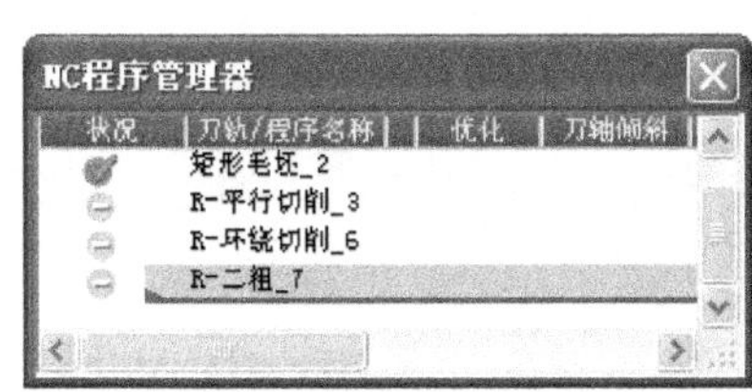

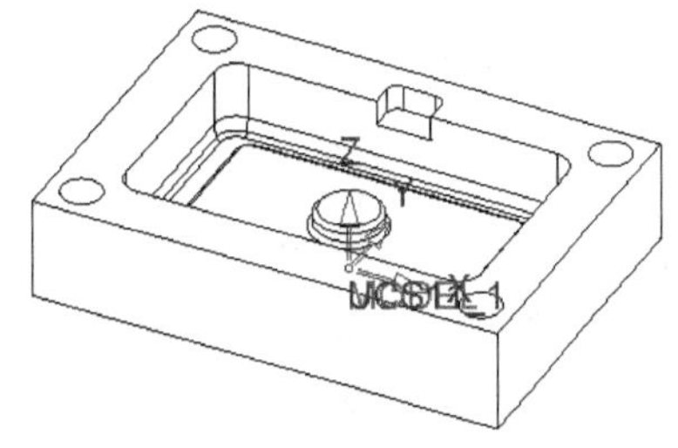

图 15-44　保存并关闭程序

5．计算程序

（1）平行粗铣刀路计算。在〖NC 向导〗工具栏中单击按钮，弹出〖计算〗对话框，然后根据图 15-45 所示的步骤进行参数设置。

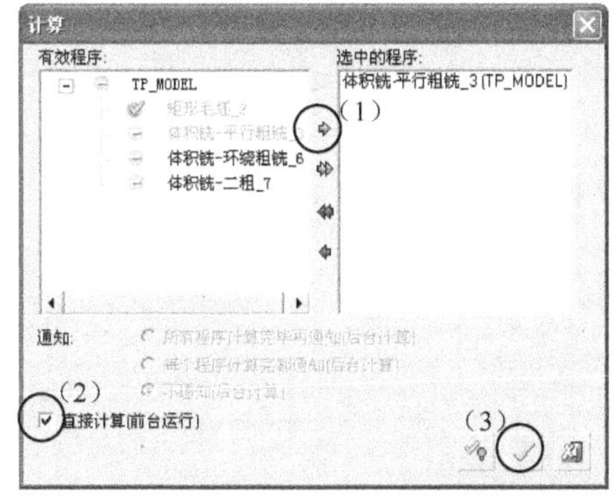

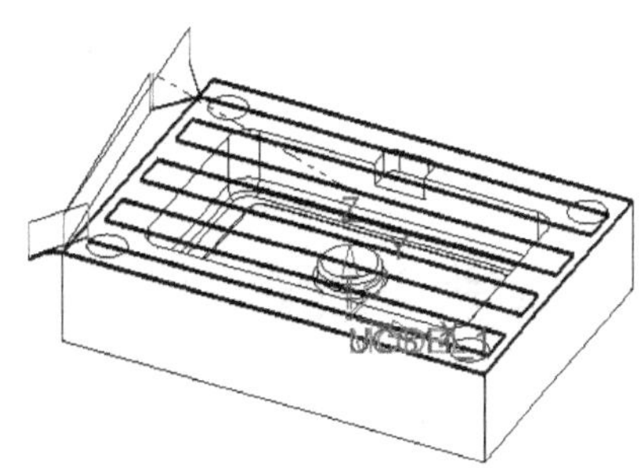

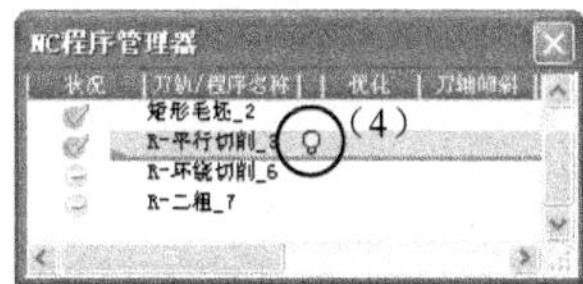

图 15-45　计算（一）

（2）环绕粗铣刀路计算。在〖NC 向导〗工具栏中单击 按钮，弹出〖计算〗对话框，然后根据图 15-46 所示的步骤进行参数设置。

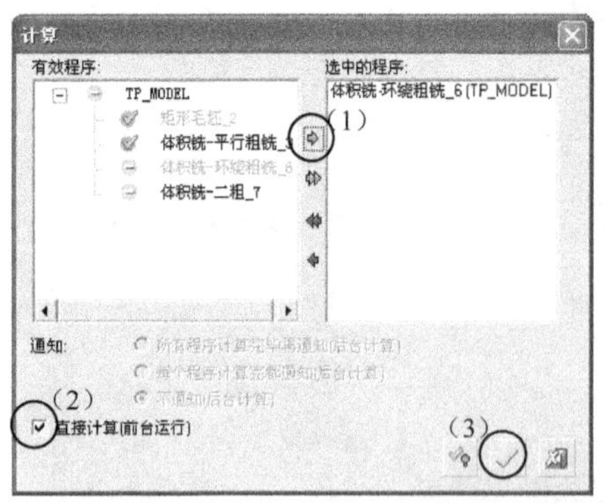

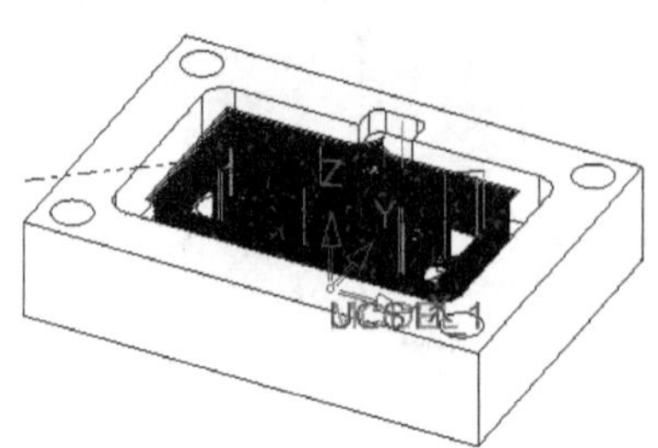

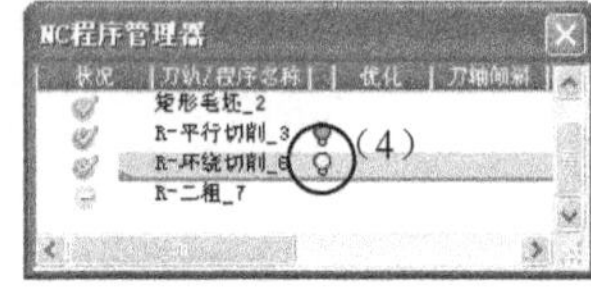

图 15-46　计算（二）

（3）二粗刀路计算。在〖NC 向导〗工具栏中单击 按钮，弹出〖计算〗对话框，然后根据图 15-47 所示的步骤进行参数设置。

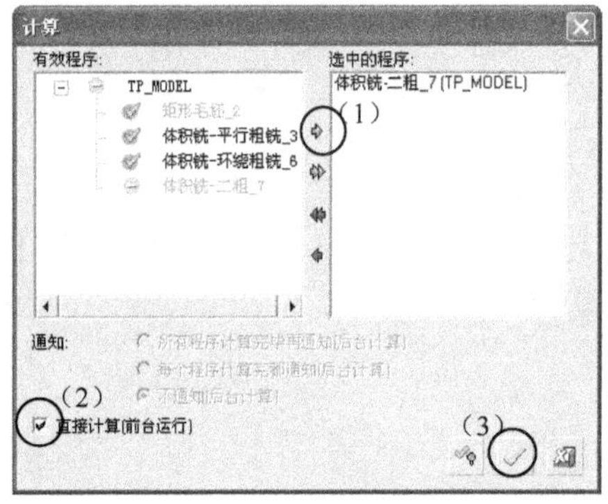

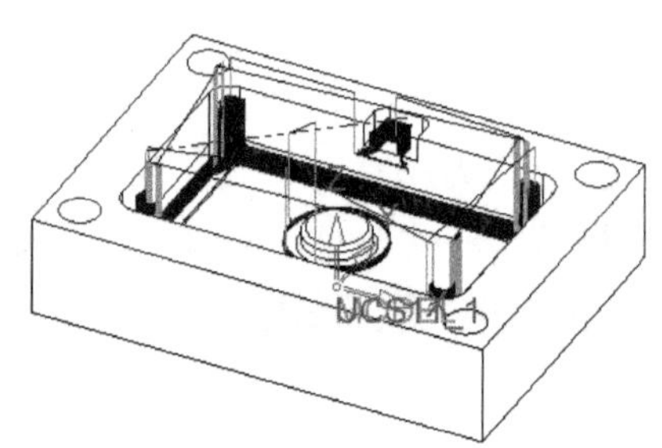

图 15-47　计算（三）

15.6　本章学习收获

通过本章的学习，读者必须掌握以下内容。

（1）环绕粗铣加工的特点及应用场合。

（2）平行粗铣加工的特点及应用场合。

（3）二粗加工应设置的参数及需注意的问题。

（4）掌握修改程序和生成程序。

15.7 练习题

（1）打开光盘中的〖Lianxi/Ch15/体积铣 1.elt〗文件，如图 15-48 所示，然后根据本章所学的知识对零件进行开粗和二次开粗加工。

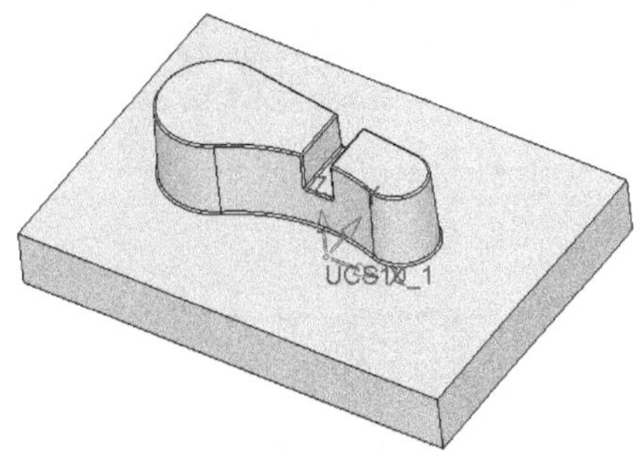

图 15-48　体积铣 1.elt 文件

（2）打开光盘中的〖Lianxi/Ch15/体积铣 2.elt〗文件，如图 15-49 所示，然后根据本章所学的知识对零件进行开粗和二次开粗加工。

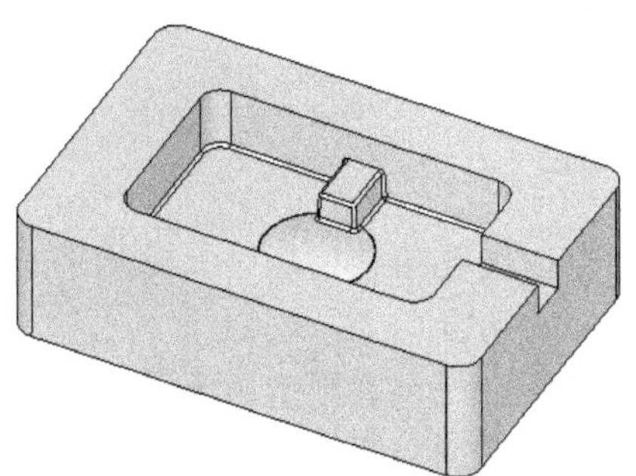

图 15-49　体积铣 2.elt 文件

第16章 曲面铣削加工

曲面铣削加工是模具加工中非常重要的一种加工策略，其加工的特点是沿着工件的曲面进行加工，能用于各种复杂曲面的半精加工和精加工。CimatronE 10.0 提供了几种常用的曲面铣削方法，主要有精铣所有、根据角度精铣、精铣水平面和传统策略中的层切、平坦区域平行铣和环绕切削-3D 等。

16.1 学习目标与课时安排

学习目标及学习内容

（1）掌握曲面铣加工的特点、主要的使用场合、常用的策略等。

（2）掌握需要设置检查曲面的场合。

（3）掌握根据角度精铣的妙用合理设置限制斜率角度。

（4）掌握精铣水平面加工的基本步骤和注意事项。

学习课时安排（共 3 课时）

（1）精铣所有、根据角度精铣——2 课时。

（2）精铣水平面、传统策略——1 课时。

16.2 精铣所有刀路

根据已选择的曲面加工所有的曲面，一般用于形状结构较简单的曲面组的加工。精铣所有的刀路如图 16-1 所示。

1. 操作演示

下面以面板型腔的加工为操作演示，详细介绍精铣所有的操作方法和技巧。

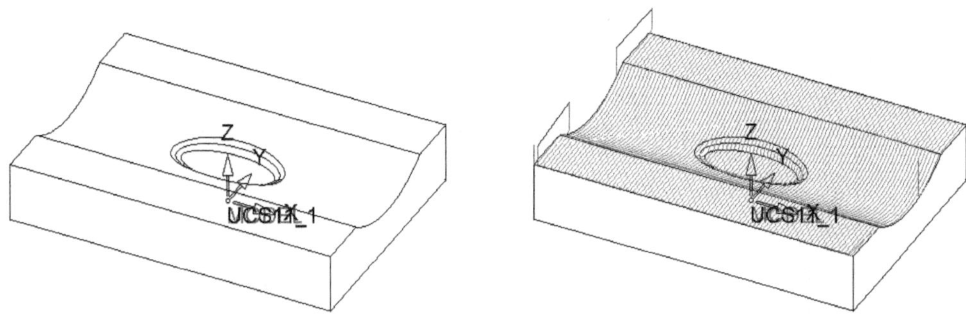

图 16-1　精铣所有的刀路

（1）打开光盘中的〖Example\Ch16\精铣所有-NC.blt〗文件，如图 16-2 所示。

（2）选择加工策略。在〖NC 向导〗工具栏中单击 按钮，弹出〖Procedure Wizard〗对话框，然后设置主选择为“曲面铣削”，子选择为“精铣所有”，如图 16-3 所示。

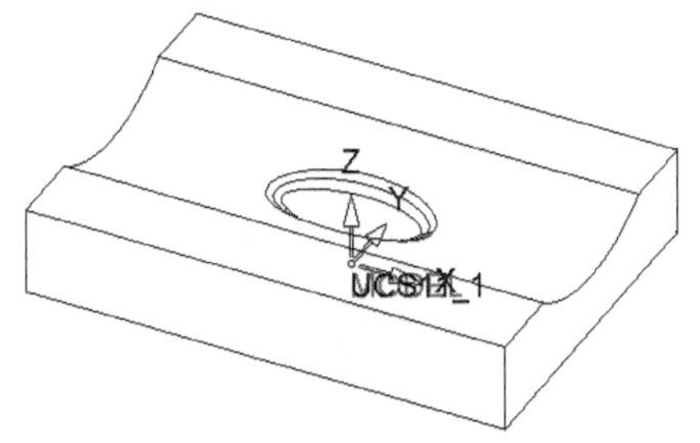

图 16-2　精铣所有-NC.elt 文件

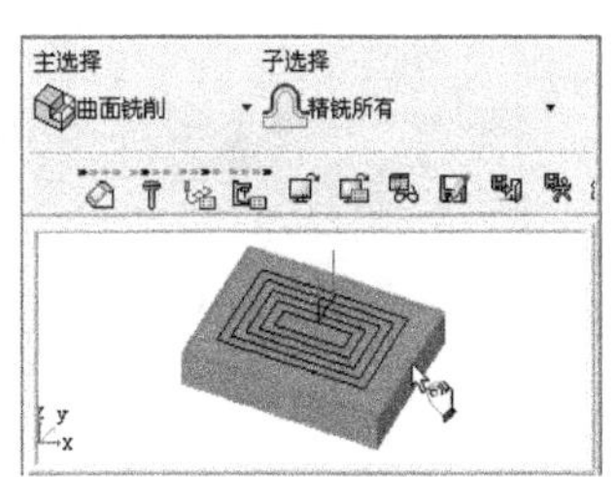

图 16-3　选择加工策略

（3）选择加工曲面。不关闭〖Procedure Wizard〗对话框，然后根据图 16-4 所示的步骤进行参数设置。

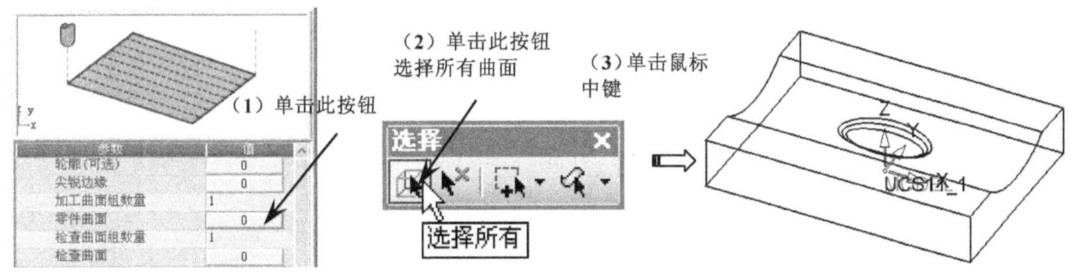

图 16-4　选择加工曲面

（4）选择刀具。在〖Procedure Wizard〗对话框中单击〖刀具和夹头〗 按钮，然后双击“R5”球刀进行选择。

（5）设置刀路参数。在〖Procedure Wizard〗对话框中单击〖刀路参数〗 按钮，然后设置如图 16-5 所示的参数，其他参数按默认设置。

（6）设置机床参数。在〖Procedure Wizard〗对话框中单击〖机床参数〗 按钮，然后设置如图 16-6 所示的参数，其他参数按默认设置。

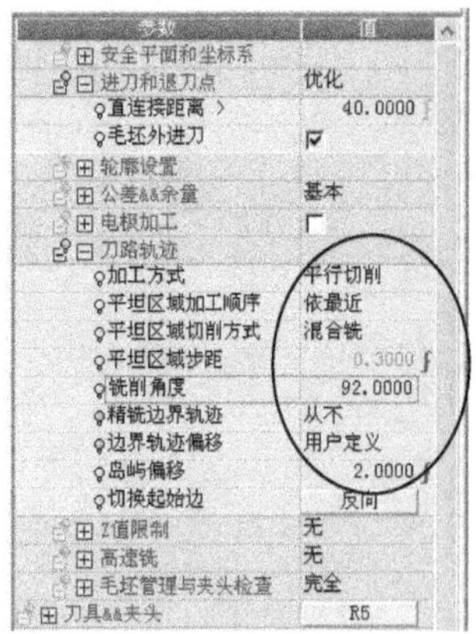

图 16-5　设置刀路参数

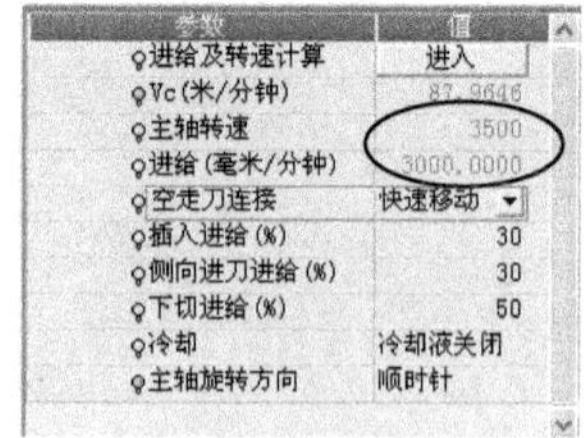

图 16-6　设置机床参数

（7）保存并关闭程序。在〖Procedure Wizard〗对话框中单击〖保存并关闭〗按钮，如图 16-7 所示。

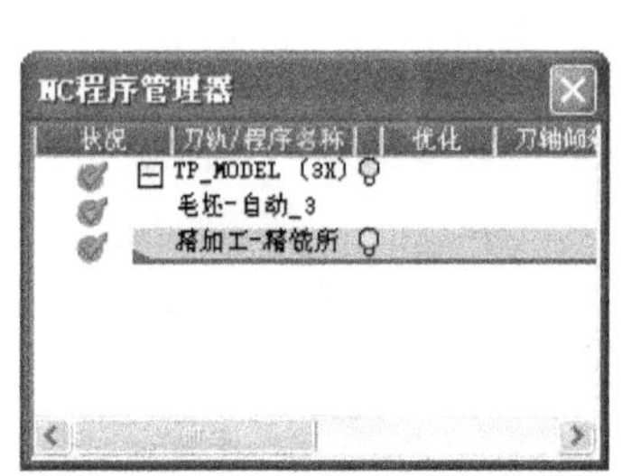

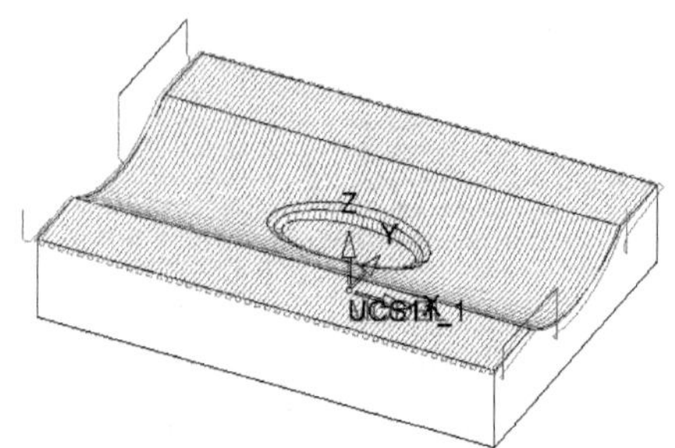

图 16-7　保存并关闭程序

2. 重要参数注释

精铣所有加工参数如图 16-8 所示，这里只介绍一些重要而特别的参数。

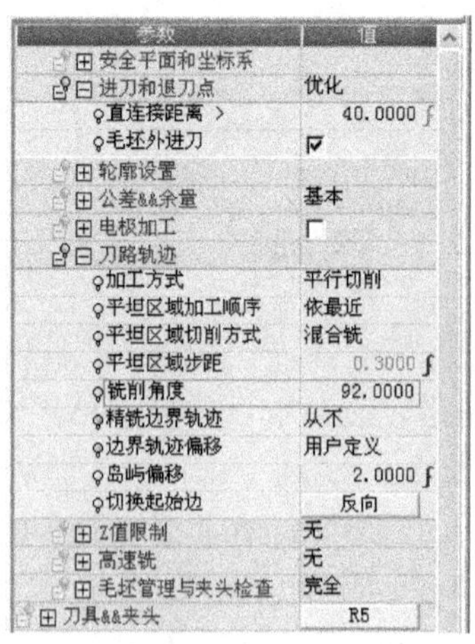

图 16-8　精铣所有加工参数

（1）加工方式：环切、平行切削、层、螺旋和 3D 步距。

① 环切：产生的刀轨环绕着工件的形状，如图 16-9 所示。

② 平行切削：产生的刀轨之间相互平行，如图 16-10 所示。

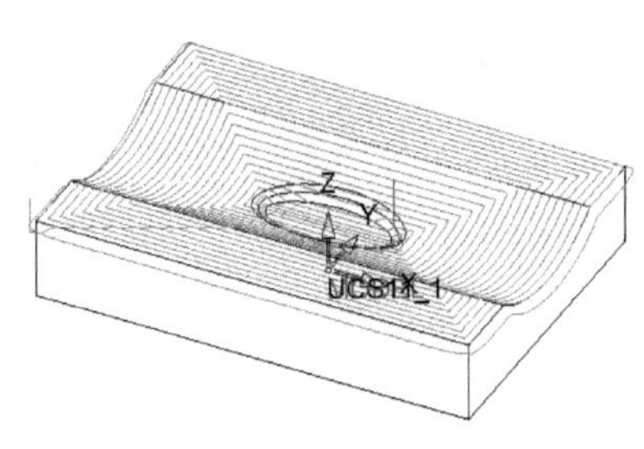

图 16-9　环切

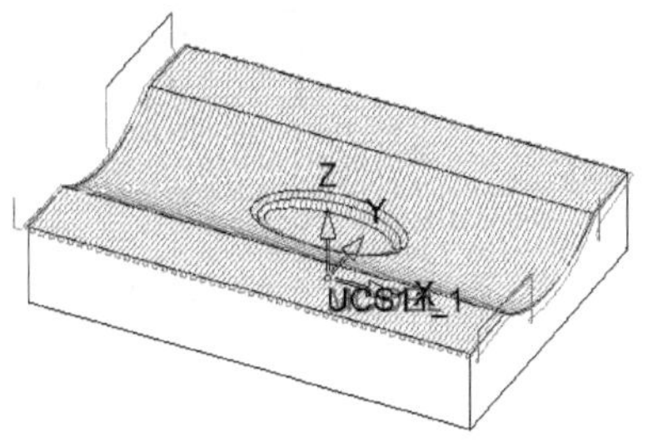

图 16-10　平行切削

③ 螺旋：当加工的区域是球状时，可选择螺旋的切削方式。

④ 层：适用于加工陡峭曲面的切削方式。

（2）平坦区域加工顺序：包括“依行”和“依最近”两种方式，一般默认选择“依最近”。

（3）精铣边界轨迹：包括“从不”和“所有周围”两种方式，当选择“所有周围”的方式时，会在轮廓的边缘上产生一条精铣轮廓的刀路，如图 16-11 所示。

（4）岛屿偏移：设置从加工轮廓的偏移值，如图 16-12 所示。

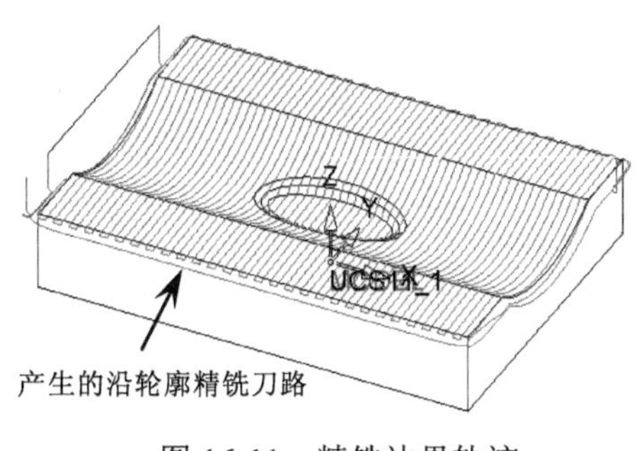

图 16-11　精铣边界轨迹

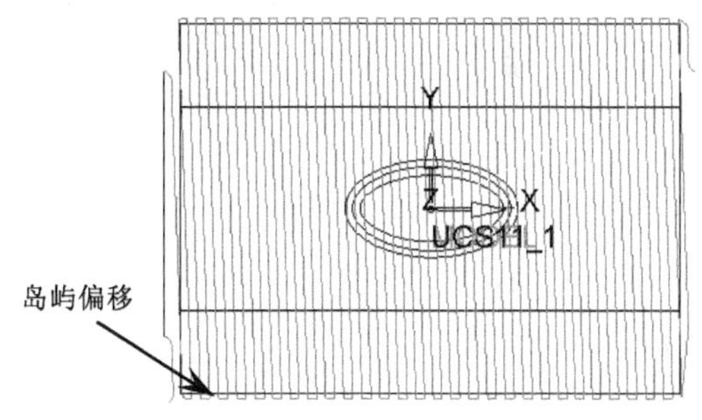

图 16-12　岛屿偏移

16.3　根据角度精铣

通过设置斜率限制角度来将曲面按倾斜程序进行区分，分别创建精加工程序，可以保证各个部分均有较高的加工精度与加工效率。根据角度精铣的刀路如图 16-13 所示。

1. 操作演示

下面以一工件的加工为操作演示，详细介绍根据角度精铣的操作方法和技巧。

（1）打开光盘中的〖Example\Ch16\根据角度精铣-NC.blt〗文件，如图 16-14 所示。

加工区域中顶部比较平坦，而下部则比较陡峭。

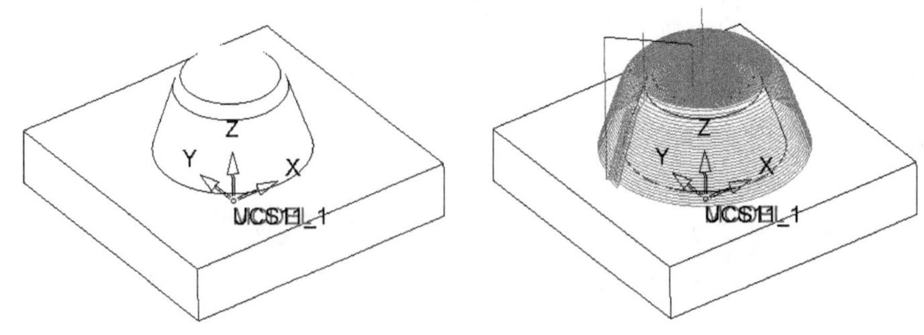

图 16-13　根据角度精铣刀路

（2）选择加工策略。在〖NC 向导〗工具栏中单击 程序 按钮，弹出〖Procedure Wizard〗对话框，然后设置主选择为“曲面铣削”，子选择为“根据角度精铣”，如图 16-15 所示。

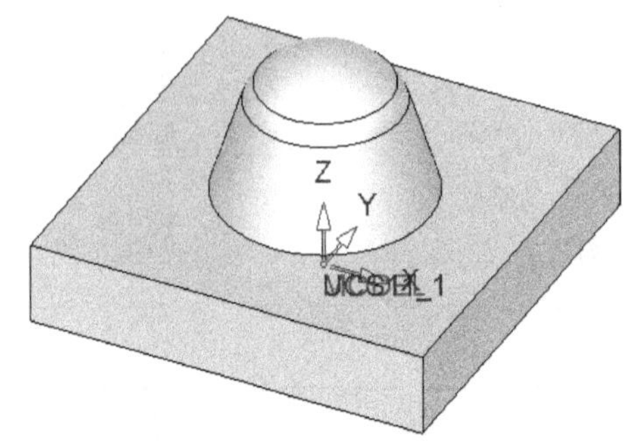

图 16-14　根据角度精铣-NC.elt 文件

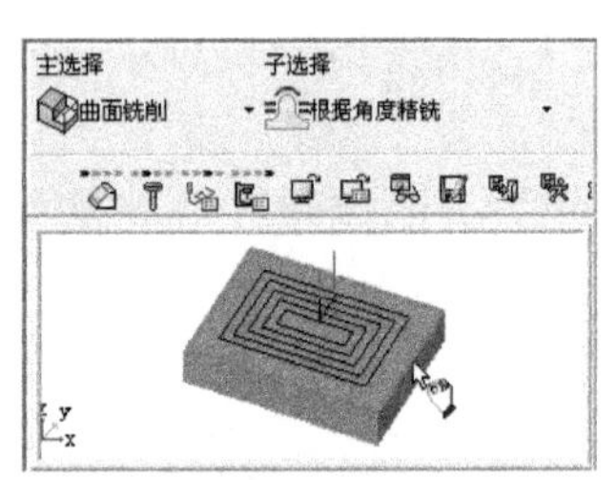

图 16-15　选择加工策略

（3）选择加工曲面。不关闭〖Procedure Wizard〗对话框，然后根据图 16-16 所示的步骤进行参数设置。

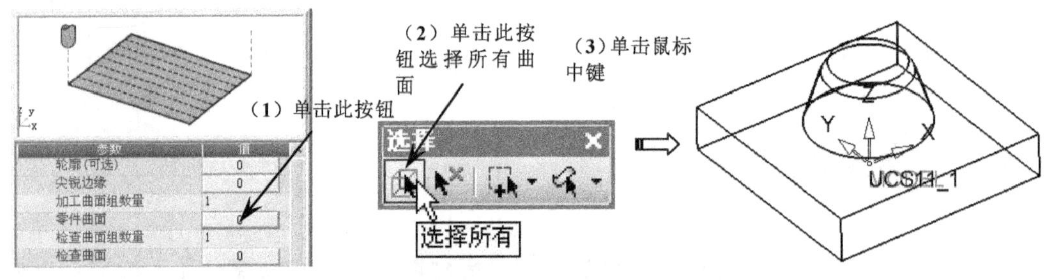

图 16-16　选择加工曲面

要点提示

如果加工的区域比较简单，则可以不用选择轮廓。

（4）设置刀路参数。在〖Procedure Wizard〗对话框中单击〖刀路参数〗按钮，然后设置如图 16-17 所示的参数，其他参数按默认设置。

（5）设置机床参数。在〖Procedure Wizard〗对话框中单击〖机床参数〗按钮，然后设置如图 16-18 所示的参数，其他参数按默认设置。

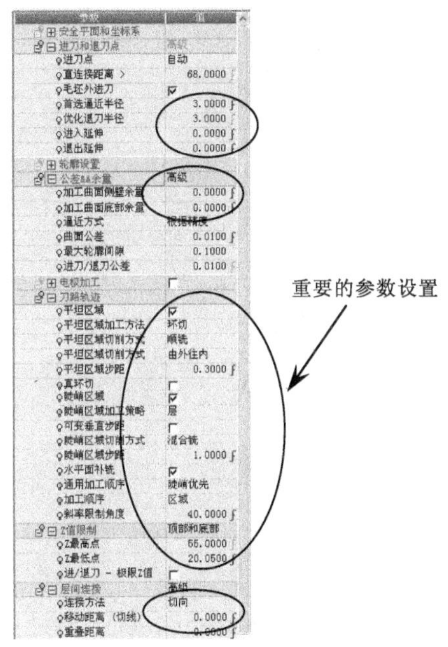

图 16-17　设置刀路参数

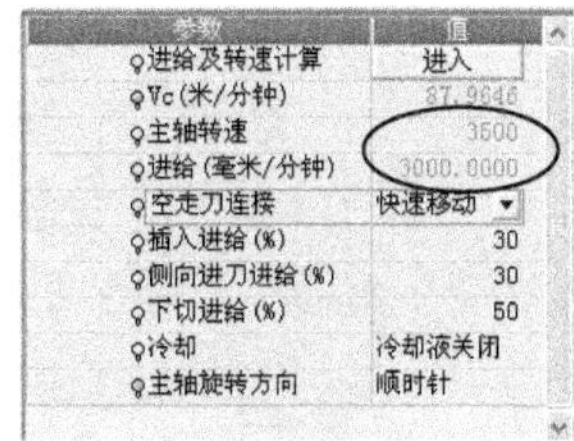

图 16-18　设置机床参数

（6）保存并关闭程序。在〖Procedure Wizard〗对话框中单击〖保存并关闭〗按钮，如图 16-19 所示。

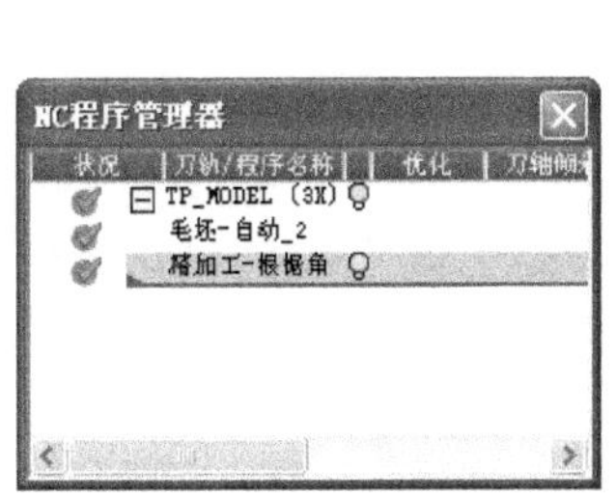

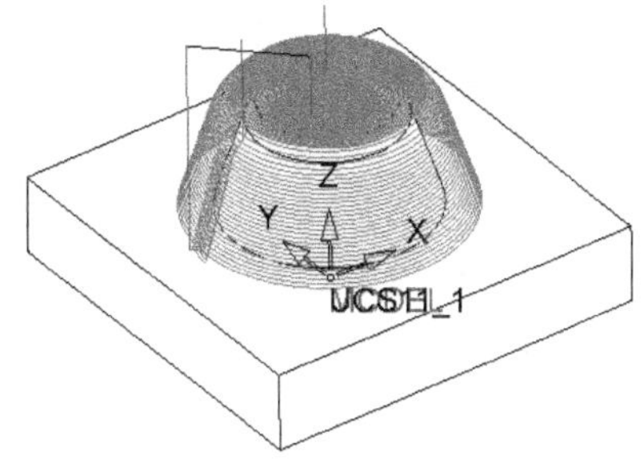

图 16-19　保存并关闭程序

2．重要参数注释

根据角度精铣加工参数如图 16-17 所示，这里只介绍一些重要而特别的参数。

（1）平坦区域：勾选该选项，则会在斜率限制角度的平坦区域范围内进行加工；如果不勾选该选项，则在斜率限制角度的平坦区域范围内不产生加工刀路，如图 16-20 所示。

（2）陡峭区域：勾选该选项，则会在斜率限制角度的陡峭区域范围内进行加工；如果不勾选该选项，则在斜率限制角度的陡峭区域范围内不产生加工刀路，如图 16-21 所示。

（3）斜率限制角度：通过设置斜率度角度来将曲面按倾斜程序进行区分，从而进行区域的分开加工。

（4）Z 值限制：设置加工的深度值，如同时勾选“平坦区域”与“陡峭区域”，则应设置 Z 限制值，避免在大平面产生小步距的刀路。

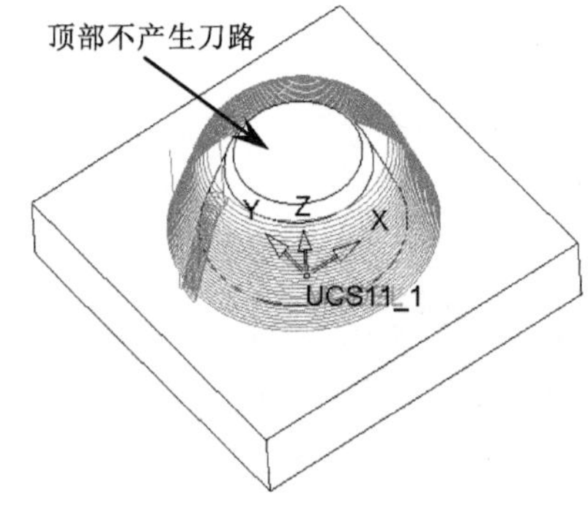

图 16-20　不勾选“平坦区域”选项

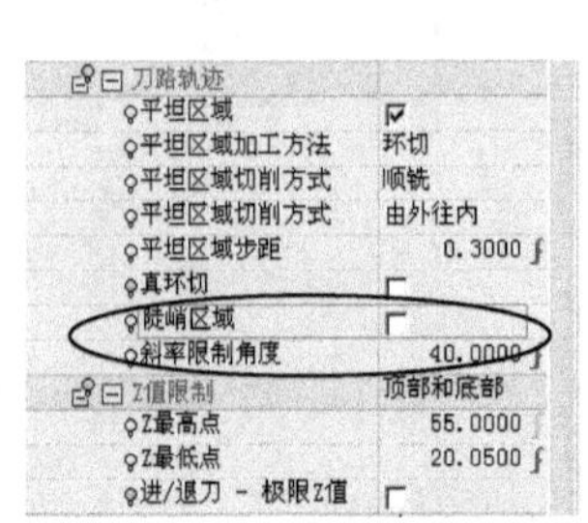

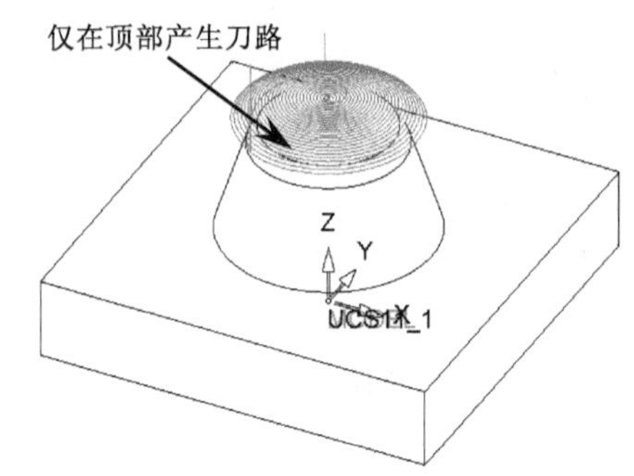

图 16-21　陡峭区域

16.4　精铣水平面

精加工工件或模具中的水平面。当选择该加工策略后，系统会自动判断哪些面是水平面的。

操作演示

下面以一工件的加工为操作演示，详细介绍精铣水平面的操作方法和技巧。

（1）打开光盘中的〖Example\Ch16\精铣水平面-NC.blt〗文件，如图 16-22 所示。

（2）选择加工策略。在〖NC 向导〗工具栏中单击［程序］按钮，弹出〖Procedure Wizard〗对话框，然后设置主选择为“曲面铣削”，子选择为“精铣水平面”，如图 16-23 所示。

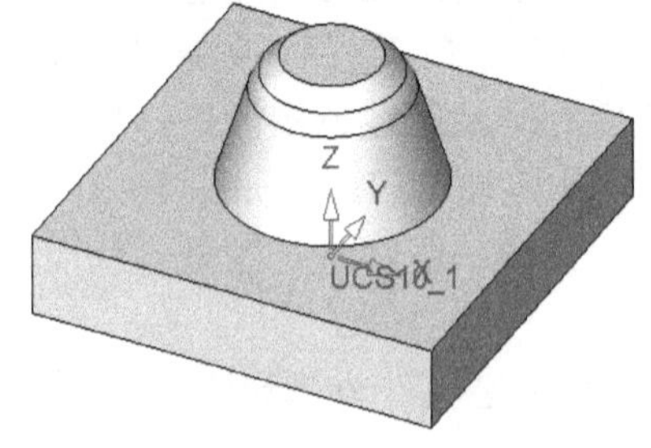

图 16-22　精铣水平面-NC.elt 文件

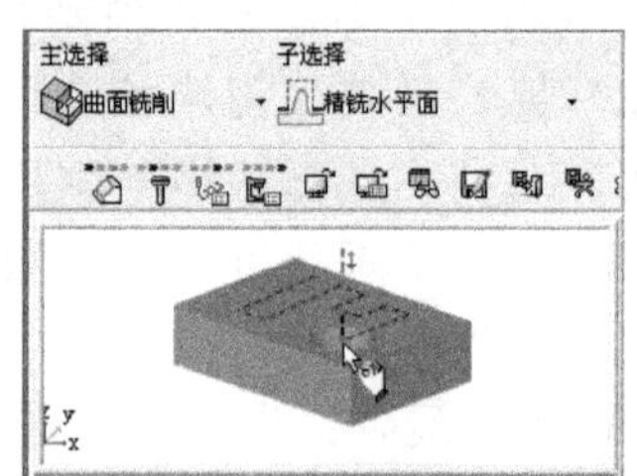

图 16-23　选择加工策略

（3）选择加工曲面。不关闭〖Procedure Wizard〗对话框，然后根据图 16-24 所示的步骤进行参数设置。

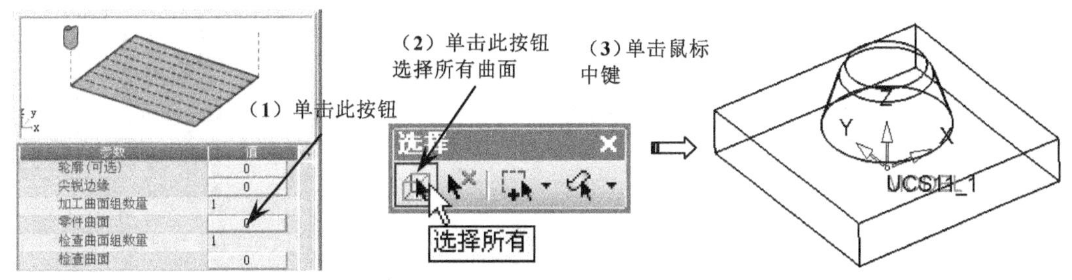

图 16-24　选择加工曲面

（4）设置刀路参数。在〖Procedure Wizard〗对话框中单击〖刀路参数〗按钮，然后设置如图 16-25 所示的参数，其他参数按默认设置。

（5）设置机床参数。在〖Procedure Wizard〗对话框中单击〖机床参数〗按钮，然后设置如图 16-26 所示的参数，其他参数按默认设置。

参数	值
⊞安全平面和坐标系	
⊟进刀和退刀点	优化
直连接距离 >	68.0000
毛坯外进刀	☑
⊟轮廓设置	
支持嵌套轮廓	☐
刀具位置	轮廓上
轮廓偏移	0.0000
⊟公差&&余量	高级
加工曲面侧壁余量	0.2000
加工曲面底部余量	0.0000
逼近方式	根据精度
曲面公差	0.0100
最大轮廓间隙	0.1000
进刀/退刀公差	0.0100
⊞电极加工	☐
⊟刀路轨迹	
平坦区域加工方法	环切
平坦区域切削方式	顺铣
平坦区域切削方式	由外往内
平坦区域步距	9.0000
真环切	☑
⊟Z值限制	无

图 16-25　设置刀路参数

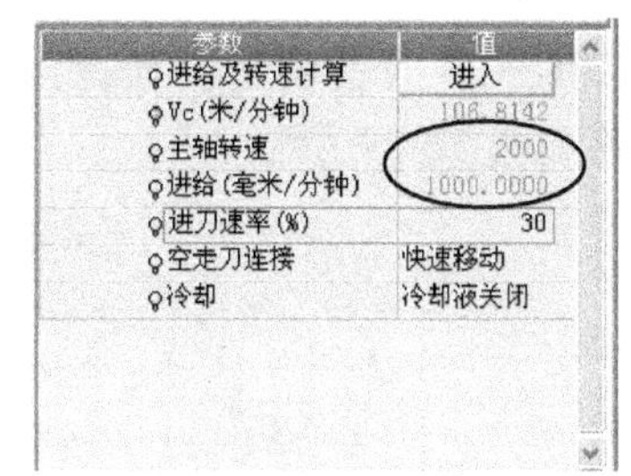

参数	值
进给及转速计算	进入
Vc(米/分钟)	106.8142
主轴转速	2000
进给(毫米/分钟)	1000.0000
进刀速率(%)	30
空走刀连接	快速移动
冷却	冷却液关闭

图 16-26　设置机床参数

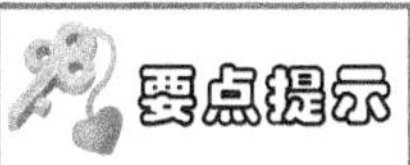

要点提示

如果加工的平面中间处存在凸台，则应设置侧面余量，避免加工平面时刀杆碰到侧壁。

（6）保存并关闭程序。在〖Procedure Wizard〗对话框中单击〖保存并关闭〗按钮，如图 16-27 所示。

精铣水平面参数如图 16-28 所示，由于其加工参数和前面的加工策略参数完全一样，所以在此将不再作介绍。

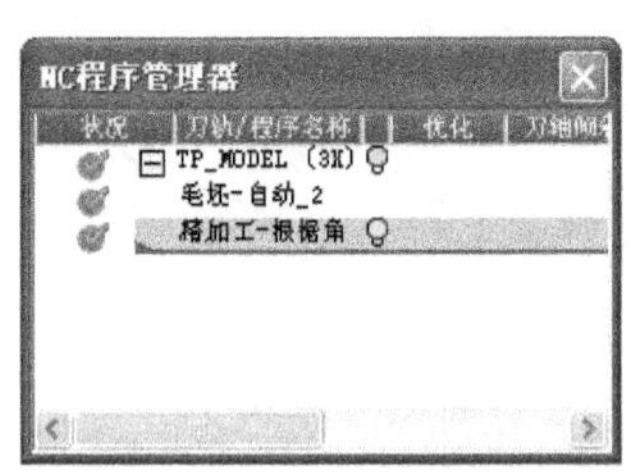

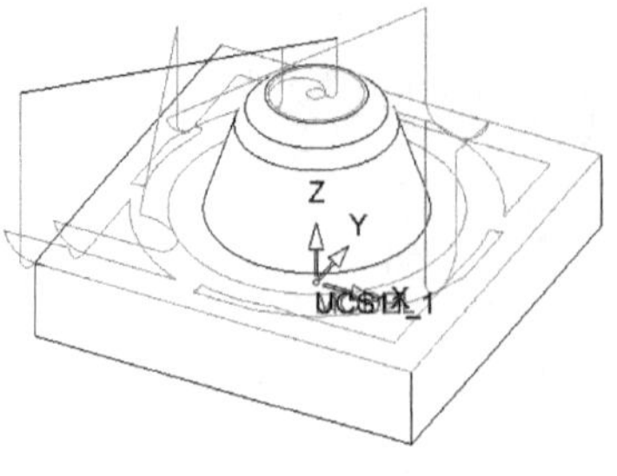

图 16-27　保存并关闭程序

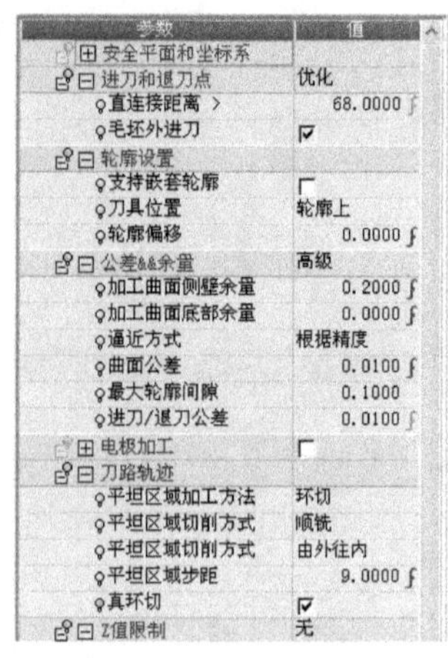

图 16-28　精铣水平面参数

16.5　传统策略

CimatonE 提供的传统策略中包含了 Cimatron it 版本中的一些传统加工方式，如层切、环绕切削-3D 和平坦区域平行铣等。但前面介绍的精铣所有、根据角度精铣和精铣水平面三种加工策略，已经完全能满足模具的加工需要，所以本节将不作详细的介绍。

1．层切

层切是根据设定的下刀深度沿着曲面进行逐层加工，类似于根据角度精铣加工。本书第 22 章和第 24 章的实例中都有详细介绍层切加工的操作方法及需要设置的参数等，其产生的刀路如图 16-29 所示。

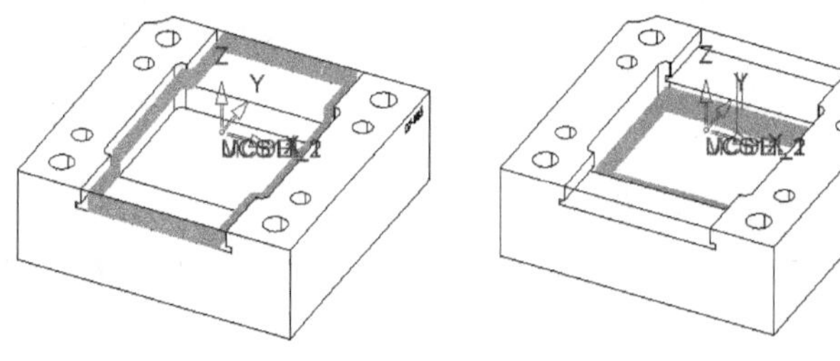

图 16-29　层切刀路

2．平坦区域平行铣

根据设置的曲面斜率，只加工模具或工件中平缓的区域，似于根据角度精铣加工参数设置中只勾选“平坦区域”选项而不勾选“陡峭区域”选项一样。本书第 25 章的实例中将有详细介绍平坦区域平行铣加工的操作方法及需要设置的参数等，其产生的刀路如图 16-30 所示。

3．环绕切削-3D

环绕切削-3D 加工与类似于体积铣中的“环绕粗铣”加工，都是用于模具和工件的开粗加工。当加工一些形状特殊的工件时，为减少提刀次数和刀路美观等，可选择环绕切削-3D的策略进行加工。本书第25章的实例中将有详细介绍环绕切削-3D加工的操作方法及需要设置的参数等，其产生的刀路如图16-31所示。

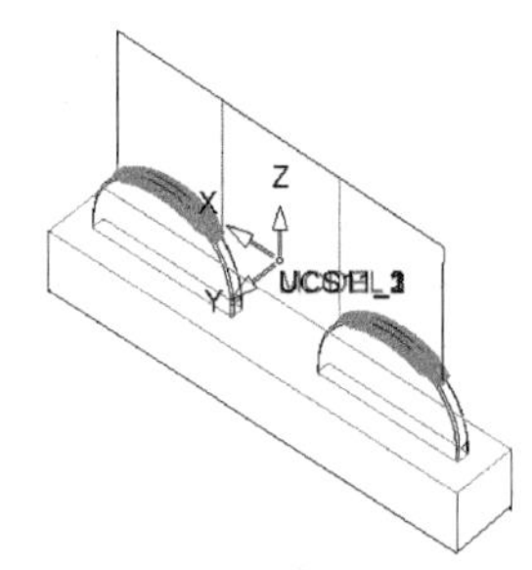

图16-30　平坦区域平行铣刀路

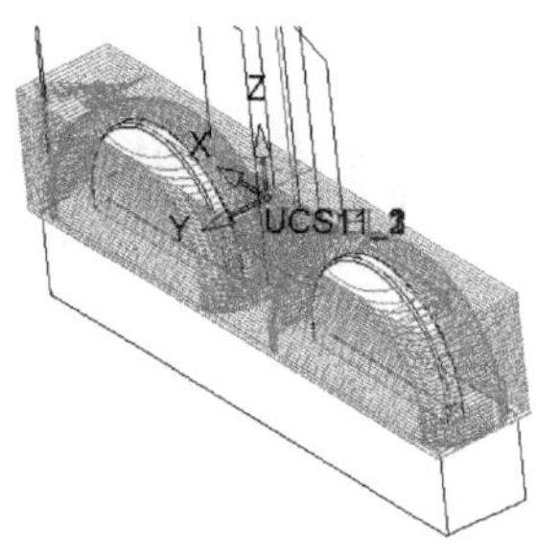

图16-31　环绕切削-3D刀路

16.6　本章学习收获

通过本章的学习，读者必须掌握以下内容。

（1）掌握曲面铣加工中常用的加工策略。

（2）精铣所有的刀路策略可以应用的场合。

（3）根据角度精铣是曲面加工中非常重要的加工策略，应掌握陡峭区域角度和平坦区域角度的设置方法，从而同时保证加工质量和加工效率。

（4）掌握精铣水平面的操作方法及应注意的问题，如加工平面时避免刀杆碰到侧壁的方法等。

16.7　练习题

（1）打开光盘中的〖Lianxi/Ch16/曲面铣1.elt〗文件，如图16-32所示，然后根据本章所学的知识对产品进行编程。

（2）打开光盘中的〖Lianxi/Ch16/曲面铣2.elt〗文件，如图16-33所示，然后根据本章所学的知识对产品进行编程。

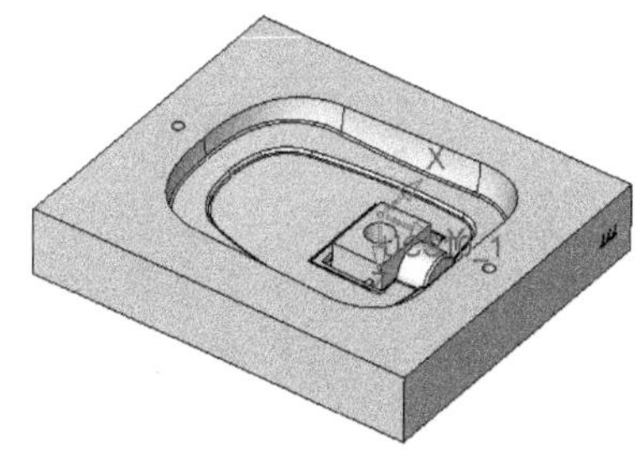

图16-32　曲面铣1.elt文件

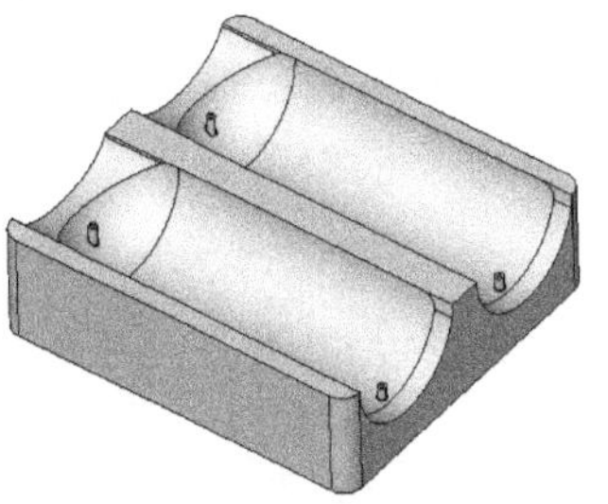

图16-33　曲面铣2.elt文件

第17章

清角加工

清角加工是沿着曲面的凹角或凹谷生成刀路轨迹，从而将这些残余在角落处的余量清除。

在 CimatronE 10.0 中，提供的清角策略包括清根、笔式和传统策略三种方式，而传统策略中又包含了 14 种不同的清角走刀方式，如图 17-1 所示。

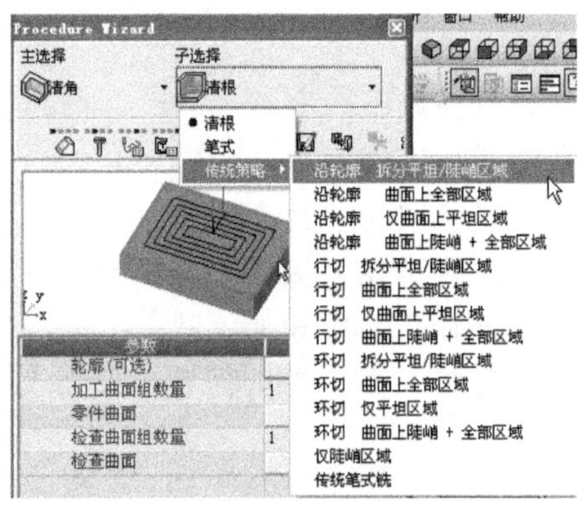

图 17-1 清角策略

17.1 学习目标与课时安排

学习目标及学习内容

（1）掌握模具中需要进行清角加工的部位。

（2）掌握清角加工需要设置的参数。

（3）掌握清根加工与笔式加工的操作步骤。

学习课时安排（共 2 课时）

（1）清根——1 课时。

（2）笔式——1 课时。

17.2 清根

清根加工主要用于生成清除前一刀具路径所残留余量的刀路轨迹，清根常用的刀具主要是球刀和牛鼻刀（飞刀）。

1．操作演示

下面以一生产工装的加工为操作演示，详细介绍清根加工的操作方法和技巧。

（1）打开光盘中的〖Example\Ch17\清根-NC.blt〗文件，如图 17-2 所示。

（2）选择加工策略。在〖NC 向导〗工具栏中单击 程序 按钮，弹出〖Procedure Wizard〗对话框，然后设置主选择为“清角”，子选择为“清根”，如图 17-3 所示。

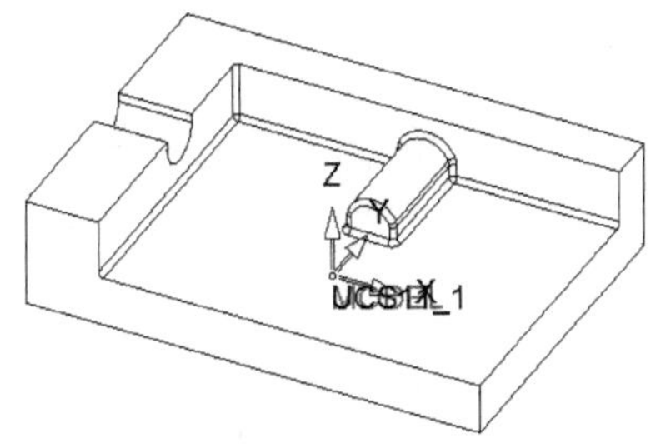

图 17-2 清根-NC.elt 文件

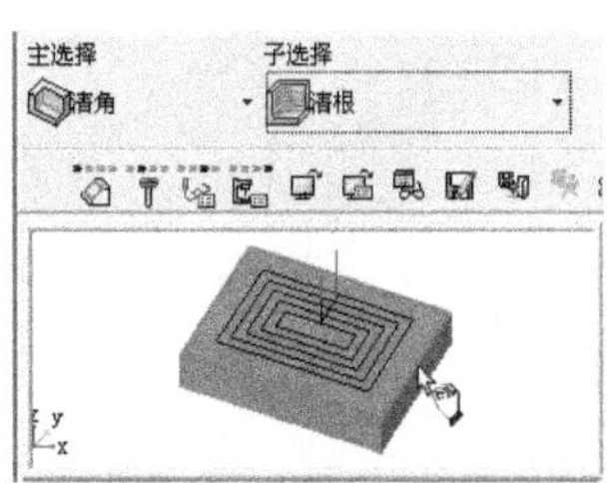

图 17-3 选择加工策略

（3）选择加工轮廓。不关闭〖Procedure Wizard〗对话框，然后根据图 17-4 所示的步骤进行参数设置。

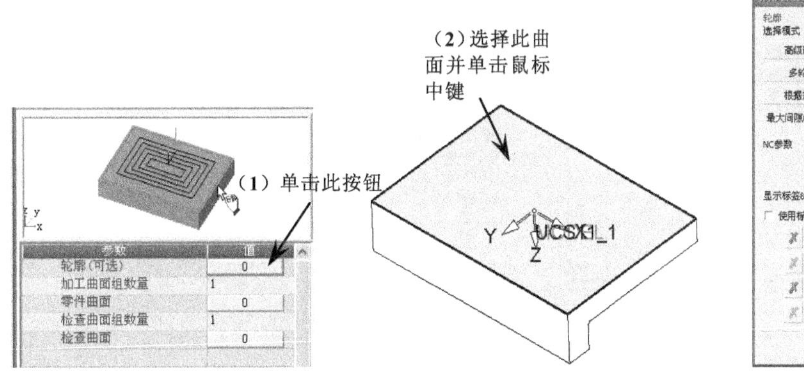

图 17-4 选择加工轮廓

（4）选择加工曲面。不关闭〖Procedure Wizard〗对话框，然后根据图 17-5 所示的步骤进行参数设置。

（5）选择刀具。在〖Procedure Wizard〗对话框中单击〖刀具和夹头〗 按钮，然后双击“5R2.5”球刀进行选择。

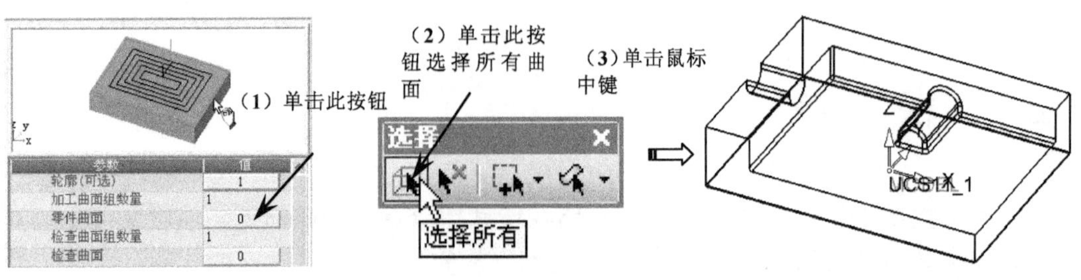

图 17-5　选择加工曲面

（6）设置刀路参数。在〖Procedure Wizard〗对话框中单击〖刀路参数〗按钮，然后设置如图 17-6 所示的参数，其他参数按默认设置。

（7）设置机床参数。在〖Procedure Wizard〗对话框中单击〖机床参数〗按钮，然后设置如图 17-7 所示的参数，其他参数按默认设置。

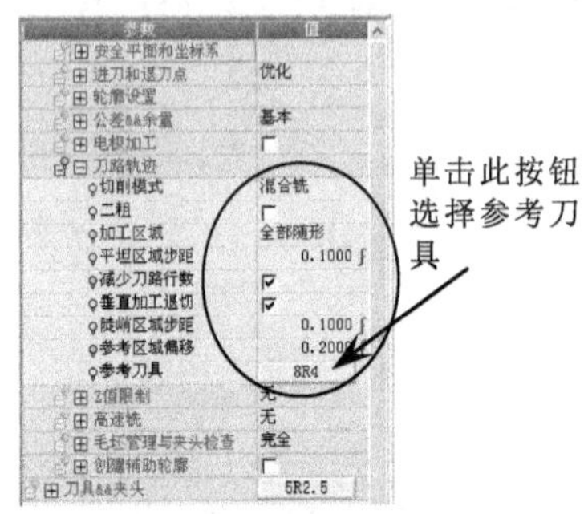

图 17-6　设置刀路参数

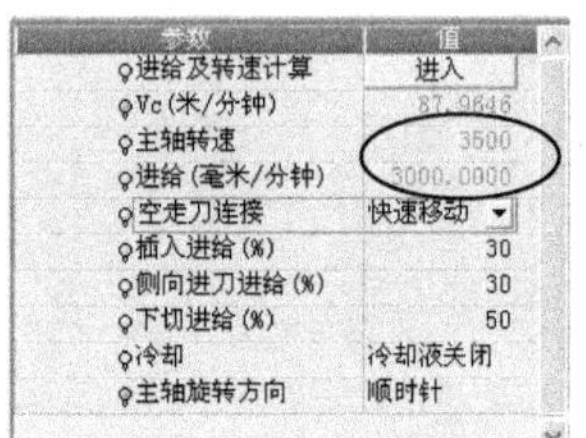

图 17-7　设置机床参数

（8）保存并关闭程序。在〖Procedure Wizard〗对话框中单击〖保存并关闭〗按钮，如图 17-8 所示。

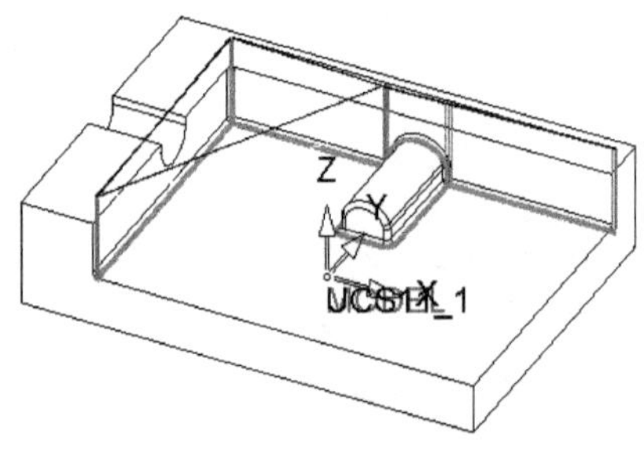

图 17-8　保存并关闭程序

2．重要参数注释

清根加工参数如图 17-9 所示，这里只介绍一些重要而特别的参数。

（1）切削模式：包括顺铣、逆铣和混合铣三种方式，清根加工多选择混合铣的方式，以提高加工效率。

（2）二粗：一般情况下，只有余量较多的时候才会勾选该选项。打开二次开粗选项后，将激活最大连接区域（二次开粗）、最大垂直步进（二次开粗）、侧向步距（半精加工）、偏移（半精加工）等选项。

（3）加工区域：包括分割平坦/陡峭、全部随形、仅陡峭和仅平坦四个选项。

① 分割平坦/陡峭：通过设置斜率限制角度来分割平坦区域与陡峭区域，并设置不同的步距。

② 全部随形：根据所有的凹圆角形状和位置产生刀路轨迹。

③ 仅陡峭；选择该选项时，只在定义的陡峭区域产生刀路，如图 17-10 所示。

④ 仅平坦：选择该选项时，只在定义的平坦区域产生刀路，如图 17-11 所示。

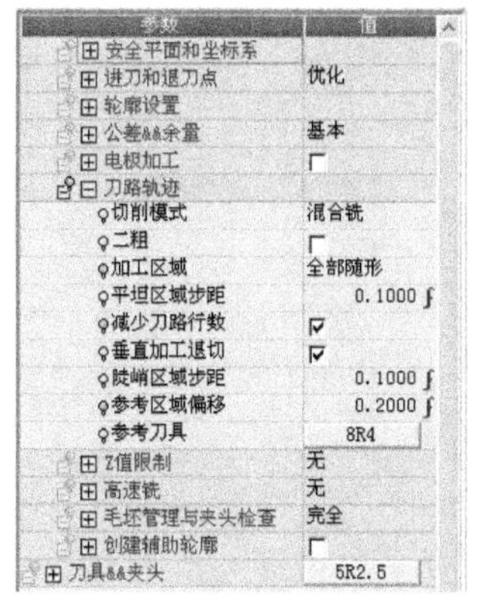

图 17-9　清根加工参数

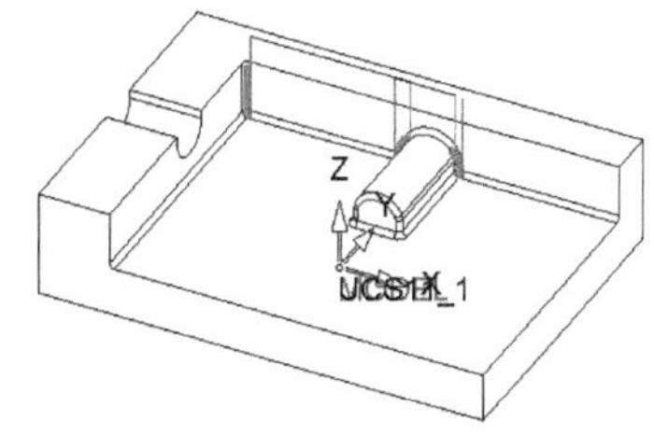

图 17-10　仅陡峭

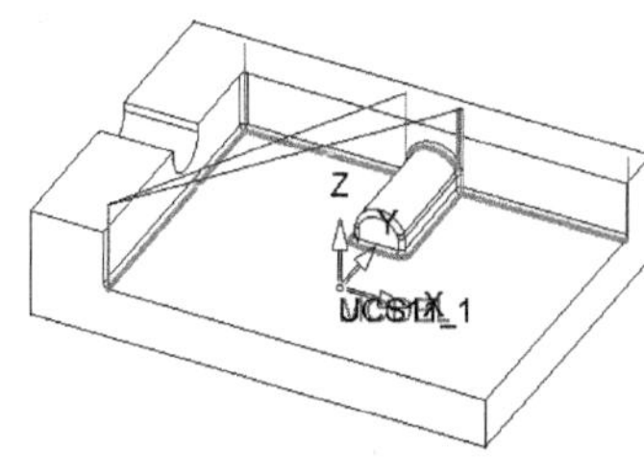

图 17-11　仅平坦

（4）平坦区域步距：设置平坦区域的清根步距。

（5）陡峭区域步距：设置陡峭区域的清根步距。

（6）参考区域偏移：为了保证清角完全，清根时都会设置一定的偏移值，多数取 0.2～1。

（7）参考刀具：选择清根前参考的刀具（即前面加工用的刀具），从而根据残余量产生清根刀路。

17.3　笔式

笔式加工是沿着凹角或沟槽生成一条单一的刀具路径，加工时常用的刀具是球刀和环形刀，主要用于型芯底部角落上最后的余量清除，其加工刀路如图 17-12 所示。

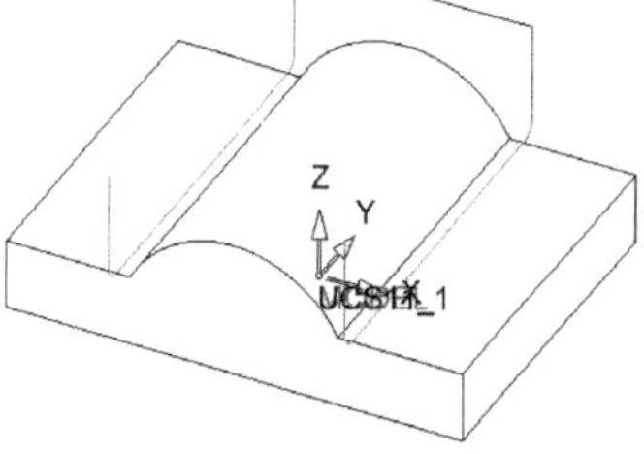

图 17-12　笔式刀路

1. 操作演示

下面以一生产工装的加工为操作演示，详细介绍笔式加工的操作方法和技巧。

（1）打开光盘中的〖Example\Ch17\笔式-NC.blt〗文件，如图 17-13 所示。

（2）选择加工策略。在〖NC 向导〗工具栏中单击 程序 按钮，弹出〖Procedure Wizard〗对话框，然后设置主选择为“清角”，子选择为“笔式”，如图 17-14 所示。

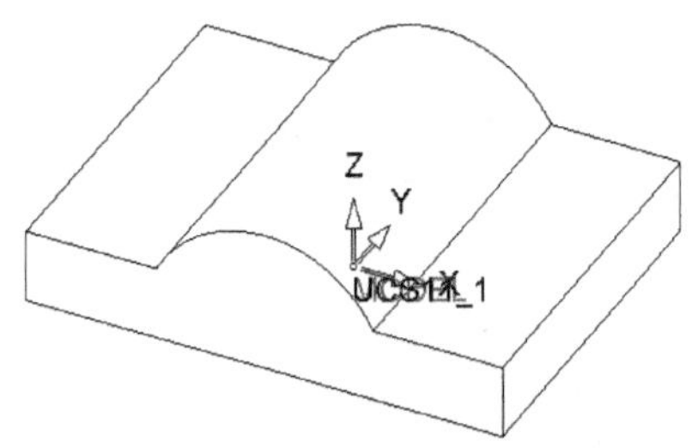

图 17-13　笔式-NC.elt 文件

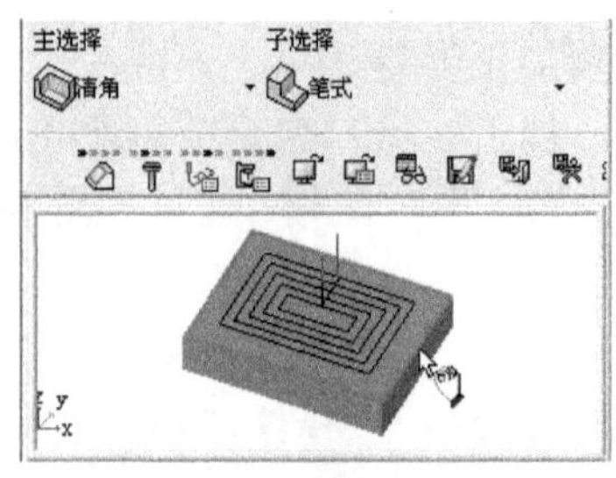

图 17-14　选择加工策略

（3）选择加工轮廓。不关闭〖Procedure Wizard〗对话框，然后根据图 17-15 所示的步骤进行参数设置。

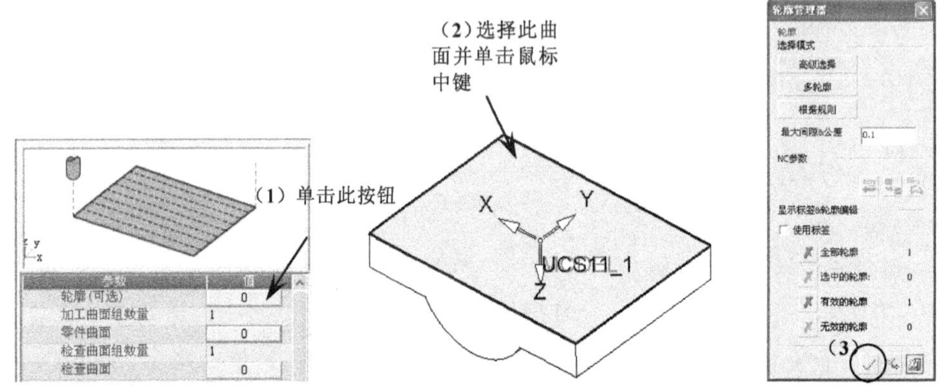

图 17-15　选择加工轮廓

（4）选择加工曲面。不关闭〖Procedure Wizard〗对话框，然后根据图 17-16 所示的步骤进行参数设置。

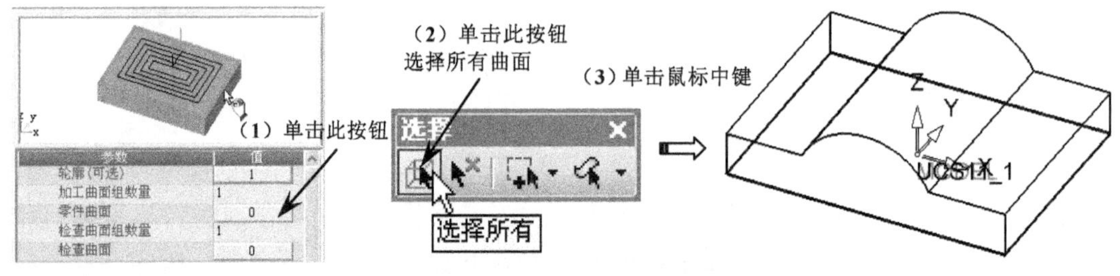

图 17-16　选择加工曲面

（5）设置刀路参数。在〖Procedure Wizard〗对话框中单击〖刀路参数〗按钮，然后设置如图 17-17 所示的参数，其他参数按默认设置。

（6）设置机床参数。在〖Procedure Wizard〗对话框中单击〖机床参数〗按钮，然后设置如图 17-18 所示的参数，其他参数按默认设置。

（7）保存并关闭程序。在〖Procedure Wizard〗对话框中单击〖保存并关闭〗按钮，如图 17-19 所示。

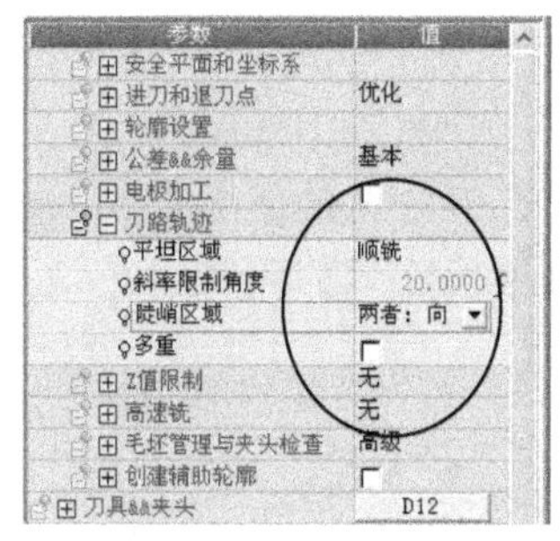

图 17-17　设置刀路参数

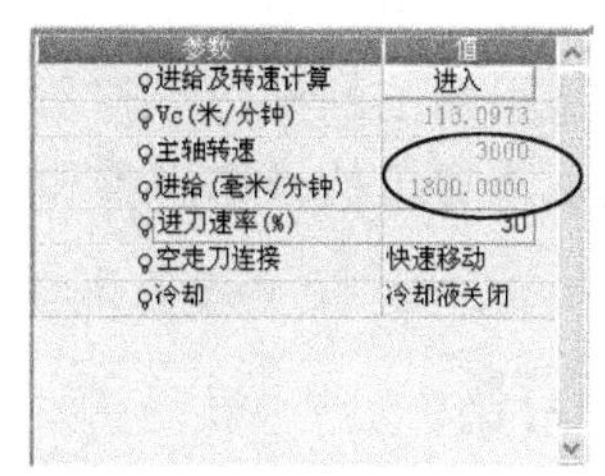

图 17-18　设置机床参数

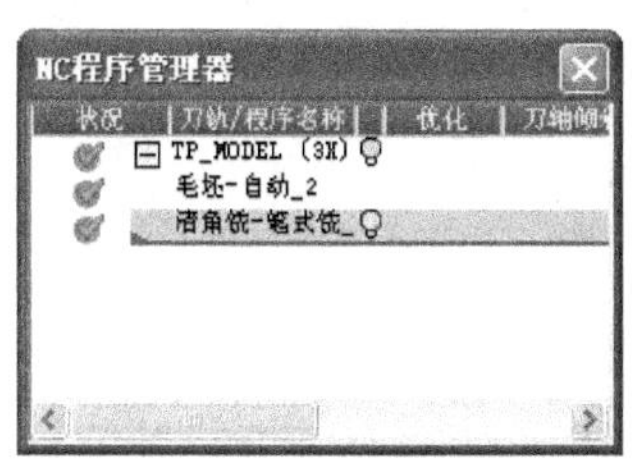

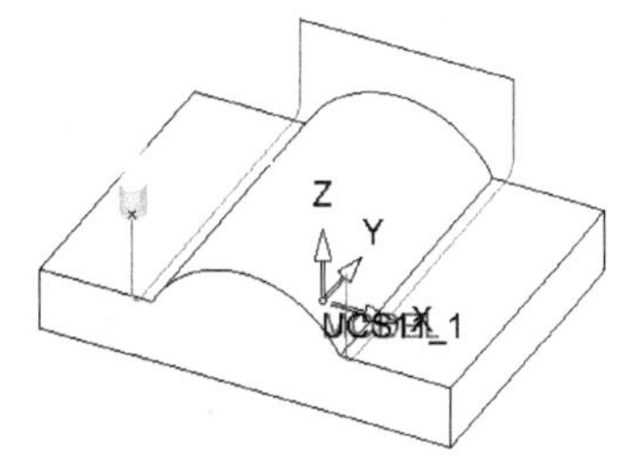

图 17-19　保存并关闭程序

2. 重要参数注释

笔式加工参数如图 17-20 所示，这里只介绍一些重要而特别的参数。

（1）多重：当需要清角的部位余量较多时，则应勾选该选项，从而进行多层清角，如图 17-21 所示。

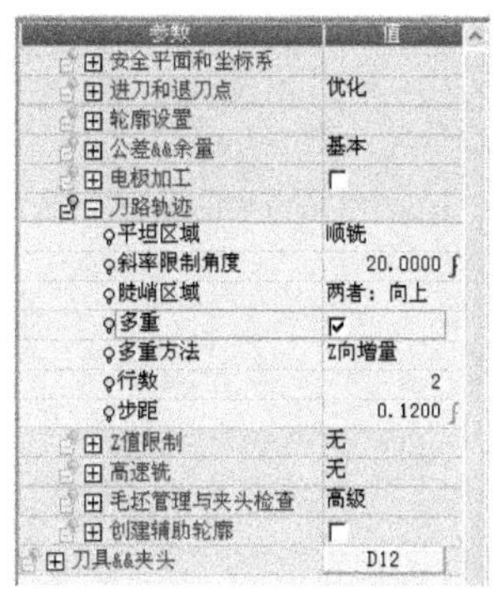

图 17-20　笔式加工参数

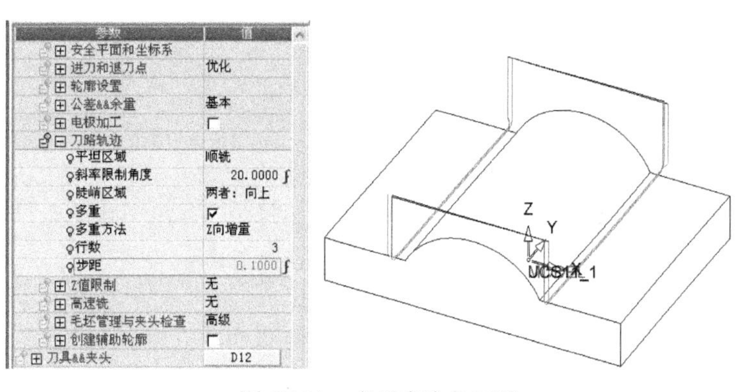

图 17-21　多重产生的刀路

（2）多重方法：包括 Z 向增量和曲面偏距两种方式，一般默认选择 Z 向增量。

（3）行数：设置笔式加工的下刀层数。

17.4　本章学习收获

通过本章的学习，读者必须掌握以下内容。

（1）了解模具加工中需要进行清角加工的部位。
（2）了解清根加工与笔式加工的区别。
（3）掌握清根加工的操作步骤和需要设置的参数及应注意的问题。
（4）掌握笔式加工的操作步骤和需要设置的参数及应注意的问题。

17.5 练习题

打开光盘中的〖Lianxi/Ch17/清角.elt〗文件，如图 17-22 所示，然后根据本章所学的知识确定需要清角加工的部位，然后再进行清角加工。

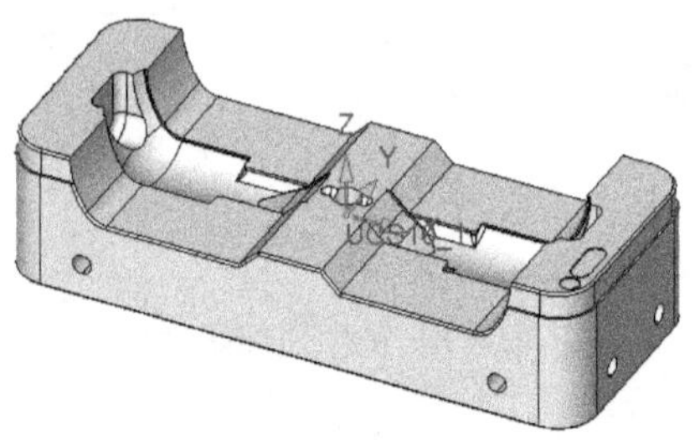

图 17-22 清角加工

轮廓铣加工

轮廓铣加工主要应用于工件或模具中的刻字或非平面流道的加工。

18.1 学习目标与课时安排

学习目标及学习内容

（1）了解曲线铣加工会产生的刀轨。
（2）了解曲线铣加工主要用于的场合。
（3）掌握曲线铣加工创建的基本步骤。
（4）掌握曲线铣加工需要设置的参数。

学习课时安排（共1课时）

曲线铣操作演示、参数含义——1 课时。

18.2 曲线铣

根据选择的轮廓线产生沿轮廓形状运动的刀具路径，其中选择的轮廓线可以是封闭的，也可以是开放的。曲线铣产生的刀路如图 18-1 所示。

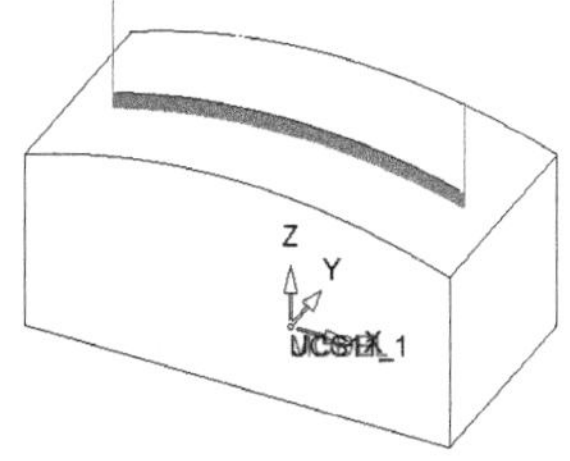

图 18-1 曲线铣刀路

18.2.1 操作演示

下面以非平面流道的加工为操作演示，详细介绍曲线铣加工的方法和技巧。

1．公共参数设置

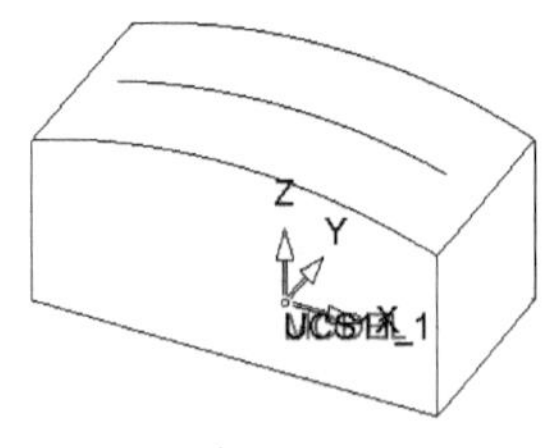

图 18-2 曲线铣.blt 文件

（1）打开光盘中的〖Example\Ch18\曲线铣.blt〗文件，如图 18-2 所示。

（2）输出至加工。参考前面的操作，输出至加工环境，并默认模型的摆放位置。

（3）创建刀具。参考前面的操作，创建如图 18-3 所示的刀具。

（4）设置刀轨和安全平面。在〖NC 向导〗工具栏中单击 刀轨 按钮，弹出〖创建刀轨〗对话框，然后设置如图 18-4 所示的参数，最后单击〖确定〗✓按钮完成特征操作。

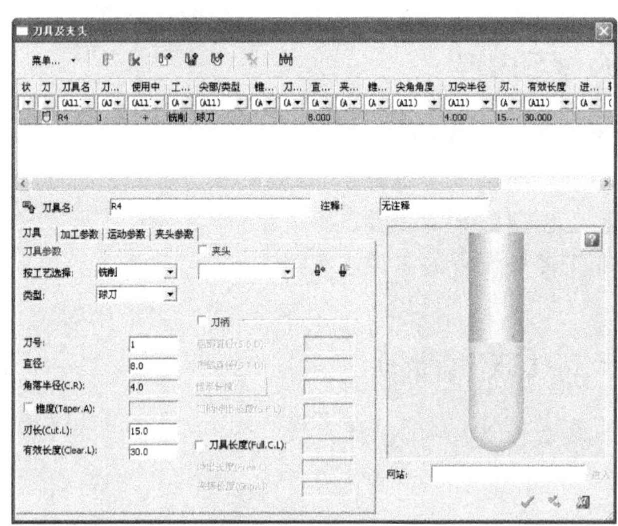

图 18-3 创建刀具

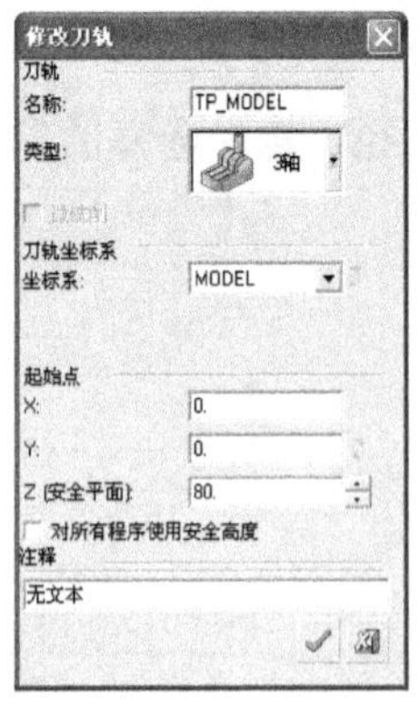

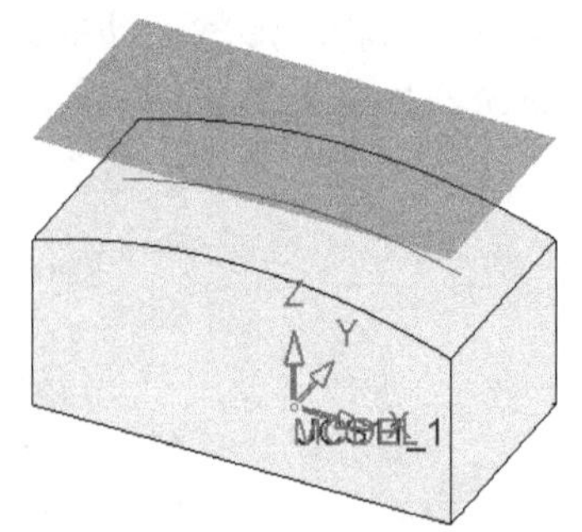

图 18-4 设置刀轨和安全平面

（5）创建毛坯。在〖NC 向导〗工具栏中单击 按钮，弹出〖Feature Guide〗对话框，然后设置如图 18-5 所示的参数，最后单击〖确定〗 按钮完成特征操作，如图 18-5 所示。

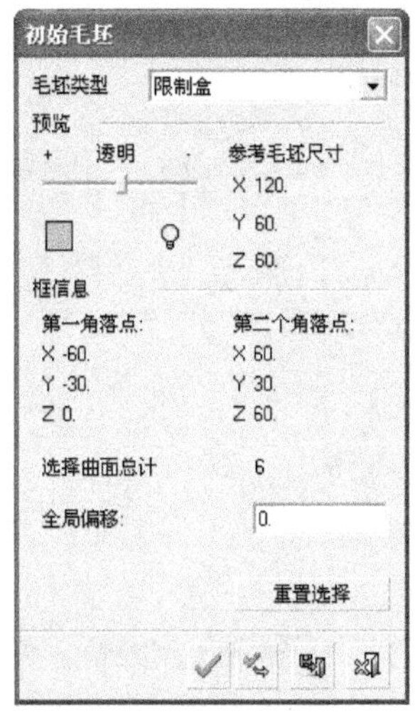

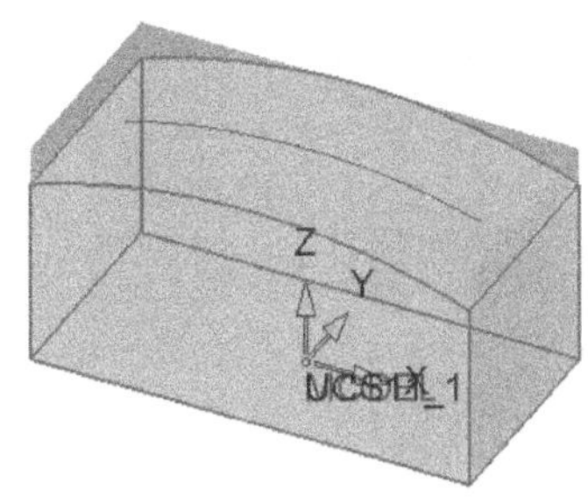

图 18-5　创建毛坯

2. 曲线铣

（1）选择加工策略。在〖NC 向导〗工具栏中单击 按钮，弹出〖Procedure Wizard〗对话框，然后设置主选择为“曲线铣”，子选择为“曲线铣三轴”，如图 18-6 所示。

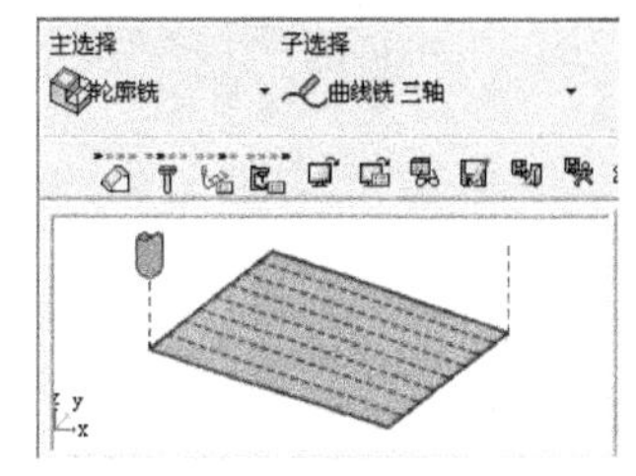

图 18-6　选择加工策略

（2）选择加工曲面。不关闭〖Procedure Wizard〗对话框，然后根据图 18-7 所示的步骤进行参数设置。

（3）选择加工轮廓。不关闭〖Procedure Wizard〗对话框，然后根据图 18-8 所示的步骤进行参数设置。

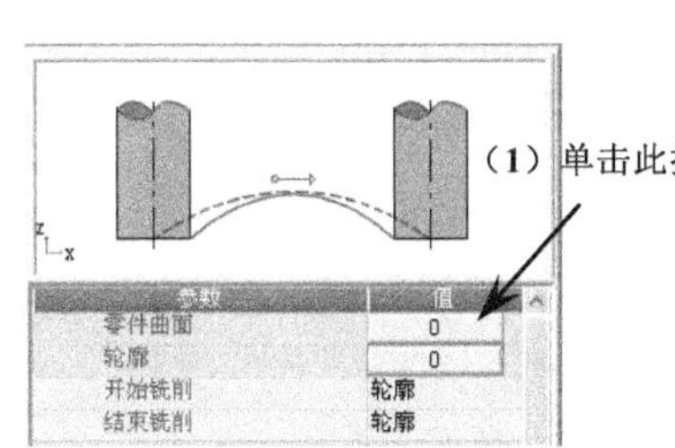

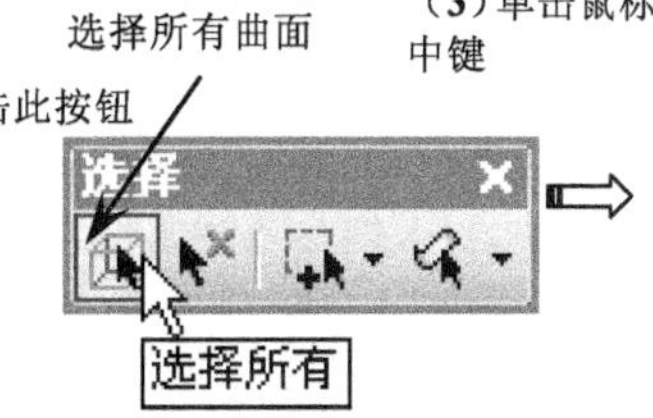

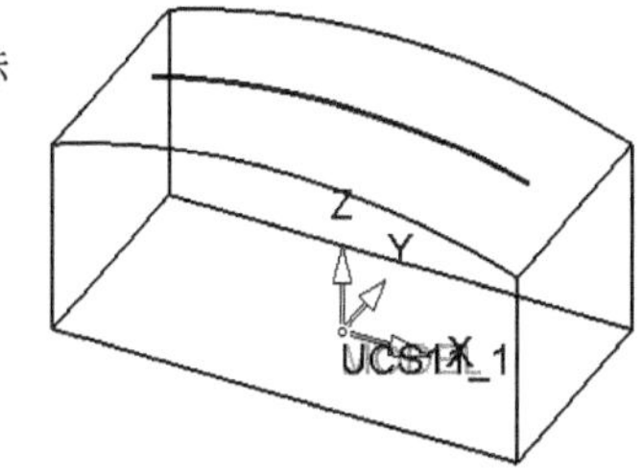

图 18-7　选择加工曲面

（4）设置刀路参数。在〖Procedure Wizard〗对话框中单击〖刀路参数〗 按钮，然后设置如图 18-9 所示的参数，其他参数按默认设置。

（5）设置机床参数。在〖Procedure Wizard〗对话框中单击〖机床参数〗 按钮，然后设置如图 18-10 所示的参数，其他参数按默认设置。

（6）保存并关闭程序。在〖Procedure Wizard〗对话框中单击〖保存并关闭〗 按钮，如图 18-11 所示。

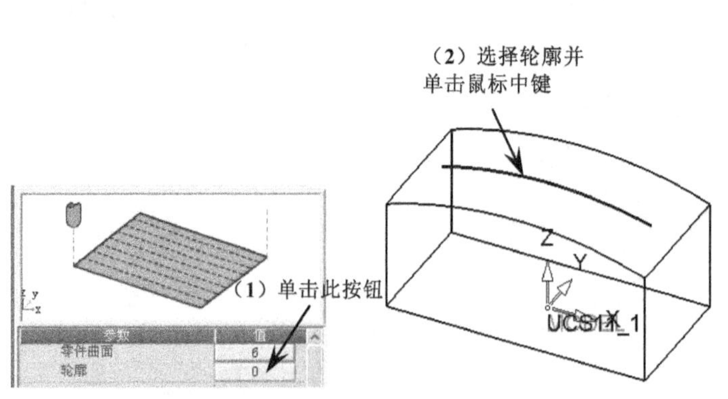

图 18-8　选择加工轮廓

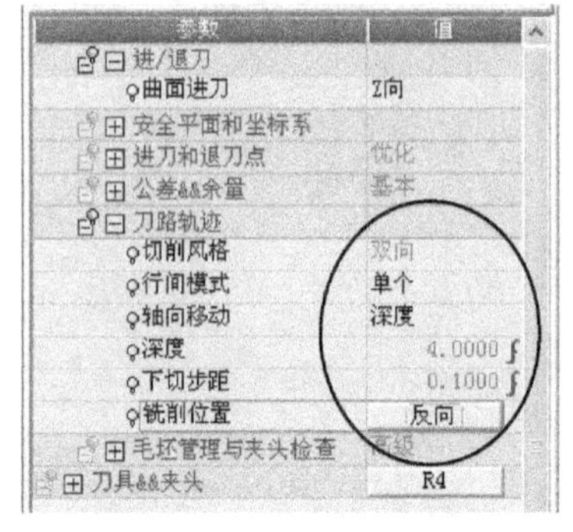

图 18-9　设置刀路参数

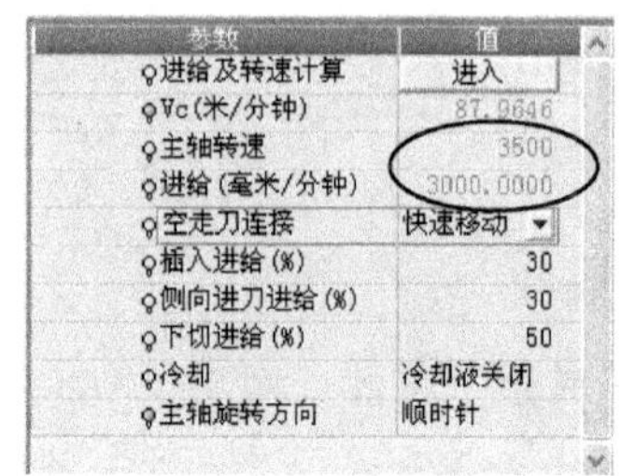

图 18-10　设置机床参数

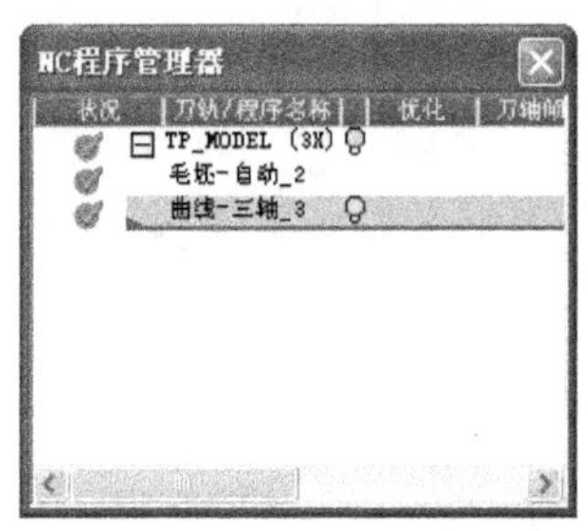

图 18-11　保存并关闭程序

18.2.2　重要参数注释

曲线铣加工参数如图 18-12 所示，这里只介绍一些重要而特别的参数。

（1）曲面进刀：包括 Z 向、法向、相切、水平和水平法向等，加工流道时须选 Z 向的下刀方式，否则流道两端会造成过切。

（2）切削模式：包括单个和多个两种方式，选择单个时，只会根据选择的轮廓产生单个的刀轨；而选择多个，则会根据选择的轮廓偏置复制刀轨。

（3）深度：指轮廓偏移的距离，即加工深度不一定在同一高度上。

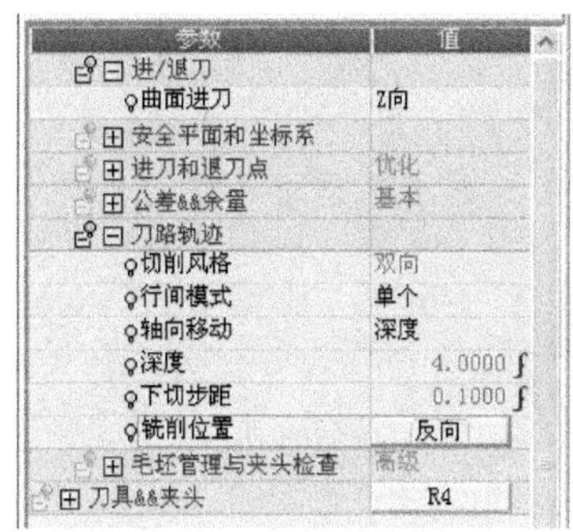

图 18-12　曲线铣加工参数

18.3　本章学习收获

通过本章的学习，读者必须掌握以下内容。

（1）掌握模具哪些加工需要使用轮廓铣加工的方法，其与 2.5 轴加工中的“开放轮廓”的区别。

（2）创建曲线铣加工时需要注意的问题，掌握产生不了刀路的情况。

（3）掌握曲线铣加工的基本步骤。

18.4　练习题

打开光盘中的〖Lianxi/Ch18/工件.elt〗文件，如图 18-13 所示，然后根据本章所学的知识进行曲线铣加工。

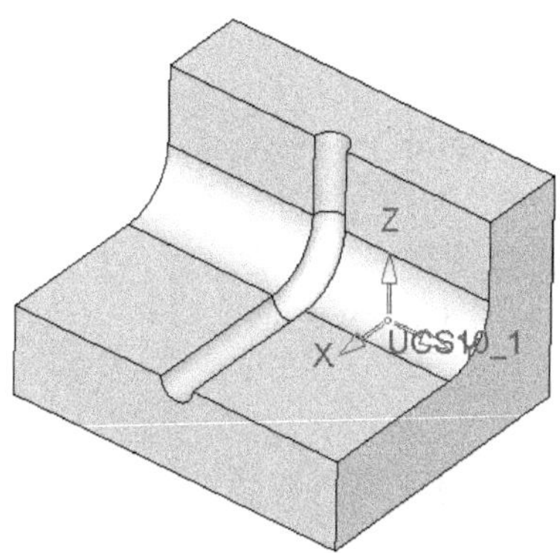

图 18-13　工件.elt 文件

第19章 钻孔加工

在机械加工中，几乎所有的零件都有孔，钻孔是非常见的机械加工过程。而现在的机械加工正逐步向着数控加工方向发展，钻孔也不例外。由于数控机床的定位精度及重复定位精度很高，故可以达到较高的钻孔形位公差。利用数控铣床可以进行钻孔、扩孔、铰孔、镗孔等。在各种数控系统中，钻孔程序都是以钻孔循环的形式给出的，但不同公司的数控系统对于同一种钻孔循环的定义一般都是不同的，这一点请读者注意。

19.1 学习目标与课时安排

学习目标及学习内容

（1）掌握钻头的创建方法。
（2）了解钻孔相关的工艺知识。
（3）掌握钻孔加工需要设置的参数。
（4）钻孔加工的基本步骤。

学习课时安排（共 2 课时）

（1）数控钻孔工艺、钻头的介绍——1 课时。
（2）钻孔参数、基本步骤——1 课时。

19.2 孔加工的工艺简介

孔加工可以在普通钻床上进行，也可以在数控铣床或加工中心中进行。孔加工使用的刀具主要是中心钻、钻头、铰刀和镗刀等。钻头一般使用钨钢钻头，这样可以保证钻孔的精度；如孔的精度要求比较低，也可以使用高速钢钻头。图 19-1 所示列出了常用的钻孔刀具。

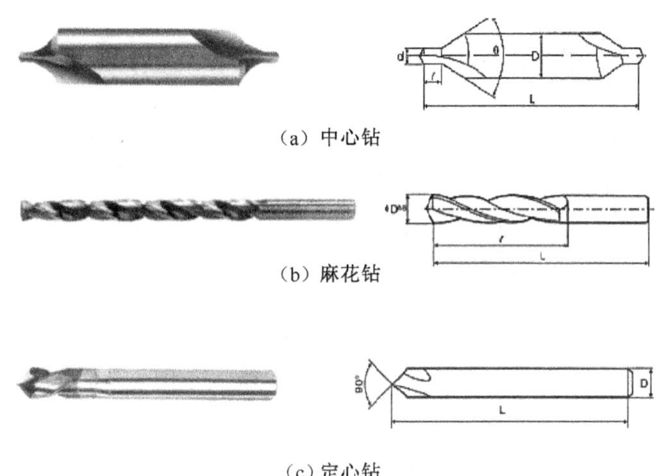

（a）中心钻

（b）麻花钻

（c）定心钻

图 19-1　钻孔常用的刀具

在数控铣床或加工中心上钻孔时，都需要特定的夹具固定钻头。夹具种类有很多，有和普通钻头通用的莫氏柄夹具，也有专用钻孔的弹性伸缩的夹具，孔径不大也可用装夹铣刀用的夹具。如图 19-2 所示的夹具为直柄连体外头夹具。

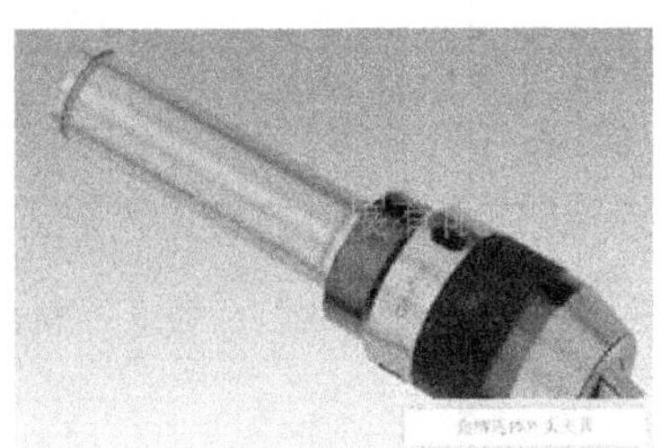

图 19-2　直柄连体外头夹具

钻孔加工时，其参数设置和数控铣加工参数设置略有不同，钻孔加工主要需要设置进给率、Z 轴下刀量和转速 S。下面以表格的形式列出不同直径的钻头的参数设置，如表 19-1 所示。

表 19-1　钻孔参数设置

刀具直径	≤1	1	2	3	4	5	6	7	8	9	10	11	12	13
进给率 *F*	60	80	100	120	120	120	150	150	200	200	250	250	300	300
Z 轴下刀量	0.1	0.5	0.5	1	1.5	1.5	2	2.5	2.5	3	3	3	3	3
转速 *S*	≥3500	3500	2600	1800	1400	1200	950	850	750	650	560	520	480	450

编程工程师点评：

以上的参数是相对模具材料钻孔而设置的，其他材料钻孔的参数设置则应根据实际情况而定。

19.3 孔加工的工序安排

孔加工主要包括钻中心孔、钻孔、扩孔、镗孔和铰孔等，根据孔直径的大小及精度要求，合理安排钻孔的加工工序。目前模具中的孔精度多为 7 级精度和 9 级精度，表 19-2 和表 19-3 列出了钻孔加工的工序安排。

表 19-2 基孔制 7 级精度工序安排

加工孔直径	直径					
	钻孔		镗孔	扩孔钻	粗铰	精铰
	第一次	第二次				
3	2.9	—	—	—	—	3H7
4	3.9	—	—	—	—	4H7
5	4.8	—	—	—	—	5H7
6	5.8	—	—	—	—	6H7
8	7.8	—	—	—	7.96	8H7
10	9.8	—	—	—	9.96	10H7
12	11	—	—	11.85	11.95	12H7
13	12	—	—	12.85	12.95	13H7
14	13	—	—	13.85	13.95	14H7
15	14	—	—	14.85	14.95	15H7
16	15	—	—	15.85	15.95	16H7
18	17	—	—	17.85	17.94	18H7
20	18	—	19.8	19.8	19.94	20H7
22	20	—	21.8	21.8	21.94	22H7
24	22	—	23.8	23.8	23.94	24H7
25	23	—	24.8	24.8	24.94	25H7
26	24	—	25.8	25.8	25.94	26H7
28	26	—	27.8	27.8	27.94	28H7
30	15	28	29.8	29.8	29.93	30H7
32	15	30	31.7	31.75	31.93	32H7
35	20	33	34.7	34.75	34.93	35H7

编程工程师点评：

1. 由表 19-2 所示，加工孔的直径越大，需要的工序也越多。

2. 若孔的直径较大、深度较浅且精度要求较高时，则可以使用数控铣床或数控加工中心进行加工。

表 19-3　基孔制 9 级精度工序安排

加工孔直径	直径				
	钻孔		镗孔	扩孔	铰孔
	第一次	第二次			
3	2.9	—	—	—	3H9
4	3.9	—	—	—	4H9
5	4.8	—	—	—	5H9
6	5.8	—	—	—	6H9
8	7.8	—	—	—	8H9
10	9.8	—	—	—	10H9
12	11	—	—	—	12H9
13	12	—	—	—	13H9
14	13	—	—	—	14H9
15	14	—	—	—	15H9
16	15	—	—	—	16H9
18	17	—	—	—	18H9
20	18	—	19.8	19.8	20H9
22	20	—	21.8	21.8	22H9
24	22	—	23.8	23.8	24H9
25	23	—	24.8	24.8	25H9
26	24	—	25.8	25.8	26H9
28	26	—	27.8	27.8	28H9
30	15	28	29.8	29.8	30H9
32	15	30	31.7	31.75	32H9
35	20	33	34.7	34.75	35H9

19.3.1　操作演示

下面以模具中的 A 板的钻孔加工为操作演示，详细讲述钻孔的方法技巧。

1．公共参数设置

（1）打开光盘中的〖Example\Ch19\B 板.blt〗文件，如图 19-3 所示。

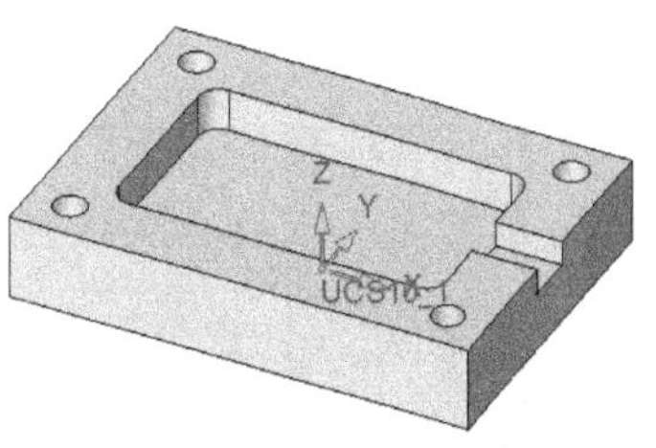

图 19-3　B 板.blt 文件

（2）输出至加工。参考前面的操作，输出至加工环境，并默认模型的摆放位置。

（3）创建钻头。参考前面的操作，创建如图 19-4 所示的钻头。

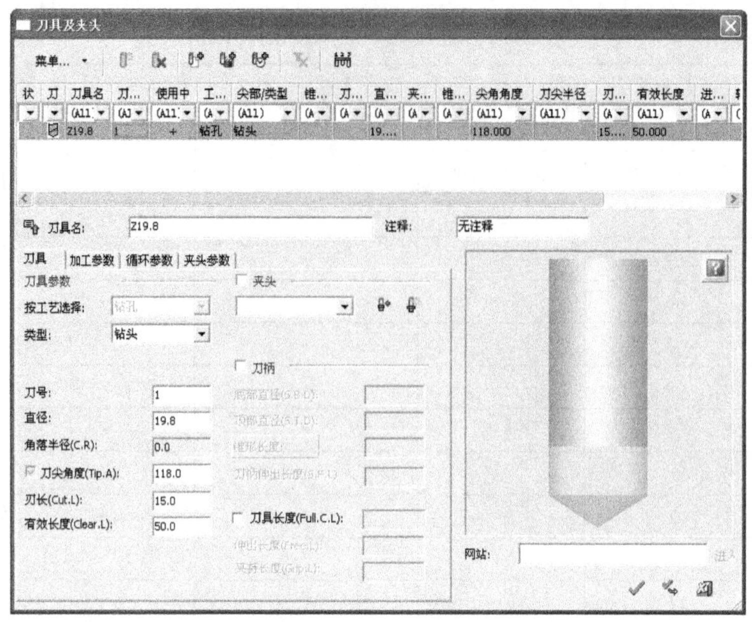

图 19-4　创建钻头

（4）设置刀轨和安全平面。在〖NC 向导〗工具栏中单击按钮，弹出〖创建刀轨〗对话框，然后设置如图 19-5 所示的参数，最后单击〖确定〗按钮完成特征操作。

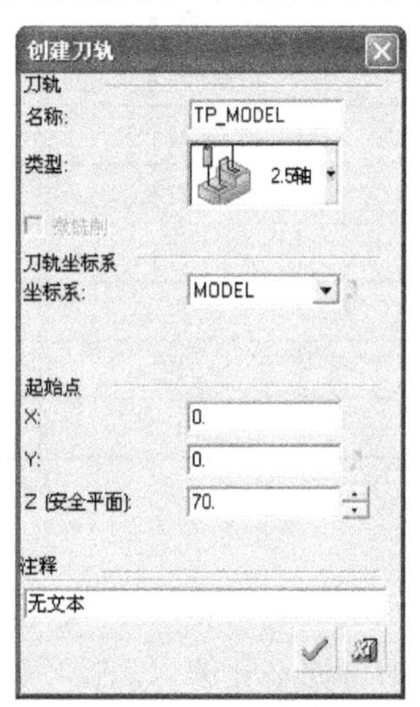

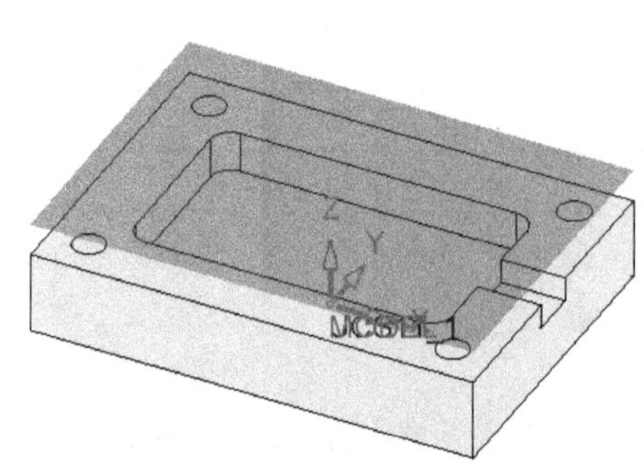

图 19-5　设置刀轨和安全平面

（5）创建毛坯。在〖NC 向导〗工具栏中单击按钮，弹出〖Feature Guide〗对话框，然后设置如图 19-6 所示的参数，最后单击〖确定〗按钮完成特征操作。

2．点钻（钻定位孔）

（1）选择加工策略。在〖NC 向导〗工具栏中单击按钮，弹出〖Procedure Wizard〗对话框，然后设置主选择为“钻孔”，子选择为“钻孔三轴”，如图 19-7 所示。

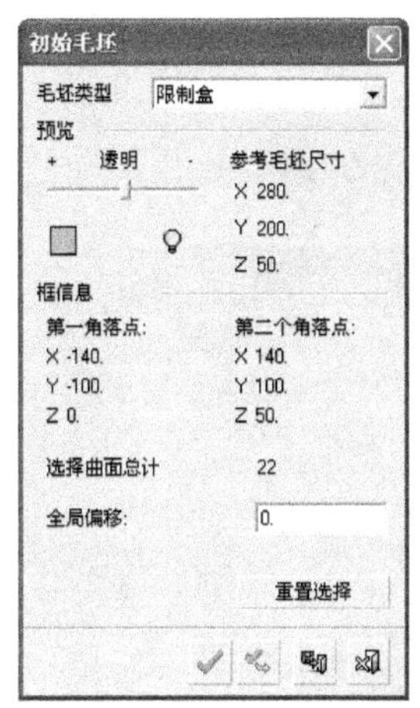

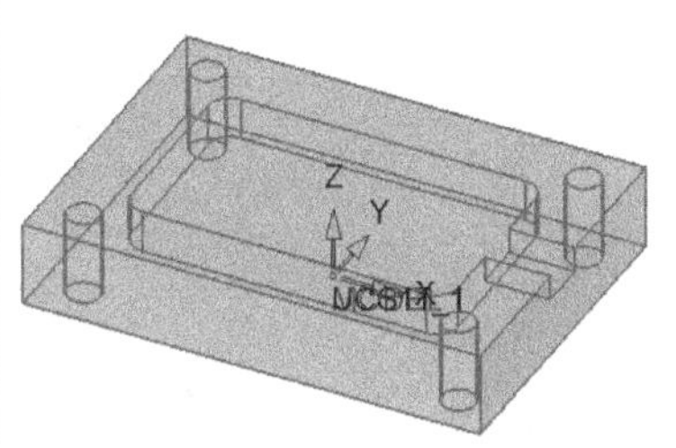

图 19-6　创建毛坯

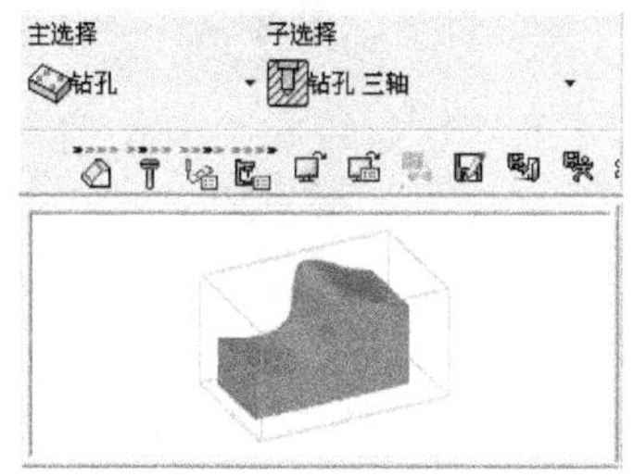

图 19-7　选择加工策略

（2）定义孔。不关闭〖Procedure Wizard〗对话框，然后根据图 19-8 所示的步骤进行参数设置。

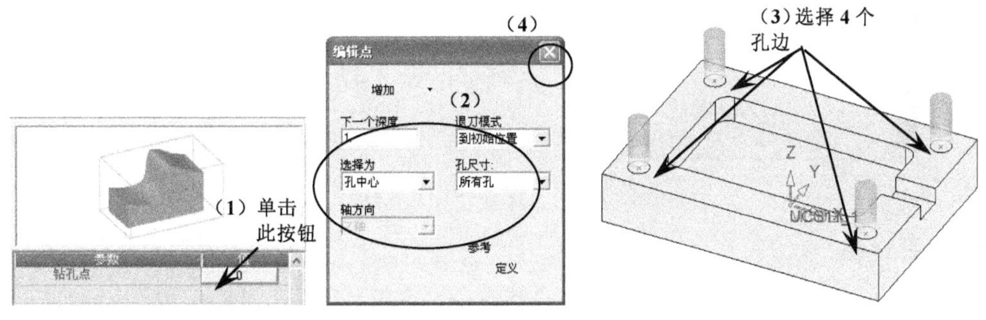

图 19-8　选择加工轮廓

“选择为”选项可以选择“单个点”、“孔中心”和“圆柱中心”三种方式均能满足定义孔的要求。

（3）设置钻孔参数。在〖Procedure Wizard〗对话框中单击〖刀路参数〗按钮，然后设置如图 19-9 所示的参数，其他参数按默认设置。

（4）设置机床参数。在〖Procedure Wizard〗对话框中单击〖机床参数〗按钮，然后设置如图 19-10 所示的参数，其他参数按默认设置。

编程工程师点评：

由于此工序是钻定位孔，所以全局深度只设置为 1。

（5）保存并关闭程序。在〖Procedure Wizard〗对话框中单击〖保存并计算〗按钮，如图 19-11 所示。

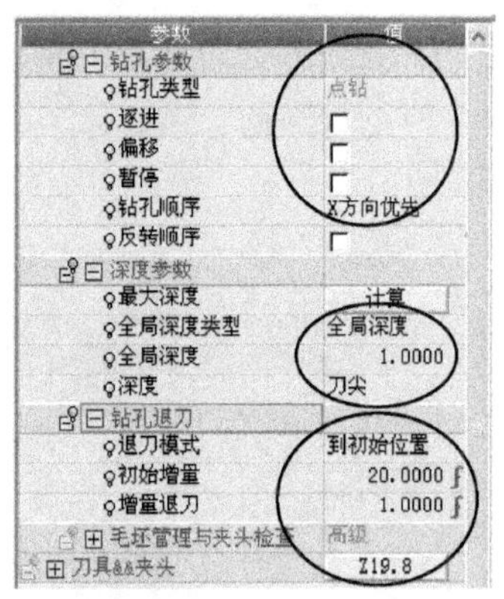

图 19-9　设置钻孔参数

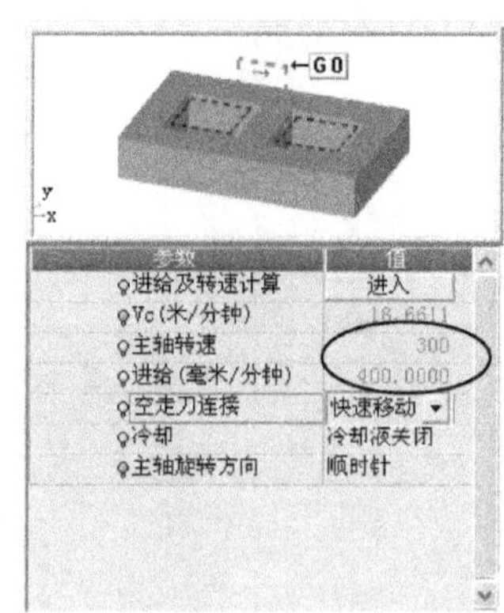

图 19-10　设置机床参数

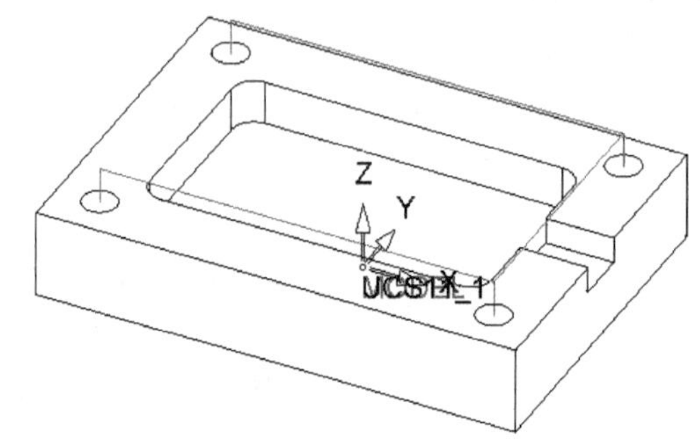

图 19-11　保存并计算程序

3．深孔逐钻

（1）选择加工策略。在〖NC 向导〗工具栏中单击 按钮，弹出〖Procedure Wizard〗对话框，然后设置主选择为“钻孔”，子选择为“钻孔三轴”，如图 19-12 所示。

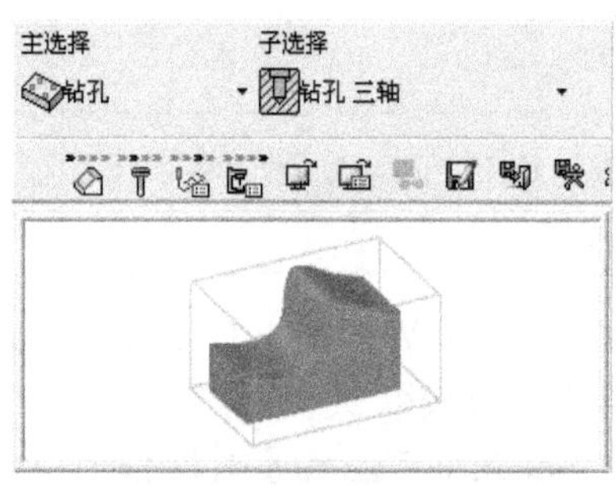

图 19-12　选择加工策略

（2）设置钻孔参数。在〖Procedure Wizard〗对话框中单击〖刀路参数〗按钮，然后设置如图 19-13 所示的参数，其他参数按默认设置。

（3）设置机床参数。在〖Procedure Wizard〗对话框中单击〖机床参数〗按钮，然后设置如图 19-14 所示的参数，其他参数按默认设置。

（4）保存并关闭程序。在〖Procedure Wizard〗对话框中单击〖保存并关闭〗按钮，如图 19-15 所示。

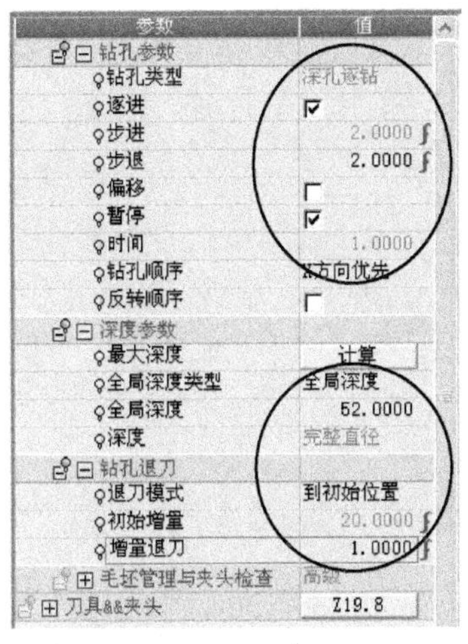

图 19-13 设置钻孔参数

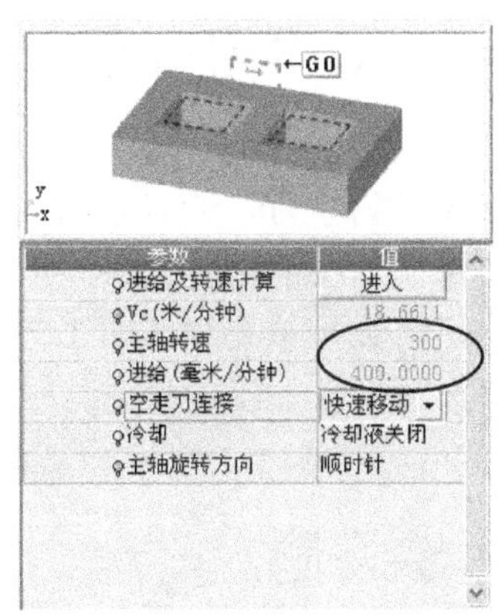

图 19-14 设置机床参数

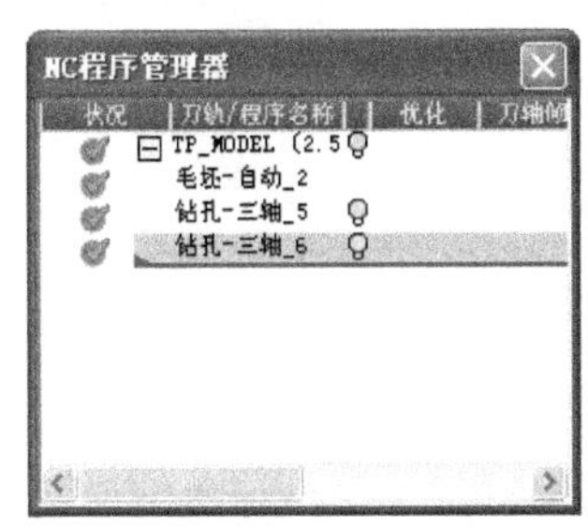

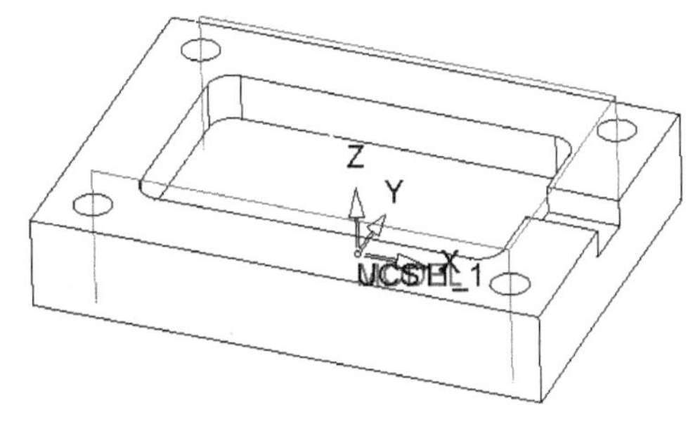

图 19-15 保存并关闭程序

19.3.2 重要参数注释

钻孔的加工参数如图 19-16 所示，这里只介绍一些重要而特别的参数。

（1）钻孔类型：包括点钻、高速逐钻、左旋攻丝、精镗、反镗、攻牙和镗孔等。

（2）逐进：当选择钻孔类型为“深孔逐钻”加工深孔时，则必须选择“逐进”的方式。

（3）步进：设置钻孔时每次往下钻的深度。

（4）步退：设置每层钻完后的退刀高度。

（5）暂停：指刀具在钻削到指定尺寸后，在孔底停留一段时间，以保证取得准确的孔深度。

（6）退刀模式：默认选择为“到初始位置”，初始增量值一般为安全高度即可。

参数	值
钻孔参数	
钻孔类型	深孔逐钻
逐进	☑
步进	2.0000 ƒ
步退	2.0000 ƒ
偏移	☐
暂停	☑
时间	1.0000
钻孔顺序	X方向优先
反转顺序	☐
深度参数	
最大深度	计算
全局深度类型	全局深度
全局深度	52.0000
深度	完整直径
钻孔退刀	
退刀模式	到初始位置
初始增量	20.0000 ƒ
增量退刀	1.0000 ƒ
毛坯管理与夹头检查	高级
刀具&&夹头	Z19.8

图 19-16 钻孔加工参数

19.4 本章学习收获

通过本章的学习，读者必须掌握以下内容。

（1）掌握钻头的创建方法。

（2）了解数控钻孔加工的工艺知识。

（3）掌握钻孔加工的操作方法。

19.5 练习题

打开光盘中的〖Lianxi/Ch19/垫板.elt〗文件，如图 19-17 所示，然后根据本章所学的知识进行钻孔加工。

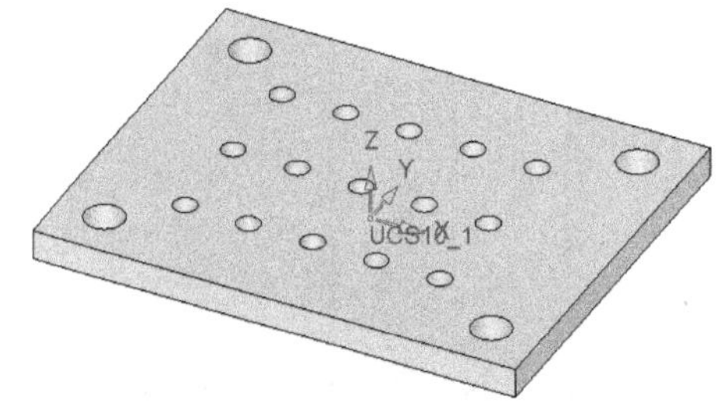

图 19-17 垫板.elt 文件

转换刀具路径

转换刀具路径就是将当前的刀路路径按照一定的方式进行复制变换，从而生成一组加工方式和加工参数均相同的刀具路径。

转换刀路的方式主要有复制、复制阵列、镜像复制、镜像移动和移动五种，而实际编程中常常会使用到复制阵列和镜像复制这两种方式，所以本章将重点介绍复制阵列和镜像复制两种方式，而其他三种方式的操作也与之极其相似。

20.1 学习目标与课时安排

学习目标及学习内容

（1）掌握进入编程界面的方法及基本设置。

（2）掌握输入编程模型的方法及调整加工坐标。

（3）掌握模具加工中常用的编程命令。

（4）掌握数控编程的基本步骤。

学习课时安排（共1课时）

复制阵列、镜像复制——1 课时。

20.2 复制阵列

通过设置 X、Y 方向上的数量和距离产生一组加工参数完全相同的刀具路径，非常适用于多腔模的加工。

1. 操作演示

（1）打开光盘中的〖Example\Ch20\复制阵列.elt〗文件，如图 20-1 所示。

（2）选择加工策略。在〖NC 向导〗工具栏中单击 按钮，弹出〖Procedure Wizard〗对话框，然后设置主选择为“转换”，子选择为“复制阵列”，如图 20-2 所示。

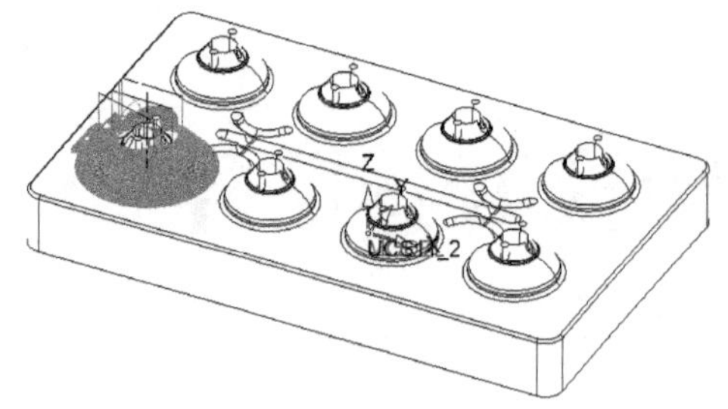

图 20-1　复制阵列.elt 文件

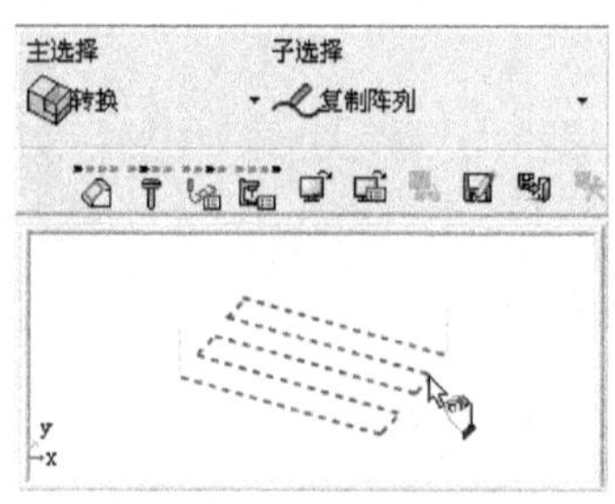

图 20-2　选择加工策略

（3）选择阵列对象。不关闭〖Procedure Wizard〗对话框，然后根据图 20-3 所示的步骤进行参数设置。

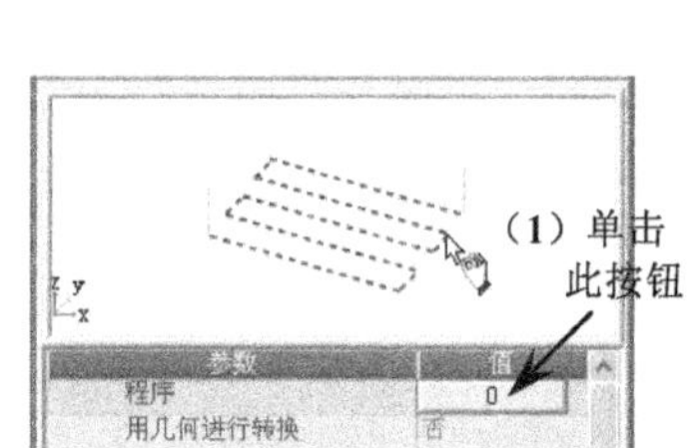

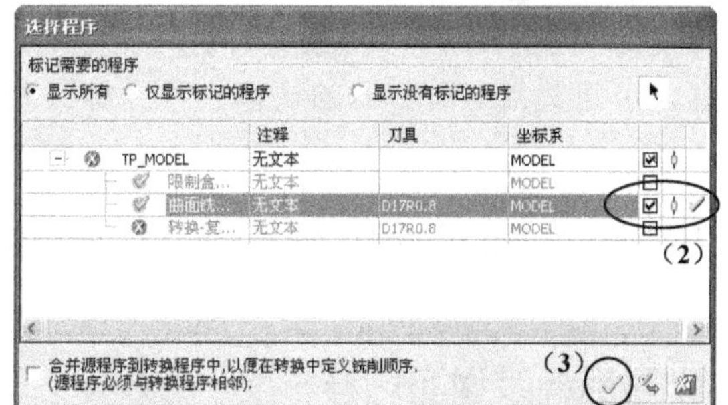

图 20-3　选择陈列对象

（4）设置刀路参数。在〖Procedure Wizard〗对话框中单击〖刀路参数〗 按钮，然后设置如图 20-4 所示的参数，其他参数按默认设置。

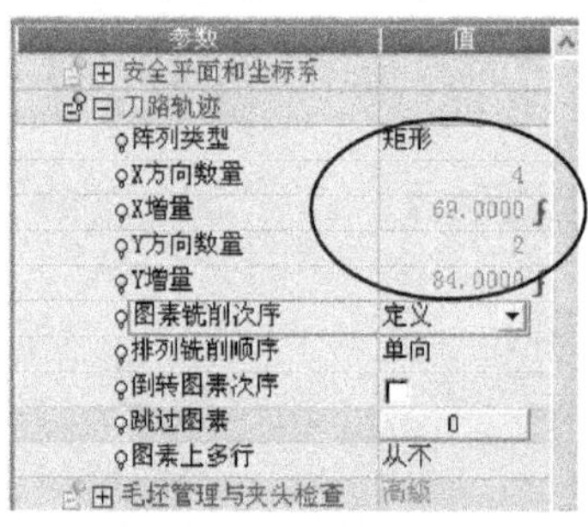

图 20-4　设置刀路参数

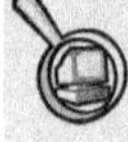

编程工程师点评：

阵列刀路前，须通过使用测量工具 准确地测量需复制的距离。

（5）保存并关闭程序。在〖Procedure Wizard〗对话框中单击〖保存并关闭〗 按钮，如图 20-5 所示。

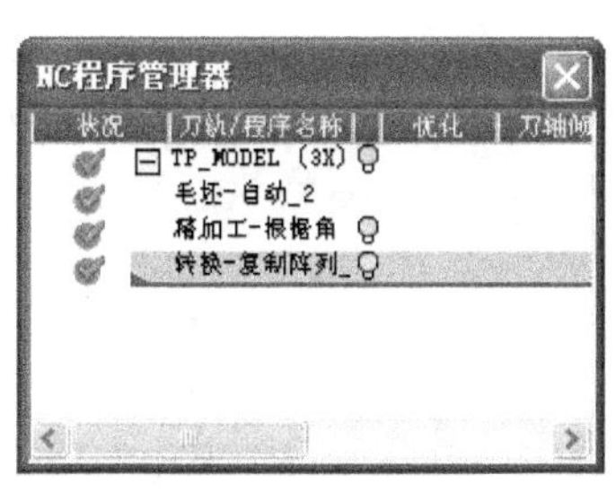

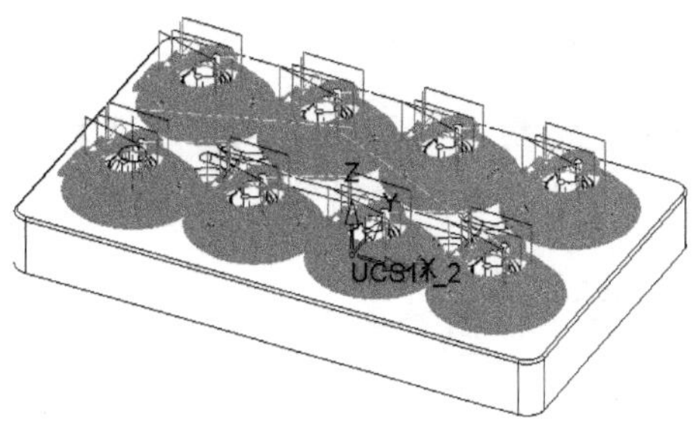

图 20-5　保存并关闭程序

2．重要参数注释

复制阵列的加工参数如图 20-6 所示，这里只介绍一些重要而特别的参数。

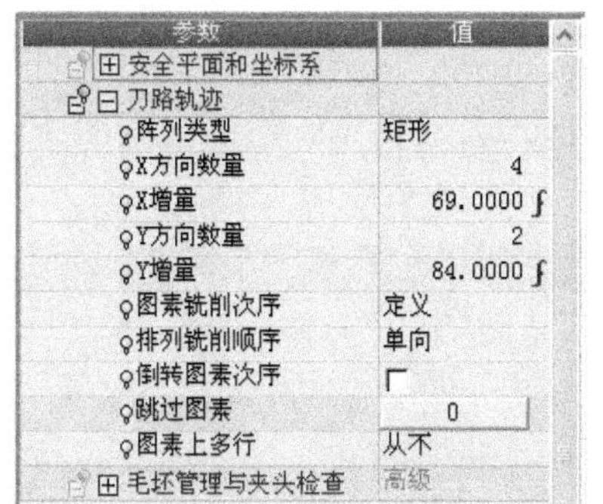

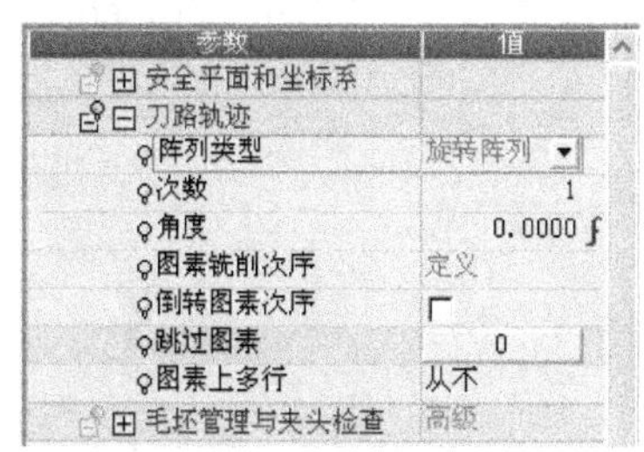

图 20-6　复制阵列加工参数

（1）阵列类型：包括矩形阵列和旋转阵列两种，根据加工的多腔体形状选择不同的类型。

（2）X 方向数量：设置刀路在 X 方向上的数量。

（3）X 增量：设置 X 方向上相邻两个刀路的中心距离，正值或负值均可。

（4）Y 方向数量：设置刀路在 Y 方向上的数量。

（5）Y 增量：设置 Y 方向上相邻两个刀路的中心距离，正值或负值均可。

（6）次数：设置旋转复制的个数。

（7）角度：设置相邻两个刀路的旋转度数。

20.3　镜像复制

复制产生新的刀具路径与原刀具路径关于指定的基准平面对称，同时保留原刀路轨迹。

20.3.1　操作演示

打开光盘中的〖Example\Ch20\镜像复制.elt〗文件，如图 20-7 所示。

1．第一次镜像复制

（1）选择加工策略。在〖NC 向导〗工具栏中单击 按钮，弹出〖Procedure Wizard〗对话框，然后设置主选择为“转换”，子选择为“镜像复制”，如图 20-8 所示。

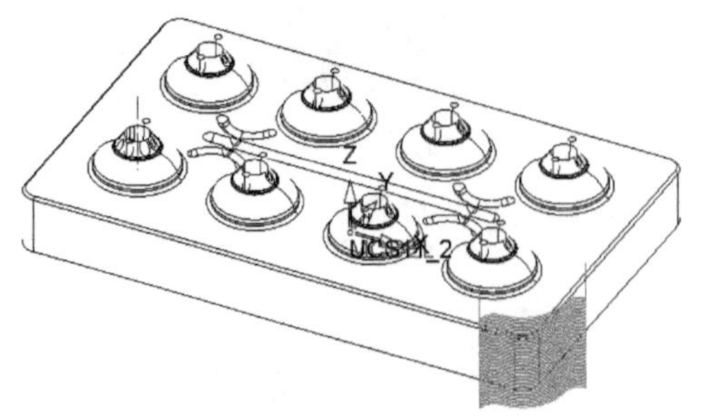

图 20-7　镜像复制.elt 文件

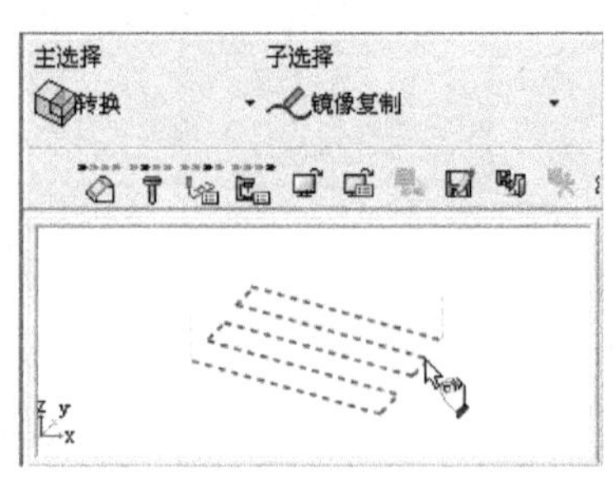

图 20-8　选择加工策略

（2）选择镜像对象。不关闭〖Procedure Wizard〗对话框，然后根据图 20-9 所示的步骤进行参数设置。

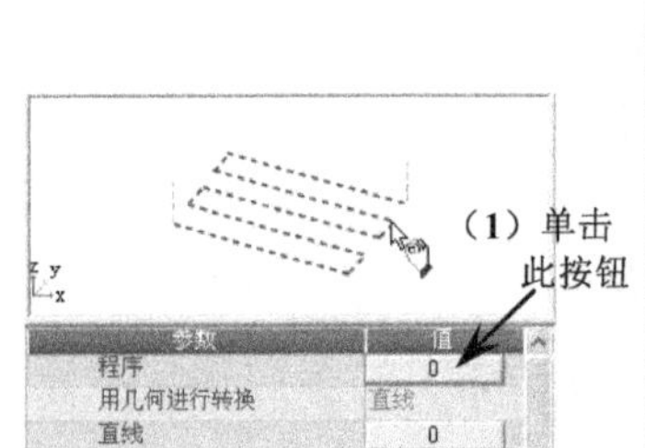

图 20-9　选择镜像对象

（3）设置刀路参数。在〖Procedure Wizard〗对话框中单击〖刀路参数〗按钮，然后设置如图 20-10 所示的参数，其他参数按默认设置。

（4）保存并计算程序。在〖Procedure Wizard〗对话框中单击〖保存并关闭〗按钮，如图 20-11 所示。

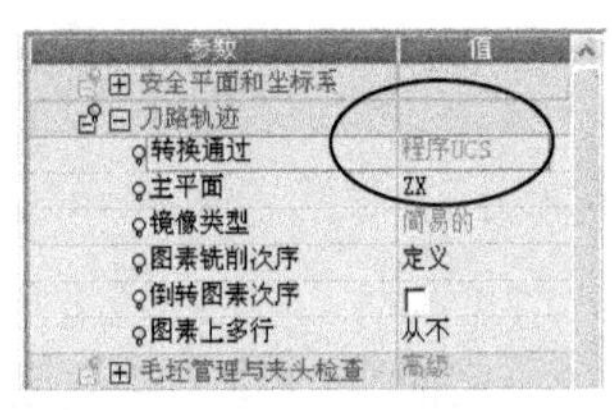

图 20-10　设置刀路参数

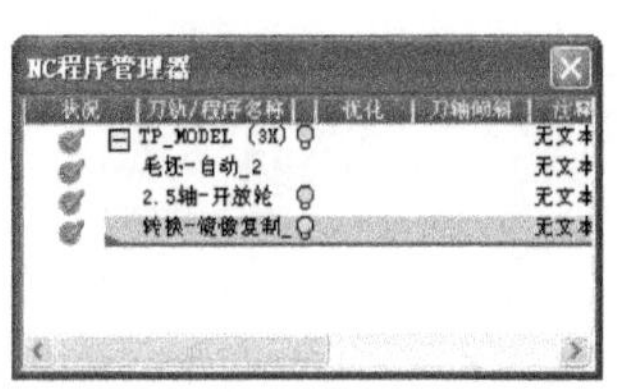

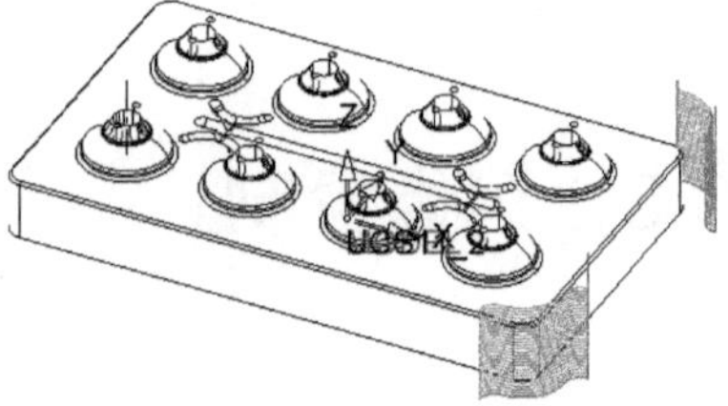

图 20-11　保存并关闭程序

2．第二次镜像复制

（1）选择加工策略。在〖NC 向导〗工具栏中单击 按钮，弹出〖Procedure Wizard〗对话框，然后设置主选择为“转换”，子选择为“镜像复制”，如图 20-12 所示。

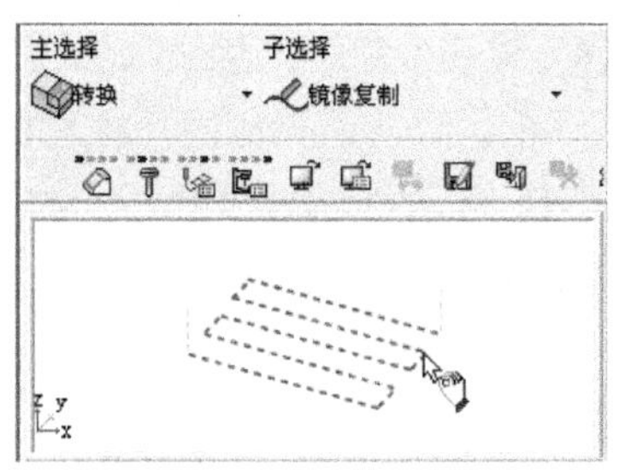

图 20-12　选择加工策略

（2）选择镜像对象。不关闭〖Procedure Wizard〗对话框，然后根据图 20-13 所示的步骤进行参数设置。

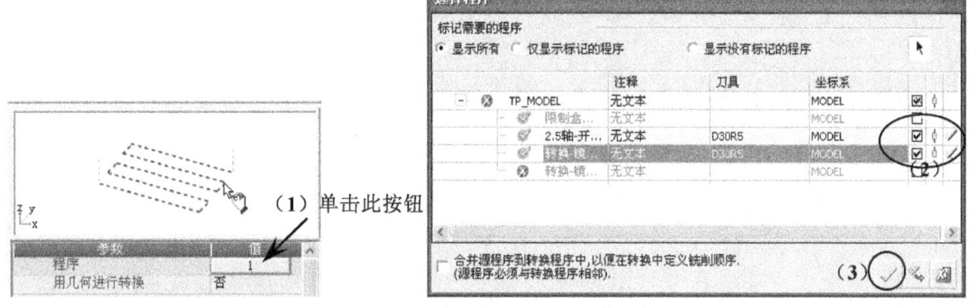

图 20-13　选择镜像对象

（3）设置刀路参数。在〖Procedure Wizard〗对话框中单击〖刀路参数〗按钮，然后设置如图 20-14 所示的参数，其他参数按默认设置。

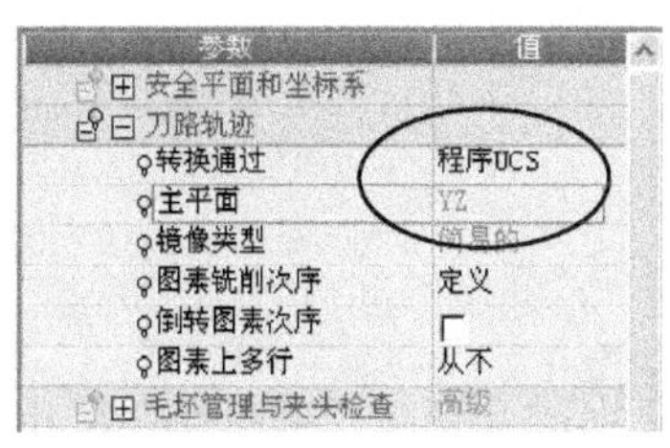

图 20-14　设置刀路参数

（4）保存并关闭程序。在〖Procedure Wizard〗对话框中单击〖保存并关闭〗按钮，如图 20-15 所示。

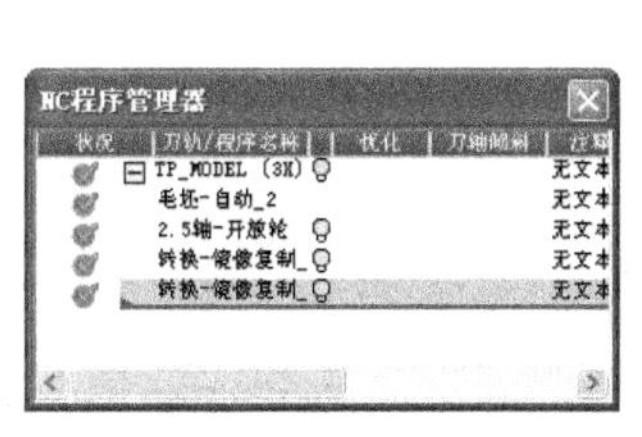

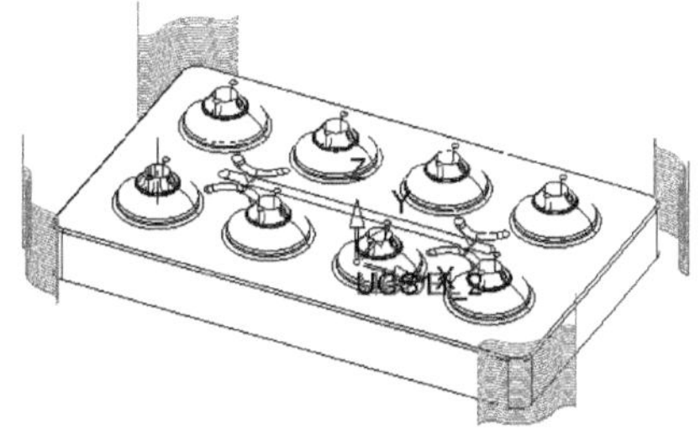

图 20-15　保存并关闭程序

20.3.2 重要参数注释

镜像复制的加工参数如图 20-16 所示，这里只介绍一些重要而特别的参数。

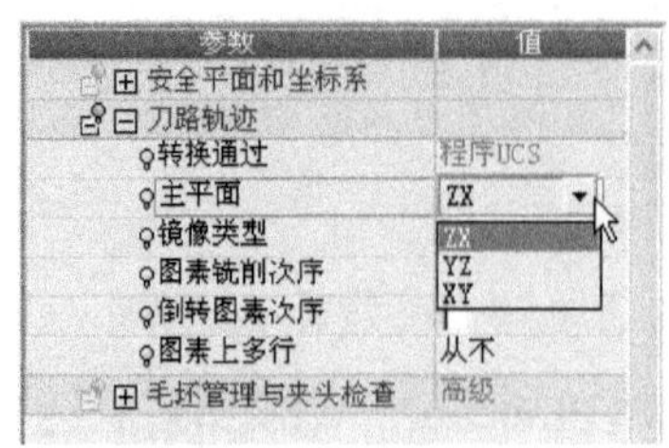

图 20-16 镜像复制加工参数

（1）转换通过：包括“零件”和 “程序 UCS”两种方式，实际操作中都是选择后者的镜像方式。

（2）主平面：选择关于对称的中心平面。

20.4 本章学习收获

通过本章的学习，读者必须掌握以下内容。

（1）掌握模具加工中可以使用转换刀路的方式进行复制刀路的加工部位。

（2）*重点掌握阵列复制的创建方式。

（3）*重点掌握镜像复制的创建方法。

20.5 练习题

打开光盘中的〖Lianxi/Ch20/转换.elt〗文件，如图 20-17 所示，然后根据本章所学的知识进行转换刀路。

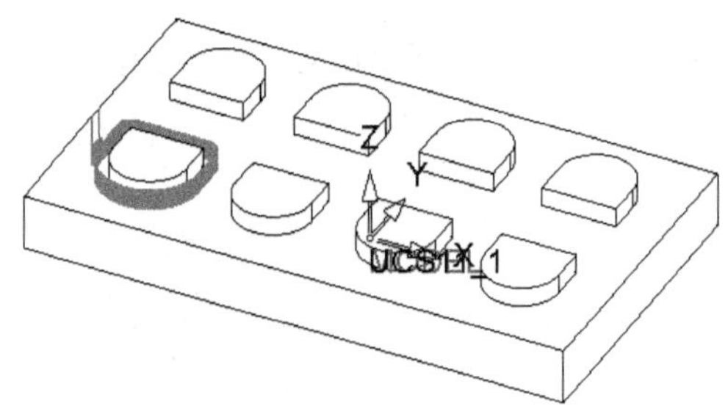

图 20-17 转换.elt 文件

第 4 部分

CimatronE 10.0 数控编程实战

第 4 部分主要介绍 CimatronE 10.0 数控编程实战内容，共 7 章。主要内容有面板后模拆铜公、模具 B 板的编程、灯罩后模的编程、保龄球前模的编程、耳塞外壳后模的编程、铜公（电极）的编程和数控编程工艺知识特训。通过第 4 部分实战知识的系统学习，读者可以对工厂 CimatronE 10.0 数控编程工作有很深的了解。

作 者 寄 语

1. 学习第 4 部分时，读者可先学习第 27 章，掌握一定数控加工工艺知识，这样更利于对实例编程的理解。

2. 有条件的读者，应进入数控加工现场了解编程与机床工作的实际情况。

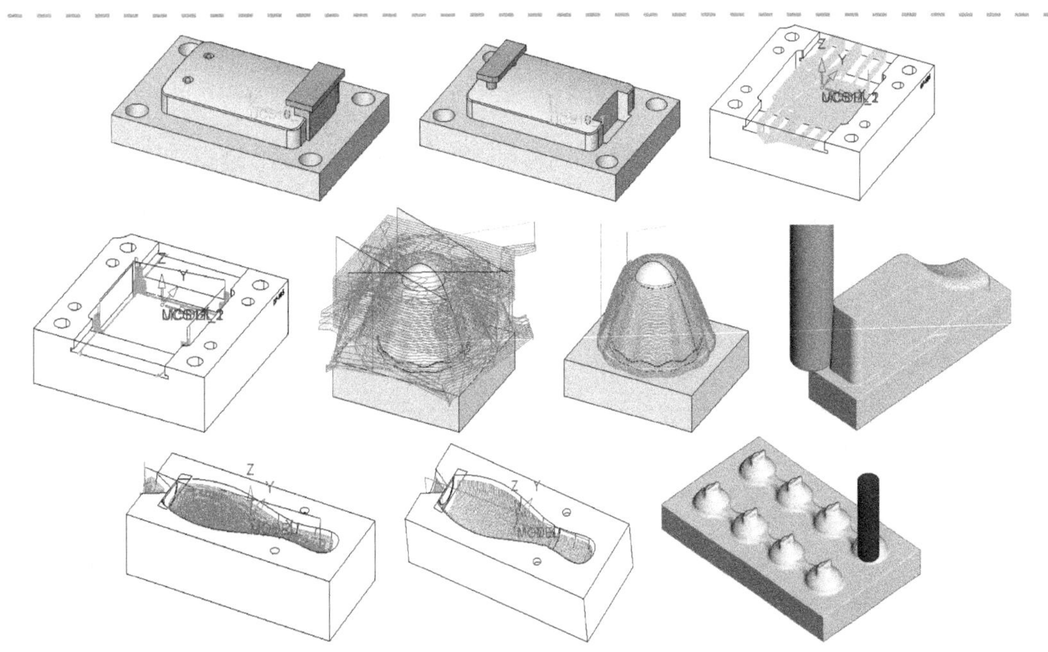

第21章 工厂编程案例——面板后模拆铜公

编程与拆铜公密不可分，编程人员必须熟练掌握模具哪些部位需要拆铜公及拆铜公的方法和技巧。某电器厂制造的车灯模具，一套模就需要拆几百个铜公，开粗完之后就直接进行铜公加工。事实证明拆铜公的质量及快慢会直接影响到加工质量和加工效率，所以拆铜公是编程的一个重要的环节，绝不能忽视。

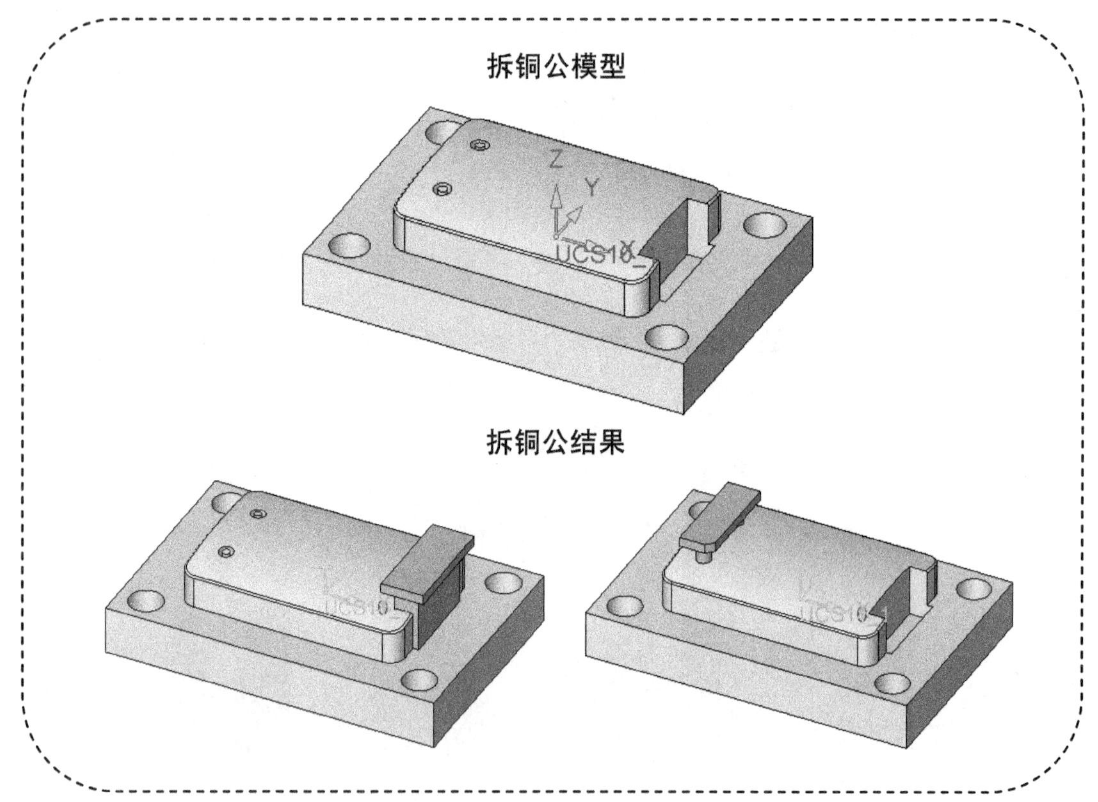

21.1 学习目标与课时安排

学习目标及学习内容

（1）*重点掌握模具多次装夹加工时用户坐标的创建方式。
（2）掌握快进高度的设置对数控编程的实际意义。
（3）了解模具行位的加工特点。

学习课时安排（共 3 课时）

（1）工艺分析——1 课时。
（2）编程过程设置——1 课时。
（3）铜公的介绍——1 课时。

21.2 铜公简介

铜公是火花机放电加工所使用的铜公，主要用于模具的型腔加工，其材料主要是紫铜和石墨，根据其结构特点分为“整公”和“散公”两种；另外，根据铜公的作用又分为“粗公”和“幼公”两种。

一个完整的铜公应该由产品形状、打表分中位、火花位和避空直身位四部分组成。首先，铜公的有效部位应与产品的形状一致，否则拆分的铜公必然是错误的。其次，铜公与模具是不能接触的，需要留火花位，当火花位太大或者两者完全接触时，都不会产生放电。另外，铜公中需要创建一个直身位，这样可以起到避空的作用。

铜公“以柔克刚”的加工优势比较明显，当模具的硬度很高，甚至接近于刀具的硬度时，如果用刀具去加工模具，刀具很快就会磨损，并且加工质量也难以达到要求。但用铜公对模具加工属于放电加工，模具的硬度对放电加工是没有任何影响的。

21.3 模具中需要拆铜公的部位

作为一名编程工程师，必须要清楚模具中需要拆铜公的部位。下面以图表的方式详细介绍模具中需要拆铜公的部位，如表 21-1 所示。

表 21-1 模具中需要拆铜公的部位

序　　号	需要拆铜公的部位	图　　解	铜　公　图
1	模具中存在直角或尖角的部位	拆铜公部位	
2	圆角位太深且所在位置狭窄	拆铜公部位	
3	由曲面与直壁或斜壁组成的角位	拆铜公部位	
4	模具结构中存在较深且窄的部位	拆铜公部位	

编程工程师点评：

除了以上的情况需要拆铜公外，一些模具材料硬度特别高或表面精度要求特别高的部位，使用普通的数控加工难以达到要求时，也需要使用电火花加工。

21.4 拆铜公的原则

铜公拆分的原则主要包括铜料成本、加工效率和铜公加工的可行性三大因素。拆分铜公时，首先以节省铜料为原则，如铜公基准板的厚度最大需 5mm，那就不能设置为 5mm 或更大。当然，也不能为了节省铜料而盲目地减少铜公基准板的厚度和宽度。

其次，拆铜公需要考虑加工效率问题。如果一套模具中存在多处需要电火花加工的部位，则加工时间是比较长的。为了缩短电火花加工时间，在不浪费大量铜料的前提下，尽量将铜公拆分为整体式铜公。

最后，拆铜公时需要考虑铜公加工可行性的问题。如果拆分出来的铜公中存在直角、尖角等无法加工的部位时，这样的铜公是无用的，不能用于加工。

21.5 模型分析

1. 需拆铜公部位 1

由于如图 21-1 所示的部位四周存在直角，刀具无法清除直角内所有的余量，所以需要拆铜公。

2. 需拆铜公部位 2

由于如图 21-2 所示的部位是一个较深的小孔，小直径的刀具没有足够的强度加工到底，所以需要拆铜公。

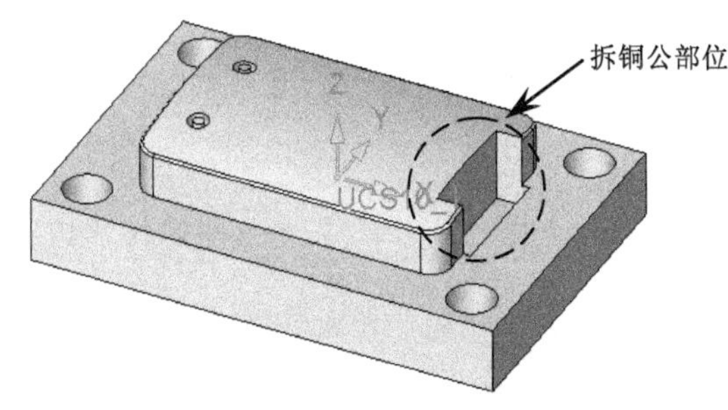

图 21-1　需拆铜公部位 1

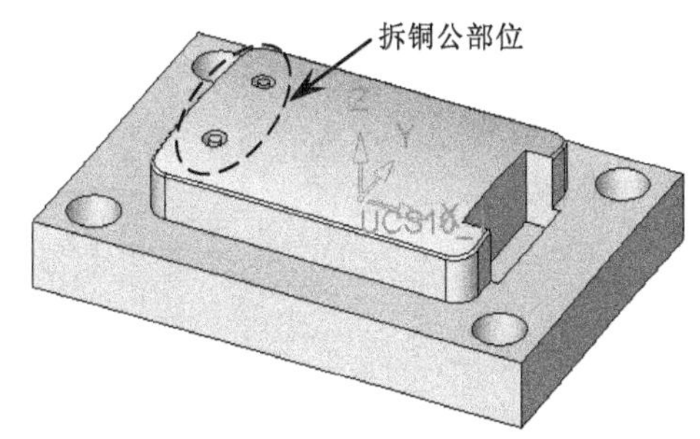

图 21-2　需拆铜公部位 2

21.6 拆铜公详细操作步骤

面板后模中存在两个部位需要拆铜公，通过本节的学习，可以快速掌握 CimatronE 拆铜公过程中需要使用的功能和注意事项。

21.6.1 创建铜公一

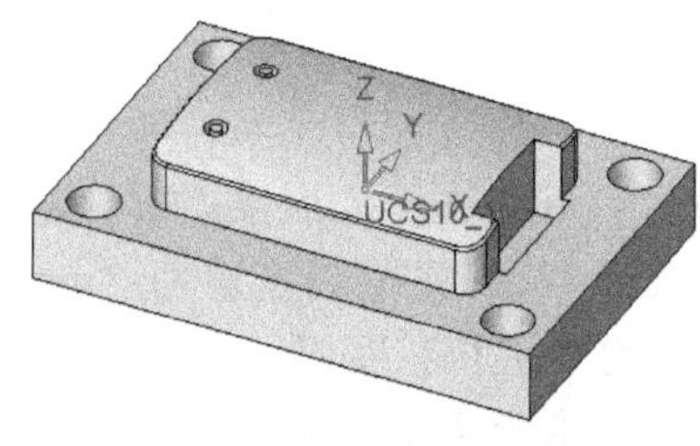

图 21-3 打开文件

（1）在桌面上双击图标打开 CimatronE10.0 软件。

（2）打开文件。在〖标准〗工具栏中单击〖打开文件〗按钮，然后输入光盘中的〖Example\Ch21\面板后模.elt〗文件，如图 21-3 所示。

（3）创建集合 01。在特征树底部选择“集合”选项，然后创建新的集合“01”，并框选所有的曲面为集合“01”中的图素，如图 21-4 所示。

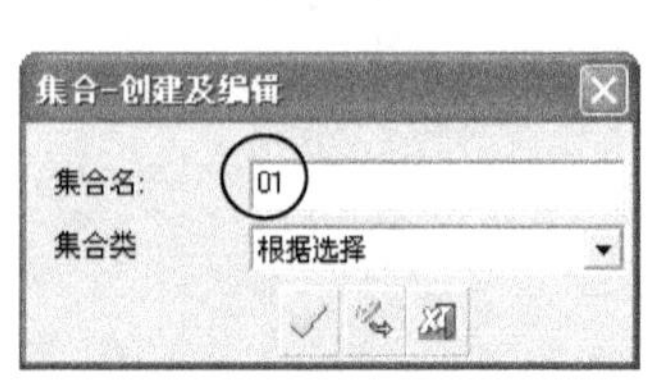

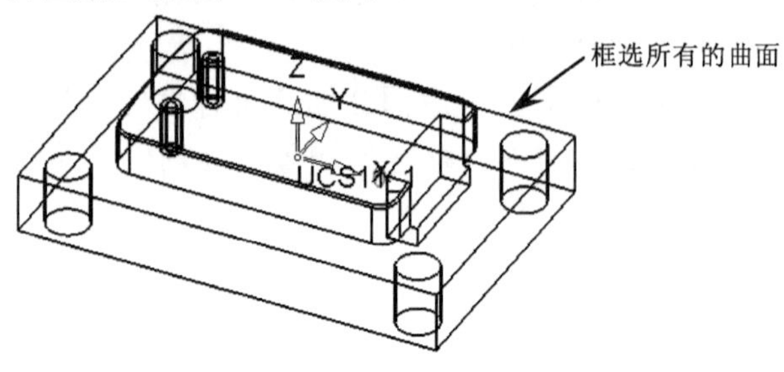

图 21-4 创建集合 01

（4）创建集合 02 并激活，如图 21-5 所示。

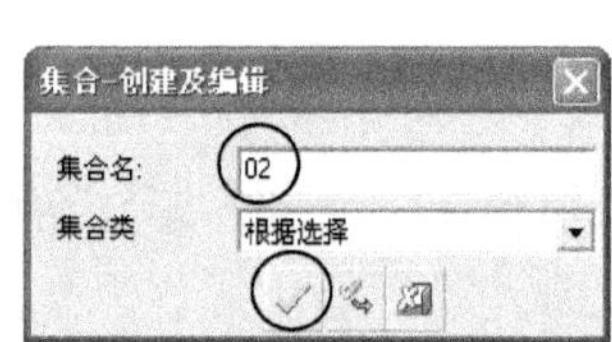

图 21-5 创建集合 02 并激活

编程工程师点评：

激活集合的目的是将后面创建的图素自动存放到激活的集合中，方便文件的操作。

（5）创建草图 1。选择如图 21-6（a）所示的平面为草图平面，然后创建如图 21-6（b）所示的矩形。

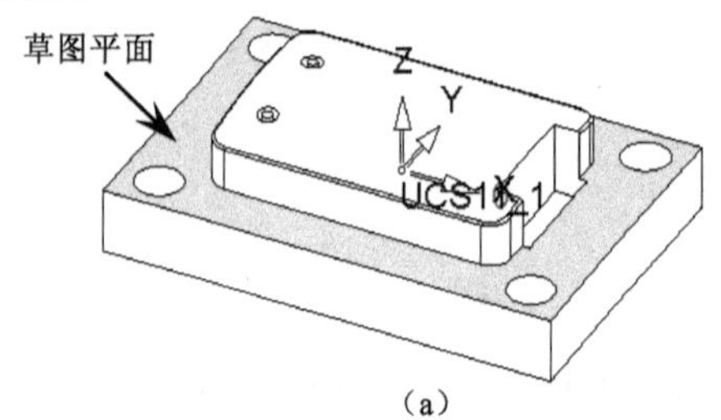

（a）

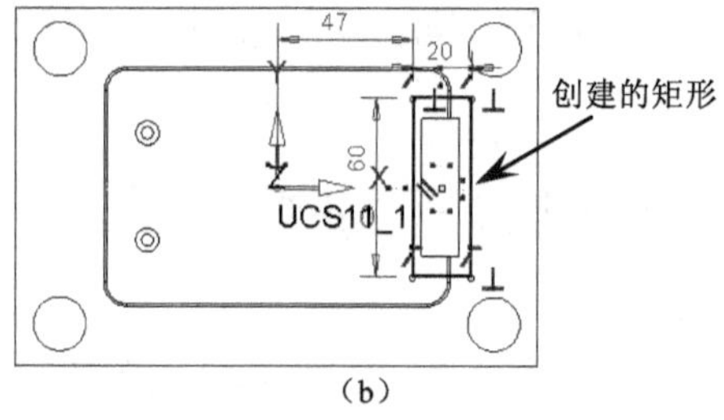

（b）

图 21-6 创建草图 1

（6）拉伸创建新的实体。选择上一步创建的草图为拉伸对象，使用〖新建拉伸〗命令拉伸创建新的实体，并设置如图 21-7 所示的拉伸参数。

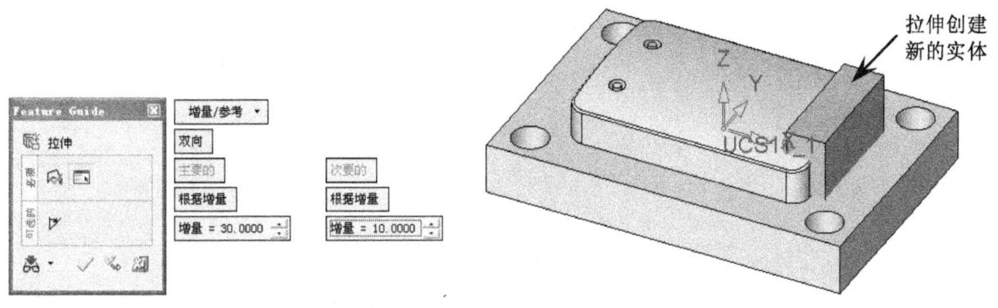

图 21-7　拉伸创建新的实体

（7）切除实体。使用〖实体〗命令切除上一步创建的实体，并设置如图 21-8 所示的参数。

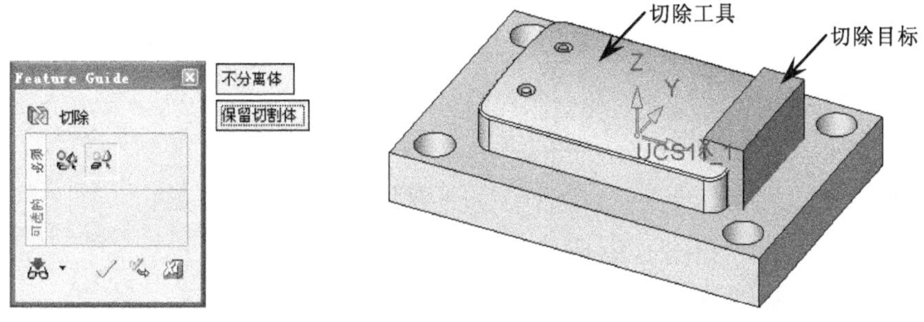

图 21-8　切除实体

（8）隐藏集合 01，如图 21-9 所示。

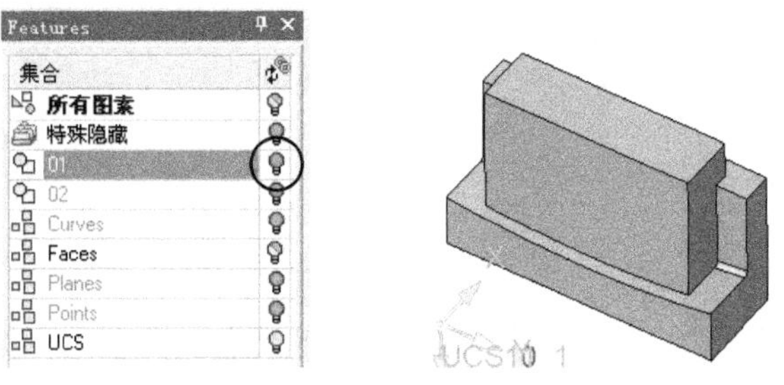

图 21-9　隐藏集合 01

（9）替换曲面。使用〖实体〗/〖延伸实体〗命令对实体进行修剪，并设置如图 21-10 所示的参数。

（10）继续替换曲面，如图 21-11 所示。

编程工程师点评：

延伸实体命令中的“替换曲面”功能在 CimatronE 中的使用频率非常高，而且非常好用，希望读者切实掌握。

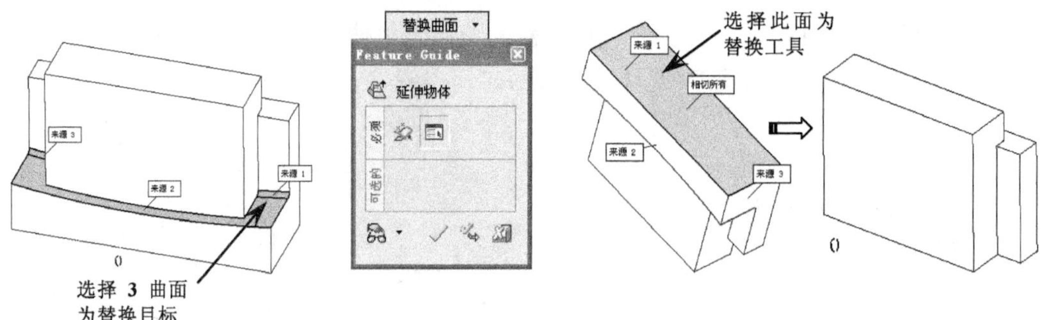

图 21-10　替换曲面

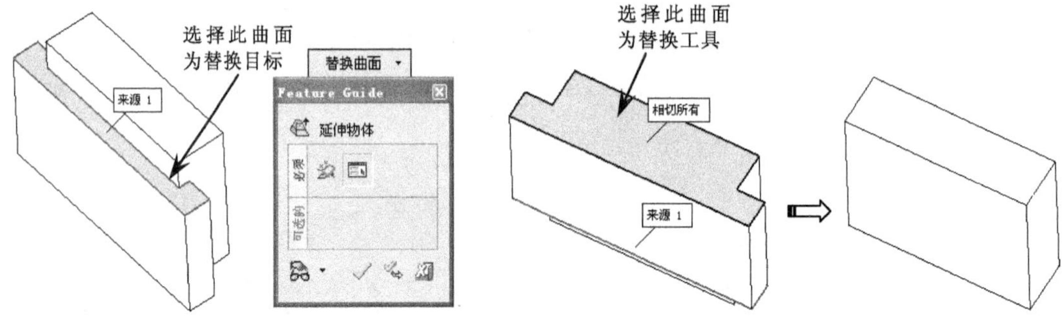

图 21-11　替换曲面

（11）显示集合 01，如图 21-12 所示。

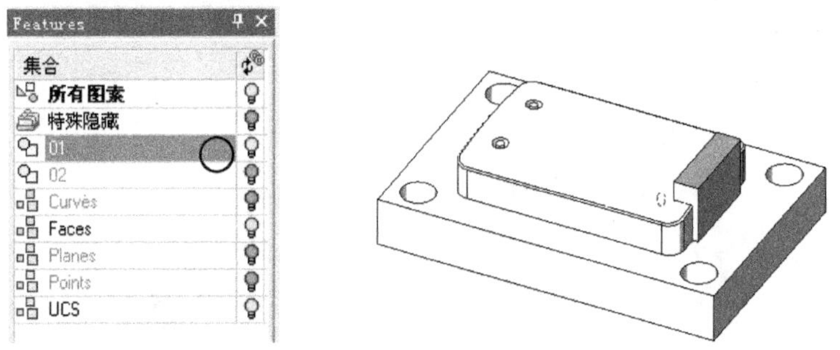

图 21-12　显示集合 01

（12）创建草图 2。选择如图 21-13（a）所示的平面为草图平面，然后创建如图 21-13（b）所示的矩形。

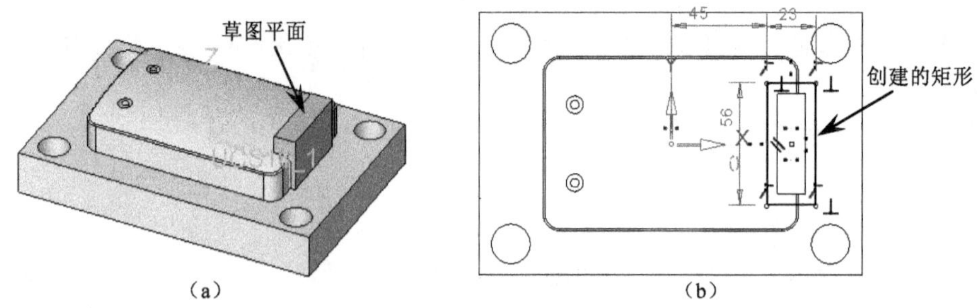

图 21-13　创建草图 2

（13）拉伸增加实体。选择上一步创建的草图为拉伸对象，使用〖增加拉伸〗命令拉伸创建新的实体，并设置如图 21-14 所示的拉伸参数。

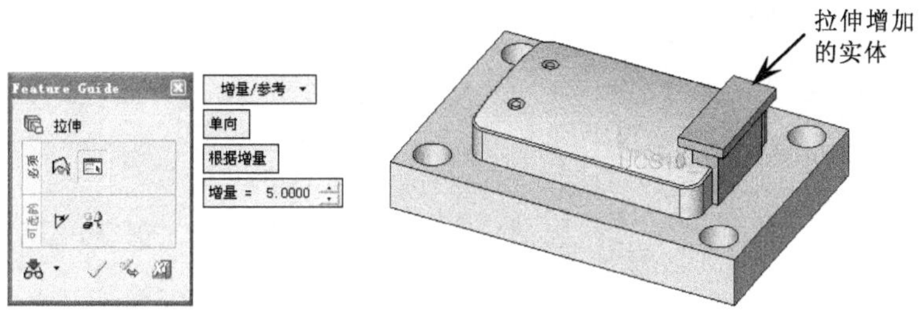

图 21-14　拉伸增加实体

（14）倒斜角。使用〖斜角〗命令倒斜角，如图 21-15 所示。

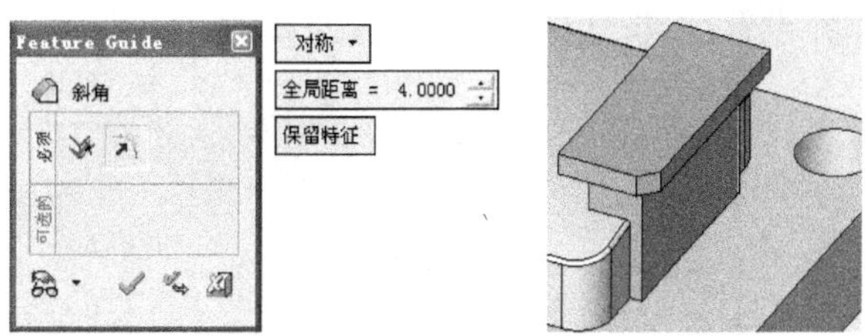

图 21-15　倒斜角

（15）隐藏集合 02，如图 21-16 所示。

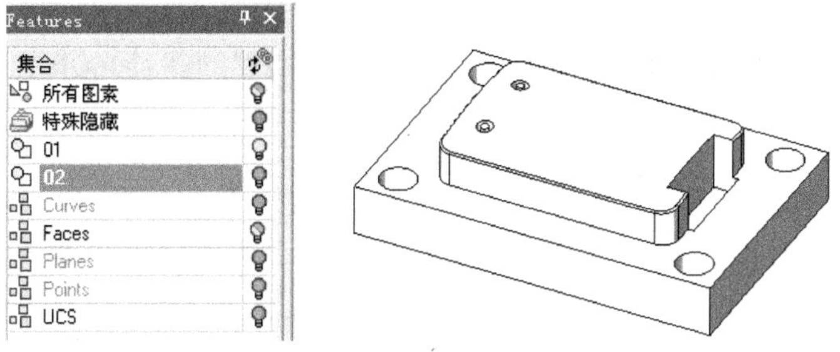

图 21-16　隐藏集合 02

21.6.2　创建铜公二

（1）创建集合 03 并激活，如图 21-17 所示。

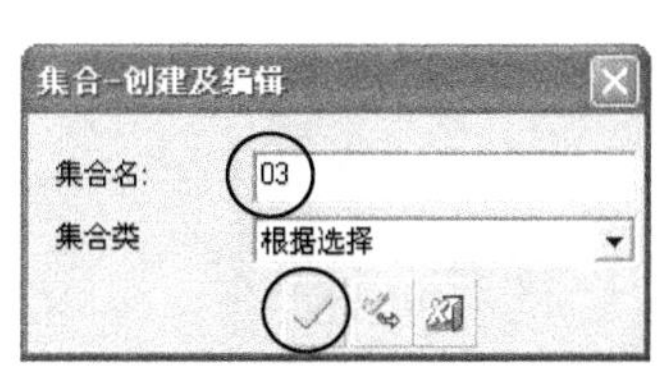

图 21-17　创建集合 03 并激活

（2）创建草图 3。选择如图 21-18（a）所示的平面为草图平面，然后创建如图 21-18（b）所示的圆。

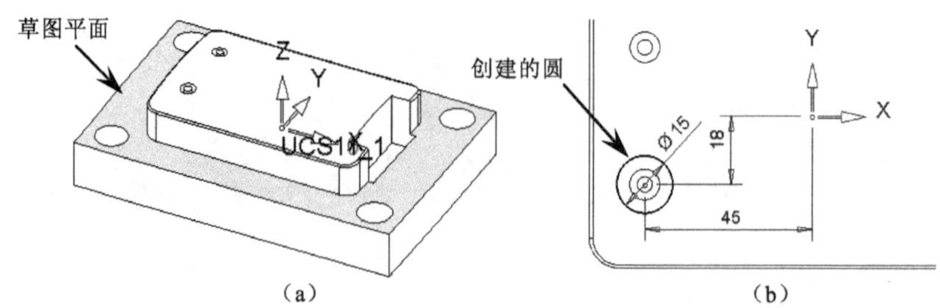

图 21-18　创建草图 3

（3）拉伸创建新的实体。选择上一步创建的草图为拉伸对象，使用〖新建拉伸〗命令拉伸创建新的实体，并设置如图 21-19 所示的拉伸参数。

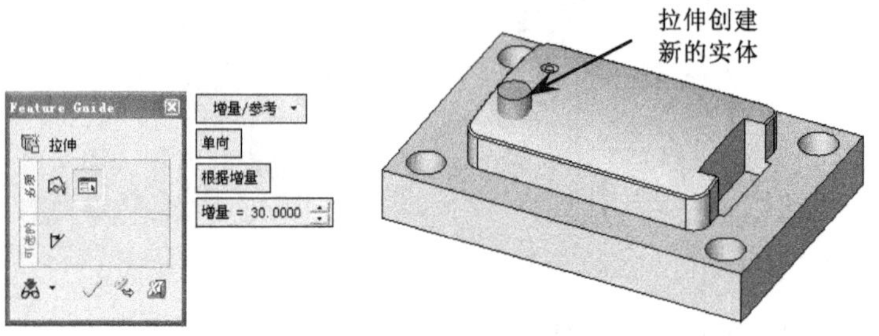

图 21-19　拉伸创建新的实体

（4）切除实体。使用〖实体〗命令切除上一步创建的实体，并设置如图 21-20 所示的参数。

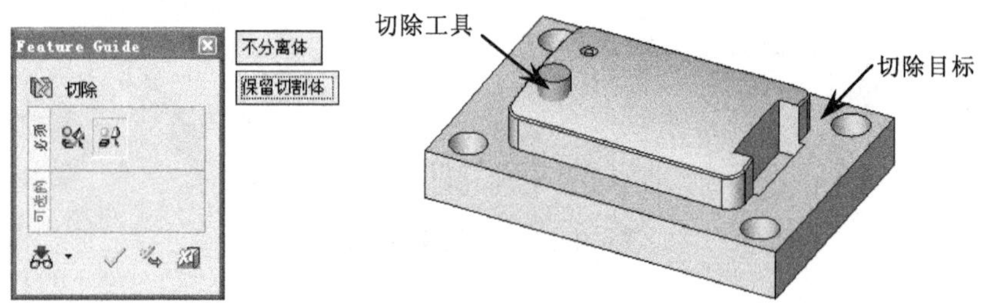

图 21-20　切除实体

（5）隐藏集合 01，如图 21-21 所示。

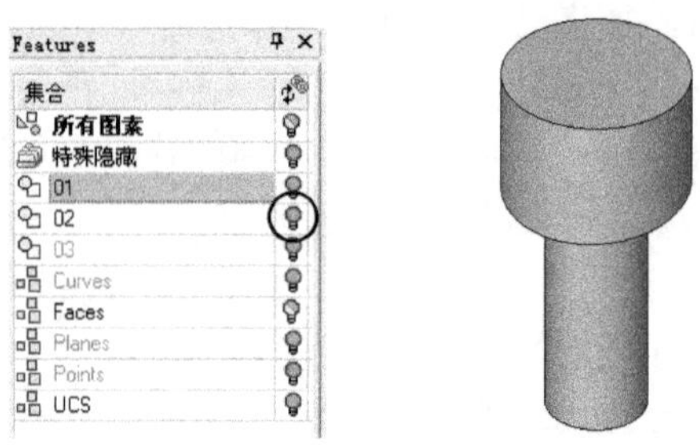

图 21-21　隐藏集合 01

（6）替换曲面。使用〖实体〗/〖延伸实体〗命令对实体进行修剪，结果如图 21-22 所示。

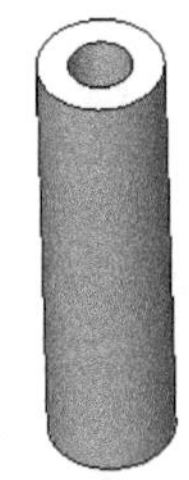
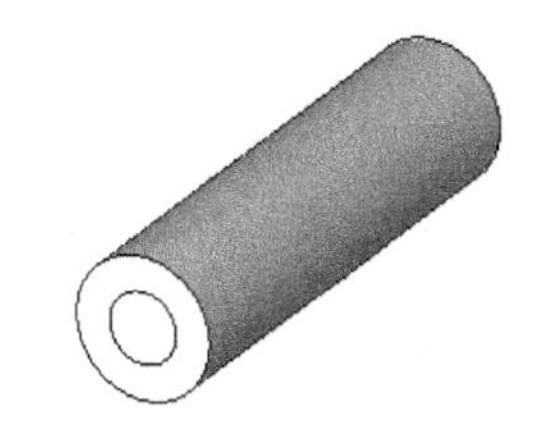

图 21-22　替换曲面

（7）显示集合 01，如图 21-23 所示。

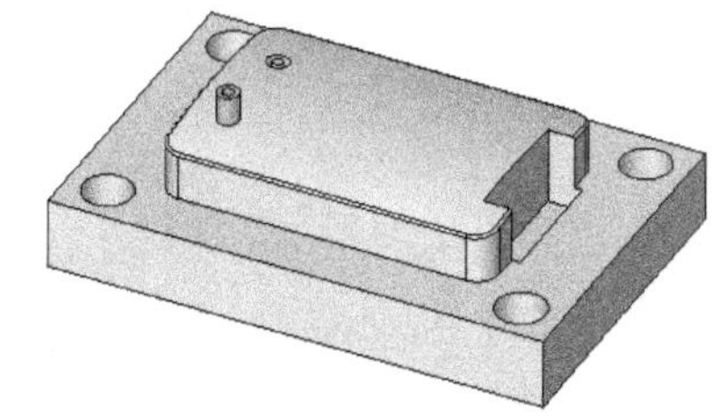

图 21-23　显示集合 01

（8）镜像。使用〖编辑〗/〖复制图素〗/〖镜像〗命令镜像实体，如图 21-24 所示。
（9）参考前面的操作创建基准板，如图 21-25 所示。

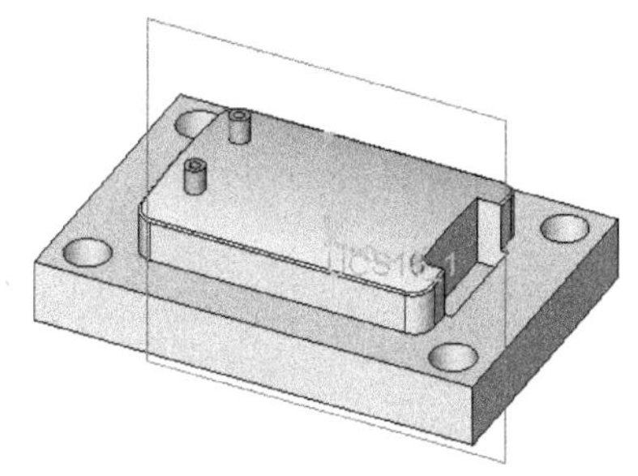

图 21-24　镜像实体

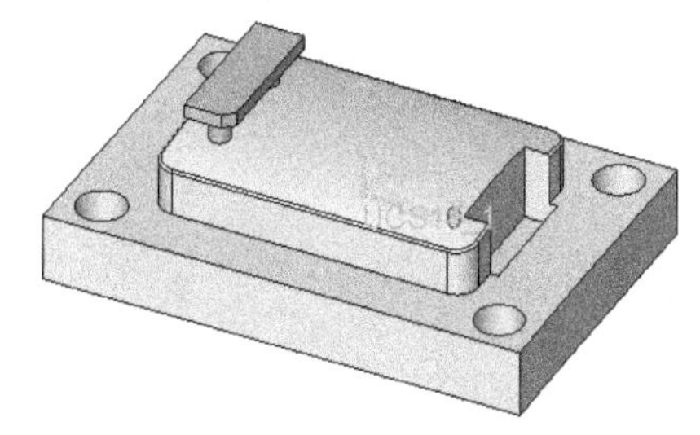

图 21-25　创建基准板

（10）保存文件。在〖标准〗工具栏中单击〖保存〗按钮保存所有的操作。

21.7　本章学习收获

通过本章的学习，读者必须掌握以下内容。
（1）灵活运用“延伸物体”命令中的“替换曲面”命令对铜公模型进行修整。
（2）灵活运用“切除”命令进行铜公成型部位的分割。
（3）*重点掌握模具中哪些部位需要拆铜公，拆成“整公”或“散公”等。

（4）学会快速创建铜公基准板。

21.8 练习题

打开光盘中的〖Lianxi/Ch21/拆铜公.elt〗文件，如图 21-26 所示，然后根据本章所学的知识进行拆铜公。

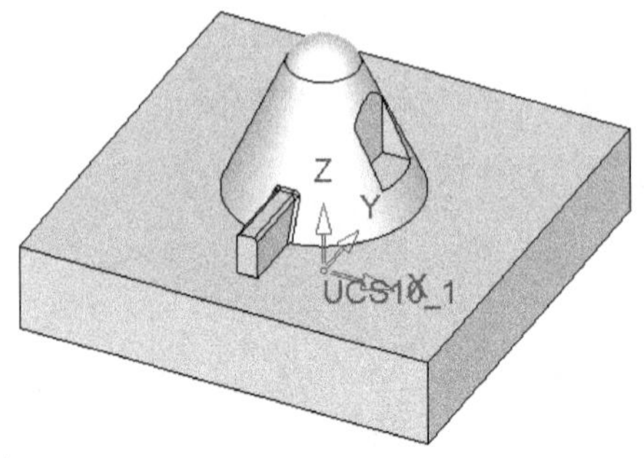

图 21-26 拆铜公.elt 文件

工厂编程案例——模具B板的编程

电热水壶按钮前模的编程非常典型和有代表性，加工顺序需要安排得比较妥当。通过本章的学习，读者对于一些不是很复杂的模具基本可以独立的编程了。

加工模型

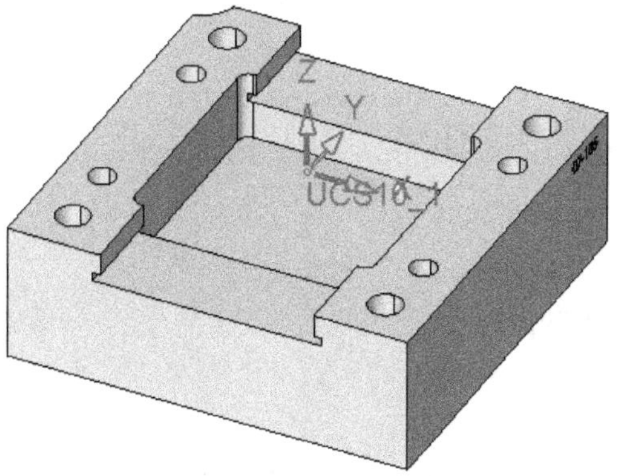

刀路模拟

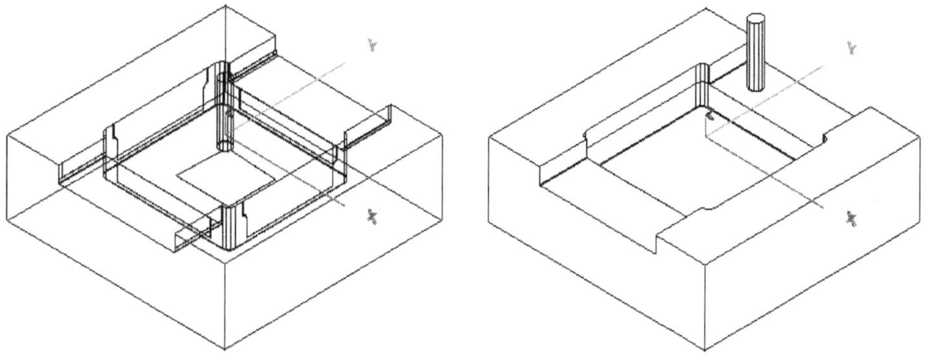

22.1 学习目标与课时安排

学习目标及学习内容

（1）初步掌握工厂模具编程的流程及要求。
（2）巩固掌握各种程序的创建方法和技巧。
（3）*重点掌握加工深度的设置。
（4）进一步提高 CimatronE 编程的技巧。

学习课时安排（共 3 课时）

（1）工艺分析——1 课时。
（2）编程过程参数设置——2 课时。

22.2 编程前的工艺分析

（1）模具 B 板大小：300mm×300mm×100mm。
（2）最大加工深度：约 50mm。
（3）最小的凹圆角半径：约 8mm。
（4）是否需要电火花加工：不需要。
（5）是否需要线切割加工：不需要，但需要钻床上钻孔。
（6）需要使用的加工方法：环绕切削、二粗、精铣水平面和层切。

22.3 编程思路及刀具的使用

（1）根据该 B 板的结构特点，选择 D50R5 的飞刀开粗，去除大部分的余量。
（2）选择 D17R0.8 的飞刀对上一步加工残留的余量进行二次开粗。
（3）选择 D17R0.8 的飞刀进行底面精加工。
（4）选择 D17R0.8 的飞刀进行上部侧壁精加工。
（5）选择 D17R0.8 的飞刀进行腔体下部侧壁精加工。

22.4 制订加工程序单

程 序 单

序 号	加工区域	程序名称	刀具名称	刀具长度	加工余量	加工方式
1	全部（孔除外）	环绕切削	D50R5	100	0.15	粗加工
2	开粗残留余量	二粗	D17R0.8	80	侧：0.2，底：0.15	粗加工
3	平面	精铣水平面	D17R0.8	80	侧：0.2，底：0	精加工
4	顶部侧壁	层切	D17R0.8	80	0	精加工
5	腔内侧壁	层切	D17R0.8	80	0	精加工
加工装夹示意图						
四面分中 顶部为0						

22.5 编程前需要注意的问题

（1）加工时模具的装夹位置与编程时的摆放方位是否一致？
（2）是否有足够大的刀具来加工？
（3）刀库中的新刀和旧刀情况如何？能否满足精加工要求？

22.6 编程详细操作步骤

模具B板的加工主要分为开粗、二次开粗、平面精加工、顶部侧壁精加工和腔内侧壁精加工。

22.6.1 编程公共参数设置

（1）在桌面上双击图标打开CimatronE 10.0软件。

（2）新建文件。在〖标准〗工具栏中单击〖新建文件〗按钮，弹出〖新建文件〗对话框，接着选择图标并默认单位为“毫米”，最后单击确定按钮，如图22-1所示。

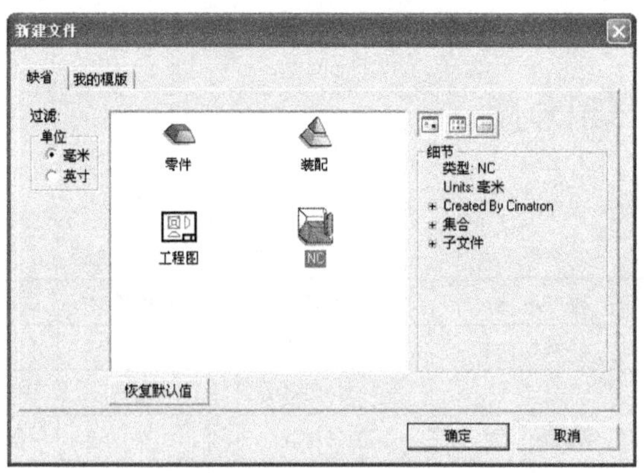

图 22-1 新建文件

（3）输入编程模型。在〖NC 向导〗工具栏中单击 读取模型 按钮，接着读取光盘中的〖Example\Ch22\模具 B 板.elt〗源文件，然后在〖Feature Guide〗对话框中单击〖确定〗✓按钮确定模型的摆放，如图 22-2 所示。

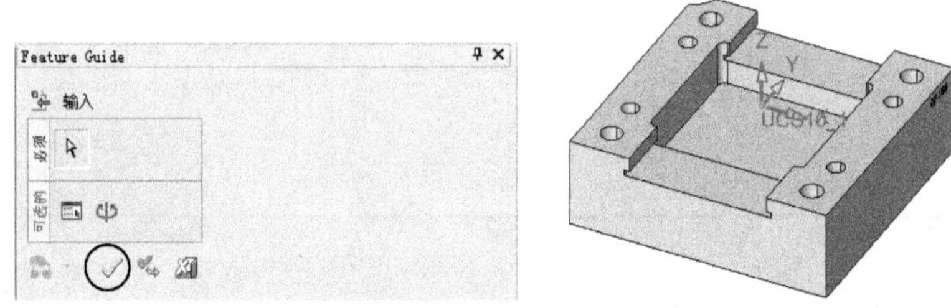

图 22-2 输入编程模型

（4）创建刀具。在〖NC 向导〗工具栏中单击〖刀具〗 刀具 按钮，弹出〖刀具及夹头〗对话框，接着单击 按钮，然后创建如图 22-3 所示的两把刀具。

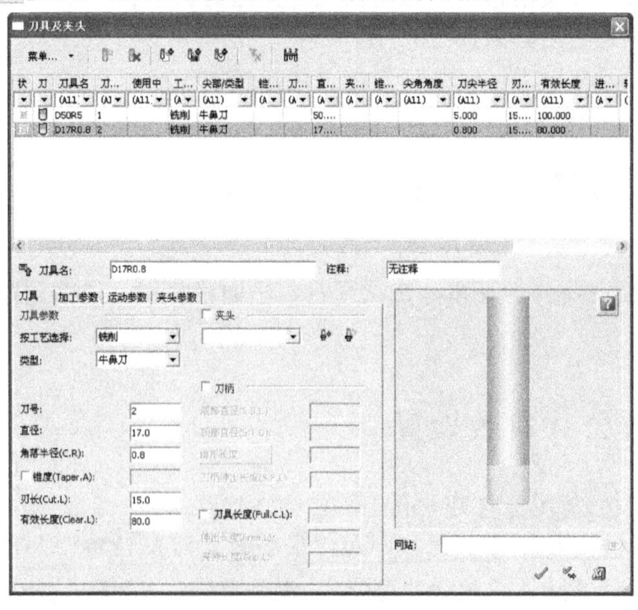

图 22-3 创建刀具

（5）设置刀轨和安全平面。在〖NC 向导〗工具栏中单击 按钮，弹出〖创建刀轨〗对话框，然后设置如图 22-4 所示的参数，最后单击〖确定〗 按钮完成特征操作。

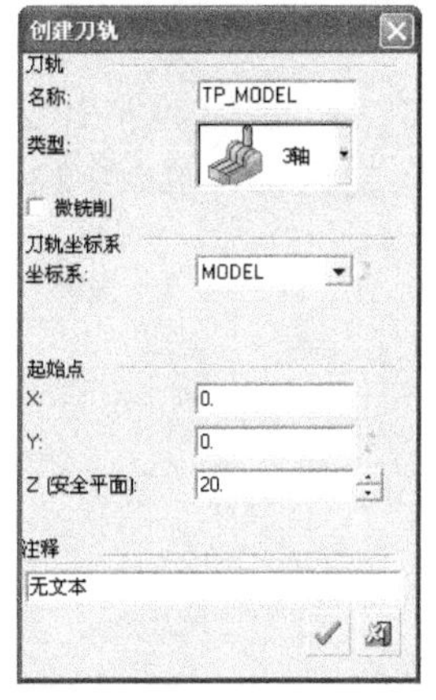

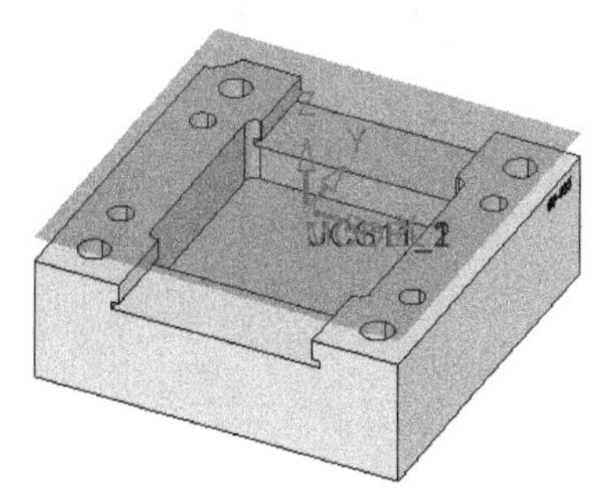

图 22-4 设置刀轨和安全平面

（6）创建辅助曲线。在菜单栏中选择〖曲线〗/〖直线〗命令，然后创建如图 22-5 所示的两条直线。

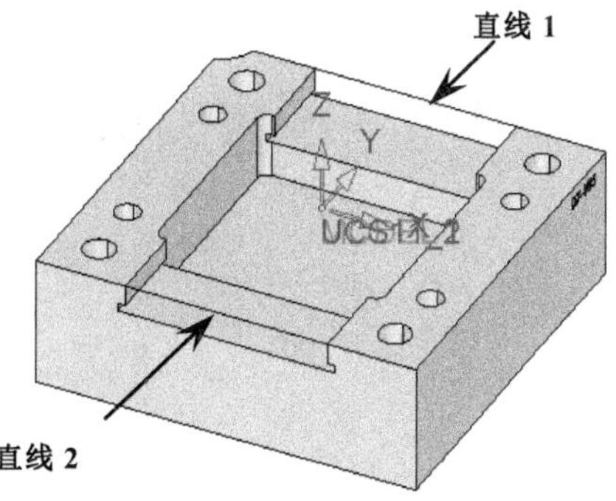

图 22-5 创建辅助曲线

（7）创建毛坯。在〖NC 向导〗工具栏中单击 按钮，弹出〖Feature Guide〗对话框，然后设置如图 22-6 所示的参数，最后单击〖确定〗 按钮完成特征操作，如图 22-6 所示。

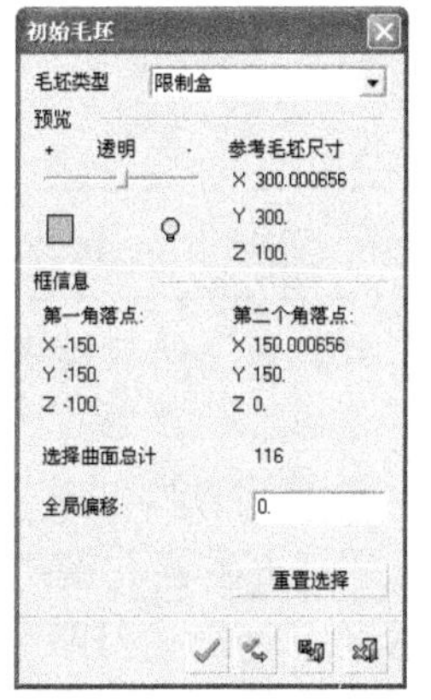

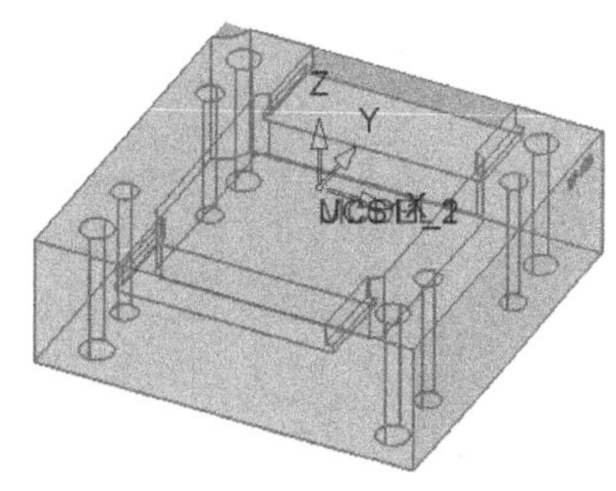

图 22-6 创建毛坯

22.6.2 开粗加工——环绕粗铣

（1）选择加工策略。在〖NC 向导〗工具栏中单击 按钮，弹出〖Procedure Wizard〗对话框，然后设置主选择为“体积铣”，子选择为“环绕粗铣”，如图 22-7 所示。

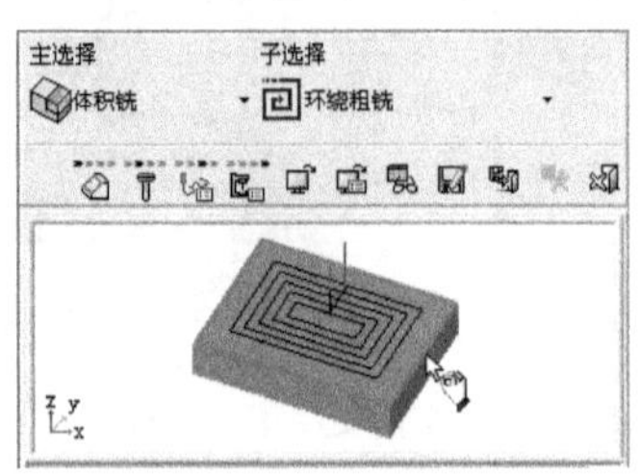

图 22-7 选择加工策略

（2）选择加工轮廓。不关闭〖Procedure Wizard〗对话框，然后根据图 22-8 所示的步骤进行参数设置。

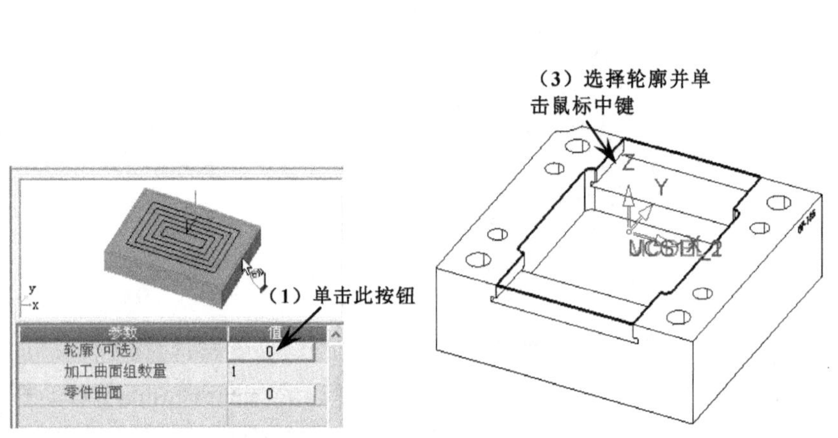

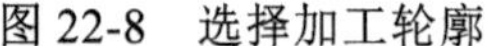

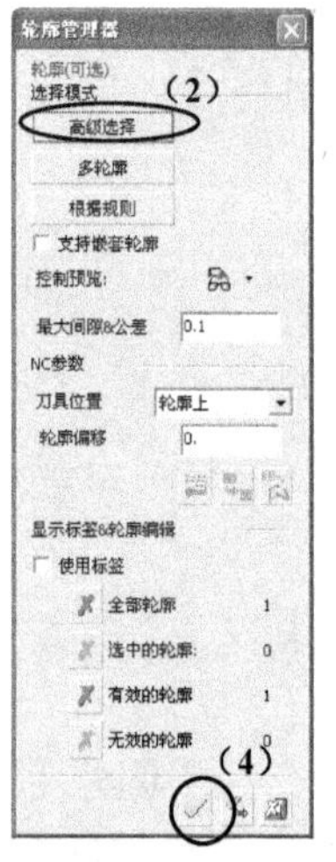

图 22-8 选择加工轮廓

选择以上加工轮廓时，需单击 高级选择 按钮进行串连选择。

（3）选择加工曲面。不关闭〖Procedure Wizard〗对话框，然后根据图 22-9 所示的步骤进行参数设置。

（4）选择刀具。在〖Procedure Wizard〗对话框中单击〖刀具〗 按钮，弹出〖刀具和夹头〗对话框，然后选择刀具名为“D50R5”的刀具并双击鼠标左键进行选择。

（5）设置刀路参数。在〖Procedure Wizard〗对话框中单击〖刀路参数〗 按钮，然后设置如图 22-10 所示的参数，其他参数按默认设置。

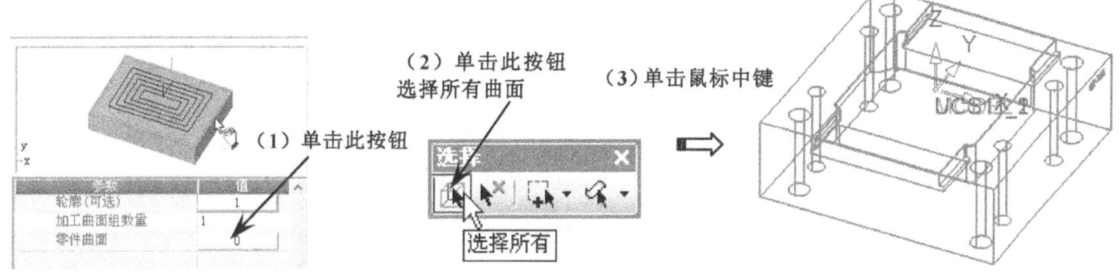

图 22-9　选择加工曲面

（6）设置机床参数。在〖Procedure Wizard〗对话框中单击〖机床参数〗按钮，然后设置如图 22-11 所示的参数，其他参数按默认设置。

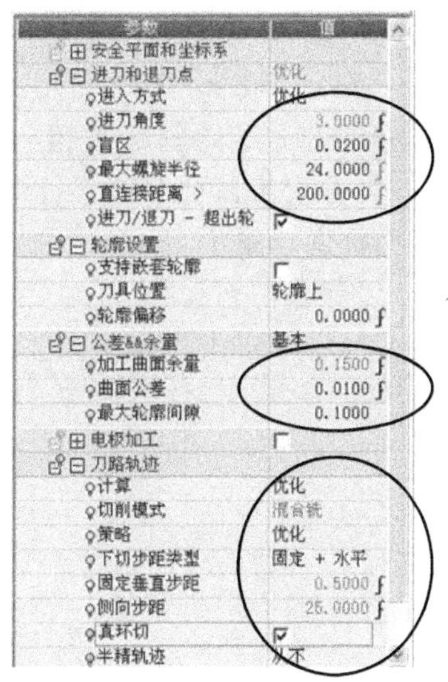

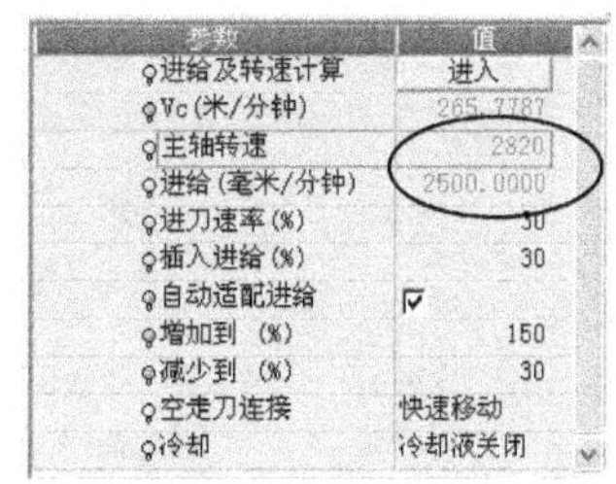

图 22-10　设置刀路参数　　　　图 22-11　设置机床参数

编程工程师点评：

由于在加工工艺上确定 B 板侧面不需要进行半精加工，则可设置侧面余量与底部余量同为 0.15。

（7）保存并关闭程序。在〖Procedure Wizard〗对话框中单击〖保存并关闭〗按钮，如图 22-12 所示。

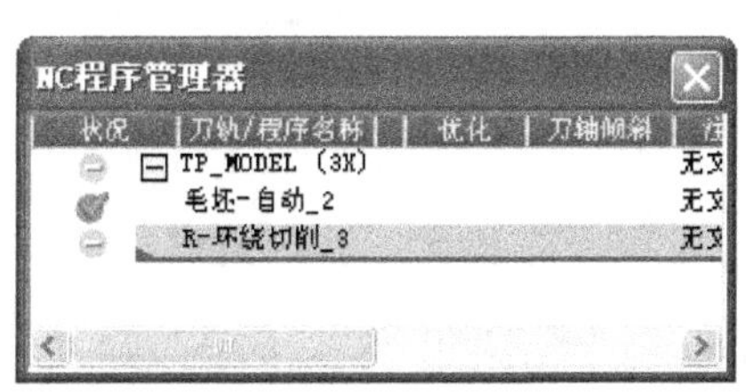

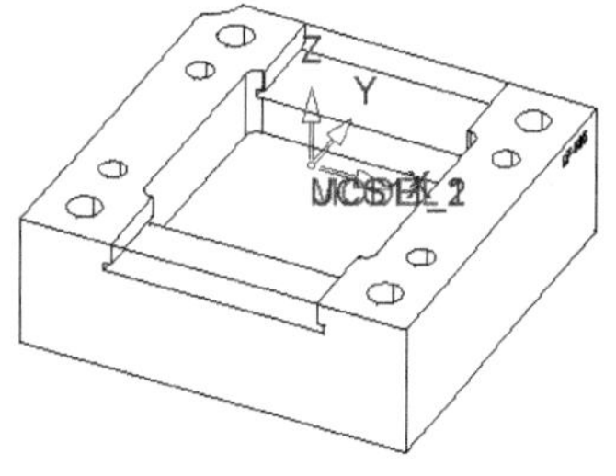

图 22-12　保存并关闭程序

22.6.3　二次开粗——二粗

（1）选择加工策略。在〖NC 向导〗工具栏中单击 按钮，弹出〖Procedure Wizard〗对话框，然后设置主选择为“体积铣”，子选择为“二粗”，如图 22-13 所示。

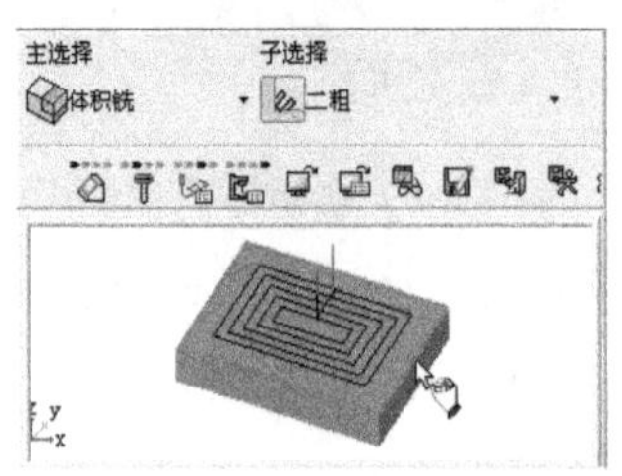

图 22-13　选择加工策略

（2）选择刀具。在〖Procedure Wizard〗对话框中单击〖刀具〗 按钮，弹出〖刀具和夹头〗对话框，然后选择刀具名为“D17R0.8”的刀具并双击鼠标左键进行选择。

（3）设置刀路参数。在〖Procedure Wizard〗对话框中单击〖刀路参数〗 按钮，然后设置如图 22-14 所示的参数，其他参数按默认设置。

（4）设置机床参数。在〖Procedure Wizard〗对话框中单击〖机床参数〗 按钮，然后设置如图 22-15 所示的参数，其他参数按默认设置。

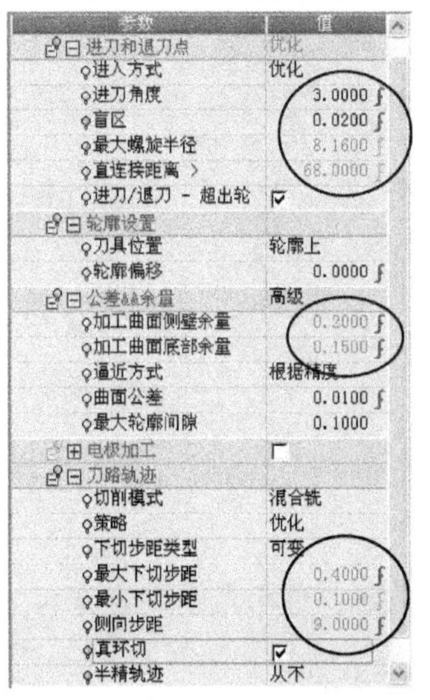

参数	值
进刀和退刀点	优化
进入方式	优化
进刀角度	3.0000
盲区	0.0200
最大螺旋半径	8.1600
直连接距离 >	68.0000
进刀/退刀 - 超出轮	☑
轮廓设置	
刀具位置	轮廓上
轮廓偏移	0.0000
公差&&余量	高级
加工曲面侧壁余量	0.2000
加工曲面底部余量	0.1500
逼近方式	根据精度
曲面公差	0.0100
最大轮廓间隙	0.1000
电极加工	☐
刀路轨迹	
切削模式	混合铣
策略	优化
下切步距类型	可变
最大下切步距	0.4000
最小下切步距	0.1000
侧向步距	9.0000
真环切	☑
半精轨迹	从不

图 22-14　设置刀路参数

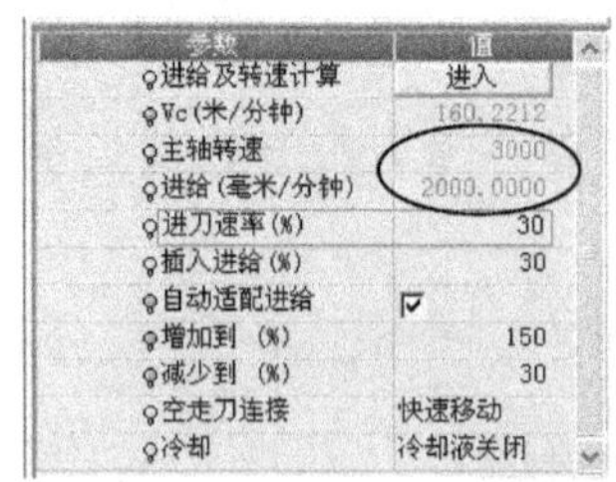

参数	值
进给及转速计算	进入
Vc (米/分钟)	160.2212
主轴转速	3000
进给 (毫米/分钟)	2000.0000
进刀速率 (%)	30
插入进给 (%)	30
自动适配进给	☑
增加到 (%)	150
减少到 (%)	30
空走刀连接	快速移动
冷却	冷却液关闭

图 22-15　设置机床参数

编程工程师点评：

二次开粗时，要设置侧面余量比一次开粗时的余量稍大一些，避免刀杆碰到侧壁。

（5）保存并关闭程序。在〖Procedure Wizard〗对话框中单击〖保存并关闭〗 按钮，如图 22-16 所示。

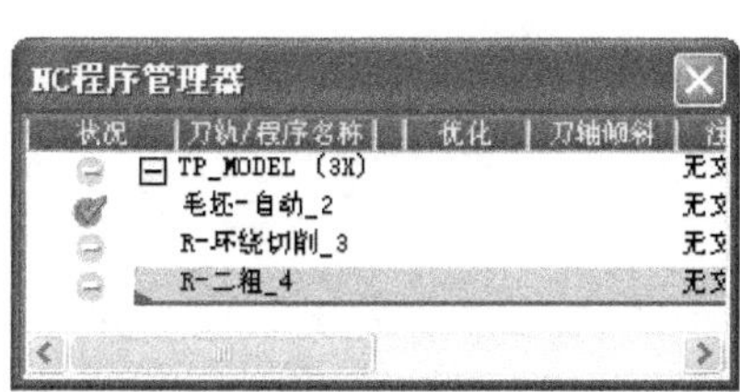

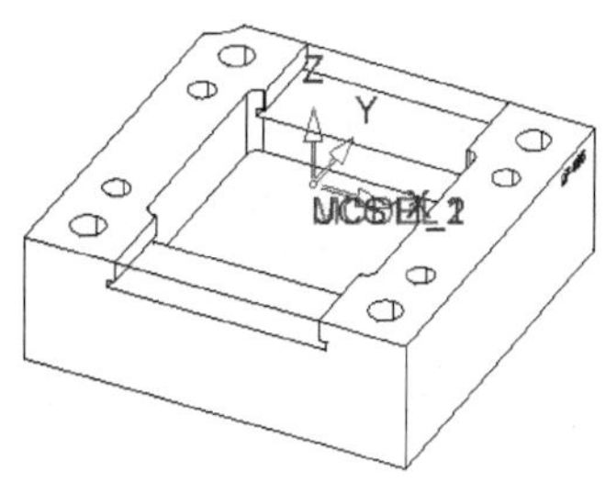

图 22-16　保存并关闭程序

22.6.4　底面精加工——精铣水平面

（1）选择加工策略。在〖NC 向导〗工具栏中单击按钮，弹出〖Procedure Wizard〗对话框，然后设置主选择为“曲面铣削”，子选择为“精铣水平面”，如图 22-17 所示。

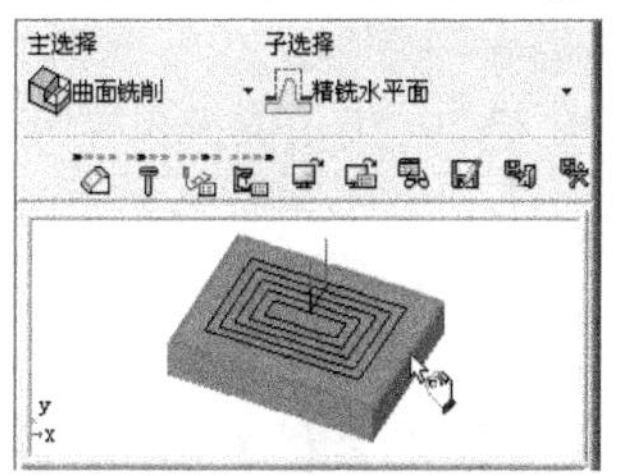

图 22-17　选择加工策略

（2）设置刀路参数。在〖Procedure Wizard〗对话框中单击〖刀路参数〗按钮，然后设置如图 22-18 所示的参数，其他参数按默认设置。

（3）设置机床参数。在〖Procedure Wizard〗对话框中单击〖机床参数〗按钮，然后设置如图 22-19 所示的参数，其他参数按默认设置。

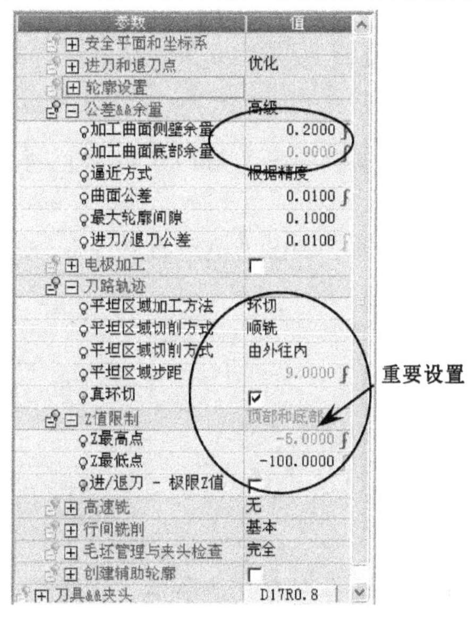

图 22-18　设置刀路参数

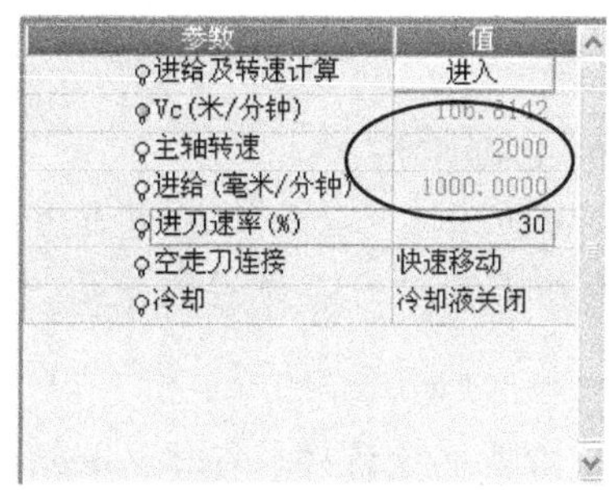

图 22-19　设置机床参数

编程工程师点评：

为了避免平面加工时在顶面也产生刀路，则需将 Z 最高值点设置为小于 0，但又不能小于需要加工平面的高度值。

（4）保存并关闭程序。在〖Procedure Wizard〗对话框中单击〖保存并关闭〗按钮，如图 22-20 所示。

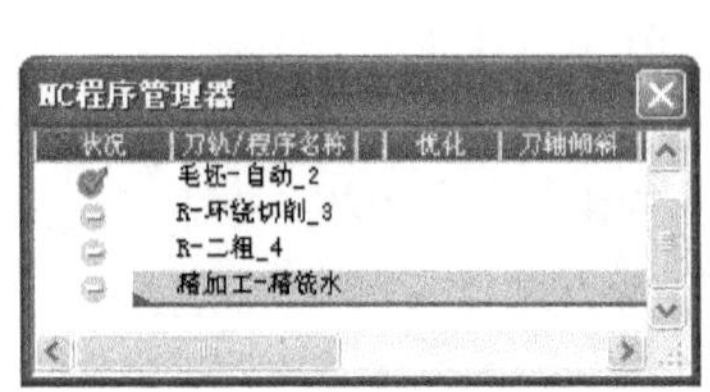

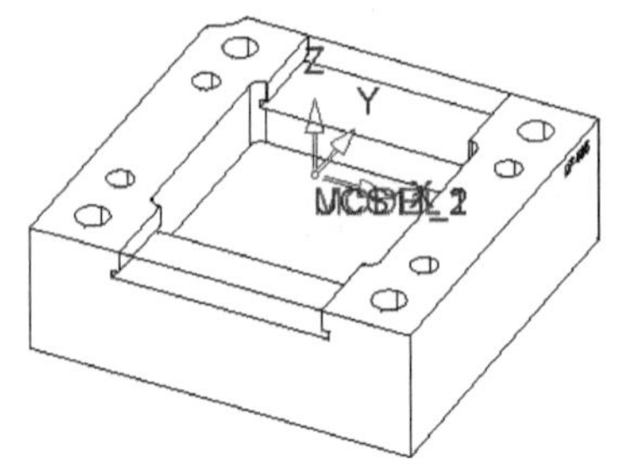

图 22-20　保存并关闭程序

22.6.5　陡峭面精加工一——层切

（1）选择加工策略。在〖NC 向导〗工具栏中单击按钮，弹出〖Procedure Wizard〗对话框，然后设置主选择为“曲面铣削”，子选择为“层切”，如图 22-21 所示。

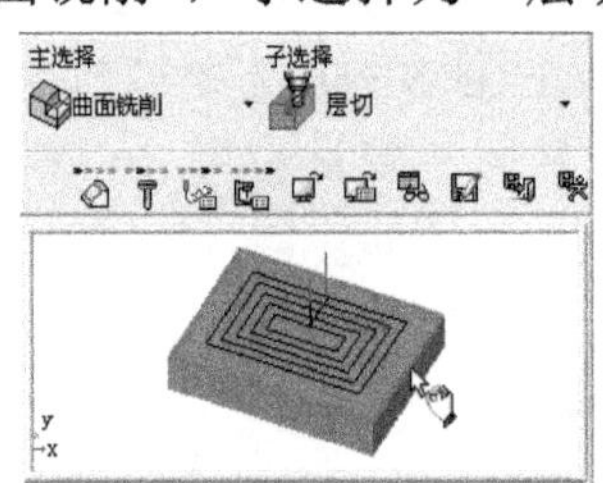

图 22-21　选择加工策略

（2）设置刀路参数。在〖Procedure Wizard〗对话框中单击〖刀路参数〗按钮，然后设置如图 22-22 所示的参数，其他参数按默认设置。

（3）设置机床参数。在〖Procedure Wizard〗对话框中单击〖机床参数〗按钮，然后设置如图 22-23 所示的参数，其他参数按默认设置。

编程工程师点评：

1. 层切加工时，应设置进/退刀方式为“相切”，即圆弧进刀。

2. 精加工侧面时，为避免最后一刀切削量过大而造成过切，一般会在底面上避空 0.05mm。

（4）保存并关闭程序。在〖Procedure Wizard〗对话框中单击〖保存并关闭〗按钮，如图 22-24 所示。

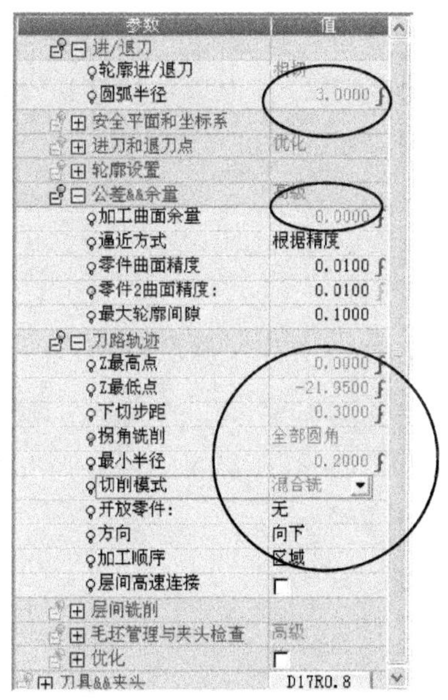

图 22-22　设置刀路参数

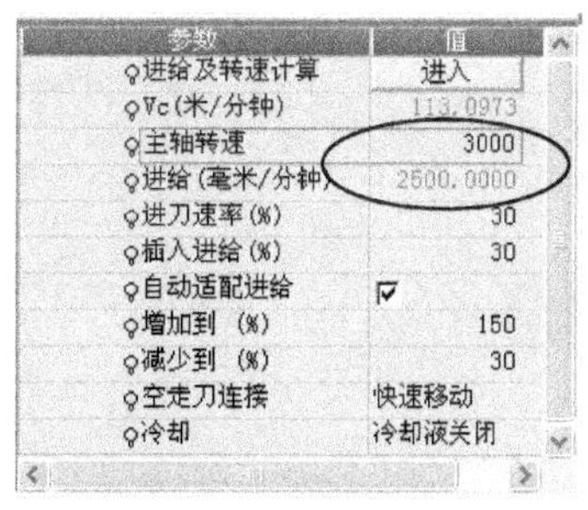

图 22-23　设置机床参数

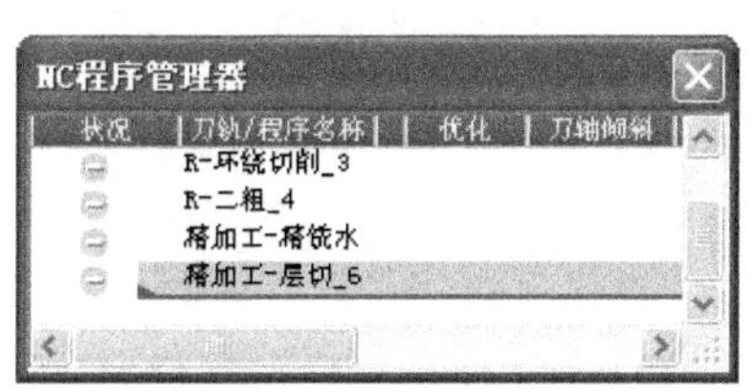

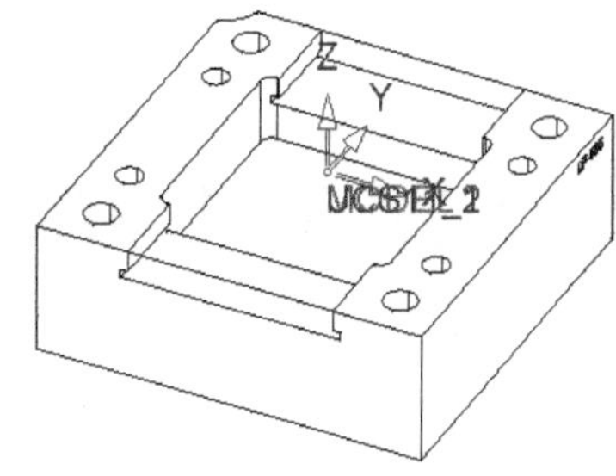

图 22-24　保存并关闭程序

22.6.6　陡峭面精加工二——层切

（1）复制程序。选择上一步创建的程序并单击鼠标右键，接着在弹出的〖右键〗菜单中依次选择“复制”和“粘贴”命令，如图 22-25 所示。

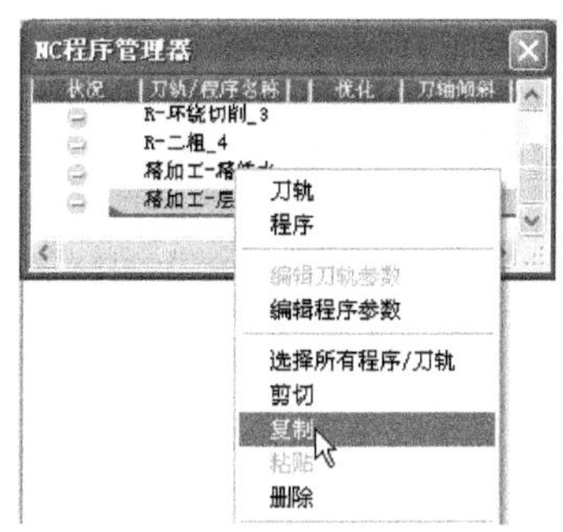

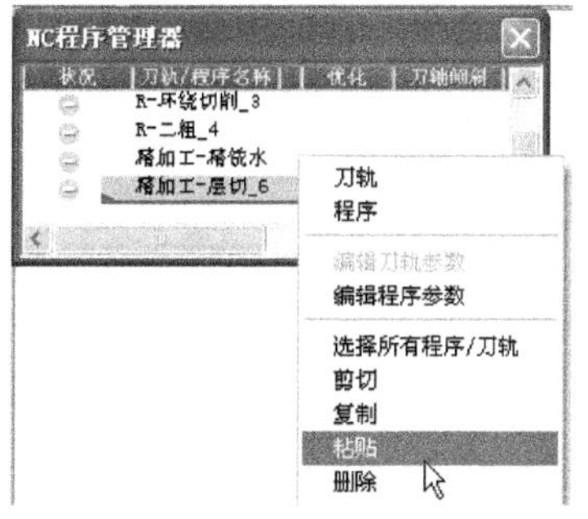

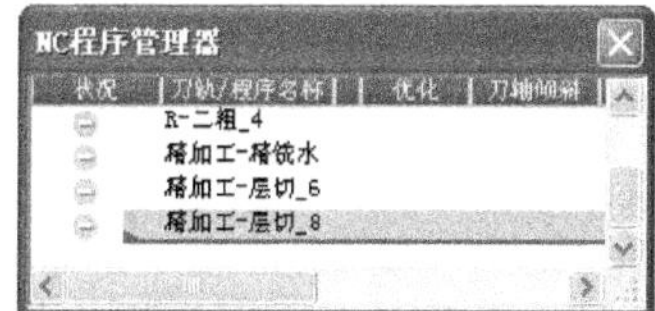

图 22-25　复制程序

（2）设置刀路参数。双击上一步复制产生的程序，在〖Procedure Wizard〗对话框中单击〖刀路参数〗按钮，然后修改如图 22-26 所示的参数，其他参数按默认设置。

图 22-26　设置刀路参数

（3）保存并关闭程序。在〖Procedure Wizard〗对话框中单击〖保存并关闭〗按钮，如图 22-27 所示。

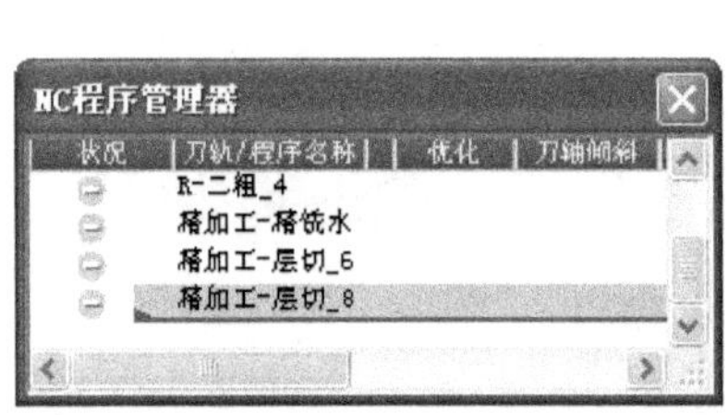

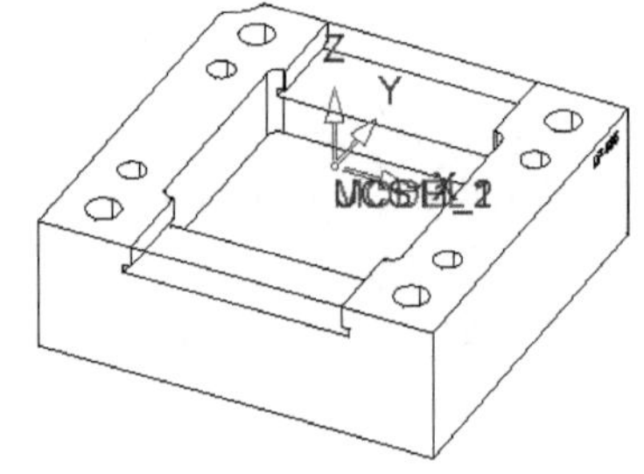

图 22-27　保存并关闭程序

22.6.7　计算程序

在〖NC 向导〗工具栏中单击按钮，弹出〖计算〗对话框，然后依次导入程序进行计算，结果如图 22-28 所示。

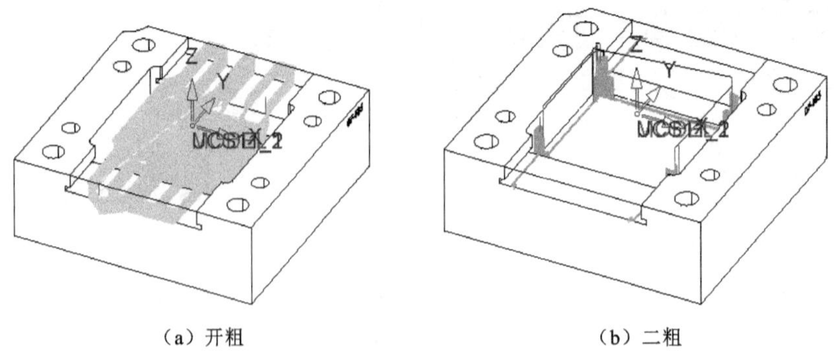

（a）开粗　（b）二粗

图 22-28　刀路计算

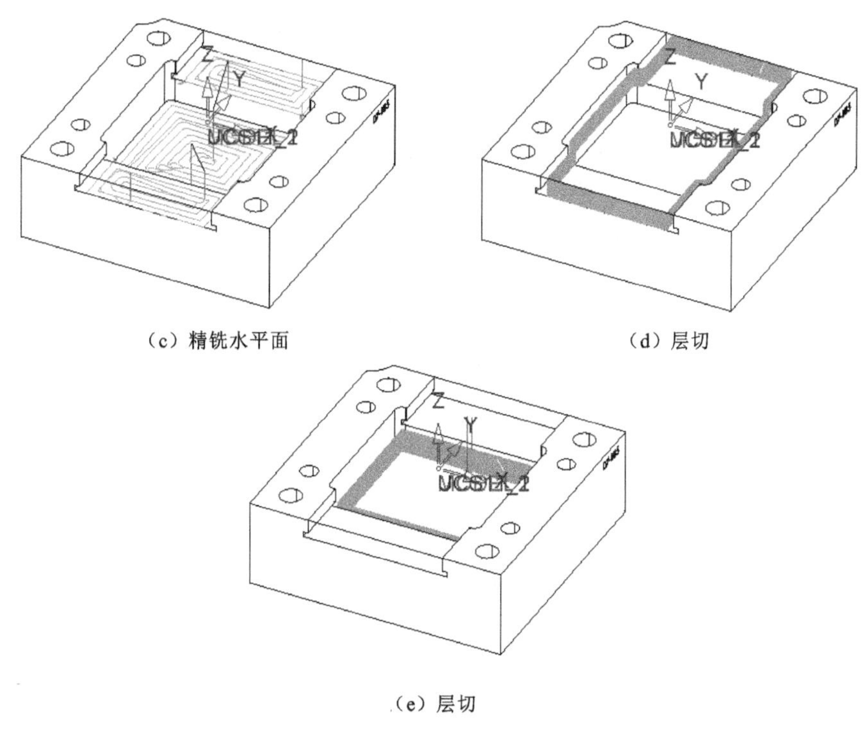

（c）精铣水平面　　（d）层切

（e）层切

图 22-28　刀路计算（续）

22.7　本章学习收获

通过本章的学习，读者必须掌握以下内容。

（1）编程前，应考虑工件的摆放及装夹方式，避免装夹与刀路干涉。

（2）编程时应该确定所有的加工策略方式，并将所有刀具创建好，然后再进行编程。

（3）方形的工件多采用平口钳夹具，圆形工件多采用爪形夹具。

（4）选择大圆角的飞刀进行加工中间是岛屿的平面时，型芯四周会留下圆角的余量，后面记得要补刀路将这些余量清除掉。

22.8　练习题

（1）打开光盘中的〖Lianxi/Ch22/B 板.elt〗文件，如图 22-29 所示，然后根据本章所学的知识进行编程加工。

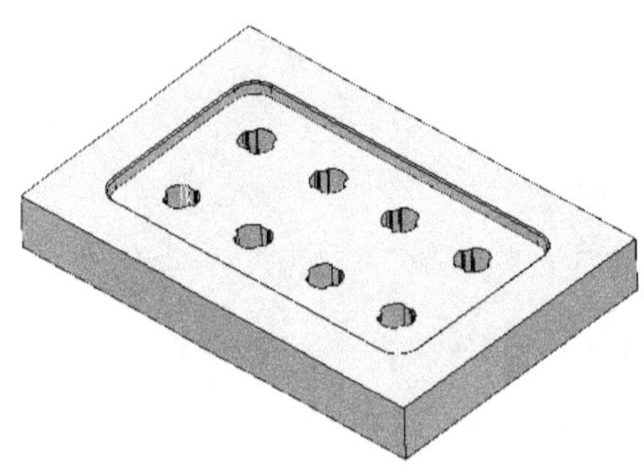

图 22-29　B 板.elt 文件

（2）打开光盘中的〖Lianxi/Ch22/型芯.elt〗文件，如图 22-30 所示，然后根据本章所学的知识进行编程加工。

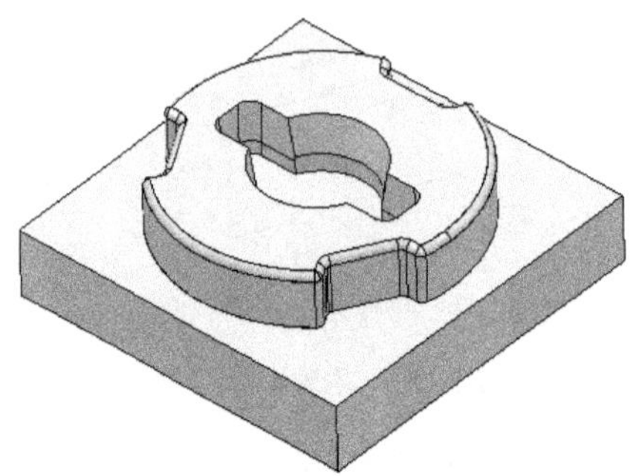

图 22-30　型芯.elt 文件

第23章

工厂编程案例——灯罩后模的编程

灯罩后模的加工难度不大，但表面精度要求较高。通过本章的学习，可以使读者切实掌握二次开粗的参数设置及应注意的问题。另外，还可以了解平坦区域平行铣在实际加工中的使用场合。

加工模型

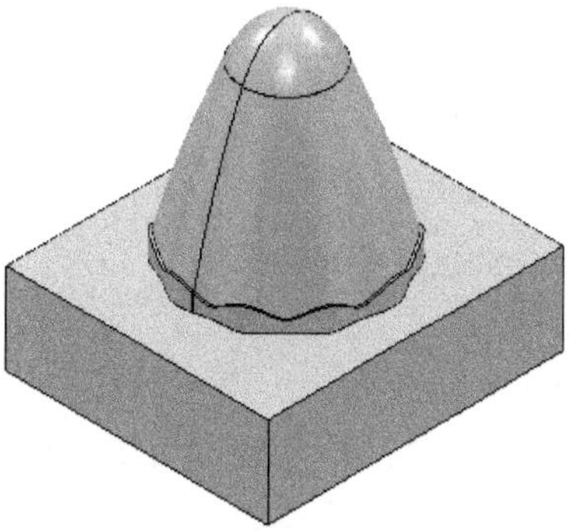

刀路模拟

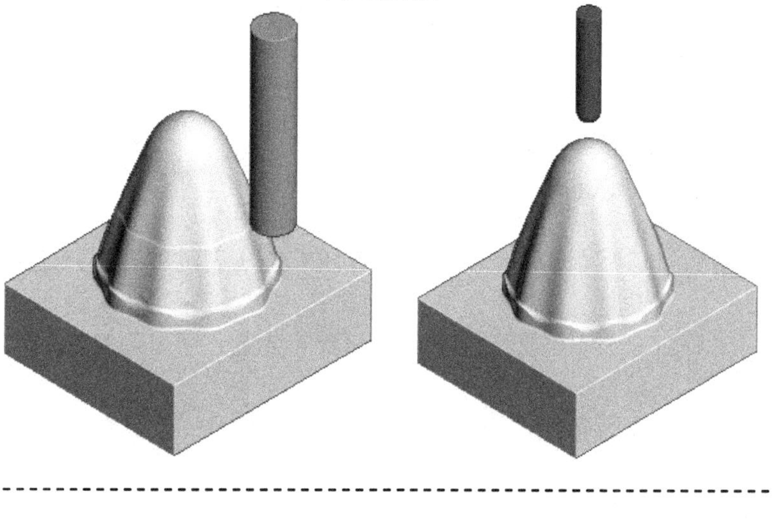

23.1 学习目标与课时安排

学习目标及学习内容

（1）掌握输入其他格式的文件到加工环境。

（2）掌握加工坐标的设置。

（3）*重点掌握平坦区域平行铣的加工方法。

学习课时安排（共 2 课时）

（1）工艺分析 0.5 课时。

（2）编程过程设置 1.5 课时。

23.2 编程前的工艺分析

（1）灯罩后模大小：100mm×88mm×100mm。

（2）最大加工深度：70mm。

（3）最小的凹圆角半径：0.5mm。

（4）是否需要电火花加工：后模中存在 0.5mm 的凹圆角，且凹圆角所处的深度较深，刀具强度不够，所以该处需要拆铜公电火花加工。

（5）是否需要线切割加工：不需要。

（6）需要使用的加工方法：环绕粗铣、二粗、根据角度精铣、精铣水平面和平坦区域平行铣。

23.3 编程思路及刀具的使用

（1）根据灯罩后模的形状和大小，选择 D30R5 的飞刀进行开粗加工，去除大部分的余量。

（2）开粗完成后，由于一些狭窄处还存在大量的余量，所以选择 D17R0.8 的飞刀进行二次开粗。

（3）选择 D17R0.8 的飞刀对型芯的侧面进行半精加工（中刀），为后面的精加工作准备。

（4）选择 D17R0.8 的飞刀进行底面精加工（光刀）。

（5）选择 R5 的球刀进行顶部平缓面的精加工（光刀）。

（6）选择 D17R0.8 的飞刀进行型芯侧面精加工（光刀）。

23.4 制订加工程序单

程 序 单

序　号	加工区域	程序名称	刀具名称	刀具长度	加工余量	加工方式
1	全部区域	环绕粗铣	D30R5	100	侧：0.4，底：0.15	粗加工
2	全部区域（开粗未加工到的部位）	二粗	D17R0.8	100	侧：0.45，底：0.15	二次开粗加工
3	陡峭侧面	根据角度精铣	D17R0.8	100	侧：0.15，底：0.15	半精加工（中刀）
4	底平面	精铣水平面	D17R0.8	100	侧：0.2，底：0	精加工（光刀）
5	顶部平缓面	平坦区域平行铣	R5	50	全部 0	精加工（光刀）
6	陡峭侧面	根据角度精铣	D17R0.8	100	侧：0.2，底：0.05	精加工（光刀）
模具装夹示意图						
四面分中 底面为 0						

23.5 编程前需要注意的问题

（1）确定型芯板为何种材料，切削性能如何。
（2）弄清楚刀具是否有足够的长度和强度，哪些部分需要电火花加工。
（3）根据产品图纸确定模具的加工尺寸精度及表面粗糙度。

23.6 编程详细操作步骤

灯罩后模的加工主要分为开粗加工、二次开粗加工、陡峭面半精加工、底面精加工、顶部面精加工和陡峭面精加工。

23.6.1 编程公共参数设置

（1）在桌面上双击图标打开 CimatronE 10.0 软件。
（2）输入编程模型。在菜单栏中选择〖文件〗/〖输入〗/〖从其他格式文件〗/〖创建

新的文件〗命令，弹出〖输入〗对话框。设置文件类型为"IGES (*.igs, *.iges)"，然后指定光盘中的〖Example\ Ch23\灯罩后模.igs〗文件进行输入，如图 23-1 所示。

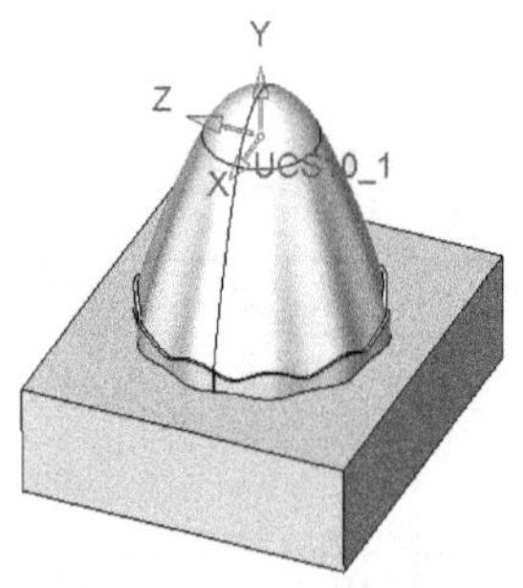

图 23-1　输入编程模型

编程工程师点评：

很明显输入模型的当前坐标并不能满足加工要求，所以需要创建新的坐标。

（3）创建加工坐标。在菜单栏中选择〖基准〗/〖坐标系〗/〖几何中心〗命令，弹出〖Feature Guide〗对话框，然后根据图 23-2 所示的步骤进行参数设置。

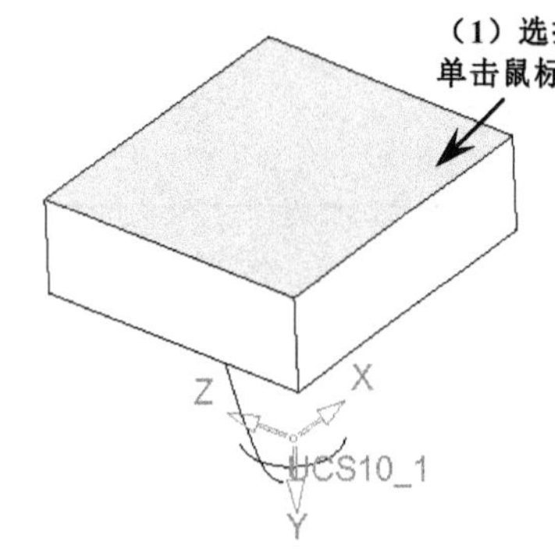

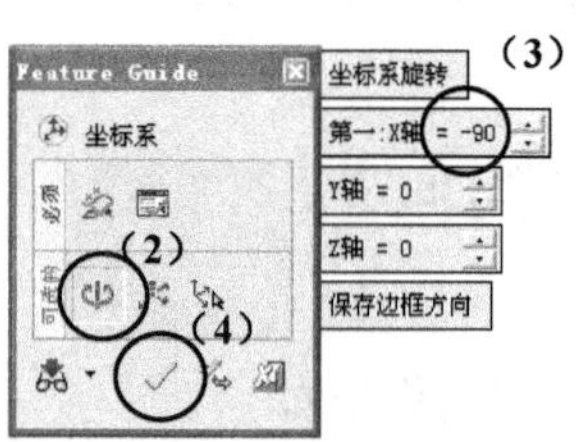

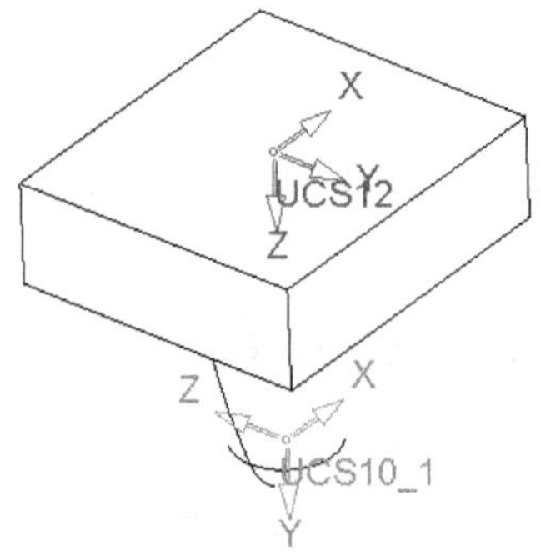

图 23-2　创建加工坐标

（4）激活坐标。在菜单栏中选择〖基准〗/〖坐标系〗/〖激活坐标系〗命令，然后选择上一步创建的坐标系。

已激活的坐标系颜色是红色的，而没激活的坐标系颜色是蓝色的。

（5）输出到加工环境。在菜单栏中选择〖文件〗/〖输出〗/〖至加工〗命令，接着在弹出的浮动菜单中选择"使用参考模型的激活坐标"选项，然后在〖Feature Guide〗对话框中单击〖确定〗✓按钮确定模型的摆放，如图 23-3 所示。

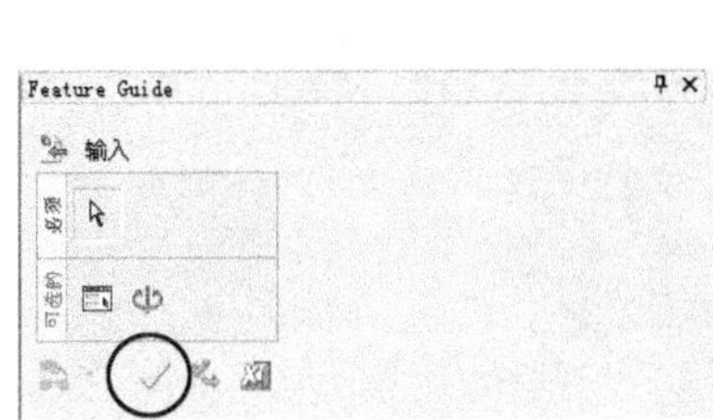

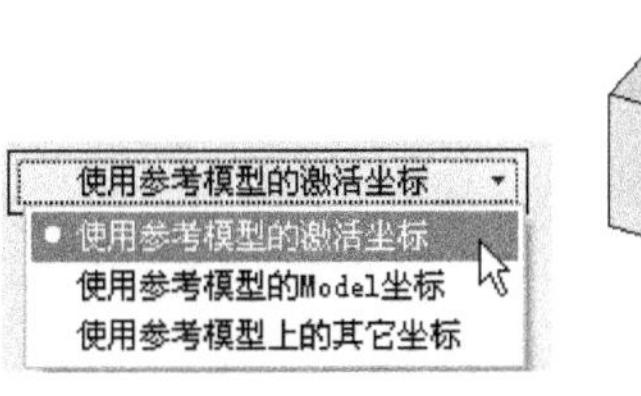

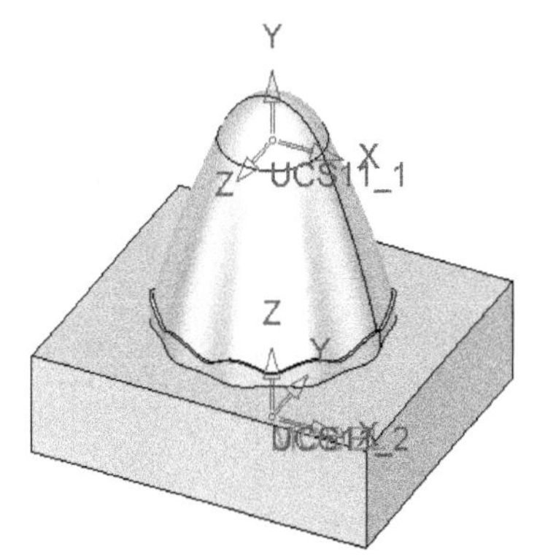

图 23-3　输入编程模型

要点提示 在〖查看〗工具栏中单击〖正等测〗按钮，如果其摆放效果如图 23-3 所示，则表示当前 Z 轴正方向的设置满足加工要求。

（6）创建刀具。在〖NC 向导〗工具栏中单击〖刀具〗按钮，弹出〖刀具及夹头〗对话框，接着单击按钮，创建如图 23-4 所示的三把刀具。

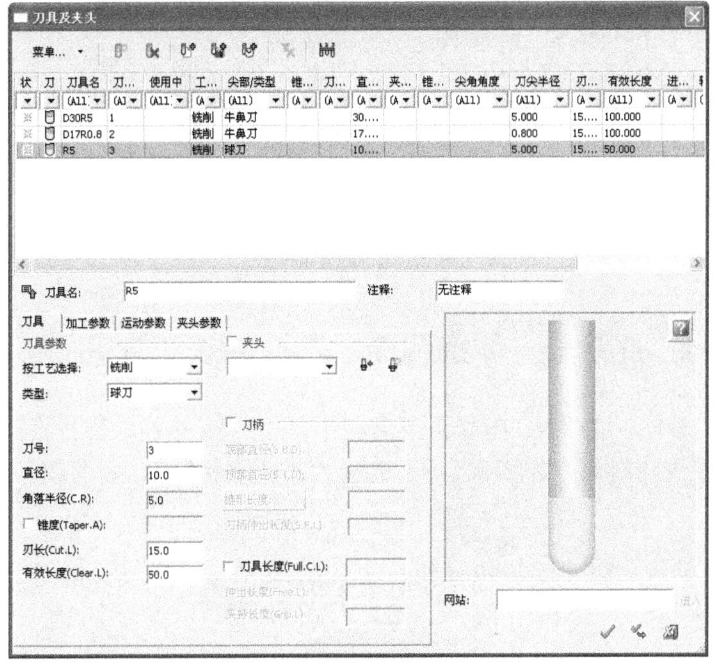

图 23-4　创建刀具

（7）设置刀轨和安全平面。在〖NC 向导〗工具栏中单击按钮，弹出〖创建刀轨〗对话框，然后设置如图 23-5 所示的参数，最后单击〖确定〗按钮完成特征操作。

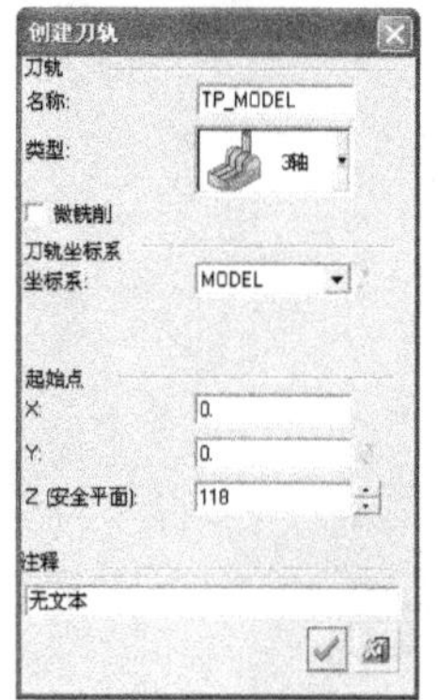

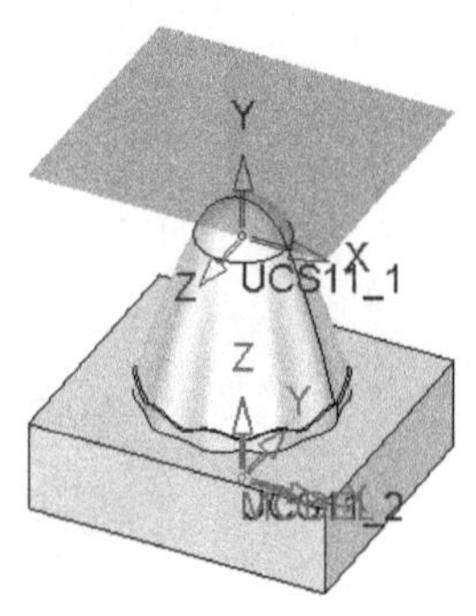

图 23-5　设置刀轨和安全平面

（8）创建毛坯。在〖NC 向导〗工具栏中单击 按钮，弹出〖Feature Guide〗对话框，然后设置如图 23-6 所示的参数，最后单击〖确定〗 按钮完成特征操作，如图 23-6 所示。

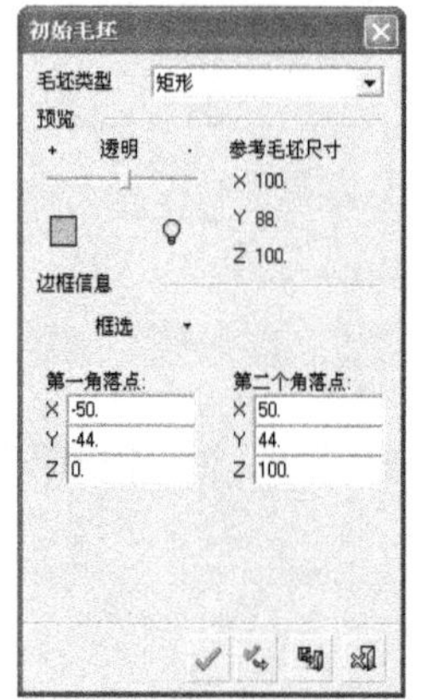

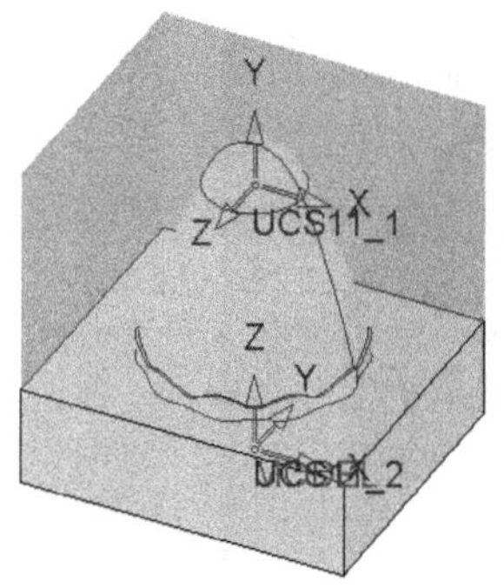

图 23-6　创建毛坯

23.6.2　开粗加工——环绕粗铣

（1）选择加工策略。在〖NC 向导〗工具栏中单击 按钮，弹出〖Procedure Wizard〗对话框，然后设置主选择为“体积铣”，子选择为“环绕粗铣”，如图 23-7 所示。

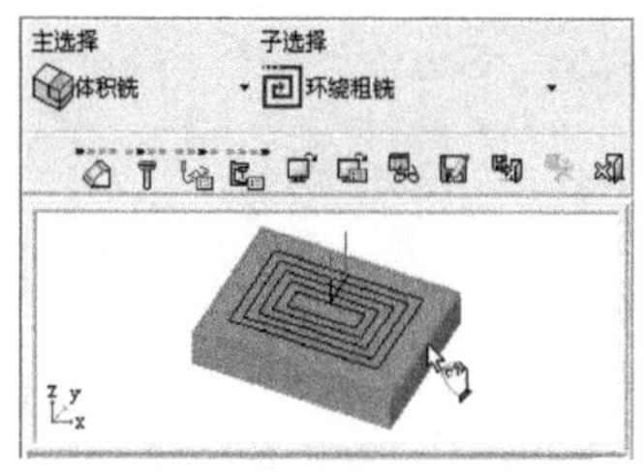

图 23-7　选择加工策略

（2）选择加工轮廓。不关闭〖Procedure Wizard〗对话框，然后根据图 23-8 所示的步骤进行参数设置。

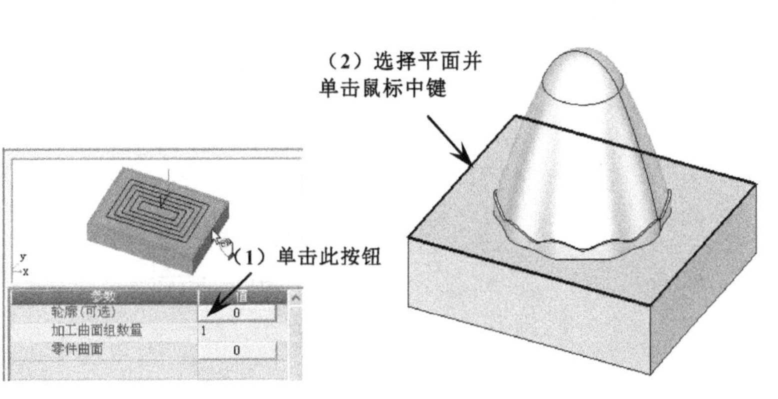

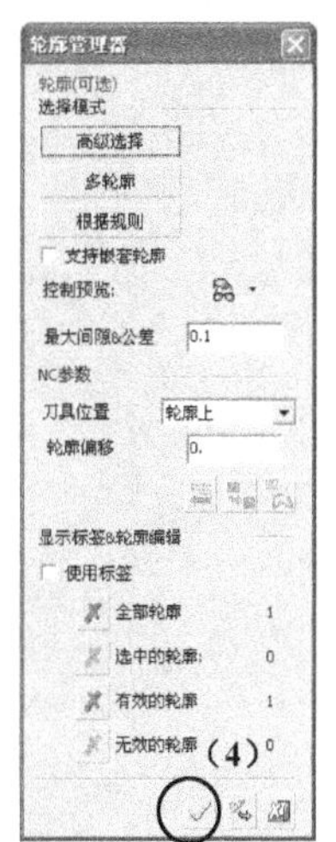

图 23-8　选择加工轮廓

> **要点提示** 为了方便程序的创建，可单击〖切换到 CAD 模式〗按钮回到零件设计界面，并在“集合”中隐藏坐标系，然后单击〖切换到 CAM 模式〗按钮回到编程环境。

（3）选择加工曲面。不关闭〖Procedure Wizard〗对话框，然后根据图 23-9 所示的步骤进行参数设置。

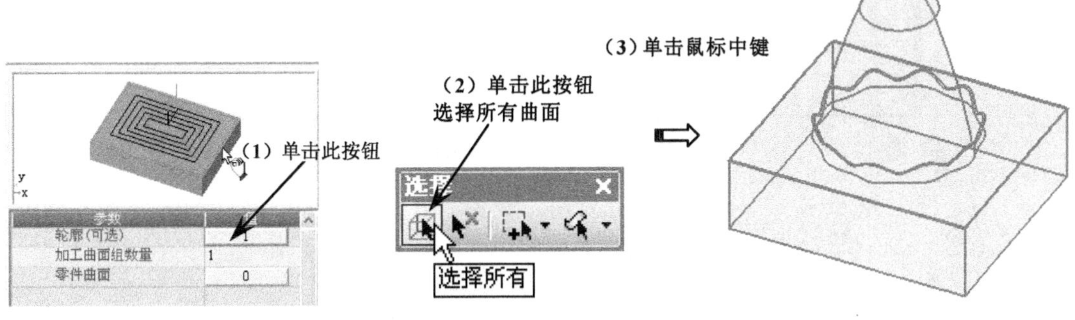

图 23-9　选择加工曲面

（4）选择刀具。在〖Procedure Wizard〗对话框中单击〖刀具〗按钮，弹出〖刀具和夹头〗对话框，然后选择刀具名为“D30R5”的刀具并双击鼠标左键进行选择。

（5）设置刀路参数。在〖Procedure Wizard〗对话框中单击〖刀路参数〗按钮，然后设置如图 23-10 所示的参数，其他参数按默认设置。

（6）设置机床参数。在〖Procedure Wizard〗对话框中单击〖机床参数〗按钮，然后设置如图 23-11 所示的参数，其他参数按默认设置。

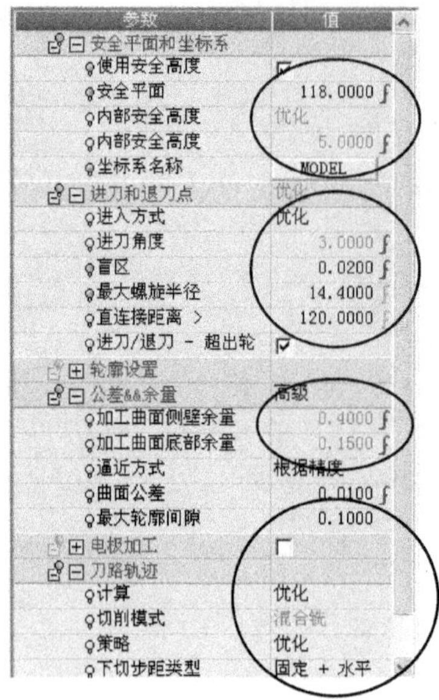

图 23-10　设置刀路参数

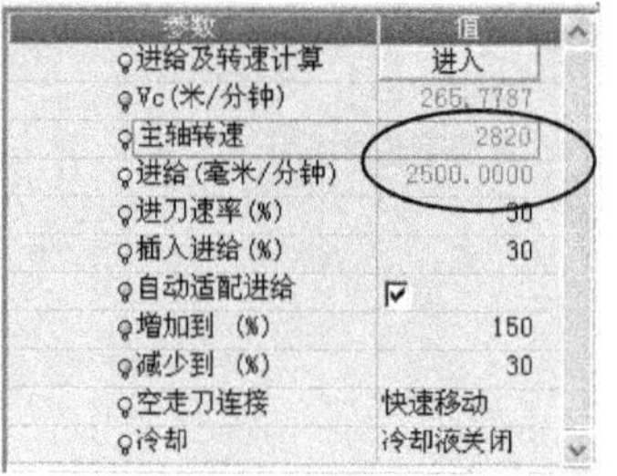

图 23-11　设置机床参数

（7）保存并关闭程序。在〖Procedure Wizard〗对话框中单击〖保存并关闭〗按钮，如图 23-12 所示。

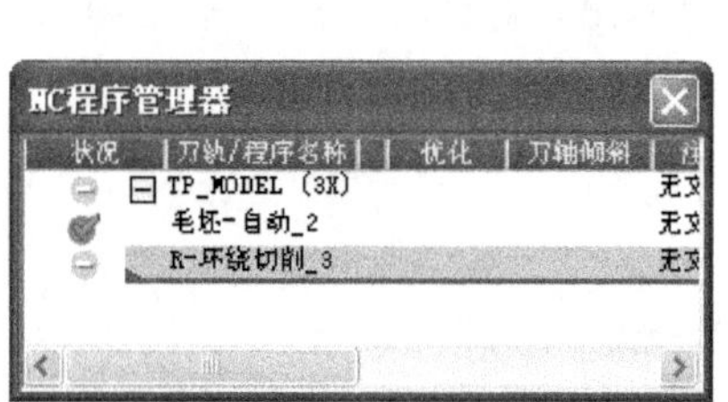

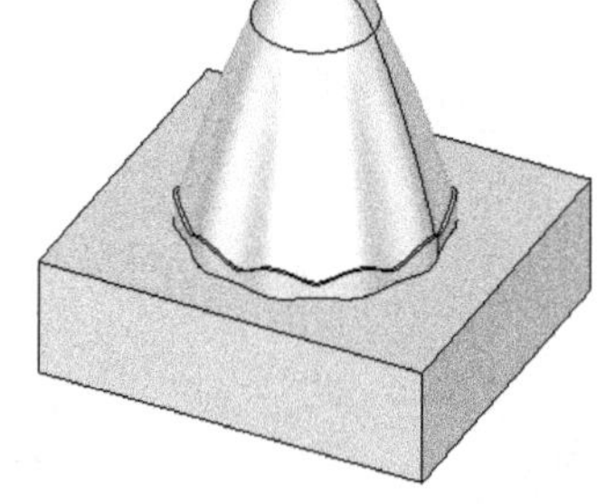

图 23-12　保存并关闭程序

23.6.3　二次开粗——二粗

（1）选择加工策略。在〖NC 向导〗工具栏中单击按钮，弹出〖Procedure Wizard〗对话框，然后设置主选择为“体积铣”，子选择为“二粗”，如图 23-13 所示。

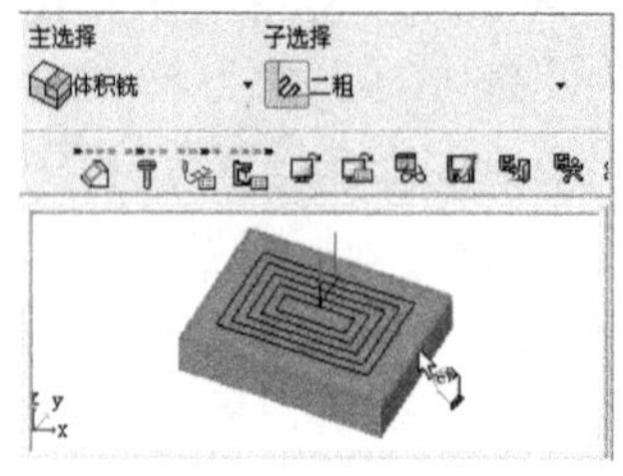

图 23-13　选择加工策略

（2）选择刀具。在〖Procedure Wizard〗对话框中单击〖刀具〗按钮，弹出〖刀具和夹头〗对话框，然后选择刀具名为“D17R0.8”的刀具并双击鼠标左键进行选择。

（3）设置刀路参数。在〖Procedure Wizard〗对话框中单击〖刀路参数〗按钮，然后设置如图 23-14 所示的参数，其他参数按默认设置。

（4）设置机床参数。在〖Procedure Wizard〗对话框中单击〖机床参数〗按钮，然后设置如图 23-15 所示的参数，其他参数按默认设置。

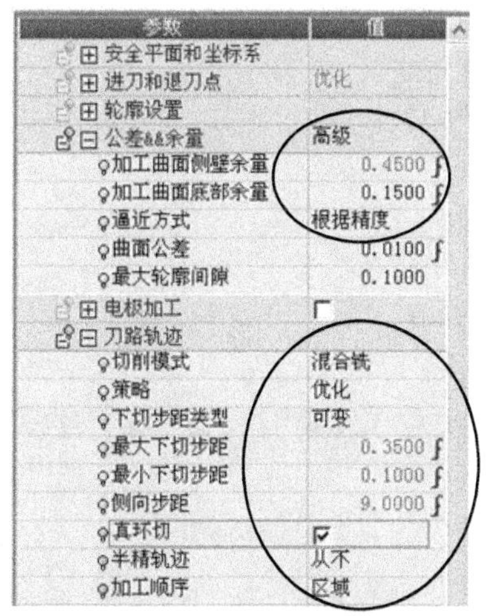

图 23-14　设置刀路参数

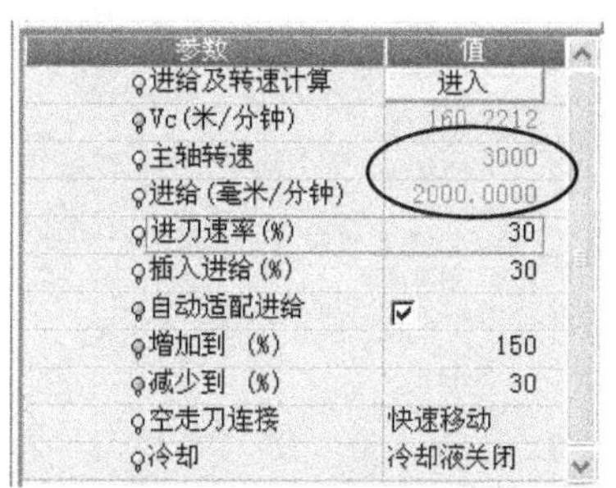

图 23-15　设置机床参数

（5）保存并关闭程序。在〖Procedure Wizard〗对话框中单击〖保存并关闭〗按钮，结果如图 23-16 所示。

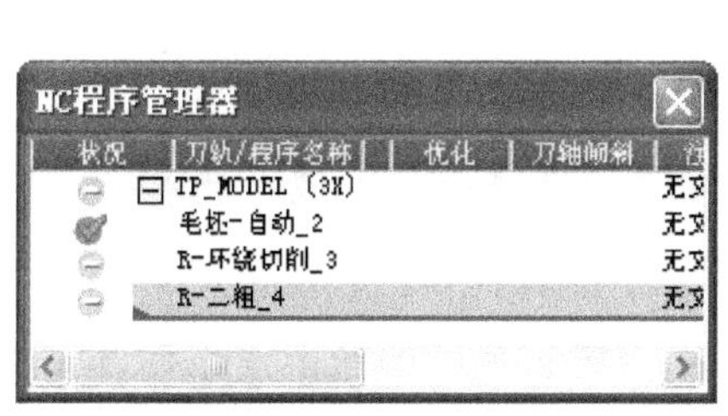

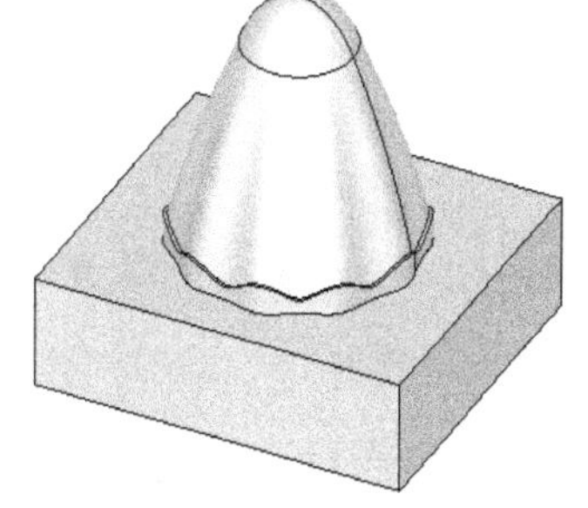

图 23-16　二次开粗结果

23.6.4　陡峭面半精加工——根据角度精铣

（1）选择加工策略。在〖NC 向导〗工具栏中单击按钮，弹出〖Procedure Wizard〗对话框，然后设置主选择为“曲面铣削”，子选择为“根据角度精铣”，如图 23-17 所示。

（2）设置刀路参数。在〖Procedure Wizard〗对话框中单击〖刀路参数〗按钮，然后设置如图 23-18 所示的参数，其他参数按默认设置。

（3）设置机床参数。在〖Procedure Wizard〗对话框中单击〖机床参数〗按钮，然后设置如图 23-19 所示的参数，其他参数按默认设置。

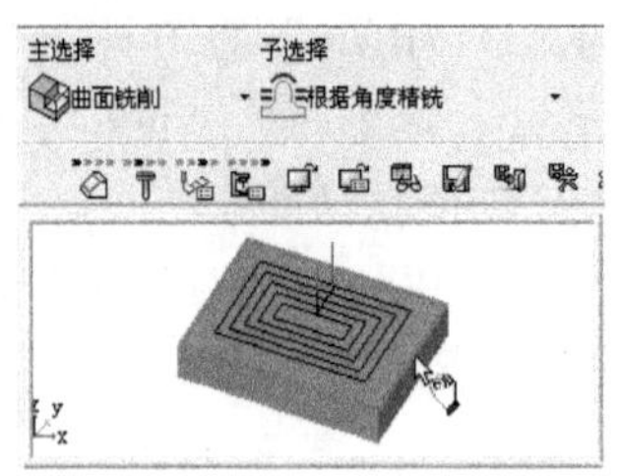

图 23-17　选择加工策略

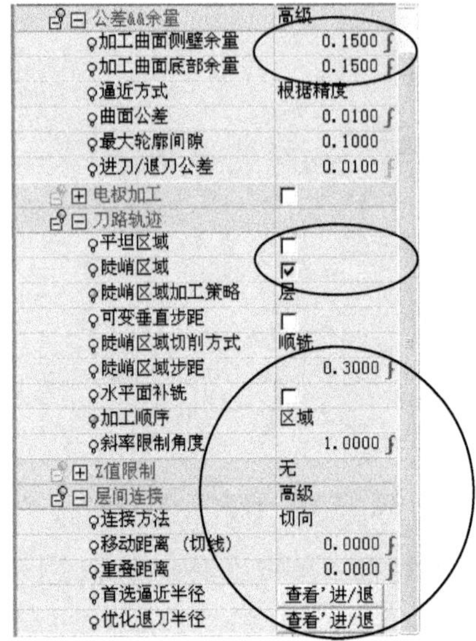

图 23-18　设置刀路参数

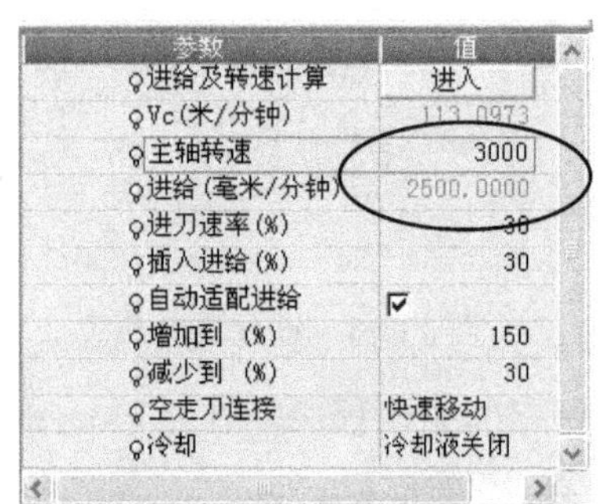

图 23-19　设置机床参数

编程工程师点评：

这里只对陡峭的区域进行半精加工，所以需勾选“陡峭区域”选项，并设置斜率限制角度来保证不加工平面。

（4）保存并关闭程序。在〖Procedure Wizard〗对话框中单击〖保存并关闭〗按钮，结果如图 23-20 所示。

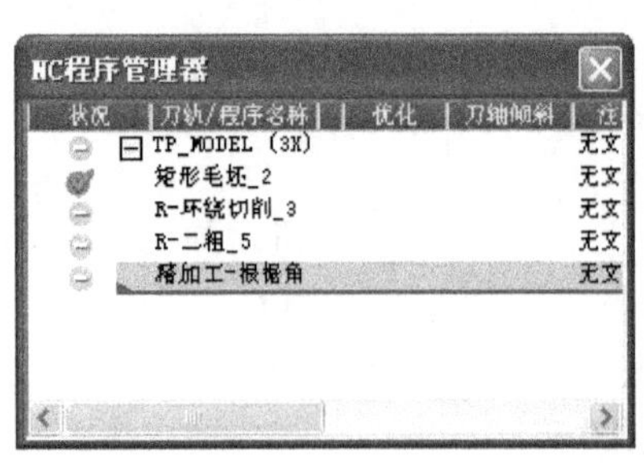

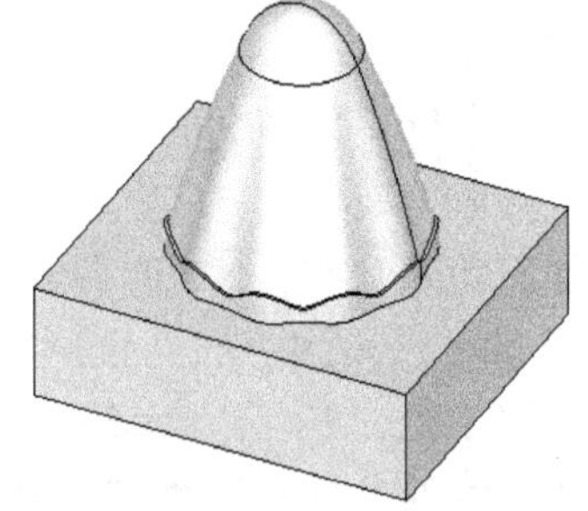

图 23-20　半精加工结果

23.6.5 底面精加工——精铣水平面

（1）选择加工策略。在〖NC 向导〗工具栏中单击 按钮，弹出〖Procedure Wizard〗对话框，然后设置主选择为“曲面铣削”，子选择为“精铣水平面”，如图 23-21 所示。

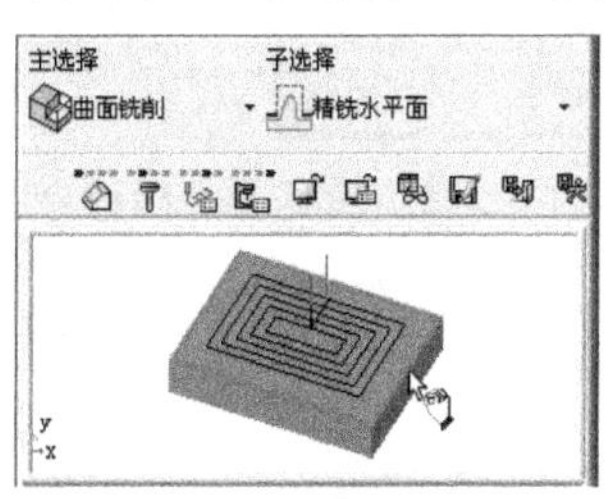

图 23-21 选择加工策略

（2）设置刀路参数。在〖Procedure Wizard〗对话框中单击〖刀路参数〗 按钮，然后设置如图 23-22 所示的参数，其他参数按默认设置。

（3）设置机床参数。在〖Procedure Wizard〗对话框中单击〖机床参数〗 按钮，然后设置如图 23-23 所示的参数，其他参数按默认设置。

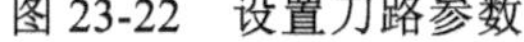

图 23-22 设置刀路参数

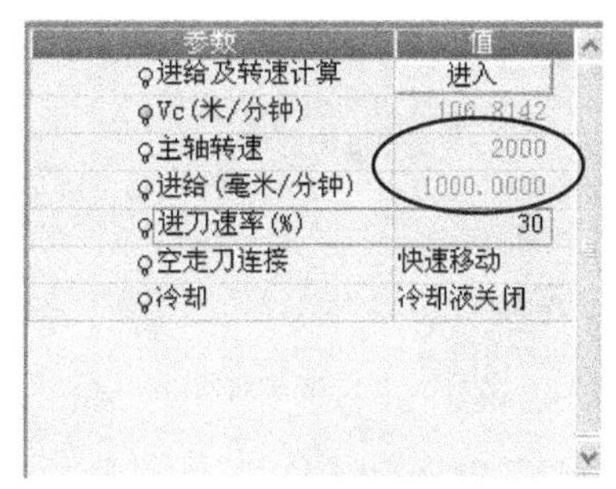

图 23-23 设置机床参数

编程工程师点评：

由于该模型中只存在一个高度的平面，所以不需要进行“Z 值限制”设置。

（4）保存并关闭程序。在〖Procedure Wizard〗对话框中单击〖保存并关闭〗 按钮，如图 23-24 所示。

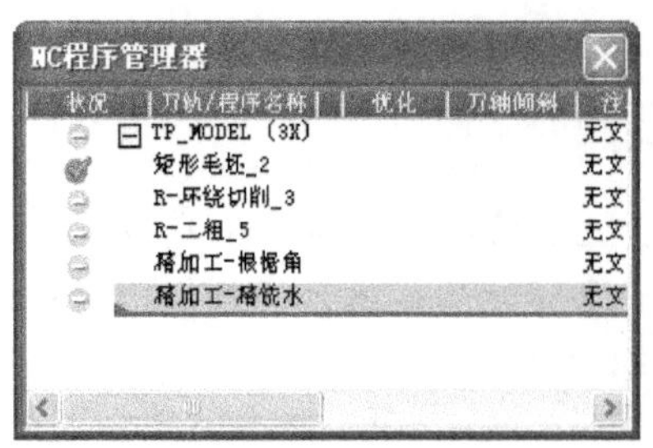
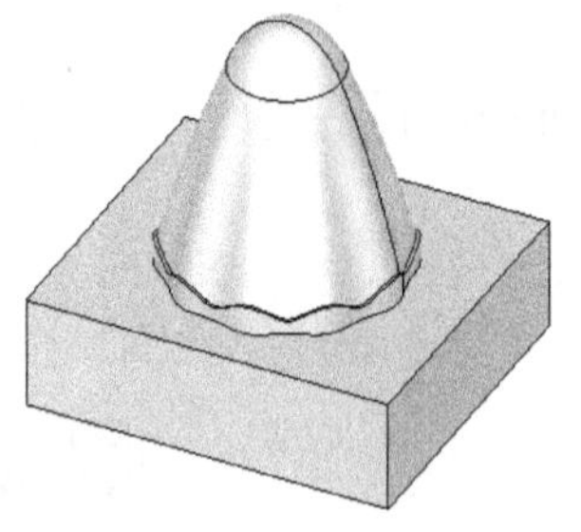

图 23-24 保存并关闭程序

23.6.6 顶部曲面精加工——平坦区域平行铣

（1）选择加工策略。在〖NC 向导〗工具栏中单击 按钮，弹出〖Procedure Wizard〗对话框，然后设置主选择为“曲面铣削”，子选择为“平坦区域平行铣”，如图 23-25 所示。

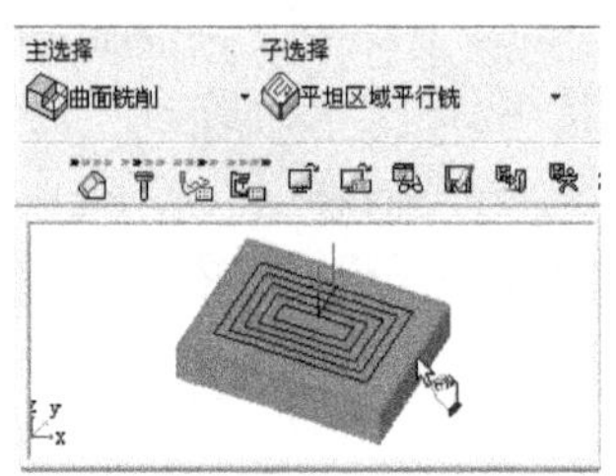

图 23-25 选择加工策略

（2）选择刀具。在〖Procedure Wizard〗对话框中单击〖刀具〗按钮，弹出〖刀具和夹头〗对话框，然后选择刀具名为“R5”的刀具并双击鼠标左键进行选择。

（3）重新选择加工曲面。不关闭〖Procedure Wizard〗对话框，然后根据图 23-26 所示的步骤进行参数设置。

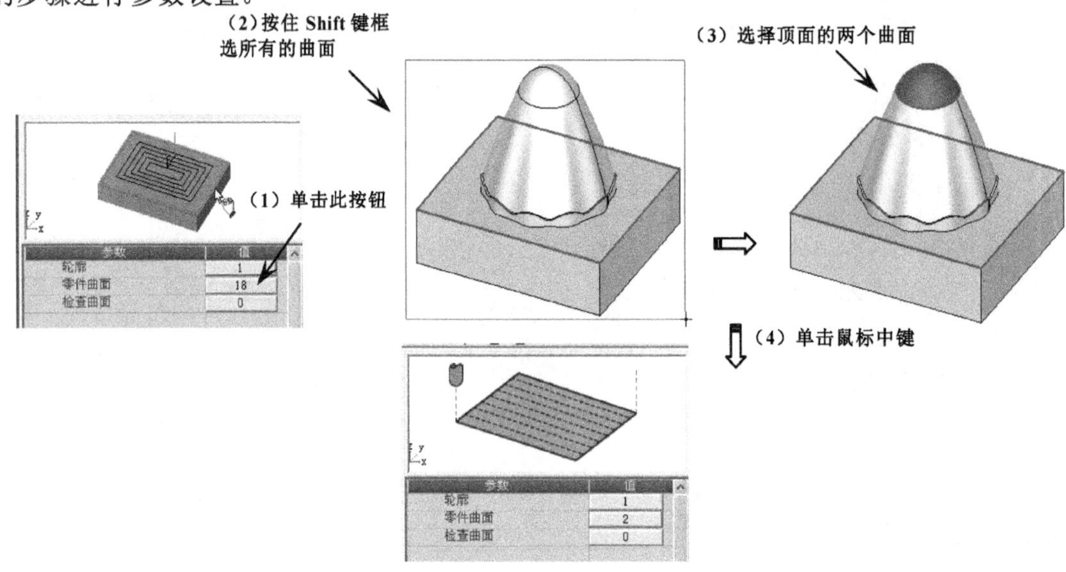

图 23-26 选择加工曲面

编程工程师点评：

该处不能选择所有的曲面作为加工面，否则会在平面上产生不必要的刀路。

（4）设置刀路参数。在〖Procedure Wizard〗对话框中单击〖刀路参数〗按钮，然后设置如图 23-27 所示的参数，其他参数按默认设置。

（5）设置机床参数。在〖Procedure Wizard〗对话框中单击〖机床参数〗按钮，然后设置如图 23-28 所示的参数，其他参数按默认设置。

图 23-27　设置刀路参数

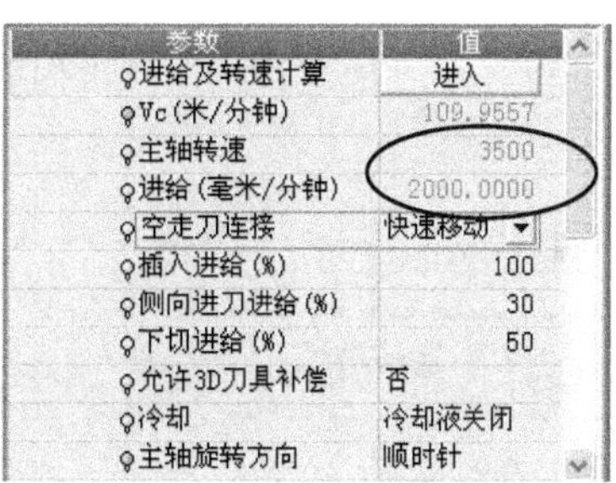

图 23-28　设置机床参数

编程工程师点评：

1. 由于该程序是加工顶部的平缓区域，所以需设置平缓区域的加工角度。

2. 由于顶部的余量会稍大些，所以侧向步距应设置得小些，从而保证刀具的受力和顶面的加工质量。

（6）保存并关闭程序。在〖Procedure Wizard〗对话框中单击〖保存并关闭〗按钮，如图 23-29 所示。

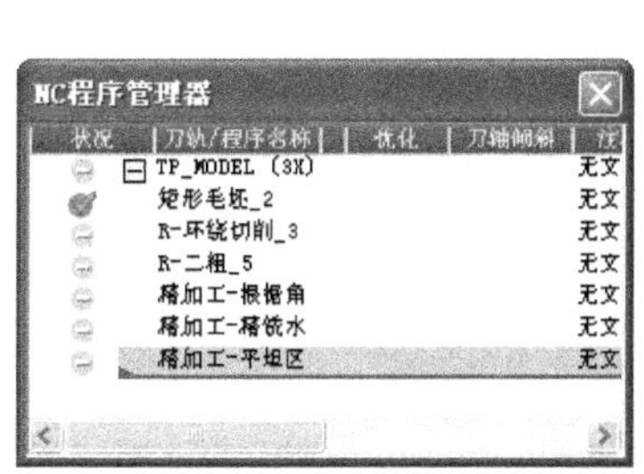

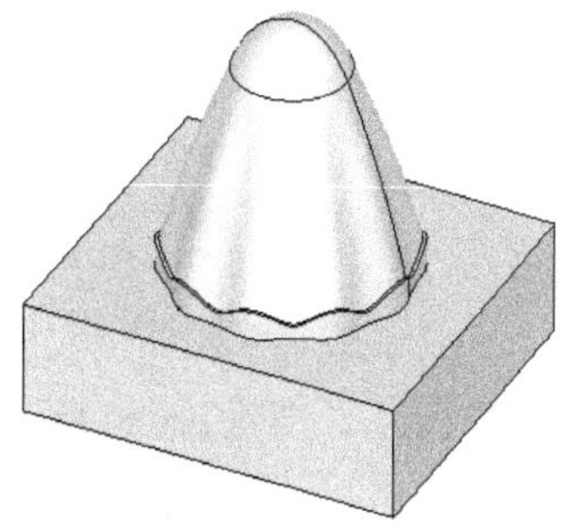

图 23-29　保存并关闭程序

23.6.7 陡峭面精加工——根据角度精铣

（1）复制程序。选择上一步创建的程序并单击鼠标右键，接着在弹出的〖右键〗菜单中依次选择“复制”和“粘贴”命令，如图 23-30 所示。

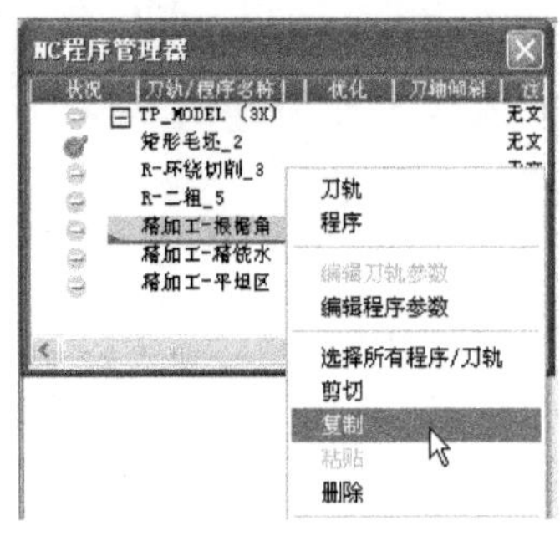
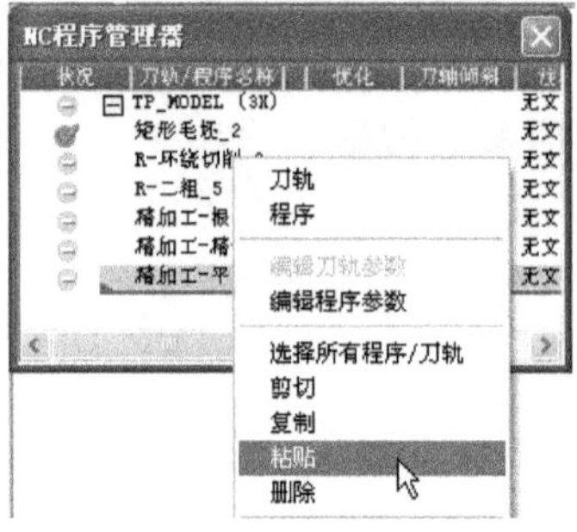
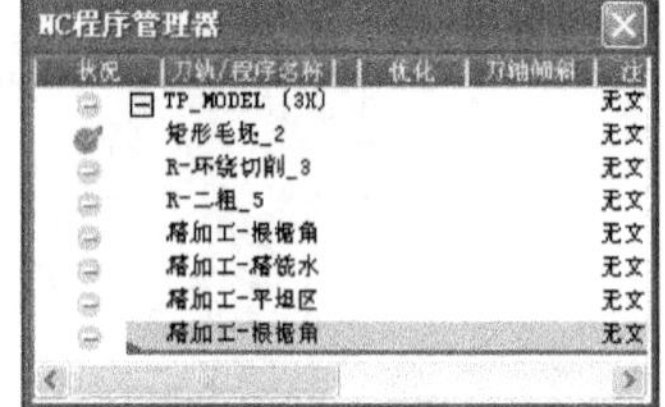

图 23-30 复制程序

要点提示 由于复制的刀路需在“平坦区域平行铣”名称的后面，所以粘贴程序时要选择“平坦区域平行铣”名称并单击鼠标右键。

（2）设置刀路参数。双击上一步复制产生的程序，在〖Procedure Wizard〗对话框中单击〖刀路参数〗按钮，然后修改如图 23-31 所示的参数，其他参数按默认设置。

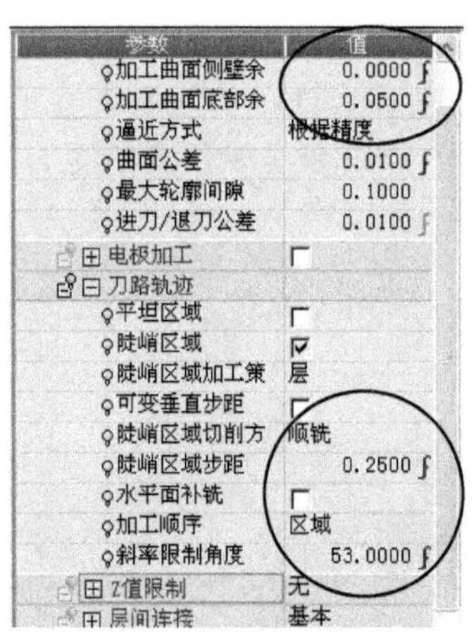

图 23-31 设置刀路参数

（3）保存并关闭程序。在〖Procedure Wizard〗对话框中单击〖保存并关闭〗按钮，如图 23-32 所示。

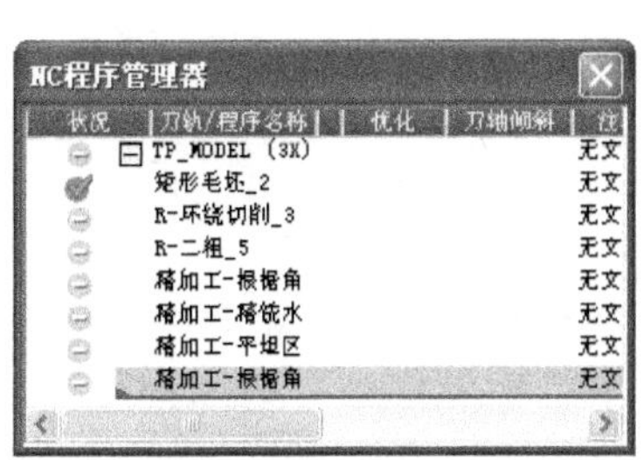

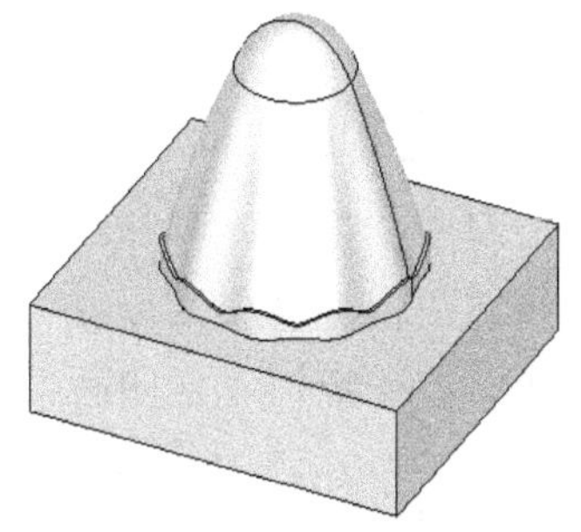

图 23-32 保存并关闭程序

23.6.8 计算程序

在〖NC 向导〗工具栏中单击 按钮，弹出〖计算〗对话框，然后依次导入程序进行计算，结果如图 23-33 所示。

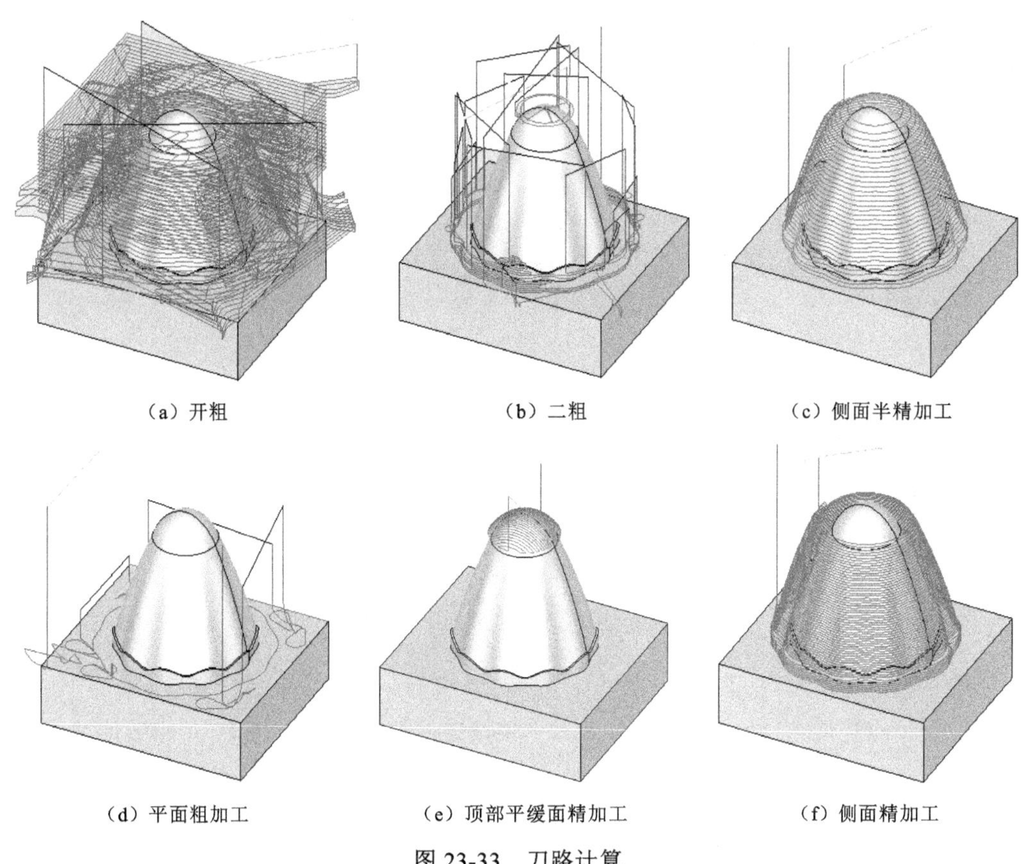

（a）开粗　（b）二粗　（c）侧面半精加工

（d）平面粗加工　（e）顶部平缓面精加工　（f）侧面精加工

图 23-33 刀路计算

23.7 本章学习收获

通过本章的学习，读者必须掌握以下内容。

（1）二次开粗时，一定要注意侧面余量的设置要稍大于开粗时的侧面余量设置。

（2）要学会看刀路，明确清楚模型中加工不到位的部位，容易造成过切或断刀等的部位，从而合理使用刀具和设置加工参数。

（3）使用大直径刀具进行加工时，其下切深度和步距可设置大些；当使用小直径刀具进行加工时，则应设置小步距和较小的下切深度，否则易造成弹刀过切或损坏刀具。

23.8 练习题

打开光盘中的〖Lianxi/Ch23/型芯.elt〗文件，如图 23-34 所示，然后根据本章所学的知识进行编程加工。

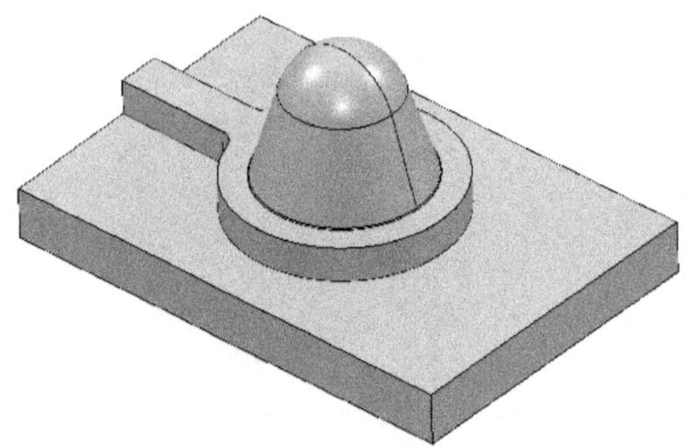

图 23-34 型芯

第24章

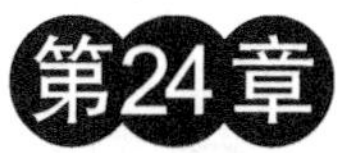

工厂编程案例——保龄球前模的编程

保龄球前模的编程比较简单，尺寸要求不高，但表面光洁度要求较高。本章具有一定的代表性，编程初学者学完本章后即可对 CimatronE 编程思路有总体的认识，并可掌握一定的加工工艺知识。

保龄球后模模型

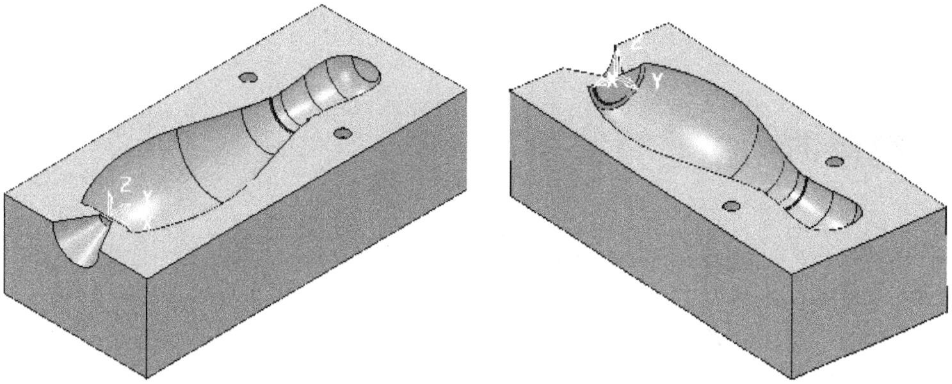

实体模拟过程

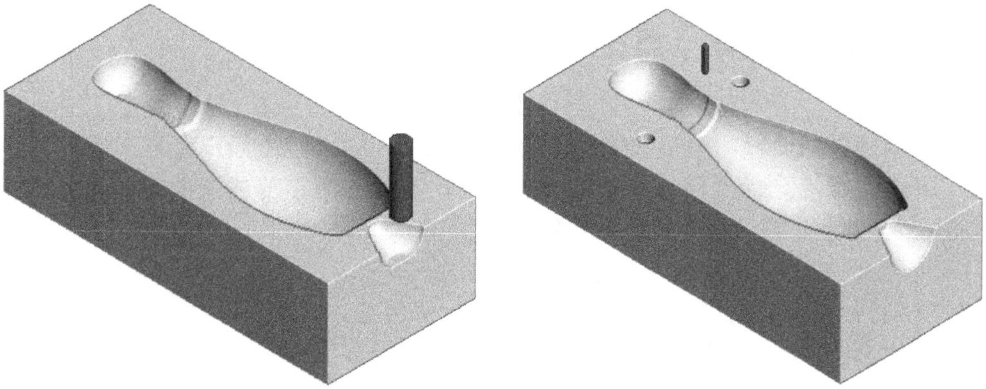

24.1 学习目标与课时安排

学习目标及学习内容

（1）掌握输入其他格式的文件到加工环境。

（2）掌握加工坐标的设置。

（3）*重点掌握曲面 2 的意义及设置。

（4）*重点掌握清根刀路的设置。

（5）*重点掌握平行切削 3D 刀路的设置。

学习课时安排（共 2 课时）

（1）工艺分析 0.5 课时。

（2）编程过程设置 1.5 课时。

24.2 编程前的工艺分析

（1）模型大小：255mm×115mm×67mm。

（2）装夹设备：平口钳。

（3）最大加工深度：约为 21mm。

（4）最小凹圆角半径：0.6mm，但不需要清成 0.6mm 的半径。

24.3 编程思路及刀具的使用

（1）根据保龄球后模的大小和形状，选择 D13R0.8 的飞刀进行开粗。

（2）开粗完成后，由于模型的结构比较简单，不存在某个部位留下较多余量的情况，则可使用 D10 的合金刀进行陡峭区域半精加工。

（3）使用 R4 的球刀对平坦区域进行半精加工。

（4）使用新的 R4 的球刀对腔体所有曲面进行精加工。

（5）使用 D6 的合金刀对模型上的两个孔进行加工。

（6）使用 R2 的球刀进行清角加工。

24.4 制订加工程序单

程 序 单

加工区域	程序名称	刀具名称	刀具长度	加工余量	加工方法
全部区域	环绕粗铣	D13R0.8	50	侧：0.4，底：0.15	粗加工
陡峭区域	根据角度精铣	D10	30	侧：0.15，底：0.15	半精加工（中光）
平坦区域	平坦区域平行铣	R4	30	0.15	精加工
腔体曲面	平行切削 3D	R4	30	0	精加工
两端曲面	层切	R4	30	0	粗加工
两个小孔	层切	D6	30	0	精加工
凹圆角	清根	R2	25	0（但没清到位）	精加工

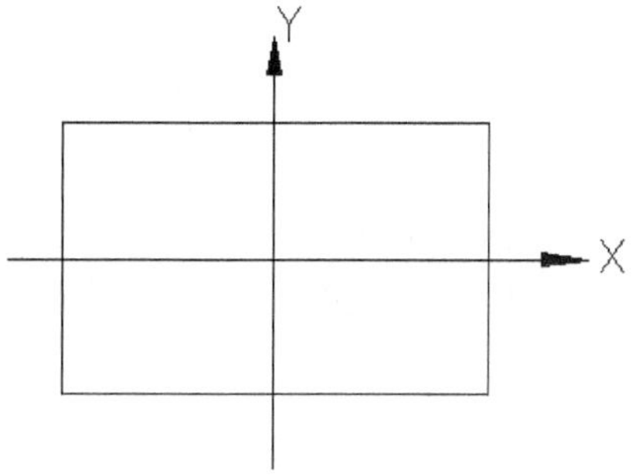

Y
X
四面分中
对顶为 0

24.5 编程前需要注意的问题

（1）工件如何装夹？加工时刀具是否会撞到夹具？

（2）旋转工件使加工面朝上，并创建用户坐标系，且用户坐标在工件顶面的中心上。

24.6 编程详细操作步骤

保龄球前模的加工主要分为开粗加工、侧面半精加工、平坦区域半精加工、腔体精加工、狭窄区域精加工、两小孔加工和清角加工。

24.6.1 编程公共参数设置

（1）在桌面上双击图标打开 CimatronE 10.0 软件。

（2）输入编程模型。在菜单栏中选择〖文件〗/〖输入〗/〖从其他格式文件〗/〖创建新的文件〗命令，弹出〖输入〗对话框。设置文件类型为“IGES (*.igs, *.iges)”，然后指定光盘中的〖Example\ Ch24\保龄球前模.igs〗文件输入，如图 24-1 所示。

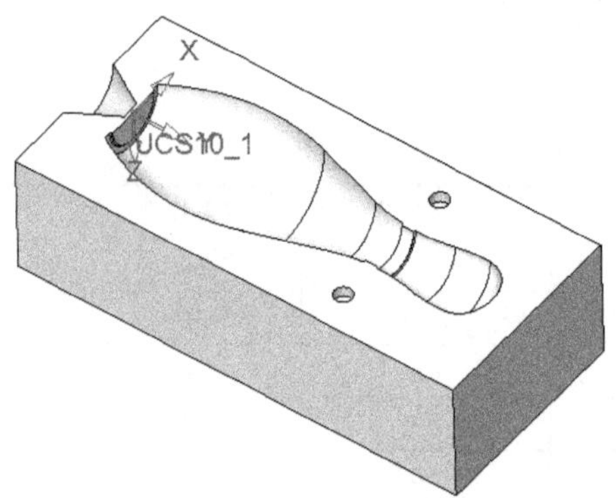

图 24-1　输入编程模型

编程工程师点评：

很明显输入模型的当前坐标并不能满足加工要求，所以需要创建新的坐标。

（3）创建加工坐标。在菜单栏中选择〖基准〗/〖坐标系〗/〖几何中心〗命令，弹出〖Feature Guide〗对话框，然后根据图 24-2 所示的步骤进行参数设置。

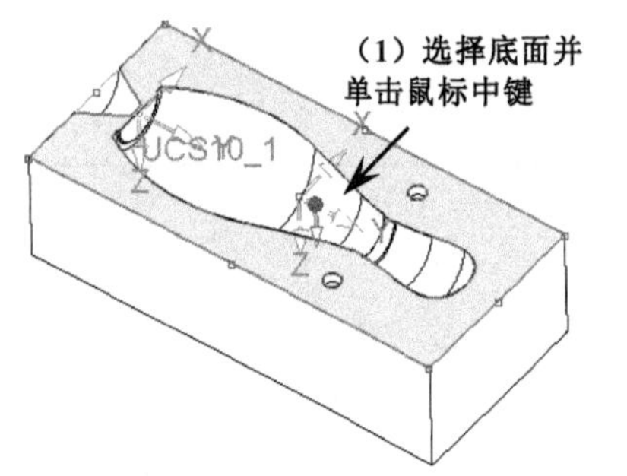

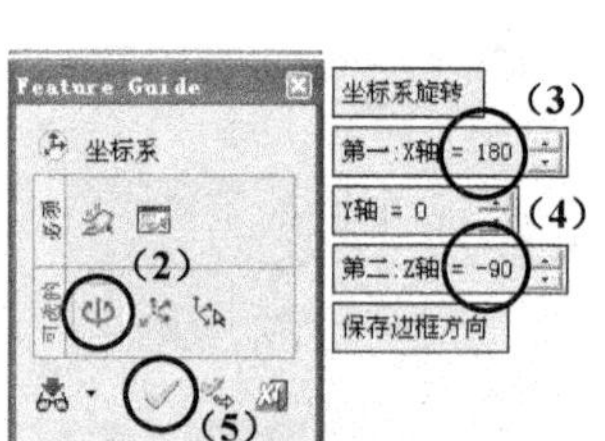

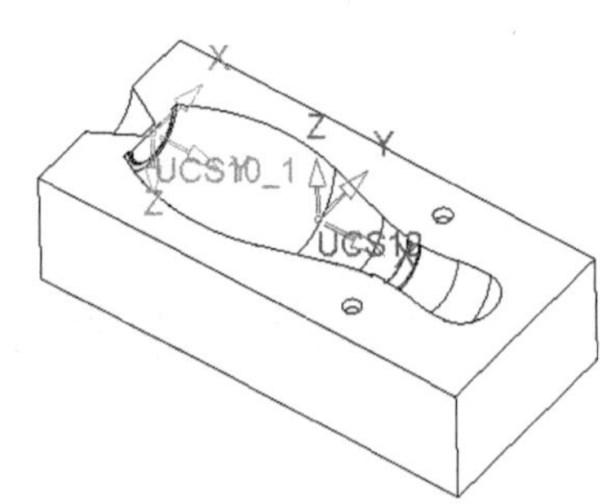

图 24-2　创建加工坐标

（4）激活和隐藏坐标。在菜单栏中选择〖基准〗/〖坐标系〗/〖激活坐标系〗命令，接着选择上一步创建的坐标系，然后隐藏两坐标，如图 24-3 所示。

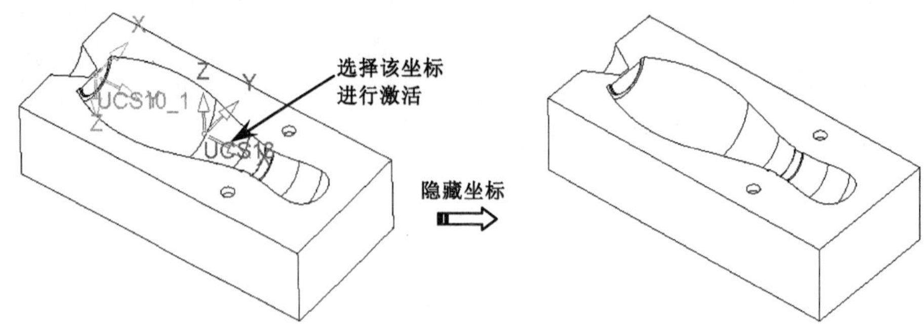

图 24-3　激活和隐藏坐标

（5）输出到加工环境。在菜单栏中选择〖文件〗/〖输出〗/〖至加工〗命令，接着在弹出的浮动菜单中选择“使用参考模型的激活坐标”选项，然后在〖Feature Guide〗对话框中单击〖确定〗✓按钮确定模型的摆放，如图 24-4 所示。

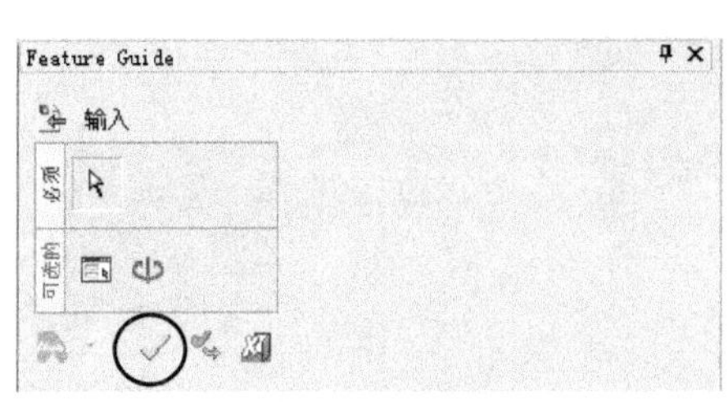

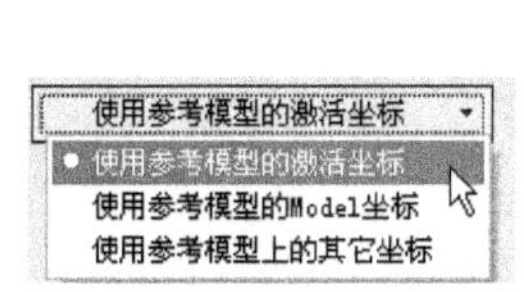

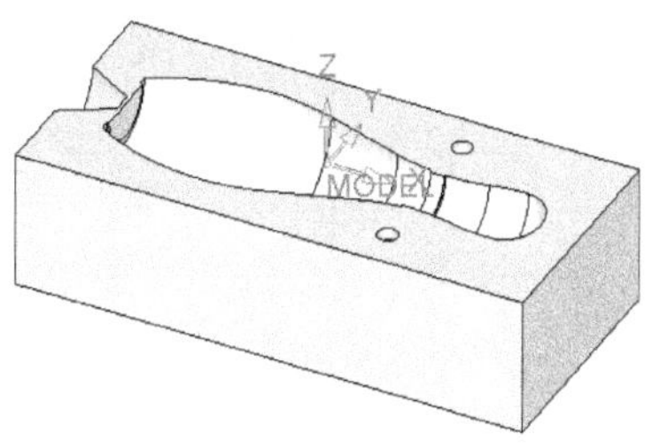

图 24-4　输入编程模型

（6）创建刀具。在〖NC 向导〗工具栏中单击〖刀具〗按钮，弹出〖刀具及夹头〗对话框，接着单击按钮，然后创建如图 24-5 所示的五把刀具。

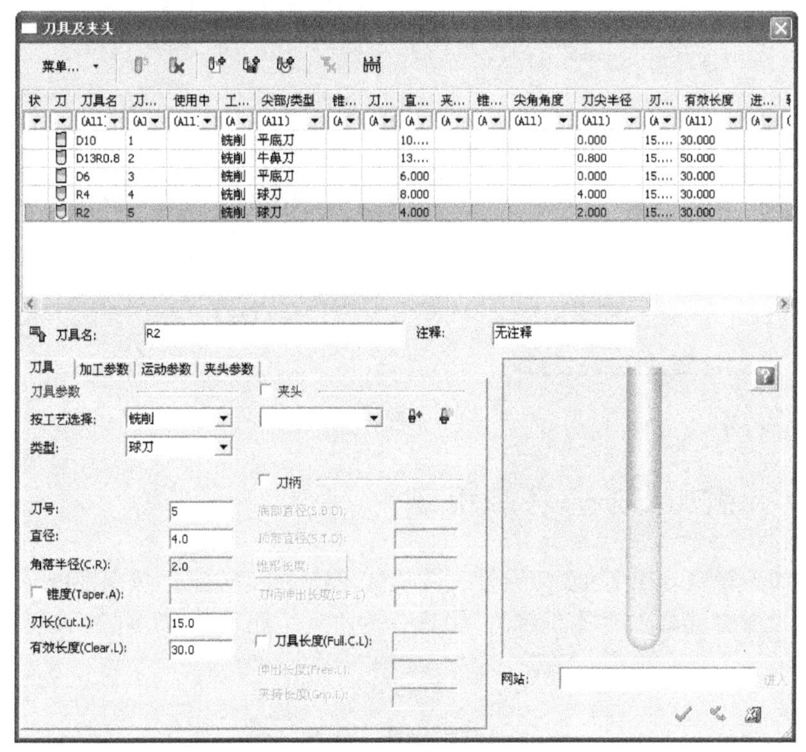

图 24-5　创建刀具

（7）设置刀轨和安全平面。在〖NC 向导〗工具栏中单击按钮，弹出〖创建刀轨〗对话框，然后设置如图 24-6 所示的参数，最后单击〖确定〗✓按钮完成特征操作。

（8）创建毛坯。在〖NC 向导〗工具栏中单击按钮，弹出〖Feature Guide〗对话框，然后设置如图 24-7 所示的参数，最后单击〖确定〗✓按钮。

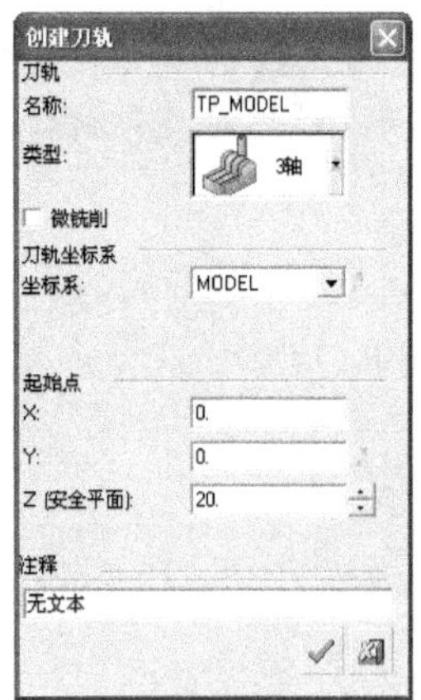

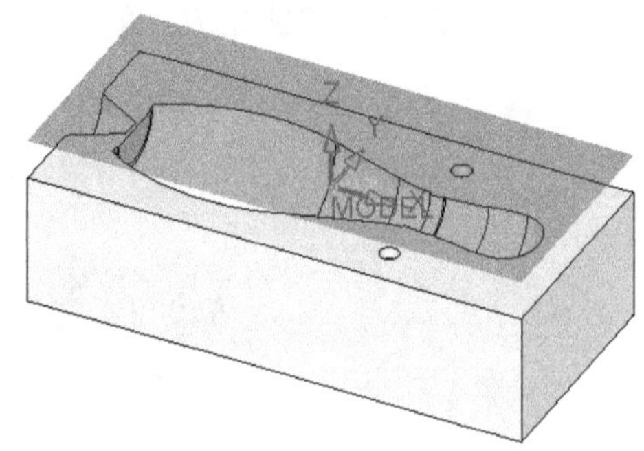

图 24-6　设置刀轨和安全平面

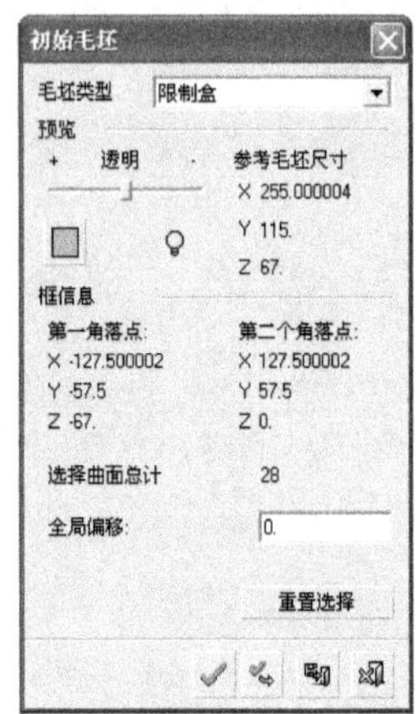

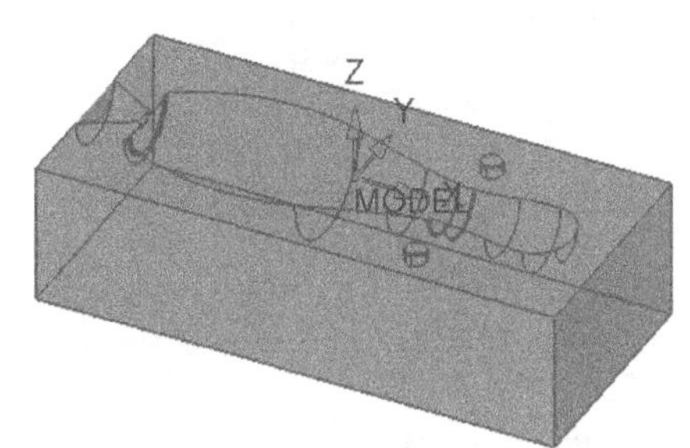

图 24-7　创建毛坯

24.6.2　开粗加工——环绕粗铣

（1）选择加工策略。在〖NC 向导〗工具栏中单击 按钮，弹出〖Procedure Wizard〗对话框，然后设置主选择为“体积铣”，子选择为“环绕粗铣”，如图 24-8 所示。

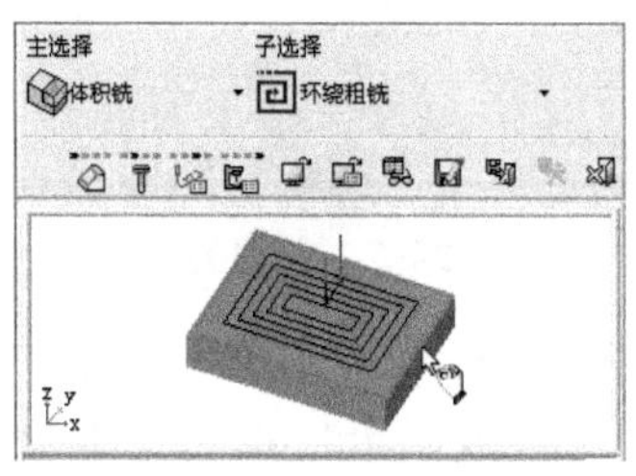

图 24-8　选择加工策略

（2）选择加工轮廓。不关闭〖Procedure Wizard〗对话框，然后根据图 24-9 所示的步骤进行参数设置。

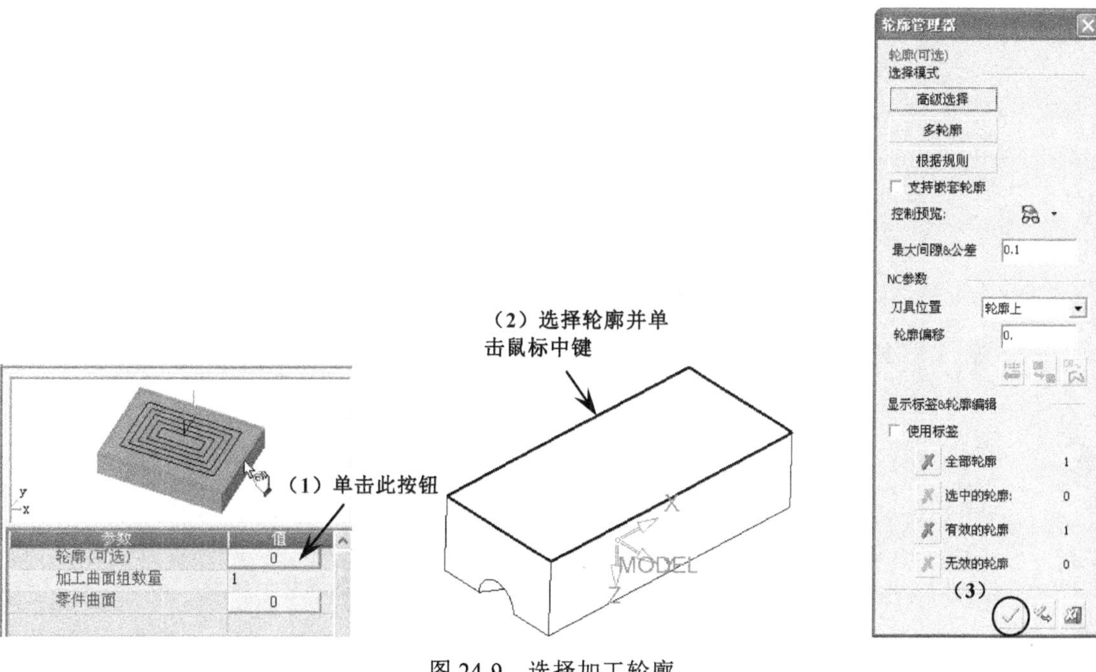

图 24-9 选择加工轮廓

（3）选择加工曲面。不关闭〖Procedure Wizard〗对话框，然后根据图 24-10 所示的步骤进行参数设置。

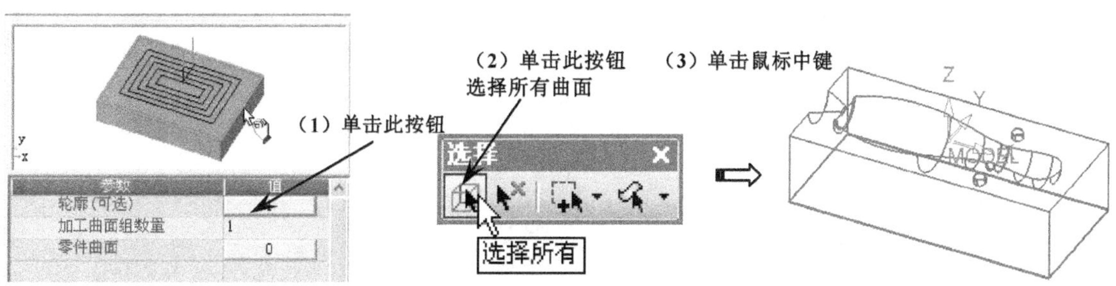

图 24-10 选择加工曲面

（4）选择刀具。在〖Procedure Wizard〗对话框中单击〖刀具〗按钮，弹出〖刀具和夹头〗对话框，然后选择刀具名为“D13R0.8”的刀具并双击鼠标左键进行选择。

（5）设置刀路参数。在〖Procedure Wizard〗对话框中单击〖刀路参数〗按钮，然后设置如图 24-11 所示的参数，其他参数按默认设置。

（6）设置机床参数。在〖Procedure Wizard〗对话框中单击〖机床参数〗按钮，然后设置如图 24-12 所示的参数，其他参数按默认设置。

（7）保存并关闭程序。在〖Procedure Wizard〗对话框中单击〖保存并关闭〗按钮，如图 24-13 所示。

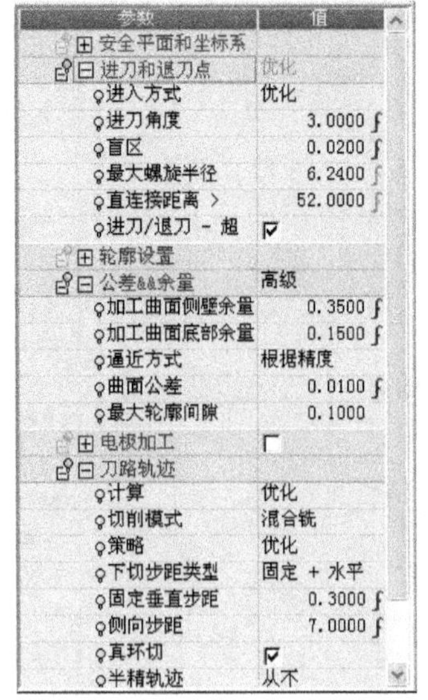

图 24-11　设置刀路参数

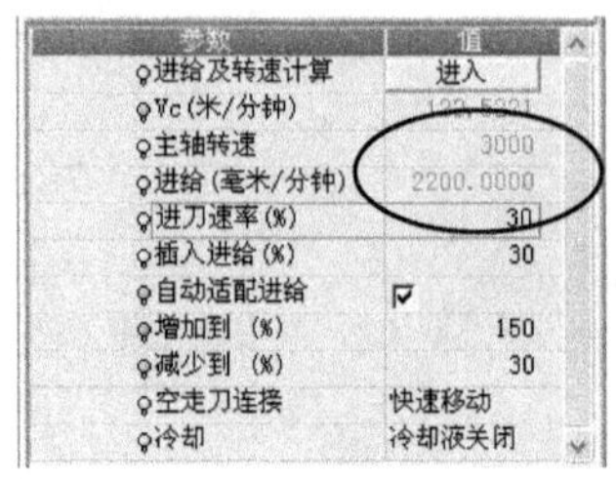

图 24-12　设置机床参数

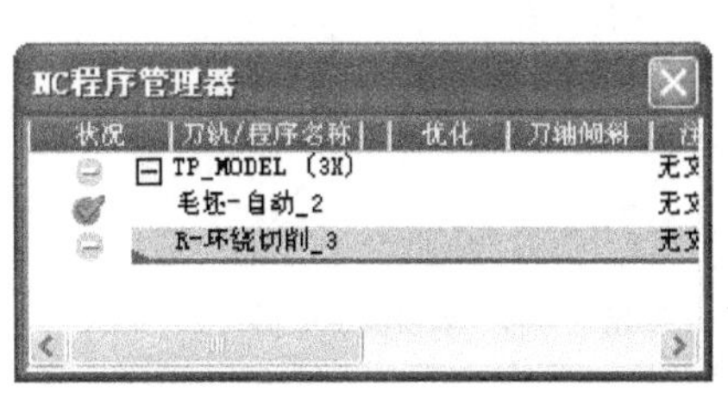

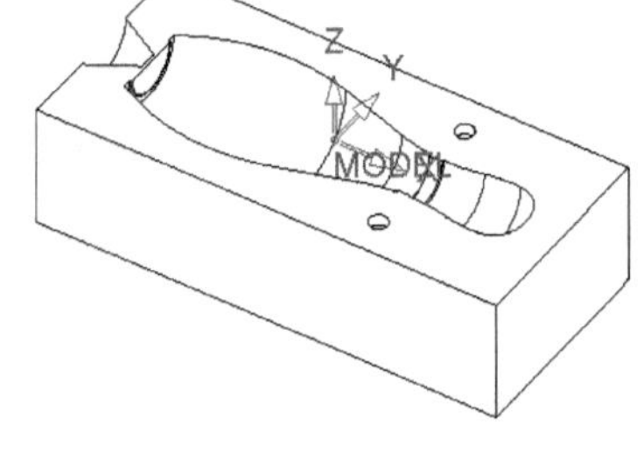

图 24-13　保存并关闭程序

24.6.3　陡峭面半精加工——根据角度精铣

（1）选择加工策略。在〖NC 向导〗工具栏中单击 按钮，弹出〖Procedure Wizard〗对话框，然后设置主选择为“曲面铣削”，子选择为“根据角度精铣”，如图 24-14 所示。

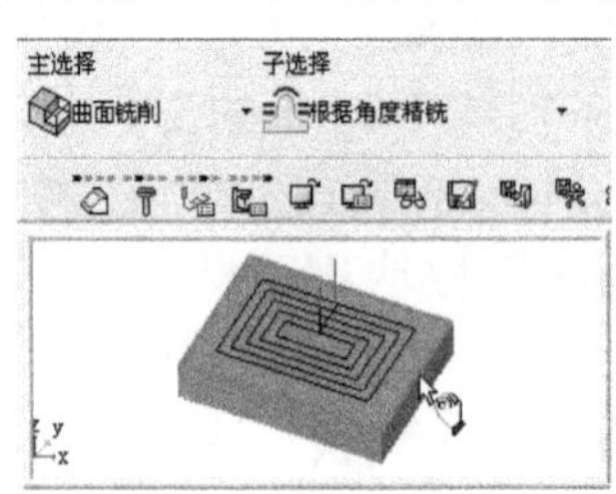

图 24-14　选择加工策略

（2）选择刀具。在〖Procedure Wizard〗对话框中单击〖刀具〗 按钮，弹出〖刀具和夹头〗对话框，然后选择刀具名为“D10”的刀具并双击鼠标左键进行选择。

（3）设置刀路参数。在〖Procedure Wizard〗对话框中单击〖刀路参数〗 按钮，然后设置如图 24-15 所示的参数，其他参数按默认设置。

（4）设置机床参数。在〖Procedure Wizard〗对话框中单击〖机床参数〗按钮，然后设置如图 24-16 所示的参数，其他参数按默认设置。

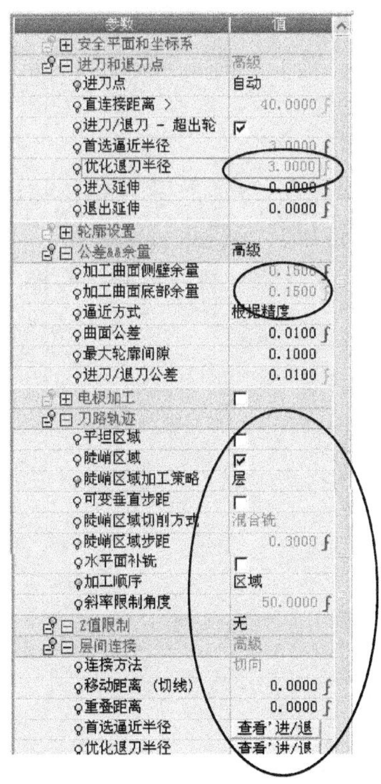

图 24-15　设置刀路参数

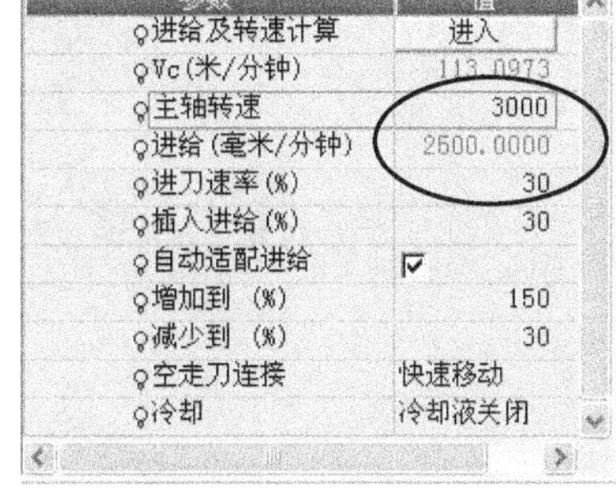

图 24-16　设置机床参数

（5）保存并关闭程序。在〖Procedure Wizard〗对话框中单击〖保存并关闭〗按钮，如图 24-17 所示。

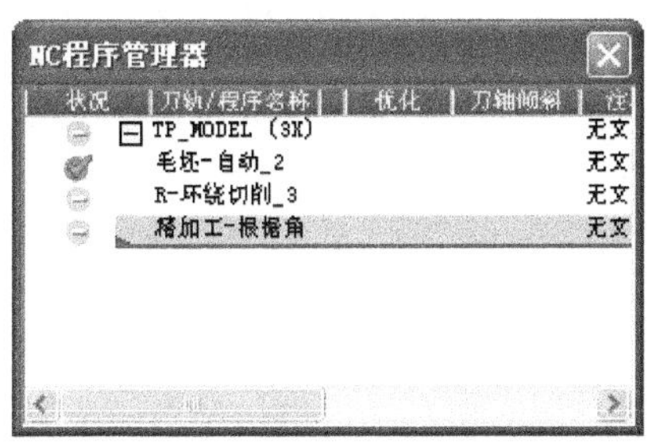

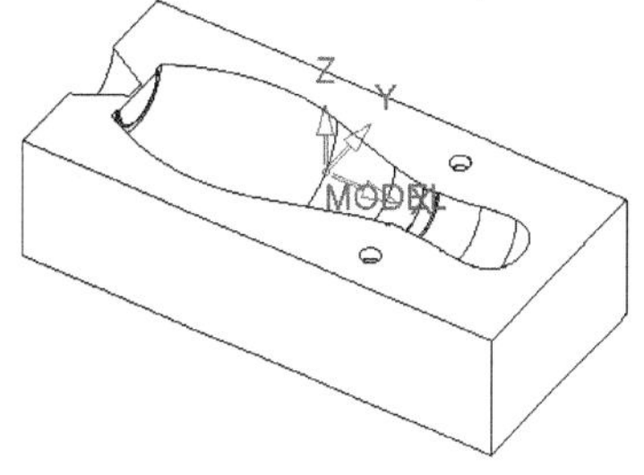

图 24-17　保存并关闭程序

24.6.4　腔体底部平坦面半精加工——平坦区域平行铣

（1）选择加工策略。在〖NC 向导〗工具栏中单击按钮，弹出〖Procedure Wizard〗对话框，然后设置主选择为“曲面铣削”，子选择为“平坦区域平行铣”，如图 24-18 所示。

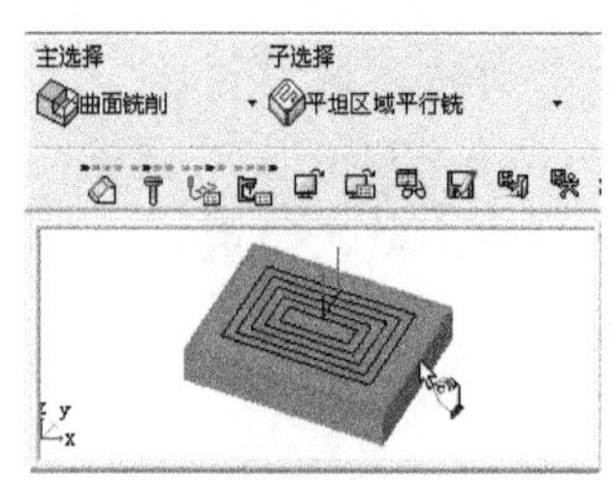

图 24-18　选择加工策略

（2）选择刀具。在〖Procedure Wizard〗对话框中单击〖刀具〗按钮，弹出〖刀具和夹头〗对话框，然后选择刀具名为“R4”的刀具并双击鼠标左键进行选择。

（3）重新选择边界。不关闭〖Procedure Wizard〗对话框，然后重新选择图 24-19 所示的两条边界。

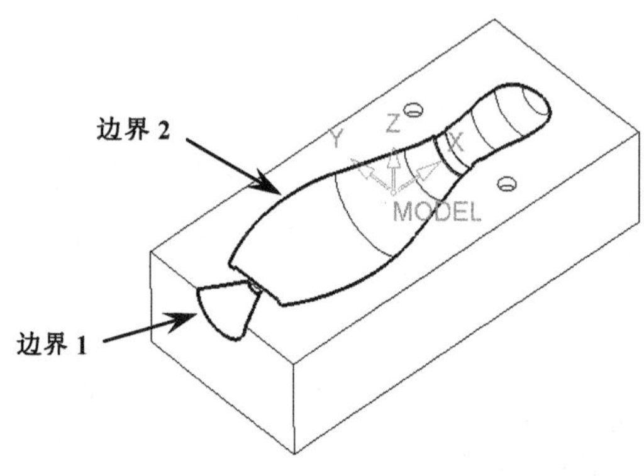

图 24-19　重新选择边界

（4）重新选择加工曲面。不关闭〖Procedure Wizard〗对话框，然后根据图 24-20 所示的步骤进行参数设置。

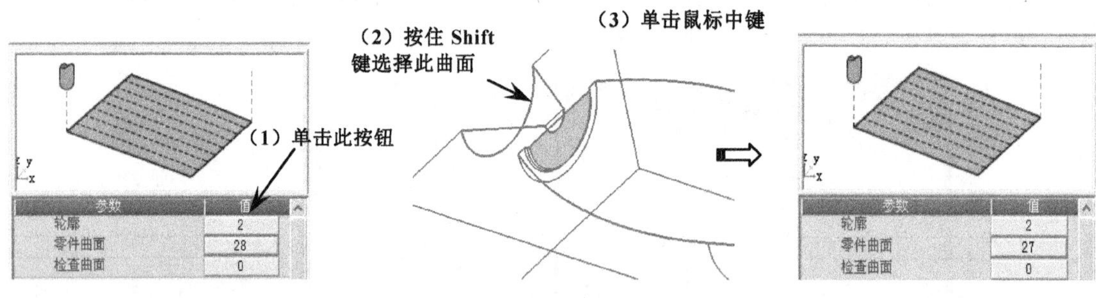

图 24-20　重新选择加工曲面

编程工程师点评：

按住 Shift 键选择曲面，即撤销该曲面的选择。

（5）选择检查曲面。不关闭〖Procedure Wizard〗对话框，然后根据图 24-21 所示的步骤进行参数设置。

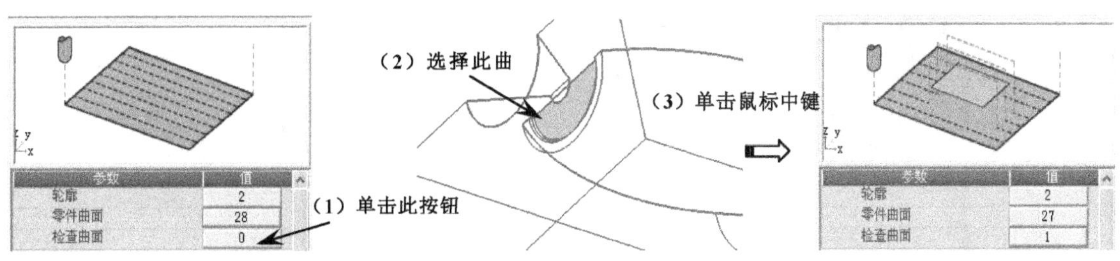

图 24-21　选择检查曲面

（6）设置刀路参数。在〖Procedure Wizard〗对话框中单击〖刀路参数〗按钮，然后设置如图 24-22 所示的参数，其他参数按默认设置。

（7）设置机床参数。在〖Procedure Wizard〗对话框中单击〖机床参数〗按钮，然后设置如图 24-23 所示的参数，其他参数按默认设置。

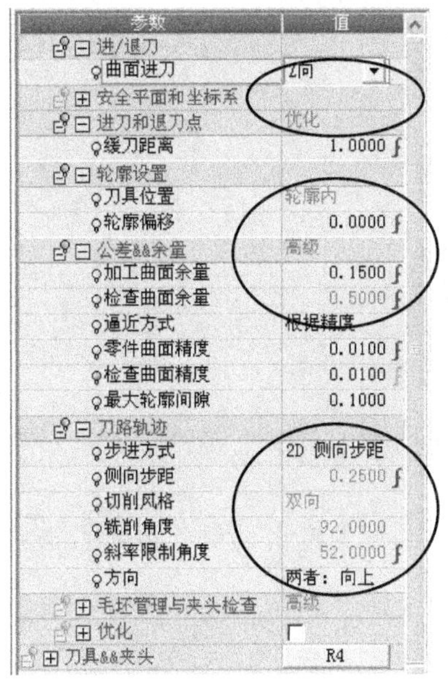

图 24-22　设置刀路参数

图 24-23　设置机床参数

编程工程师点评：

1. 这里设置刀具位置为“轮廓内”，目的是避免刀具在加工曲面的顶部轮廓上产生多余的刀路，这一点读者可以通过设置为“轮廓上”来求证。

2. 由于前面的陡峭区域设置的斜率限制角度值为 50，而这里设置斜率限制角度值为 52 的目的是使两刀路产生一定的相交，从而保证加工质量。

（8）保存并关闭程序。在〖Procedure Wizard〗对话框中单击〖保存并关闭〗按钮，如图 24-24 所示。

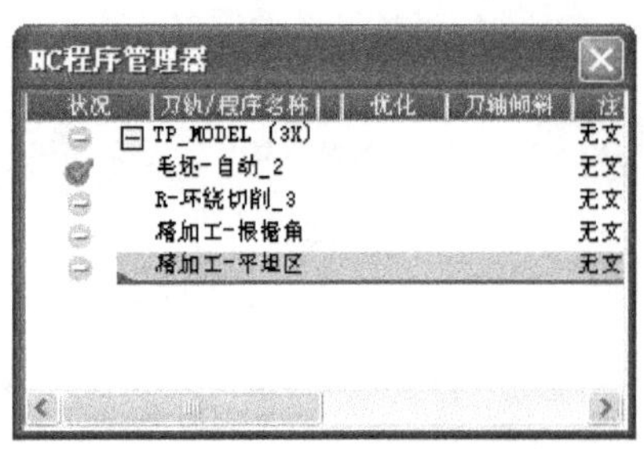

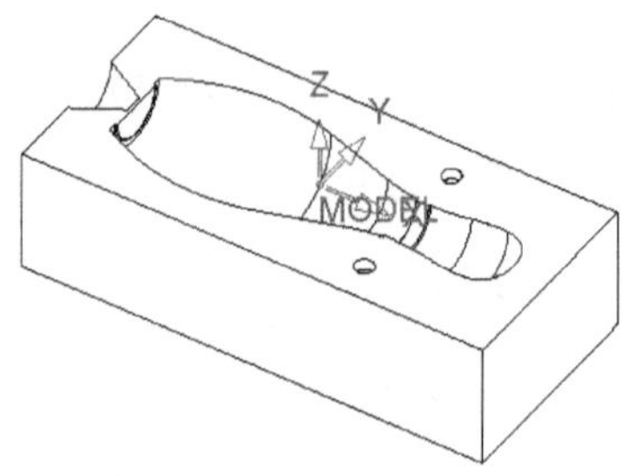

图 24-24　保存并关闭程序

24.6.5　腔体曲面精加工——平行切削 3D

（1）选择加工策略。在〖NC 向导〗工具栏中单击 按钮，弹出〖Procedure Wizard〗对话框，然后设置主选择为“曲面铣削”，子选择为“平行切削 3D”，如图 24-25 所示。

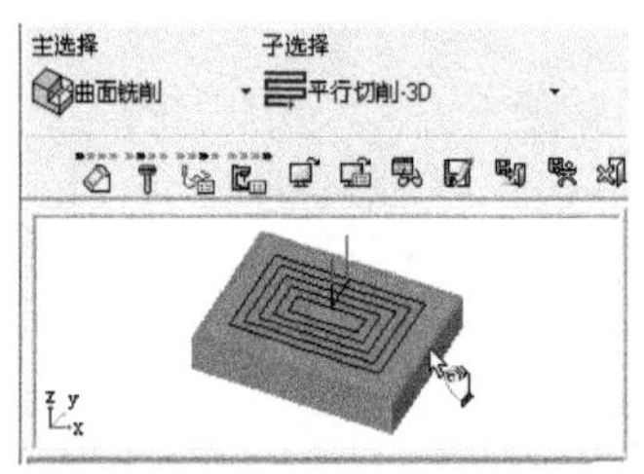

图 24-25　选择加工策略

（2）设置刀路参数。在〖Procedure Wizard〗对话框中单击〖刀路参数〗 按钮，然后设置如图 24-26 所示的参数，其他参数按默认设置。

（3）设置机床参数。在〖Procedure Wizard〗对话框中单击〖机床参数〗 按钮，然后设置如图 24-27 所示的参数，其他参数按默认设置。

图 24-26　设置刀路参数

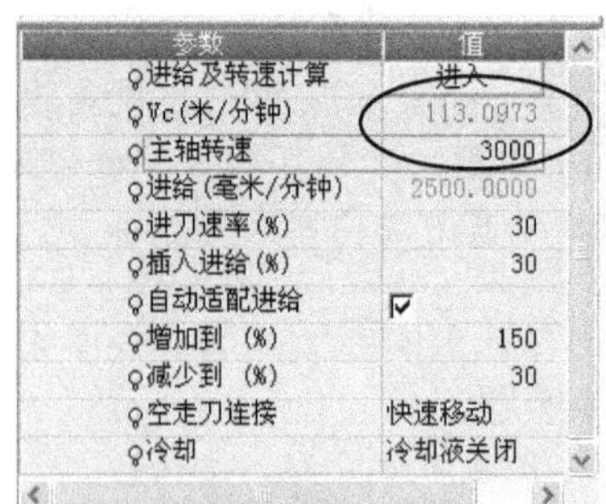

图 24-27　设置机床参数

编程工程师点评：

平行切削3D与平坦区域平行铣产生的刀路相似，但平行切削3D不受加工角度的限制，可以将陡峭区域与平行区域一起进行加工。

(4) 保存并关闭程序。在〖Procedure Wizard〗对话框中单击〖保存并关闭〗按钮，如图24-28所示。

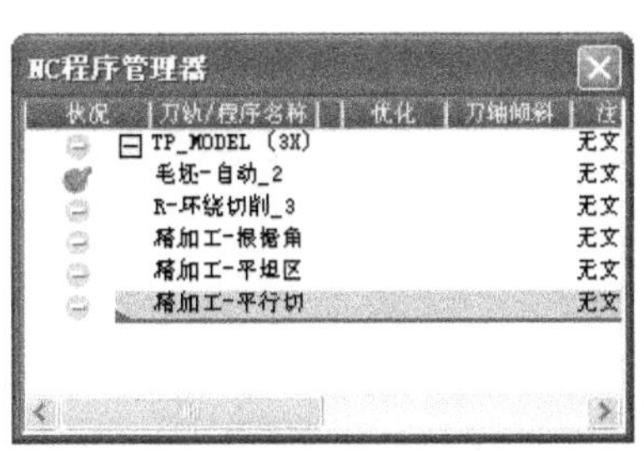

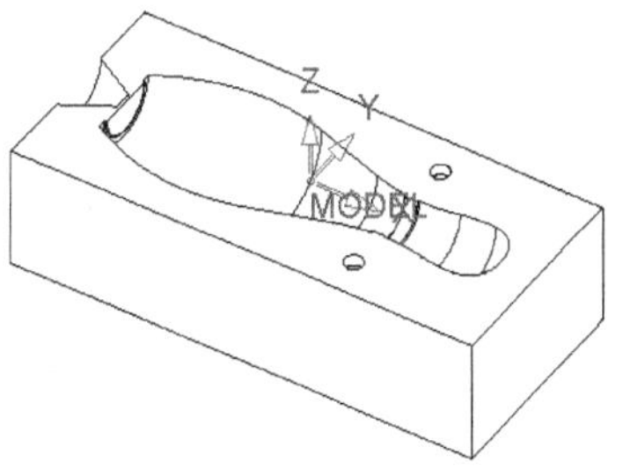

图24-28　保存并关闭程序

24.6.6　腔体两端侧面精加工——层切

(1) 创建封闭轮廓。使用〖曲线〗/〖直线〗命令创建如图24-29所示的封闭轮廓。

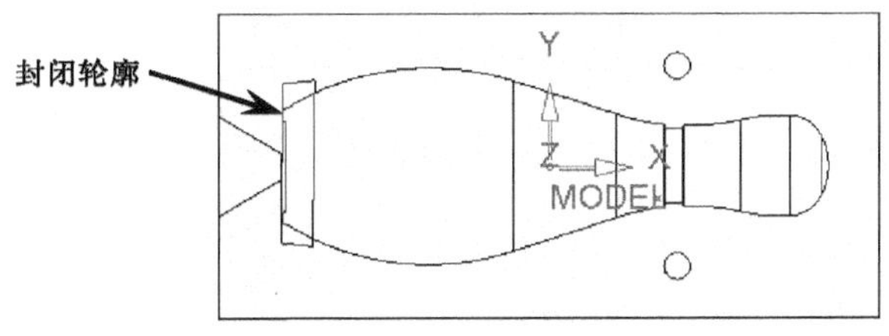

图24-29　创建封闭轮廓

(2) 选择加工策略。在〖NC向导〗工具栏中单击按钮，弹出〖Procedure Wizard〗对话框，然后设置主选择为“曲面铣削”，子选择为“层切”，如图24-30所示。

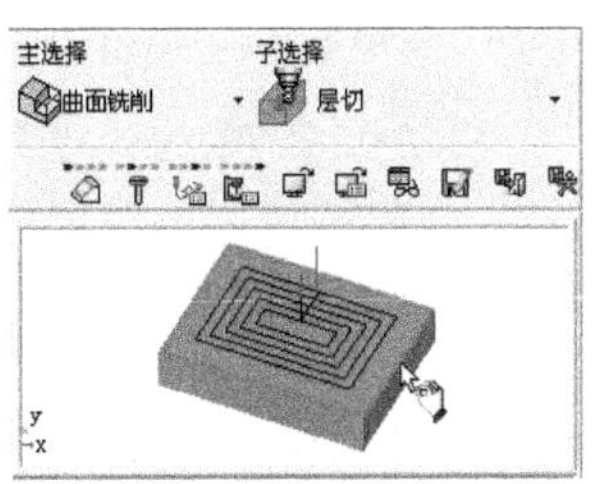

图24-30　选择加工策略

(3) 重新选择轮廓。不关闭〖Procedure Wizard〗对话框，然后重新选择图24-31所示的封闭轮廓。

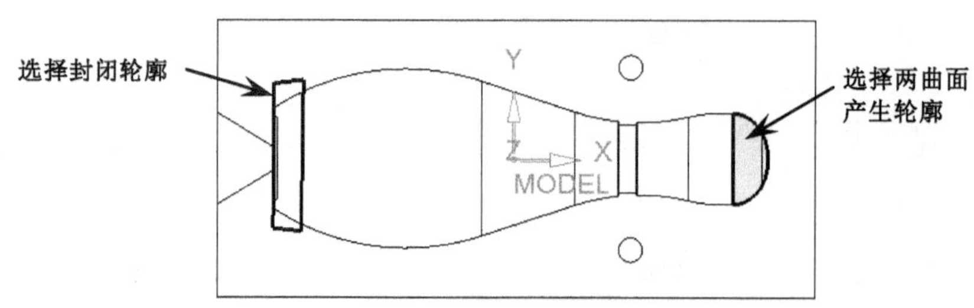

图 24-31　重新选择轮廓

（4）重新选择加工曲面。不关闭〖Procedure Wizard〗对话框，然后选择如图 24-32 所示的曲面。

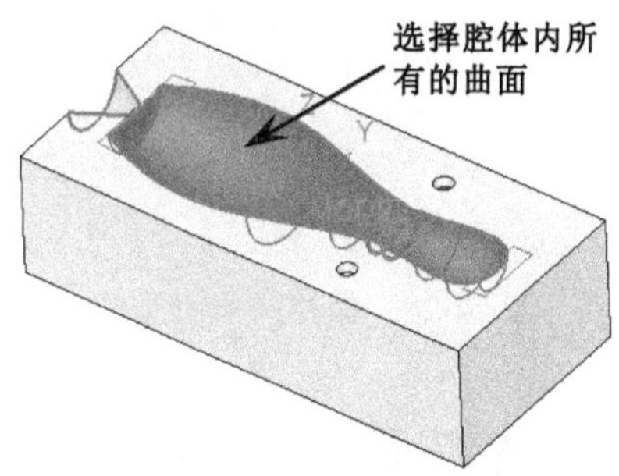

图 24-32　重新选择加工曲面

（5）选择曲面 2。不关闭〖Procedure Wizard〗对话框，然后根据图 24-33 所示的步骤进行参数设置。

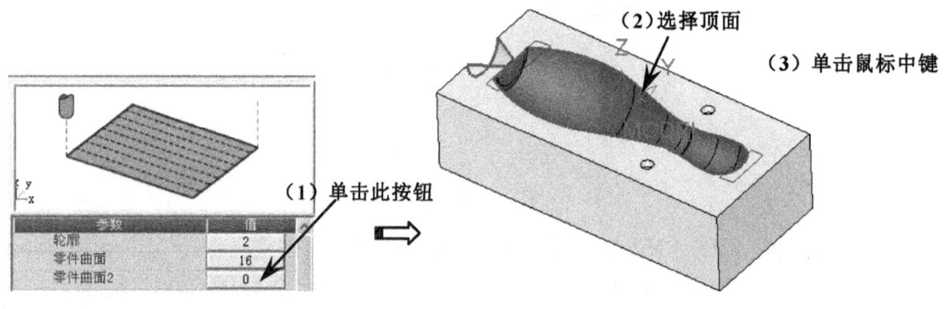

图 24-33　选择曲面 2

编程工程师点评：

这里选择曲面 2 的目的是作为保护面，避免因局部加工而造成过切和撞刀。

（6）设置刀路参数。在〖Procedure Wizard〗对话框中单击〖刀路参数〗按钮，然后设置如图 24-34 所示的参数，其他参数按默认设置。

（7）设置机床参数。在〖Procedure Wizard〗对话框中单击〖机床参数〗按钮，然后设置如图 24-35 所示的参数，其他参数按默认设置。

图 24-34 设置刀路参数

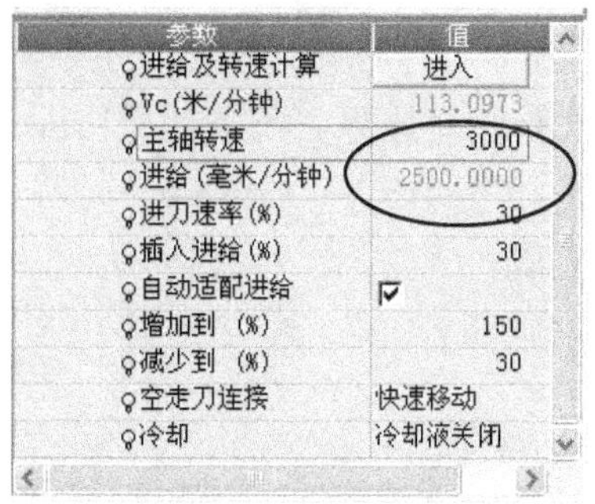

图 24-35 设置机床参数

（8）保存并关闭程序。在〖Procedure Wizard〗对话框中单击〖保存并关闭〗按钮，如图 24-36 所示。

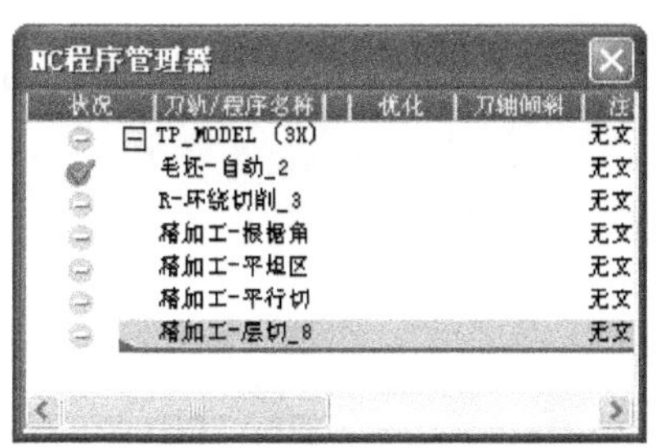

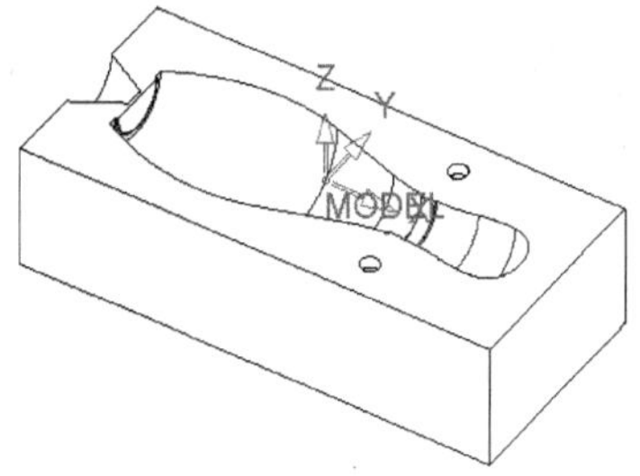

图 24-36 保存并关闭程序

24.6.7 两小孔加工——层切

（1）选择加工策略。在〖NC 向导〗工具栏中单击按钮，弹出〖Procedure Wizard〗对话框，然后设置主选择为“曲面铣削”，子选择为“层切”，如图 24-37 所示。

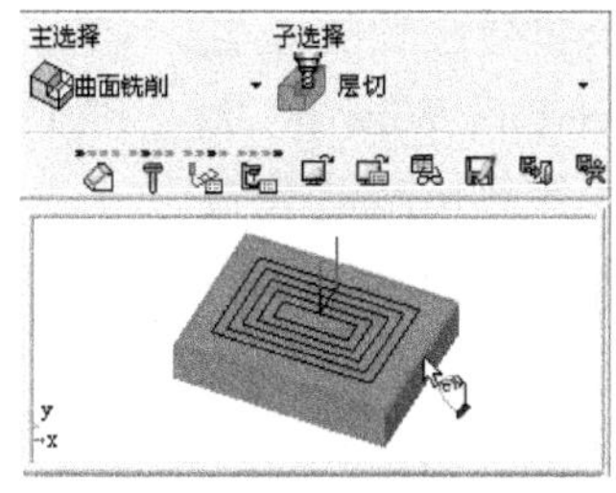

图 24-37 选择加工策略

（2）选择刀具。在〖Procedure Wizard〗对话框中单击〖刀具〗按钮，弹出〖刀具和夹头〗对话框，然后选择刀具名为“D6”的刀具并双击鼠标左键进行选择。

编程工程师点评：

为避免加工时出现顶刀现象，选择刀具时要确认 1.5 倍的刀具直径不能大于加工区域。

（3）重新选择边界。不关闭〖Procedure Wizard〗对话框，然后重新选择图 24-38 所示的两条边界。

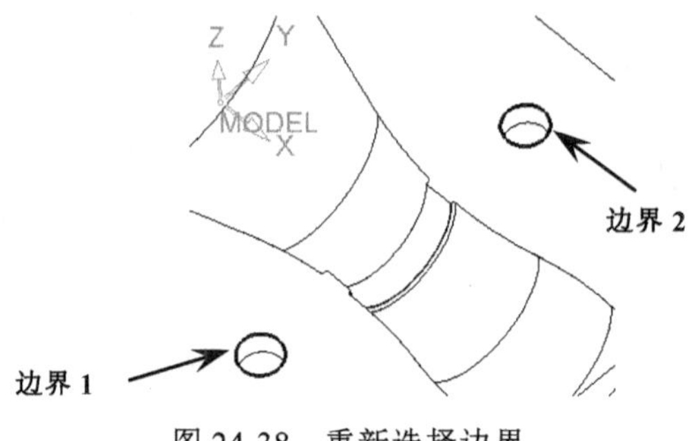

图 24-38　重新选择边界

（4）重新选择加工曲面。不关闭〖Procedure Wizard〗对话框，然后选择如图 24-39 所示的孔内曲面。

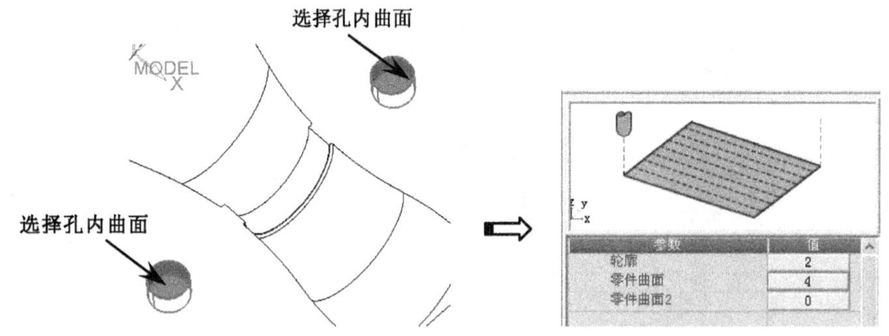

图 24-39　重新选择加工曲面

（5）设置刀路参数。在〖Procedure Wizard〗对话框中单击〖刀路参数〗按钮，然后设置如图 24-40 所示的参数，其他参数按默认设置。

（6）设置机床参数。在〖Procedure Wizard〗对话框中单击〖机床参数〗按钮，然后设置如图 24-41 所示的参数，其他参数按默认设置。

（7）保存并关闭程序。在〖Procedure Wizard〗对话框中单击〖保存并关闭〗按钮，如图 24-42 所示。

编程工程师点评：

由于两孔的加工要求并不高，所以可用同一个刀路直接加工出来。

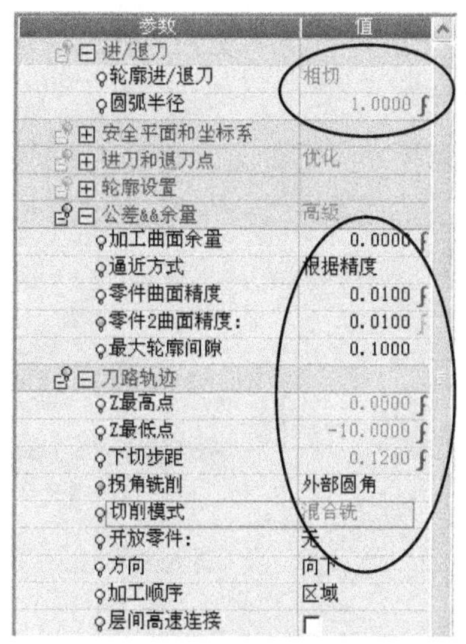

图 24-40　设置刀路参数

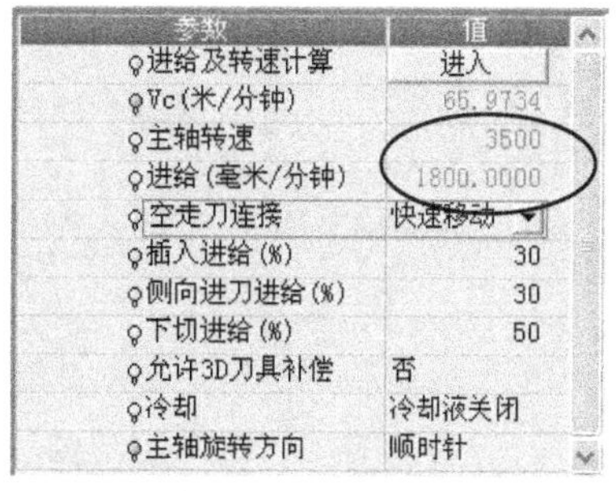

图 24-41　设置机床参数

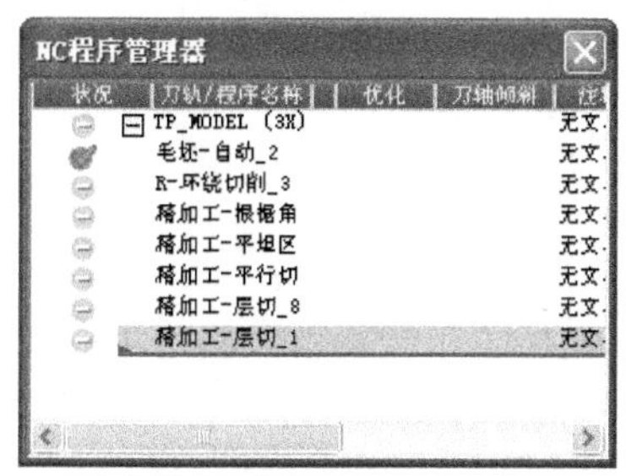

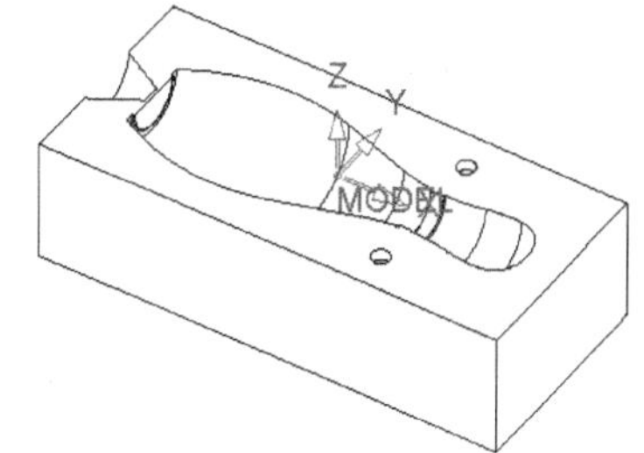

图 24-42　保存并关闭程序

24.6.8　清角加工——清根

（1）选择加工策略。在〖NC 向导〗工具栏中单击 按钮，弹出〖Procedure Wizard〗对话框，然后设置主选择为“清角”，子选择为“清根”，如图 24-43 所示。

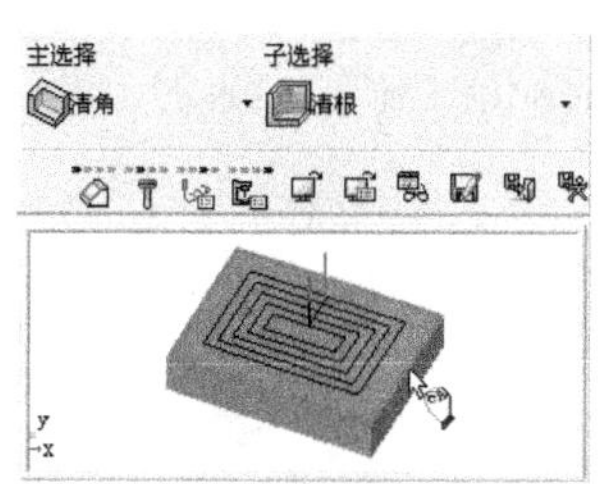

图 24-43　选择加工策略

（2）选择刀具。在〖Procedure Wizard〗对话框中单击〖刀具〗按钮，弹出〖刀具和夹头〗对话框，然后选择刀具名为“R2”的刀具并双击鼠标左键进行选择。

（3）删除轮廓。不关闭〖Procedure Wizard〗对话框，然后根据图 24-44 所示的步骤进行操作。

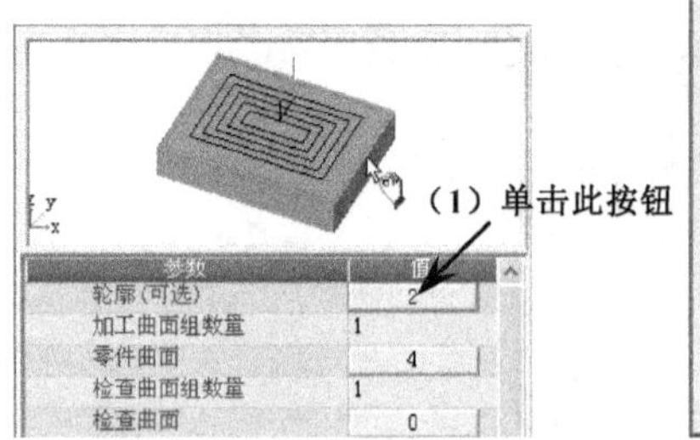

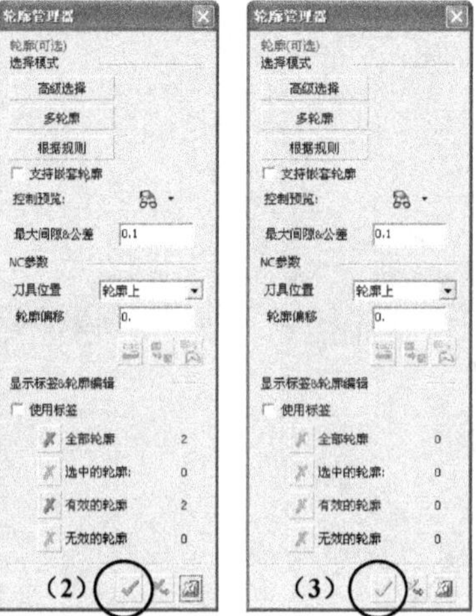

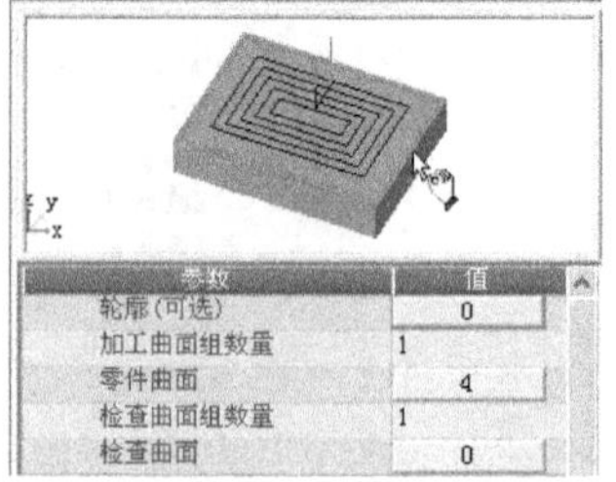

图 24-44　删除轮廓

（4）重新选择加工曲面。不关闭〖Procedure Wizard〗对话框，然后选择如图 24-45 所示的孔内曲面。

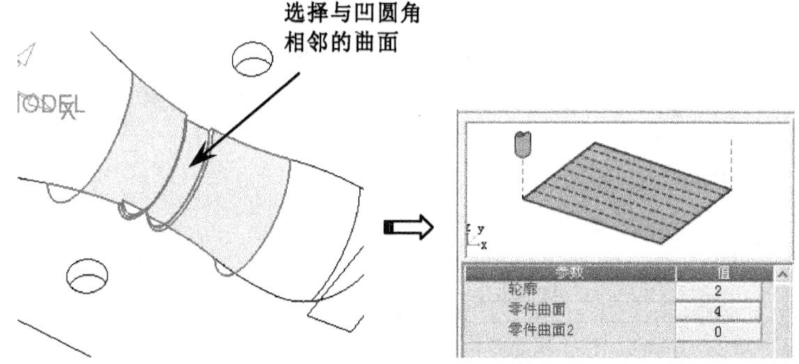

图 24-45　重新选择加工曲面

编程工程师点评：

清角加工时，需要选择与清角凹圆角相邻的所有曲面。

（5）选择曲面 2。不关闭〖Procedure Wizard〗对话框，然后根据图 24-46 所示的步骤进行参数设置。

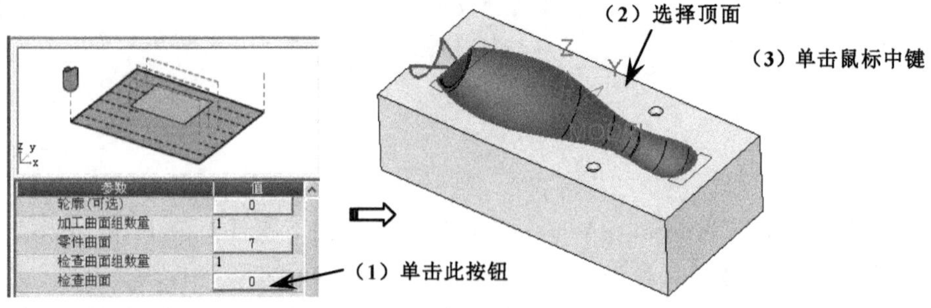

图 24-46　选择曲面 2

（6）设置刀路参数。在〖Procedure Wizard〗对话框中单击〖刀路参数〗按钮，然后设置如图 24-47 所示的参数，其他参数按默认设置。

（7）设置机床参数。在〖Procedure Wizard〗对话框中单击〖机床参数〗按钮，然后设置如图 24-48 所示的参数，其他参数按默认设置。

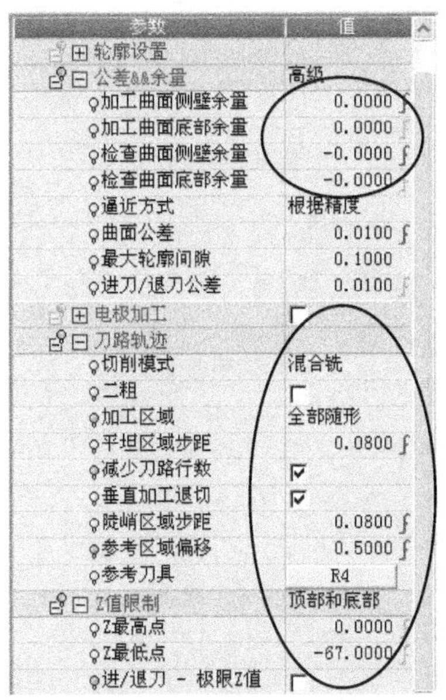

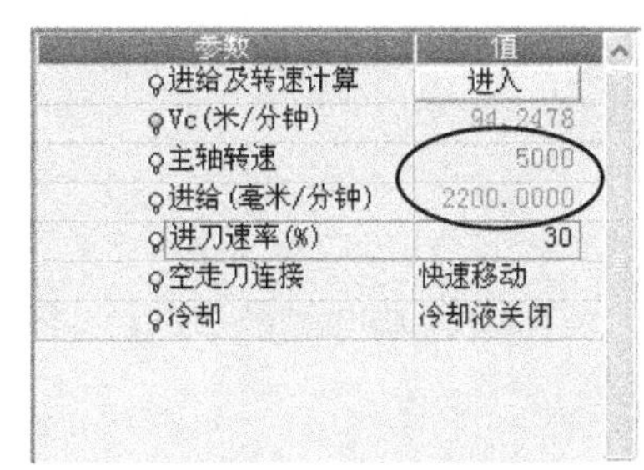

图 24-47　设置刀路参数　　　图 24-48　设置机床参数

（8）保存并关闭程序。在〖Procedure Wizard〗对话框中单击〖保存并关闭〗按钮，如图 24-49 所示。

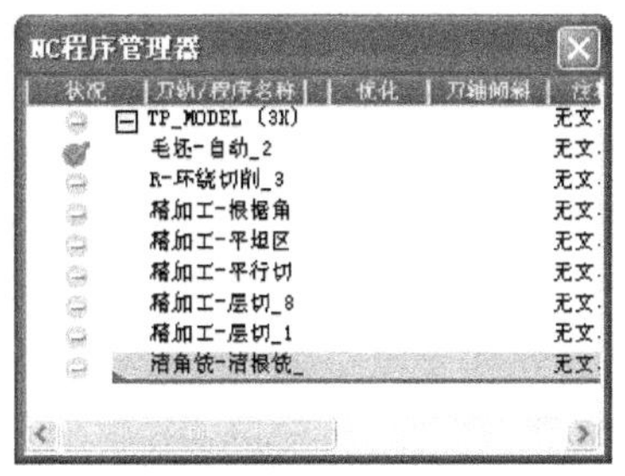

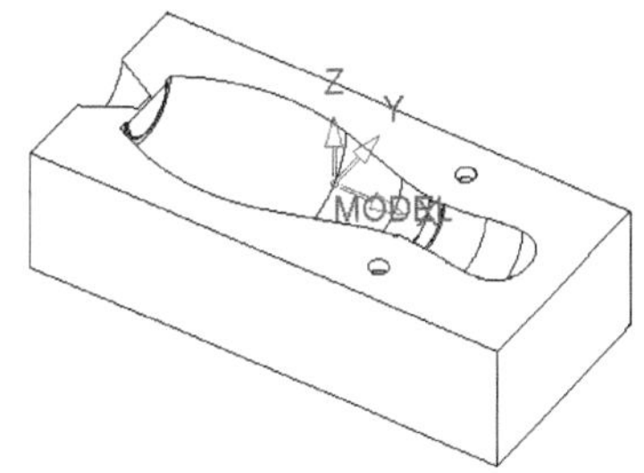

图 24-49　保存并关闭程序

24.6.9　计算程序

在〖NC 向导〗工具栏中单击按钮，弹出〖计算〗对话框，然后依次导入程序进行计算，结果如图 24-50 所示。

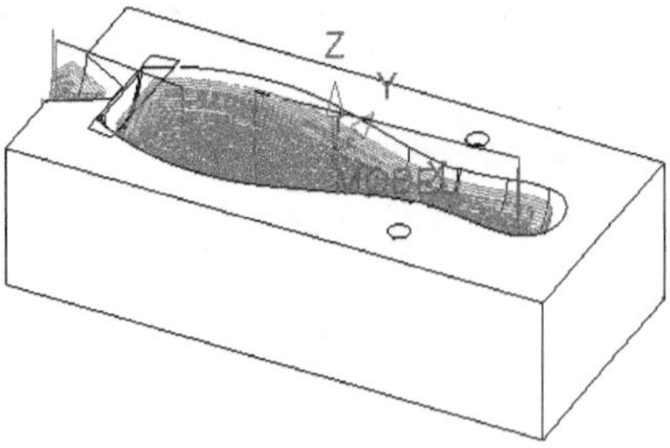

（a）开粗

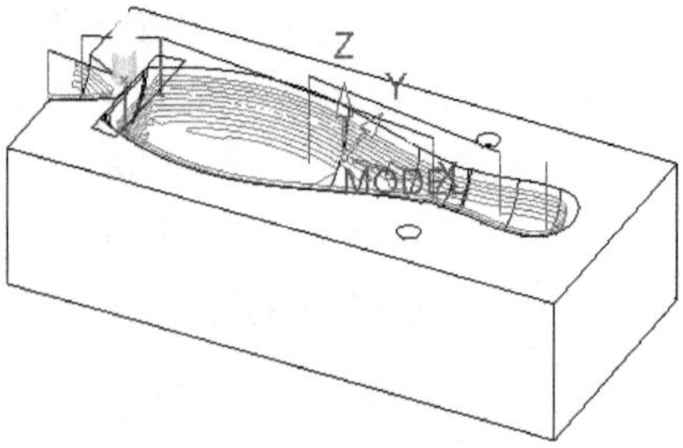

（b）侧面半精加工

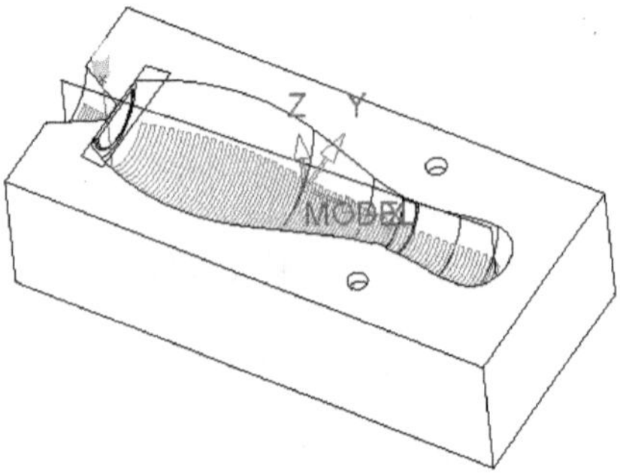

（c）平坦区域半精加工

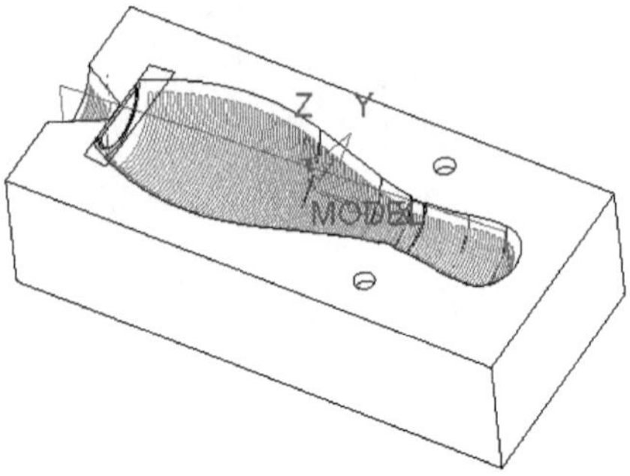

（d）腔体曲面精加工

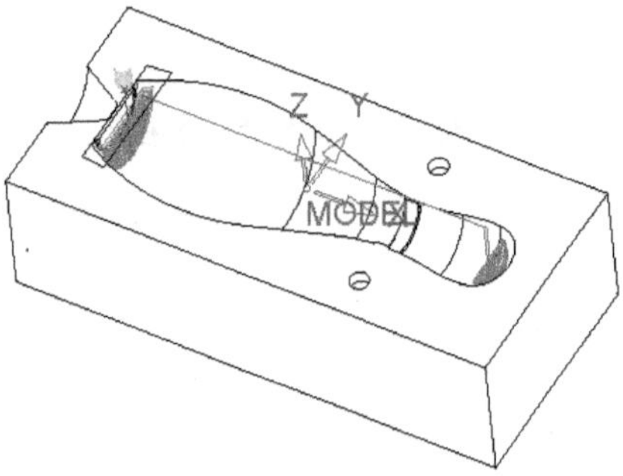

（e）两端侧面精加工

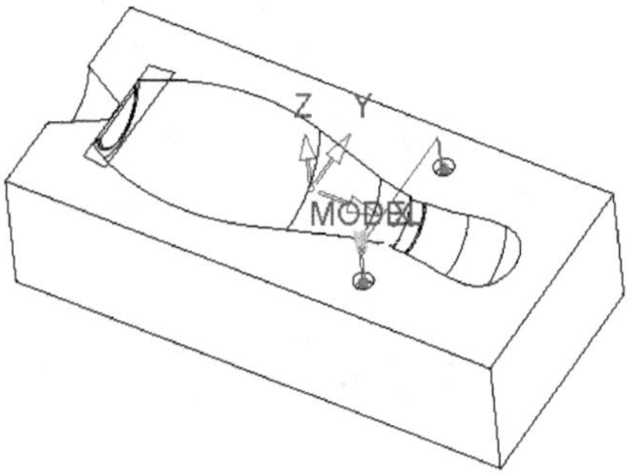

（f）两小孔的加工

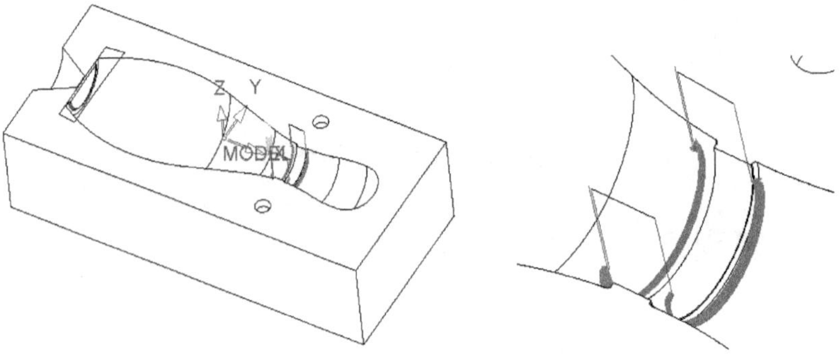

（g）清角加工

图 24-50　刀路计算

24.7 本章学习收获

通过本章的学习，读者必须掌握以下内容。

（1）编程前一定要详细分析模具的结构，找出拆铜公的部位，然后有针对性地设置刀路参数。

（2）加工前需要确认模型中的碰穿面，把后模（模仁）中的碰穿面预留 0.05~0.15mm 的余量作试模用。

（3）当加工面积较大的平缓区域时，应使用直径较大的球刀，保证加工效率和质量。如果加工大面积而使用小直径的刀具，则容易导致因刀具磨损严重而影响加工尺寸。

24.8 练习题

打开光盘中的〖Lianxi/Ch24/玩具球前模.elt〗文件，如图 24-51 所示，然后根据本章所学的知识进行编程加工。

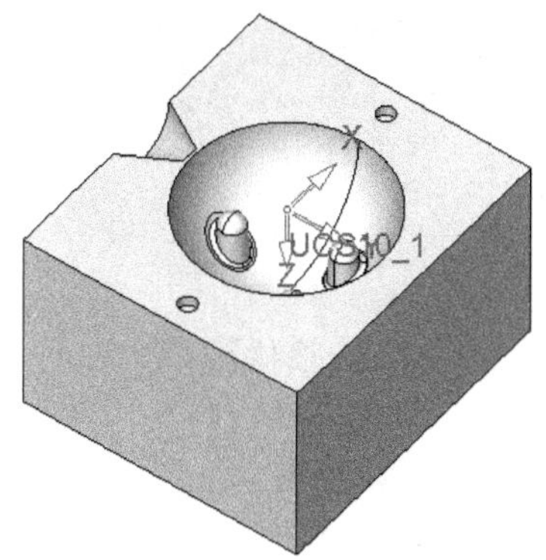

图 24-51　玩具球前模

第25章 工厂编程案例——耳塞外壳后模的编程

耳塞塑料外壳的模具是一模八穴，通过其后模加工的学习，读者可以掌握工厂模具编程的要求及注意事项，并进一步巩固前面所学的知识。

加工模型

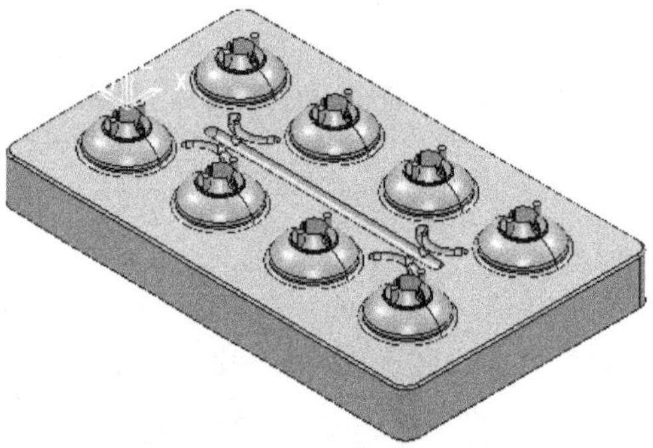

刀路模拟

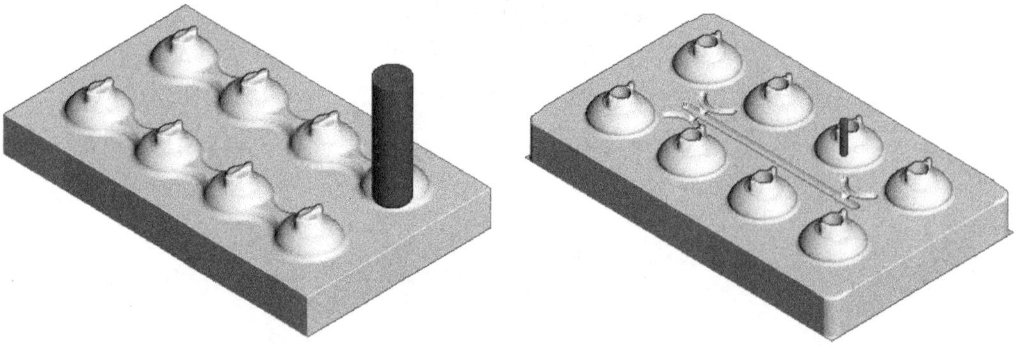

25.1 学习目标与课时安排

学习目标及学习内容

（1）巩固掌握开放轮廓加工的应用。

（2）*重点掌握镜像复制和复制阵列等转移程序的应用。

（3）巩固掌握辅助曲线的创建补面工作。

（4）*重点掌握模芯外圆角的加工方法和技巧。

学习课时安排（共 3 课时）

（1）工艺分析——1 课时。

（2）编程过程设置——2 课时。

25.2 编程前的工艺分析

（1）耳塞塑料外壳后模大小：300mm×180mm×55mm。

（2）最大加工深度：55mm。

（3）最小的凹圆角半径：0.5mm，但该尺寸不重要。

（4）是否需要电火花加工：需要。

（5）是否需要线切割加工：不需要。

（6）需要使用的加工方法：开放轮廓、环绕粗铣、二粗、根据角度精铣和水平面精铣。

（7）模具中的孔上部是由数控铣刀加工出来的，下部通孔则用其他的方法加工出来，但需在数控机床上钻出中心定位孔。

25.3 编程思路及刀具的使用

（1）选择 D30R5 的飞刀加工型芯的四个外圆角。

（2）选择 D17R0.8 的飞刀加工上一工序四个外圆角所残留的余量。

（3）根据耳塞塑料外壳后模的形状和大小，选择 D30R5 飞刀进行开粗加工，去除大部分的余量。

（4）由于一些狭窄处还存在大量的余量，所以选择 D17R0.8 的飞刀进行二次开粗。

（5）选择 D6 的合金平底刀加工模型内的 8 个沉孔。
（6）选择 D6 的合金平底刀精加工 8 个沉孔的底平面和小柱的顶面。
（7）选择 D6 的合金平底刀精加工 8 个沉孔的直壁面。
（8）选择 D17R0.8 的飞刀进行大陡峭面的半精加工（中刀），为后面的精加工作准备。
（9）选择 D17R0.8 的飞刀加工型芯的大平面（光刀）。
（10）选择 D17R0.8 的飞刀进行大陡峭面的精加工（光刀）。
（11）选择 R4 的球刀对主流道进行加工。
（12）选择 R3 的球刀对分流道进行加工。

25.4 制订加工程序单

程 序 单

序 号	加工区域	程序名称	刀具名称	刀具长度	加工余量	加工方式
1	外圆角	开放轮廓	D30R5	100	侧：0，底：0	精加工
2	外圆角底部	开放轮廓	D17R0.8	80	侧：0，底：0	精加工
3	全部区域	环绕粗铣	D17R0.8	80	侧：0.4，底：0.2	粗加工
4	全部区域	二粗	D17R0.8	80	侧：0.45，底：0.2	二次开粗
5	沉孔	环绕粗铣	D6	40	侧：0.15，底：0.15	粗加工
6	沉孔底面和小柱顶面	精铣水平面	D6	40	侧：0.2，底：0	精加工（光刀）
7	沉孔直壁面	根据角度精铣	D6	40	侧：0，底：0	精加工（光刀）
8	大陡峭面	根据角度精铣	D17R0.8	80	侧：0.15，底：0.15	半精加工(光刀)
9	大平面	精铣水平面	D17R0.8	80	侧：0.2，底：0	精加工
10	大陡峭面	根据角度精铣	D17R0.8	80	侧：0，底：0.05	精加工（光刀）
11	主流道	开放轮廓	R4	50	0	精加工（光刀）
12	分流道	开放轮廓	R3	50	0	精加工（光刀）
模具装夹示意图						

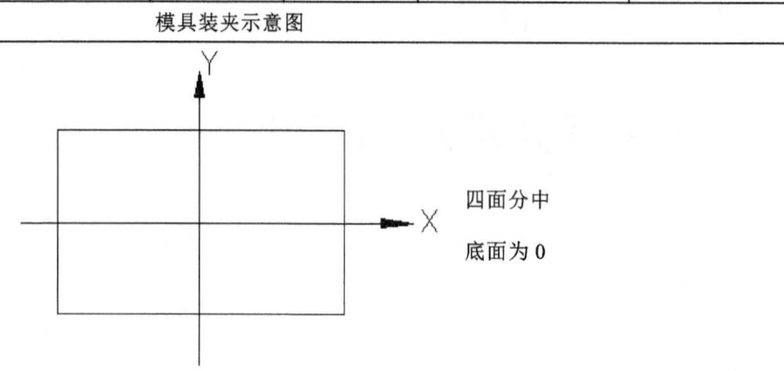

25.5 编程前需要注意的问题

（1）耳塞外壳后模中的流道是用数控机床加工还是用普通铣床加工？

（2）首先了解模具中的圆角尺寸及粗糙度要求如何，然后再确定加工方案。

（3）模具中各穴的尺寸精度如何同时保证？

25.6 编程详细操作步骤

耳塞外壳后模的加工主要分为外圆角加工、开粗加工、二次开粗加工、沉孔开粗、沉孔底面加工、沉孔侧面精加工、大陡峭面半精加工、大平面精加工、大陡峭面精加工、主流道精加工和分流道加工。

25.6.1 编程前创建辅助曲线和补面

（1）在桌面上双击图标打开 CimatronE 10.0 软件。

（2）打开文件。在〖标准〗工具栏中单击〖打开文件〗按钮，弹出〖CimatronE 浏览器〗对话框，读取光盘中的〖Example\Ch25\耳塞外壳后模.elt〗源文件，如图 25-1 所示。

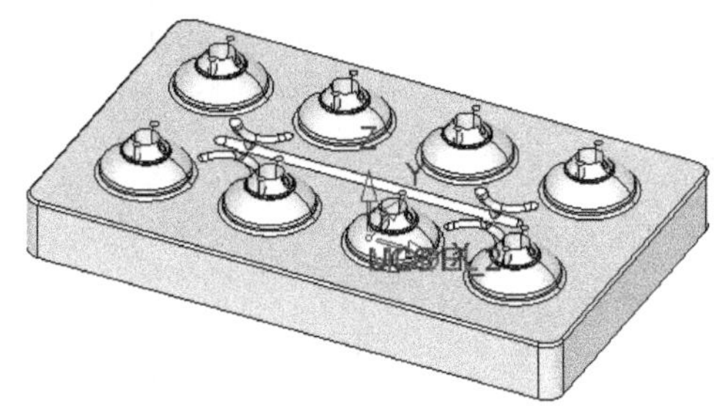

图 25-1　打开文件后的显示

（3）创建圆。在〖曲线〗工具栏中单击〖圆〗按钮，然后使用“三点”的方式创建圆，如图 25-2 所示。

（4）创建直线。在〖曲线〗工具栏中单击〖直线〗按钮，然后使用“两点”的方式创建两条直线，如图 25-3 所示。

（5）创建中心轴。在菜单栏中选择〖基准〗/〖轴〗/〖根据定义〗命令，然后选择前面创建的圆，如图 25-4 所示。

（6）阵列曲面。在菜单栏中选择〖编辑〗/〖复制图素〗/〖旋转阵列〗命令，接着选择如图 25-5（a）所示的曲面为阵列对象，选择上一步创建的中心轴为旋转轴，并设置如图 25-5（b）所示的参数，结果如图 25-5（c）所示。

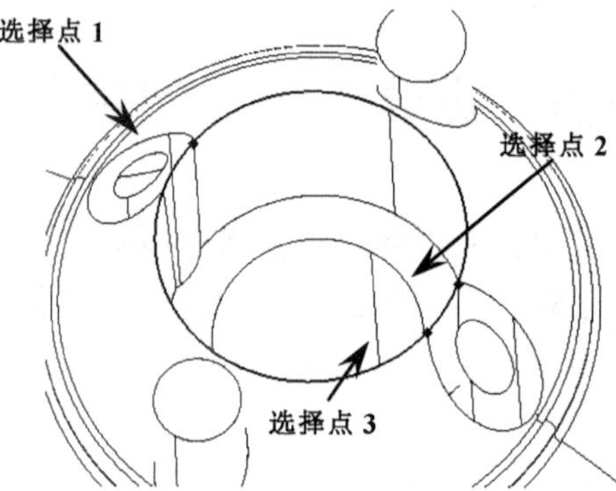

图 25-2 创建圆

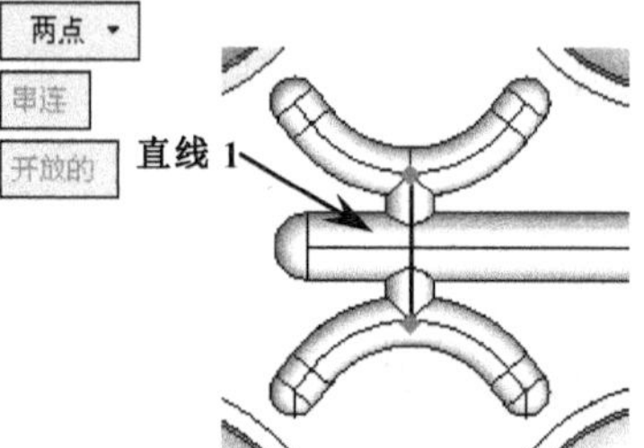

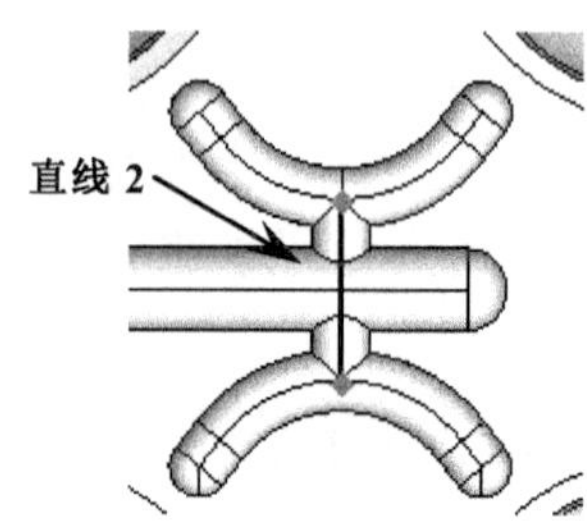

图 25-3 创建直线

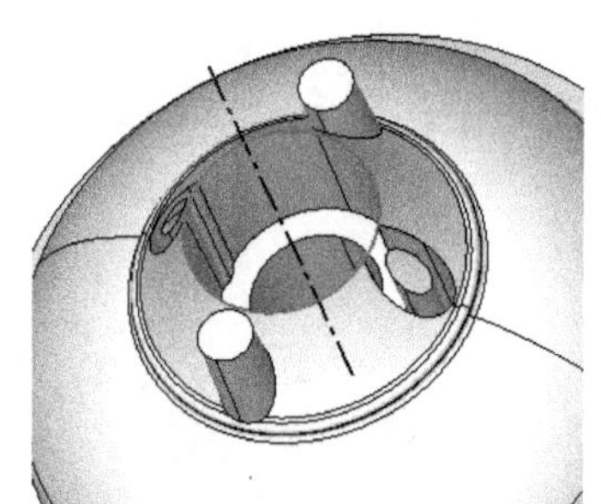

图 25-4 创建中心轴

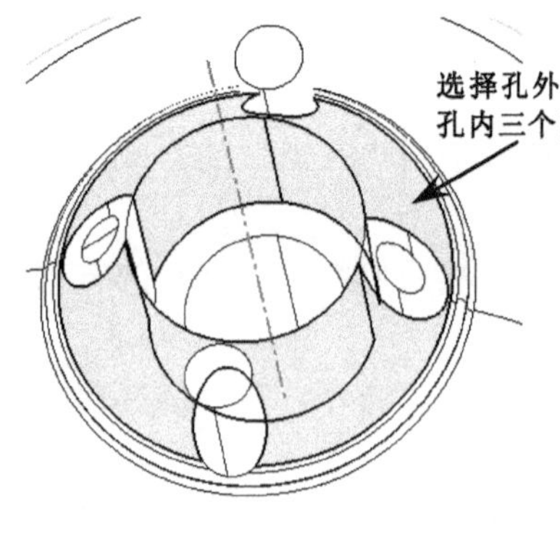

（a）

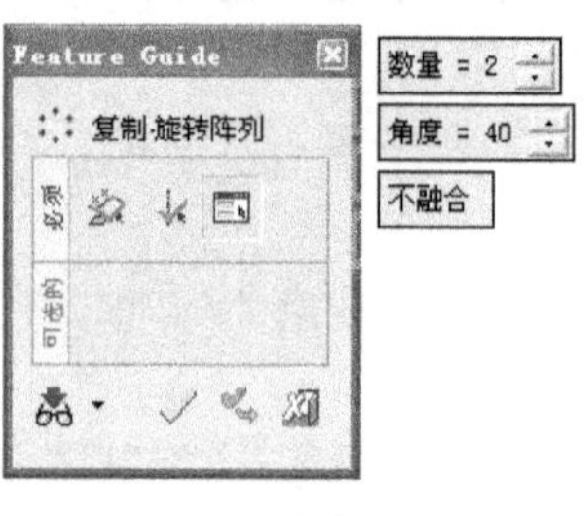

（b）

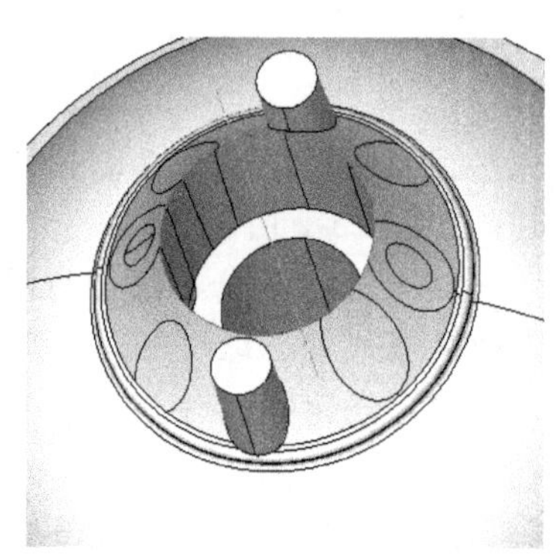

（c）

图 25-5 阵列曲面

编程工程师点评：

由于使用常规的创建曲面方法不容易将孔内和孔外的面补起来，所以在此通过“旋转阵列”的方法将原先的缺孔挡住，目的是避免刀具陷到孔内进行加工。

（7）闭合开放边补孔。在菜单栏中选择〖曲面〗/〖闭合开放边〗命令，然后将如图 25-6 所示的孔补起来。

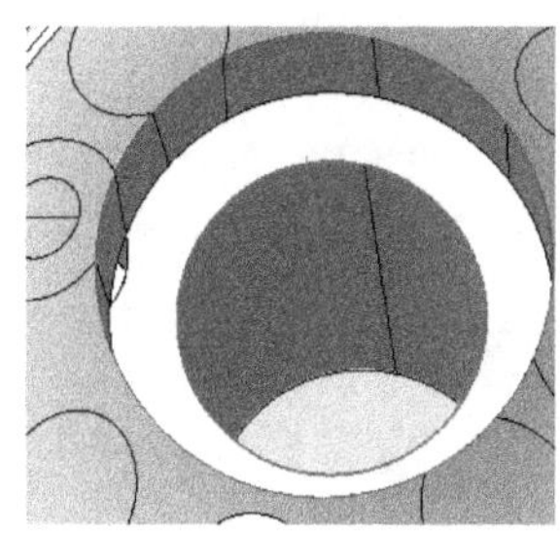

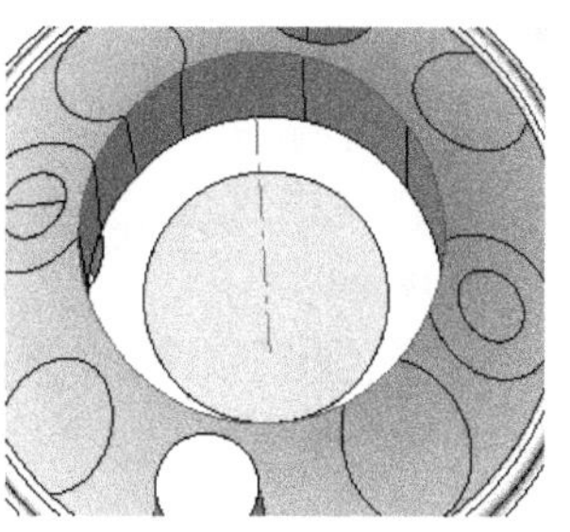

图 25-6　闭合开放边补孔

编程工程师点评：

由于下面的通孔由线切割加工完成，所以在此需将孔补起来。

（8）保存操作。在〖标准〗工具栏中单击〖保存〗按钮，保存前面的操作。

25.6.2　编程公共参数设置

（1）输出至加工。在菜单栏中选择〖文件〗/〖输出〗/〖至加工〗命令，接着选择“使用参考模型的激活坐标”，然后在〖Feature Guide〗对话框中单击〖确定〗按钮确定模型的摆放，如图 25-7 所示。

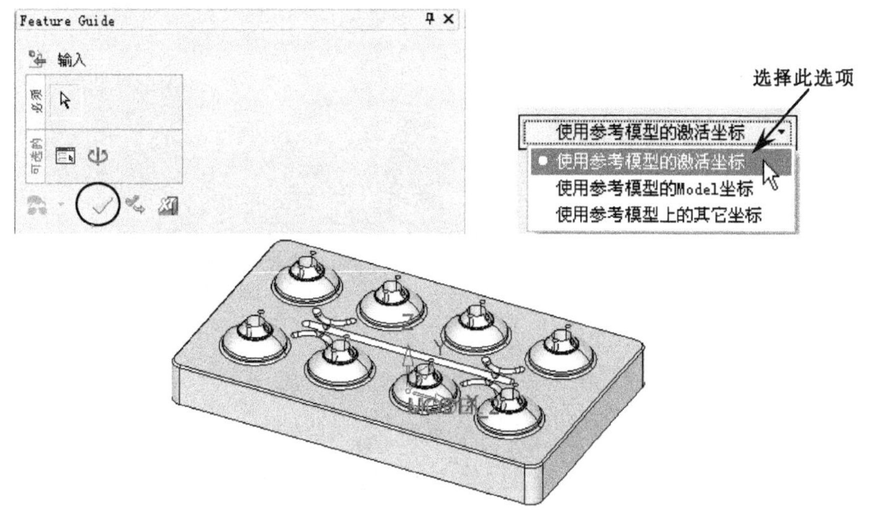

图 25-7　输出至加工

（2）创建刀具。在〖NC 向导〗工具栏中单击〖刀具〗按钮，弹出〖刀具及夹头〗对话框，接着单击按钮，然后创建如图 25-8 所示的五把刀具。

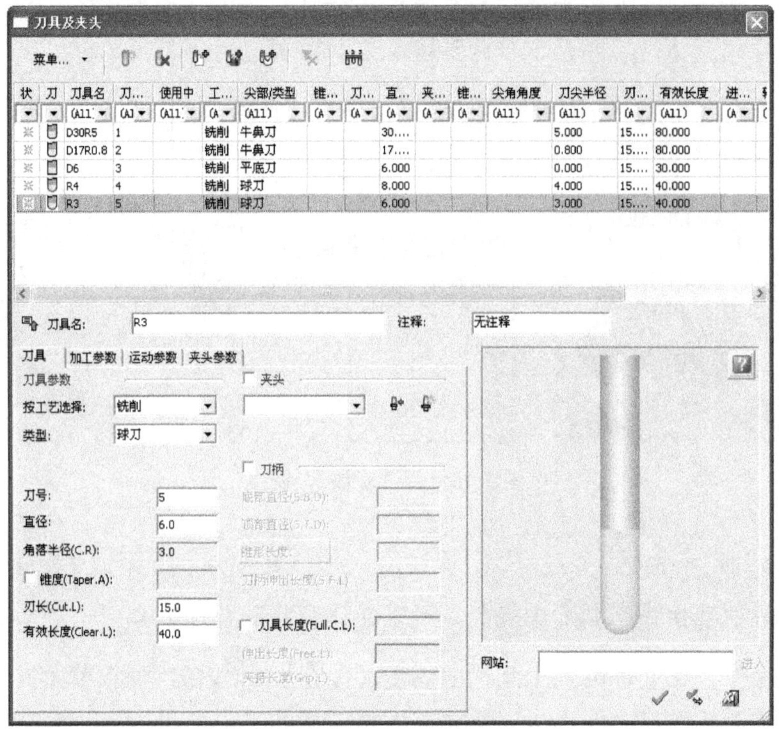

图 25-8　创建刀具

（3）设置刀轨和安全平面。在〖NC 向导〗工具栏中单击按钮，弹出〖创建刀轨〗对话框，然后设置如图 25-9 所示的参数，最后单击〖确定〗按钮。

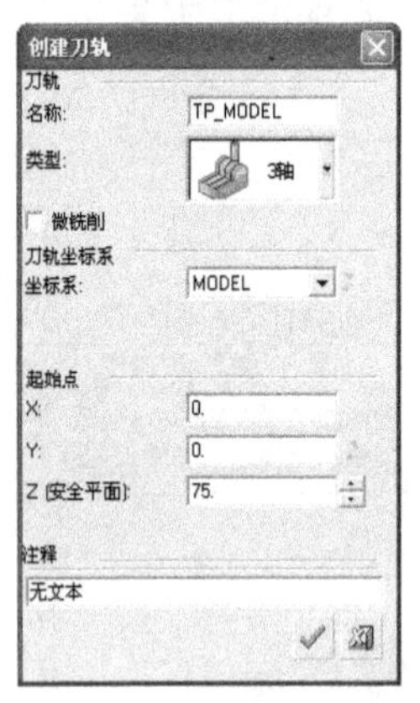

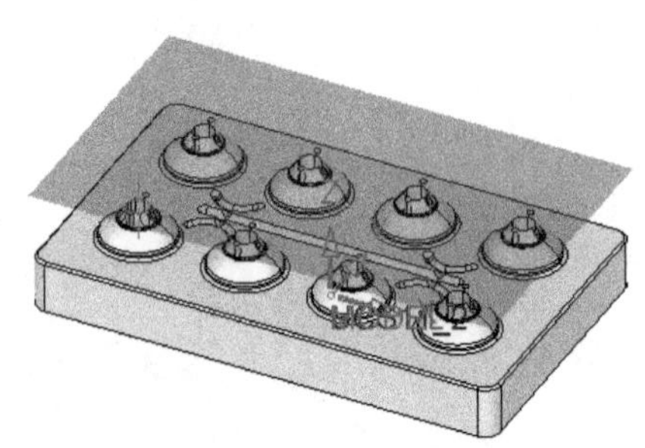

图 25-9　设置刀轨和安全平面

（4）创建毛坯。在〖NC 向导〗工具栏中单击按钮，弹出〖Feature Guide〗对话框，然后设置如图 25-10（a）所示的参数，最后单击〖确定〗按钮完成特征操作，如图 25-10（b）所示。

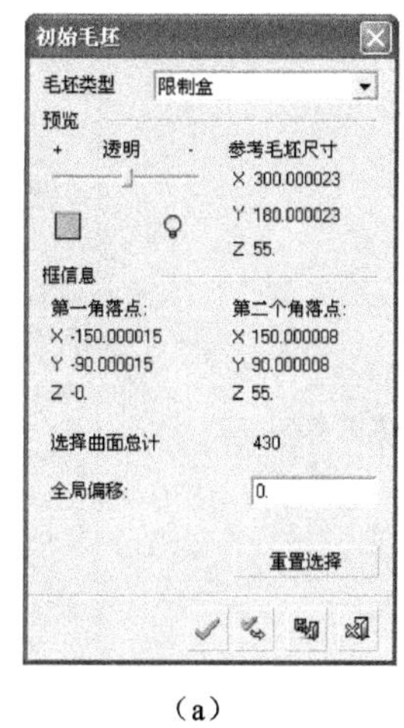

（a）

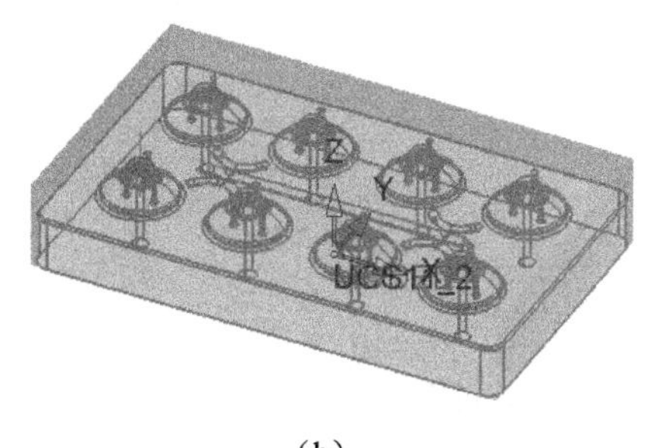

（b）

图 25-10　创建毛坯

25.6.3　外圆角加工——开放轮廓（2.5 轴）

（1）选择加工策略。在〖NC 向导〗工具栏中单击 按钮，弹出〖Procedure Wizard〗对话框，然后设置主选择为“2.5 轴”，子选择为“开放轮廓”，如图 25-11 所示。

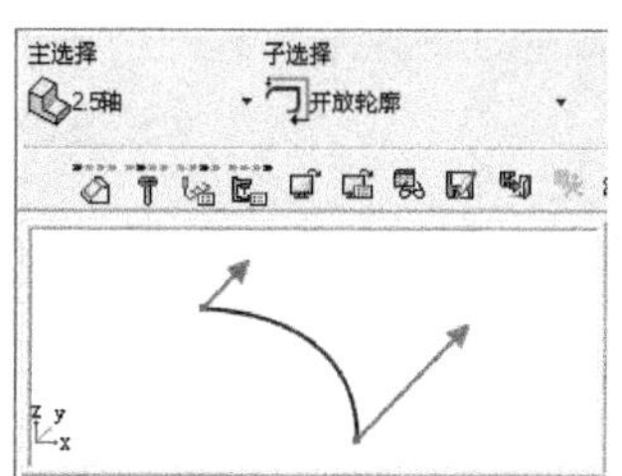

图 25-11　选择加工策略

（2）选择加工轮廓。不关闭〖Procedure Wizard〗对话框，然后根据图 25-12 所示的步骤进行参数设置。

（3）选择刀具。在〖Procedure Wizard〗对话框中单击〖刀具〗按钮，弹出〖刀具和夹头〗对话框，然后选择刀具名为“D30R5”的刀具并双击鼠标左键进行选择。

（4）设置刀路参数。在〖Procedure Wizard〗对话框中单击〖刀路参数〗按钮，然后设置如图 25-13 所示的参数，其他参数按默认设置。

（5）设置机床参数。在〖Procedure Wizard〗对话框中单击〖机床参数〗按钮，然后设置如图 25-14 所示的参数，其他参数按默认设置。

编程工程师点评：

使用 2.5 轴中的“开放轮廓”方式加工模芯中的外圆角是 CimatronE 加工的一大特点，希望读者好好领悟和应用。

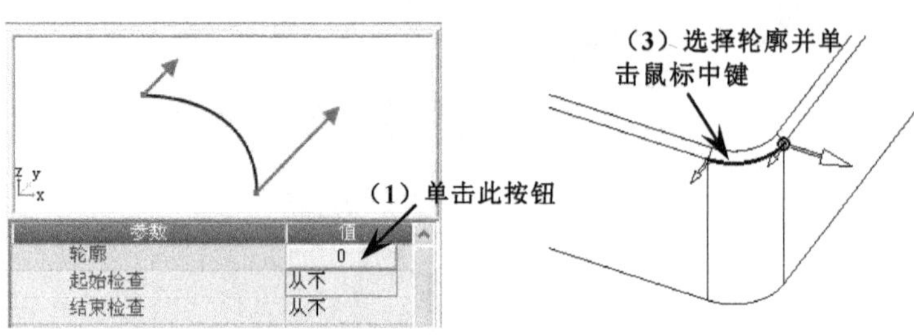

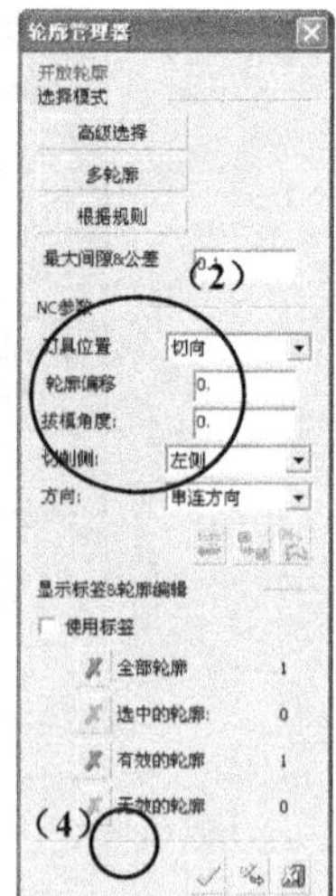

图 25-12　选择加工轮廓

参数	值
进/退刀	
轮廓进刀类型	相切
圆弧半径	8.0000
延伸	0.0000
轮廓退刀类型	相切
圆弧半径	8.0000
延伸	0.0000
安全平面和坐标系	
进刀和退刀点	优化
轮廓设置	
刀具位置	切向
轮廓偏移	0.0000
拔模角	0.0000
铣削边界（公共）	左侧
公差&&余量	基本
轮廓精度	0.0100
最大轮廓间隙	0.1000
刀路轨迹	
Z最高点	55.0000
Z最低点	0.0000
下切步距	0.3500
毛坯宽度:	0.0000
裁剪环	全局
样条逼近	线性

图 25-13　设置刀路参数

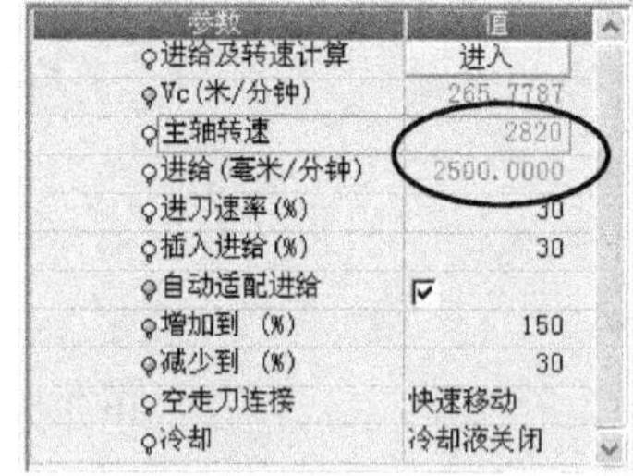

参数	值
进给及转速计算	进入
Vc（米/分钟）	265.7787
主轴转速	2820
进给（毫米/分钟）	2500.0000
进刀速率（%）	30
插入进给（%）	30
自动适配进给	☑
增加到 （%）	150
减少到 （%）	30
空走刀连接	快速移动
冷却	冷却液关闭

图 25-14　设置机床参数

（6）保存并关闭程序。在〖Procedure Wizard〗对话框中单击〖保存并关闭〗按钮，如图 25-15 所示。

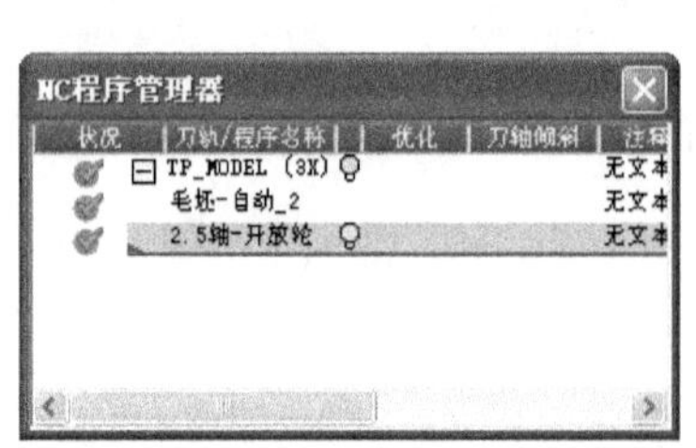

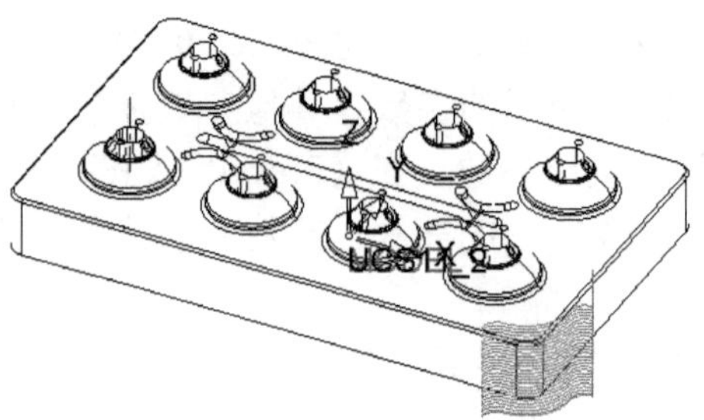

图 25-15　保存并关闭程序

25.6.4 转换刀具路径一

（1）选择加工策略。在〖NC 向导〗工具栏中单击 按钮，弹出〖Procedure Wizard〗对话框，然后设置主选择为“转换”，子选择为“镜像复制”，如图 25-16 所示。

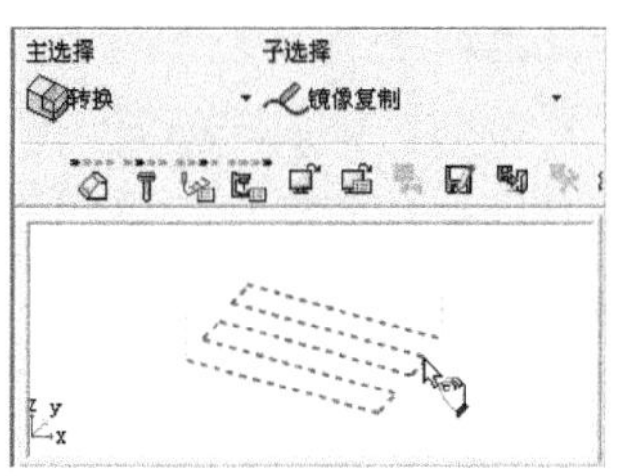

图 25-16　选择加工策略

（2）选择镜像对象。不关闭〖Procedure Wizard〗对话框，然后根据图 25-17 所示的步骤进行参数设置。

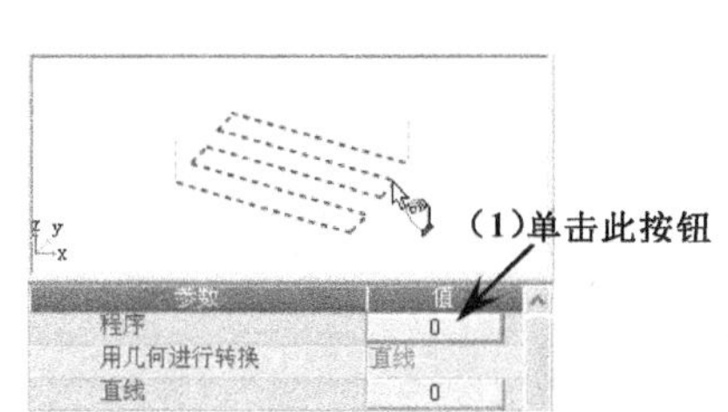

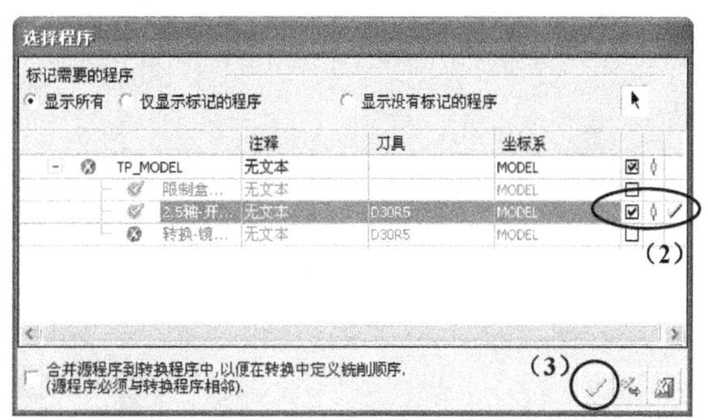

图 25-17　选择镜像对象

（3）设置刀路参数。在〖Procedure Wizard〗对话框中单击〖刀路参数〗 按钮，然后设置如图 25-18 所示的参数，其他参数按默认设置。

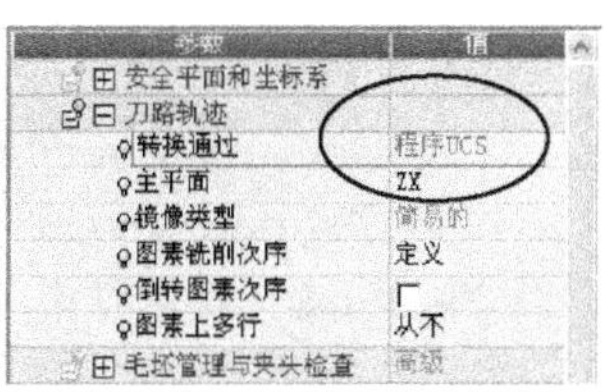

图 25-18　设置刀路参数

编程工程师点评：

镜像的刀路其刀路参数、机床参数与原先的一样。

（4）保存并关闭程序。在〖Procedure Wizard〗对话框中单击〖保存并关闭〗 按钮，如图 25-19 所示。

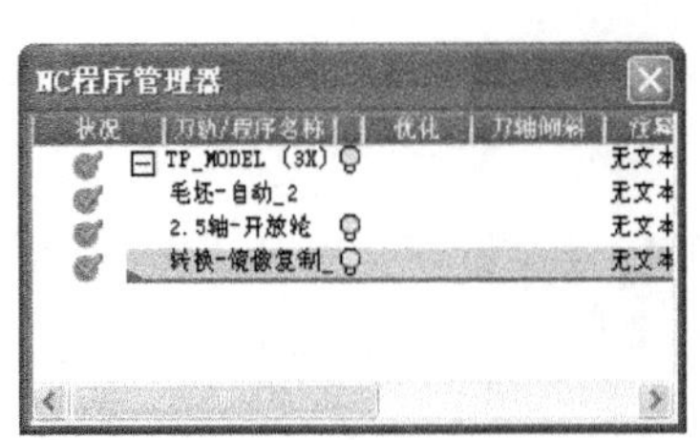
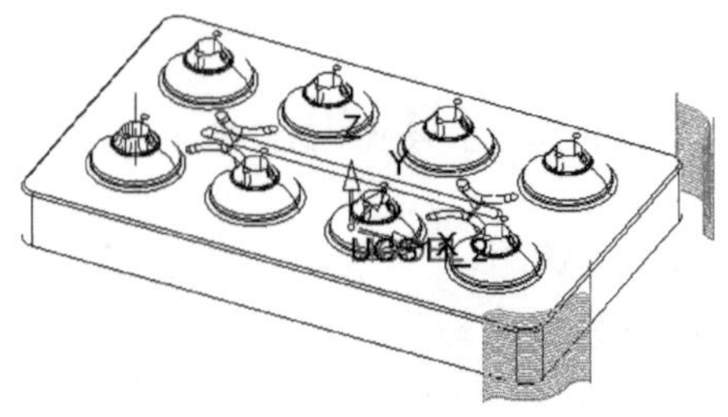

图 25-19　保存并关闭程序

25.6.5　转换刀具路径二

（1）选择加工策略。在〖NC 向导〗工具栏中单击 按钮，弹出〖Procedure Wizard〗对话框，然后设置主选择为“转换”，子选择为“镜像复制”，如图 25-20 所示。

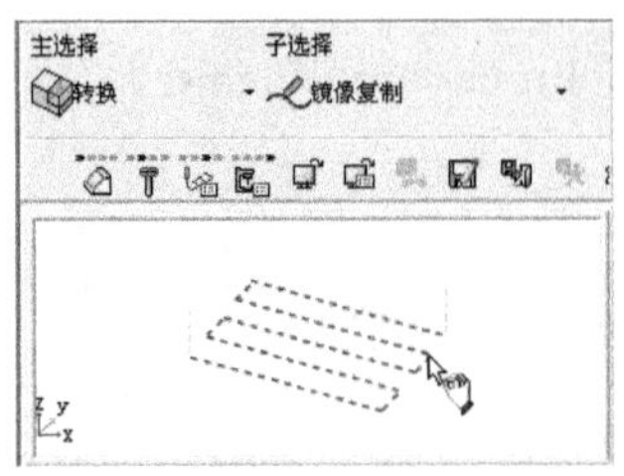

图 25-20　选择加工策略

（2）选择镜像对象。不关闭〖Procedure Wizard〗对话框，然后根据图 25-21 所示的步骤进行参数设置。

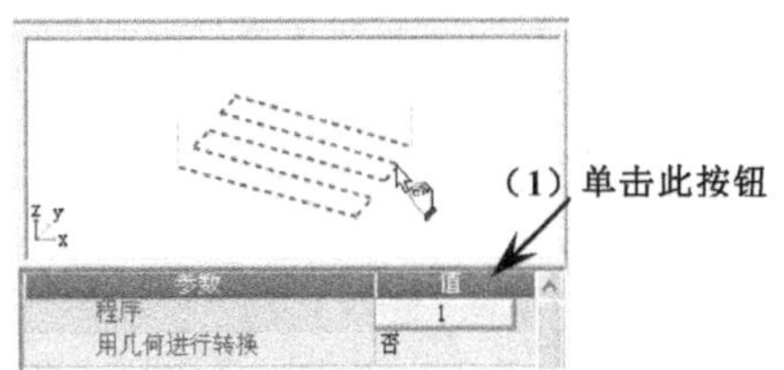

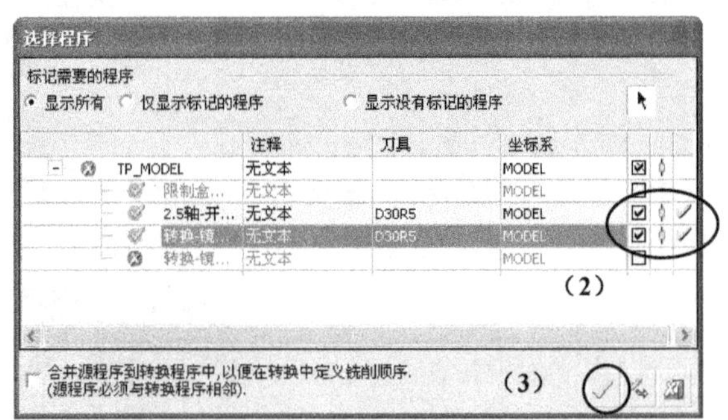

图 25-21　选择镜像对象

（3）设置刀路参数。在〖Procedure Wizard〗对话框中单击〖刀路参数〗 按钮，然后设置如图 25-22 所示的参数，其他参数按默认设置。

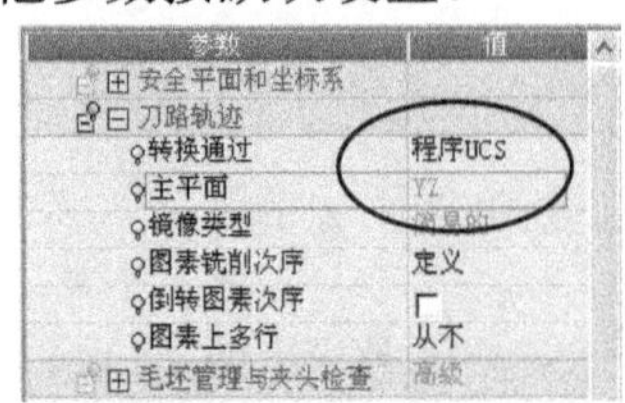

图 25-22　设置刀路参数

（4）保存并关闭程序。在〖Procedure Wizard〗对话框中单击〖保存并关闭〗按钮，如图 25-23 所示。

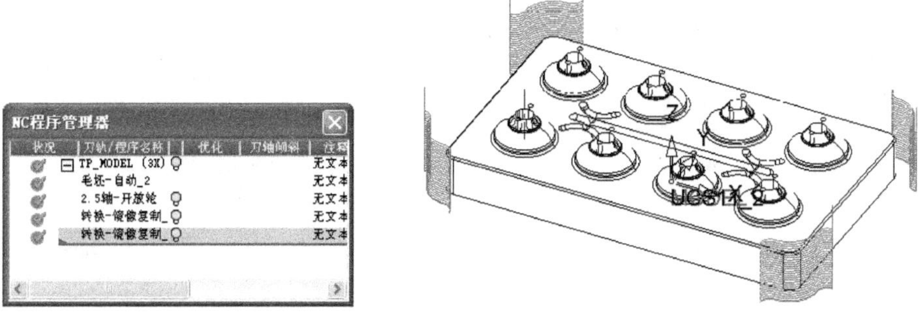

图 25-23　保存并关闭程序

25.6.6　外圆角底部加工——开放轮廓（2.5 轴）

（1）复制程序。参考前面的操作，复制“开放轮廓”程序，如图 25-24 所示。

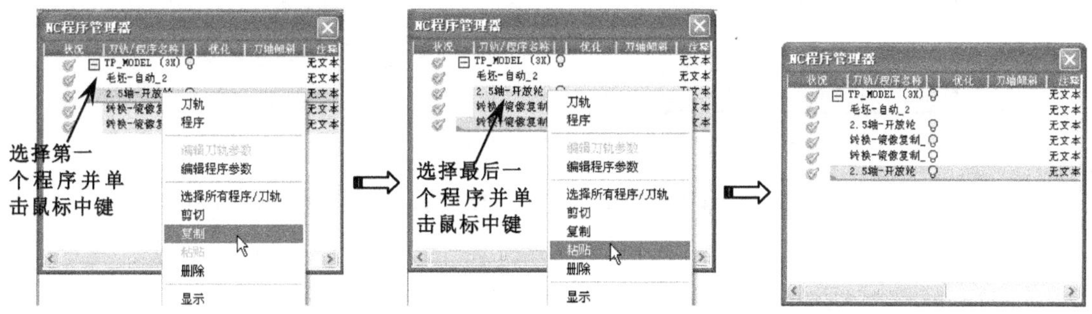

图 25-24　复制程序

（2）选择刀具。双击上一步复制产生的程序，接着在〖Procedure Wizard〗对话框中单击〖刀具〗按钮，弹出〖刀具和夹头〗对话框，然后选择名为“D17R0.8”的刀具并双击鼠标左键进行选择。

（3）设置刀路参数。在〖Procedure Wizard〗对话框中单击〖刀路参数〗按钮，然后设置如图 25-25 所示的参数，其他参数按默认设置。

（4）设置机床参数。在〖Procedure Wizard〗对话框中单击〖机床参数〗按钮，然后设置如图 25-26 所示的参数，其他参数按默认设置。

编程工程师点评：

由于前面的刀路是使用 D30R5 的飞刀进行加工，底部必定会留下一个半径为 5mm 的残留余量，所以在此需要补刀路将这些底部残余清除。

（5）保存并关闭程序。在〖Procedure Wizard〗对话框中单击〖保存并关闭〗按钮，如图 25-27 所示。

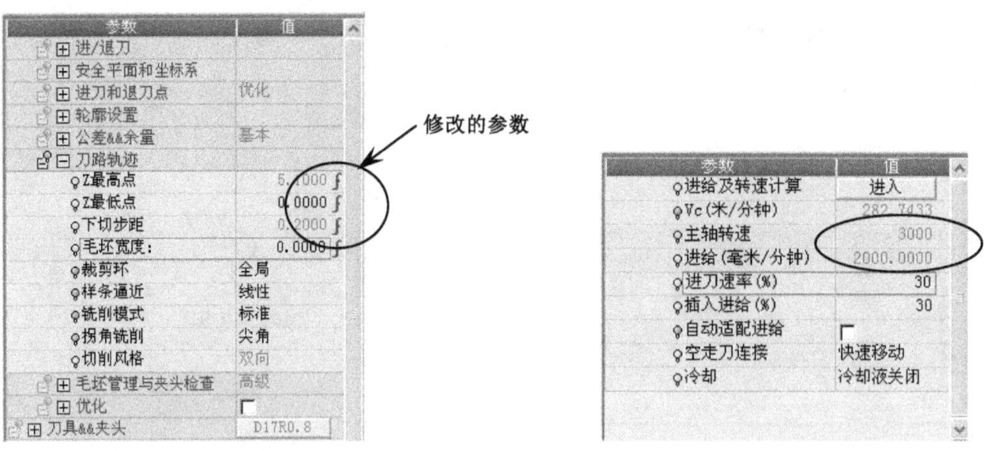

图 25-25　设置刀路参数　　　　图 25-26　设置机床参数

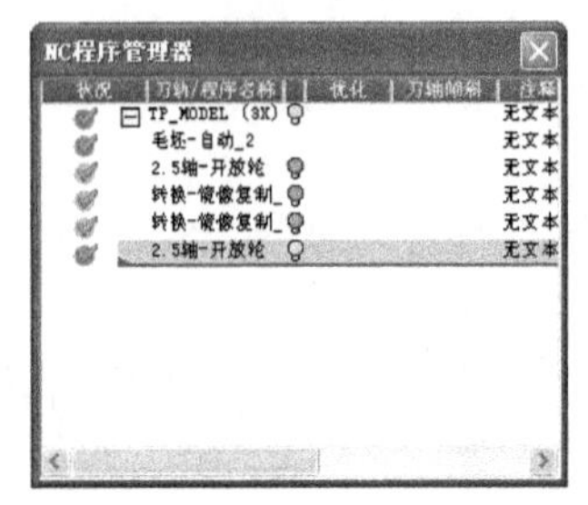
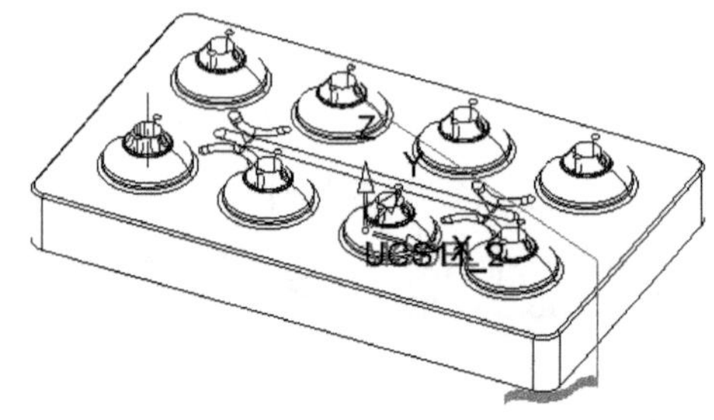

图 25-27　保存并关闭程序

（6）镜像复制刀路。参考前面的操作，对上一步创建的刀路进行镜像复制，如图 25-28 所示。

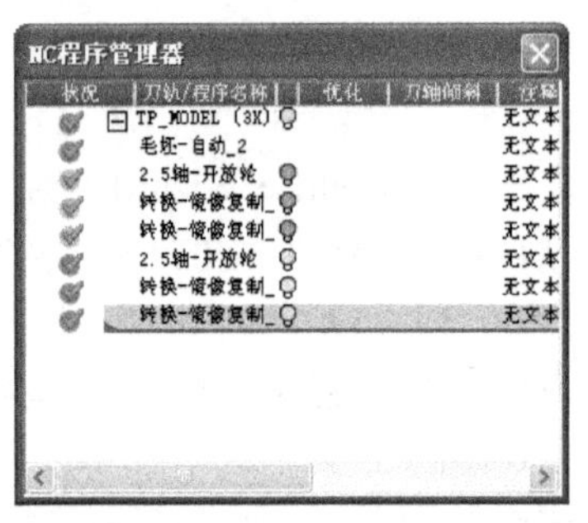
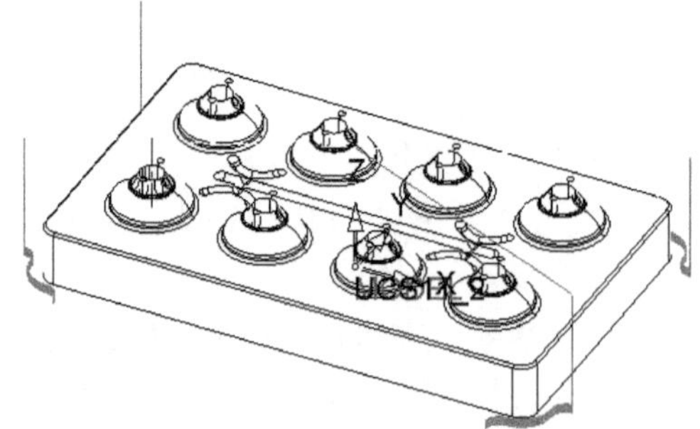

图 25-28　镜像复制刀路

25.6.7　开粗——环绕粗铣

（1）选择加工策略。在〖NC 向导〗工具栏中单击 按钮，弹出〖Procedure Wizard〗对话框，然后设置主选择为“体积铣”，子选择为“环绕粗铣”，如图 25-29 所示。

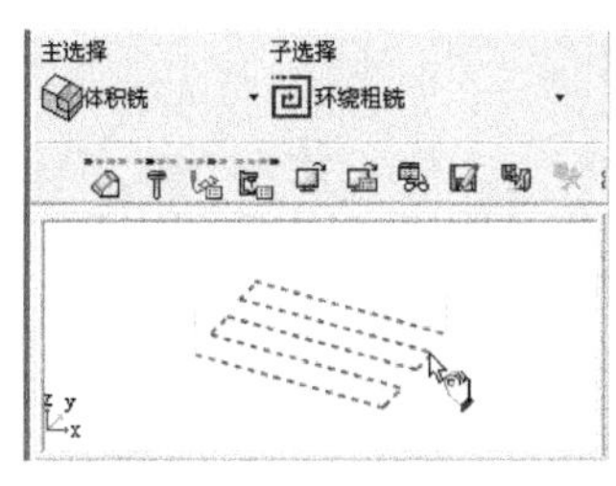

图 25-29　环绕粗铣

（2）选择刀具。在〖Procedure Wizard〗对话框中单击〖刀具〗按钮，弹出〖刀具和夹头〗对话框，然后选择刀具名为“D30R5”的刀具并双击鼠标左键进行选择。

（3）选择轮廓。不关闭〖Procedure Wizard〗对话框，然后根据图 25-30 所示的步骤进行操作。

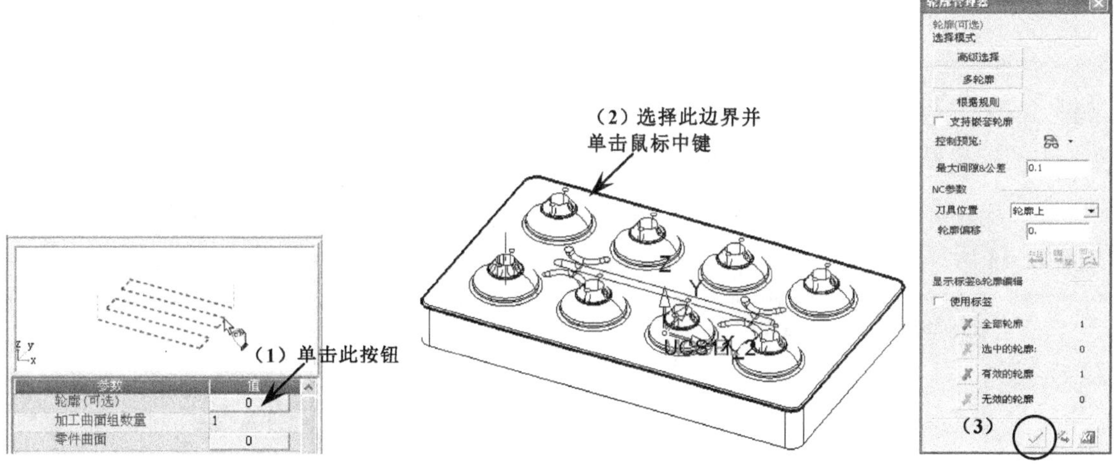

图 25-30　选择轮廓

（4）选择加工曲面。不关闭〖Procedure Wizard〗对话框，然后根据图 25-31 所示的步骤进行参数设置。

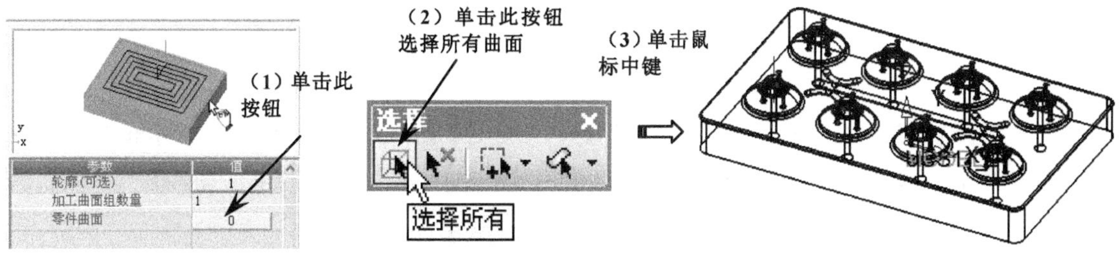

图 25-31　选择加工曲面

（5）设置刀路参数。在〖Procedure Wizard〗对话框中单击〖刀路参数〗按钮，然后设置如图 25-32 所示的参数，其他参数按默认设置。

（6）设置机床参数。在〖Procedure Wizard〗对话框中单击〖机床参数〗按钮，然后设置如图 25-33 所示的参数，其他参数按默认设置。

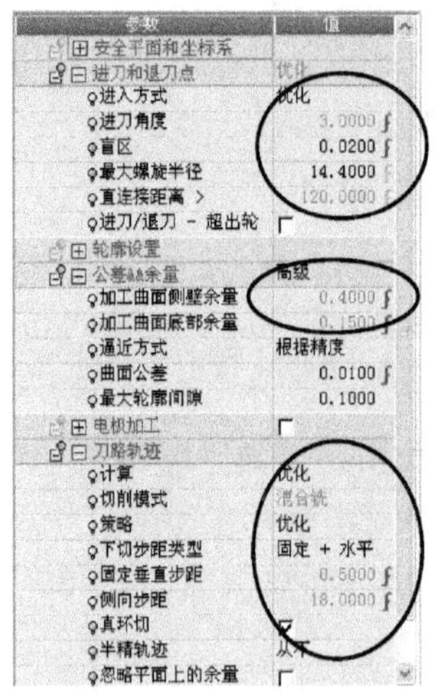

图 25-32　设置刀路参数

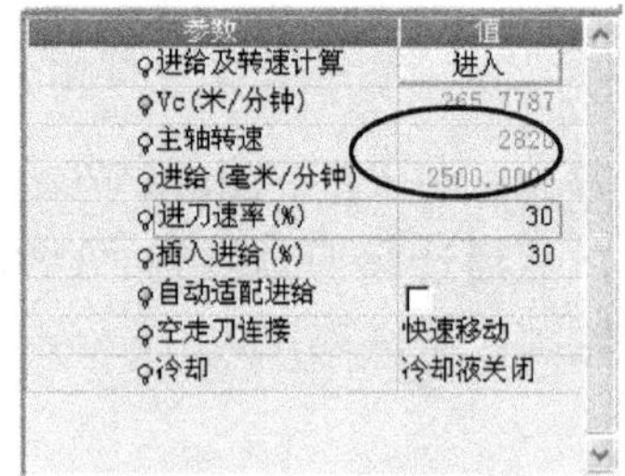

图 25-33　设置机床参数

编程工程师点评：

为了保证刀具能从内向外螺旋下刀，不能勾选"进刀/退刀-超出轮廓"选项。

（7）保存并关闭程序。在〖Procedure Wizard〗对话框中单击〖保存并关闭〗按钮，如图 25-34 所示。

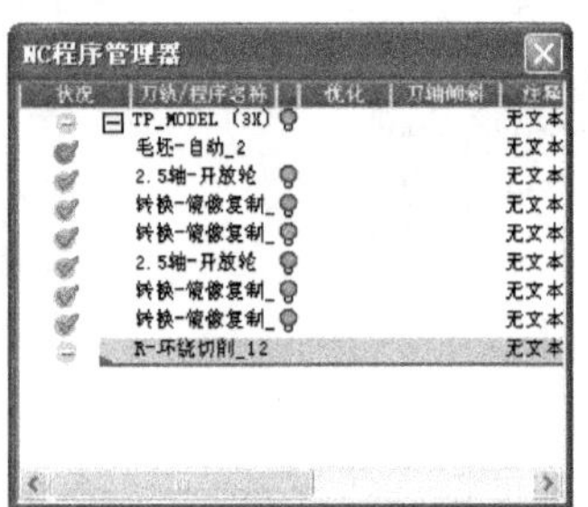

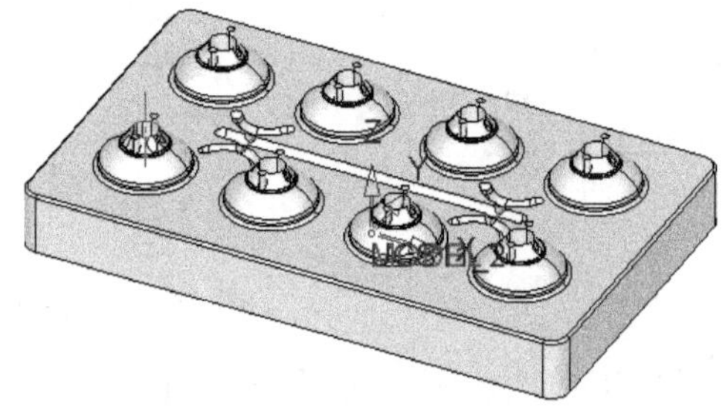

图 25-34　保存并关闭程序

25.6.8　二次开粗——二粗

（1）选择加工策略。在〖NC 向导〗工具栏中单击按钮，弹出〖Procedure Wizard〗对话框，然后设置主选择为"体积铣"，子选择为"二粗"，如图 25-35 所示。

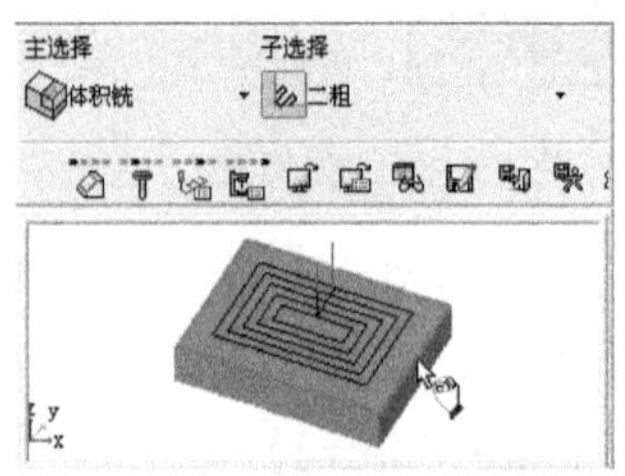

图 25-35　选择加工策略

（2）选择刀具。在〖Procedure Wizard〗对话框中单击〖刀具〗按钮，弹出〖刀具和夹头〗对话框，然后选择名为“D17R0.8”的刀具并双击鼠标左键进行选择。

（3）设置刀路参数。在〖Procedure Wizard〗对话框中单击〖刀路参数〗按钮，然后设置如图 25-36 所示的参数，其他参数按默认设置。

（4）设置机床参数。在〖Procedure Wizard〗对话框中单击〖机床参数〗按钮，然后设置如图 25-37 所示的参数，其他参数按默认设置。

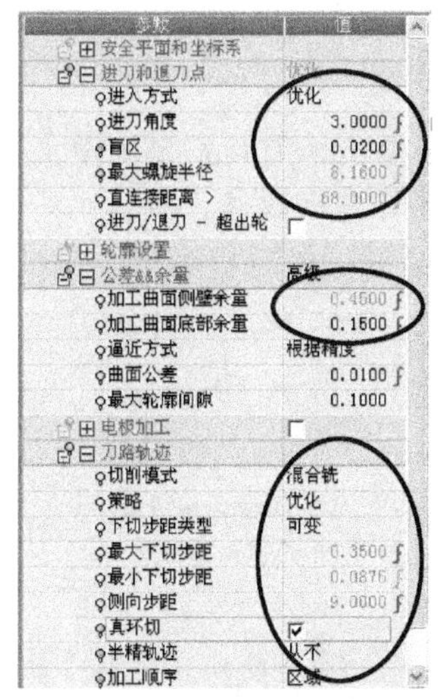

图 25-36　设置刀路参数

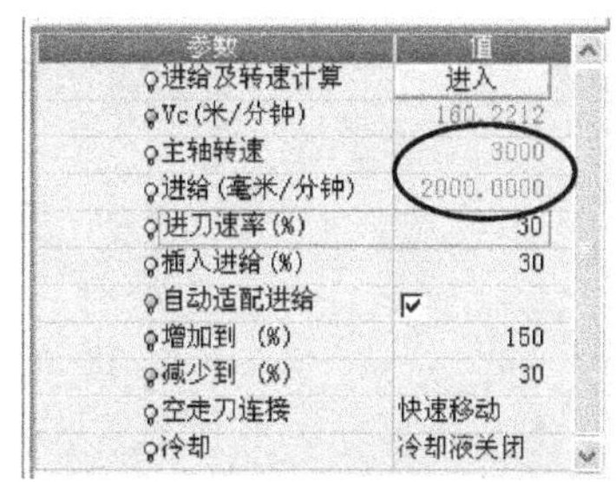

图 25-37　设置机床参数

编程工程师点评：

二次开粗时，设置侧面余量要比一次开粗时的余量稍大一些，避免刀杆碰到侧壁。

（5）保存并关闭程序。在〖Procedure Wizard〗对话框中单击〖保存并关闭〗按钮，如图 25-38 所示。

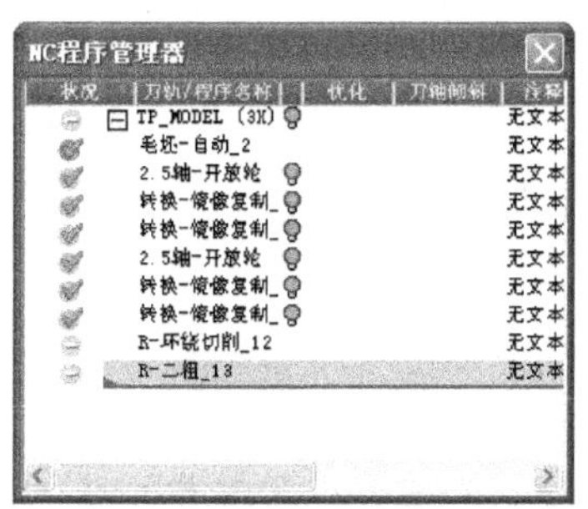

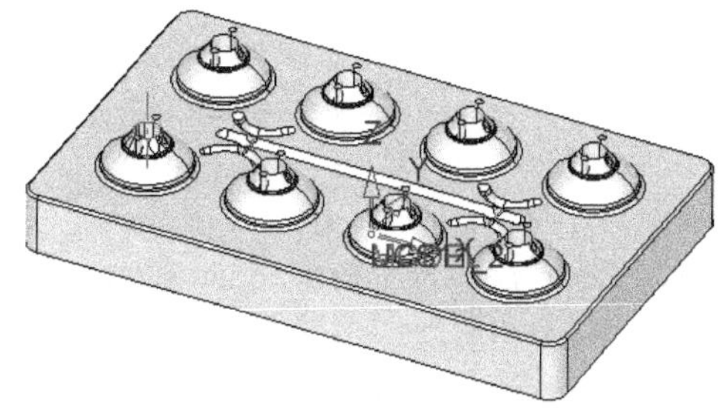

图 25-38　保存并关闭程序

25.6.9　沉孔开粗加工

（1）选择加工策略。在〖NC 向导〗工具栏中单击按钮，弹出〖Procedure Wizard〗

对话框，然后设置主选择为“体积铣”，子选择为“环绕粗铣”，如图 25-39 所示。

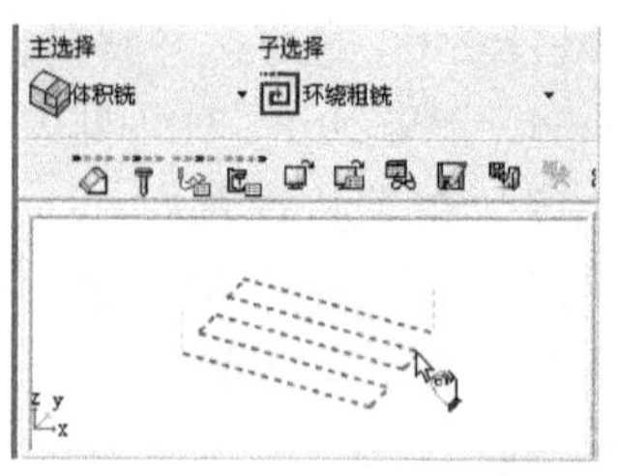

图 25-39　选择加工策略

（2）选择刀具。在〖Procedure Wizard〗对话框中单击〖刀具〗按钮，弹出〖刀具和夹头〗对话框，然后选择名为“D6”的刀具并双击鼠标左键进行选择。

（3）选择轮廓。不关闭〖Procedure Wizard〗对话框，然后根据图 25-40 所示的步骤进行操作。

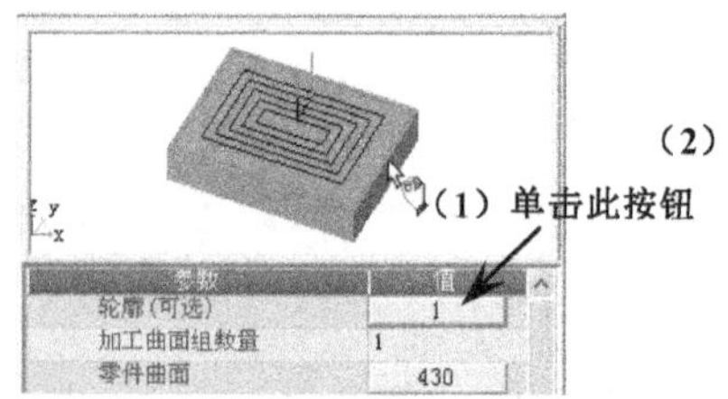

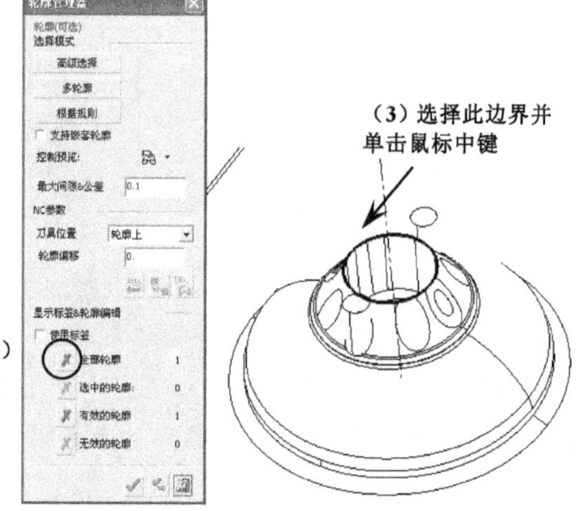

图 25-40　选择轮廓

编程工程师点评：

由于只是对孔进行加工，所以需要重新设置合适的轮廓，否则会产生大量不必要的刀路轨迹。

（4）设置刀路参数。在〖Procedure Wizard〗对话框中单击〖刀路参数〗按钮，然后设置如图 25-41 所示的参数，其他参数按默认设置。

（5）设置机床参数。在〖Procedure Wizard〗对话框中单击〖机床参数〗按钮，然后设置如图 25-42 所示的参数，其他参数按默认设置。

（6）保存并关闭程序。在〖Procedure Wizard〗对话框中单击〖保存并关闭〗按钮，如图 25-43 所示。

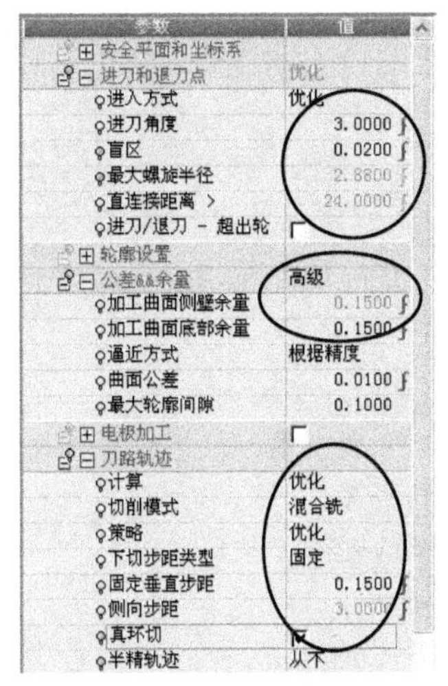

图 25-41　设置刀路参数

图 25-42　设置机床参数

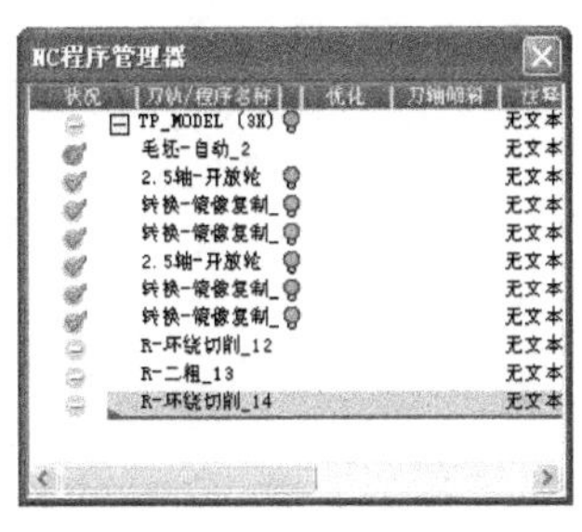

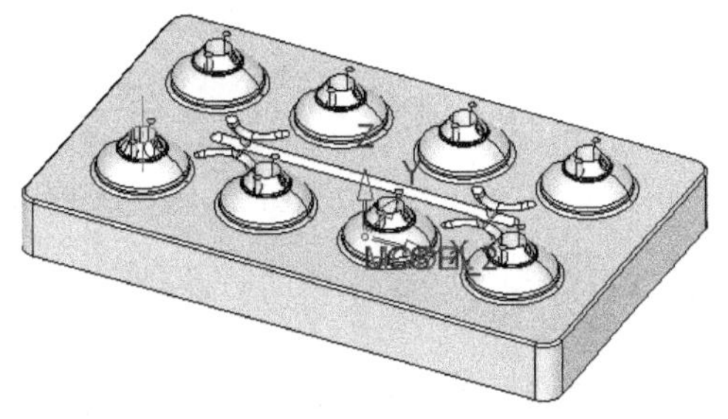

图 25-43　保存并关闭程序

25.6.10　复制阵列程序

（1）选择加工策略。在〖NC 向导〗工具栏中单击［程序］按钮，弹出〖Procedure Wizard〗对话框，然后设置主选择为“转换”，子选择为“复制阵列”，如图 25-44 所示。

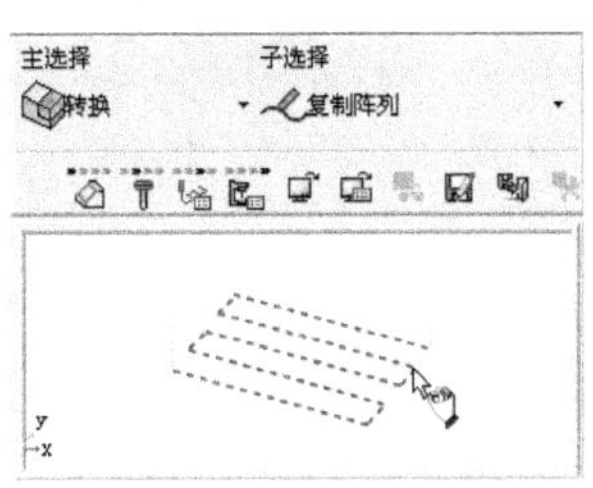

图 25-44　选择加工策略

（2）选择阵列对象。不关闭〖Procedure Wizard〗对话框，然后根据图 25-45 所示的步骤进行参数设置。

（3）设置刀路参数。在〖Procedure Wizard〗对话框中单击〖刀路参数〗按钮，然后设置如图 25-46 所示的参数，其他参数按默认设置。

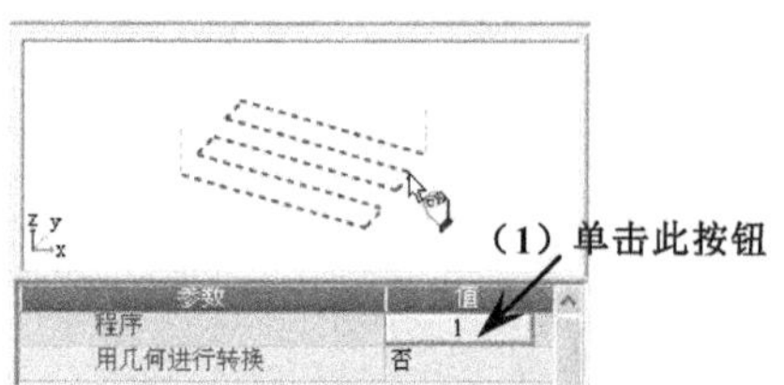

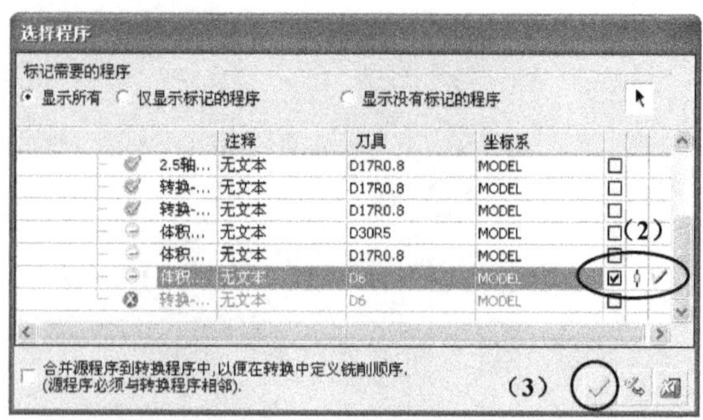

图 25-45　选择阵列对象

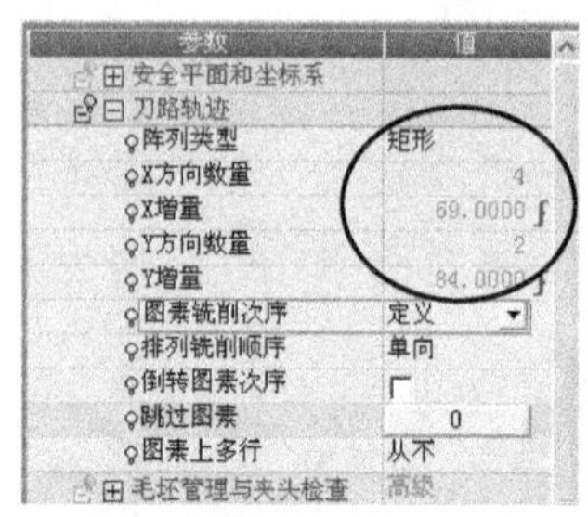

图 25-46　设置刀路参数

编程工程师点评：

阵列刀路前，需要通过使用测量工具准确地测量要复制的距离。

（4）保存并关闭程序。在〖Procedure Wizard〗对话框中单击〖保存并关闭〗按钮，如图 25-47 所示。

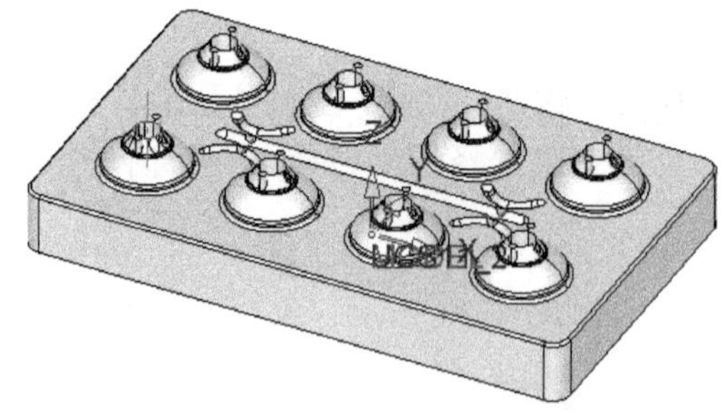

图 25-47　保存并关闭程序

25.6.11　小平面精加工

（1）选择加工策略。在〖NC 向导〗工具栏中单击按钮，弹出〖Procedure Wizard〗对话框，然后设置主选择为“曲面铣削”，子选择为“精铣水平面”，如图 25-48 所示。

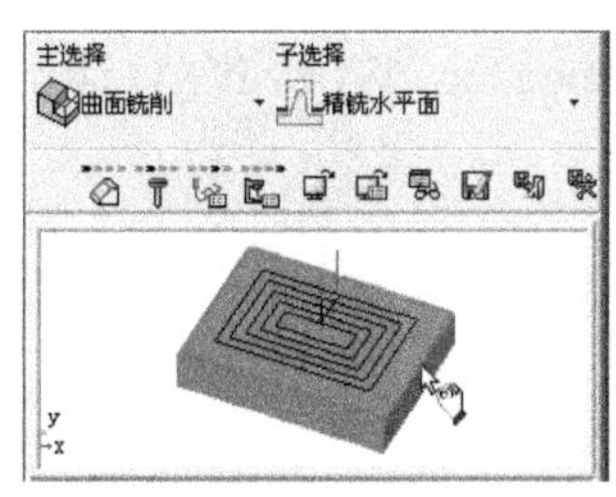

图 25-48　选择加工策略

（2）重新选择轮廓。不关闭〖Procedure Wizard〗对话框，然后根据图 25-49 所示的步骤进行操作。

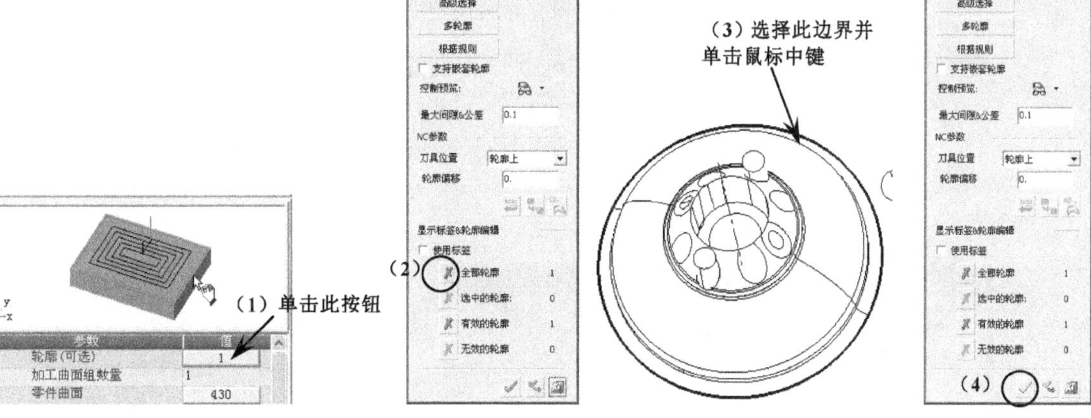

图 25-49　重新选择轮廓

（3）设置刀路参数。在〖Procedure Wizard〗对话框中单击〖刀路参数〗按钮，然后设置如图 25-50 所示的参数，其他参数按默认设置。

（4）设置机床参数。在〖Procedure Wizard〗对话框中单击〖机床参数〗按钮，然后设置如图 25-51 所示的参数，其他参数按默认设置。

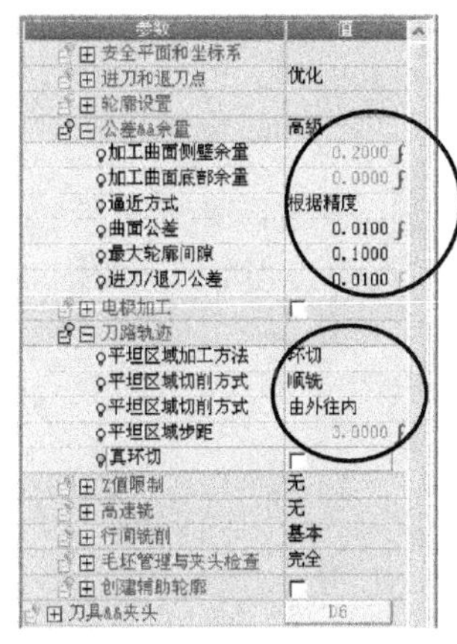

图 25-50　设置刀路参数

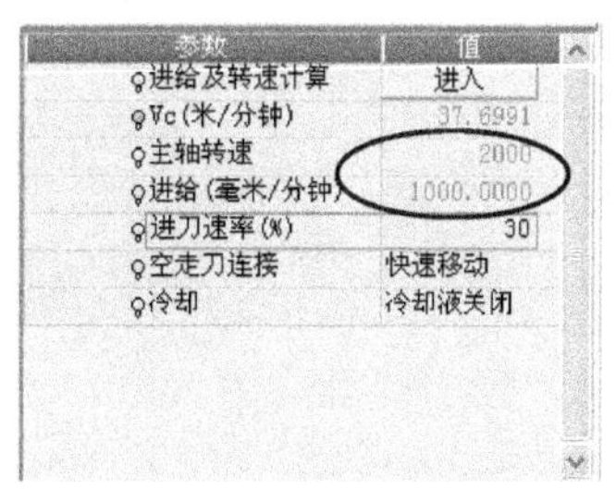

图 25-51　设置机床参数

（5）保存并关闭程序。在〖Procedure Wizard〗对话框中单击〖保存并关闭〗按钮，如图 25-52 所示。

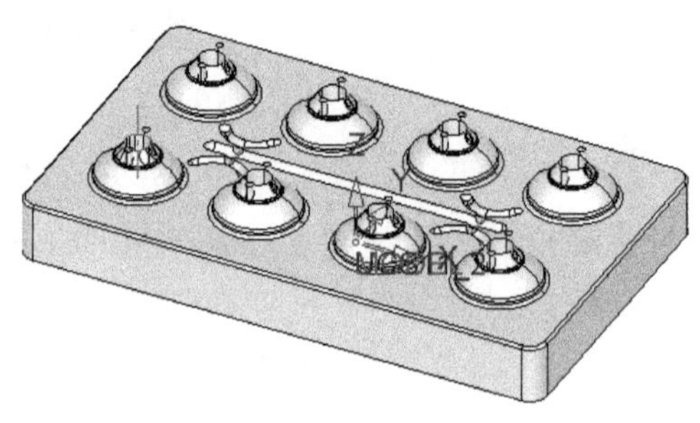

图 25-52　保存并关闭程序

（6）复制阵列刀路。参考前面的操作，对上一步创建的刀路进行复制阵列，如图 25-53 所示。

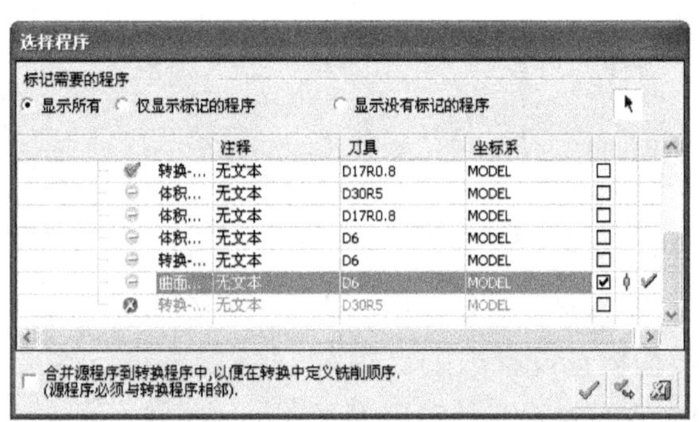

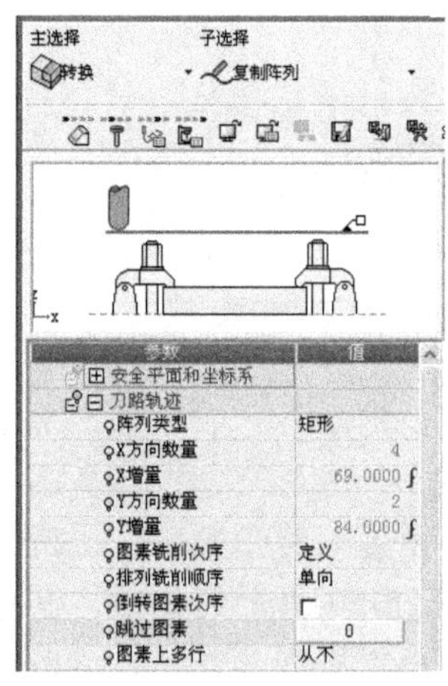

图 25-53　复制阵列刀路

25.6.12　孔内侧面精加工——根据角度精铣

（1）选择加工策略。在〖NC 向导〗工具栏中单击按钮，弹出〖Procedure Wizard〗对话框，然后设置主选择为“曲面铣削”，子选择为“根据角度精铣”，如图 25-54 所示。

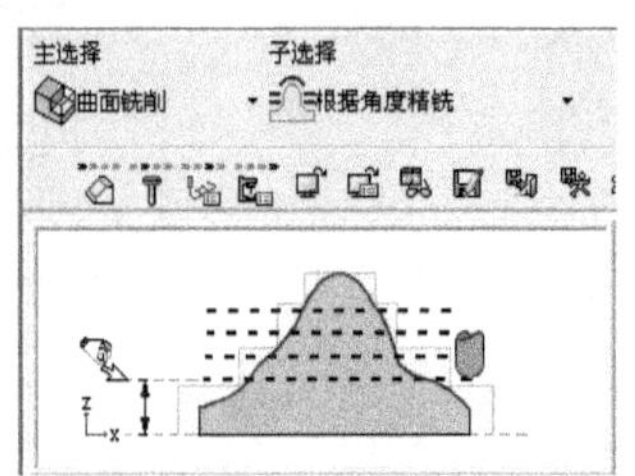

图 25-54　选择加工策略

（2）重新选择轮廓。不关闭〖Procedure Wizard〗对话框，然后根据图 25-55 所示的步骤进行操作。

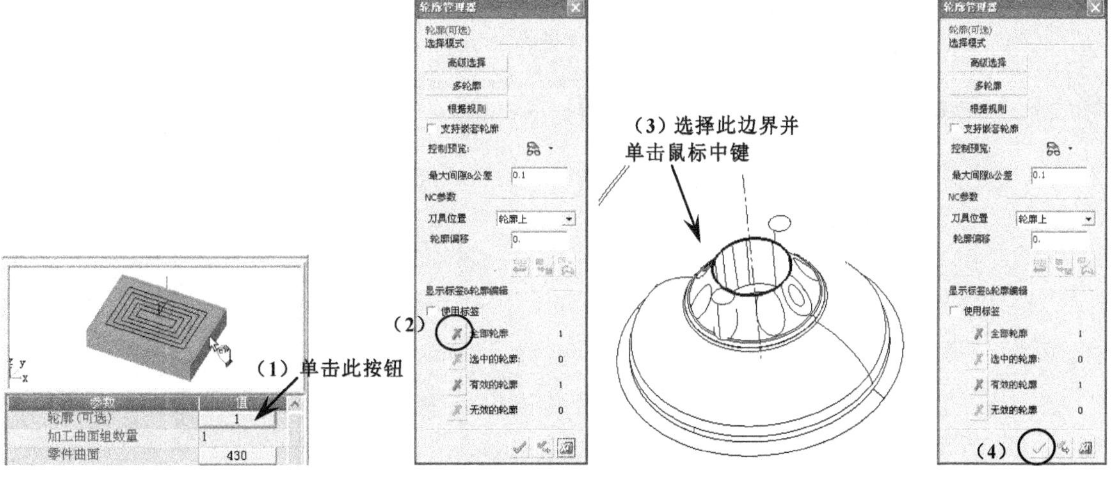

图 25-55　重新选择轮廓

（3）选择尖锐边缘。不关闭〖Procedure Wizard〗对话框，然后根据图 25-56 所示的步骤进行操作。

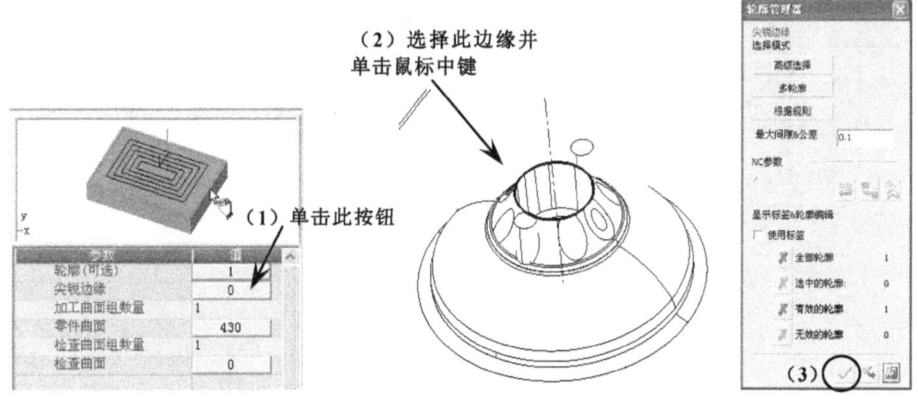

图 25-56　选择尖锐边缘

编程工程师点评：

选择尖锐边缘的目的是避免在顶部的尖锐部位产生一些不必要的刀路。

（4）设置刀路参数。在〖Procedure Wizard〗对话框中单击〖刀路参数〗按钮，然后设置如图 25-57 所示的参数，其他参数按默认设置。

（5）设置机床参数。在〖Procedure Wizard〗对话框中单击〖机床参数〗按钮，然后设置如图 25-58 所示的参数，其他参数按默认设置。

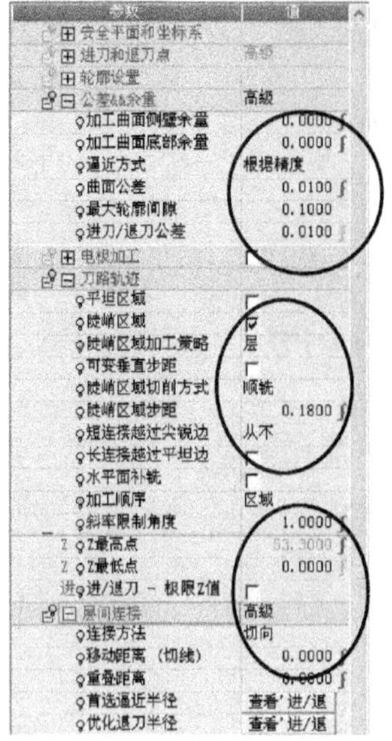

图 25-57　设置刀路参数

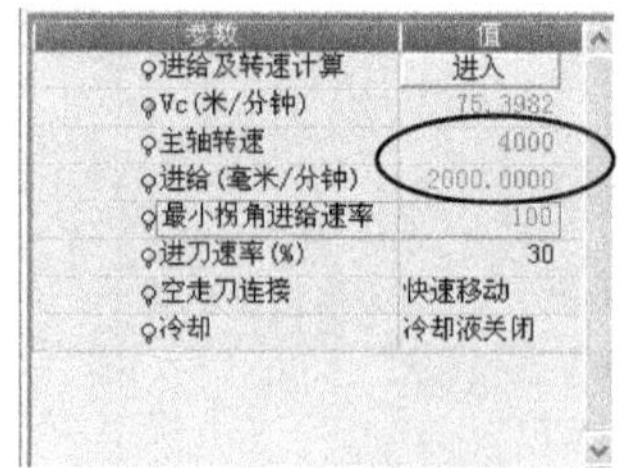

图 25-58　设置机床参数

（6）保存并关闭程序。在〖Procedure Wizard〗对话框中单击〖保存并关闭〗按钮，如图 25-59 所示。

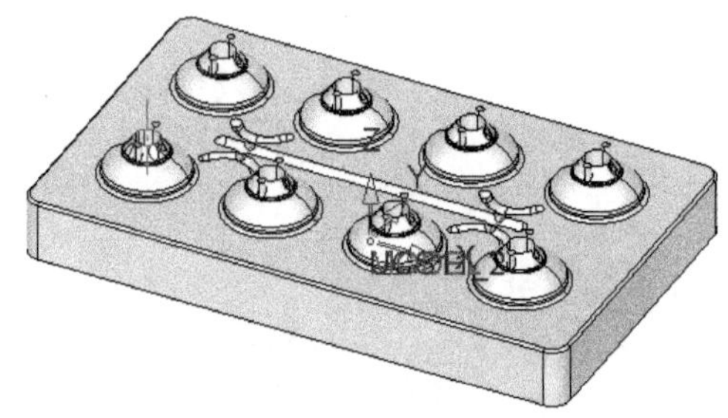

图 25-59　保存并关闭程序

（7）复制阵列刀路。参考前面的操作，对上一步创建的刀路进行复制阵列，如图 25-60 所示。

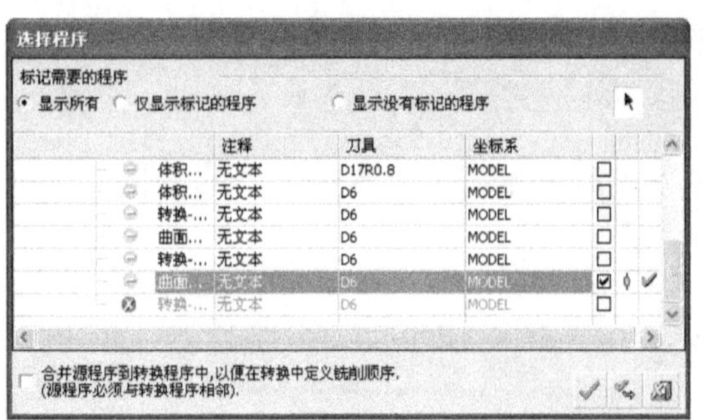
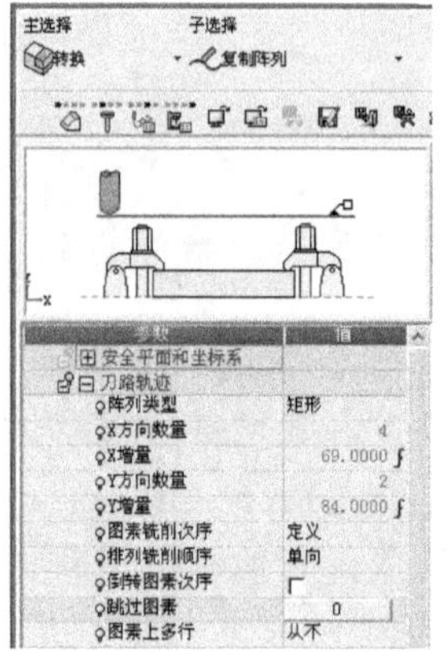
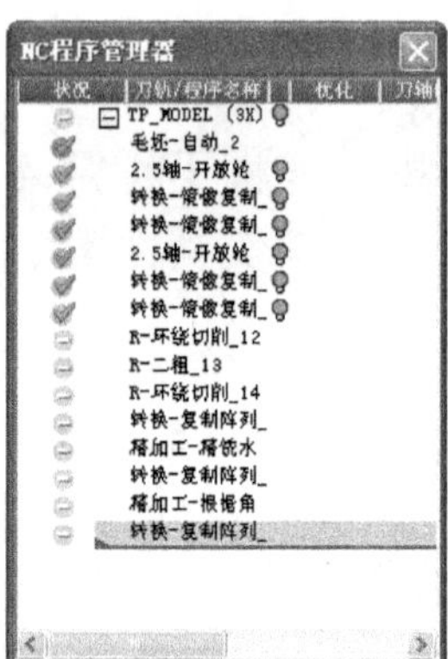

图 25-60　复制阵列刀路

25.6.13 大陆峭面半精加工——根据角度精铣

（1）选择加工策略。在〖NC 向导〗工具栏中单击 按钮，弹出〖Procedure Wizard〗对话框，然后设置主选择为“曲面铣削”，子选择为“根据角度精铣”，如图 25-61 所示。

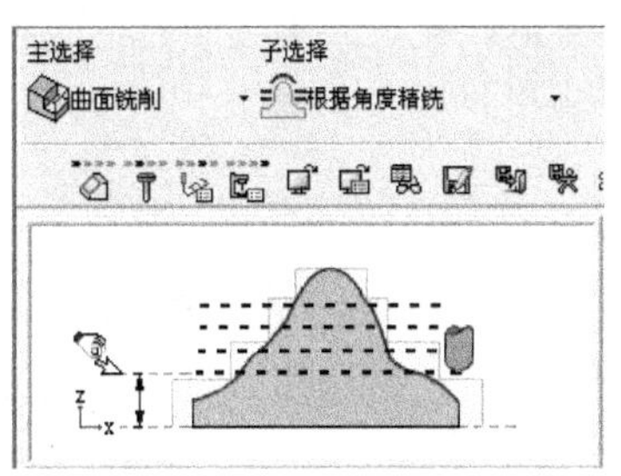

图 25-61 选择加工策略

（2）选择刀具。在〖Procedure Wizard〗对话框中单击〖刀具〗 按钮，弹出〖刀具和夹头〗对话框，然后选择刀具名为“D17R0.8”的刀具并双击鼠标左键进行选择。

（3）选择轮廓。不关闭〖Procedure Wizard〗对话框，然后选择如图 25-62 所示的轮廓和设置相应的参数。

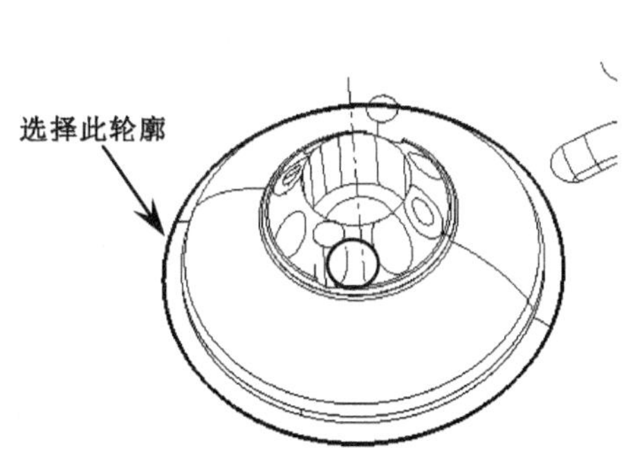

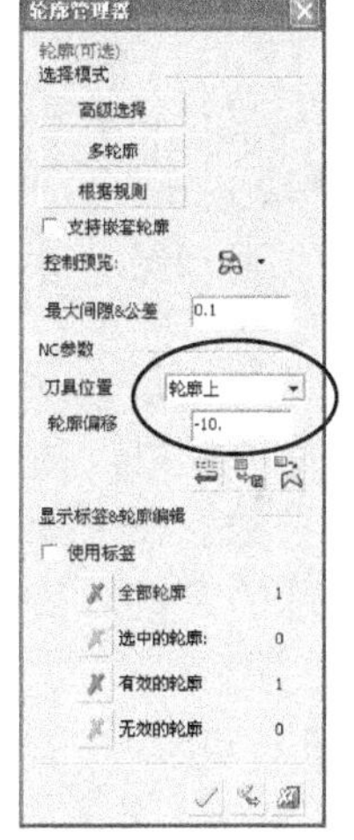

图 25-62 选择轮廓

编程工程师点评：

1. 要先设置轮廓偏移值，再选择轮廓，否则设置的轮廓偏移值是没什么作用的。

2. 这里设置轮廓的偏移值为-10（大于刀半径值），目的是保证能生成完整的侧壁加工刀路，否则在接近于边轮廓的曲面上则无法生成刀路。

（4）选择加工曲面。参考前面的操作，选择除孔内的 6 个曲面外的其余曲面作为加工曲面，被选择的曲面总数为 424 个，如图 25-63 所示。

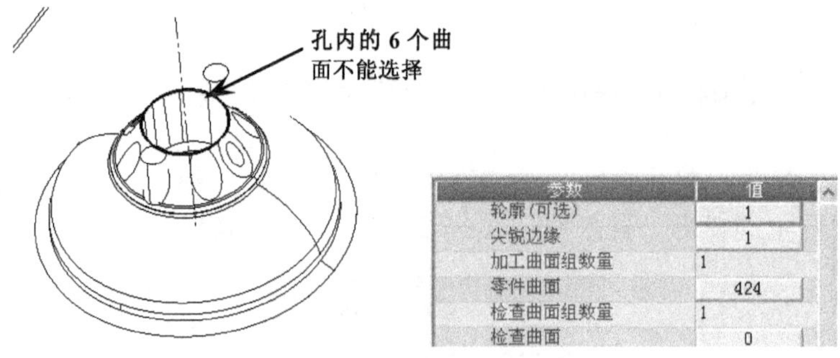

图 25-63　选择加工曲面

（5）选择尖锐边缘。参考前面的操作，选择如图 25-64 所示的曲线作为类锐边缘。

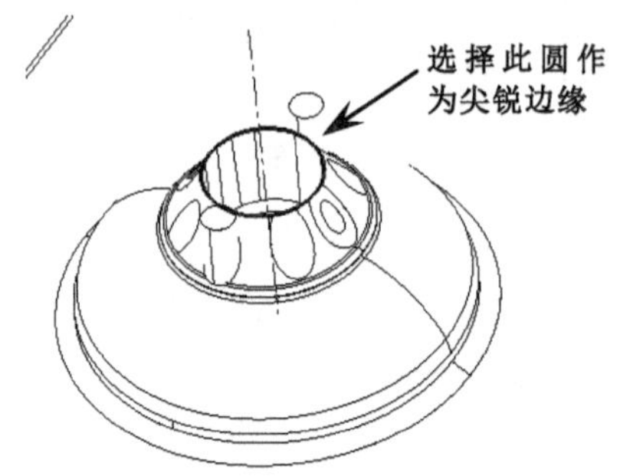

图 25-64　选择尖锐边缘

编程工程师点评：

必须在选择加工曲面后，才能进行尖锐的选择。

（6）设置刀路参数。在〖Procedure Wizard〗对话框中单击〖刀路参数〗按钮，然后设置如图 25-65 所示的参数，其他参数按默认设置。

（7）设置机床参数。在〖Procedure Wizard〗对话框中单击〖机床参数〗按钮，然后设置如图 25-66 所示的参数，其他参数按默认设置。

编程工程师点评：

1. 由于加工的区域中存在较陡峭的区域和较平缓的区域，所以参数设置中同时勾选了“平坦区域”和“陡峭区域”选项，并设置斜率限制角度为 35，即角度超过 35° 的曲面其加工步距为 0.35，角度小于 35° 的曲面其加工步距为 0.12。

2. 为了避免刀具在平面上产生多余的刀路，以上参数中刻意设置了“Z 值限制”的相关参数，希望读者重新尝试不同的设置值来揣摩其意义。

（8）保存并关闭程序。在〖Procedure Wizard〗对话框中单击〖保存并关闭〗按钮，如图 25-67 所示。

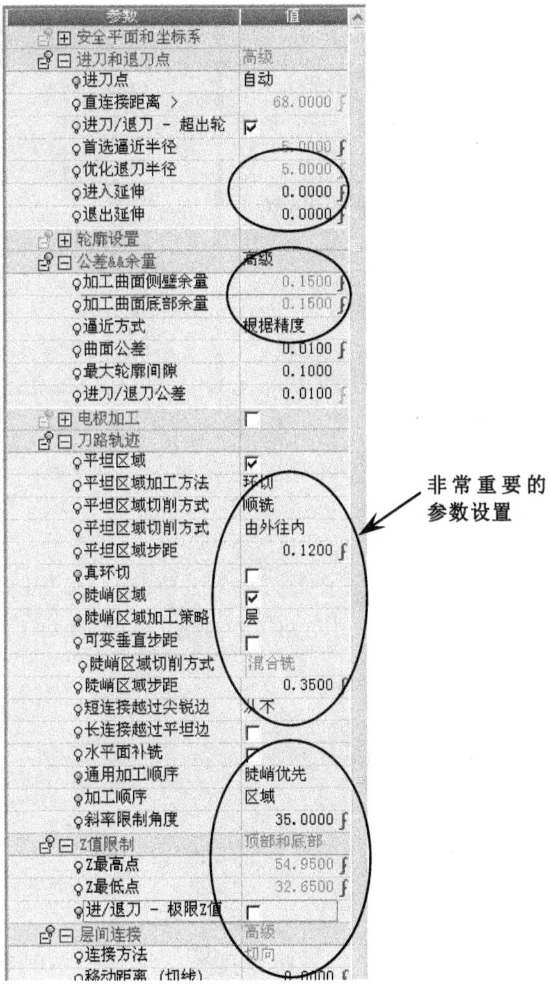

参数	值
⊞ 安全平面和坐标系	
⊟ 进刀和退刀点	高级
进刀点	自动
直连接距离 >	68.0000
进刀/退刀 - 超出轮	☑
首选逼近半径	5.0000
优化退刀半径	5.0000
进入延伸	0.0000
退出延伸	0.0000
⊞ 轮廓设置	
⊟ 公差&&余量	高级
加工曲面侧壁余量	0.1500
加工曲面底部余量	0.1500
逼近方式	根据精度
曲面公差	0.0100
最大轮廓间隙	0.1000
进刀/退刀公差	0.0100
⊞ 电极加工	☐
⊟ 刀路轨迹	
平坦区域	☑
平坦区域加工方法	环切
平坦区域切削方式	顺铣
平坦区域切削方式	由外往内
平坦区域步距	0.1200
真环切	☐
陡峭区域	☑
陡峭区域加工策略	层
可变垂直步距	☐
陡峭区域切削方式	混合铣
陡峭区域步距	0.3500
短连接越过尖锐边	从不
长连接越过平坦边	☐
水平面补铣	☐
通用加工顺序	陡峭优先
加工顺序	区域
斜率限制角度	35.0000
⊟ Z值限制	顶部和底部
Z最高点	54.9500
Z最低点	32.6500
进/退刀 - 极限Z值	☐
⊟ 层间连接	高级
连接方法	切向
移动距离（切线）	0.0000

非常重要的参数设置

图 25-65　设置刀路参数

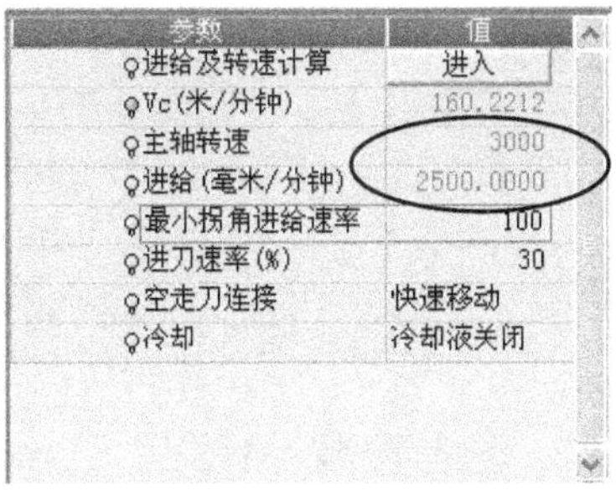

参数	值
进给及转速计算	进入
Vc(米/分钟)	160.2212
主轴转速	3000
进给(毫米/分钟)	2500.0000
最小拐角进给速率	100
进刀速率(%)	30
空走刀连接	快速移动
冷却	冷却液关闭

图 25-66　设置机床参数

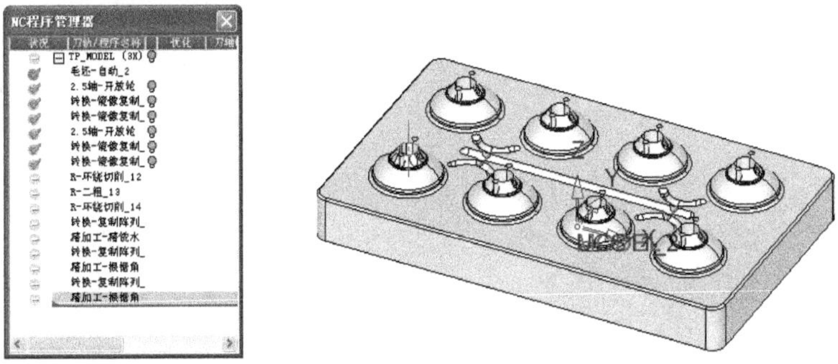

图 25-67　保存并关闭程序

（9）复制阵列刀路。参考前面的操作，对上一步创建的刀路进行复制阵列，如图 25-68 所示。

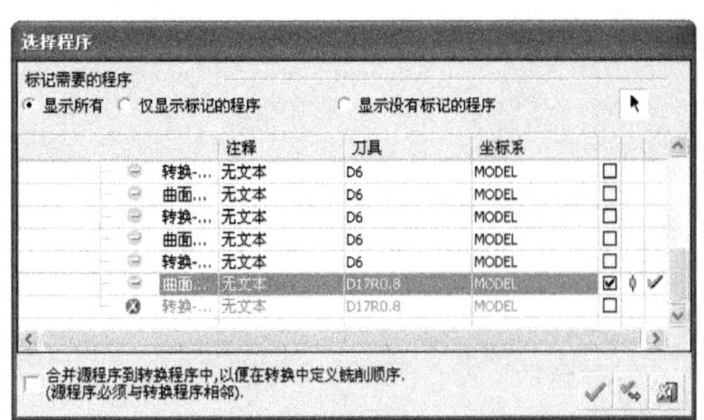

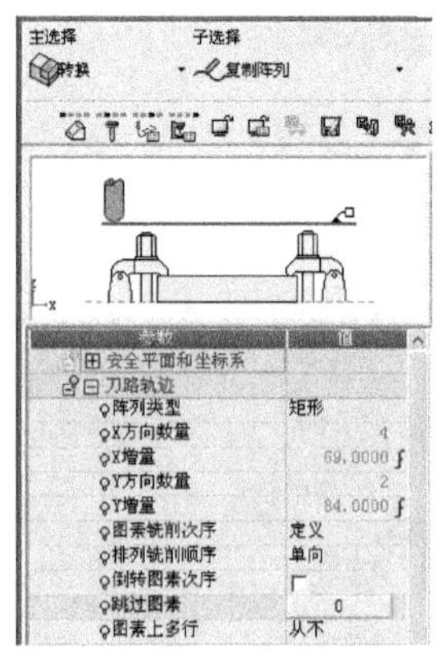

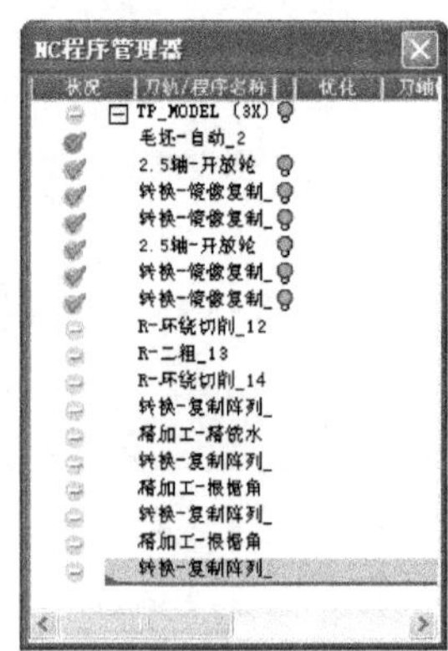

图 25-68　复制阵列刀路

25.6.14　大平面精加工——精铣水平面

（1）选择加工策略。在〖NC 向导〗工具栏中单击 按钮，弹出〖Procedure Wizard〗对话框，然后设置主选择为“曲面铣削”，子选择为“精铣水平面”，如图 25-69 所示。

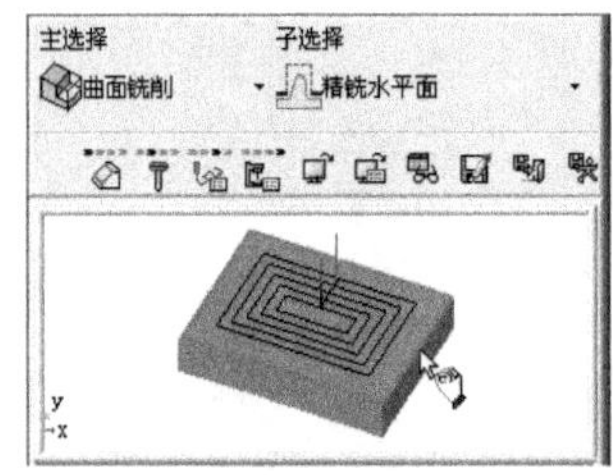

图 25-69　选择加工策略

（2）选择轮廓。不关闭〖Procedure Wizard〗对话框，然后选择如图 25-70 所示的轮廓和设置相应的参数。

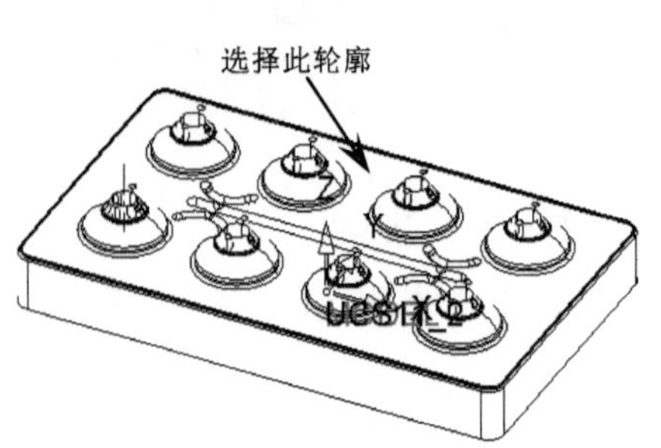
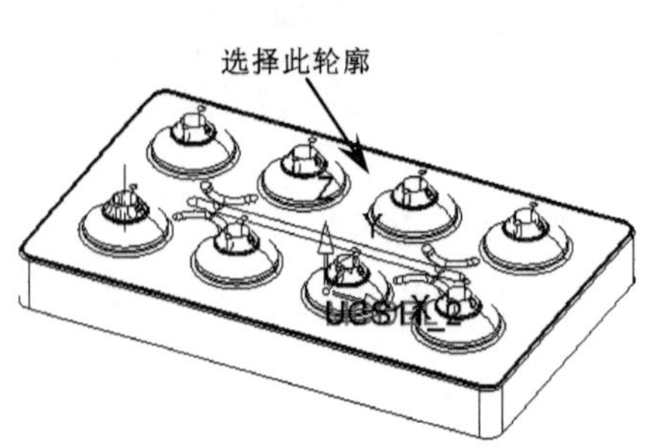

图 25-70　选择轮廓

（3）选择加工曲面。参考前面的操作，选择所有的曲面作为加工曲面。

（4）设置刀路参数。在〖Procedure Wizard〗对话框中单击〖刀路参数〗按钮，然后设置如图 25-71 所示的参数，其他参数按默认设置。

（5）设置机床参数。在〖Procedure Wizard〗对话框中单击〖机床参数〗按钮，然后设置如图 25-72 所示的参数，其他参数按默认设置。

图 25-71　设置刀路参数

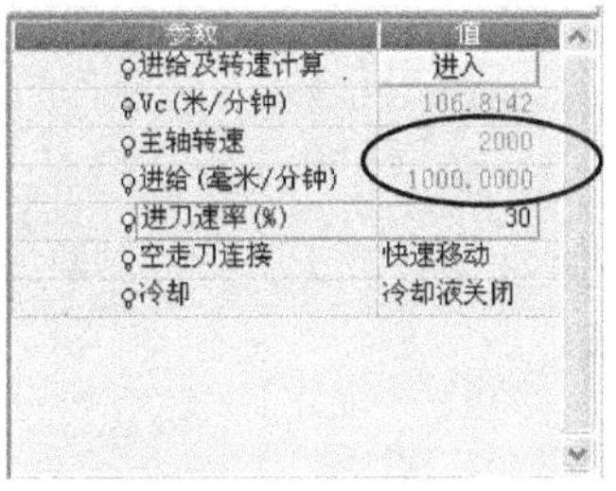

图 25-72　设置机床参数

（6）保存并关闭程序。在〖Procedure Wizard〗对话框中单击〖保存并关闭〗按钮，如图 25-73 所示。

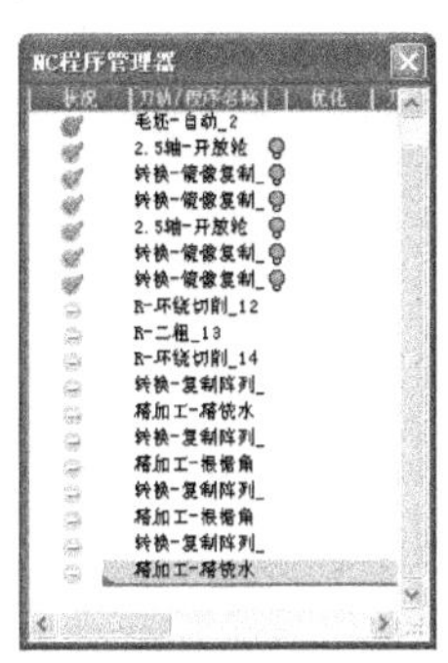

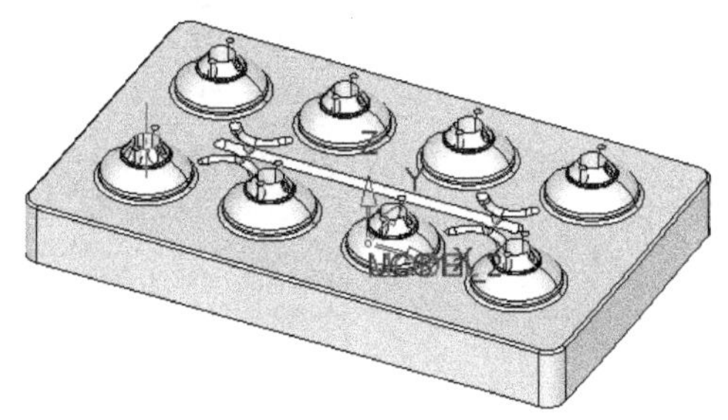

图 25-73　保存并关闭程序

25.6.15　大陆峭面精加工——根据角度精铣

（1）复制程序。参考前面的操作，复制“大陆峭面半精加工”的刀路，如图 25-74 所示。

（2）设置刀路参数。双击上一步复制产生的程序，在〖Procedure Wizard〗对话框中单击〖刀路参数〗按钮，然后修改如图 25-75 所示的参数，其他参数按默认设置。

（3）保存并关闭程序。在〖Procedure Wizard〗对话框中单击〖保存并关闭〗按钮，如图 25-76 所示。

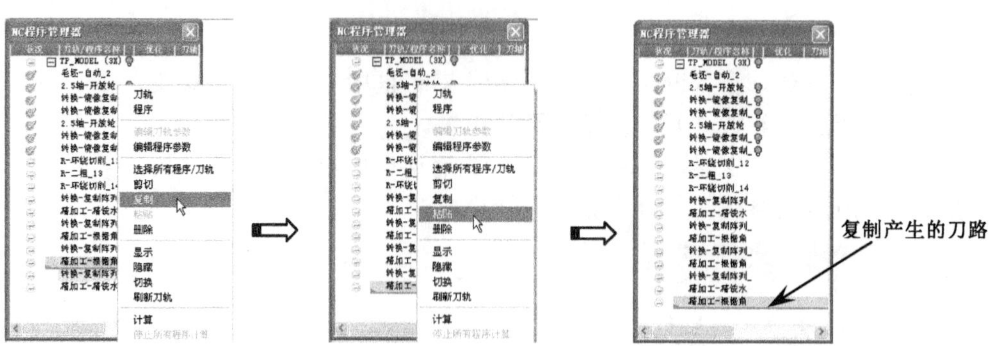

图 25-74　复制程序

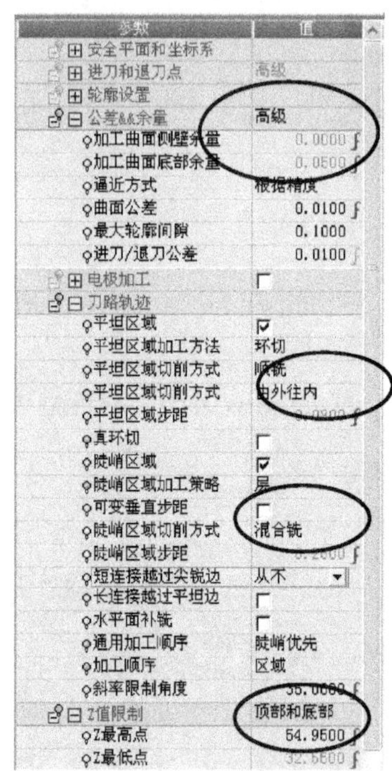

图 25-75　设置刀路参数

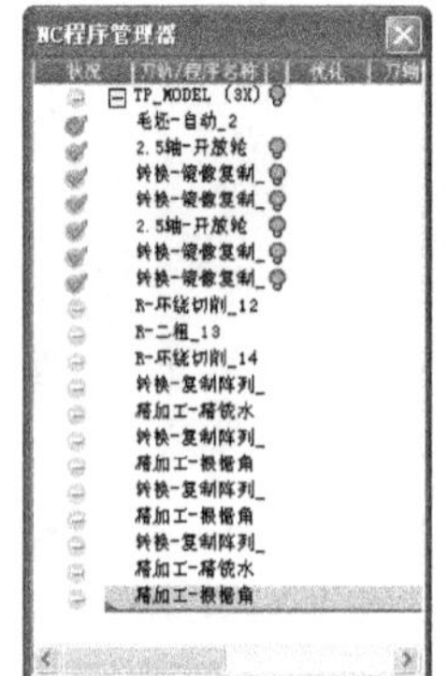

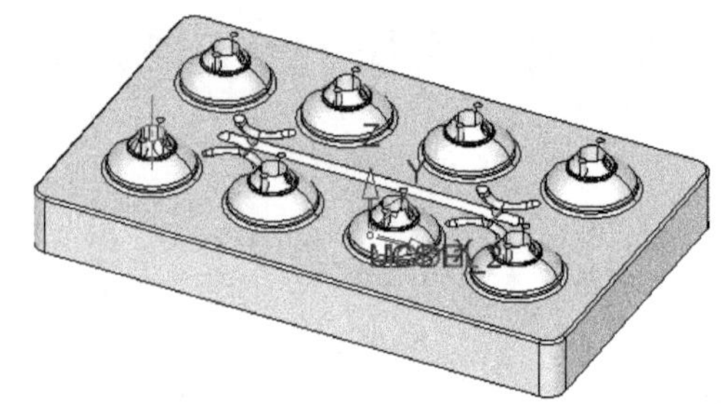

图 25-76　保存并关闭程序

（4）复制阵列刀路。参考前面的操作，对上一步创建的刀路进行复制阵列，如图 25-77 所示。

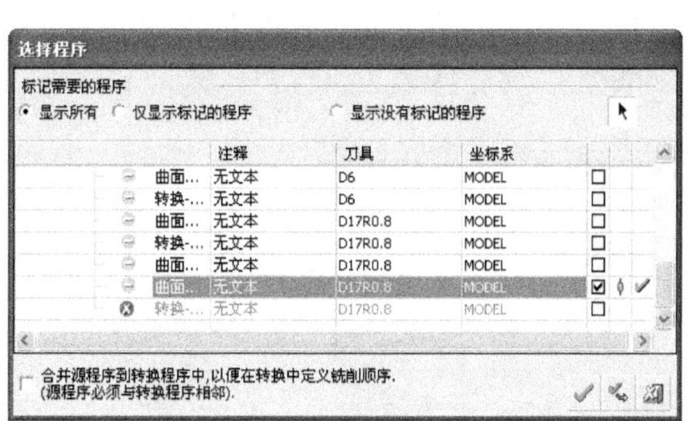

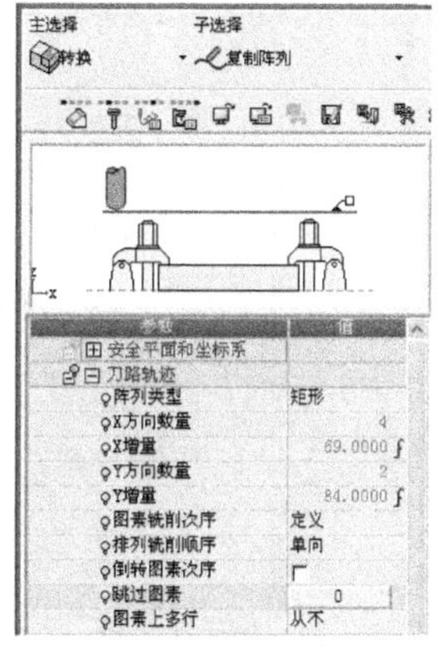

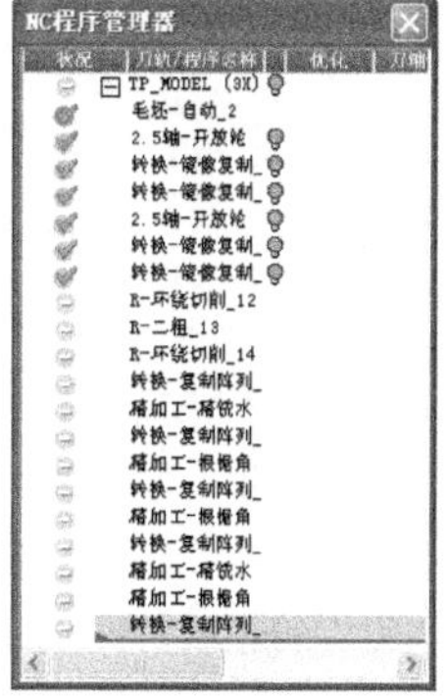

图 25-77　复制阵列刀路

25.6.16　主流道加工——开放轮廓（2.5 轴）

（1）复制程序。参考前面的操作，复制第一个程序到最后，如图 25-78 所示。

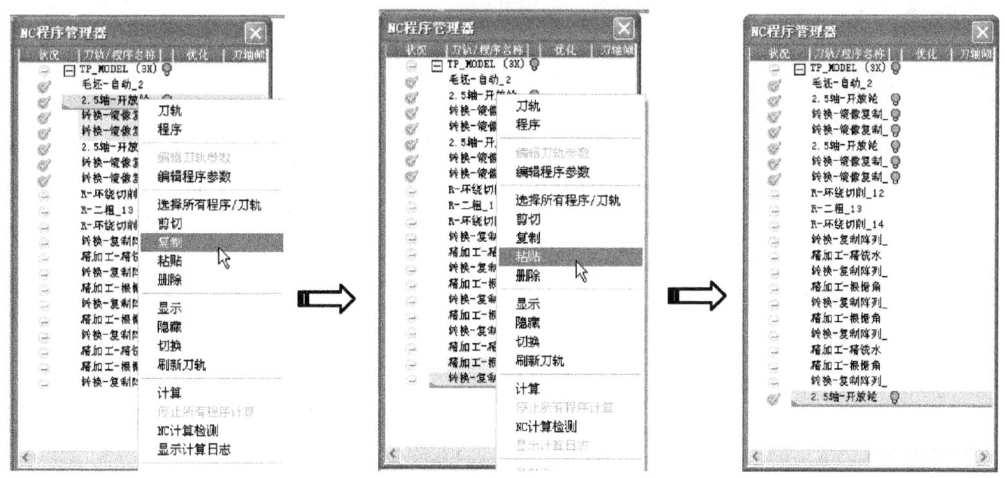

图 25-78　复制程序

（2）重新选择刀具。在〖Procedure Wizard〗对话框中单击〖刀具〗按钮，弹出〖刀具和夹头〗对话框，然后选择刀具名为“R4”的刀具并双击鼠标左键进行选择。

（3）重新选择轮廓。首先单击按钮删除原有的轮廓，然后选择如图 25-79 所示的轮廓线。

（4）设置刀路参数。双击上一步复制产生的程序，在〖Procedure Wizard〗对话框中单击〖刀路参数〗按钮，然后修改如图 25-80 所示的参数，其他参数按默认设置。

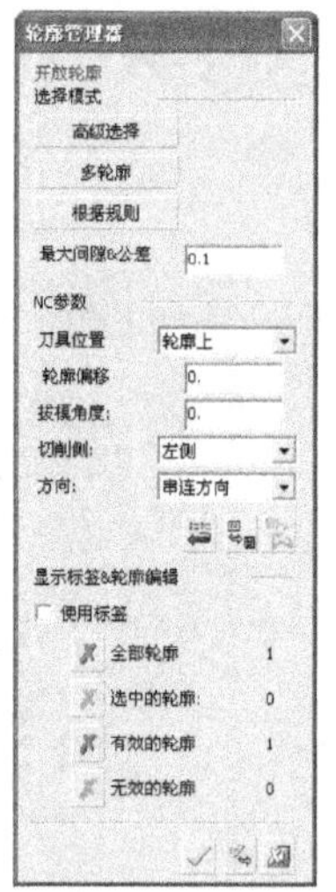

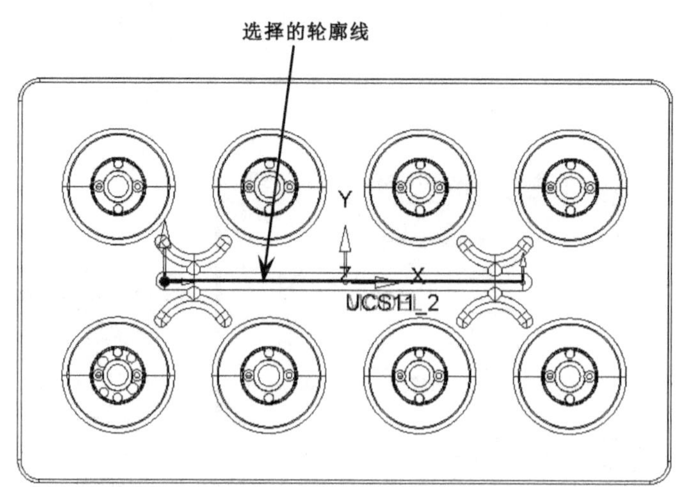

图 25-79　重新选择轮廓

（5）保存并关闭程序。在〖Procedure Wizard〗对话框中单击〖保存并关闭〗按钮，如图 25-81 所示。

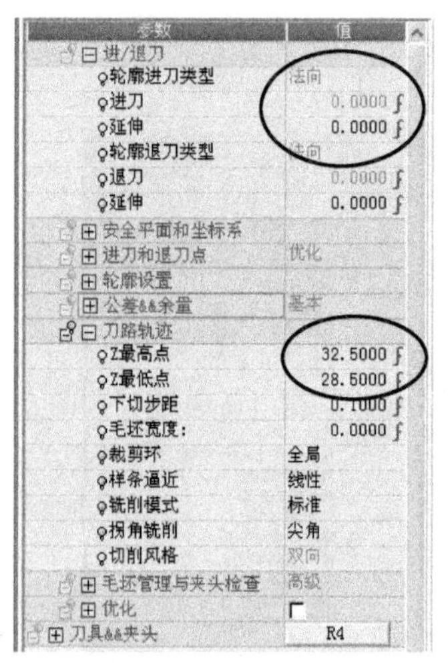

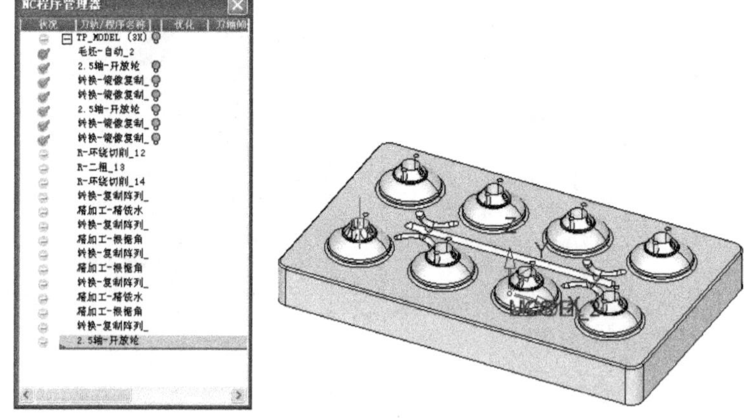

图 25-80　设置刀路参数　　　　图 25-81　保存并关闭程序

25.6.17　分流道加工——开放轮廓（2.5 轴）

（1）复制程序。参考前面的操作，复制上一步创建的程序，如图 25-82 所示。

（2）重新选择刀具。在〖Procedure Wizard〗对话框中单击〖刀具〗按钮，弹出〖刀具和夹头〗对话框，然后选择刀具名为“R3”的刀具并双击鼠标左键进行选择。

（3）重新选择轮廓。首先单击按钮删除原有的轮廓，然后选择如图 25-83 所示的轮廓线。

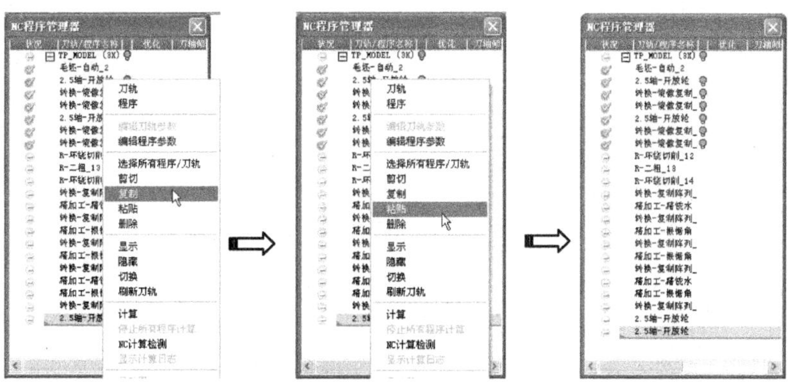

图 25-82　复制程序

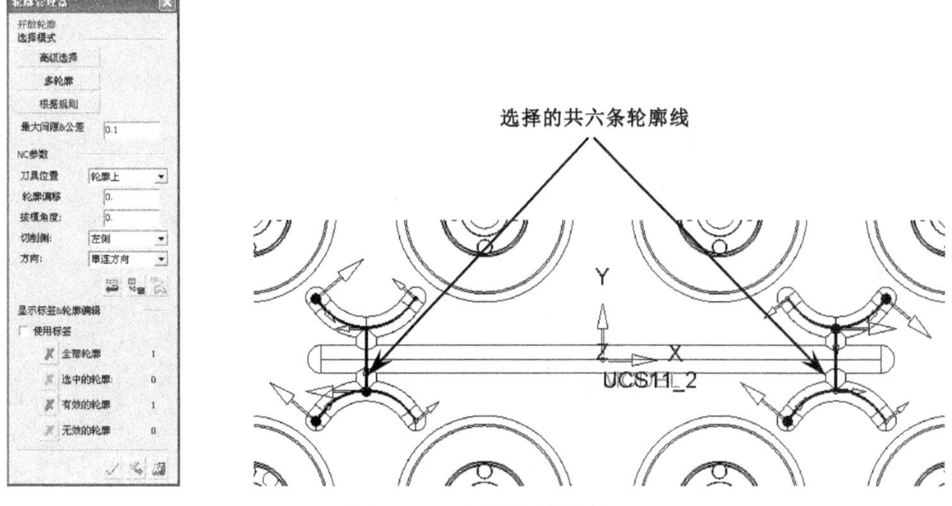

图 25-83　重新选择轮廓

（4）设置刀路参数。双击上一步复制产生的程序，在〖Procedure Wizard〗对话框中单击〖刀路参数〗按钮，然后修改如图 25-84 所示的参数，其他参数按默认设置。

图 25-84　设置刀路参数

（5）保存并关闭程序。在〖Procedure Wizard〗对话框中单击〖保存并关闭〗按钮，如图 25-85 所示。

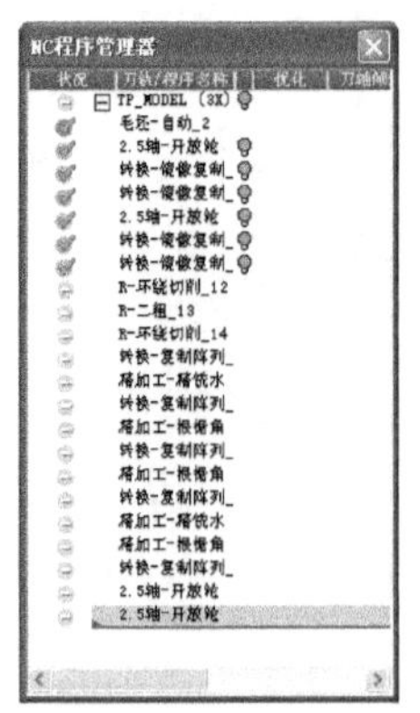

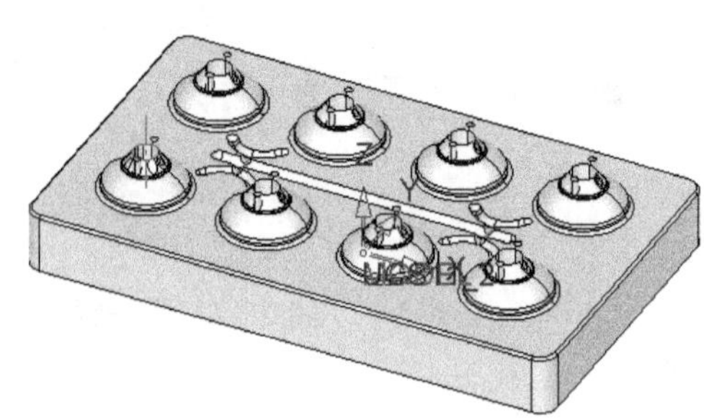

图 25-85　保存并关闭程序

25.6.18　计算程序

在〖NC 向导〗工具栏中单击按钮，弹出〖计算〗对话框，然后依次导入程序进行计算，结果如图 25-86 所示。

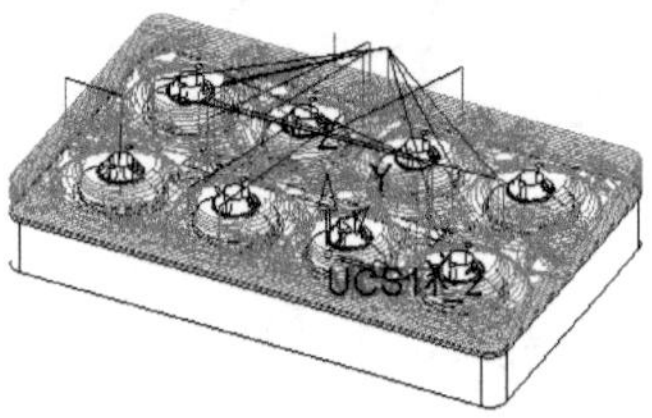

（a）开粗 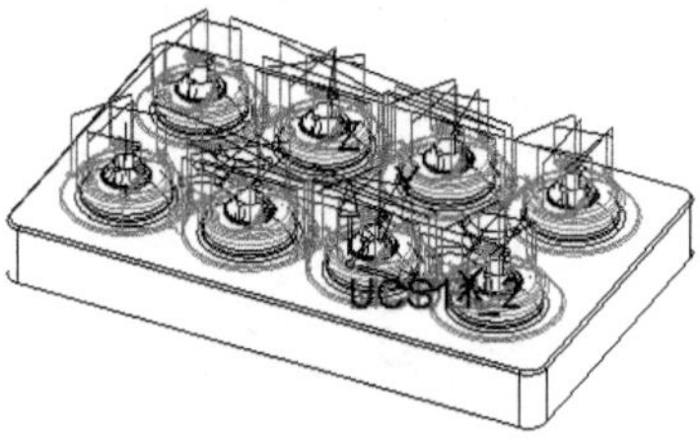　（b）二粗 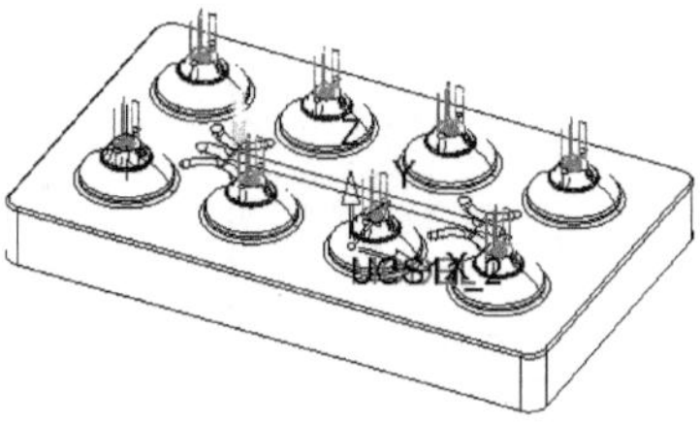　（c）孔内开粗

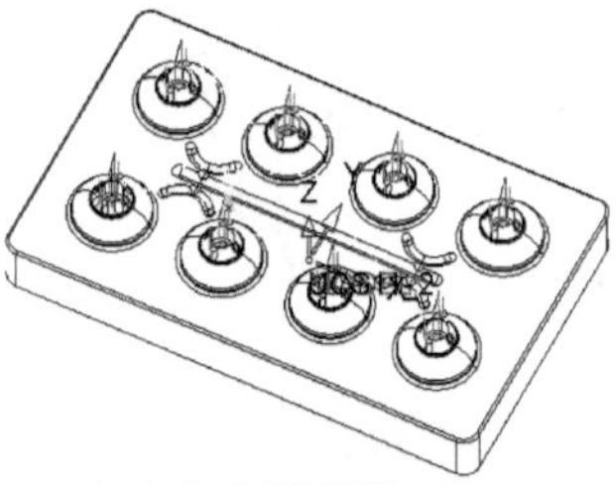

（d）小平面精加工 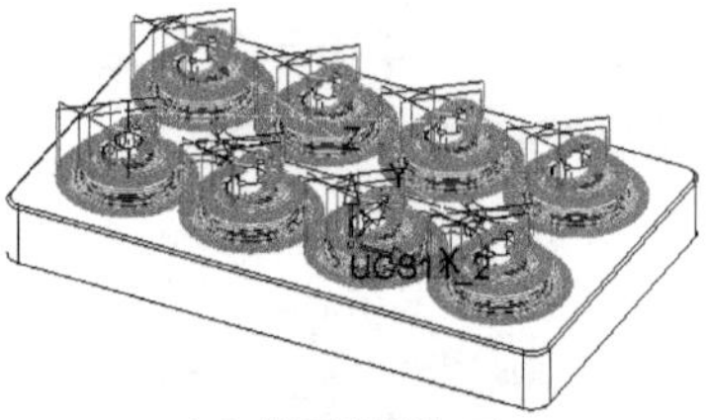　（e）侧面半精加工 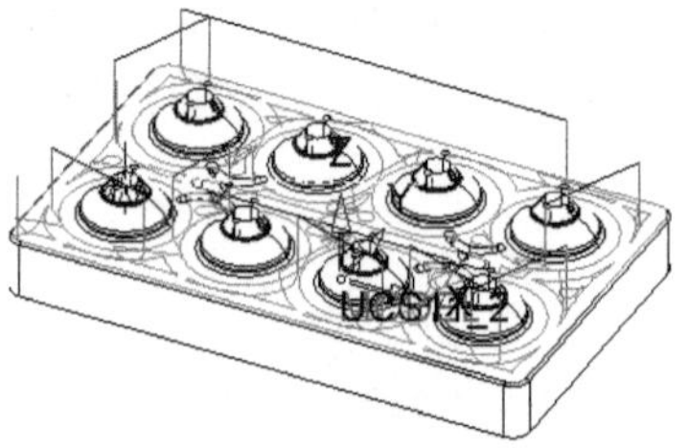　（f）大平面精加工

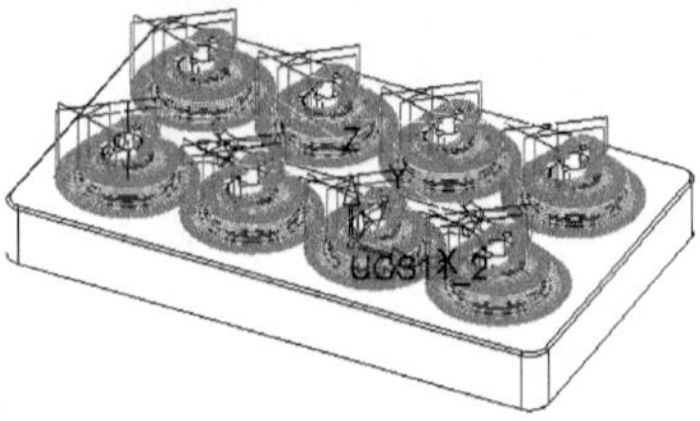

（g）侧面精加工 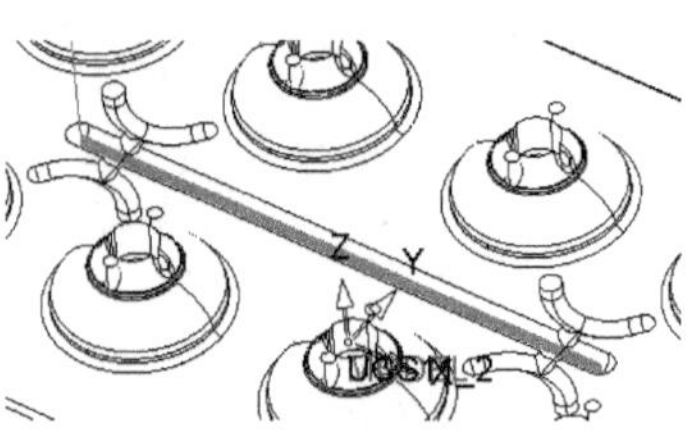　（h）主流道加工 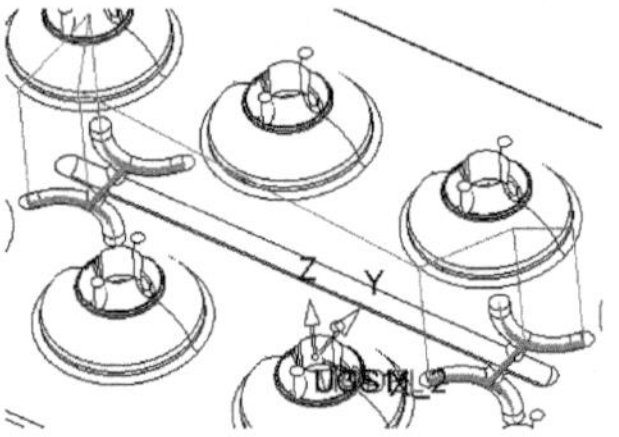　（i）分流道加工

图 25-86　刀路计算

25.7　本章学习收获

通过本章的学习，读者必须掌握以下内容。

（1）编程前，应将模具中需要补面的部位确认出来，然后进行补面工作。

（2）需要电火花加工的部位，如果机加工该部位并不能减少电火花的时间，则无需在该处进行精加工，否则会因浪费加工时间而提高加工成本。

（3）编程时，一定要清楚各加工曲面的斜率，如加工一些斜率变化较大的曲面组时，可分开陡峭区域与平缓区域的加工，也可用一个程序进行角度的设置加工，而本章中的实例重点提到了该加工参数的设置。

（4）精加工侧面前，要先将底面的余量清除掉，避免由于侧面精加工最后一刀吃刀量大而造成过切。

25.8　练习题

打开光盘中的〖Lianxi/Ch25/耳塞外壳前模.elt〗文件，如图 25-87 所示，然后根据本章所学的知识进行编程加工。

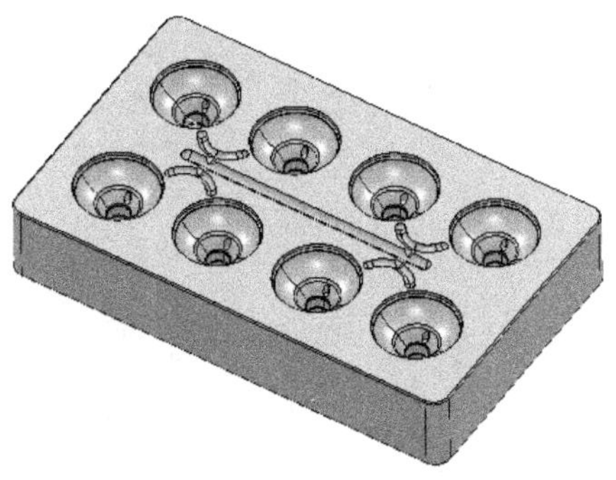

图 25-87　耳塞外壳前模.elt 文件

第26章

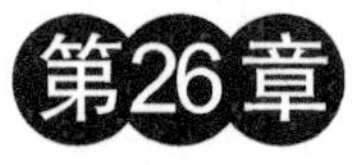

工厂编程案例——铜公（电极）的编程

铜公（电极）的编程比模具的编程要容易得多，但需要注意的地方同样很多。铜公与模具或工件加工最大的不同之处是需要留负余量，应引起读者应该要重点注意。

加工模型

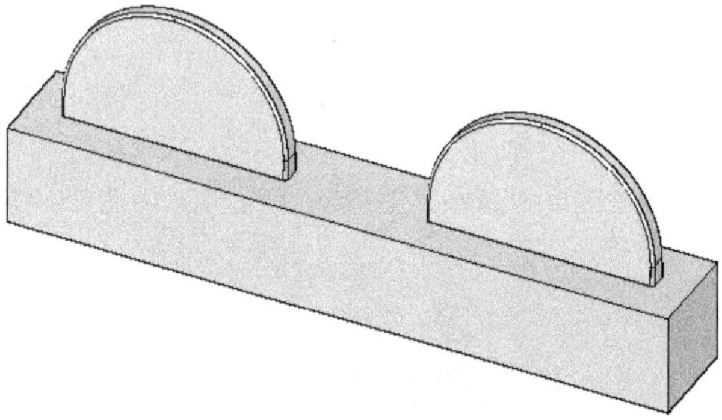

刀路模拟

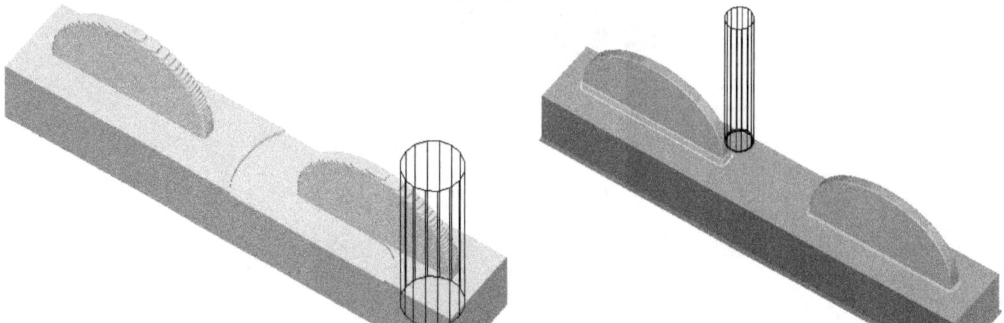

26.1 学习目标与课时安排

学习目标及学习内容

（1）*重点掌握铜公（电极）编程时需要注意的问题。
（2）*重点掌握铜公加工负余量的设置。
（3）掌握铜公加工的参数设置。

学习课时安排（共 3 课时）

（1）工艺分析——1 课时。
（2）编程过程设置——2 课时。

26.2 编程前的工艺分析

（1）电极（铜公）大小：约 64mm×12mm×24.5mm。
（2）最大加工深度：约 24.5mm。
（3）最小的凹圆角半径：没有。
（4）需要使用的加工方法：偏置区域清除模型、等高精加工、偏置平坦面精加工和平行区域清除模型。
（5）铜公的类型：精公（留负余量 0.1）。

26.3 编程思路及刀具的使用

（1）根据行位的大小和结构特点，选择 D8 的平底刀进行开粗加工，去除大部分的余量。
（2）选择 D8 的平底刀对基准板侧壁进行加工。
（3）选择 D8 平底刀的侧刃精加工基准板侧壁。
（4）选择 D8 的平底刀精加工基准板顶面。
（5）选择 R2 的球刀加工顶部的平缓区域。
（6）选择 D4 的平底刀加工成型区域中的陡峭部位。

26.4 制订加工程序单

程 序 单

序 号	加工区域	程序名称	刀具名称	刀具长度	加工余量	加工方式
1	全部	环绕切削-3D	D8	30	0.1	开粗加工
2	基准板侧面	封闭轮廓	D8	30	0.2	半精加工
3	基准板顶面	精铣水平面	D8	30	侧：0.4，底：0	精加工
4	基准板侧面	封闭轮廓	D8	30	0	精加工
5	平缓曲面	平坦区域平行铣	R2	20	-0.1	精加工
6	基准板侧面	根据角度精铣	D4	20	-0.1	精加工
铜公装夹示意图						
Y X 四面分中 对顶为 0						

26.5 编程前需要注意的问题

（1）该铜公如何装夹？

（2）铜公的类型（即粗公还是精公），负余量留多少？

26.6 编程详细操作步骤

该铜公的编程加工主要分为全部顶部成型区域开粗加工、基准板侧面加工、侧面精加工、基准板平面精加工和顶部平缓面精加工。

26.6.1 编程公共参数设置

（1）在桌面上双击图标打开 CimatronE 10.0 软件。

（2）新建文件。在〖标准〗工具栏中单击〖新建文件〗按钮，弹出〖新建文件〗对话框，接着选择图标并默认单位为“毫米”，最后单击 确定 按钮，如图 26-1 所示。

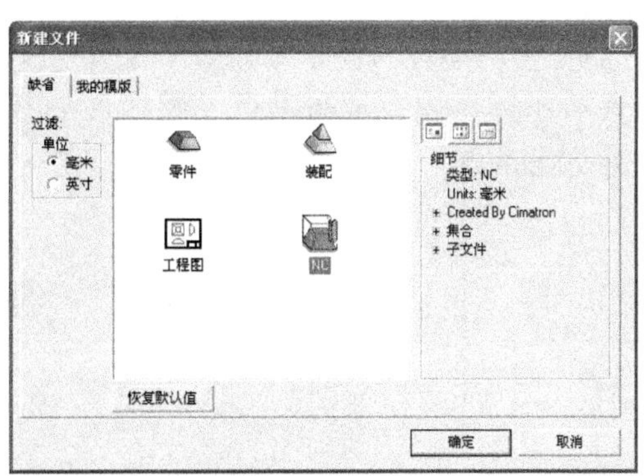

图 26-1　新建文件

（3）输入编程模型。在〖NC 向导〗工具栏中单击读取模型按钮，接着读取光盘中的〖Example\Ch26\铜公.elt〗源文件，然后在〖Feature Guide〗对话框中单击〖确定〗按钮确定模型的摆放，如图 26-2 所示。

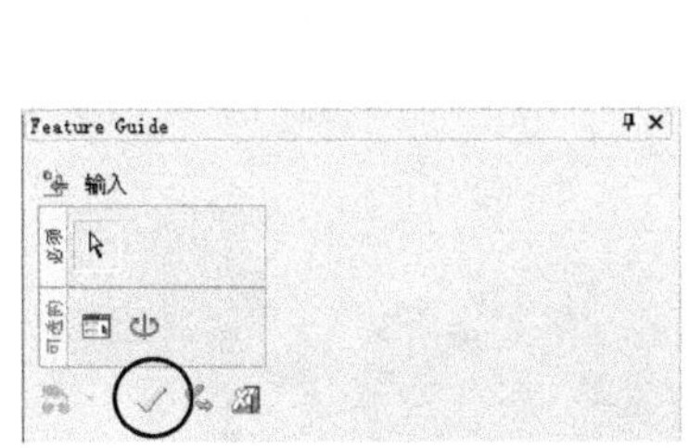

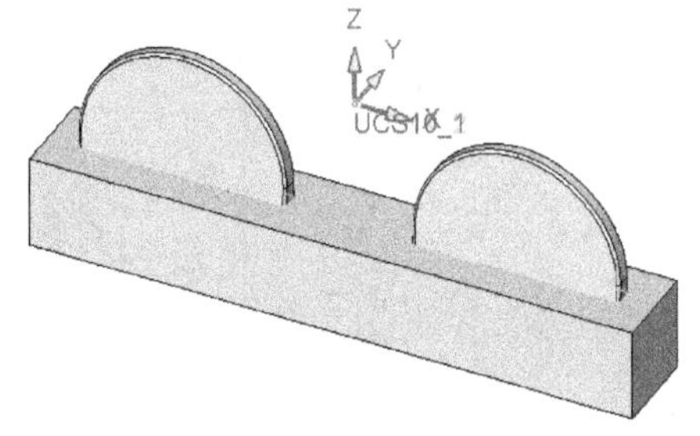

图 26-2　输入编程模型

（4）创建刀具。在〖NC 向导〗工具栏中单击〖刀具〗按钮，弹出〖刀具及夹头〗对话框，接着单击按钮，然后创建如图 26-3 所示的三把刀具。

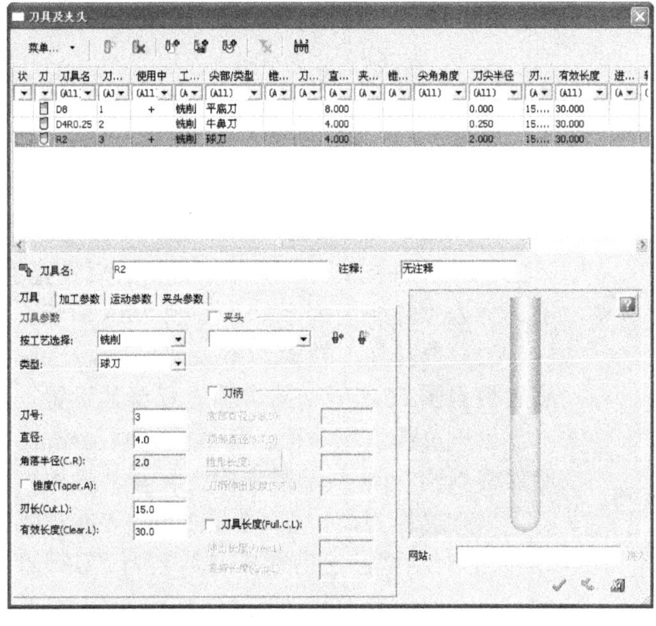

图 26-3　创建刀具

（5）设置刀轨和安全平面。在〖NC 向导〗工具栏中单击 按钮，弹出〖创建刀轨〗对话框，然后设置如图 26-4 所示的参数，最后单击〖确定〗 按钮。

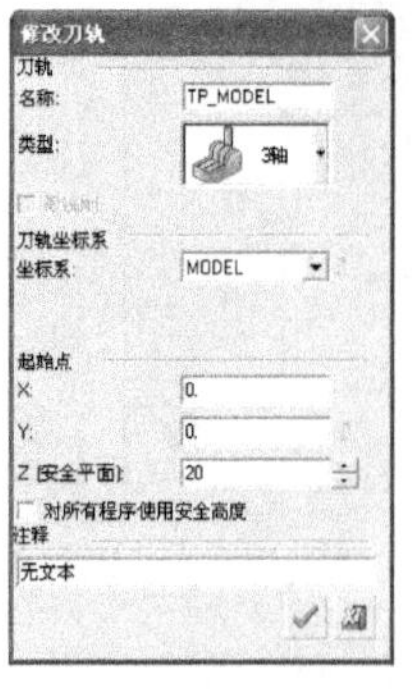

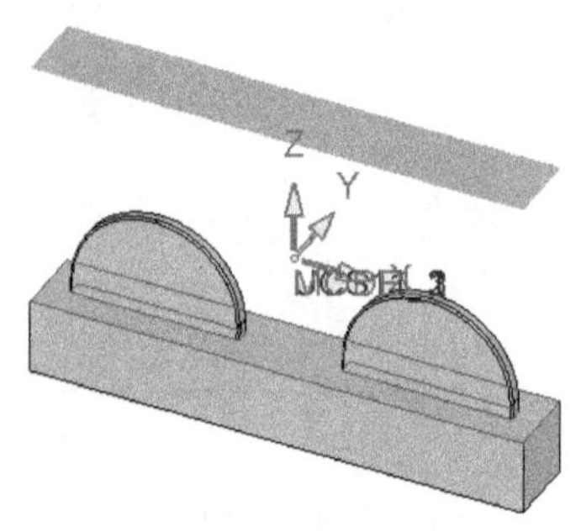

图 26-4　设置刀轨和安全平面

（6）创建毛坯。在〖NC 向导〗工具栏中单击 按钮，弹出〖Feature Guide〗对话框，然后设置如图 26-5（a）所示的参数，最后单击〖确定〗 按钮，如图 26-5（b）所示。

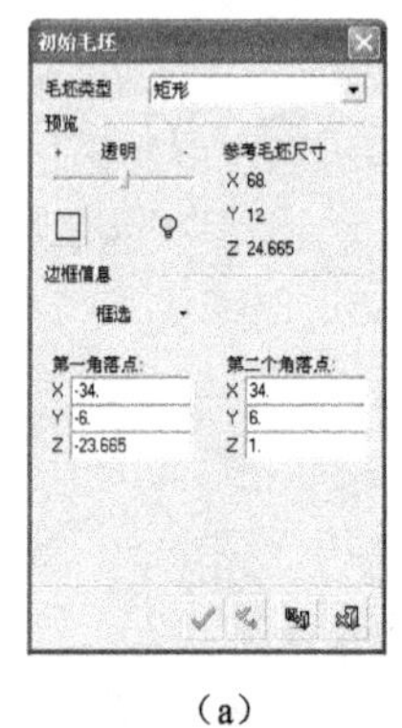

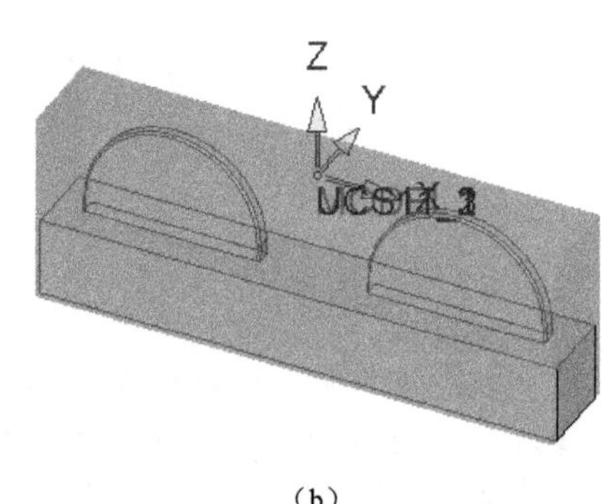

（a）　　　　　　　　（b）

图 26-5　创建毛坯

26.6.2　开粗加工——环绕切削-3D

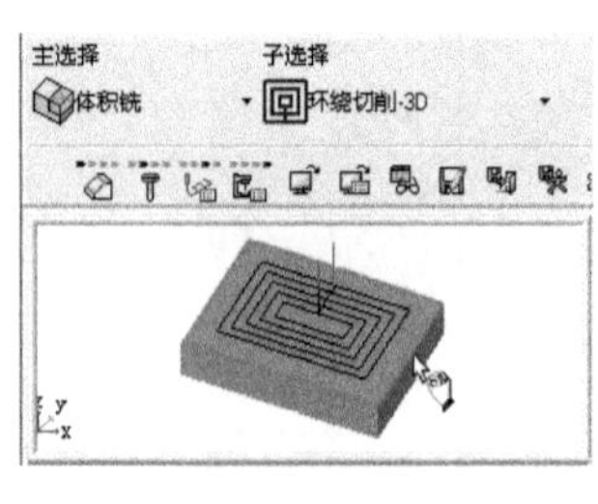

图 26-6　选择加工策略

（1）选择加工策略。在〖NC 向导〗工具栏中单击 按钮，弹出〖Procedure Wizard〗对话框，然后设置主选择为“体积铣”，子选择为“环绕切削-3D”，如图 26-6 所示。

（2）选择加工轮廓。不关闭〖Procedure Wizard〗对话框，然后根据图 26-7 所示的步骤进行参数设置。

（3）选择加工曲面。不关闭〖Procedure Wizard〗对话框，然后根据图 26-8 所示的步骤进行参数设置。

（4）选择刀具。在〖Procedure Wizard〗对话框中单击〖刀具〗 按钮，弹出〖刀具和夹头〗对话框，然后选择刀具名为“D8”的刀具并双击鼠标左键进行选择。

（5）设置刀路参数。在〖Procedure Wizard〗对话框中单击〖刀路参数〗按钮，然后设置如图 26-9 所示的参数，其他参数按默认设置。

（6）设置机床参数。在〖Procedure Wizard〗对话框中单击〖机床参数〗按钮，然后设置如图 26-10 所示的参数，其他参数按默认设置。

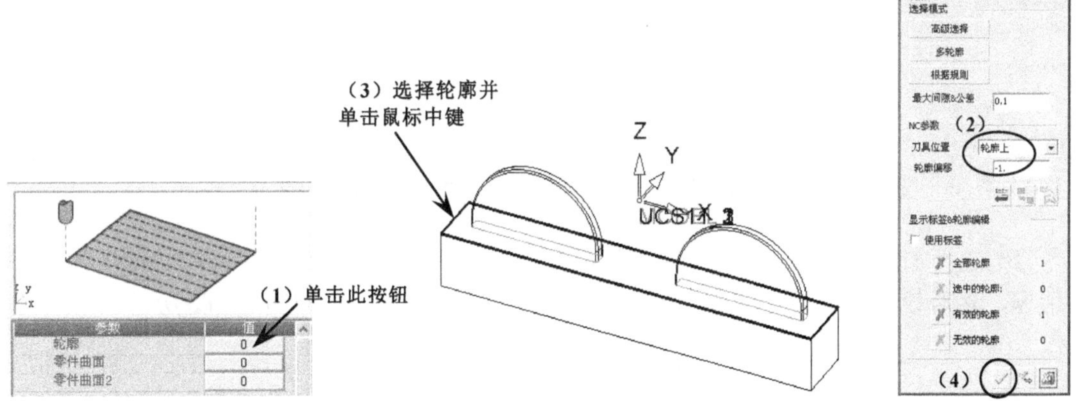

图 26-7　选择加工轮廓

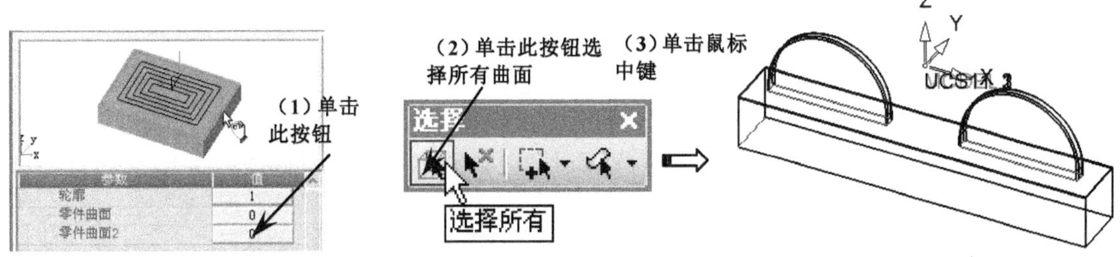

图 26-8　选择加工曲面

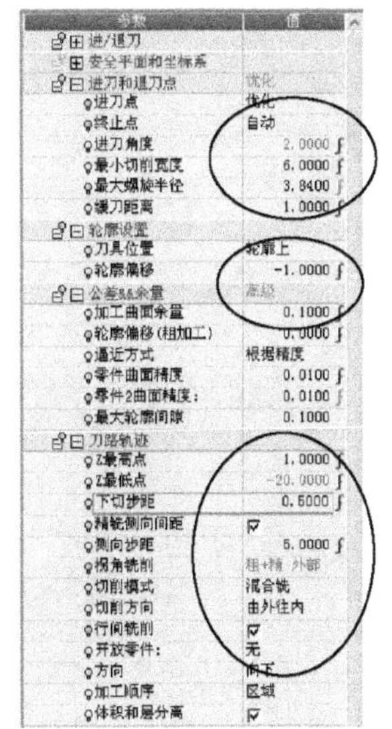

图 26-9　设置刀路参数

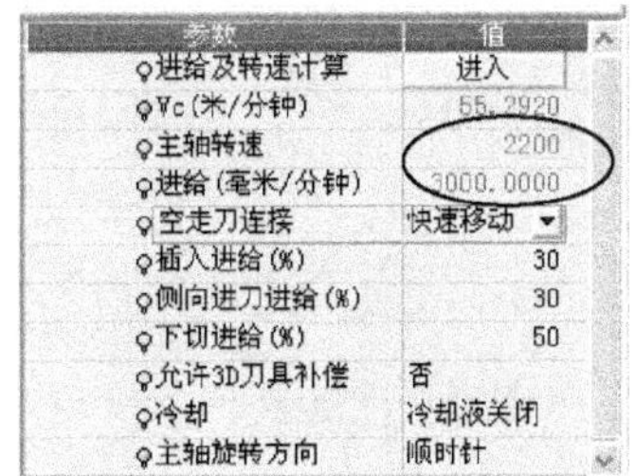

图 26-10　设置机床参数

（7）保存并关闭程序。在〖Procedure Wizard〗对话框中单击〖保存并关闭〗按钮，如图 26-11 所示。

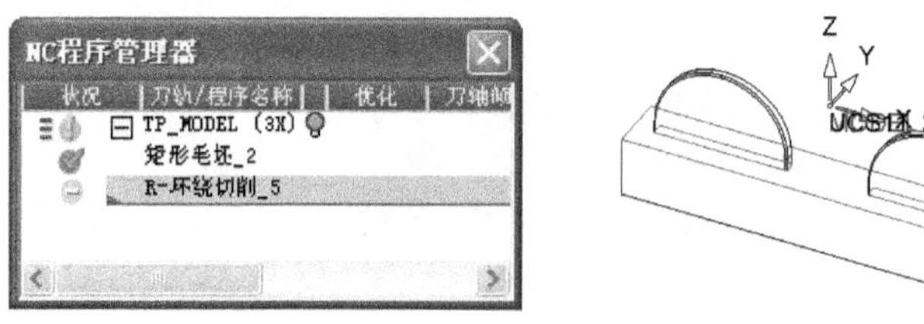

图 26-11 保存并关闭程序

26.6.3 基准板侧面加工——封闭轮廓（2.5 轴）

（1）选择加工策略。在〖NC 向导〗工具栏中单击按钮，弹出〖Procedure Wizard〗对话框，然后设置主选择为“2.5 轴”，子选择为“封闭轮廓”，如图 26-12 所示。

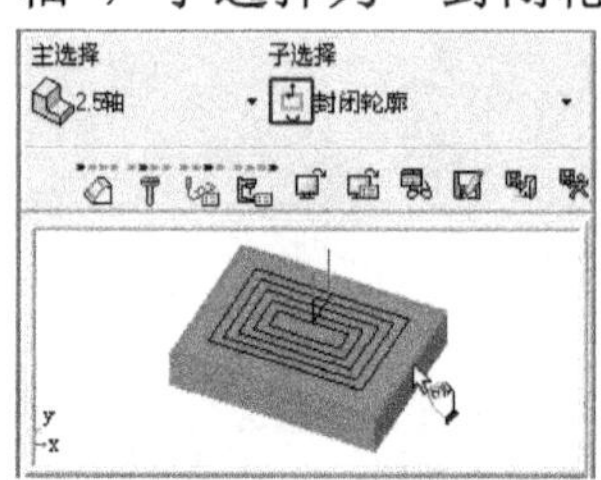

图 26-12 选择加工策略

（2）设置刀路参数。在〖Procedure Wizard〗对话框中单击〖刀路参数〗按钮，然后设置如图 26-13 所示的参数，其他参数按默认设置。

（3）设置机床参数。在〖Procedure Wizard〗对话框中单击〖机床参数〗按钮，然后设置如图 26-14 所示的参数，其他参数按默认设置。

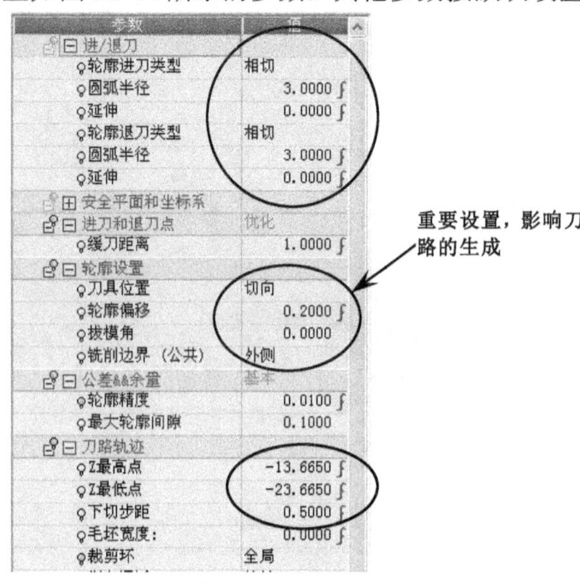

图 26-13 设置刀路参数

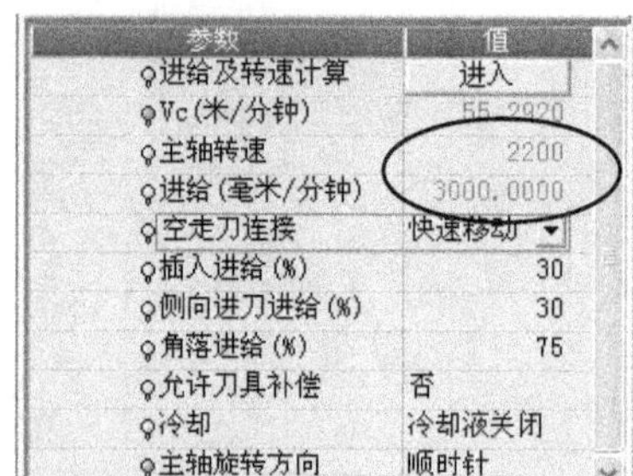

图 26-14 设置机床参数

编程工程师点评：

这里是加工基准板的参数设置，轮廓偏移 0.2 的目的是保证基准板侧壁留 0.2mm 的余量。

（4）保存并关闭程序。在〖Procedure Wizard〗对话框中单击〖保存并关闭〗按钮，如图 26-15 所示。

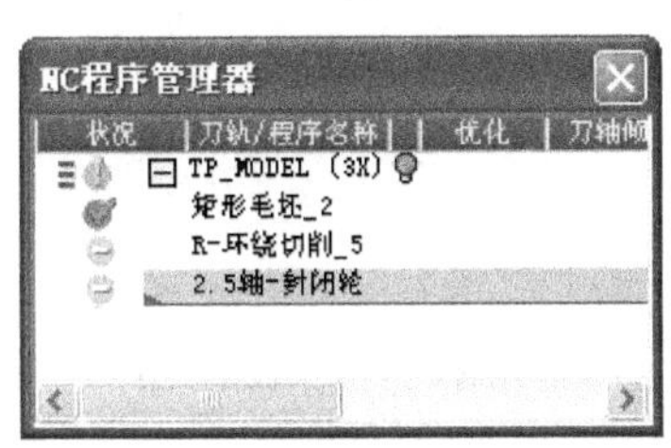

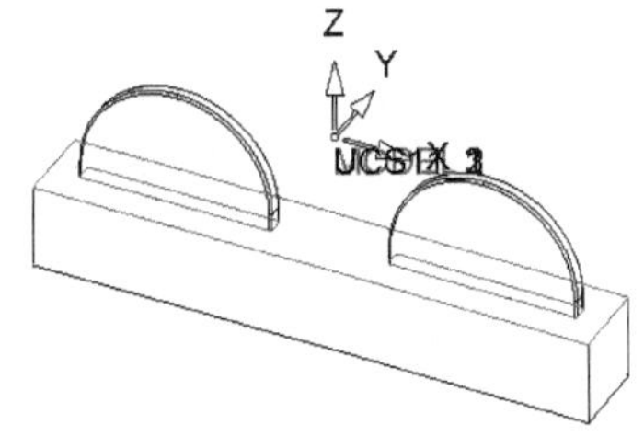

图 26-15　保存并关闭程序

26.6.4　基准板面精加工——精铣水平面

（1）选择加工策略。在〖NC 向导〗工具栏中单击按钮，弹出〖Procedure Wizard〗对话框，然后设置主选择为“曲面铣削”，子选择为“精铣水平面”，如图 26-16 所示。

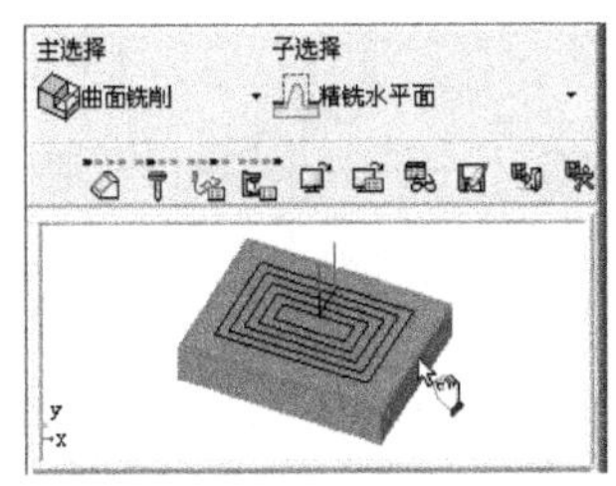

图 26-16　选择加工策略

（2）设置刀路参数。在〖Procedure Wizard〗对话框中单击〖刀路参数〗按钮，然后设置如图 26-17 所示的参数，其他参数按默认设置。

（3）设置机床参数。在〖Procedure Wizard〗对话框中单击〖机床参数〗按钮，然后设置如图 26-18 所示的参数，其他参数按默认设置。

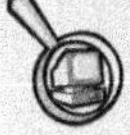

编程工程师点评：

加工底面时，一定要设置侧壁余量，保证刀杆不碰到侧壁。

（4）保存并关闭程序。在〖Procedure Wizard〗对话框中单击〖保存并关闭〗按钮，如图 26-19 所示。

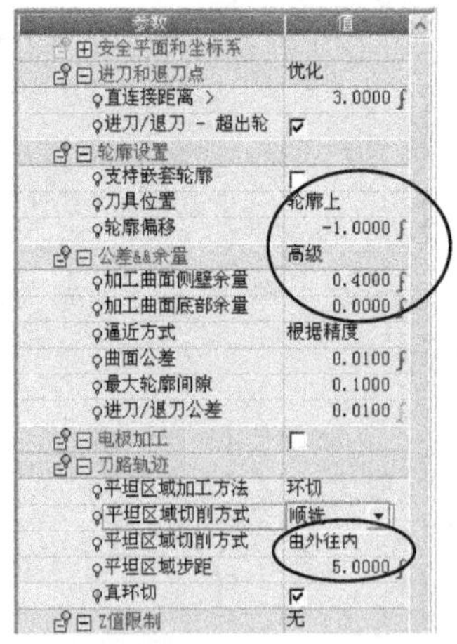

图 26-17　设置刀路参数

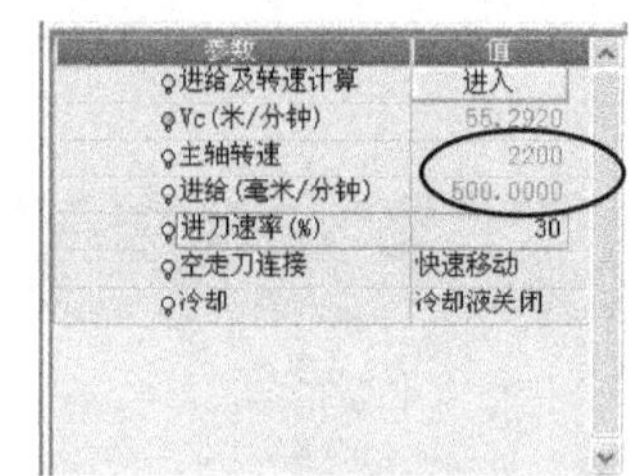

图 26-18　设置机床参数

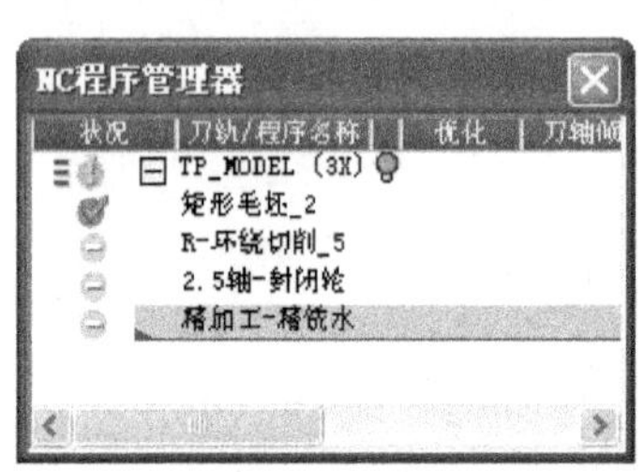

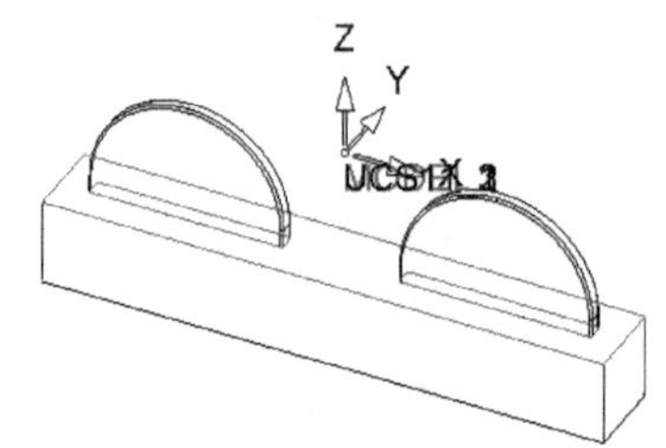

图 26-19　保存并关闭程序

26.6.5　基准板侧壁精加工——封闭轮廓（2.5 轴）

（1）复制程序。选择上一步创建的程序并单击鼠标右键，接着在弹出的〖右键〗菜单中依次选择“复制”和“粘贴”命令，如图 26-20 所示。

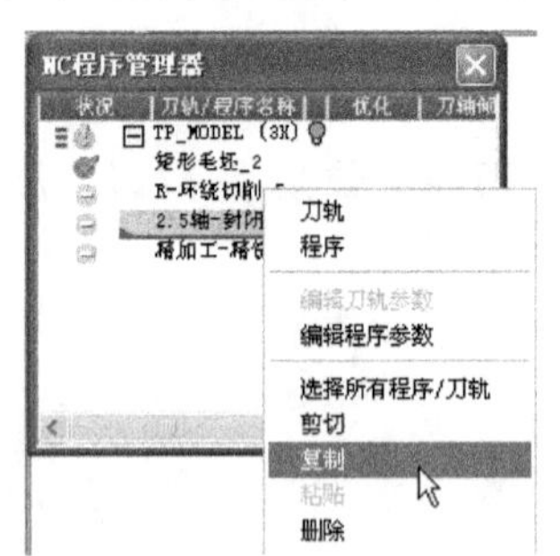

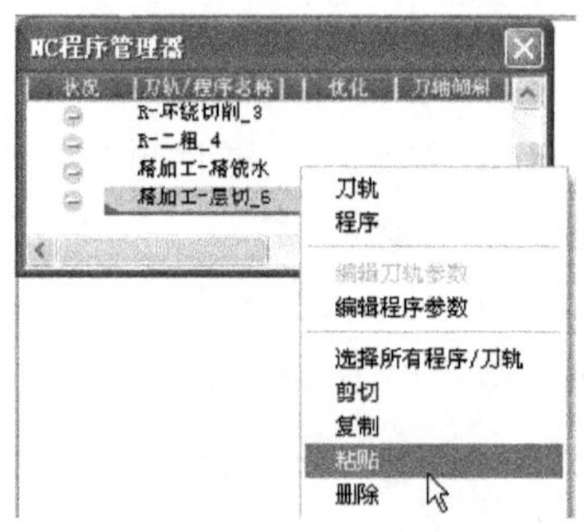

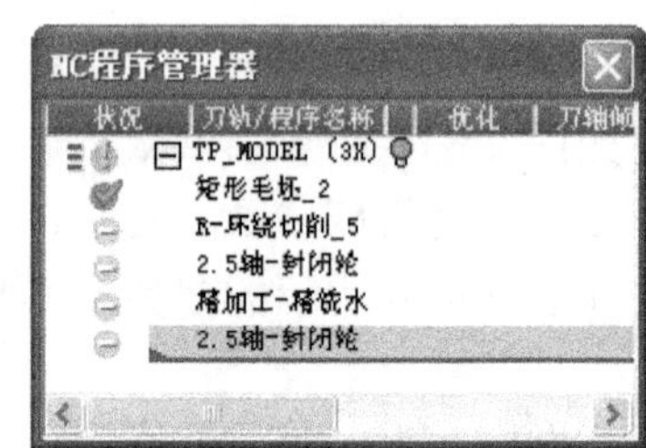

图 26-20　复制程序

（2）设置机床参数。双击上一步复制产生的程序，在〖Procedure Wizard〗对话框中单击〖刀路参数〗按钮，然后修改如图 26-21 所示的参数，其他参数按默认设置。

（3）设置机床参数。在〖Procedure Wizard〗对话框中单击〖机床参数〗按钮，然后修改如图 26-22 所示的参数，其他参数按默认设置。

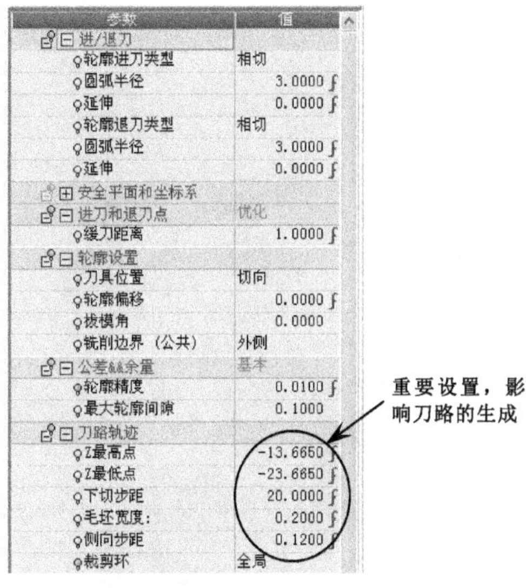

图 26-21　设置刀路参数

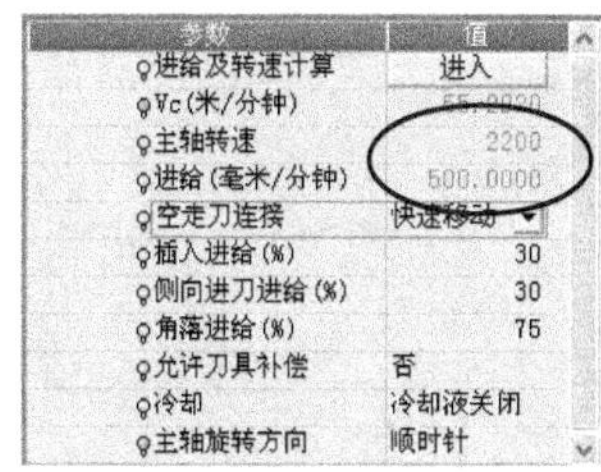

图 26-22　设置机床参数

编程工程师点评：

1. 由于是利用刀具的侧刃进行加工，所以在此设置的“下切步距”需大于基准板的厚度，从而保证“一刀切”。

2. 由于基准板侧壁上留有 0.2 的余量，为保证加工质量需分两次完成，以上参数设置侧向步距为 0.12 的目的就是使第一刀向内加工 0.12，第二刀加工 0.08。

（4）保存并关闭程序。在〖Procedure Wizard〗对话框中单击〖保存并关闭〗按钮，如图 26-23 所示。

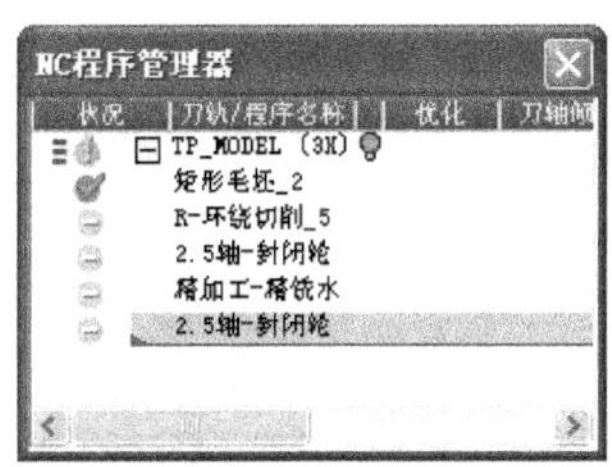

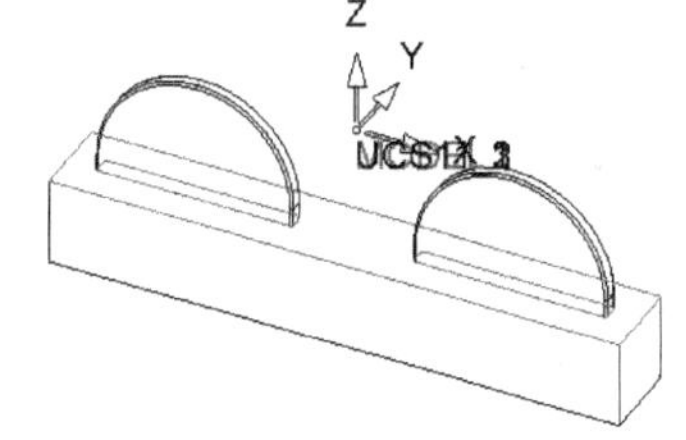

图 26-23　保存并关闭程序

26.6.6　顶部平缓面精加工——平坦区域平行铣

（1）选择加工策略。在〖NC 向导〗工具栏中单击按钮，弹出〖Procedure Wizard〗对话框，然后设置主选择为“曲面铣削”，子选择为“平坦区域平行铣”，如图 26-24 所示。

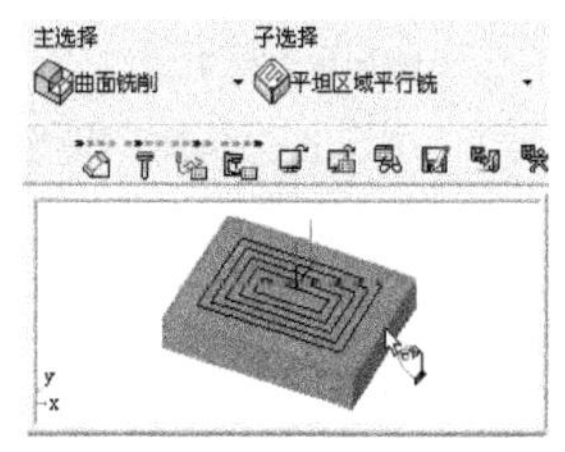

图 26-24　选择加工策略

（2）重新选择加工曲面。不关闭〖Procedure Wizard〗对话框，然后根据图 26-25 所示的步骤进行参数设置。

（3）选择刀具。在〖Procedure Wizard〗对话框中单击〖刀具〗

按钮，弹出〖刀具和夹头〗对话框，然后选择刀具名为“R2”的刀具并双击鼠标左键进行选择。

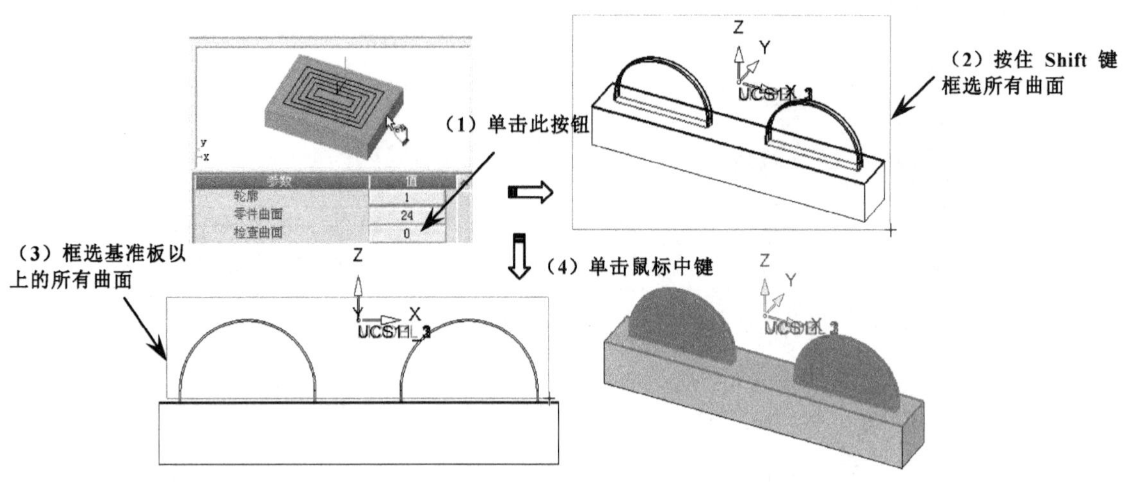

图 26-25　重新选择加工曲面

（4）设置刀路参数。在〖Procedure Wizard〗对话框中单击〖刀路参数〗按钮，然后设置如图 26-26 所示的参数，其他参数按默认设置。

（5）设置机床参数。在〖Procedure Wizard〗对话框中单击〖机床参数〗按钮，然后设置如图 26-27 所示的参数，其他参数按默认设置。

图 26-26　设置刀路参数

图 26-27　设置机床参数

（6）保存并关闭程序。在〖Procedure Wizard〗对话框中单击〖保存并关闭〗按钮，如图 26-28 所示。

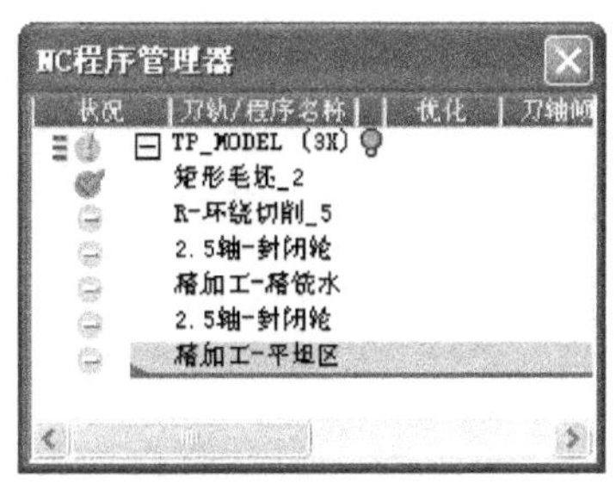

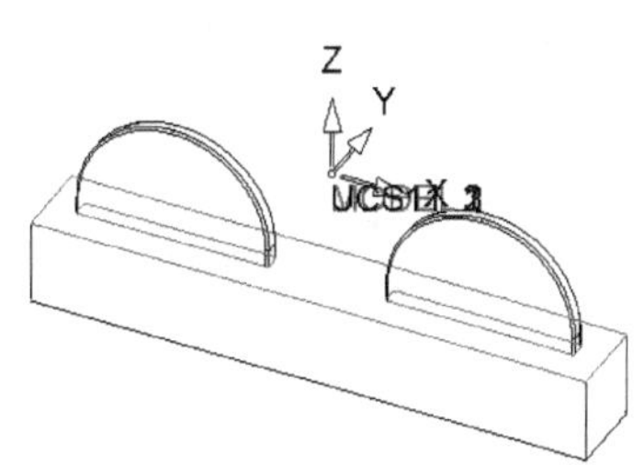

图 26-28　保存并关闭程序

26.6.7　陡峭面精加工——根据角度精铣

（1）选择加工策略。在〖NC 向导〗工具栏中单击 按钮，弹出〖Procedure Wizard〗对话框，然后设置主选择为“曲面铣削”，子选择为“根据角度精铣”，如图 26-29 所示。

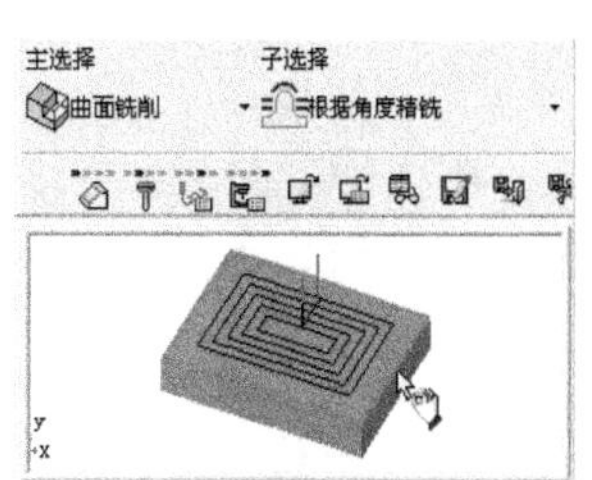

图 26-29　选择加工策略

（2）选择刀具。在〖Procedure Wizard〗对话框中单击〖刀具〗按钮，弹出〖刀具和夹头〗对话框，然后选择刀具名为“D4R0.25”的刀具并双击鼠标左键进行选择。

（3）设置刀路参数。在〖Procedure Wizard〗对话框中单击〖刀路参数〗 按钮，然后设置如图 26-30 所示的参数，其他参数按默认设置。

（4）设置机床参数。在〖Procedure Wizard〗对话框中单击〖机床参数〗 按钮，然后设置如图 26-31 所示的参数，其他参数按默认设置。

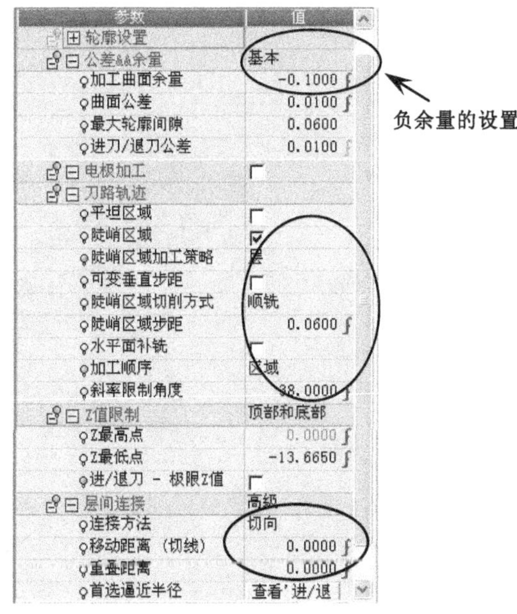

参数	值
⊞ 轮廓设置	
⊟ 公差&&余量	基本
加工曲面余量	-0.1000
曲面公差	0.0100
最大轮廓间隙	0.0600
进刀/退刀公差	0.0100
⊟ 电极加工	☐
⊟ 刀路轨迹	
平坦区域	☐
陡峭区域	☑
陡峭区域加工策略	层
可变垂直步距	☐
陡峭区域切削方式	顺铣
陡峭区域步距	0.0600
水平面补铣	☐
加工顺序	区域
斜率限制角度	38.0000
⊟ Z值限制	顶部和底部
Z最高点	0.0000
Z最低点	-13.6650
进/退刀 - 根限Z值	☐
⊟ 层间连接	高级
连接方法	切向
移动距离（切线）	0.0000
重叠距离	0.0000
首选逼近半径	查看'进/退

图 26-30　设置刀路参数

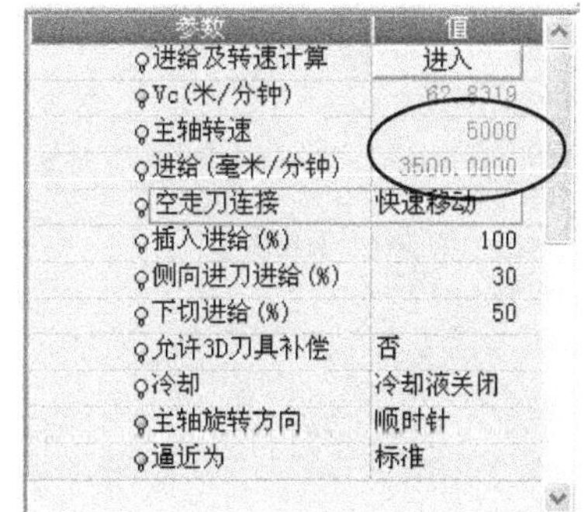

参数	值
进给及转速计算	进入
Vc(米/分钟)	62.8319
主轴转速	5000
进给(毫米/分钟)	3500.0000
空走刀连接	快速移动
插入进给(%)	100
侧向进刀进给(%)	30
下切进给(%)	50
允许3D刀具补偿	否
冷却	冷却液关闭
主轴旋转方向	顺时针
逼近为	标准

图 26-31　设置机床参数

（5）保存并关闭程序。在〖Procedure Wizard〗对话框中单击〖保存并关闭〗按钮，如图 26-32 所示。

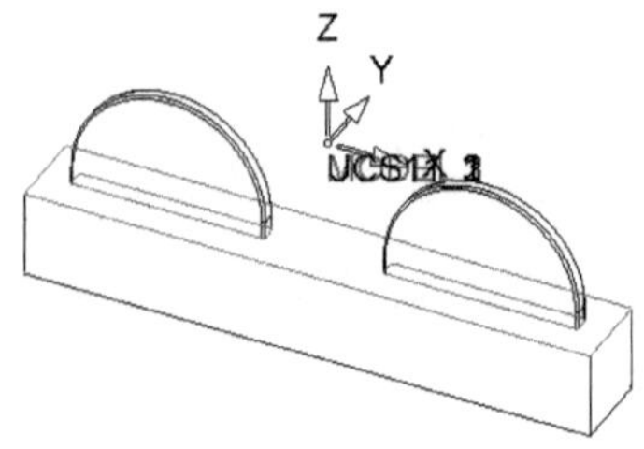

图 26-32　保存并关闭程序

26.6.8　计算程序

在〖NC 向导〗工具栏中单击按钮，弹出〖计算〗对话框，然后依次导入程序进行计算，结果如图 26-33 所示。

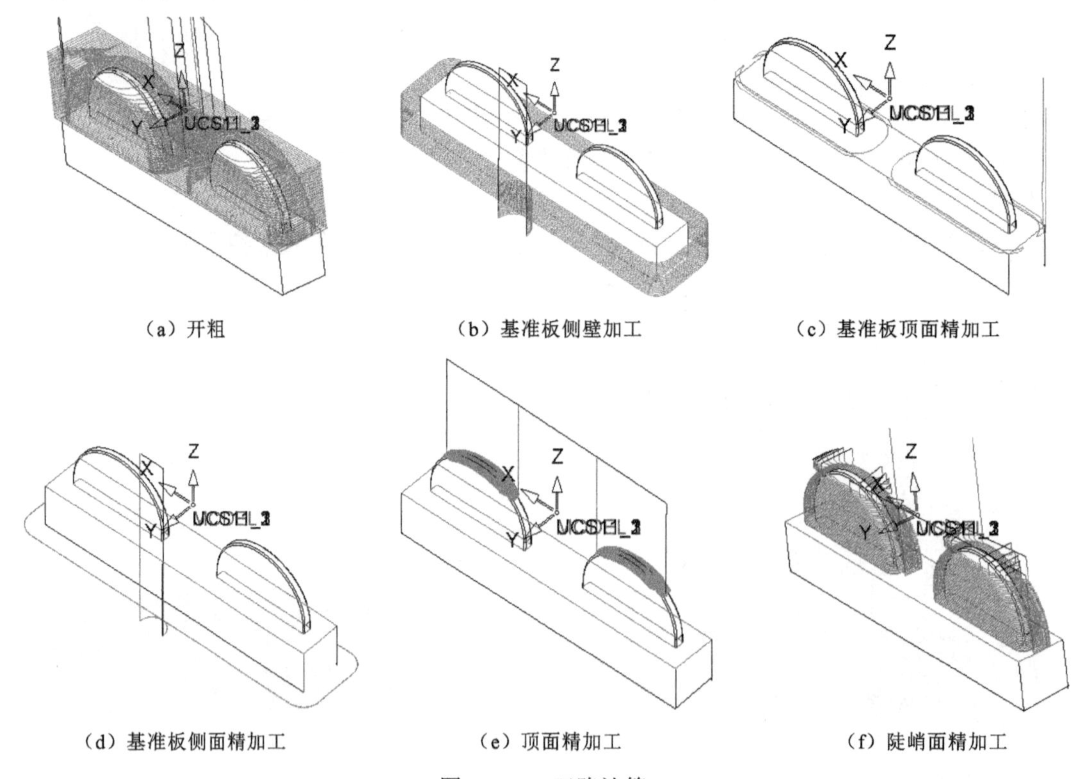

（a）开粗　（b）基准板侧壁加工　（c）基准板顶面精加工

（d）基准板侧面精加工　（e）顶面精加工　（f）陡峭面精加工

图 26-33　刀路计算

26.7 铜公（电极）编程的工艺知识

铜公编程需要掌握的工艺知识也比较多，但主要掌握的是铜公编程常用的刀具、铜公火花位的设置和铜公的开料尺寸等。

1. 铜公编程常用的刀具

由于铜公的形状相对比较规则，结构也比较简单，所以其编程加工时最常用的刀具有D20R0.8、D17R0.8、D16R0.8、D13R0.8、D20、D12、D10、D8、D6、D4、R5、R4、R3、R2 和 R1 等。

编程工程师点评：

1. 铜公开粗时多用飞刀或合金刀，尽量不用白钢刀。
2. 精加工铜公直身位或基准板外侧时，多用白钢刀或合金刀。

2. 铜公火花位的设置

铜公火花位的设置是非常重要的，其直接影响到模具加工的精度。粗公的火花位为0.2～0.5mm（工厂多数取 0.3mm），幼公的火花位为 0.05～0.15mm（工厂多数取 0.1mm）。因此，编程时粗公的最终余量设置为“-0.3mm”，幼公（精公）的最终余量设置为“-0.1mm”。

编程工程师点评：

由于幼公的最终余量要比粗公的最终余量要小，故一般情况下先加工幼公后加工粗工，减少幼公因过切而导致报废的现象。

3. 铜公的开料尺寸

铜公的开料尺寸在 X、Y 方向上单边加大 2～3mm，Z 正方向上加大 0.5mm 左右，所以在铜公编程前应该设置好铜公的毛坯尺寸，避免产生不当的刀路。

26.8 本章学习收获

通过本章的学习，读者必须掌握以下内容。

（1）清楚铜公的有效放电部位和不是放电成型的部位（如一些避空面等），然后再合理安排刀路。

（2）铜公开粗时多用飞刀或合金刀，尽量不用白钢刀。

（3）精加工铜公直身位或基准板外侧时，多用刀具侧刃进行加工，提高加工效率。

（4）由于铜料较软，所以尽量使用同一把刀加工较多的部位，以提高加工效率。

26.9 练习题

（1）输入光盘中的〖Lianxi/Ch26/tg1.elt〗文件，如图 26-34 所示，然后根据本章学的知识内容对铜公（精公，火花位预留量 0.12）进行编程加工。

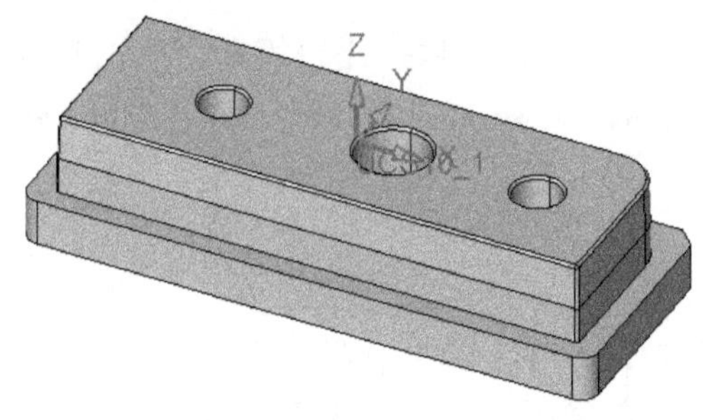

图 26-34　tg1.elt 文件

（2）输入光盘中的〖Lianxi/Ch26/tg2.elt〗文件，如图 26-35 所示，然后根据本章学的知识内容对铜公（粗公，火花位预留量 0.3）进行编程加工。

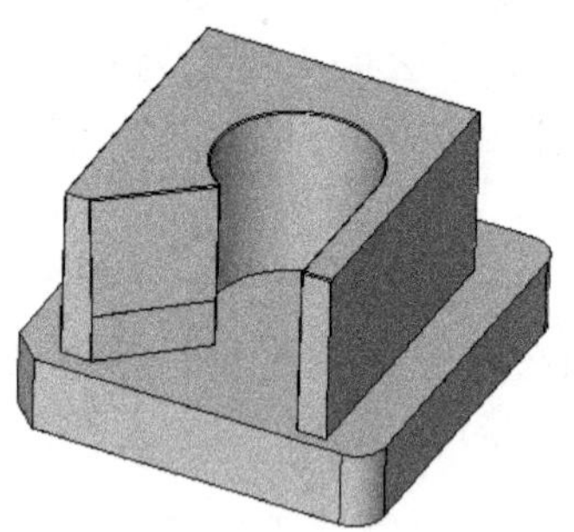

图 26-35　tg2.elt 文件

第27章

数控编程工艺知识特训

本章主要学习数控加工相关的工艺知识，通过学习读者将对数控编程有一个详细而深刻的认识。

27.1 学习目标与课时安排

学习目标及学习内容

（1）了解数控加工的现状和优点。

（2）了解一定的数控设备和机床装夹方式。

（3）了解数控刀具的类型及相应的性能。

（4）了解企业编程工程师需要的职业技能。

（5）了解企业中模具编程的基本流程。

（6）了解数控加工中会经常出现的异常问题和解决方法。

学习课时安排（共 3 课时）

（1）27.2 节——1 课时。

（2）27.3 节——1 课时。

（3）27.4～27.5 节——1 课时。

27.2 数控编程技术人员应具备的技能素养

数控工程师不仅需要具备良好的软件操作能力，而且还需要掌握一定的模具数控加工工艺知识，如机床操作、机床性能、刀具性能、材料性能及磨刀等。

27.2.1 数控机床简介

数控机床进行加工前，首先必须将工件的几何数据和工艺数据等加工信息按规定的代码和格式编制成数控加工程序，并用适当的方法将加工程序输入数控系统。数控系统对输入的加工程序进行处理，输出各种信号和指令，控制机床各部分按规定有序地动作。最基本的信号和指令包括各坐标轴的进给速度、进给方向和进给位移量，各状态控制的 I/O 信号等，其工作原理如图 27-1 所示。

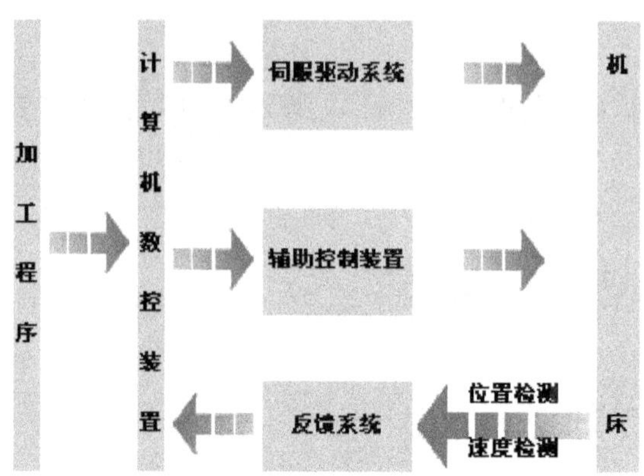

图 27-1 数控机床的工作原理图

模具加工中，常用的数控设备有数控铣床、加工中心（具备自动换刀功能的数控铣）、火花机和线切割机等，如图 27-2 所示。

1. 数控铣床的组成

数控铣床由数控程序、输入输出装置、数控装置、驱动装置和位置检测装置、辅助控制装置、机床本体组成。

（1）数控程序

数控程序是数控机床自动加工零件的工作指令，目前常用的称作“G 代码”。数控程序是在对加工零件进行工艺分析的基础上，根据一定的规则编制的刀具运动轨迹信息。编制程序的工作可由人工进行；对于形状复杂的零件，则需要用 CAD/CAM 进行。

（2）输入输出装置

输入输出装置的主要作用是提供人机交互和通信。通过输入输出装置操作者可以输入指令和信息，也可显示机床的信息。通过输入输出装置也可以在计算机和数控机床之间传输数控代码、机床参数等。

零件加工程序输入过程有两种不同的方式：一种是边读入边加工（DNC），另一种是一次将零件加工程序全部读入数控装置内部的存储器，加工时再从内部存储器中逐段调出进行加工。

（3）数控装置

数控装置是数控机床的核心部分。数控装置从内部存储器中读取或接受输入装置送来的一段或几段数控程序，经过数控装置进行编译、运算和逻辑处理后，输出各种控制信息和指令，控制机床各部分的工作。

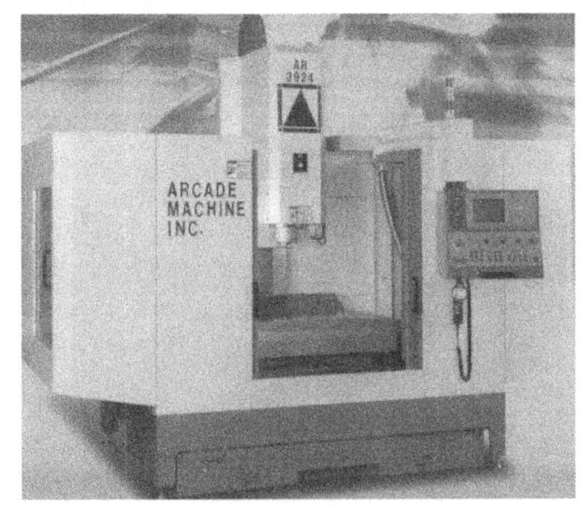

（a）数控铣床

（b）加工中心

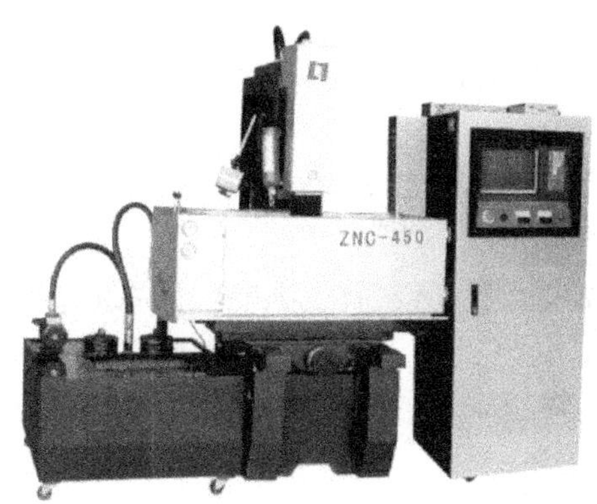

（c）火花机

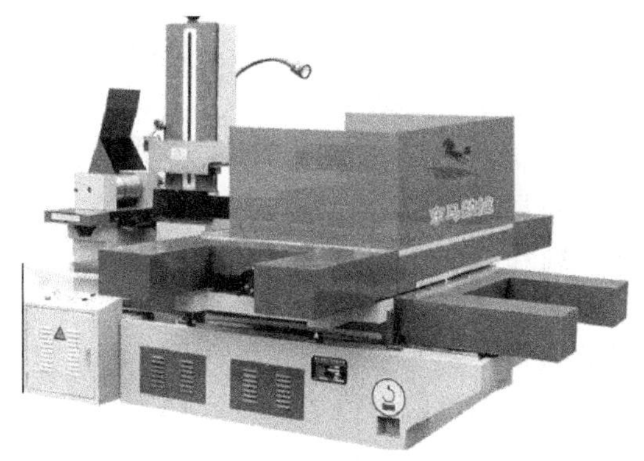

（d）线切割机

图 27-2　数控设备

（4）驱动装置和位置检测装置

驱动装置接受来自数控装置的指令信息，经功率放大后，发送给伺服电机，伺服电机按照指令信息驱动机床移动部件，按一定的速度移动一定的距离。

位置检测装置检测数控机床运动部件的实际位移量，经反馈系统反馈至机床的数控装置，数控装置比较反馈回来的实际位移量值与设定值，如果出现误差，则控制驱动装置进行补偿。

（5）辅助控制装置

辅助控制装置的主要作用是接收数控装置或传感器输出的开关量信号，经过逻辑运算，实现机床的机械、液压、气动等辅助装置完成指令规定的开关动作。这些控制主要包括主轴起停、换刀、冷却液和润滑装置的启动停止、工件和机床部件的松开与夹紧等。

（6）机床本体

数控机床的机床本体与传统机床相似，由主轴传动装置、进给传动装置、床身、工作台及辅助运动装置、液压气动系统、润滑系统、冷却装置等组成。

2. 数控铣床的主要功能和加工范围

（1）点定位

点定位提供了机床钻孔、扩孔、镗孔和铰孔等加工能力。在孔加工中，一般会将典型的加工方式编制为固定的程序，称为固定循环，方便常用孔加工方法的使用。

（2）连续轮廓控制

常见的数控系统均提供直线和圆弧插补，高档的数控系统还提供螺旋插补和样条插补，这样就可以使刀具沿着连续轨迹运动，加工出需要的形状。连续轮廓控制为机床提供了轮廓、箱体和曲面腔体等零件的加工。

（3）刀具补偿

利用刀具补偿功能，可以简化数控程序编制、提供误差补偿等功能。

3. 数控铣床编程要点

（1）设置编程坐标系

编程坐标系的位置以方便对刀为原则，毛坯上的任何位置均可。

（2）设置安全高度

安全高度一定要高过装夹待加工件的夹具高度，但也不应太高，以免浪费时间。

（3）刀具的选择

在型腔尺寸的允许的情况下尽可能选择直径较大及长度较短的刀具；优先选择镶嵌式刀具，对于精度要求高的部位可以考虑使用整体式合金刀具；尽量少用白钢刀具（因为白钢刀具磨损快，换刀的时间浪费严重，得不偿失）；对于很小的刀具才能加工到的区域应该考虑使用电火花机或者线切割机床加工。

（4）加工模型的准备

设置合适的编程坐标系；创建毛坯；修补切削不到的区域（例如，很小的孔、腔，没有圆角的异型孔等）。

27.2.2　数控加工辅助工具及需知技能

1. 夹具与装夹

在数控铣床或加工中心上常用的夹具主要有通用夹具、组合夹具、专用夹具和成组夹具，在选择夹具时要综合考虑各种因素，选择最经济、合理的夹具。

（1）螺钉压板

利用 T 形槽螺栓和压板将工件固定在机床工作台上即可。装夹工件时，需根据工件装夹精度要求，使用百分表较正工件。

（2）机用虎钳（平口钳）

形状比较规则的零件铣削时常用虎钳进行装夹，方便灵活，适应性广。当加工精度要求较高时，需要较大的夹紧力时，则需要使用较高精度的机械式或液压式虎钳。

虎钳在数控铣床工作台上的安装要根据加工精度控制钳口与 X 轴或 Y 轴的平行度，且零件夹紧时要注意控制工件变形和一端钳口上翘。

（3）铣床用卡盘

当需要在数控铣床上加工回转体零件时，可以使用三爪卡盘装夹，对于非回转零件可使用四爪卡盘装夹。

2．装夹注意事项

在装夹工件时，应该注意以下问题。

（1）安装工件时，应保证工件在本次定位装夹中所有需要完成的待加工面充分暴露在外，以方便加工。同时，也应考虑机床主轴与工作台面之间的最小距离和刀具的装夹长度，确保在主轴的行程范围内能使工件的加工范围能使工件的加工内容全部完成。

（2）夹具在机床工作台上的安装位置必须给刀具运动轨迹留有空间，不能和各工步刀具轨迹发生干涉。

3．对刀

对刀的目的是通过刀具或对刀工具确定工件坐标系与机床坐标系之间的空间位置关系，并将对刀数据输入到相应的存储器中。它是数控加工中最重要的操作内容，其准确性将直接影响零件的加工精度。对刀分为 X、Y 向对刀和 Z 向对刀。

（1）对刀方法

根据现有条件和加工精度要求选择对刀方法，可采用试切法、寻边器对刀、对刀仪对刀和自动对刀等。其中试切法精度较低，加工中常用寻边器和 Z 轴设定器对刀，效率高且保证加工精度。

（2）对刀注意事项

在对刀操作过程中应注意以下问题。

① 根据加工要求选择合适的对刀工具，控制对刀误差。

② 在对刀过程中，可通过改变微调进给量来提高对刀精度。

③ 对刀时需谨慎操作，防止刀具在移动的过程中碰撞工件。

④ 对刀数据一定要存储在与程序对应的存储地址中，防止因调用错误而产生严重后果。

4．模具加工的步骤

（1）加工前的确认，其步骤如下。

① 核对模具图、连络单、程序单、装夹图、版次是否一致。

② 对工件外形尺寸、前工段尺寸、外观进行检查是否符合图纸要求。

③ 对程序进行确认，根据程序文件与图纸进行核对，检查图档尺寸与图纸尺寸是否一致。

④ 如发现工件加工外形与图纸不合，并填写好加工异常记录表。

（2）工件的装夹过程如下。

① 在装夹前应先将工件的毛刺、油渍去除干净。

② 注意要根据工件的基准角进行装夹。

③ 根据工件的形状和材质选择合适的夹具进行装夹。

④ 如使用虎钳进行装夹，应该考虑其压力大小，以防将工件压变形。

⑤ 装夹完成后要将工作台面清理干净。

（3）装刀的步骤如下。

① 根据程序单，选择好第一把刀，对出工件 Z 轴零点。

② 装刀时应该考虑刀具的有效长度与刀具的总伸出长度是否符合程序要求。

③ 若采用自动换刀加工，将所有刀具按要求安装好，并放入刀库中，并记录每把刀的刀号。

（4）程序修改。

（5）执行。

（6）检查有无异常。

（7）完工处理应包括以下几点。

① 去油污，去毛刺。

② 用高度尺、卡尺确定加工尺寸。

③ 填写完工文件。

27.2.3　数控刀具简介与选择

1．刀具简介

数控加工刀具必须适应数控机床高速、高效和自动化程度高的特点，一般包括通用刀具、通用连接刀柄及少量专用刀柄。刀柄要连接刀具并装在机床动力头上，因此已逐渐标准化和系列化。数控刀具的分类有多种方法。根据刀具结构可分为①整体式；②镶嵌式，采用焊接或机夹式连接，机夹式又可分为不转位和可转位两种；③特殊型式，如复合式刀具、减震式刀具等。根据制造刀具所用的材料可分为①高速钢刀具；②硬质合金刀具；③金刚石刀具；④其他材料刀具，如立方氮化硼刀具、陶瓷刀具等。为了适应数控机床对刀具耐用、稳定、易调、可换等的要求，近几年机夹式可转位刀具得到广泛的应用，在使用数量上达到整个数控刀具的 30%～40%，金属切除量占总数的 80%～90%。

数控铣刀从形状上主要分为平底刀（端铣刀）、圆鼻刀和球刀，如图 27-3 所示，从刀具使用性能上分为白钢刀、飞刀和合金刀。在工厂实际加工中，最常用的刀具有 D63R6、D50R5、D35R5、D32R5、D30R5、D25R5、D20R0.8、D17R0.8、D13R0.8、D12、D10、D8、D6、D4、R5、R3、r2.5、r2、r1.5、r1 和 r0.5 等。

（a）球刀　（b）圆鼻刀　（c）平底刀

图 27-3　数控铣刀

（1）平底刀：主要用于粗加工、平面精加工、外形精加工和清角加工。其缺点是刀尖容易磨损，影响加工精度。

（2）圆鼻刀：主要用于模胚的粗加工、平面粗精加工，特别适用于材料硬度高的模具开粗加工。

（3）球刀：主要用于非平面的半精加工和精加工。

编程工程师点评：

1. 白钢刀（即高速钢刀具）因其通体银白色而得名，主要用于直壁加工，白钢刀价格便宜，但切削寿命短、吃刀量小、进给速度低、加工效率低，在数控加工中较少使用。

2. 飞刀（即镶嵌式刀具）主要为机夹可转位刀具，这种刀具刚性好、切削速度高，在数控加工中应用非常广泛，用于模胚的开粗、平面和曲面粗精加工效果均很好。

3. 合金刀（通常指的是整体式硬质合金刀具）精度高、切削速度高，但价格昂贵，一般用于精加工。

数控刀具与普通机床上所用的刀具相比，有许多不同的要求，主要有以下特点。

（1）刚性好(尤其是粗加工刀具)、精度高、抗振及热变形小。

（2）互换性好，便于快速换刀。

（3）寿命高，切削性能稳定、可靠。

（4）刀具的尺寸便于调整，以减少换刀调整时间。

（5）刀具应能可靠地断屑或卷屑，以利于切屑的排除。

（6）系列化、标准化，以利于编程和刀具管理。

2. 刀具的使用

在数控加工中，刀具的选择直接关系到加工精度的高低、加工表面质量的优劣和加工效率的高低。选择合适的刀具并设置合理的切削参数，将可以使数控加工以最低的成本和最短的时间达到最佳的加工质量。总之，刀具选择总的原则是：安装调整方便、刚性好、耐用度和精度高。在满足加工要求的前提下，尽量选择较短的刀柄，以提高刀具加工的刚性。

选择刀具时，要使刀具的尺寸与模胚的加工尺寸相适应。如模腔的尺寸是80mm×80mm，则应该选择D25R5或D16R0.8等刀具进行开粗；如模腔的尺寸大于100mm×100mm，则应该选择D30R5、D32R5或D35R5的飞刀进行开粗；如模腔的尺寸大于300mm×300mm，那应该选择直径大于D35R5的飞刀进行开粗，如D50R5或D63R6等。另外，刀具的选择由机床的功率所决定，如功率小的数控铣床或加工中心，则不能使用大于D50R5的刀具。

在实际加工中，常选择立铣刀加工平面零件轮廓的周边、凸台、凹槽等；选择镶硬质合金刀片的玉米铣刀加工毛坯的表面、侧面及型腔开粗；选择球头铣刀、圆鼻刀、锥形铣刀和盘形铣刀加工一些立体型面和变斜角轮廓外形。

3. 刀具切削参数的设置

合理选择切削用量的原则是：粗加工时，一般以提高生产率为主，但也应考虑经济性

和加工成本；半精加工和精加工时，应在保证加工质量的前提下，兼顾切削效率、经济性和加工成本。具体数值应根据机床说明书、切削用量手册，并结合经验而定。具体要考虑以下五个因素。

（1）切削深度 a_p（mm）——在机床、工件和刀具刚度允许的情况下，a_p 就等于加工余量，这是提高生产率的一个有效措施。为了保证零件的加工精度和表面粗糙度，一般应留一定的余量进行精加工。数控机床的精加工余量可略小于普通机床。

（2）切削宽度 L（mm）——L 与刀具直径 d 成正比，与切削深度成反比。经济型数控机床的加工过程中，一般 L 的取值范围为 $L=$（0.6～0.9）d。

（3）切削速度 v（m/min）——提高 v 也是提高生产率的一个措施，但 v 与刀具耐用度的关系比较密切。随着 v 的增大，切削热升高，刀具耐用度急剧下降，故 v 的选择主要取决于刀具耐用度。另外，切削速度与加工材料也有很大关系，例如用立铣刀铣削合金刚 30CrNi2MoVA 时，v 可采用 8m/min 左右；而用同样的立铣刀铣削铝合金时，v 可选 200m/min 以上。

（4）主轴转速 n（r/min）——主轴转速一般根据切削速度 v 来选定。计算公式为 $v=\pi nd/1000$（d——刀具直径，单位 mm）。数控机床的控制面板上一般备有主轴转速修调（倍率）开关，可在加工过程中对主轴转速在一定范围内进行调整。

（5）进给速度 f（mm/min）——f 应根据零件的加工精度和表面粗糙度要求以及刀具和工件材料来选择。f 的增加也可以提高生产效率。加工表面粗糙度要求低时，f 可选择得大些。在加工过程中，f 也可通过机床控制面板上的修调开关进行人工调整，但是最大进给速度要受到设备刚度和进给系统性能等的限制。

随着数控机床在生产实际中的广泛应用，数控编程已经成为数控加工中的关键问题之一。在数控程序的编制过程中，要在人机交互状态下即时选择刀具和确定切削用量。因此，编程人员必须熟悉刀具的选择方法和切削用量的确定原则，从而保证零件的加工质量和加工效率，充分发挥数控机床的优点，提高企业的经济效益和生产水平。

表 27-1～表 27-3 分别列出了白钢刀、飞刀和合金刀的参数设置（这些切削参数仅供参考，实际确定切削用量还应根据具体的机床性能、零件形状和材料、装夹状况等等进行调整）。

表 27-1　白钢刀参数设置

刀具类型	最大加工深度/mm	普通长度/mm 刃长/刀长	普通加长/mm 刃长/加长	主轴转速/（r/min）	进给速度/（mm/min）	吃刀量/mm
D32	120	60/125	106/186	800～1500	1000～2000	0.1～1
D25	120	60/125	90/166	800～1500	500～1000	0.1～1
D20	120	50/110	75/141	1000～1500	500～1000	0.1～1
D16	120	40/95	65/123	1000～1500	500～1000	0.1～0.8
D12	80	30/80	53/110	1000～1000	500～1000	0.1～0.8
D10	80	23/75	45/95	800～1000	500～1000	0.2～0.5
D8	50	20/65	28/82	800～1200	500～1000	0.2～0.5
D6	50	15/60	不存在	800～1200	500～1000	0.2～0.4

续表

刀具类型	最大加工深度/mm	普通长度/mm 刃长/刀长	普通加长/mm 刃长/加长	主轴转速 /(r/min)	进给速度 /(mm/min)	吃刀量 /mm
R8	80	32/92	35/140	800～1000	500～1000	0.2～0.4
R6	80	26/83	26/120	800～1000	500～1000	0.2～0.4
R5	60	20/72	20/110	800～1500	500～1000	0.2～0.4
R3	30	13/57	15/90	1000～1500	500～1000	0.2～0.4

编程工程师点评：

1. 刀具直径越大，转速越慢；同一类型的刀具，刀杆越长，吃刀量就要减小，否则容易弹刀而产生过切。

2. 白钢刀转速不可过快，进给速度不可过大。

3. 白钢刀容易磨损，开粗时少用白钢刀。

表 27-2　飞刀参数设置

刀具类型	最大加工深度 /mm	普通长度 /mm	普通加长 /mm	主轴转速 /(r/min)	进给速度 /(mm/min)	吃刀量 /mm
D63R6	300	150	320	700～1000	2500～4000	0.2～1
D50R5	280	135	300	800～1500	2500～3500	0.1～1
D35R5	150	110	180	1000～1800	2200～3000	0.1～1
D30R5	150	100	165	1500～2200	2000～3000	0.1～0.8
D25R5	130	90	150	1500～2500	2000～3000	0.1～0.8
D20R0.4	110	85	135	1500～2500	2000～2800	0.2～0.5
D17R0.8	105	75	120	1800～2500	1800～2500	0.2～0.5
D13R0.8	90	60	115	1800～2500	1800～2500	0.2～0.4
D12R0.4	90	60	110	1800～2500	1500～2200	0.2～0.4
D16R8	100	80	120	2000～2500	2000～3000	0.1～0.4
D12R6	85	60	105	2000～2800	1800～2500	0.1～0.4
D10R5	78	55	95	2500～3200	1500～2500	0.1～0.4

编程工程师点评：

1. 以上的飞刀参数只能作为参考，因为不同的飞刀材料其参数值也不相同，不同的刀具厂生产的飞刀其长度也略有不同。另外，刀具的参数值也因数控铣床或加工中心的性能和加工材料的不同而不同，所以刀具的参数一定要根据工厂的实际情况而设定。

2. 飞刀的刚性好，吃刀量大，最适合模胚的开粗，另外飞刀精加工陡峭面的质量也非常好。

3. 飞刀主要是镶刀粒的，没有侧刃，如图 27-4 所示。

图 27-4　飞刀

表 27-3　合金刀参数设置

刀具类型	最大加工深度/mm	普通长度/mm 刀刃／刀长	普通加长/mm	主轴转速/（r/min）	进给速度/（mm/min）	吃刀量/mm
D12	55	25/75	26/100	1800～2200	1500～2500	0.1～0.5
D10	50	22/70	25/100	2000～2500	1500～2500	0.1～0.5
D8	45	19/60	20/100	2200～3000	1000～2200	0.1～0.5
D6	30	13/50	15/100	2500～3000	700～1800	0.1～0.4
D4	30	11/50	不存在	2800～4000	700～1800	0.1～0.35
D2	25	8/50	不存在	4500～6000	700～1500	0.1～0.3
D1	15	1/50	不存在	5000～10000	500～1000	0.1～0.2
R6	75	22/75	22/100	1800～2200	1800～2500	0.1～0.5
R5	75	18/70	18/100	2000～3000	1500～2500	0.1～0.5
R4	75	14/60	14/100	2200～3000	1200～2200	0.1～0.35
R3	60	12/50	12/100	2500～3500	700～1500	0.1～0.3
R2	50	8/50	不存在	3500～4500	700～1200	0.1～0.25
R1	25	5/50	不存在	3500～5000	300～1200	0.05～0.25
R0.5	15	2.5/50	不存在	5000 以上	300～1000	0.05～0.2

编程工程师点评：

1. 合金刀刚性好，不易产生弹刀，用于精加工模具的效果最好。
2. 合金刀和白钢刀一样有侧刃，精铣铜公直壁时往往使用其侧刃。

27.2.4　模具结构的认识

编程者必须对模具结构有一定的认识，如模具中的前模（型腔）、后模（型芯）、行位（滑块）、斜顶、枕位、碰穿面、擦穿面和流道等。一般情况下前模的加工要求比后模的加工要求高，所以前模面必须加工得非常准确和光亮，该清的角一定要清；但后模的加工就有所不同，有时有些角不一定需要清得很干净，表面也不需要很光亮。另外，模具中一些特殊的部位的加工工艺要求也不相同，如模具中的角位需要留 0.02mm 的余量待打磨师傅打磨；前模中的碰穿面、擦穿面需要留 0.05mm 的余量用于试模。

如图 27-5 所示列出了模具中的一些常见结构。

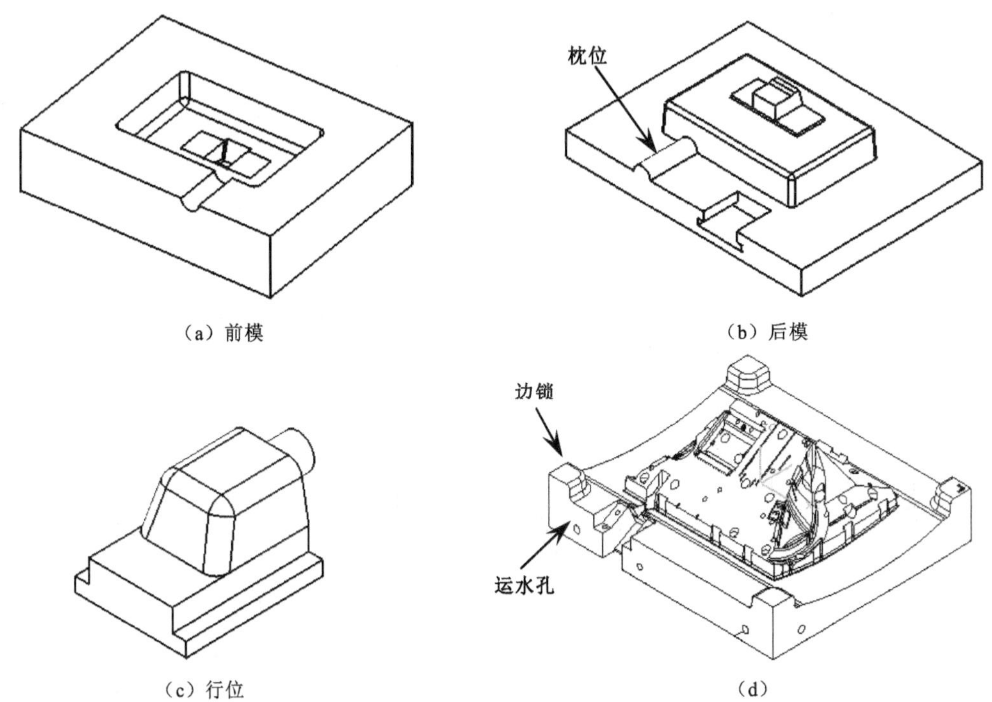

图 27-5　模具中常见的结构及名称

编程工程师点评：

有些模具在未加工完成之前需要进行后处理，如回火、淬火和调质等，则需要留 0.5～1.5mm 的余量进行后处理。

27.3　数控加工中常遇到的问题及解决方法

在数控编程中，常遇到的问题有撞刀、弹刀、过切、漏加工、多余的加工、空刀过多、提刀过多和刀路凌乱等问题，这也是编程初学者急需解决的重要问题。

27.3.1　撞刀

撞刀是指刀具的切削量过大，除了切削刃外刀杆也撞到了工件。造成撞刀的原因主要

是安全高度设置不合理或根本没设置安全高度、选择的加工方式不当、刀具使用不当和二次开粗时余量的设置比第一次开粗设置的余量小等。

下面以图表的方式讲述撞刀的原因及其解决的方法，如表 27-4 所示。

表 27-4　撞刀原因及解决方法

序　号	撞刀原因	图　解	撞刀解决方法
1	吃刀量过大		减少吃刀量。刀具直径越小，其吃刀量应该越小。一般情况下模具开粗每刀吃刀量不大于 0.5mm，半精加工和精加工吃刀量更小
2	选择不当的加工方式		将等高轮廓铣的方式改为型腔铣的方式。当加工余量大于刀具直径时，不能选择等高轮廓的加工方式
3	安全高度设置不当	提刀中撞到夹	1．安全高度应大于装夹高度； 2．多数情况下不能选择“直接的”进退刀方式，除了特殊的工件之外
4	二次开粗余量设置不当		二次开粗时余量应比第一次开粗的余量要稍大一点，一般大于 0.05mm。如第一次开粗余量为 0.3mm，则二次开粗余量应为 0.35mm。否则，刀杆容易撞到上面的侧壁

除了上述原因会产生撞刀外，修剪刀路有时也会产生撞刀，故尽量不要修剪刀路。撞刀产生最直接的后果就是损坏刀具和工件，更严重的可能会损害机床主轴。

27.3.2 弹刀

弹刀是指刀具因受力过大而产生幅度相对较大的振动。弹刀造成的危害就是造成工件过切和损坏刀具，当刀径小且刀杆过长或受力过大时，都会产生弹刀的现象。

下面以图表的方式讲述弹刀的原因及其解决的方法，如表 27-5 所示。

表 27-5　撞刀原因及解决方法

序　号	弹刀的原因	图　解	弹刀的解决方法
1	刀径小且刀杆过长	刀太长且刀径太小	改用大一点的球刀清角或电火花加工深的角位
2	受力过大（即吃刀量过大）		减少吃刀量（即全局每刀深度），当加工深度大于 120mm 时，要分开两次装刀，即先装上短的刀杆加工到 100mm 的深度，然后再装上加长刀杆加工 100mm 以下的部分，并设置小的吃刀量

编程工程师点评：

弹刀现象最容易被编程初学者所忽略，应要引起足够的重视。编程时，应根据切削材料的性能和刀具的直径、长度来确定吃刀量和最大加工深度，并注意太深的地方应使用电火花加工。

27.3.3 过切

过切是指刀具把不能切削的部位也切削了，使工件受到了损坏。造成工件过切的原因有多种，主要有机床精度不高、撞刀、弹刀、编程时选择小的刀具但实际加工时误用大的刀具等。另外，如果操作时对刀不准确，也可能会造成过切。

如图 27-6 所示的情况是由于安全高度设置不当而造成的过切。

图 27-6 过切

编程工程师点评：

编程时，一定要认真细致，完成程序的编制后还需要详细检查刀路以避免过切等现象的发生，否则会导致模具报废甚至机床损坏。

27.3.4 欠加工

欠加工是指模具中存在一些刀具能加工到的地方却没有加工，如平面中的转角处，此外是最容易漏加工的，如图 27-7 所示。

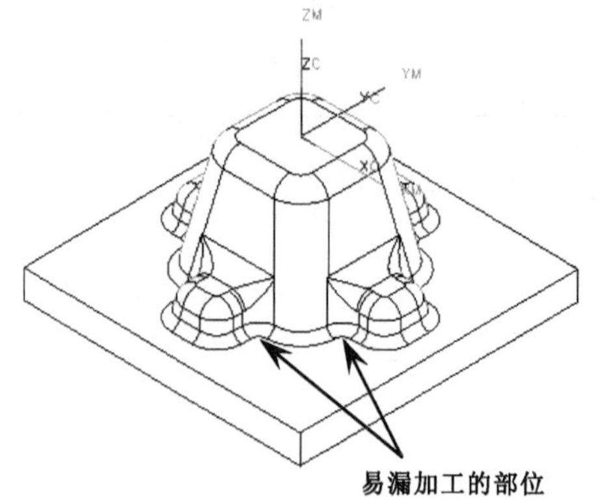

图 27-7 平面中的转角处漏加工

类似于图 27-7 所示的模型，为了提高加工效率，一般会使用较大的平底刀或圆鼻刀进行光平面，当转角半径小于刀具半径时，则转角处就会留下余量，如图 27-8 所示。为了清除转角处的余量，应使用球刀在转角处补加刀路，如图 27-9 所示。

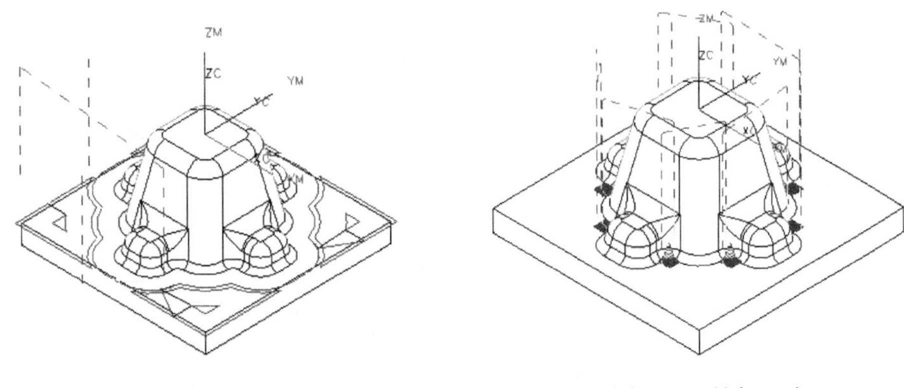

图 27-8　平面铣加工　　　　图 27-9　补加刀路

编程工程师点评：

漏加工是比较普遍也最容易忽略的问题之一，编程者必须小心谨慎，不要等到模具已经从机床上拆下来了才发现有漏加工，那将会浪费大量的时间。

27.3.5　多余的加工

多余的加工是指对于刀具加工不到的地方或电火花加工的部位进行加工，多余的加工多发生在精加工或半精加工。

有些模具的重要部位或者普通数控加工不能加工的部位则需要进行电火花加工，所以在开粗或半精加工完成后，这些部位就无需再使用刀具进行精加工了，否则就是浪费时间。如图 27-10 所示的模具部位就无须进行精加工了。

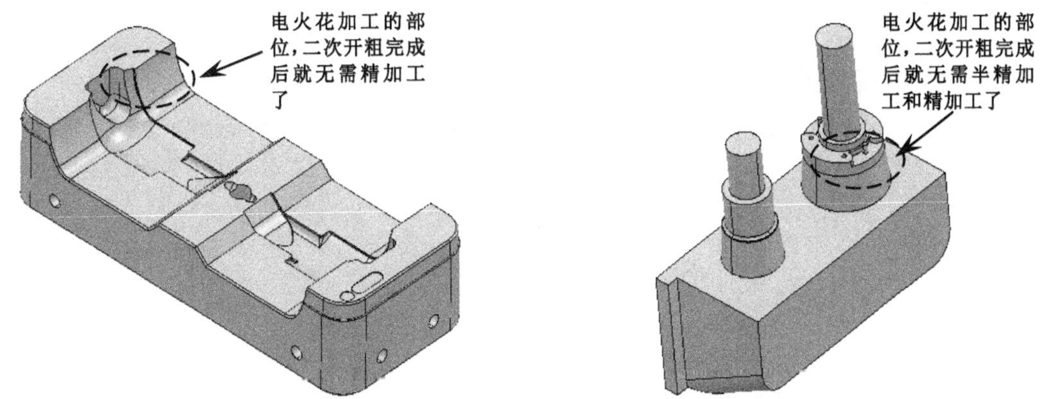

图 27-10　无须进行精加工的部位

另外，模具中一些非重要部位在不影响装配的情况下，也可以不进行精加工。

27.3.6 空刀过多

空刀是指刀具在加工时没有切削到工件，当空刀过多时则浪费时间。产生空刀的原因多是加工方式选择不当、加工参数设置不当、已加工的部位所剩的余量不明确和大面积进行加工，其中选择大面积的范围进行半精加工或精加工最容易产生空刀。

为避免产生过多的空刀，在编程前应详细分析加工模型，确定多个加工区域。编程总脉络是开粗用偏置区域清除模型的策略，精加工平面用偏置平坦面精加工的策略，陡峭的区域用等高精加工策略，平缓区域用平行精加工策略。

如图 27-11（a）所示的加工，在加工顶平面时在孔中间产生大量的空刀；如图 27-11（b）所示的刀路，在精加工两边侧面时，中间的平缓面也产生了大量的刀轨，而这些刀轨加工平缓面的效果并不好，需要增加专门的刀路来加工，所以也被视为无用的空刀，浪费加工时间。

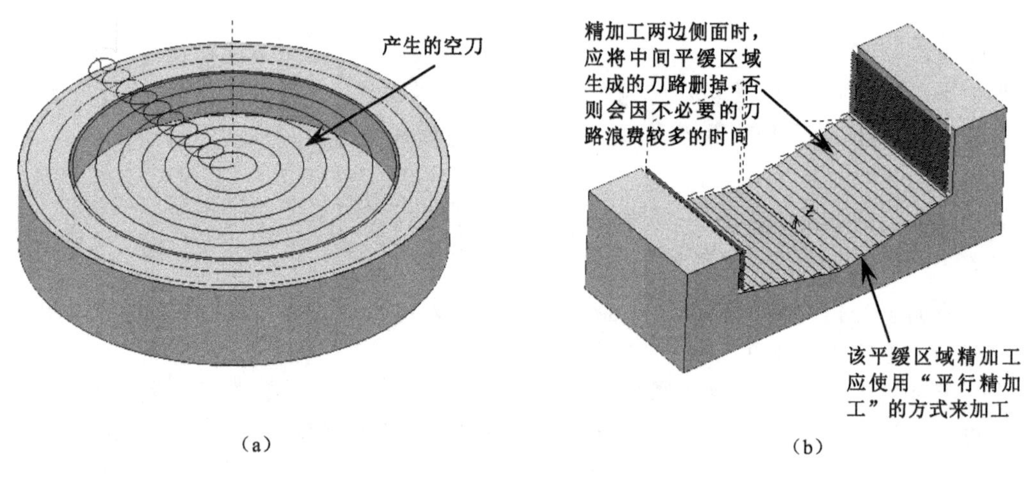

图 27-11　空刀过多

编程工程师点评：

避免空刀过多的方法就是把刀路细化，通过创建边界的方式把大的加工区域分成若干个小的加工区域，然后再创建相应的刀具路径策略。

27.3.7 残料（加工余量）的计算和测量

残料的计算对于编程非常重要，因为只有清楚地知道工件上任何部位剩余的残料，才能确定下一工序使用的刀具及加工方式。

把刀具看做圆柱体，则刀具在直角上留下的余量可以根据勾股定理进行计算，如图 27-12 所示。

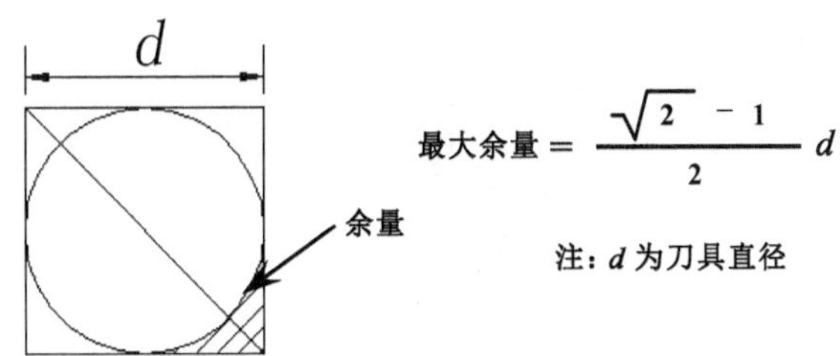

图 27-12　直角上的余量计算

如果并非直角，而是有圆弧过渡的内转角时，其余量同样需要使用勾股定理进行计算，如图 27-13 所示。

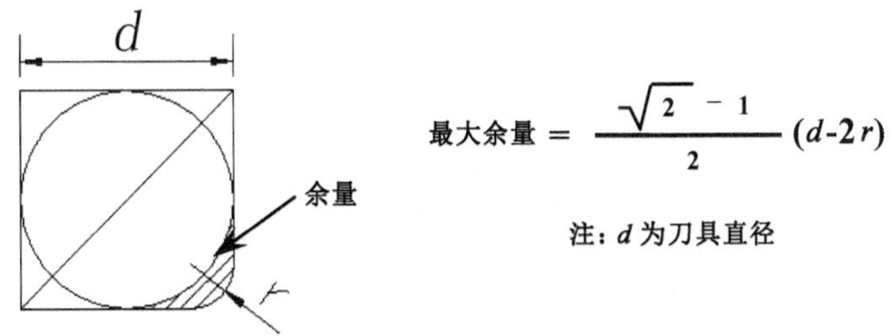

图 27-13　非直角上的余量计算

如图 27-14 所示的模型，其转角半径为 5mm，如使用 D30R5 的飞刀进行开粗，则转角处的残余量约为 4mm；当使用 D12R0.4 的飞刀进行等高清角时，则转角处的余量约为 0.4mm；当使用 D10 或比 D10 小的刀具进行加工时，则转角处的余量为设置的余量，当设置的余量为“0”时，则可以完全清除转角上的余量。

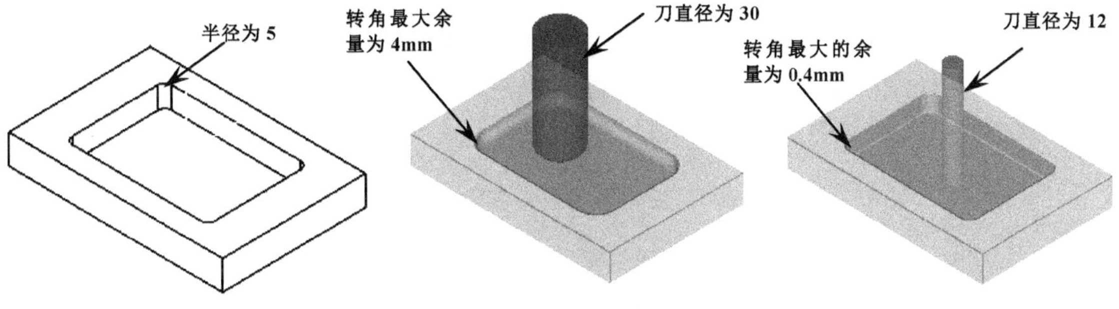

图 27-14　转角余量

编程工程师点评：

当使用 D30R5 的飞刀对图 27-15 所示的模型进行开粗时，其底部会留下圆角半径为 5mm 的余量。

另外，初学者或编程经验不足的人应特别注意模具或工件中沟状和管状特征的加工，如果残余量估算不准确，极容易使精加工吃刀量过大，轻则加工效果不理想，重则损坏刀具或造成过切。

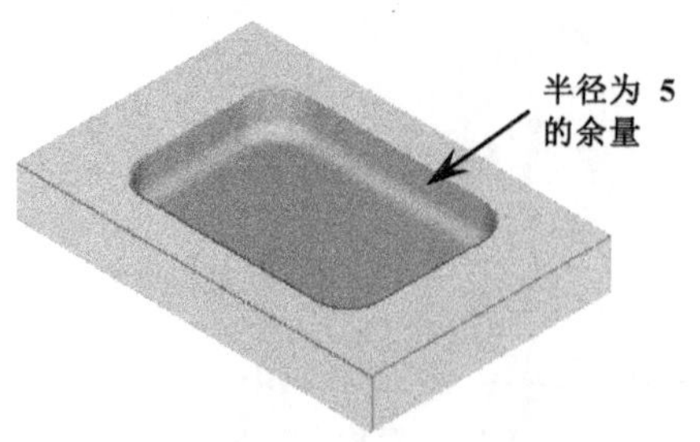

图 27-15　底部留下余量

如图 27-16 所示的一个沟状加工，其底部圆弧半径 15，如使用 D8 的平底刀进行二次粗加工，其底部残留的最大余量是多少呢？下面简单介绍两种常用的计算方法。

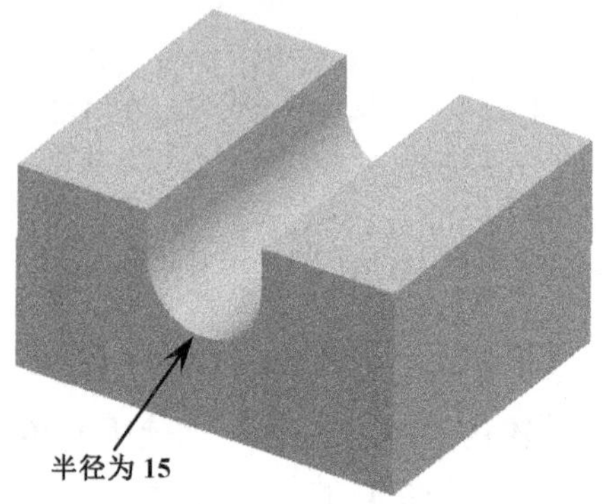

图 27-16　沟状加工

1. 画图法

在 CAD 软件中绘制如图 27-17（a）所示的草图，然后标注如图 27-17（b）所示的尺寸，即可得出使用 D8 平底刀加工 R15 的圆弧沟状时，其底部残留的最大余量约 0.66mm，所以此时还不能直接进行底部区域的精加工。

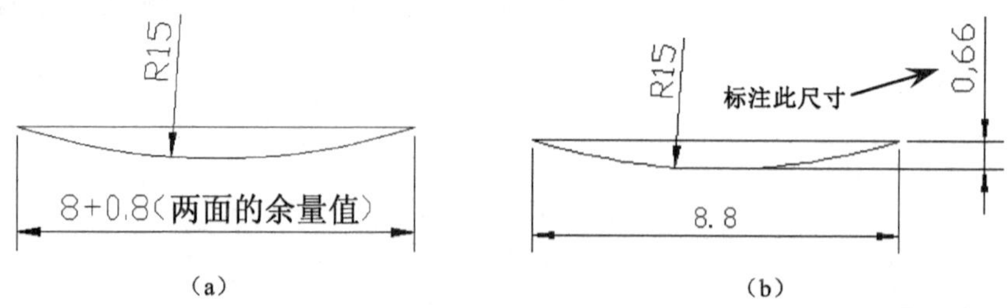

图 27-17　画图法确定残余量

2. 刀路测量法

当使用 D8 的刀具编程并生成刀路后，可直接在 Powermill 软件中使用〖测量器〗命令测量余量高度，如图 27-18 所示。

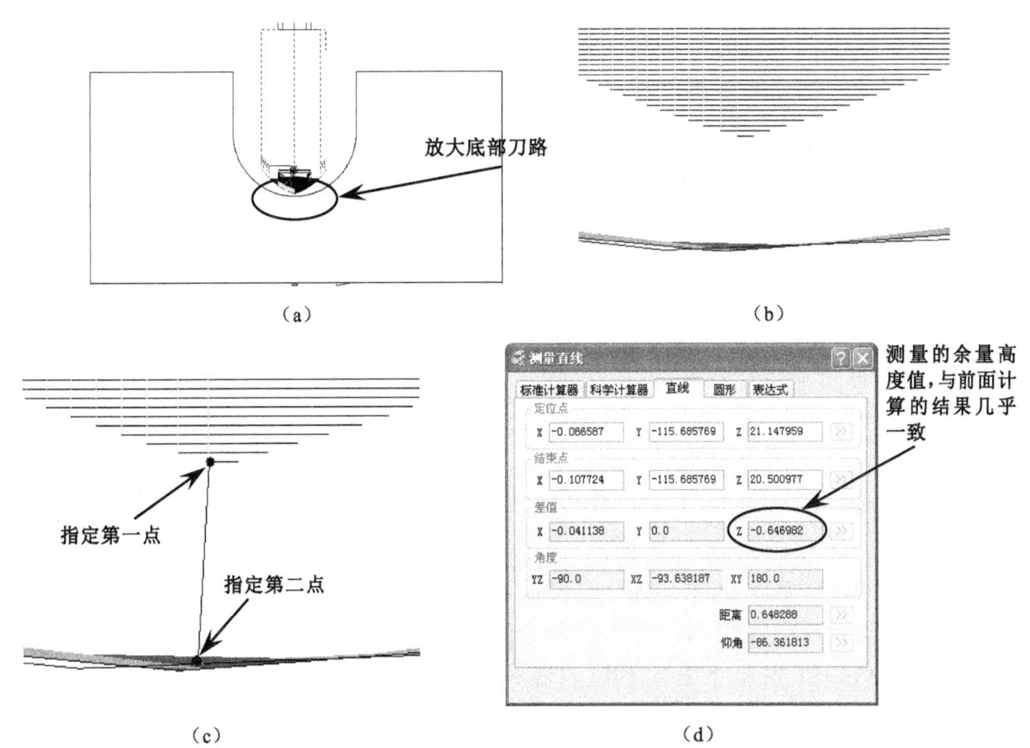

图 27-18　刀路测量法确定残余量

27.4　模具编程的基本流程

编程技术人员在接到任务后，主要是根据以下的工作流程进行工作。

（1）拷贝图档：接到模具任务后按指定的路径拷贝设计的图档。拷贝图档的时候要注意保证最新的图档，改模图档要确定改模的日期。

（2）图档检查：对于设计提供的图档应该第一时间检查所有模仁是否有倒扣，钢料是否与实际的厚度一致，流道和浇口是否完整，装配位的分型面是否适合加工（如 R 角是否适合当前常用刀具）。

（3）模具检讨：在模具加工以前应先和做模师傅检讨产品和模具的结构。明确产品的各个方面的要求，制订合适的加工工艺。

（4）拆电极：拿到图档以后首先给图档定好坐标，并以此为基础操作，再对模仁的各个细节进行分析，用不同的颜色表示胶位，分型面枕位和碰穿面。准备工作做完后开始拆电极的作业。拆完电极以后应该重点检查电极有无漏拆，电极和模仁有无干涉等。

（5）出刀路：根据模具要求，如加工的精度和加工的余量等，制作相应的刀路。制作刀路应以安全、节约工时等为理论依据。刀路做完成后应仔细检查。

（6）开铜料：开铜料应以节约成本为基础，合理安排尺寸。在时间紧张的情况下可以分批即时地开料单。

（7）出图纸：出图纸的时候应该保证图档视图反映方位得当，标注正确清晰，应对异型的铜公自动标数的数据进行重点检查。

27.5 CNC 工程师的职责

CNC 编程是模具加工中重要的组成之一，其工程师的主要职责如下。

（1）编制公司企业内所有模具需要数控加工的 CNC 程序，包括钢料和电极，必须确保 CNC 程序正确无误，加工安全。

（2）根据生产任务，合理编制 CNC 程序和安排 CNC 加工先后顺序，以确保模具生产进度。

（3）必须严格控制 CNC 加工工件的表面光洁度与尺寸精确度，以保证模具质量。

（4）必须及时跟踪 CNC 加工模具、工件，以避免错误的发生，如发生错误，需协同设计人员、制模师共同磋商，确定正确合理的解决方案。

（5）必须正确管理电脑图档，以方便他人查验。

（6）协助和努力完成设计主管下达的任务，积极配合本设计部门与制造部门的协调工作。

27.6 本章学习收获

通过本章的学习，读者必须掌握以下内容。

（1）本章内容是全书的基础，须认真掌握数控编程加工的工艺知识，如刀具的选择、机床的选择等。

（2）要对撞刀、弹刀和过切等常见的加工问题有足够的认识，这样才能成为一名合格的编程人员。

（3）掌握一定的理论知识，能准确计算每一刀路加工后残留的余量。

27.7 练习题

（1）按使用性能刀具主要分为哪几种？白钢刀的主要特点是什么？主要用于哪些加工场合？

（2）加工模具时有哪些基本的步骤？常使用哪些刀具进行开粗？

（3）什么是弹刀和撞刀？为什么会产生这种情况？如何避免？

（4）一般什么情况会造成过切？如何避免？